# Atlas der Sternbilder

# Eckhard Slawik / Uwe Reichert

# Atlas der Sternbilder

Ein astronomischer Wegweiser
in Photographien

Mit einem Geleitwort von Richard M. West
und einem Beitrag von Peter Kafka

Spektrum Akademischer Verlag   Heidelberg · Berlin

Die Deutsche Bibliothek – CIP-Einheitsaufnahme

**Atlas der Sternbilder :** ein astronomischer Wegweiser in Photographien / Eckhard Slawik ; Uwe Reichert. – Heidelberg ; Berlin : Spektrum, Akad. Verl.,1998
  ISBN 3-8274-0268-9

© 1998 Spektrum Akademischer Verlag GmbH  Heidelberg · Berlin,
Spektrum der Wissenschaft Verlagsgesellschaft mbH, Heidelberg

Alle Rechte, insbesondere die der Übersetzung in fremde Sprachen, sind vorbehalten. Kein Teil des Buches darf ohne schriftliche Genehmigung des Verlages photokopiert oder in irgendeiner anderen Form reproduziert oder in eine von Maschinen verwendbare Sprache übertragen oder übersetzt werden.

Produktion: Brigitte Trageser
Umschlaggestaltung: Künkel und Lopka, Heidelberg
Druck und Verarbeitung: Color Druck, Leimen

# Zum Geleit

Mit der Veröffentlichung des wunderbaren Astronomiebandes „Atlas der Sternbilder" haben die beiden Autoren Eckhard Slawik und Uwe Reichert allen Astronomiebegeisterten einen großen Dienst erwiesen. Nie zuvor wurde eine ähnliche Sammlung von beeindruckenden astronomischen Aufnahmen und präzisen Erläuterungen zu den interessantesten Himmelsobjekten in dieser Form publiziert. Ganz besonders beeindruckt bin ich von der hohen optischen und photographischen Qualität. Jeder Fachastronom, der selbst photographische Himmelsaufnahmen gemacht hat, weiß um die außerordentliche Schwierigkeit dieser Kunst.

Zweifellos werden es die darin enthaltenen Informationen vielen Menschen ermöglichen, sich schnell und mühelos am Himmel zu orientieren und, was besonders wichtig ist, gleichzeitig Nützliches und Interessantes über die einzelnen Himmelskörper zu erfahren. Es ist ein offenes Geheimnis, daß – während viele Amateurastronomen den Himmel nahezu auswendig kennen – zahlreiche Fachastronomen, die den Großteil ihrer Zeit vor dem Computer-Bildschirm verbringen, um Beobachtungen mit Riesenteleskopen zu machen, den Sternenhimmel fast „vergessen" haben. Wieder andere, wie ich selbst, fahren so oft nach Süden, um von dort aus zu beobachten, daß sie mit dem nördlichen Teil nicht mehr allzu vertraut sind. Für uns und natürlich auch für alle diejenigen, die zum ersten Mal den Zauber des nächtlichen Himmels erleben möchten, wird dieser wunderbare Bildband ein hervorragender Begleiter sein.

Ich beglückwünsche die beiden Autoren und den Verlag zu dieser Publikation und freue mich schon heute auf den ersten wolkenlosen Abend, wenn ich mit guten Freunden, den „Atlas der Sternbilder" in der Hand, den Himmel neu erleben werde.

Richard M. West

Europäische Südsternwarte, Garching

August 1997

# Inhalt

| | | |
|---|---|---|
| **Zum Geleit** | | **5** |
| **Zur Benutzung dieses Buches** | | **8** |
| **Vorwort** | | **9** |
| **Danksagung** | | **11** |
| **Einführung** | | **12** |
| **Übersichtskarten** | | **18** |

**Die Sternbilder**

*Januar:*
| | | |
|---|---|---|
| Camelopardalis | Feld 1 | **20** |
| Orion, Taurus | Feld 2 | **24** |
| Eridanus, Lepus | Feld 3 | **32** |
| Dorado, Hydrus, Mensa, Pictor, Reticulum, Volans | Feld 4 | **36** |

*Februar:*
| | | |
|---|---|---|
| Auriga, Gemini | Feld 5 | **40** |
| Canis Major, Canis Minor, Lepus, Monoceros | Feld 6 | **44** |
| Caelum, Columba, Dorado, Pictor, Reticulum, Volans | Feld 7 | **48** |

*März:*
| | | |
|---|---|---|
| Cancer, Gemini, Lynx | Feld 8 | **52** |
| Canis Major, Puppis, Pyxis | Feld 9 | **56** |
| Antlia, Carina, Vela, Volans | Feld 10 | **60** |

*April:*
| | | |
|---|---|---|
| Leo Minor, Ursa Major | Feld 11 | **64** |
| Leo, Leo Minor, Sextans | Feld 12 | **68** |
| Antlia, Hydra, Pyxis, Sextans | Feld 13 | **72** |

*Mai:*
| | | |
|---|---|---|
| Ursa Minor | Feld 14 | **76** |
| Coma Berenices | Feld 15 | **80** |
| Corvus, Crater, Sextans | Feld 16 | **84** |
| Centaurus, Circinus, Crux, Hydra | Feld 17 | **88** |

*Juni:*
| | | |
|---|---|---|
| Bootes, Canes Venatici, Corona Borealis | Feld 18 | **92** |
| Virgo | Feld 19 | **96** |
| Apus, Ara, Chamaeleon, Circinus, Crux, Musca, Octans, Triangulum Australe | Feld 20 | **100** |

*Juli:*
| | | |
|---|---|---|
| Draco, Ursa Minor | Feld 21 | **104** |
| Scutum, Serpens | Feld 22 | **108** |
| Libra, Scorpius | Feld 23 | **112** |
| Lupus, Norma, Scorpius | Feld 24 | **116** |

| | | |
|---|---|---|
| *August:* | | |
| Corona Borealis, Hercules, Lyra | Feld 25 | **120** |
| Ophiuchus | Feld 26 | **124** |
| Corona Australis, Sagittarius, Scutum | Feld 27 | **128** |
| | | |
| *September:* | | |
| Cygnus, Lyra, Sagitta, Vulpecula | Feld 28 | **134** |
| Delphinus, Equuleus, Lyra, Sagitta, Vulpecula | Feld 29 | **140** |
| Aquila, Delphinus, Sagitta, Vulpecula | Feld 30 | **144** |
| Corona Australis, Indus, Microscopium, Pavo, Telescopium | Feld 31 | **148** |
| | | |
| *Oktober:* | | |
| Equuleus, Lacerta, Pegasus | Feld 32 | **152** |
| Aquarius, Capricornus, Equuleus, Piscis Austrinus | Feld 33 | **156** |
| Grus, Indus, Piscis Austrinus, Tucana | Feld 34 | **160** |
| | | |
| *November:* | | |
| Cassiopeia, Cepheus, Lacerta | Feld 35 | **164** |
| Andromeda, Triangulum | Feld 36 | **168** |
| Pisces | Feld 37 | **172** |
| Phoenix, Sculptor | Feld 38 | **176** |
| | | |
| *Dezember:* | | |
| Die „Himmelsverwandschaft": Andromeda, Cassiopeia, Cepheus, Perseus | Feld 39 | **180** |
| Aries, Perseus, Triangulum | Feld 40 | **184** |
| Cetus | Feld 41 | **188** |
| Caelum, Dorado, Eridanus, Fornax, Horologium, Pictor, Reticulum | Feld 42 | **192** |

## Spezialthemen

| | |
|---|---|
| Die Helligkeit der Sterne | **23** |
| Die Präzessionsbewegung der Erdachse | **107** |
| Kleine Körper im Sonnensystem | **115** |
| Komet Hale-Bopp | **151** |
| Planeten außerhalb des Sonnensystems | **155** |
| Meteorströme | **159** |
| Veränderliche Sterne | **167** |
| Die Farben der Sterne | **175** |
| Die fernsten Galaxien | **191** |
| | |
| Peter Kafka: „Zwei Dinge" | **196** |

## Anhang

| | |
|---|---|
| Daten der photographischen Aufnahmen | **208** |
| Verzeichnis der Sternbilder | **210** |
| Die hellsten Sterne | **213** |
| Die Messier-Objekte | **214** |

## Glossar    **216**

## Literatur/Bildnachweise    **219**

## Index    **220**

# Zur Benutzung dieses Buches

Der gesamte Sternenhimmel ist in 42 großformatigen Farbphotographien dargestellt. Jede dieser Übersichtsaufnahmen bildet ein quadratisches Himmelsareal mit einer Seitenlänge von 58 Grad ab. Die Ausschnitte wurden so gewählt, daß die 88 Sternbilder des Nord- und Südhimmels in ihrer vollen Ausdehnung erscheinen und eine großzügige Überlappung zu den benachbarten Sternfeldern besteht. Mit einer besonderen Aufnahmetechnik konnten die Helligkeitsunterschiede der Sterne auf dem Film so wiedergegeben werden wie das Auge sie wahrnimmt; auch die Eigenfarben der hellen Sterne ließen sich durch dieses Verfahren darstellen.

Die 42 Sternfelder sind jeweils in zwei Aufnahmen gegenübergestellt. Die Photos selbst sind identisch, doch ist eines von ihnen mit Erläuterungen (Bezeichnungen der Sterne, figürliche Umrisse der Sternbilder, Markierungen besonderer Objekte), das andere mit groben Koordinatenangaben versehen. Dadurch kann das Auffinden und Wiedererkennen von Sterngruppierungen und markanten Objekten am Himmel bereits mit dem Atlas geübt werden.

Eine kleine Graphik informiert über die Sichtbarkeit jedes Sternfeldes. Für den größten Teil der bewohnten Erde – von 60° nördlicher bis 40° südlicher Breite – läßt sich an der dunklen Fläche ablesen, in welchen Monaten das betreffende Sternfeld am Abendhimmel (die gesamte Zeit zwischen Einbruch der Dunkelheit und Mitternacht) über dem Horizont steht.

Jedes der 88 Sternbilder ist mit mehreren Bezeichnungen versehen. Außer dem deutschen Namen sind der international übliche lateinische Name, das aus drei Buchstaben bestehende Kürzel sowie der lateinische Genitiv angegeben. Nach diesem System werden im astronomischen Sprachgebrauch die hellsten Sterne benannt. So heißt zum Beispiel der Hauptstern im Sternbild Großer Bär (lateinisch: Ursa Major) Alpha Ursae Majoris oder einfach $\alpha$ UMa.

Tabellen enthalten die wichtigsten Daten der Sternbilder. Angegeben sind zum Beispiel ihre Ausdehnung in den astronomischen Koordinaten Rektaszension und Deklination sowie die Fläche, die sie am Himmel einnehmen. Der Eintrag „Kulmination um Mitternacht am" gibt das Datum an, zu dem das Zentrum des jeweiligen Sternbildes um Mitternacht den Meridian passiert, also am höchsten über dem Horizont steht. Um diese Zeit läßt sich das Sternbild am längsten beobachten. Sternbilder, die sich relativ nahe an einem der beiden Himmelspole befinden, sinken für manche Beobachtungsorte nie unter den Horizont, sind also zirkumpolar, wie die Astronomen sagen. Von einer gleich großen Zone auf der jeweils entgegengesetzten Hemisphäre der Erde aus ist das Sternbild dann nie zu sehen. Weitere Angaben in den Tabellen betreffen die Anzahl der mit bloßem Auge sichtbaren Sterne (heller als 5,5 Größenklassen nach der in der Astronomie gebräuchlichen Helligkeitsskala), Meteorströme, die aus diesem Sternbild zu kommen scheinen, und die im Katalog von Charles Messier enthaltenen flächenhaften Objekte wie Galaxien, Sternhaufen und Gasnebel.

Besonders markante Himmelsregionen sind in Detailaufnahmen vergrößert wiedergegeben. Dabei wurden bestimmte Abbildungsmaßstäbe eingehalten, die einen direkten Größenvergleich der Himmelsobjekte ermöglichen. Als Maß dafür dient die in Zentimetern angegebene Äquivalentbrennweite $f$. Betrachtet man die Aufnahmen aus einem Abstand, der mit der Äquivalentbrennweite übereinstimmt, sieht man das jeweilige Sternfeld unter dem gleichen Blickwinkel wie am Himmel. Die Äquivalentbrennweite $f$ der Übersichtsaufnahmen beträgt stets 20 Zentimeter, die der Detailaufnahmen wie angegeben 50, 100, 200 oder 500 Zentimeter.

Der Textteil des Atlas informiert über die Entstehungsgeschichte der Sternbilder und ihren Anblick am Himmel sowie über besondere Objekte, die sich zumeist bereits mit Feldstechern oder kleinen Amateurteleskopen beobachten lassen. Gezeichnete Karten stellen die Sternbilder in ihren offiziell festgelegten Grenzen dar und enthalten genauere Koordinatenangaben zu dem jeweiligen Sternfeld. Allgemeine Informationen und Erklärungen astronomischer Begriffe finden sich in einem einführenden Kapitel und in einem Glossar am Ende des Buches. Angaben zu den photographischen Aufnahmen, den Sternbildern und einigen Himmelsobjekten sind in Tabellen im Anhang aufgelistet. Eine mitgelieferte Fernglasschablone erleichtert die Orientierung am Himmel bei Beobachtung mit einem Feldstecher.

# Vorwort

Irgendwann zwischen grauer Vorzeit und dem Entstehen der ersten Zivilisationen begann der Mensch den Himmel über ihm bewußt wahrzunehmen und in Beziehung zu seiner Umwelt zu setzen. Über ihm schien sich ein großes Gewölbe aufzuspannen, an dem die Sonne, der Mond und eine Vielzahl unterschiedlich heller Sterne täglich ihre Bahnen von Osten nach Westen ziehen. Er erkannte, daß das mit Fixsternen übersäte Firmament sich in jeder folgenden Nacht ein Stückchen weiter westwärts verschiebt, so daß über dem östlichen Horizont neue Sterne auftauchen, während andere, die ihm in den Nächten der letzten Wochen und Monate vertraut geworden sind, in der Abenddämmerung im Westen verschwinden. Doch er bemerkte anhand von markanten Anordnungen, die er sich eingeprägt hatte, daß nach einer gewissen Zeit auch diese untergetauchten Sterne wieder im Osten aufgehen und erneut über das Himmelsgewölbe wandern. So lernte der Mensch den Rhythmus eines Jahres kennen, und er stellte fest, daß unser Tagesgestirn in Wirklichkeit eine in östlicher Richtung verlaufende Bahn zwischen den Sternen durchläuft.

Dieser Wandel innerhalb eines Jahres, aber auch die Konstanz der scheinbar unverrückbar am Firmament angehefteten Sterne ließ sich leicht mit dem Pulsschlag der Natur verbinden. Für die sich entwickelnde Landwirtschaft und die beginnende Seefahrt war es von großer Bedeutung, als man erkannte, daß die Sichtbarkeit einiger Merksterne mit bestimmten Witterungserscheinungen in Beziehung steht. So konnte man den Zeitpunkt von Aussaat und Ernte optimieren und die gefährlichen Herbststürme meiden. Auf diese Weise gelang es unseren Vorfahren, aus der Stellung der Gestirne eine Systematik abzuleiten und für das irdische Leben praktisch nutzbar zu machen. Aber wohl nicht nur aus diesem Antrieb heraus, sondern auch, um dem Finsteren der Nacht das Unheimliche zu nehmen, faßten sie Gruppierungen heller Sterne zu Figuren zusammen und ordneten ihnen vertraute Gestalten aus dem persönlichen oder religiösen Umfeld zu. So bevölkerten sie den Himmel mit Tieren, die sie jagten und hegten, mit Helden, die sie aus überlieferten Sagen kannten und bewunderten, sowie mit Göttern, die sie fürchteten und ehrten.

Viele der 88 Sternbilder, in die das gesamte Firmament nach internationaler Übereinkunft heute eingeteilt ist, haben ihren Ursprung in dieser vorgeschichtlichen Mythologie. Sie stammen aus einer Zeit, in der sich die neolithische Revolution vollzog – der Übergang von dem Jäger- und Sammler-Dasein zu den ersten seßhaften Kulturen. Die Legenden und Mythen, die sich um die Sterne und die Erscheinungen am Himmelsgewölbe rankten, sind zum großen Teil in den Wirren der Zeit unwiederbringlich verlorengegangen; doch manche von ihnen wurden über die großen Schriftsteller der griechischen und römischen Antike an die Nachwelt weitergegeben. So wissen wir, daß bereits vor fast 3000 Jahren Orion, Bootes und Ursa Major sowie die Plejaden – das Siebengestirn – zu den vertrautesten Sternkonfigurationen gehörten. Textbelege dafür finden sich etwa in der „Ilias" und der „Odyssee" des Griechen Homer, der im 8. Jahrhundert v. Chr. bis dahin mündlich tradierte Legenden dichterisch gestaltete. Mit Ausnahme von Bootes werden diese Sterngruppierungen auch im Alten Testament genannt, dessen entsprechende Passagen (Hiob 9, 7–9, und 38, 31–32, sowie Amos 5, 8) vermutlich etwa zur gleichen Zeit entstanden.

Ein Teil der Sternbilder entstammt jedoch neuerer Zeit. Mit der Entwicklung der Astronomie als moderner Wissenschaft war es unumgänglich geworden, die Sterne am Himmel zu katalogisieren und jeden von ihnen eindeutig bezeichnen zu können. So machten sich Gelehrte des 17. und 18. Jahrhunderts daran, die verbliebenen „Lücken" am Firmament zu schließen und neue Sternbilder zu erfinden. Für den Bereich des südlichen Sternenhimmels, der vom Mittelmeerraum aus nicht zu beobachten ist und für den es folglich keine aus der Antike überlieferten Sternbilder gab, griffen sie teilweise auf Beschreibungen von europäischen Seefahrern zurück, konstruierten aber auch nach eigenem Gusto neue Konstellationen, die sie mit mehr oder weniger phantasievollen Namen belegten. Damals konnte praktisch jeder Astronom eigene Sternbilder erfinden und sie auf seinen Karten verzeichnen. Dies stand natürlich dem Bestreben nach eindeutiger Zuordnung entgegen, so daß es bald erforderlich wurde, eine allgemeine Übereinkunft zu erzielen. So wurden schließlich auf Veranlassung der Internationalen Astronomischen Union (IAU) 88 Sternbilder ausgewählt und ihre Namen und Grenzen offiziell festgelegt.

Die Bedeutung der Sternbilder hat sich damit grundlegend gewandelt. Die frühere Götter- und Heldenwelt am Himmel wurde durch moderne Sachlichkeit ersetzt. Dies wird eindrucksvoll deutlich, wenn man die historische Entwicklung von Sternkarten und Himmelsatlanten verfolgt. Jahrhundertelang stand die figürliche Darstellung der Sternbilder im Vordergrund; erst im 19. Jahrhundert setzten sich für die praktische

---

**Und während die anderen Wesen gebeugt zu Boden blicken,
gab er dem Menschen ein hoch erhobenes Antlitz,
hieß ihn den Himmel betrachten und
sein Gesicht stolz zu den Sternen erheben.**

**Ovid, *Metamorphosen*, Erstes Buch**

**Wenn das Gestirn der Plejaden, der Atlasgeborenen, aufsteigt,
dann fang an mit dem Mähen, und pflüge, wenn sie versinken.
Sind aber dann Orion und Sirius mitten am Himmel
angekommen, erblickt den Arkturos die rosige Eos,
dann ... pflück und bring nach Hause die Trauben,
zeigt die Früchte der Sonne zehn Tage und Nächte und laß sie
fünf im Schatten beisammen, am sechsten schöpfe in Fässer
des Dionysos Gaben, des freudenreichen. Doch wenn dann
mit den Plejaden und den Hyaden die Kraft des Orion
taucht in das Meer, dann sei der Zeit des Pflügens aufs neue
eingedenk.**

**Doch nach gefährlicher Seefahrt ergreift dich vielleicht ein Verlangen,
wenn die Plejaden die Kraft, die mächtige, fliehn des Orion
und auf der Flucht in das Meer, das dunstverschleierte, fallen;
o wie tobt dann das Wehen von allerlei wirbelnden Winden!
Nicht mehr halte du dann die Schiffe auf schwärzlichem Meere,
sondern bestelle die Erde und denk daran, was ich dir rate.**

**Hesiod, *Theogonie, Werke und Tage***

**Die Nacht bricht herein, die Wolken sind verschwunden;
Der Himmel ist klar,
Rein und kalt ...
Schweigend beobachte ich den Fluß aus Sternen,
Der sich an dem Jadegewölbe windet ...
Heute nacht muß ich das Leben voll genießen,
Denn wenn ich es nicht tue,
Wer weiß,
Wo ich nächsten Monat, nächstes Jahr
Sein werde?**

**Su Dongpo**

wissenschaftliche Arbeit Sternkarten durch, in denen allein Position und Helligkeit der Sterne maßgebend waren.

Doch die Geschichte eines jeden Sternbildes bleibt, und sie legt nicht nur Zeugnis ab von einer wichtigen kulturhistorischen Epoche, sondern sie vermag uns auch heute die Orientierung am Nachthimmel zu erleichtern. Kennt man den Ursprung der Sternbilder, sieht man das glitzernde Sternenmeer am Firmament plötzlich mit anderen Augen: Orion, eine der Hauptgestalten am Himmel, wehrt den Angriff des wutschnaubenden Himmelsstieres ab, aber er kann es selbst dabei nicht lassen, den hübschen Plejaden nachzulaufen; er wiederum muß vor dem giftigen Stachel des Skorpions fliehen, der ihn in der unablässigen Drehung des Himmelsgewölbes verfolgt. An anderer Stelle sehen wir Perseus, einen weiteren Helden der Antike, wie er das Untier Cetus bekämpft, um die schöne Andromeda zu retten. Und tief im Süden können wir gelegentlich das Schiff der Argonauten erahnen, das – geleitet von einer Taube – die sichere Durchfahrt zwischen gefährlichen Klippen hindurch findet und neuen Abenteuern entgegenfährt. Hingegen unbeeindruckt von diesen dramatischen Ereignissen um sie herum zieht eine einsame Giraffe ihre bedächtigen Kreise um den Himmelsnordpol – für jeden sichtbar, doch von allen unerkannt.

Es sind also nicht nur die Sternbilder an sich, die uns helfen, uns am Nachthimmel zu orientieren – auch ihr mythologischer Hintergrund und ihre Entstehungsgeschichte tragen dazu bei, Zusammenhänge zu erkennen. Mit diesem Wissen fällt es leichter, bestimmte Sterngruppen oder Objekte in dem Gewimmel aus hellen und weniger hellen Sternen aufzusuchen und teilzuhaben an den faszinierenden Erkenntnissen der Astronomen, die unser modernes Weltbild prägen. Sterne sind, wie man heute weiß, nicht an der Himmelssphäre fixierte Lichtpunkte, sondern glühende Gasbälle ähnlich unserer Sonne in den Weiten des Alls, die entstehen, für einige Jahrmillionen oder Jahrmilliarden leuchten und eines Tages vergehen – und damit teilnehmen an einem unablässigen kosmischen Kreislauf, in dem die Erde und der Mensch nur eine vorübergehende Episode zu sein scheinen.

Der „Atlas der Sternbilder" lädt ein, an diesem Erkenntnisprozeß teilzuhaben. Er ist ein astronomischer Wegweiser in doppeltem Sinne: Ausgehend von der Zeit, in der erstmals versucht wurde, Ordnung in die Erscheinungen des Himmels zu bringen, führt er hin zu dem aktuellen Forschungsstand der Astronomie; und er bietet anhand seiner zahlreichen Photographien und Illustrationen eine praktische Orientierungshilfe für alle, die sich an der Schönheit des Nachthimmels erfreuen wollen.

Als Autoren – Photograph der eine, Wissenschaftsjournalist der andere und beide viele Jahre als Amateur-Astronomen tätig – waren wir bestrebt, der Fülle an astronomischer Literatur nicht einfach ein weiteres Sachbuch hinzuzufügen. Besonderheit des „Atlas der Sternbilder" sind die großformatigen Übersichtsaufnahmen, von denen jede etwa acht Prozent der Himmelsfläche abbildet und die in gleicher Qualität den gesamten nördlichen und südlichen Sternenhimmel umfassen. Doch ist das Buch weit mehr als bloß ein photographischer Atlas der Sterne: Die Art der Darstellung und die Erläuterungen, die einen kurzen Streifzug durch die moderne Astronomie geben, sollen den Blick für das schärfen, was am Firmament zu sehen ist. In einer Zeit zunehmender Hektik, der Lichtverschmutzung in den Ballungsräumen und der allzu zahlreichen irdischen Probleme richtet kaum jemand noch den Blick an den Sternenhimmel. Meist ist man sich gar nicht bewußt, welche Dinge man bereits mit bloßem Auge oder besser noch mit einem Feldstecher dort entdecken kann.

Damit bietet der „Atlas der Sternbilder" einen Anreiz, aber auch eine Aufforderung, wieder *ánthrōpos* zu sein, wie das griechische Wort für Mensch heißt – es bedeutet „der, der nach oben schaut"...

Eckhard Slawik
Dr. Uwe Reichert

Waldenburg und Schwetzingen
September 1997

# Danksagung

Obwohl ich den Weg durch die Nächte und zu den Sternen immer allein ging (ein faszinierendes Erlebnis), gab es unterwegs Menschen, die den Weg günstig beeinflußten oder ihn gar erst möglich machten. Ihnen möchte ich hier danken:
- Javier Cosme, Observatorio del Teide, Teneriffa, und „Angie" Albrecht, Observatorio Roque de los Muchachos, La Palma, für die Unterbringung in den Residenzen der Observatorien;
- Frank und Dietlind Dieterle, Farm Okomitundu, Namibia, die mich wie einen alten Freund aufnahmen und betreuten;
- Dr. Kurt Birkle, Leiter des Calar Alto Observatoriums für die moralische Unterstützung des Projekts, wichtige Anregungen und die Empfehlung für das Observatorio Roque de los Muchachos;
- Dr. Reinhold Häfner, Universitätssternwarte München, dessen wertvolle Hinweise mich in die Atacama-Wüste nach Chile führten; ihm und seinem Kollegen Ulrich Hopp für die großzügige Bereitstellung alter Sternatlanten, aus denen einige der Reproduktionen in diesem Buch stammen;
- all jenen, die mit Rat und Tat zum Gelingen des Atlas beigetragen haben.

Ein besonderer Dank gilt all den guten Geistern, die auf allen Reisen für gutes Wetter sorgten, alle größeren Probleme aus dem Wege räumten und mir stets ein sicheres Gefühl bei der Verfolgung des Ziels gegeben haben.

Als eine große Ehre empfinden wir das Geleitwort von Dr. Richard West und den Essay „Zwei Dinge" von Peter Kafka. Ganz herzlichen Dank.

Eckhard Slawik

Kein Buch ist allein das Produkt der Autoren – es entsteht immer durch das Zusammenwirken vieler Personen. Denjenigen, die durch Mitarbeit, Anregungen und Ermunterungen die Herausgabe des Atlas ermöglicht haben, möchte ich herzlich danken.

Gabriela Westphal hat mich auf vielfältige Weise unterstützt, besonders in der kritischen Schlußphase, die entgegen allen Erwartungen nicht enden zu wollen schien. Sie und Martin Dümmerling haben unter anderem die Vorlagen für die Sichtbarkeitsdiagramme erstellt und das gesamte Manuskript durchgesehen.

Dr. Ulrich und Jutta Bastian sorgten mit ihrer konstruktiven Kritik an einzelnen Abschnitten des Buches für einige Verbesserungen und die Bestätigung, auf dem richtigen Weg zu sein.

Axel M. Quetz und Bärbel Wehner sowie Thomas Heinemann von der Firma BITmap haben einen Großteil der Sternkarten angelegt und so mitgeholfen, ein Entrinnen der vierten Dimension – der Zeit – zu verhindern.

Michael Wiegand und Jürgen Pisczor leisteten wertvolle technische Unterstützung und waren zur Stelle, als es darum ging, dem Computer menschliche Schwächen abzugewöhnen.

Monika, Sonja, Stefan und Katja Reichert sorgten für den nötigen Freiraum und die soziale Rückendeckung; sie reagierten mit viel Verständnis darauf, daß sie mehr als einen Sommer lang auf ein Familienmitglied verzichten mußten.

Ein Dank geht auch an alle Kolleginnen und Kollegen der beiden Spektrum-Verlage, die von manchen Nebenwirkungen nicht verschont blieben, und insbesondere an Brigitte Trageser, die es trotz aller Wirrungen schaffte, die Produktionstermine stets neu zu koordinieren.

Dr. Uwe Reichert

# Einführung

## Stern-Bilder

Bereits ein flüchtiger Blick an den Nachthimmel zeigt, daß die Sterne unterschiedlich hell erscheinen. Ein zweiter Blick offenbart, daß sie nicht gleichmäßig verteilt sind: An manchen Stellen gruppieren sie sich augenscheinlich etwas enger, während andere Bereiche des Himmels relativ leer aussehen. Und schon ist man geneigt, die auffälligen Sterngruppierungen zu Figuren zu ordnen und in ihnen vertraute Formen wiederzuerkennen. Beispiele dafür sind das „Himmels-W", das aus den hellen Sternen der Cassiopeia gebildet wird, und der Große Wagen, der zum Sternbild Ursa Major (Großer Bär) gehört.

In allen Kulturkreisen der Erde hat man helle Sterne zu solchen Bildern zusammengefaßt und ihnen Namen aus dem jeweiligen Lebensbereich gegeben. Dabei sahen die Ägypter natürlich andere Figuren am Himmel als die Chinesen, die Sumerer andere als die Indianer Nord- oder Südamerikas. Häufig aber haben die Anordnungen der Sterne wenig mit der Gestalt der Gottheit, des Helden oder des Tieres zu tun, die sie verkörpern sollen. Es war auch gar nicht die Absicht unserer Ahnen, die Sternbilder als Porträts aufzufassen – es waren symbolhafte Darstellungen der Figuren, deren Begründung in den überlieferten Mythen und in der menschlichen Phantasie zu suchen ist. Wir sollten also nicht allzusehr enttäuscht sein, wenn wir in einem Sternbild trotz aller Bemühungen nicht die Umrisse der Gestalt, die es repräsentiert, zu erkennen vermögen.

Verweilen wir eine Zeitlang in der Betrachtung des Sternenhimmels, so fällt auf, daß sich das gesamte Firmament weiterbewegt. Die Sterne scheinen im Osten aufzugehen, im Süden den höchsten Punkt ihrer Bahn zu erreichen und anschließend im Westen unterzugehen. Man gewinnt den Eindruck, daß sich das ganze Himmelsgewölbe um den Beobachtungsort dreht. Jahrtausendelang galt denn auch die Erde als ruhend und als Zentrum der Welt, während die Sphäre mit den Fixsternen um sie rotiere. Heute wissen wir, daß es in Wirklichkeit die Erde ist, die sich innerhalb eines Tages um ihre Achse dreht, und zwar in der entgegengesetzten Richtung, von West nach Ost.

Wie schnell diese Rotation verläuft, kann man am besten erkennen, wenn man den Auf- oder Untergang von Sonne oder Mond verfolgt. Am Himmel selbst fehlt ein direkter Bezugspunkt, und man muß schon ein Fernrohr auf einen Stern richten, um den Effekt deutlich wahrnehmen zu können. Weil die Erde 24 Stunden (genau: 23 Stunden, 56 Minuten und 4,091 Sekunden) braucht, um sich einmal um ihre Achse, also um 360 Grad zu drehen, bewegt sie sich in einer Stunde um 15 Grad und in vier Minuten um ein Grad weiter. Um den gleichen Winkel rücken die Gestirne am Himmel voran. Der Winkeldurchmesser von Sonne und Mond beträgt nun jeweils ziemlich genau ein halbes Grad, was bedeutet, daß diese Himmelskörper innerhalb von jeweils zwei Minuten um ihren eigenen Durchmesser am Firmament weiterzuwandern scheinen.

Daraus ergibt sich nun eine wichtige Konsequenz für die praktische Beobachtung: Will man ein Himmelsobjekt für längere Zeit im – relativ kleinen – Gesichtsfeld eines Teleskops halten, ist dieses Instrument der scheinbaren Bewegung der Sterne nachzuführen oder, anders gesagt, die Drehung der Erde zu kompensieren. Am einfachsten geht dies, wenn das Fernrohr auf einer sogenannten parallaktischen Montierung befestigt ist. Eine der beiden zueinander senkrechten Achsen wird genau parallel zur Erdachse ausgerichtet, so daß ihre Verlängerung auf den für den Beobachter sichtbaren Himmelspol weist. Ein einmal eingestelltes Objekt bleibt dann stets im Gesichtsfeld, wenn man das Fernrohr um diese Stundenachse gleichmäßig mit halber Uhrwerksgeschwindigkeit dreht.

Ist eine Nachführung des Fernrohrs bereits für visuelle Beobachtungen von Vorteil, so ist sie für photographische Aufnahmen unerläßlich. Mit einer feststehenden Kleinbildkamera zum Beispiel werden die Bilder der Sterne auf dem Film zu Strichspuren auseinandergezogen, sobald die Belichtungszeiten etwa 20 Sekunden übersteigen. Um auch relativ lichtschwache Himmelsobjekte photographieren zu können, sind indes Belichtungszeiten von einigen Minuten erforderlich. (Die Aufnahmen in diesem Atlas zum Beispiel wurden zumeist 40 bis 60 Minuten lang belichtet.) Mit zum wichtigsten Handwerkszeug eines Astrophotographen gehört demnach eine stabile Montierung, mit der sich die Kamera exakt nachführen läßt. In der

---

### Die 48 Sternbilder der Antike

Ein Großteil der 88 „offiziellen" Sternbilder, in die der Himmel seit 1930 gemäß internationaler Übereinkunft eingeteilt ist, war bereits im Altertum im vorderasiatischen Raum und in den Gebieten des östlichen Mittelmeeres bekannt. Der griechische Philosoph, Mathematiker und Astronom Eudoxos (um 408–355 v. Chr.) hat die in der Antike gebräuchlichen 48 Sternbilder aufgelistet, doch ist uns sein Werk nur über spätere Autoren wie den Dichter Aratos (um 315–245 v. Chr.) und den Astronomen Ptolemäus (um 100–160 n. Chr.), den letzten bedeutenden Gelehrten der griechischen Antike, überliefert. Von besonderer Bedeutung waren seit jeher die Sternbilder des Tierkreises, die von der Sonne innerhalb eines Jahres auf ihrer scheinbaren Bahn über den Himmel durchquert werden. In ihnen sind des Nachts auch der Mond und die Planeten zu sehen. Weil die 48 ursprünglichen Sternbilder den Himmel nicht vollflächig bedecken und insbesondere am Südhimmel große Lücken ließen, erfanden Gelehrte der Neuzeit weitere hinzu.

Tierkreis-Sternbilder:

| | | |
|---|---|---|
| Κριός | Aries | Widder |
| Ταῦρος | Taurus | Stier |
| Δίδυμοι | Gemini | Zwillinge |
| Καρκίνος | Cancer | Krebs |
| Λέων | Leo | Löwe |
| Παρθένος | Virgo | Jungfrau |
| Χηλαί | Libra | Waage |
| Σκορπίος | Scorpius | Skorpion |
| Τοξότης | Sagittarius | Schütze |
| Αἰγόκερως | Capricornus | Steinbock |
| Ὑδροχόος | Aquarius | Wassermann |
| Ἰχθύες | Pisces | Fische |

nördliche Sternbilder:

| | | |
|---|---|---|
| Ἄρκτος μικρά | Ursa Minor | Kleine Bärin |
| Ἄρκτος μεγάλη | Ursa Major | Große Bärin |
| Δράκων | Draco | Drache |
| Κηφεύς | Cepheus | Kepheus |
| Βοώτης | Bootes | Bärenhüter |
| Στέφανος | Corona Borealis | Krone |
| Ἡρακλῆς | Hercules | Herkules |
| Λύρα | Lyra | Leier |
| Κύκνος | Cygnus | Schwan |
| Κασσιέπεια | Cassiopeia | Kassiopeia |
| Περσεύς | Perseus | Perseus |
| Ἡνίοχος | Auriga | Fuhrmann |
| Ὀφιοῦχος | Ophiuchus | Schlangenträger |
| Ὄφις | Serpens | Schlange |
| Ὀϊστός | Sagitta | Pfeil |
| Ἀετός | Aquila | Adler |
| Δελφίς | Delphinus | Delphin |
| Ἵππον προτομή | Equuleus | Füllen |
| Πήγασος | Pegasus | Pegasus |
| Ἀνδρομέδα | Andromeda | Andromeda |
| Τρίγωνον | Triangulum | Dreieck |

südliche Sternbilder:

| | | |
|---|---|---|
| Κῆτος | Cetus | Walfisch |
| Ὠρίων | Orion | Orion |
| Ἠριδανός | Eridanus | (Fluß) Eridanus |
| Λαγωός | Lepus | Hase |
| Κύων | Canis Major | Großer Hund |
| Προκύων | Canis Minor | Kleiner Hund |
| Ἀργώ | Argo | Schiff Argo |
| Ὕδρα | Hydra | Wasserschlange |
| Κρατήρ | Crater | Becher |
| Κόραξ | Corvus | Rabe |
| Κένταυρος | Centaurus | Kentaur |
| Θηρίον | Lupus | Wolf |
| Θυμιατήριον | Ara | Altar |
| Στέφανος νότιος | Corona Australis | Südliche Krone |
| Ἰχθύς νότιος | Piscis Austrinus | Südlicher Fisch |

Regel befestigt man die Kamera an der Gegengewichtsachse der Montierung und nutzt das Fernrohr, um die Genauigkeit der Nachführung mit Hilfe eines Leitsternes, den man während der gesamten Belichtungszeit in der Mitte des Gesichtsfeldes hält, zu kontrollieren.

Alle Sternaufnahmen im vorliegenden Buch sind auf diese Weise entstanden. Anstelle einer Kleinbildkamera wurde eine 6×6-Kamera gewählt, weil deren quadratisches und zudem größeres Filmformat mehrere Vorteile bietet: Die Bildqualität ist weit besser, weil die Negative weniger stark nachvergrößert werden müssen, das lästige Wechseln zwischen Hoch- und Querformat (um Sternbilder unterschiedlicher Ausdehnung und Orientierung vollständig abbilden zu können) entfällt, und durch eine genau parallele Ausrichtung der Kamera mit dem Teleskop verläuft die Nord-Süd-Richtung stets senkrecht durch die Bildmitte. Auf allen Aufnahmen ist demnach – wie auf Sternkarten üblich – Norden immer oben.

Um die Sterne punktförmig abbilden zu können, muß die Rotationsbewegung der Erde kompensiert werden, indem man die Kamera der scheinbaren Bewegung des Firmaments nachführt. Durch ausreichend lange Belichtung lassen sich dann auch Sterne photographieren, die zu lichtschwach sind, um sie mit bloßem Auge erkennen zu können. Allerdings hat das Filmmaterial gegenüber dem Auge einen Nachteil: Helle Sterne führen zu einer Überbelichtung der Emulsion, eine Steigerung des Helligkeitseindrucks ist nicht möglich; zudem erscheinen sie alle weiß, obwohl sie in verschiedenen Farben leuchten. Dies hat zur Folge, daß gerade diejenigen Sterne, die man zu figürlichen Anordnungen zusammenfaßt, in der Fülle des sie umgebenden Sternenmeeres zu versinken scheinen. Die Aufnahme zeigt übrigens eine der vertrautesten Sternkonfigurationen des Nordhimmels. Wer sie nicht sogleich erkennt, findet auf der übernächsten Seite die Auflösung…

# Einführung

## Sternkataloge und -atlanten

Die Fülle der Sterne am Himmel ist berauschend und erdrückend zugleich. Etwa 3000 von ihnen sind so hell, daß man sie mit bloßem Auge sehen kann. Darum sind Verzeichnisse, in denen die genauen Positionen und Helligkeiten der Sterne erfaßt sind, eine wichtige Grundlage für jede nähere Beschäftigung mit den Phänomenen des Nachthimmels und insbesondere für die astronomische Forschung. Ohne sie wäre es ungleich schwieriger, sich am Firmament zu orientieren und bestimmte Objekte aufzufinden, oder sogar unmöglich, temporäre Erscheinungen wie Novae oder Kometen – sofern sie nicht außergewöhnlich hell sind – als solche zu erkennen. Viele Entdeckungen wurden nicht oder zumindest nicht früher gemacht, weil keine wissenschaftlich fundierten Tabellen und Kartenwerke zur Verfügung standen. Den engagierten Astronomen, die in geduldiger, oft jahrelanger Arbeit eine systematische Bestandsaufnahme des Himmels durchgeführt haben, kommt daher ein großes Verdienst zu.

Zwei der historisch bedeutendsten Sternverzeichnisse sind entstanden, weil jeweils das Auftauchen eines „neuen Sterns" nicht mit der angenommenen Unveränderlichkeit des Firmaments in Einklang zu bringen war und ihre Autoren das Erfordernis einer zuverlässigen Beobachtungsgrundlage erkannten. Hipparch von Nikaia (um 190 bis um 125 v. Chr.) sah sich durch das erstmals beobachtete Aufleuchten eines Sterns im Sternbild Skorpion veranlaßt, einen entsprechenden Katalog zu erstellen. Mit einfachen Meßinstrumenten, aber großem Geschick bestimmte er die Koordinaten von 1022 Sternen. Ptolemäus (um 100 bis um 160 n. Chr.), der letzte große Astronom der griechischen Antike, nahm diese Tabellen wohl nahezu unverändert in sein Buch „Megale Syntax" („Große Syntax") auf. Beide Kataloge gingen verloren; Ptolemäus' Werk blieb lediglich in der arabischen

## Erdrotation und Himmelsgewölbe

Die Erde rotiert um eine Achse, die Nord- und Südpol miteinander verbindet. Weil die Drehung von Westen nach Osten erfolgt, scheinen sich die Gestirne über uns in umgekehrter Richtung, von Osten nach Westen zu bewegen. Der Ort eines Beobachters auf der Erde ist gekennzeichnet durch einen Winkelabstand vom Äquator, die geographische Breite, die gewöhnlich mit dem griechischen Buchstaben φ bezeichnet wird. Unter genau demselben Winkel erscheint dem Beobachter die Höhe des von seiner Hemisphäre aus sichtbaren Himmelspoles, der sich durch eine gedachte Verlängerung der Erdachse an das – unendlich weit entfernt angenommene – Himmelsgewölbe ergibt. Ebenso läßt sich der Äquator der Erde an das Firmament projizieren. Und so, wie der Äquator die Erde in eine nördliche und eine südliche Hemisphäre teilt, trennt der Himmelsäquator das Firmament in eine nördliche und eine südliche Hälfte.

Als Beobachter scheinen wir gewissermaßen immer oben zu stehen, mit der gesamten Erde zu unseren Füßen. Unsere Sicht wird durch den Horizont begrenzt, den man sich als ebene Fläche vorstellen kann, die an unserem Beobachtungspunkt die Erde tangential berührt. Auch die Projektion des Horizonts auf die Himmelssphäre teilt diese in zwei Hälften: in eine sichtbare und in eine unsichtbare. Senkrecht über uns befindet sich der Zenit, der von allen Punkten des Horizonts 90° entfernt ist; der gegenüberliegende Fußpunkt heißt Nadir. Im Gegensatz zu den beiden Himmelspolen sind Zenit und Nadir keine allgemeingültigen Fixpunkte am Firmament: Sie hängen vom Beobachtungsort ab und folgen uns nach, wenn wir uns auf der gekrümmten Erdoberfläche bewegen.

Die Schnittpunkte des Horizonts mit dem Himmelsäquator legen die Ost- und Westrichtung fest, während Norden und Süden durch die Punkte definiert werden, an denen sich Horizont und Himmelsmeridian schneiden; dies ist der Großkreis, der durch die beiden Himmelspole sowie durch Zenit und Nadir verläuft. Der Meridian ist damit ebenfalls auf den jeweiligen Beobachtungsort bezogen. In ihm erreichen die Gestirne den höchsten Punkt auf ihrer täglichen scheinbaren Bahn, die sogenannte obere Kulmination.

Bewegt man sich parallel des Äquators auf der Erde, also auf derselben geographischen Breite, hat dies keinen Einfluß darauf, welche Sterne sichtbar sind. Erst dann, wenn wir unsere geographische Breite wechseln, ändert sich der Anblick des Firmaments. Befänden wir uns am Nordpol, fielen Himmelsnordpol und Zenit zusammen. Die Sterne würden sich dann alle auf Bahnen parallel zum Horizont bewegen ohne auf- oder unterzugehen. Sichtbar wären allerdings nur die Sterne des Nordhimmels; die der südlichen Himmelssphäre blieben uns verborgen. Am Äquator wiederum, wo die Himmelspole direkt am Horizont liegen, sind im Laufe eines Jahres alle Sterne zu beobachten. In den Breiten dazwischen gibt es immer einen Bereich des Himmels um den sichtbaren Himmelspol, der stets über dem Horizont bleibt, in dem also die Gestirne nicht untergehen; diese Sterne nennt man zirkumpolar. Entsprechend gibt es einen gleich großen Bereich um den gegenüberliegenden Himmelspol, der nie über den Horizont steigt; die Sterne dort sind nicht sichtbar. Im vorliegenden Atlas sind diese von der geographischen Breite abhängigen Sichtbarkeitsbedingungen für jedes Sternbild in einer Tabelle angegeben.

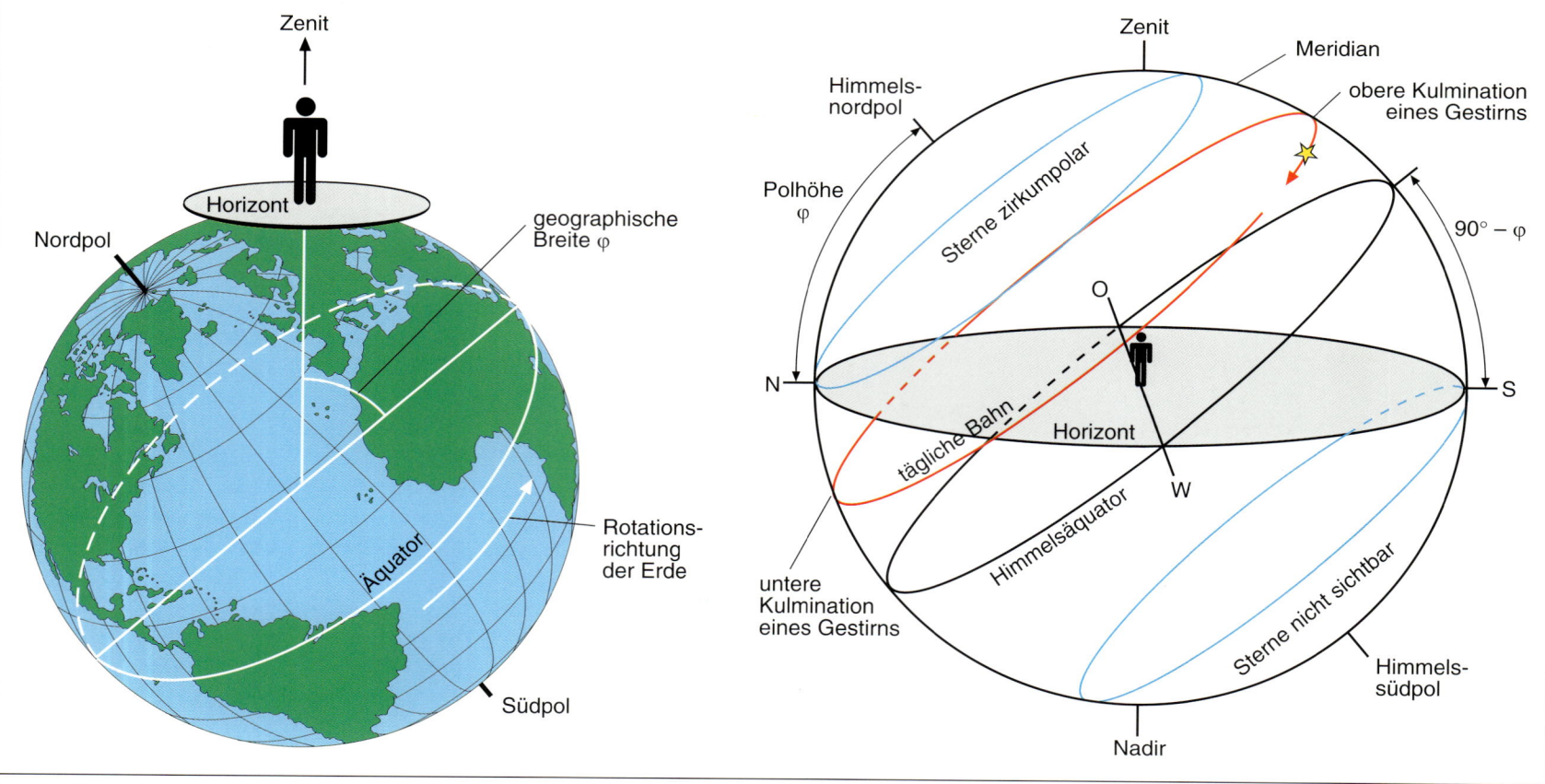

Übersetzung erhalten, die erstmals 1175 ins Lateinische übertragen und als „Almagest" bekannt wurde. Für anderthalb Jahrtausende blieb dieses Buch maßgeblich für alle astronomischen, astrologischen und weltanschaulichen Fragen. Auch die Schriften arabischer Astronomen wurden im Mittelalter viel genutzt, erlangten aber im christlich geprägten europäischen Kulturkreis nicht die gleiche Bedeutung wie der „Almagest".

Als im November 1572 im Sternbild Cassiopeia abermals ein „neuer Stern" aufflammte, bewegte dies den aus einer adligen dänischen Familie stammenden Tycho Brahe (1546–1601), die Erfüllung seines Lebens in der Astronomie zu suchen. Mit exzentrischem Wesen, aber auch der Gabe zur genauen Beobachtung ausgestattet, baute er ein Observatorium und vermaß sorgfältig die Örter der sich bewegenden Planeten und die Positionen von 777 Sternen mit nie zuvor – und auch später lange nicht – erreichter Genauigkeit. (Brahes Messungen

Dasselbe Himmelsareal wie in der Abbildung auf Seite 13. Einziger, aber bedeutender Unterschied: Das Licht der hellen Sterne ist hier auf eine größere Fläche übertragen, wodurch eine Überbelichtung vermieden werden konnte. Geschickt angewandt, lassen sich mit dieser Technik die Helligkeiten der Sterne so darstellen, wie man sie mit dem bloßen Auge wahrnimmt. Auf markante Weise treten jetzt in der Bildmitte die sieben hellen Sterne des Großen Wagens – um diese Konfiguration handelt es sich – aus dem Gewimmel der unzähligen lichtschwächeren Hintergrundsterne hervor. Zudem sind jetzt ihre Eigenfarben deutlich zu erkennen. Man sieht, daß die drei Sterne, welche die „Deichsel" des Wagens bilden, und die drei benachbarten Sterne des „Kastens" in blauem Licht erstrahlen, während der obere hintere Kastenstern orangefarben leuchtet.

# Einführung

der Planetenörter waren es, die Johannes Kepler in den ersten Jahren des 17. Jahrhunderts die Gesetze der Planetenbewegung erkennen ließen.)

Basierend auf Brahes Katalog und zahlreichen anderen Quellen, möglicherweise auch auf eigenen Beobachtungen, veröffentlichte der in Augsburg tätige Rechtsanwalt und Liebhaberastronom Johann Bayer (1572–1625) bereits im Jahre 1603 mit der „Uranometria" den ersten Sternatlas des gesamten Himmels. Auf 51 Tafeln hatte er 1709 Sterne zumeist recht positionsgetreu eingezeichnet und zudem den Himmel sozusagen neu geordnet. Die einzelnen Sternbilder grenzte Bayer klar voneinander ab, und für den Südhimmel führte er zwölf neue Konstellationen ein. Diese gehen freilich nicht auf Bayer selbst, sondern auf verschiedene Seefahrer zurück, deren Berichte er nutzte: unter ihnen Amerigo Vespucci, Andreas Corsalius, Peter Medinensis, Pieter D. Keyser und Frederick de Houtman. Letzterer hatte als Anhang eines Wörterbuchs der malaiischen Sprache einen Katalog mit 303 Sternen des Südhimmels veröffentlicht, der auf Beobachtungen von ihm und Keyser während einer der ersten ostindischen Expeditionen zurückgeht. Es ist allerdings unbekannt, ob die von den beiden Niederländern verwendeten Sternbilder von ihnen selbst benannt oder von Eingeborenen übernommen wurden.

Die bleibende Bedeutung der „Uranometria" ist insbesondere darin zu sehen, daß Bayer innerhalb eines jeden Sternbilds die Sterne bis etwa zur 4. Größe durchlaufend mit den kleinen Buchstaben des griechischen und – wenn dies nicht ausreichte – mit denen des lateinischen Alphabets bezeichnete. Diese praktische Notation setzte sich rasch in der Astronomie durch. Sie gab freilich auch Anlaß zur Verwirrung, als Anfang des 19. Jahrhunderts immer mehr Astronomen den neuen Forschungszweig der veränderlichen Sterne erschlossen und gemutmaßt wurde, Bayer habe die Buchstabenfolge gemäß der relativen Helligkeit der Sterne vergeben. Weil dies, wie man feststellte, in einigen Fällen nicht stimmte, hoffte man, aus Bayers Notation Hinweise auf eine langfristige Veränderlichkeit der betreffenden Sterne gewinnen zu können. Zu Bayers Zeit hatte man aber die Helligkeit der Sterne noch nicht so fein unterschieden wie spätere Astronomen es zu tun pflegten, so daß er die Sterne nur in Stufen von jeweils einer ganzen Größenklasse und innerhalb einer jeden von Nord nach Süd vorgehend geordnet hatte. (Zum Gebrauch der Größenklassenskala s. S. 23.)

Mit der Einführung des Fernrohrs in die Astronomie zu Anfang des 17. Jahrhunderts nahm die Genauigkeit, mit der die Position der Gestirne bestimmt werden konnte, enorm zu. Zahlreiche Astronomen haben seitdem auf diesem Gebiet der Astrometrie und der Himmelskartographie Großes geleistet. Von herausragender Bedeutung war beispielsweise die Bonner Durchmusterung, die Friedrich Wilhelm Argelander (1799–1875) und Eduard Schönfeld (1828–1891) in der zweiten Hälfte des 19. Jahrhunderts an der Sternwarte Bonn erstellten. In diesem Katalog und Kartenwerk sind Positionen und Helligkeiten von 457 857 Sternen des von Deutschland aus sichtbaren Himmels bis etwa zur 9,5. Größe verzeichnet. Für den Südhimmel führten J. M. Thome (1843–1908) und seine Kollegen am Córdoba-Observatorium in Argentinien eine analoge Durchmusterung durch, die 613 953 Sterne bis zur 10. Größe enthält. Wenngleich seitdem mehr als ein Jahrhundert verstrichen ist und mittlerweile von Satelliten aus hochpräzise Positionsmessungen vorgenommen werden, sind diese Durchmusterungen auch heute noch von großem Wert. So basiert beispielsweise einer der von Fachastronomen und Hobby-Sternfreunden gleichermaßen benutzten Sternatlanten, die „Uranometria 2000.0", zu einem großen Teil auf einer elektronischen Version der Bonner und der Córdoba-Durchmusterung.

Die Spezialisierung der Astronomie in verschiedene Forschungszweige hat zudem die Herausgabe verschiedener spezieller Stern- und Objektverzeichnisse erforderlich gemacht. So gibt es Kataloge, die Informationen über Spektralklassen enthalten (wie der von der Astronomin Anny J. Cannon und anderen von 1918 bis 1924 am Harvard-College-Observatorium erstellte Henry-Draper-Katalog), und solche, die den Eigenbewegungen der Sterne gewidmet sind (wie der von Ulrich Bastian und Siegfried Röser vom Astronomischen Rechen-Institut in Heidelberg 1991 veröffentlichte „PPM Star Catalogue"). Die Akademie der Wissenschaften Rußlands gibt den „Generalkatalog der veränderlichen Sterne" heraus, der regelmäßig überarbeitet wird und mittlerweile etwa 30 000 Sterne mit veränderlicher Helligkeit auflistet. Außer diesen hauptsächlich für Fachleute gedachten Verzeichnissen gibt es eine Reihe von gezeichneten Kartenwerken und photographischen Sternatlanten, die für Amateurastronomen geeignet – und erschwinglich – sind. Allerdings stellen sie den Himmel meist streng nach astronomischen Koordinaten geordnet dar, was dem Anfänger oder gelegentlichen Beobachter die Orientierung nach den besonders augenfälligen Sternbildern erschwert.

## Die Bezeichnung der Sterne

Jahrhundertelang hat man zur Benennung der Sterne ihre Position in der figürlichen Darstellung des jeweiligen Sternbilds umschrieben, beispielsweise: „der helle rote Stern auf der rechten Achsel des Orion". Im Laufe der Zeit haben viele der helleren Sterne Eigennamen arabischen, lateinischen oder griechischen Ursprungs erhalten. So wurde der erwähnte Stern im Orion in Anlehnung an das arabische Wort für Schulter Betelgeuse genannt (was seit einem Übertragungsfehler in einer späteren Ausgabe der Bayerschen „Uranometria" zumeist Beteigeuze geschrieben wird). Weitere Beispiele sind Capella (lateinisch „Ziegenböckchen") und Pollux (lateinischer Name des Zeussohnes Polydeukes, der mit seinem Zwillingsbruder Kastor vielen Menschen zum Retter wurde).

Heute werden nur für die hellsten Sterne diese Namen gelegentlich noch verwendet. International in Gebrauch ist die Notation, die Johann Bayer in seiner „Uranometria" einführte: Innerhalb jedes Sternbilds werden die helleren Sterne mit den kleinen Buchstaben des griechischen Alphabets bezeichnet. Diesen stellt man den Genitiv des lateinischen Sternbildnamens nach, entweder in der vollständig ausgeschriebenen Version oder in einer abgekürzten aus drei Buchstaben. Betelgeuse zum Beispiel wird α Orionis oder einfach α Ori genannt.

Spätere Himmelskartographen orientierten sich streng nach der Position der Gestirne, die man analog zur geographischen Länge und Breite auf der Erdkugel ermittelt – nur mit dem Unterschied, daß man die Koordinaten an der Himmelssphäre als Rektaszension (gemessen in Stunden, Minuten und Sekunden) und Deklination (gemessen in Grad nördlich und südlich des Himmelsäquators) bezeichnet. In dem etwa 2700 Sterne umfassenden Katalog „Historia Coelestis Britannica", den der englische Astronom John Flamsteed (1646–1719) erstellte, werden innerhalb eines Sternbilds die Sterne in aufsteigender Rektaszension durchgezählt. Der Identifikations-

## Das griechische Alphabet

| Alpha | α | Jota | ι | Rho | ρ |
| Beta | β | Kappa | κ | Sigma | σ |
| Gamma | γ | Lambda | λ | Tau | τ |
| Delta | δ | My | μ | Ypsilon | υ |
| Epsilon | ε | Ny | ν | Phi | φ |
| Zeta | ζ | Xi | ξ | Chi | χ |
| Eta | η | Omikron | ο | Psi | ψ |
| Theta | ϑ | Pi | π | Omega | ω |

## Beispiele für Sternbezeichnungen

| Eigenname | Betelgeuse | Capella | Pollux |
| Bayer-Bezeichnung | α Orionis | α Aurigae | β Geminorum |
| Flamsteed-Nummer | 58 Orionis | 13 Aurigae | 78 Geminorum |
| Bonner Durchmusterung | BD +7° 1055 | BD +45° 1077 | BD +28° 1463 |
| Boss General Catalogue | GC 7451 | GC 6427 | GC 10438 |
| Henry Draper Catalogue | HD 39801 | HD 34029 | HD 62509 |
| Catalogue of Bright Stars | Yale 2061 | Yale 1708 | Yale 2990 |
| SAO Catalogue | SAO 113271 | SAO 40186 | SAO 79666 |
| PPM Star Catalogue | PPM 149643 | PPM 47925 | PPM 97924 |

### Winkel- und Koordinatenangaben

Abstände am Himmelsgewölbe mißt man als ebene Winkel. Ein Vollkreis entspricht 360 Grad (Einheitenzeichen °), ein Viertelkreis 90°. Feinere Unterteilungen sind die Bogenminute (′) und die Bogensekunde (″). Es gilt: 1° = 60′; 1′ = 60″.

Zum Schätzen von Winkelabständen können einfache Hilfsmittel dienen. Die Scheibe des Vollmondes hat einen Durchmesser von ziemlich genau 30′ = 0,5°. Der Daumen der ausgestreckten Hand umfaßt mit seiner Breite einen Winkel von etwa 2°; die Faust entspricht 10° und die Handspanne 20°.

Die Position eines Sternes wird durch Angabe zweier Koordinaten, die Rektaszension und die Deklination, beschrieben. Die Deklination mißt man ausgehend vom Himmelsäquator (0°) senkrecht nach Norden und Süden. Der Himmelsnordpol hat eine Deklination von +90°, der Himmelssüdpol eine von −90°. Die Rektaszension wird beginnend vom Schnittpunkt des Himmelsäquators mit der Ekliptik, der scheinbaren Bahn der Sonne, in östlicher Richtung gemessen (also entgegengesetzt zur scheinbaren täglichen Bewegung der Gestirne). Sie wird selten in Grad, sondern meist in Stunden ($^h$), Minuten ($^m$) und Sekunden ($^s$) angegeben. 360° entsprechen 24$^h$, und 15° entsprechen 1$^h$.

nummer wird wiederum der Sternbildname hinzugefügt. Die Flamsteed-Numerierung wird allgemein für solche Sterne angewandt, für die es keine Bayer-Bezeichnung gibt.

Um noch lichtschwächere Sterne zu identifizieren, greift man auf verschiedene spezielle Kataloge zurück. In der Bonner- bzw. Córdoba-Durchmusterung beispielsweise sind die Sterne innerhalb bestimmter Deklinationszonen durchnumeriert. Andere Verzeichnisse verfahren ähnlich. Dies alles hat zur Folge, daß für ein und denselben Stern mehrere Bezeichnungen verwendet werden. Beispiele für Betelgeuse, Capella und Pollux sind in der Tabelle auf Seite 16 angegeben.

Für veränderliche Sterne gibt es ein besonderes Verfahren der Benennung. Solche, die bereits einen griechischen Buchstaben tragen, behalten ihren Namen bei wie beispielsweise δ Cephei. Ansonsten ordnet man den als veränderlich erkannten Sternen eines Sternbildes die großen lateinischen Buchstaben in der Reihenfolge R bis Z zu (Beispiel: R Leporis). Reicht dies nicht aus, verwendet man anschließend die Doppelbuchstaben RR, RS … RZ, SS, ST … SZ usw. bis ZZ, dann AA, AB … AZ, BB, BC … BZ usw. bis QZ. Sind diese insgesamt 334 Möglichkeiten erschöpft, numeriert man die Sterne mit 335 beginnend durch, wobei man der Ziffer ein V – für „veränderlich" – voranstellt (Beispiel: V 1500 Cygni). Dieses umständlich erscheinende Verfahren ist historisch bedingt: Einerseits wollte man bereits vergebene Bezeichnungen nicht ändern, andererseits wurden im Laufe der Zeit weit mehr Veränderliche entdeckt als früher erwartet.

## Die Bezeichnung nichtstellarer Objekte

Andere Himmelsobjekte wie Galaxien, Sternhaufen und Gasnebel werden zumeist mit einer Katalognummer versehen; nur einige besonders markante tragen einen Eigennamen wie etwa die Andromeda-Galaxie, die Plejaden und der Krebs-Nebel. Das erste bedeutende Verzeichnis solcher Objekte stammt von dem französischen Astronomen Charles Messier (1730—1817). Es ist zwar heute eigentlich nur noch von historischem Interesse, dennoch werden diese Katalognummern, denen man ein M voranstellt, insbesondere von Amateurastronomen weiter benutzt. Ein weit umfangreicheres Verzeichnis ist der „New General Catalogue of Nebulae and Clusters of Stars", den der dänische Astronom John L. E. Dreyer (1852—1926) erarbeitet und 1888 veröffentlicht hat. Dieser Katalog wurde später durch zwei Ergänzungsbände (Index Catalogue I und II) erweitert. Den jeweiligen Katalognummern stellt man die Abkürzungen NGC bzw. IC voran. Die Andromeda-Galaxie zum Beispiel trägt die Bezeichnungen M 31 und NGC 224. In diesem Buch wird den Messier-Nummern der Vorrang eingeräumt; in den Sternkarten sind – wie allgemein üblich – die NGC-Nummern ohne den Zusatz NGC angegeben.

## Angaben zur Sichtbarkeit

Eine Besonderheit in diesem Atlas sind die verschiedenen Angaben zur Sichtbarkeit der Sternbilder bzw. der in den Übersichtsaufnahmen abgebildeten Sternfelder. Zunächst ist den Tabellen „Daten der Sternbilder" zu entnehmen, von welchen Zonen der Erde aus das jeweilige Sternbild zirkumpolar ist (also niemals unter den Horizont sinkt), nie sichtbar ist (weil es immer unter dem Horizont bleibt) und vollständig gesehen werden kann (es kommt in seiner gesamten Ausdehnung über den Horizont). Ein Sternbild ist am längsten zu beobachten, wenn es gerade um Mitternacht die obere Kulmination, also den höchsten Punkt auf seiner scheinbaren täglichen Bahn am Firmament erreicht. Die Datumsangabe in den Tabellen bezieht sich dabei auf das Zentrum des Sternbildes, das durch den Mittelpunkt der angegebenen Ausdehnung (Bereich in Rektaszension und Deklination) definiert ist.

Wer sich nur gelegentlich und nicht als engagierter Amateurastronom am Sternenhimmel erfreuen will, wird dies wohl am ehesten in den Abendstunden tun. Aus diesem Grunde schien es ratsam, eine zusätzliche Information in Form von Schaubildern über die beste Sichtbarkeit am Abendhimmel aufzunehmen. Für die geographische Breite des jeweiligen Beobachtungsortes läßt sich anhand des dunkel markierten Bereiches aus der Graphik entnehmen, in welchen Monaten das gezeigte Sternfeld (genauer: die darin vollständig zu sehenden Sternbilder) sich in der gesamten Zeit zwischen Einbruch der Dunkelheit und Mitternacht über dem Horizont befindet. Einbruch der Dunkelheit bedeutet hierbei den Beginn der nautischen Dämmerung, wenn die Sonne 12° unter den Horizont gesunken ist.

Es sei aber darauf hingewiesen, daß diese Art der Darstellung nur einen groben Anhaltspunkt über die Sichtbarkeit des jeweiligen Sternfeldes liefert. Auch in den Wochen vor und nach dem angegebenen Zeitraum ist es zu sehen – nur geht es dann erst am späteren Abend auf oder bereits vor Mitternacht unter. Diese Zusammenhänge sind in folgender Graphik anhand des Sternfeldes 28 (das die Sternbilder Cygnus, Lyra, Sagitta und Vulpecula enthält) beispielhaft verdeutlicht:

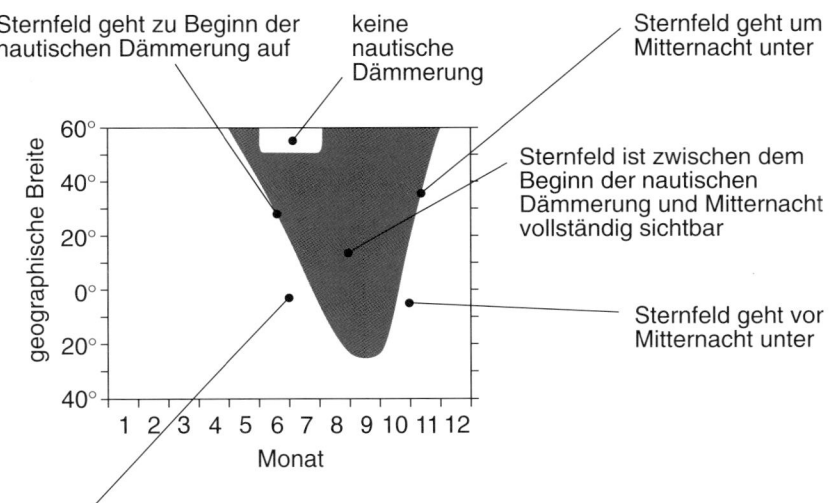

Aus dem Schaubild läßt sich ablesen, daß für einen Beobachter in Frankfurt am Main (das auf einer geographischen Breite von 50° Nord liegt) das Sternfeld von Mitte Mai bis Ende November am Abendhimmel zu sehen ist; allerdings macht sich dort im Juni und Juli der Einfluß der Mitternachtssonne bemerkbar, denn unser Tagesgestirn sinkt nachts für diese Breite nur wenig unter den Horizont, so daß der Himmel nicht vollständig dunkel wird. Von Rio de Janeiro aus, das auf 23° südlicher Breite liegt, ist dieses Himmelsareal hingegen nur für einige Tage im September den gesamten Abend über sichtbar.

Die Sichtbarkeit am Abendhimmel bildet auch das Kriterium dafür, wie die insgesamt 42 Sternfelder im Atlas angeordnet sind. Etwa monatsweise, beginnend mit Januar, sind die Sternbilder in schmalen Abschnitten von Nord nach Süd verlaufend dargestellt. Diese Einteilung ist in der Übersichtskarte auf der folgenden Doppelseite verdeutlicht.

# Übersichtskarte

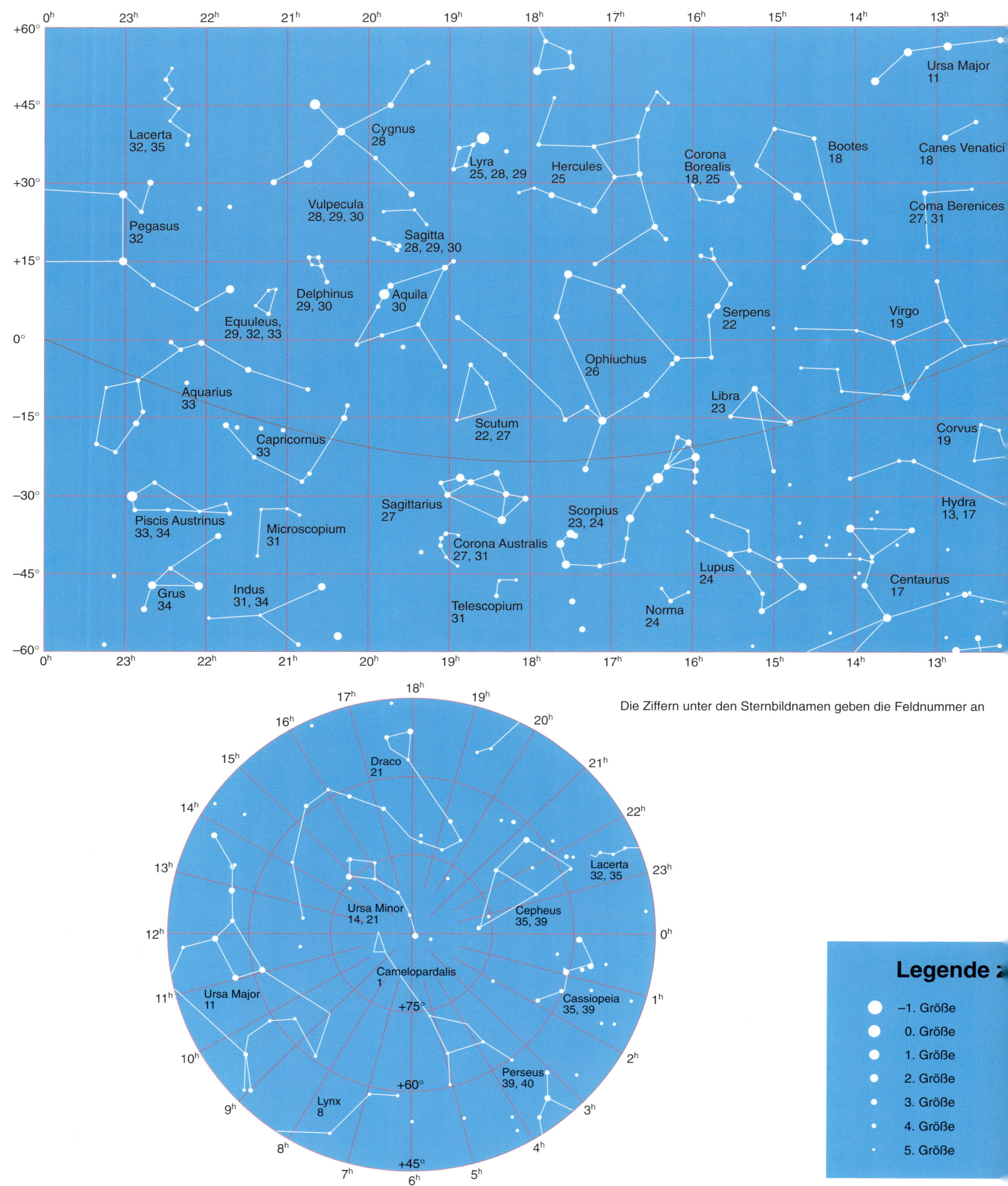

Die Ziffern unter den Sternbildnamen geben die Feldnummer an

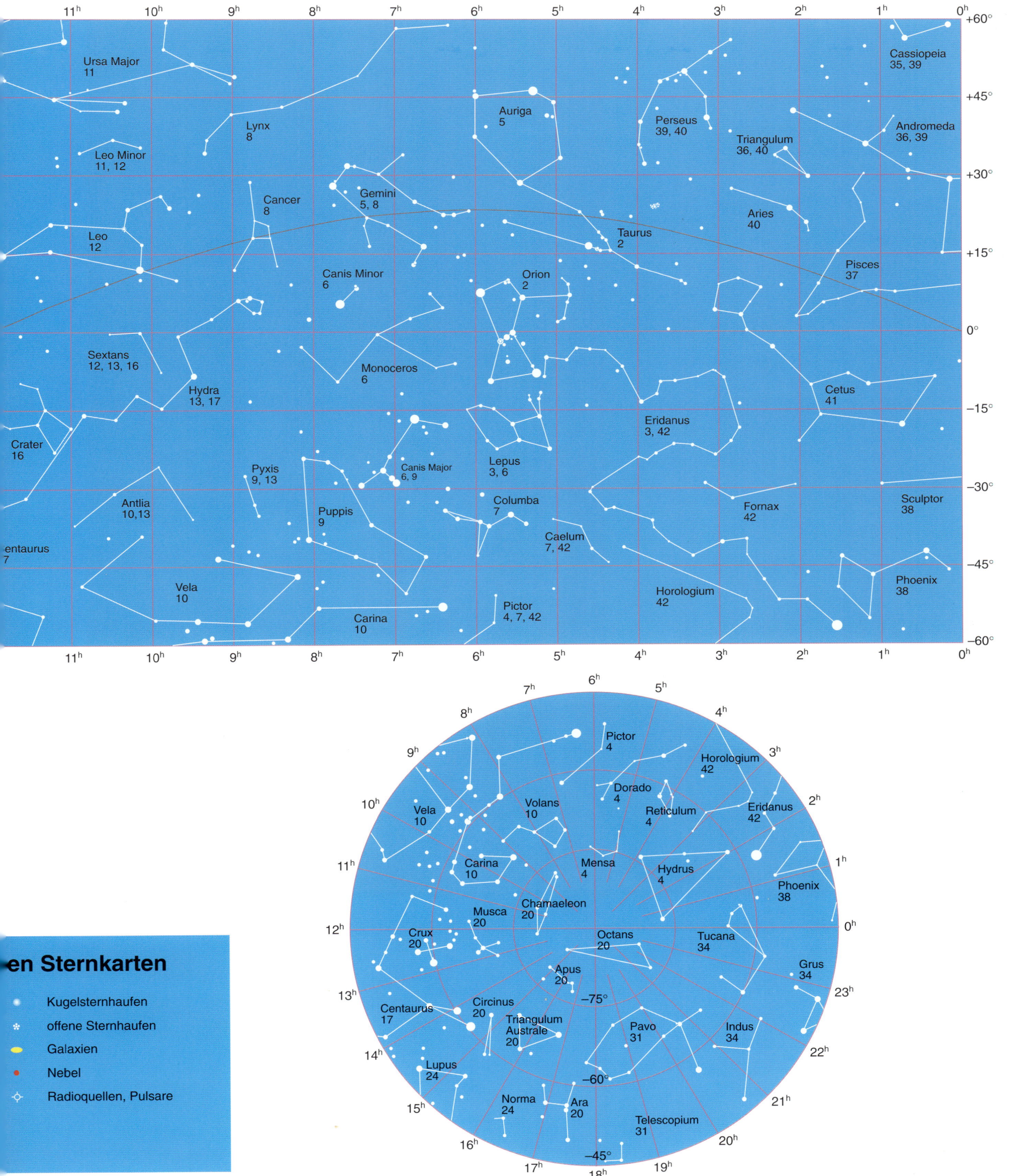

# Feld 1

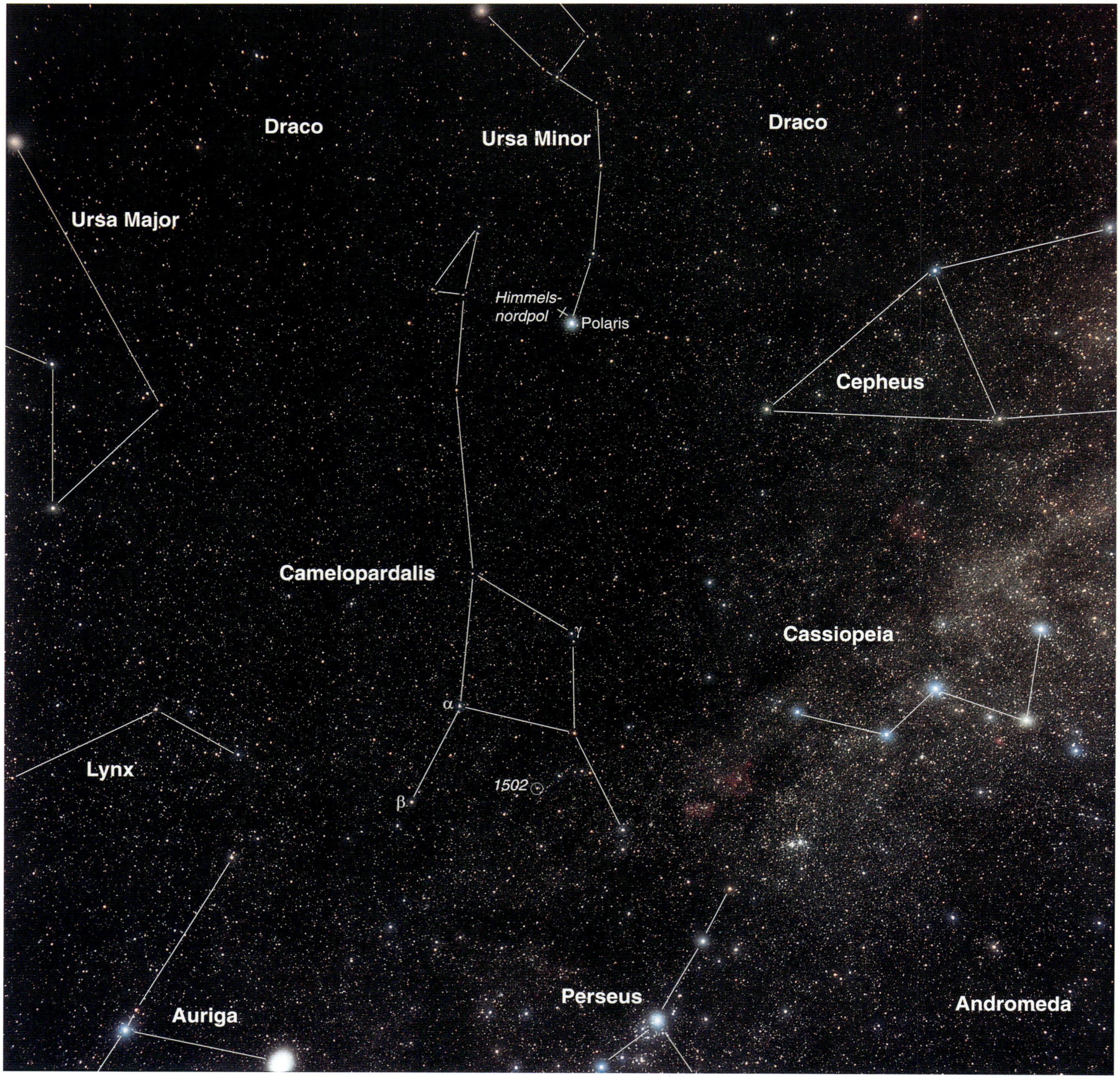

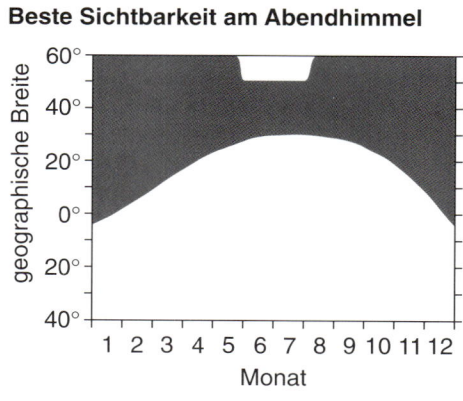

**Camelopardalis – Giraffe**
Cam – Camelopardalis

**Beste Sichtbarkeit am Abendhimmel**

# Camelopardalis

**Daten der Sternbilder**

|  | Camelopardalis |
|---|---|
| Bereich in Rektaszension | $3^h\,15^m$ — $14^h\,27^m$ |
| Bereich in Deklination | +86° 05′ — +52° 40′ |
| Fläche in Quadratgrad | 756,83 |
| Messier-Objekte | — |
| Anzahl der Sterne heller als $5\overset{m}{.}5$ | 44 |
| Meteorströme | — |
| Kulmination um Mitternacht am | 23. Dezember |
| zirkumpolar für | 90° n. Br. — 37° n. Br. |
| vollständig sichtbar von | 90° n. Br. — 4° s. Br. |
| nicht sichtbar von | 37° s. Br. — 90° s. Br. |

# Feld 1

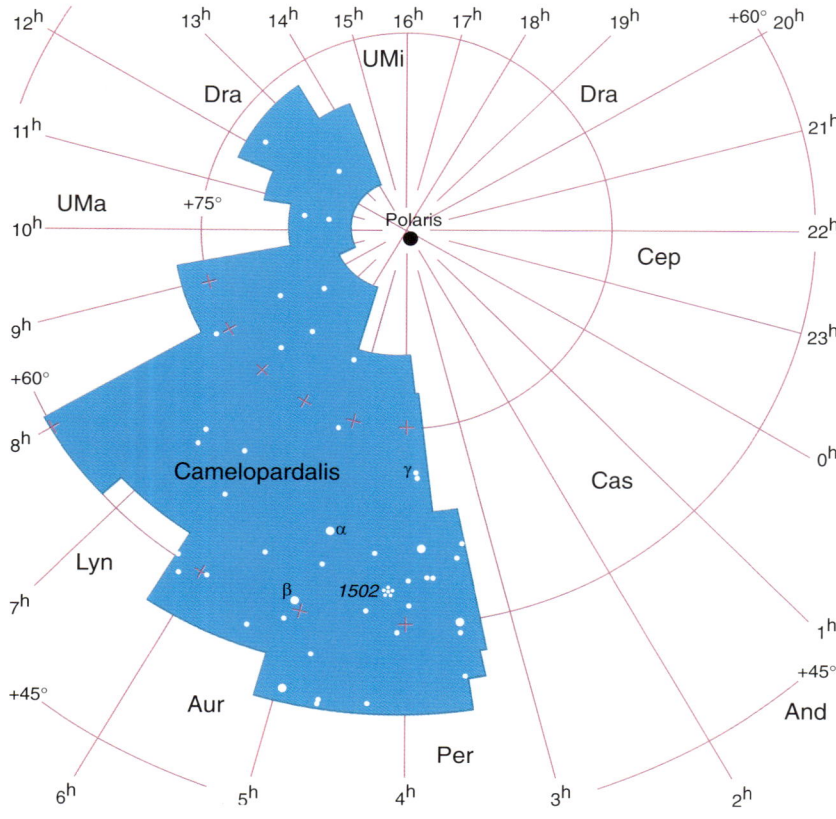

## Camelopardalis – Giraffe

„Die Giraffe ist am Himmel dort, wo man nichts sieht", lautet ein beliebter Spruch unter Hobby-Astronomen. Und in der Tat: Zwischen den markanten Sternbildern Ursa Major (Großer Bär) und Cassiopeia einerseits sowie dem Hauptstern Capella im Sternbild Auriga (Fuhrmann) und dem Polarstern andererseits scheint eine große Lücke am Firmament zu klaffen. Kein heller Stern zieht die Aufmerksamkeit des Beobachters auf sich, und man muß schon den Dunstkreis der Städte hinter sich lassen, um überhaupt vereinzelte Lichtpunkte in dieser Himmelsgegend ausmachen zu können. Der hellste Stern in dieser Konstellation, β Camelopardalis, erreicht auf der in der Astronomie üblichen Helligkeitsskala einen Wert von lediglich 4ṃ0.

Nur vier weitere der mit bloßem Auge erkennbaren Sterne gehören der 4. Größenklasse an; alle anderen zählen zur 5. oder 6. Größenklasse.

In der Antike sah man deshalb keine Veranlassung, diesem unattraktiven Gebiet am Himmel eine mythologische Figur zuzuweisen. Um dieses „Loch" am Firmament zu schließen, führte der niederländische Theologe und Astronom Petrus Plancius 1613 dieses Sternbild ein; außer der Giraffe gehen auch die Sternbilder Columba (Taube) und Monoceros (Einhorn) auf Vorschläge von ihm zurück. Der deutsche Astronom Jakob Bartsch übernahm Camelopardalis in seinem Werk „Planisphaerium Stellatum", das 1624 in Straßburg erschien. Bartsch, der spätere Schwiegersohn von Johannes Kepler, versuchte sich unter anderem darin, die aus der Antike überlieferten Sternbilder durch christliche Symbole zu ersetzen. Offenbar ohne konkrete Vorstellungen von der zoologischen Nomenklatur schrieb er über Camelopardalis: „Mir erscheint dies als das Kamel, mit dem Rebecca zusammen mit dem Sklaven Abrahams zu Isaak reiste." Diese Mißdeutung ist aber insofern verzeihlich, als sich der wissenschaftliche Name der Giraffe wirklich vom Höckertier ableitet: Wegen der kamelartigen Gestalt und des leopardenähnlich geflecktem Fells nannte man die Giraffe in der Antike „Kamelpanther", woraus schließlich Camelopardalis wurde.

Vielleicht mangels besserer Vorschläge hat sich die Giraffe am Himmel durchgesetzt, wo sie nun ein weiteres Kuriosum unter den zahlreichen verstirnten Tieren, Untieren und Fabelwesen darstellt. Immerhin lassen sich in die Anordnung aus lichtschwachen Sternen mit genügend Phantasie tatsächlich die Umrisse einer Langhalsgiraffe hineininterpretieren – was freilich auf der Sternkarte leichter gelingt als am Himmel.

Nicht anerkannt wurden hingegen zwei weitere Vorschläge für Sternbilder: Aus lichtschwachen Sternen nahe des Himmelsnordpoles an der Grenze zwischen Camelopardalis, Cassiopeia und Cepheus formte der Franzose Pierre-Charles le Monnier 1743 ein Rentier („Rangifer"); im Jahre 1779 gesellte sein Landsmann Joseph-Jérôme de Lalande den „Erntehüter" („Custos Messium") hinzu. Beide Konstellationen fanden jedoch bei anderen Astronomen keinen Anklang.

**Besondere Objekte**
Hiervon hat das Sternbild Camelopardalis wenig aufzuweisen. Die Übersichtsaufnahme auf der vorigen Doppelseite zeigt eine auffällige lineare Kette aus Sternen 8. Größe, an deren südöstlichem Ende sich der kleine Sternhaufen NGC 1502 mit etwa 15 Mitgliedern befindet; er läßt sich mit einem Feldstecher oder kleinen Fernrohr erkennen.

Das Sternbild Camelopardalis (hier Camelopardalus genannt) in der Darstellung von Johannes Hevelius (1611–1687). Der Danziger Astronom erstellte einen Katalog mit 1564 Sternen, deren Positionen er mit bloßem Auge bestimmte, weil er meinte, die Linsen eines Teleskops würden die wahren Werte verzerren. Der Katalog erschien posthum im Jahre 1690 zusammen mit einem Atlas, dem „Firmamentum Sobiescanum sive Uranographia", dessen Karten Hevelius selbst gestochen hatte. Im Gegensatz zu anderen Himmelskartographen stellte Hevelius die Sternbilder seitenverkehrt dar – also so, wie sie auf einem Himmelsglobus erscheinen würden, den man von außen betrachtet. Die Giraffe schaut demnach nach rechts auf den Großen Bären; der Polarstern (Polaris) befindet sich links hinter ihrem Kopf. Diese Art der Projektion hat den einzigen Vorteil, daß Osten wie bei gewöhnlichen Landkarten rechts ist; doch wird die Orientierung am Himmel, wo Osten links erscheint, wesentlich erschwert.

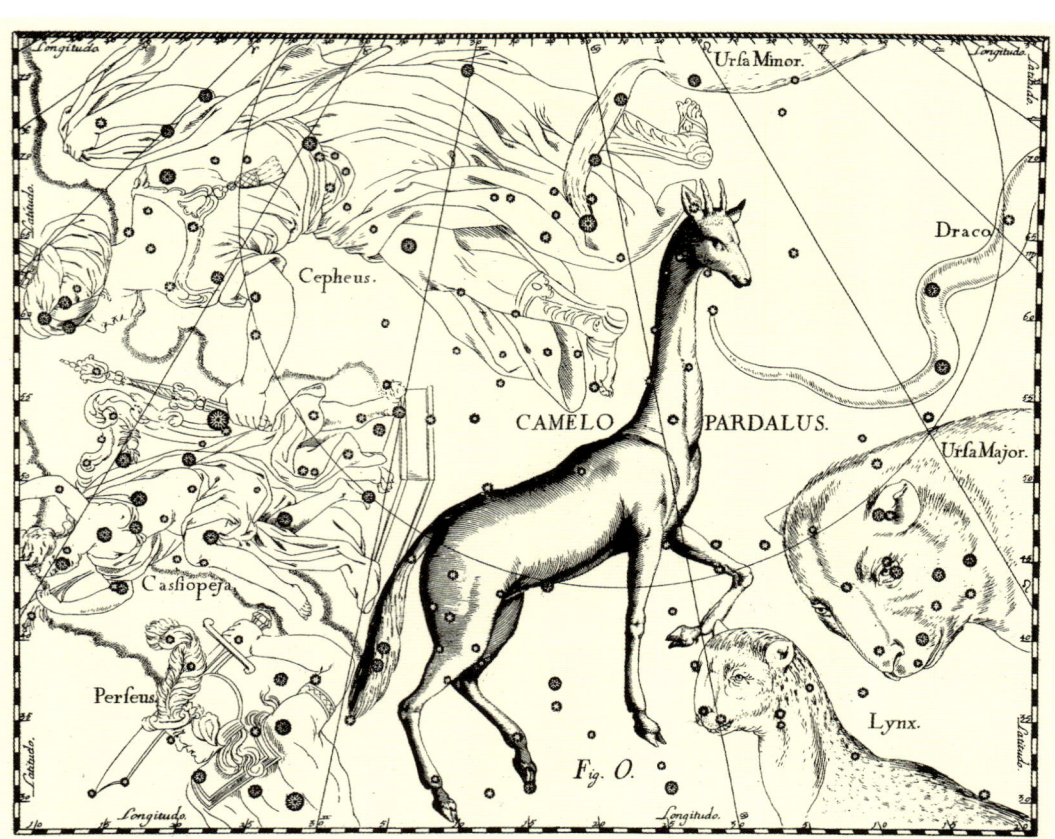

# Die Helligkeit der Sterne

Für die Beobachtung der Sterne und den direkten Vergleich zwischen ihnen ist es unerläßlich, ein Maß zu finden, mit dem sich ihre unterschiedliche Helligkeit bewerten läßt. Bereits der Grieche Hipparch (um 190 — um 125 v. Chr.), der die wissenschaftliche Astronomie begründete, erfand dazu ein äußerst praktisches Verfahren: Er teilte die Sterne in unterschiedliche Helligkeitsgruppen oder Größenklassen ein. Den hellsten ordnete er die erste Größenklasse zu, den etwas weniger hellen die zweite usw.; Sterne, die gerade noch mit bloßem Auge sichtbar sind, wurden in die sechste Größenklasse eingestuft.

Dieses System der Größenklassen hat sich sehr bewährt, um den Helligkeitseindruck der Sterne zu beschreiben, und ist nach wie vor in Benutzung. Man sagt zum Beispiel über Deneb ($\alpha$ Cygni), den hellsten Stern im Schwan, er sei ein „Stern der 1. Größenklasse" oder einfach „Stern 1. Größe". Der Begriff „Größe" hat selbstverständlich nichts mit dem Durchmesser der Sterne zu tun, sondern kennzeichnet die wahrgenommene Helligkeit.

Überhaupt ist diese Einteilung in Größenklassen ein subjektives Maß, das zunächst nichts mit den Eigenschaften der Sterne zu tun hat. Im allgemeinen ist nämlich nicht bekannt, in welcher Entfernung sich diese Himmelskörper befinden und wieviel Licht sie abstrahlen. Ein weit entfernter Stern kann uns durchaus heller erscheinen als ein naher, nämlich dann, wenn seine Leuchtkraft erheblich größer ist. Andererseits kann das stellare Licht auf dem Weg zur Erde durch Gas- und Staubwolken im All gestreut und absorbiert werden, was den Helligkeitseindruck wiederum mindert. Zu Zeiten Hipparchs wußte man noch nichts von diesen Effekten, und alle Sterne galten als gleich weit entfernt – so als wären sie an der Kugelschale des Himmelsgewölbes festgeheftet. Um zu verdeutlichen, daß man den optischen Sinneseindruck meint, spricht man heute nicht einfach von der Helligkeit, sondern von der scheinbaren Helligkeit.

### Die moderne Größenklassenskala

Mit dem Aufkommen moderner Beobachtungstechniken mußte das für das bloße Auge entwickelte Größenklassensystem in ein standardisiertes Meßverfahren überführt werden. Diese Anpassung nahm der englische Astronom Norman Pogson 1856 vor. Zudem reichte die Unterteilung in sechs Größenklassen nicht mehr aus, so daß man die Skala in beiden Richtungen – zu helleren und zu lichtschwächeren Objekten hin – erweiterte und auch feinere Abstufungen in zehntel und hundertstel Größen einführte. Die Größenklasse bezeichnet man heute oft als Magnitude mit dem Formelzeichen $m$. Für die Einheit benutzt man leider denselben Buchstaben, stellt ihn aber zur Unterscheidung als Hochzahl an die Ziffer der Größenklasse, bei Dezimalangaben über das Komma. Für den Stern Deneb beispielsweise schreibt man, er habe die scheinbare Helligkeit $1^m\!25$.

Die Erweiterung der Helligkeitsskala über die ursprünglich sechs Größenklassen hinaus führt nun zu der zunächst etwas merkwürdig anmutenden Konsequenz, daß einerseits über die Null hinaus auch negative Werte vergeben werden und andererseits der Zahlenwert der Helligkeit um so größer ist, je lichtschwächer das Objekt erscheint. Der hellste Stern am Himmel, Sirius ($\alpha$ Canis Majoris), hat beispielsweise eine scheinbare Helligkeit von $-1^m\!46$; ein Stern der Größe $6^m\!0$ kann in einer klaren, dunklen Nacht gerade noch mit dem bloßem Auge erkannt werden, während der Planet Neptun mit (im Maximum) $7^m\!5$ und andere Objekte mit scheinbaren Helligkeiten oberhalb $6^m$ der Beobachtung mit einem Feldstecher oder einem Teleskop vorbehalten bleiben.

Wie groß ist aber nun die Helligkeitsdifferenz zwischen zwei Objekten, die sich zum Beispiel um eine Größenklasse unterscheiden? Das physikalische Maß ist der Lichtstrom, den man beipielsweise in Watt pro Quadratzentimeter angeben kann. Nach der von Pogson modifizierten Skala unterscheiden sich die Lichtströme zweier Sterne um den Faktor 10, wenn die Differenz ihrer scheinbaren Helligkeiten 2,5 Größenklassen beträgt. Für eine Differenz von fünf Größenklassen ergibt sich ein Verhältnis der beiden Lichtströme von $10^2 = 100$, d.h. der Stern 1 strahlt 100mal heller als der Stern 2. Andererseits ergibt sich damit für einen Helligkeitsunterschied von einer Größenklasse für das Verhältnis der Lichtströme der Wert $\sqrt[5]{100} = 10^{0,4} \approx 2{,}512$. Mathematisch ergibt sich für das Verhältnis der Lichtströme $I_1$ und $I_2$ die folgende Beziehung, wobei $m_1$ die scheinbare Helligkeit des Sterns 1 und $m_2$ diejenige des Sterns 2 in Größenklassen ist:

$$\frac{I_1}{I_2} = 10^{0,4(m_2 - m_1)}$$

bzw. umgekehrt:

$$m_1 - m_2 = -2{,}5 \lg\left(\frac{I_1}{I_2}\right).$$

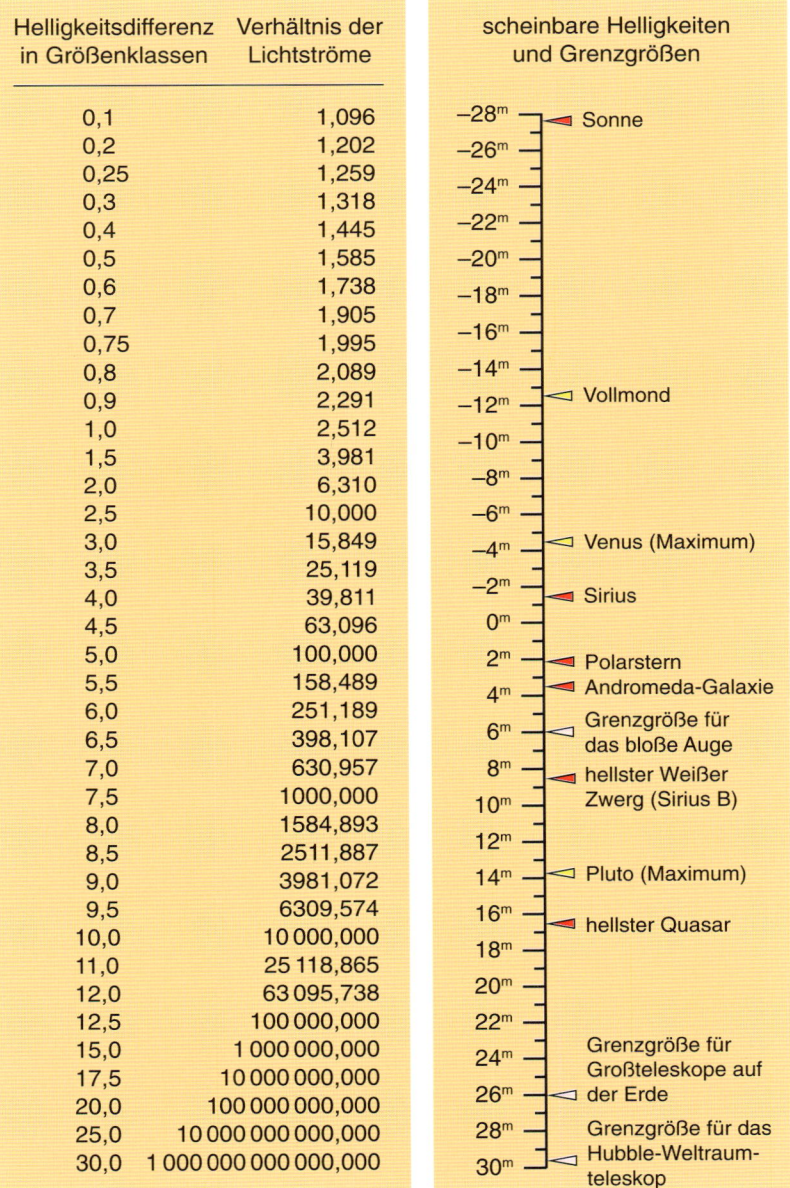

| Helligkeitsdifferenz in Größenklassen | Verhältnis der Lichtströme |
|---|---|
| 0,1 | 1,096 |
| 0,2 | 1,202 |
| 0,25 | 1,259 |
| 0,3 | 1,318 |
| 0,4 | 1,445 |
| 0,5 | 1,585 |
| 0,6 | 1,738 |
| 0,7 | 1,905 |
| 0,75 | 1,995 |
| 0,8 | 2,089 |
| 0,9 | 2,291 |
| 1,0 | 2,512 |
| 1,5 | 3,981 |
| 2,0 | 6,310 |
| 2,5 | 10,000 |
| 3,0 | 15,849 |
| 3,5 | 25,119 |
| 4,0 | 39,811 |
| 4,5 | 63,096 |
| 5,0 | 100,000 |
| 5,5 | 158,489 |
| 6,0 | 251,189 |
| 6,5 | 398,107 |
| 7,0 | 630,957 |
| 7,5 | 1000,000 |
| 8,0 | 1584,893 |
| 8,5 | 2511,887 |
| 9,0 | 3981,072 |
| 9,5 | 6309,574 |
| 10,0 | 10 000,000 |
| 11,0 | 25 118,865 |
| 12,0 | 63 095,738 |
| 12,5 | 100 000,000 |
| 15,0 | 1 000 000,000 |
| 17,5 | 10 000 000,000 |
| 20,0 | 100 000 000,000 |
| 25,0 | 10 000 000 000,000 |
| 30,0 | 1 000 000 000 000,000 |

Innerhalb der so definierten relativen Größenklassenskala muß noch der Nullpunkt festgelegt werden. Dazu eignet sich im Prinzip jeder Stern, dessen Helligkeit konstant ist. Anfangs wählte man den Polarstern, weil er für Beobachter der nördlichen Hemisphäre die ganze Nacht und das ganze Jahr über zu sehen ist, und wies ihm die scheinbare Helligkeit $2^m\!12$ zu. Als man jedoch merkte, daß der Polarstern leicht veränderlich ist, ersetzte man den Nullpunkt durch eine große Gruppe von Standardsternen in der Umgebung des Himmelsnordpols, die sogenannte internationale Polsequenz. Sie enthält mehr als 300 Sterne zwischen der 2. und 20. Größenklasse, deren scheinbare Helligkeiten auf mindestens $0^m\!01$ genau bekannt sind.

### Visuelle und photographische Helligkeit

Trotz dieser Nullpunktsfestlegung findet man mitunter für ein und dasselbe Objekt unterschiedliche Helligkeitsangaben. Das liegt daran, daß man die scheinbare Helligkeit auf verschiedene Weise ermitteln kann – zum Beispiel visuell mit dem Auge, photographisch mit einer Photoplatte oder Film, lichtelektrisch mit einem Photometer oder neuerdings mit einer hochempfindlichen elektronischen Kamera, einem sogenannten CCD (nach englisch *charge-coupled device*). Jede dieser Meßapparaturen weist eine bestimmte spektrale Empfindlichkeit auf, die im allgemeinen von der des Auges abweicht. Dies hat zur Folge, daß der Strahlungsstrom in verschiedenen Bereichen des elektromagnetischen Spektrums mit unterschiedlicher Stärke gemessen wird. So unterscheidet sich zum Beispiel die photographisch bestimmte von der visuell ermittelten Helligkeit. Um dies kenntlich zu machen, gibt man stets an, nach welchem Verfahren oder in welchem Farbbereich die scheinbare Helligkeit bestimmt wurde. Alle Angaben in diesem Buch beziehen sich auf visuell ermittelte Werte.

# Feld 2

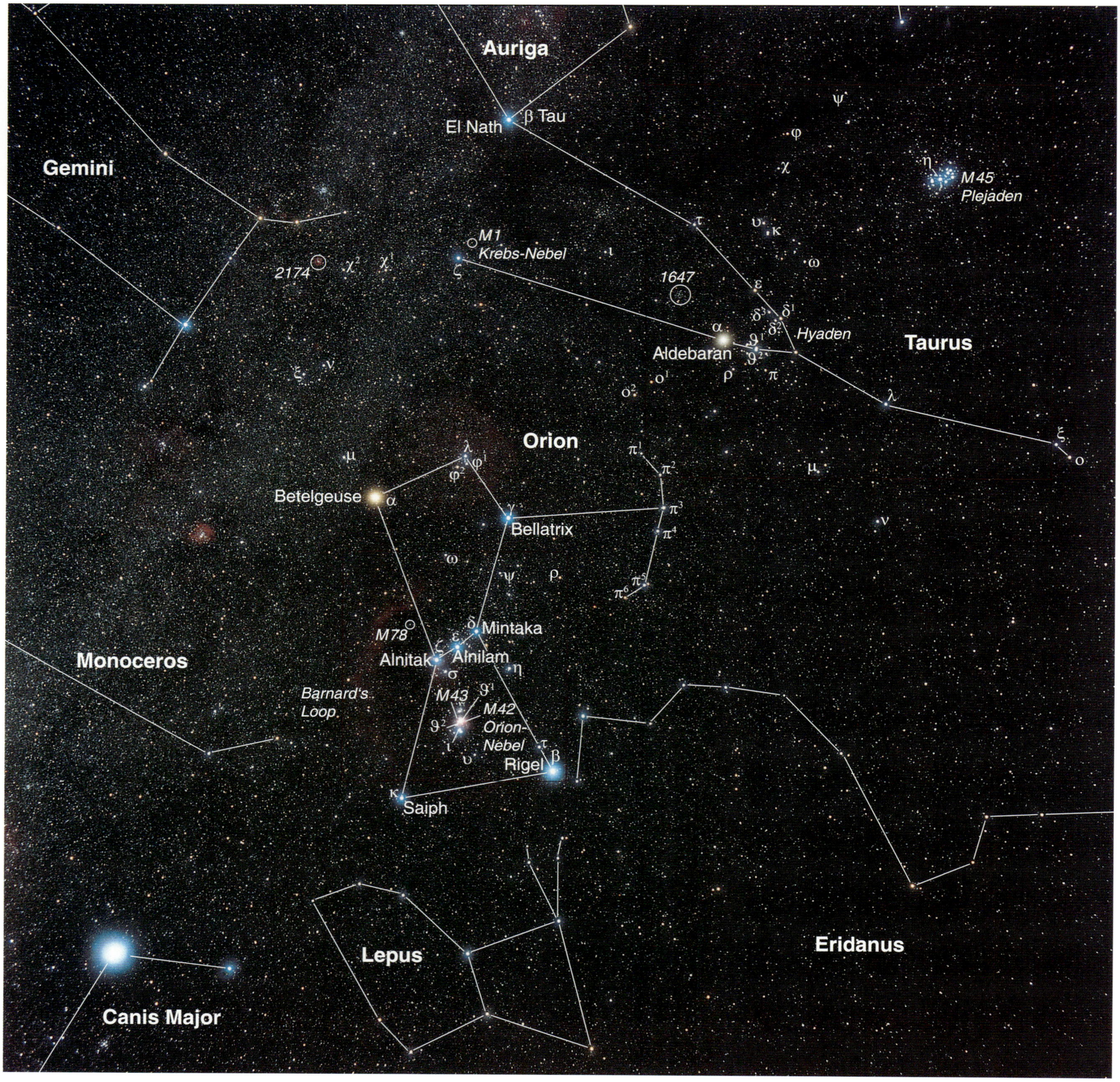

**Ori
Tau**

**Orion – Orion**
Ori – Orionis

**Taurus – Stier**
Tau – Tauri

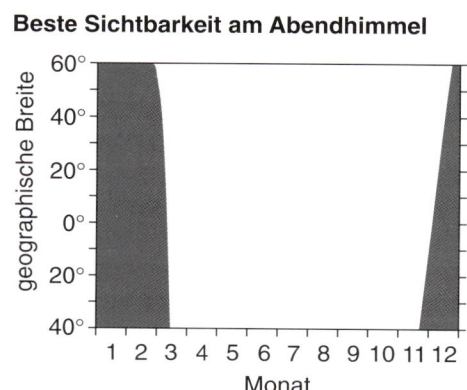

**Beste Sichtbarkeit am Abendhimmel**

# Orion, Taurus

**Daten der Sternbilder**

|  | Orion | Taurus |
|---|---|---|
| Bereich in Rektaszension | $4^h 43^m$ — $6^h 26^m$ | $3^h 23^m$ — $6^h 01^m$ |
| Bereich in Deklination | +22° 55′ — −11° 00′ | +31° 05′ — −1° 25′ |
| Fläche in Quadratgrad | 594,12 | 797,25 |
| Messier-Objekte | M 42, M 43, M 78 | M 1, M 45 |
| Anzahl der Sterne heller als $5^m_{.}5$ | 78 | 89 |
| Meteorströme | Orioniden (21./22. Oktober) | Tauriden (1.—10. November) |
| Kulmination um Mitternacht am | 13. Dezember | 30. November |
| zirkumpolar für | – | – |
| vollständig sichtbar von | 79° n. Br. — 67° s. Br. | 89° n. Br. — 59° s. Br. |
| nicht sichtbar von | – | – |

# Feld 2

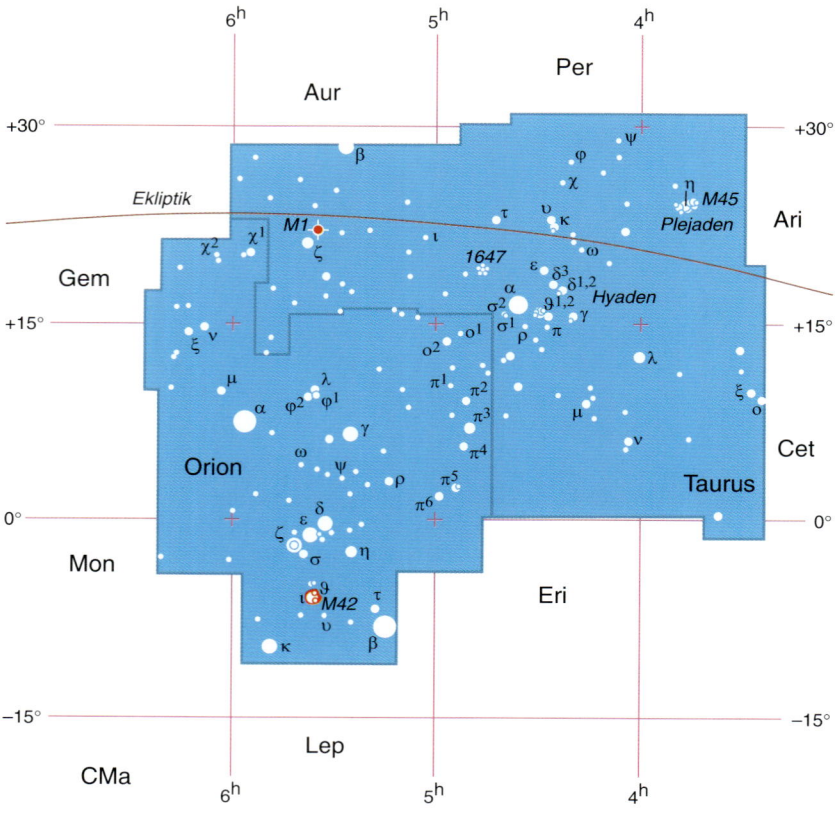

## Orion – Orion

Dieses Sternbild ist eines der bekanntesten, weil es trotz seiner mittleren Größe einige sehr helle Sterne enthält, die eine markante Figur am Firmament zeichnen, und es überdies wegen seiner Lage auf dem Himmelsäquator von allen Teilen der Welt zu sehen ist. Vier der hellsten Sterne bilden ein etwas verzerrtes Rechteck, in dessen Mitte drei gleich helle Sterne auf einer diagonalen Linie aufgereiht sind, die man als „Gürtel" oder „Jakobsstab" bezeichnet. Wegen seiner prächtigen Erscheinung wird die Größe dieses Sternbildes meist überschätzt, doch bietet es allerlei lohnende Beobachtungsobjekte. Orion ist eines der ältesten Sternbilder und stellt einen hünenhaften Kämpfer dar, der schwerttragend und keulenschwingend den wütenden Angriff eines Stieres abwehrt, dessen Kopf und Hörner am Himmel durch den offenen Sternhaufen der Hyaden und die Sterne β und ζ Tauri im benachbarten Sternbild Taurus symbolisiert werden.

**Mythologie**
Schon die Griechen der Antike erinnerten sich an Orion als großen Jäger aus längst vergangenen Zeiten. Möglicherweise hat die Orion-Sage ihren Ursprung im sumerisch-babylonischen Gilgamesch-Epos aus dem dritten vorchristlichen Jahrtausend. Dieser Dichtung zufolge war Gilgamesch, der König von Uruk, zwei Drittel Gott und ein Drittel Mensch. Seine Gestalt war offenbar recht ansehnlich, und seine Kräfte galten als in jeder Hinsicht vollkommen. Ihm zur Seite stand sein Freund Enkidu, ein in der Steppe geborener Jäger, der als eine Art Urmensch mit behaartem Körper geschildert wird, dessen Kräfte denen Gilgameschs aber nicht nachstanden. Als Gilgamesch das Werben der Liebesgöttin Ischtar ausschlug und sie beleidigte, wandte diese sich im Zorn an ihren Vater, den Himmelsgott Anu, und forderte die Herausgabe des Himmelsstieres, um in Uruk schweres Unheil anzurichten. Das Herabsteigen des Himmelsstieres hätte eine siebenjährige Hungersnot zur Folge gehabt. Doch den beiden Helden gelang das Unmögliche: Während Enkidu das schnaubende Tier am Schweif packte und festhielt, tötete Gilgamesch es durch einen zielsicheren Hieb mit seinem Schwert.

Die Sagen um den sumerischen König haben einen geschichtlichen Hintergrund; Gilgamesch hat vermutlich wirklich gelebt, und zwar um das 27. Jahrhundert v. Chr. – in einer Zeit, als die aus Zentralasien nach Mesopotamien eingewanderten Sumerer Stadtstaaten gegründet hatten und die älteste Schrift der Menschheit entwickelten. Gilgamesch könnte mit der alttestamentarischen Gestalt des Nimrod – eines Nachkommen von Noah – identisch sein, der als „großer Jäger vor dem Herrn" (1. Mose 10, 8f.) galt und sowohl als Begründer mesopotamischer Städte wie Babel, Uruk und Nimrud wie auch als erster Gewaltherrscher auf Erden angesehen wird.

Im griechischen Mythos ranken sich um Geburt, Leben und Tod des Orion verschiedene Legenden. Nach einer war er der riesenhafte Sohn des Meeresgottes Poseidon, der die Insel Chios von wilden Tieren befreite, aber auch versuchte, die Königstochter Merope mit Gewalt zu nehmen. Von ihrem Vater zur Strafe geblendet, gelang es ihm, nach Osten in Richtung des Sonnenaufgangs zu eilen und von den Strahlen des Tagesgestirns geheilt zu werden. Dort entbrannte Eos, die Göttin der Morgenröte, in Leidenschaft zu ihm; doch weil ihr die göttliche Verwandtschaft den kraftvollen jungen Mann nicht gönnte, erschoß die Jagdgöttin Artemis ihn mit einem Pfeil. Nach einer anderen Version war es Artemis, die angesichts des schönen Jägers erwog, ihr Keuschheitsgelübde zu brechen. Um dies zu verhindern, griff ihr Zwillingsbruder Apollon zu einer List: Als Orion einmal weit draußen im Meer schwamm, überredete er Artemis, ihre Kunst des Bogenschießens unter Beweis zu stellen, indem sie den kleinen Gegenstand in den Wellen treffen sollte. Ohne es zu wissen, durchbohrte Artemis mit ihrem Pfeil den Geliebten; schmerzerfüllt versetzte sie ihn anschließend an den Himmel. Weitere Varianten erzählen von einem Skorpion, der Orion mit seinem Stachel tötete – entweder weil der Jäger wegen seiner Prahlerei, er könne jedes Tier der Erde erlegen, den Zorn der Erdgöttin auf sich gezogen hatte, oder weil er versuchen wollte, die jungfräuliche Artemis zu mißbrauchen. Orion und Skorpion wurden sodann an entgegengesetzten Stellen des Himmels verewigt, so daß der Jäger immer dann unter den Horizont im Westen flieht, wenn das Spinnentier im Osten aufsteigt.

Nach einer weiteren Erzählung hatte Orion nicht nur Poseidon zum Vater, sondern zu gleichen Teilen auch Zeus und Hermes. Und das kam so: Als die drei Götter eines Abends gemeinsam unterwegs waren, wurden sie von einem alten Bauern names Hyrieus freundlich in seiner Hütte aufgenommen und bewirtet. Hyrieus gab ihnen reichlich Wein und schlachtete sogar seinen einzigen Stier, um die Gäste zu verköstigen. Nach dem Mahl fragten die drei, ob sie ihm einen Wunsch erfüllen könnten. Nun ja, sagte der Alte, er wünsche sich einen Sohn, doch seine Frau sei schon vor Jahren gestorben, und ein Treueschwur würde ihn hindern, eine andere zu haben. Da praktizierten die drei Götter etwas, was als frühzeitige Version der künstlichen Befruchtung gelten mag: Sie traten an die noch auf dem Boden liegende Haut des Stieres, nässten sie und deckten sie mit Erde zu. Nach der durchaus üblichen Zeit kam ein Riesenbaby hervor, das Hyrieus nach der Art des Zeugungsvorgangs Urion nannte, woraus später Orion wurde.

Andere Kulturkreise verbanden weniger spektakuläre Ereignisse und Gestalten mit diesem Sternbild. Die Ägypter sahen in ihm den Gott Osiris, den Herrscher des Totenreiches, der auch die Saat sprießen und gedeihen ließ und so eine magische Wiederbelebung der Bestatteten symbolisierte. Auch Gerätschaften wurden in dieser Sterngruppierung gesehen: Brasilianische Indianer erkannten ein Gestell zum Trocknen von Maniokknollen, Südseeinsulaner ein Kriegsboot und die Germanen einen Hakenpflug.

**Besondere Objekte**
Der eindrucksvolle Anblick des Orion ist darauf zurückzuführen, daß man in dieser Richtung in eine relativ nahe Konzentration aus Sternen und interstellarem Gas hineinsieht, in der sich noch immer Sterne bilden. Riesige Wolken aus Gas und mikroskopisch feinen Staubpartikeln verdichten sich an manchen Stellen derart, daß in ihrem Inneren die Materie infolge ihrer Schwerkraft zusammenstürzt und neue Sterne entstehen läßt. Bereits mit einem kleinen Fernglas kann man den bekannten Orion-Nebel M 42 sehen, der ein riesiges Sternentstehungsgebiet in einer Entfernung von etwa 1500 Lichtjahren ist; er stellt mit einigen dicht zusammengedrängten jungen Sternen das „Schwertgehänge" des Orion dar. Auf langbelichteten Photographien lassen sich zahlreiche weitere helle Gas- und dunkle Staubnebel erkennen.

Während diese Nebel das Licht dahinter stehender Sterne streuen und absorbieren, befinden sich die hellsten Sterne in dieser Konstellation weit näher an unserem Sonnensystem, so daß sie ungehindert sichtbar sind. In mehrfacher Hinsicht bemerkenswert ist der zweithellste Stern, α Orionis oder Betelgeuse (im deutschen Sprachraum aufgrund eines Übertragungsfehlers in historischen Himmelsatlanten meist „Beteigeuze" geschrieben),

# Orion, Taurus

der die rechte Schulter des Orion markiert. Er ist ein wahrer Sternengigant, ein sogenannter Roter Überriese, der noch relativ jung, aber leuchtkräftiger ist als die meisten anderen Vertreter dieser Sternklasse. Im Vergleich zur Sonne strahlt er mit der mehr als 10 000fachen Helligkeit und weist den 500- bis 800fachen Durchmesser sowie die etwa 20fache Masse auf; in ihm hätte die Sonne mitsamt der Bahnen von Merkur, Venus, Erde und Mars bequem Platz. Die Oberflächentemperatur dieses Riesen ist mit etwa 3000 Kelvin recht gering, weshalb er in einem rötlich-gelben Licht leuchtet. Sein großer Durchmesser und die Entfernung von nur 310 Lichtjahren zur Erde haben es dem Hubble-Weltraumteleskop mit seinem hohen Auflösungsvermögen ermöglicht, die Oberfläche dieses Sterns zu photographieren. Betelgeuse ist damit der erste Stern jenseits der Sonne, dessen Oberfläche direkt abgebildet werden konnte – und das, obwohl er von der Erde aus nur so groß erscheint wie ein Stecknadelkopf in neun Kilometern Entfernung.

Mit einem Alter von nur wenigen Millionen Jahren ist Betelgeuse ein sehr junger Stern. Wegen seiner enormen Ausmaße ist er aber nicht stabil: Seine Helligkeit variiert halbregelmäßig mit einer Periode von etwa 2110 Tagen zwischen $1\overset{m}{.}3$ und $0\overset{m}{.}1$, und er bläst beständig Materie ab – in ungefähr 100 000 Jahren eine Sonnenmasse. In nicht allzu ferner Zeit wird Betelgeuse wohl als Supernova explodieren; am irdischen Himmel wird dieser Stern dann für mehrere Wochen oder Monate um ein Vielfaches heller leuchten als der Vollmond.

Der Stern β Orionis oder Rigel ist mit einer scheinbaren Helligkeit von $0\overset{m}{.}1$ noch etwas heller als Betelgeuse. Er ist ein sogenannter Überriese, der im bläulich-weißen Licht mit der 60 000fachen Leuchtkraft der Sonne strahlt und etwa 900 Lichtjahre von der Erde entfernt ist.

## Taurus – Stier

Taurus ist ein ausgedehntes Tierkreissternbild nordwestlich des Orion, das von der Sonne zwischen dem 13. Mai und dem 21. Juni durchquert wird. Die auffällige V-Form der Hyaden, eines offenen Sternhaufens, stellt den Kopf des Stieres dar. Die Sterne Aldebaran (α Tauri) und ε Tauri symbolisieren die beiden Augen des Stieres. Etwa 12 Grad nordwestlich der Hyaden befindet sich ein weiterer offener Sternhaufen, die Plejaden.

### Mythologie
Der Stier ist ebenfalls ein Sternbild, das schon in den ersten Hochkulturen bekannt war. Wenngleich sich Beziehungen zum Kampf des Orion gegen den sumerischen Himmelsstier herleiten lassen – der auch in den früheren bildhaften Darstellungen beider Sternbilder zum Ausdruck kommt –, wird zumeist die griechische Europa-Sage als Ursprungsmythos angegeben. Demnach verwandelte sich Zeus bei einem seiner zahlreichen Seitensprünge in einen schneeweißen Stier, in dessen Gestalt er sich Europa, der Tochter des phönizischen Königs Agenor, näherte. Als er das Zutrauen der jungen Frau gewonnen und sie sich auf seinen Rücken gesetzt hatte, näherte er sich listig dem Wasser, watete vorsichtig hinein und schwamm schließlich kraftvoll durch die Weiten des Meeres, um Europa – die einem ganzen Kontinent ihren Namen gab – an die Küste Kretas zu entführen, wo er seine wahre Identität offenbarte. Einer der Söhne von Europa und Zeus soll Minos gewesen sein, König und erster Gesetzgeber der Kreter.

Ein weiterer Mythos spannt sich um die Plejaden, das Siebengestirn, das die Griechen als Kalenderzeichen nutzten. Die Plejaden waren die sieben

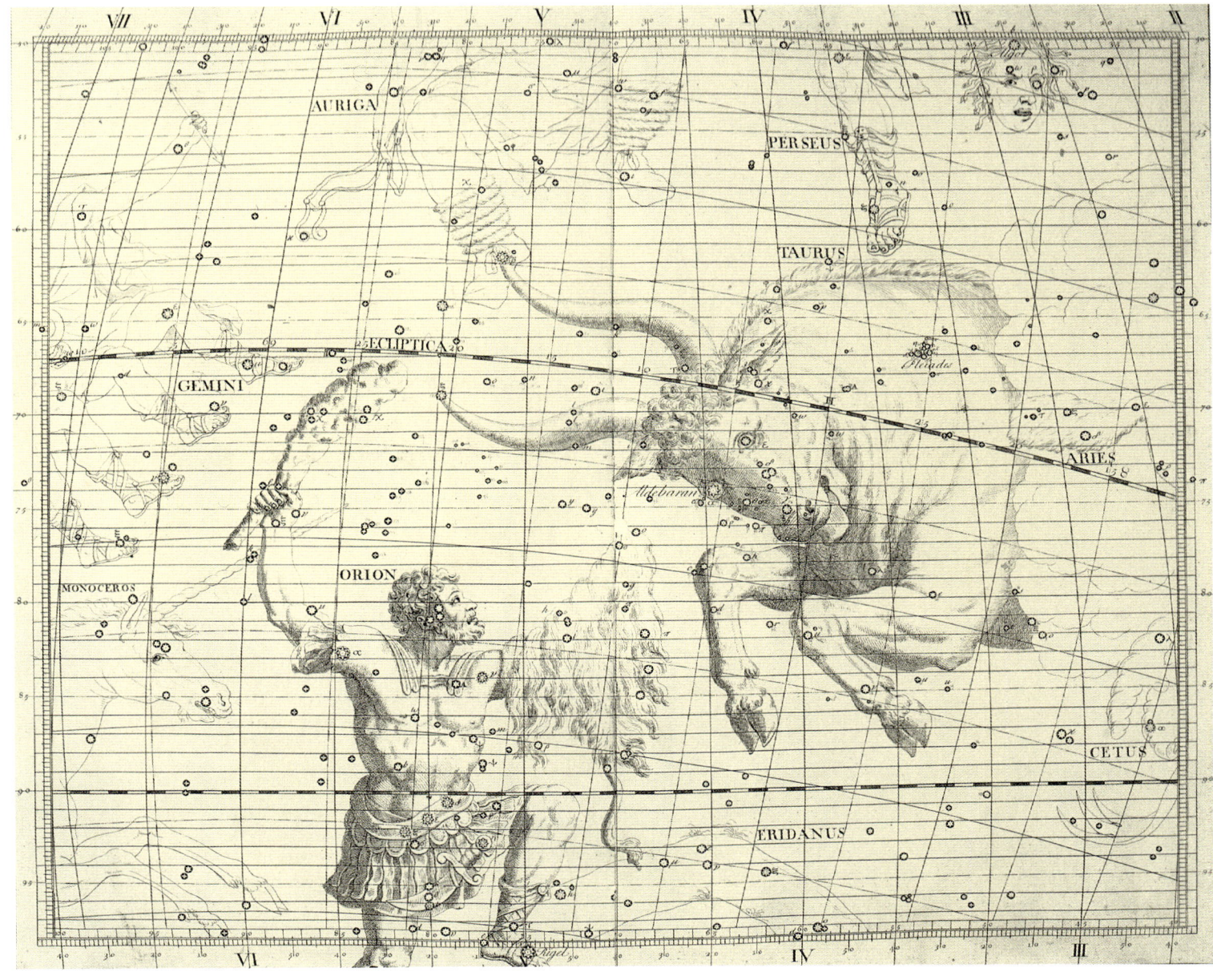

Die Sternbilder Orion und Taurus im „Atlas Coelestis" von John Flamsteed, London 1753.

# Feld 2

**Ori  
Tau**

hübschen Töchter des Titanen Atlas und der Meeresnymphe Pleione. Um sie und ihre Mutter vor den Nachstellungen des Orion zu schützen, versetzte Zeus sie an den Himmel. In der unablässigen Drehung des Firmaments läuft ihnen dort Orion heute noch nach, ohne sie je einholen zu können.

Die Hyaden waren in der griechischen Mythologie ebenfalls Töchter des Atlas. Sie wurden unter die Sterne versetzt, weil sie den Tod ihres Bruders betrauerten und nicht mehr zu weinen aufhörten – daher auch der Name „Regengestirn", denn ihr Aufgang im Herbst in der Abenddämmerung markierte den Beginn der regenreichen Zeit. Einer anderen Überlieferung zufolge sind die Hyaden die Ammen des Weingottes Dionysos gewesen.

**Besondere Objekte**
Die Hyaden und die Plejaden sind wohl die bekanntesten offenen Sternhaufen am Himmel. Die Mitglieder jeder dieser Sternansammlungen be-

Der Zentralbereich des Sternbildes Orion mit den drei Gürtelsternen $\zeta$, $\varepsilon$ und $\delta$ Orionis in der Bildmitte und dem Orion-Nebel M 42 darunter ($f$ = 100 cm); der helle Stern rechts unten ist Rigel ($\beta$ Orionis). Die auf dem Photo sichtbaren bläulichen und rötlichen Gasnebel sowie die Dunkelwolken stellen nur kleine Bereiche eines riesigen Sternentstehungsgebietes dar. Beobachtungen im infraroten Licht enthüllen, daß sich diese Gas- und Staubwolken über das gesamte Sternbild Orion erstrecken. Ein halbkreisförmiger Bogen aus rötlich leuchtendem Wasserstoffgas – nach seinem Entdecker, dem amerikanischen Astronomen Edward E. Barnard, als Barnard-Ring oder englisch Barnard's Loop bezeichnet – durchzieht die linke Bildhälfte; er ist Teil einer ausgedehnten interstellaren Materieblase, die vermutlich bei der Bildung einer Sterngruppe in der Nähe des Orion-Nebels vor etwa drei Millionen Jahren explosionsartig in den Raum hinaus getrieben wurde.

# Orion-Nebel M 42, Pferdekopf-Nebel

Die Umgebung des Sterns ζ Orionis, des östlichen der drei Gürtelsterne, mit einem markanten Wolkenkomplex aus Gas und Staub ($f = 500$ cm). Der rot leuchtende Nebel IC 434, der sich von ζ Orionis aus in südlicher Richtung erstreckt, besteht aus Wasserstoffgas, das durch die ultraviolette Strahlung des heißen Sterns σ Orionis (rechts im Bild) ionisiert und damit zum Leuchten angeregt wird. Solche leuchtenden Gaswolken nennt man Emissionsnebel oder H II-Gebiete (nach dem chemischen Symbol H für Wasserstoff; die römische Ziffer II weist auf die Ionisation des Gases hin). Über IC 434 schiebt sich von links eine dunkle Wolke, die große Mengen feiner Staubteilchen enthält. Aus ihr ragt eine kompakte Struktur hervor, die wegen ihrer Form Pferdekopf-Nebel genannt wird. Eine solche enge Verbindung von Emissions- und Dunkelnebeln ist für alle Sternentstehungsgebiete typisch. Eine weitere Staubstruktur zeichnet sich vor dem Hintergrund des Emissionsnebels NGC 2024 unmittelbar östlich von ζ Orionis ab.

Der Orion-Nebel mit der astronomischen Bezeichnung M 42 oder NGC 1976 ist ein riesiges Sternentstehungsgebiet ($f = 500$ cm). Der sichtbare Teil des rot leuchtenden Nebels hat einen Durchmesser von etwa 15 Lichtjahren, doch ist der gesamte Gas- und Staubwolkenkomplex um ein Vielfaches größer. In dem innersten, auf der Aufnahme überbelichteten Teil des Nebels befinden sich die Sterne $\vartheta^1$ und $\vartheta^2$ Orionis. $\vartheta^1$ ist ein Mehrfachstern, dessen vier Hauptkomponenten trapezförmig angeordnet sind; diese jungen, vielleicht nur eine Million Jahre alten Sterne sind sehr heiß und senden eine energiereiche Strahlung aus, welche die umgebenden Gaswolken zum Leuchten anregt. Aus ihrer direkten Umgebung haben die Trapez-Sterne den Staub, der ihr Licht ansonsten absorbieren würde, verdampft beziehungsweise weggeblasen und somit eine Höhlung in dem Wolkenkomplex geschaffen, die in Richtung zur Erde durch den gesamten Komplex hindurchreicht, so daß man hineinsehen kann. Die jüngsten, gerade entstehenden Sterne liegen noch eingebettet in dem Nebel und können nicht im sichtbaren Licht, sondern nur im infraroten Spektralbereich beobachtet werden. Den Astronomen ist es gelungen, Staubscheiben um mehrere junge Sterne zu entdecken, bei denen es sich vermutlich um sich bildende Planetensysteme handelt. Der direkt nördlich der Sterne $\vartheta^1$ und $\vartheta^2$ Orionis liegende kleiner und rundlich erscheinende Emissionsnebel trägt die Bezeichnung M 43 oder NGC 1982, ist jedoch Bestandteil desselben Wolkenkomplexes und wird nur scheinbar durch eine davorliegende Staubwolke von ihm abgetrennt. Die blaue Struktur im oberen Bildteil ist der Reflexionsnebel NGC 1977; direkt darüber befindet sich der noch junge offene Sternhaufen NGC 1981.

# Feld 2

**Ori**
**Tau**

**Hyaden und Plejaden**
Ausschnitt aus dem Sternbild Taurus mit den offenen Sternhaufen der Plejaden, Hyaden und NGC 1647 ($f = 50$ cm). Die Hyaden zählen etwa 200 Mitglieder, von denen die hellsten eine V-förmige Formation bilden. Der rötlich leuchtende Stern Aldebaran ($\alpha$ Tauri) befindet sich nur scheinbar inmitten dieser Gruppe, ist jedoch in Wahrheit ein Vordergrundstern: Er ist mit 68 Lichtjahren nur etwa halb so weit entfernt wie die Hyaden, deren mittlere Entfernung 150 Lichtjahre beträgt. Der Haufen ist schätzungsweise vor 650 Millionen Jahren entstanden. Seine Mitglieder bewegen sich auf nahezu parallelen Bahnen durch das Weltall; aus perspektivischen Gründen scheinen sie aber am Himmel auf einen bestimmten Konvergenzpunkt hin zu strömen, der in der Nähe des Sterns Betelgeuse im Orion liegt – dieser Effekt ist vergleichbar mit dem Zusammenlaufen der Straßenränder auf einer langen, geraden Strecke. Die Plejaden wiederum befinden sich in einer Distanz von 410 Lichtjahren und sind vor ungefähr 50 Millionen Jahren entstanden. Bei den dunklen Bereichen im Bild links oben handelt es sich übrigens nicht um sternfreie Gebiete, sondern um Staubwolken im interstellaren Raum, welche die Sicht auf die dahinter liegenden Sterne versperren.

wegen sich gemeinsam durch den Raum. Wegen der perspektivischen Verzerrung scheinen beide Haufen auf einen Konvergenzpunkt oder Vertex zuzustreben: die Hyaden auf einen Punkt nordöstlich des Sterns Betelgeuse, die Plejaden auf einen Vertex, der an der Grenze der Sternbilder Columba und Pictor liegt. Aus dieser Bewegung der Sternströme läßt sich ihre jeweilige Entfernung ermitteln. Diese Werte dienen gleichsam als wichtige Sprosse auf der kosmischen Entfernungsleiter: Über die Helligkeiten der Haufenmitglieder läßt sich auf die Entfernung weiterer Sternaggregationen in der Galaxis schließen; über andere Verfahren vermag man die Entfernungsskala bis auf extragalaktische Distanzen auszudehnen.

Im Taurus befindet sich das Objekt M 1, das der französische Astronom Charles Messier als erstes in seinen Katalog nebelhafter Objekte aufgenommen hat. Wegen seiner Form wurde es später Krebs-Nebel genannt. Es handelt sich dabei um den Überrest einer Supernova-Explosion, deren Aufflammen am 4. Juli 1054 von chinesischen Astronomen bemerkt wurde. Die heute zu beobachtenden Gasmassen – die abgestoßenen äußeren Schichten des Sternes – breiten sich noch immer mit Geschwindigkeiten von etwa 1500 Kilometern pro Sekunde im Raum aus. Der innere Teil des Sternes kollabierte bei der Explosion zu einem äußerst kompakten Objekt, einem sogenannten Neutronenstern. Er hat einen Durchmesser von etwa zehn Kilometern und rotiert 30mal pro Sekunde um seine Achse. Dabei sendet er Pulse von Radiostrahlung aus, weshalb man ihn als Pulsar bezeichnet.

# Hyaden, Plejaden

**Plejaden**
Die Sterne der Plejaden (Katalogbezeichnung M 45) erscheinen in einem diffusen Gas- und Staubnebel eingebettet. Lange Zeit hat man angenommen, daß sie auch in dieser Wolke entstanden sind; doch neuere Forschungen zeigen, daß der Nebel zu einem ausgedehnten Wolkenkomplex in den Sternbildern Taurus und Auriga gehören, an dem die Plejaden derzeit vorbeiziehen. Anders als im Orion-Nebel, wo das Gas durch die energiereiche Strahlung junger, heißer Sterne ionisiert und dadurch zum Leuchten angeregt wird, reflektieren die Gasmassen hier lediglich das Licht der kühleren Plejaden-Sterne. Die blaue Farbe ist kennzeichnend für solche Reflexionsnebel (links, $f = 500$ cm; unten, $f = 100$ cm).

# Feld 3

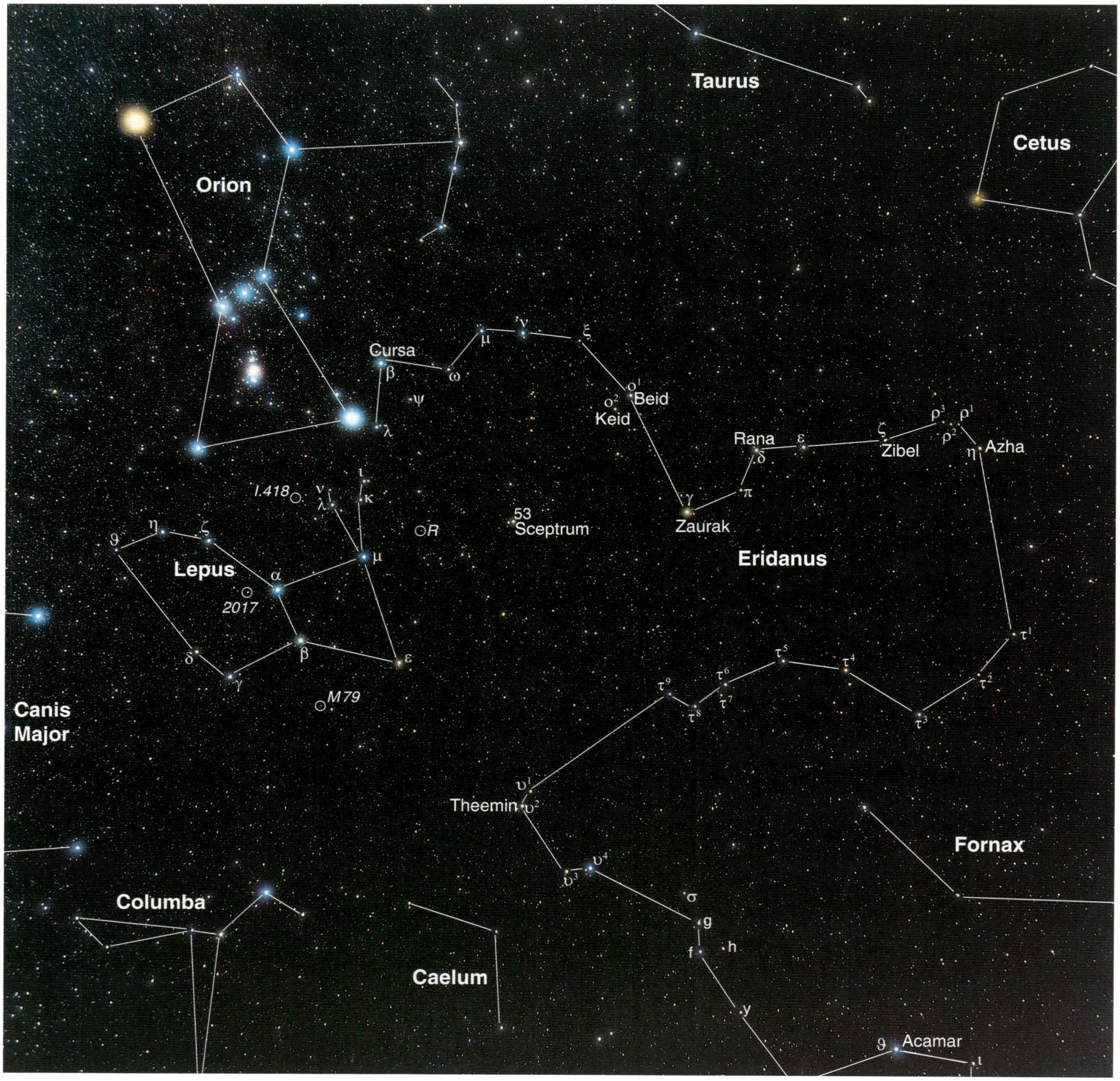

**Eridanus – (Fluß) Eridanus**
Eri – Eridani

**Lepus – Hase**
Lep – Leporis

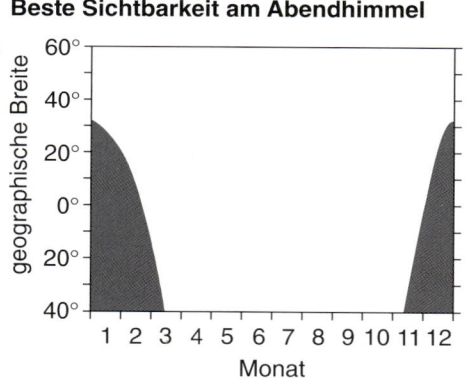

# Eridanus (Nord), Lepus

**Daten der Sternbilder**

|  | Eridanus | Lepus |
|---|---|---|
| Bereich in Rektaszension | $1^h\,25^m - 5^h\,11^m$ | $4^h\,55^m - 6^h\,13^m$ |
| Bereich in Deklination | $+0°\,25' - -57°\,55'$ | $-10°\,45' - -27°\,20'$ |
| Fläche in Quadratgrad | 1137,92 | 290,29 |
| Messier-Objekte | – | M 79 |
| Anzahl der Sterne heller als $5\overset{m}{,}5$ | 75 | 26 |
| Meteorströme | – | – |
| Kulmination um Mitternacht am | 10. November | 14. Dezember |
| zirkumpolar für | – | 79° s. Br. — 90° s. Br. |
| vollständig sichtbar von | 32° n. Br. — 89° s. Br. | 63° n. Br. — 90° s. Br. |
| nicht sichtbar von | – | 90° n. Br. — 79° n. Br. |

# Feld 3

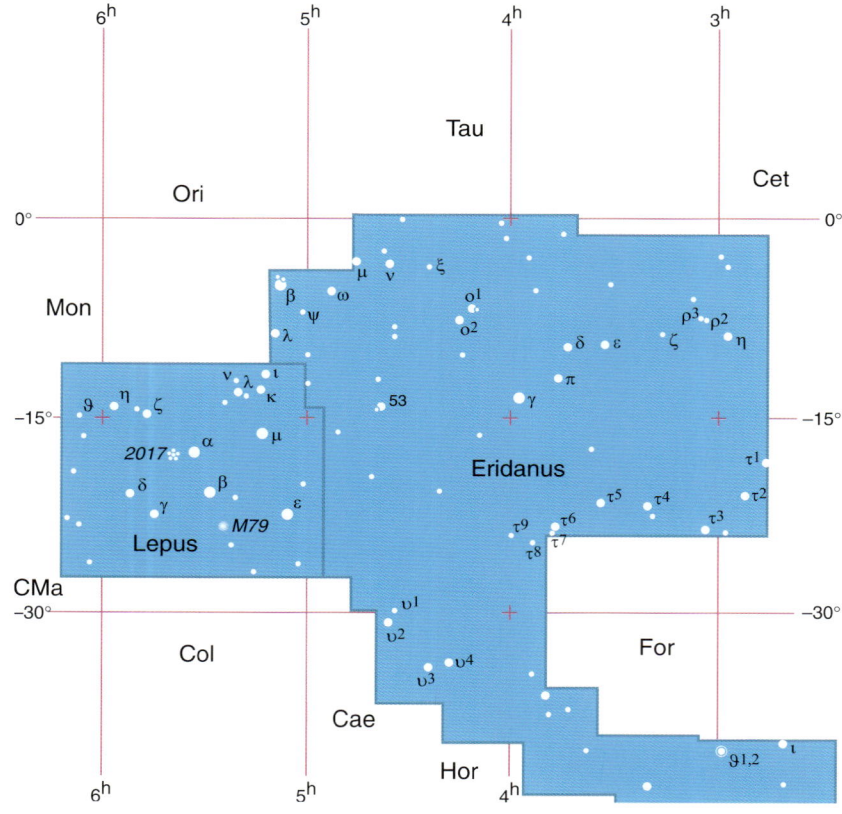

## Eridanus – (Fluß) Eridanus

Ausgehend von Rigel (β Orionis), dem hellsten Stern im Orion, schlängelt sich eine lange Kette von Sternen wie der mäandrierende Lauf eines Flusses in südwestlicher Richtung am Firmament entlang. Sie erstreckt sich vom Himmelsäquator bis zu einer Deklination von –58° am Südhimmel. Damit weist Eridanus von allen Sternbildern die größte Ausdehnung in Nord-Süd-Richtung auf, wenngleich es mit einer Fläche von 1138 Quadratgrad nur das sechstgrößte ist. Von Mitteleuropa aus ist nur der nördliche Bereich dieser Konstellation sichtbar.

Die Übersichtsaufnahme auf der vorigen Seite zeigt den Fluß Eridanus in seiner ursprünglichen Ausdehnung, als er im Süden noch bei dem Stern ϑ Eridani endete. Darauf weist noch dessen Eigenname Acamar hin, der sich von Achernar („Ende des Flusses") ableitet. Den Namen Achernar trägt nun der Stern α Eridani, der südlichste und zugleich hellste Stern dieses Sternbilds. Dieser südliche Bereich von Eridanus ist in den Feldern 4 und 42 zu sehen.

Der Eigenname Sceptrum des Sterns 53 Eridani geht auf das Sternbild „Sceptrum Brandenburgicum" („Brandenburgisches Szepter") zurück, das der deutsche Astronom Gottfried Kirch 1688 an dieser Stelle einführte, um seine zu Preußen gehörende Heimat zu ehren. Wie alle anderen vorgeschlagenen Sternbilder mit patriotischem Hintergrund wurde es jedoch nicht anerkannt. Ebenso erging es dem Vorschlag des Jesuiten und Astronomen Maximilian Hell, der 1789 ein Gebiet um den Stern o² Eridani zu Ehren des aus dem Haus Hannover stammenden britischen Königs Georg III. „Psalterium Georgianum" („Georgs Harfe") nennen wollte.

### Mythologie

Im griechischen Mythos ist Eridanos ein riesiger Strom im fernen Westen, am Ende der Welt. In diesen Fluß stürzte Phaeton, der Sohn des Sonnengottes Helios und der Okeanos-Tochter Klymene, bei dem Versuch, den Sonnenwagen zu lenken. Als Helios ihm einen Wunsch erfüllen wollte, bat Phaeton, einmal an seiner Stelle das von wilden Rossen mit geflügelten Hufen gezogene Gespann mit dem Tagesgestirn über das Himmelsgewölbe lenken zu dürfen. Doch der jugendliche Heißsporn vermochte das Gefährt nicht auf seiner Bahn zu halten und kam erst den Sternen und schließlich der Erde zu nahe, so daß weite Landstriche versengt wurden. Städte brannten, Flüsse trockneten aus, Libyen wurde in eine dürre Wüste verwandelt. Zeus, der oberste der Götter, versuchte der Katastrophe Einhalt zu gebieten, indem er Phaeton einen Blitz entgegenschleuderte, woraufhin dieser entseelt und mit flammendem Haar wie eine Sternschnuppe vom Himmel herabstürzte und in den Eridanos fiel. Als zu späterer Zeit die Argonauten, nachdem sie das Goldene Vlies erbeutet hatten, mit ihrem Schiff die innerste Bucht des Eridanos befuhren, dampfte der Körper Phaetons noch immer in der Tiefe und ließ stinkenden Rauch und tosende Glut emporsteigen. An den Ufern des Eridanos aber trauerten die zu Pappeln verwandelten Schwestern des Phaeton, und die Tränen, die sie weinten, wurden zu Bernstein. Der verbrannte Himmelsstreifen, den der Unglückliche auf seiner verhängnisvollen Fahrt zurückließ, ist – so weiß es die Überlieferung – noch heute als Milchstraße am Firmament zu sehen.

### Besondere Objekte

Trotz der großen Ausdehnung enthält das Sternbild Eridanus nur wenige interessante Beobachtungsobjekte. ε Eridani (scheinbare Helligkeit $3{,}^m7$) ist mit 10,7 Lichtjahren Entfernung einer der sonnennächsten Sterne und zudem unserem Zentralgestirn sehr ähnlich, weshalb er seit langem als möglicher Kandidat für ein Planetensystem gilt. Er ist nach α Centauri und Sirius der drittnächste Stern, der mit bloßem Auge sichtbar ist.

Bemerkenswert ist ferner o² Eridani, ein Dreifachsternsystem, das auch unter der Bezeichnung 40 Eridani bekannt ist und mit einem Abstand von 15,9 Lichtjahren ebenfalls zu den sonnennahen Sternen gehört. Die hellste Komponente A ($4{,}^m5$) ist nur wenig kleiner als die Sonne. In einem Abstand von 82,8 Bogensekunden von ihr befindet sich ein winziger Begleiter, ein sogenannter Weißer Zwerg ($9{,}^m7$): Seine Masse beträgt knapp die Hälfte derjenigen der Sonne, doch sein Durchmesser ist mit etwa 27 300 Kilometern lediglich doppelt so groß wie derjenige der Erde. Die Dichte ist folglich enorm: Ein Kubikzentimeter Materie dieses Sternes würde auf der Erde 90 Kilogramm wiegen; die Anziehungskraft an der Sternoberfläche ist 37 000mal größer als auf der Erde. o² Eridani B ist der erste Weiße Zwerg, dessen Natur man erkannte, und der einzige, der bereits mit kleinen Teleskopen leicht zu erkennen ist. Mit etwas größeren Fernrohren vermag man auch die dritte Komponente, o² Eridani C, mit einer scheinbaren Helligkeit von $10{,}^m8$ auszumachen. Bei ihr handelt es sich um einen roten Zwergstern mit einer ungewöhnlich geringen Masse: Sie beträgt lediglich ein Fünftel derjenigen der Sonne.

## Lepus – Hase

Zu Füßen des Jägers Orion und westlich des Großen Hundes befindet sich eine kleine Sternengruppe, in der man in der Tat die Figur eines langohrigen Hasentieres erkennen kann. Der hellste Stern, α Leporis, heißt Arneb oder Elarneb nach dem arabischen *al arnah* für „Hase".

### Mythologie

Der Hase ist ein altes Sternbild. Vermutlich ist ein direkter Zusammenhang mit dem Jäger Orion zu sehen, denn Hasen waren bereits in den alten Kulturen Vorderasiens beliebte Jagdobjekte. Die Griechen wiederum erbeuteten diese Tiere mit Hilfe von Windhunden, weshalb auch ein Bezug zu dem östlich angrenzenden Sternbild Canis Major gegeben ist. Im täglichen Lauf der Gestirne scheint der Himmelshund den Hasen über das Firmament zu hetzen. Die Ägypter hingegen sahen in dem Sternbild ihren Totengott Anubis, der als Mensch mit Hundekopf dargestellt wurde. Auch die Deutung als Boot des Gottes Osiris – den man in der Sternengruppe des Orion sah – ist überliefert.

### Besondere Objekte

Im südlichen Teil des Sternbildes befindet sich der rund 45 000 Lichtjahre entfernte Kugelsternhaufen M 79 (NGC 1904). Seine scheinbare Gesamthelligkeit beträgt $7{,}^m9$, so daß er bereits in kleinen Fernrohren als nebliges Fleckchen zu sehen ist. Ein interessanter offener Sternhaufen ist NGC 2017, der aus fünf Sternen – zwei davon mit jeweils einem Begleiter – zwischen der 7. und 10. Größenklasse besteht.

Auf der Übersichtsaufnahme auf der vorigen Doppelseite fällt ein intensiv rot leuchtender Stern auf: R Leporis, der auch als „Karmesin-Stern" bekannt ist. Er ist ein Veränderlicher vom Mira-Typ, dessen scheinbare Helligkeit mit einer Periode von 432 Tagen zwischen $11{,}^m7$ und $5{,}^m5$ variiert.

# Sternhaufen und Galaxien im Lepus

Der „Kopf" des Hasen im Detail (f = 100 cm). M 79 ist ein Kugelsternhaufen mit einem Durchmesser von acht Bogenminuten und einer scheinbaren Gesamthelligkeit von 7.$^m$9. Ein interessantes Fernrohr-Objekt stellt der kleine offene Sternhaufen NGC 2017 östlich von α Leporis dar, der nur aus wenigen Sternen besteht. Das gezeigte Sternfeld enthält relativ wenig Galaxien, von denen zwei markiert sind: NGC 1964 und NGC 1832, deren scheinbare Helligkeiten 10.$^m$8 beziehungsweise 11.$^m$4 betragen.

# Feld 4

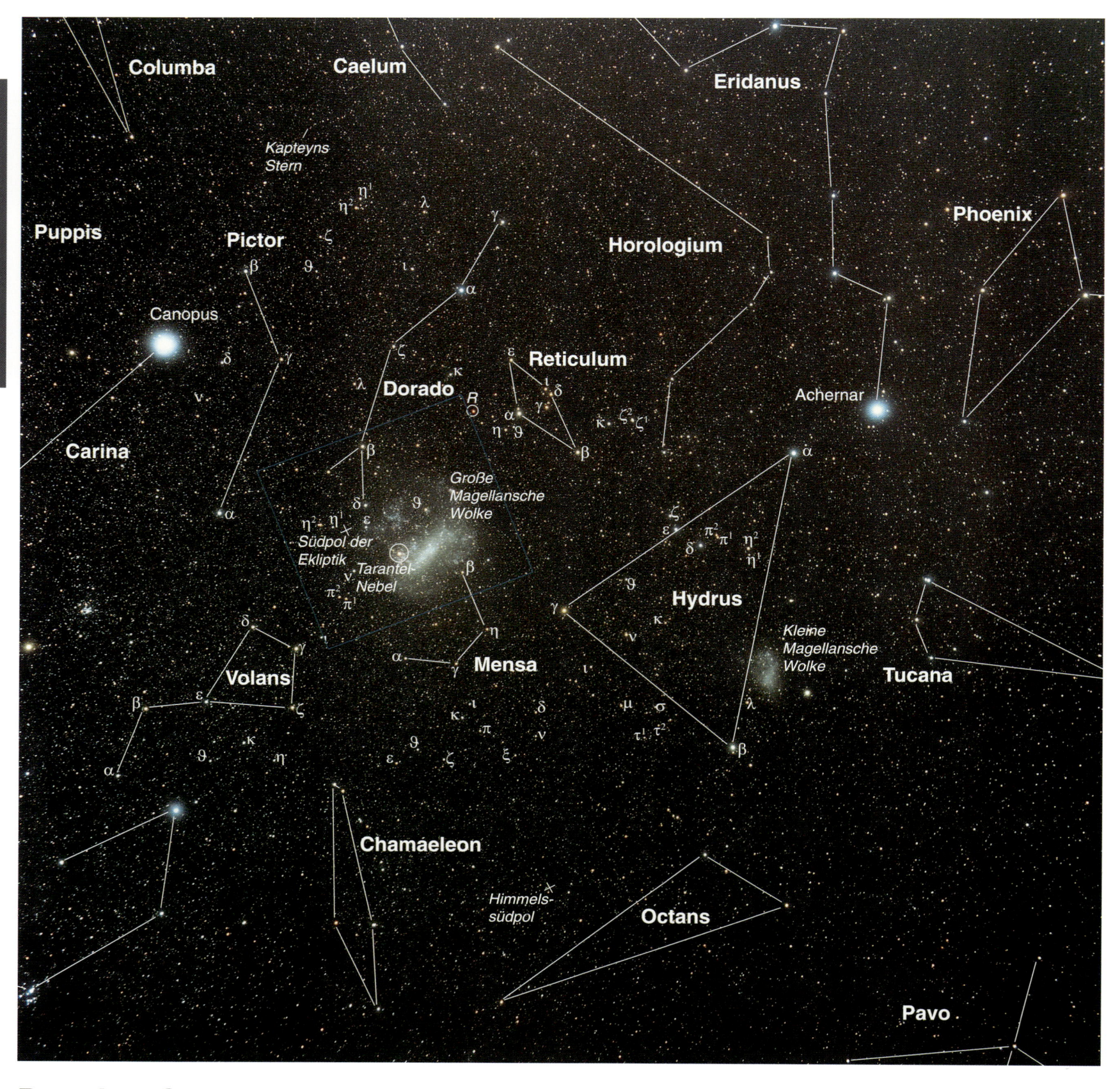

**Dor
Hyi
Men
Pic
Ret
Vol**

**Dorado – Schwertfisch**
Dor – Doradus

**Mensa – Tafelberg**
Men – Mensae

**Pictor – Maler**
Pic – Pictoris

**Volans – Fliegender Fisch**
Vol – Volantis

**Hydrus – Südliche Wasserschlange**
Hyi – Hydri

**Reticulum – Netz**
Ret – Reticuli

Beste Sichtbarkeit am Abendhimmel

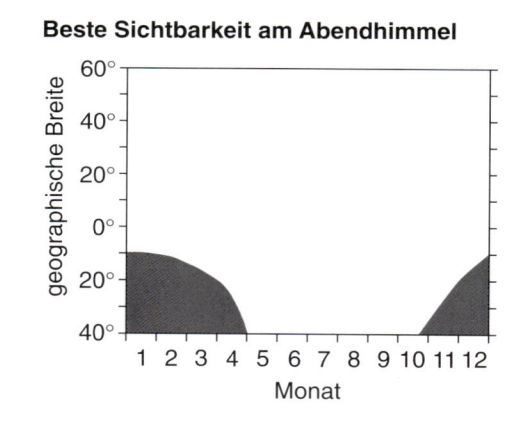

# Dorado, Hydrus, Mensa, Pictor, Reticulum, Volans

**Daten der Sternbilder**

|  | Dorado | Hydrus | Mensa | Pictor | Reticulum |
|---|---|---|---|---|---|
| Bereich in Rektaszension | 3h 53m — 6h 36m | 0h 05m — 4h 36m | 3h 14m — 7h 38m | 4h 32m — 6h 52m | 3h 13m — 4h 37m |
| Bereich in Deklination | −48° 40′ — −70° 05′ | −58° 00′ — −82° 05′ | −69° 45′ — −85° 15′ | −42° 45′ — −64° 10′ | −52° 45′ — −67° 20′ |
| Fläche in Quadratgrad | 179,17 | 243,04 | 153,48 | 246,73 | 113,94 |
| Messier-Objekte | — | — | — | — | — |
| Anzahl der Sterne heller als 5$^m$5 | 16 | 10 | 6 | 14 | 10 |
| Meteorströme | — | — | — | — | — |
| Kulmination um Mitternacht am | 17. Dezember | 26. Oktober | 14. Dezember | 16. Dezember | 19. November |
| zirkumpolar für | 41° s. Br. — 90° s. Br. | 32° s. Br. — 90° s. Br. | 20° s. Br. — 90° s. Br. | 47° s. Br. — 90° s. Br. | 37° s. Br. — 90° s. Br. |
| vollständig sichtbar von | 20° n. Br. — 90° s. Br. | 8° n. Br. — 90° s. Br. | 5° n. Br. — 90° s. Br. | 26° n. Br. — 90° s. Br. | 23° n. Br. — 90° s. Br. |
| nicht sichtbar von | 90° n. Br. — 41° n. Br. | 90° n. Br. — 32° n. Br. | 90° n. Br. — 20° n. Br. | 90° n. Br. — 47° n. Br. | 90° n. Br. — 37° n. Br. |

# Feld 4

**Dor
Hyi
Men
Pic
Ret
Vol**

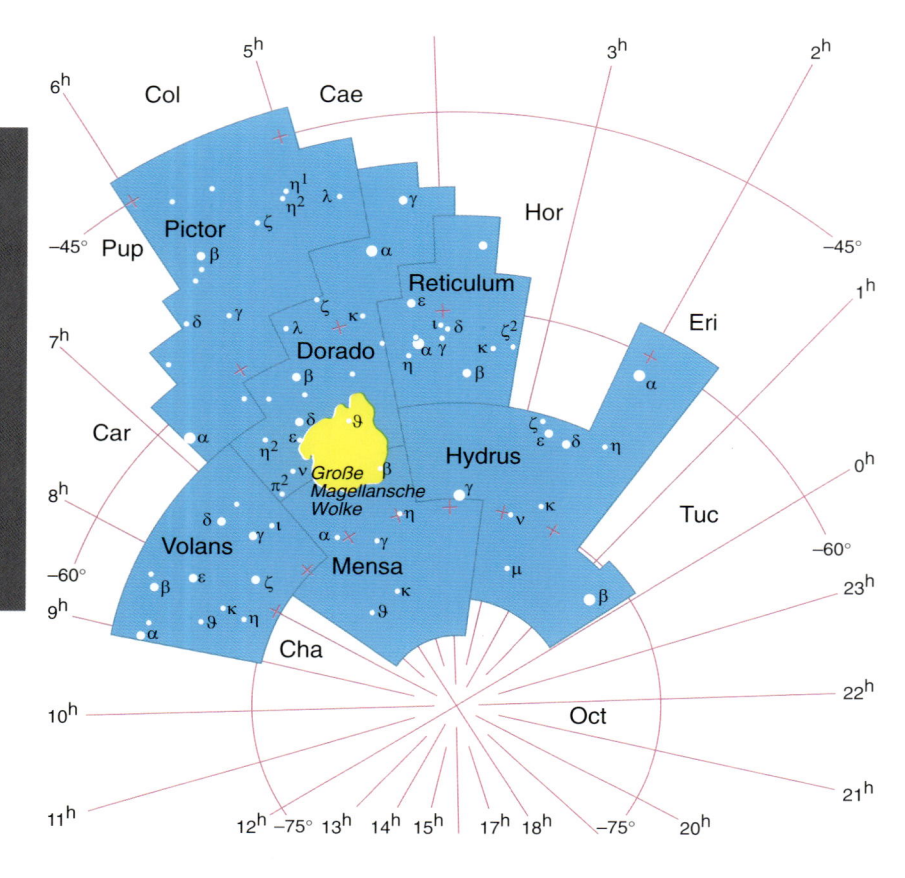

## Dorado – Schwertfisch

Diese Konstellation wird unter dem Sternfeld 7 näher besprochen. Hier sollen sozusagen das Glanzstück dieses Sternbildes, die Große Magellansche Wolke, sowie die Supernova, die dort im Jahre 1987 beobachtet werden konnte, im Mittelpunkt stehen.

**Die Große Magellansche Wolke, Supernova 1987A**
Dieses nebelartige Gebilde wurde – ebenso wie die nahegelegene Kleine Magellansche Wolke im Sternbild Tucana — nach dem portugiesischen Seefahrer Fernão de Magalhães benannt, der sie während seiner 1519 begonnenen Weltumsegelung beschrieb. Jede dieser „Wolken" ist ein kleines Sternsystem in unmittelbarer Nachbarschaft zu unserer Galaxis. Ihre Entfernung zur Sonne beträgt etwa 150 000 beziehungsweise 185 000 Lichtjahre und ist damit zehnmal geringer als die der Andromeda-Galaxie M 31. Beide Systeme haben eine irreguläre Gestalt, weil sie wegen ihrer Nähe zueinander und zu unserer Galaxis starken Gezeitenkräften ausgesetzt sind, die sie verzerren. Alle drei Galaxien sind durch eine Brücke aus Wasserstoffgas, den sogenannten Magellan-Strom, miteinander verbunden.

Am nordöstlichen Ende der Großen Magellanschen Wolke liegt ein riesiges Sternentstehungsgebiet, das man wegen seiner filamentartigen Struktur, die an eine Spinne erinnert, Tarantel-Nebel nennt. Sein Zentrum leuchtet so hell, daß man es früher fälschlicherweise für einen Stern gehalten hat, was den Namen 30 Doradus erklärt, der ebenfalls in Gebrauch ist.

Unweit des Tarantel-Nebels leuchtete am 23. Februar 1987 eine helle, mit bloßem Auge sichtbare Supernova auf. Das letzte derartige Ereignis war im Jahre 1604 beobachtet worden – wenige Jahre vor Erfindung des Fernrohrs. Erstmals vermochten die Astronomen nun mit modernen Meßgeräten aus relativ geringer Entfernung die Prozesse zu verfolgen, die bei einer derartigen Explosion eines Sternes ablaufen. In diesem Falle war es ein Blauer Überriese, der Jahrmillionen lang mit der 200 000fachen Leuchtkraft der Sonne gestrahlt hatte, jetzt plötzlich instabil und in einem gigantischen Inferno innerhalb weniger Sekunden zerrissen wurde. Gasschwaden von dem 20fachen der Sonnenmasse wurden in den Raum hinausgeschleudert – mit einer Geschwindigkeit von 30 000 Kilometern pro Sekunde, also einem Zehntel der Lichtgeschwindigkeit. Der innerste Kern des Sternes explodierte jedoch nicht, er implodierte: Er stürzte zu einer Kugel von wenigen Kilometern Durchmesser mit unvorstellbarer Dichte zusammen; ein Kubikzentimeter dieses Neutronenstern genannten Objekts würde auf der Erde etwa eine Milliarde Tonnen wiegen.

## Hydrus – Südliche Wasserschlange

Dieses Sternbild ist auch unter dem Namen Kleine oder Männliche Wasserschlange bekannt. Niederländische Seefahrer haben es Ende des 16. Jahrhunderts als südliches Gegenstück zur Hydra, der Wasserschlange, eingeführt. Die älteste erhaltene Darstellung findet sich in der 1603 veröffentlichten „Uranometria" von Johann Bayer.

Die Südliche Wasserschlange windet sich zwischen den beiden Magellanschen Wolken hindurch, die sich in den benachbarten Sternbildern Dorado (Schwertfisch) im Osten und Tucana (Tukan) im Westen befinden, doch ist die Kette aus lichtschwachen Sternen nicht leicht auszumachen. Am ehesten läßt sich die Konstellation anhand der drei hellsten Sterne α ($2^m86$), β ($2^m80$) und γ Hydri ($3^m24$) identifizieren, die ein spitzes Dreieck bilden. α Hydri liegt relativ nahe an Achernar (α Eridani), einem der hellsten Sterne des Südhimmels; β Hydri ist der dem südlichen Himmelspol nächstgelegene Stern 3. Größe, ist aber immerhin noch 13 Grad von diesem Fixpunkt entfernt.

Erwähnenswerte Beobachtungsobjekte gibt es in diesem kleinen Sternbild nicht.

## Mensa – Tafelberg

Der französische Astronom Nicolas-Louis de Lacaille kartographierte in den Jahren 1751 bis 1753 vom Kap der Guten Hoffnung aus den Südhimmel. In Erinnerung daran kreierte er in direkter Nachbarschaft zur Großen Magellanschen Wolke das Sternbild „Mons Mensae", das den oft wolkenverhangenen Tafelberg von Kapstadt symbolisieren sollte. Zu einem geringen Teil ragt die Große Magellansche Wolke – eine Begleitgalaxie unseres Milchstraßensystems – in diese Konstellation hinein. Ansonsten ist an Besonderheit nur zu erwähnen, daß das heute nur noch „Mensa" genannte kleine Sternbild das einzige ist, das keine Sterne heller als 5. Größe enthält.

## Pictor – Maler

Auch dieses unscheinbare Sternbild, direkt westlich des hellen Sterns Canopus (α Carinae) gelegen, hat der Astronom de Lacaille eingeführt; es wurde in früheren Himmelsatlanten zumeist als Staffelei mit Palette abgebildet. Mit zwei Ausnahmen gehören die Sterne der 5. oder einer höheren Größenklasse an.

Indes sind zwei Sterne erwähnenswert: Um β Pictoris beobachtet man eine Materiescheibe, die ein Planetensystem *in statu nascendi* sein könnte; und Kapteyns Stern weist eine sehr hohe Eigenbewegung am Himmel auf. Informationen zu beiden Objekten sind unter dem Sternfeld 7 angegeben.

## Reticulum – Netz

Ein weiteres Sternbild, das de Lacaille erfunden hat. Es soll an ein Meßgerät im Okular des Fernrohrs erinnern, das er für seine Beobachtungen des Südhimmels nutzte. Eine kurze Beschreibung dieses Sternbildes wird unter dem Sternfeld 42 gegeben.

## Volans – Fliegender Fisch

Dieses Sternbild, das ursprünglich „Piscis Volans" hieß, verzeichnete Johann Bayer nach Beschreibungen niederländischer Seefahrer in seinem Himmelsatlas, der „Uranometria". Es stellt einen in tropischen und subtropischen Gewässern vorkommenden Fisch dar, dessen Brustflossen zu Tragflächen vergrößert sind, und der in niedriger Höhe etwa hundert Meter lange Gleitflüge absolvieren kann.

Der hellste Stern, β Volantis, ist ein orangefarbener, etwa 190 Lichtjahre entfernter Riesenstern. Für Teleskopbenutzer auf der Südhalbkugel mögen γ, ε und ϑ Volantis von Interesse sein, die zu den leicht zu beobachtenden Doppelsternen zählen.

# Große Magellansche Wolke

Die Große Magellansche Wolke im südlichen Teil des Sternbilds Dorado ($f = 100$ cm). Noch zu Beginn des 20. Jahrhunderts hielt man sie für ein Gebilde innerhalb des Milchstraßensystems, vergleichbar etwa dem Orion-Nebel. In Wahrheit stellt sie jedoch ein eigenes System aus annähernd zehn Milliarden Sternen dar, das von unserer Sonne etwa 150 000 Lichtjahre entfernt ist und sich damit gerade außerhalb der Galaxis befindet. Der große, rot leuchtende Emissionsnebel links unterhalb der Bildmitte – Tarantel-Nebel oder 30 Doradus genannt – ist eine der größten Sternentstehungswolken, die man kennt. Von der Erde aus erscheint er fast so groß wie der Vollmond. Stünde er am Ort des Orion-Nebels, würde er etwa die fünffache Fläche des Sternbilds Orion einnehmen und so hell leuchten, daß sein Licht ausreiche, Schatten zu werfen. Etwas südwestlich vom Tarantel-Nebel flammte im Jahre 1987 eine Supernova auf; ihre Position ist durch das schwarze Fadenkreuz gekennzeichnet. In Wahrheit explodierte der betreffende Stern bereits 150 000 Jahre zuvor – doch war sein Licht so lange unterwegs, bis es die Erde erreichte.

**Daten der Sternbilder**

|  | Volans |
|---|---|
| Bereich in Rektaszension | $6^h\,31^m - 9^h\,04^m$ |
| Bereich in Deklination | $-64°\,05' - -75°\,30'$ |
| Fläche in Quadratgrad | 141,35 |
| Messier-Objekte | – |
| Anzahl der Sterne heller als $5{,}^m5$ | 13 |
| Meteorströme | – |
| Kulmination um Mitternacht am | 18. Januar |
| zirkumpolar für | 26° s. Br. — 90° s. Br. |
| vollständig sichtbar von | 14° n. Br. — 90° s. Br. |
| nicht sichtbar von | 90° n. Br. — 26° n. Br. |

# Feld 5

**Aur Gem**

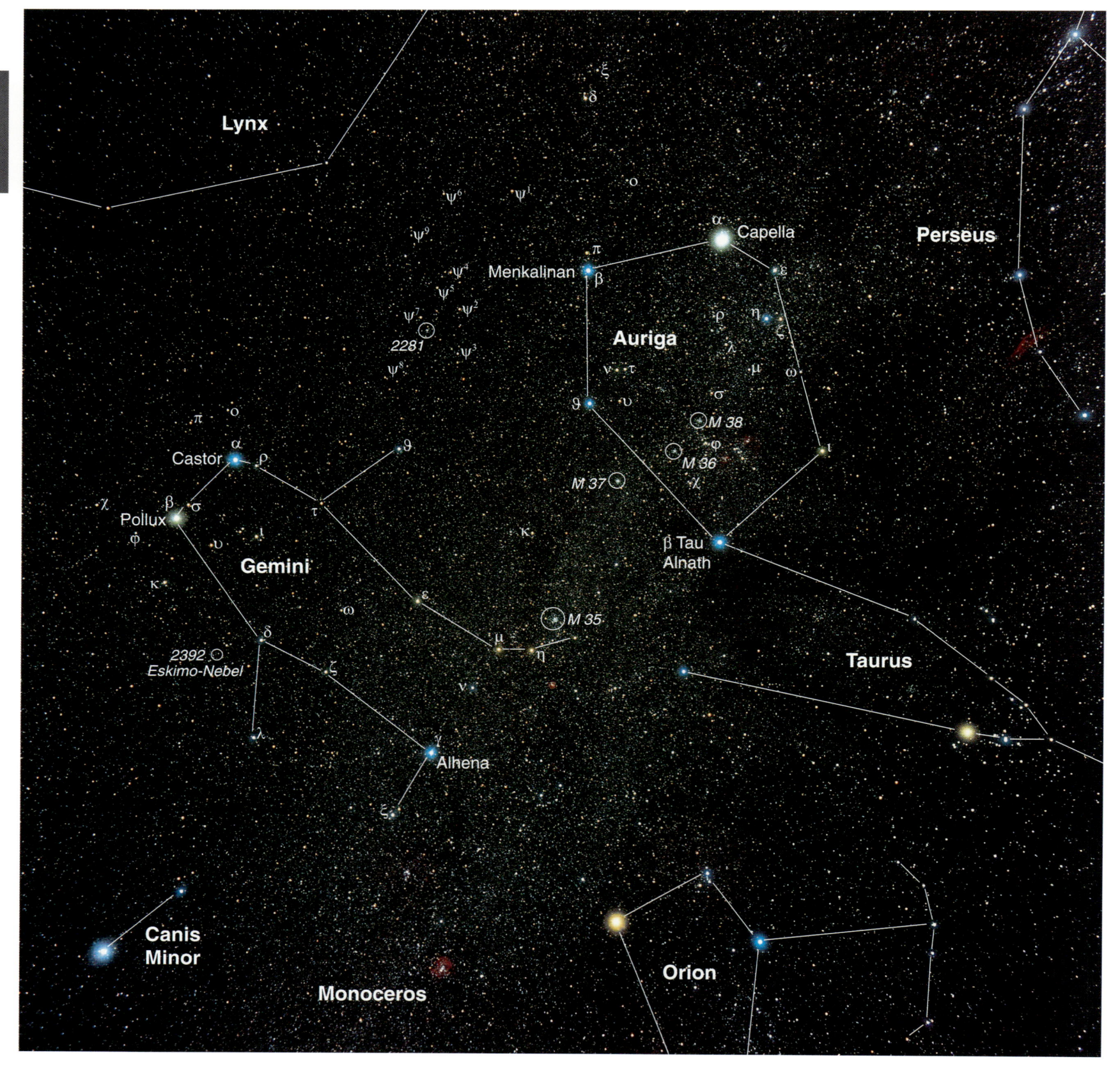

**Auriga – Fuhrmann**
Aur – Aurigae

**Gemini – Zwillinge**
Gem – Geminorum

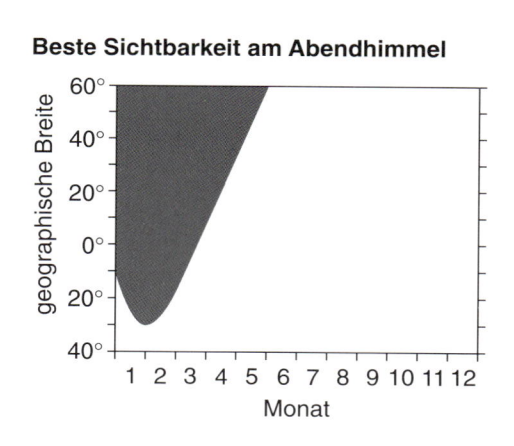

**Beste Sichtbarkeit am Abendhimmel**

# Auriga, Gemini

**Daten der Sternbilder**

|  | Auriga | Gemini |
|---|---|---|
| Bereich in Rektaszension | 4ʰ 37ᵐ — 7ʰ 31ᵐ | 6ʰ 00ᵐ — 8ʰ 07ᵐ |
| Bereich in Deklination | +56° 10′ — +28° 00′ | +35° 25′ — +9° 50′ |
| Fläche in Quadratgrad | 657,44 | 513,76 |
| Messier-Objekte | M 36, M 37, M 38 | M 35 |
| Anzahl der Sterne heller als 5ᵐ5 | 45 | 45 |
| Meteorströme | Aurigiden (1./2. September) | Geminiden (13./14. Dezember) |
| Kulmination um Mitternacht am | 21. Dezember | 5. Januar |
| zirkumpolar für | 90° n. Br. — 62° n. Br. | 90° n. Br. — 80° n. Br. |
| vollständig sichtbar von | 90° n. Br. — 34° s. Br. | 90° n. Br. — 55° s. Br. |
| nicht sichtbar von | 62° s. Br. — 90° s. Br. | 80° s. Br. — 90° s. Br. |

# Feld 5

**Aur
Gem**

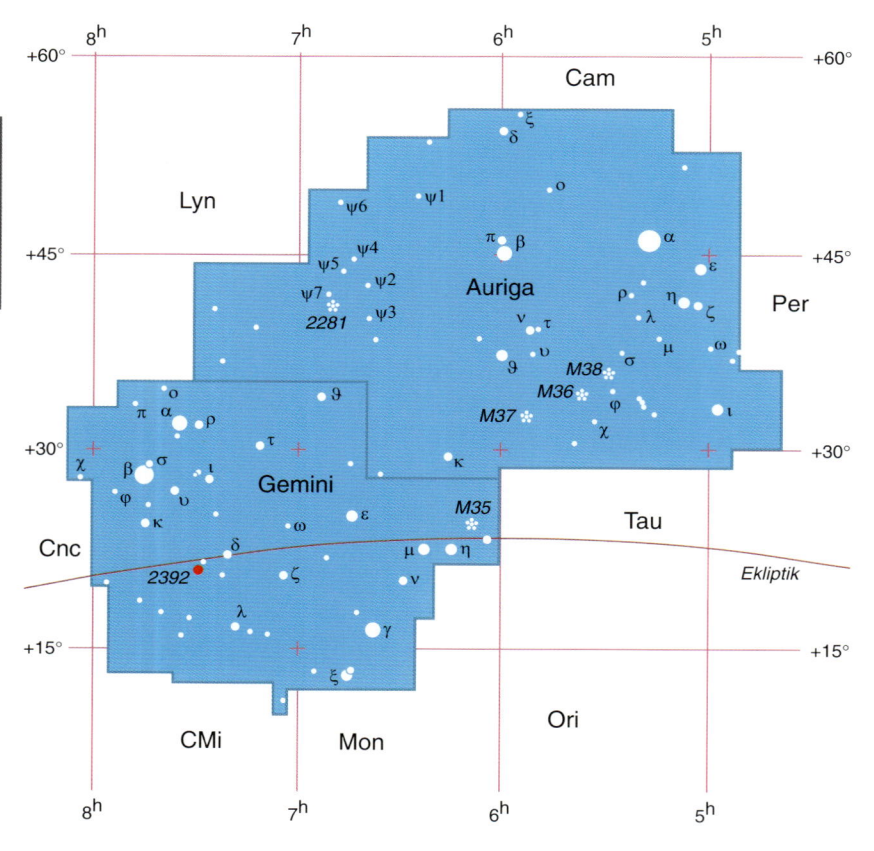

## Auriga – Fuhrmann

Der Fuhrmann ist ein großes, leicht zu erkennendes Sternbild des Nordhimmels. Seine Form, die durch einige Sterne 0. bis 3. Größe gebildet wird, ähnelt einem fünfeckigen Flugdrachen. Am nördlichen Ende dieser Figur befindet sich Capella (α Aurigae), mit $0{,}^m08$ der sechsthellste Stern am Firmament. Der südlichste Stern dieser Figur, früher γ Aurigae genannt, wird heute als β Tauri dem Sternbild Taurus zugerechnet.

### Mythologie
Dieses Sternbild ist offenbar schon im babylonischen Raum als Fuhrmann bekannt gewesen. Aus griechischen Zeiten ist die Identifikation mit Erichthonios, einem legendären König von Athen, überliefert. Dieser soll der erste gewesen sein, der es dem Sonnengott gleichtat und vier Pferde vor seinen Wagen spannte. Für diese kühne Tat wurde er von Zeus mit einem Platz unter den Gestirnen belohnt.

Dieser Deutung als Wagenlenker überlagert sich ein zweites Bild, das erklärt, warum der Fuhrmann auf historischen Karten mit einer Ziege auf der Schulter dargestellt wird. Zeus war ein Sohn des Titanen Kronos. Der verschlang alle seine Kinder direkt nach der Geburt, weil ihm geweissagt worden war, er würde durch seine Nachkommen als Herrscher der Titanen abgesetzt werden. Doch Zeus konnte durch eine List dem Zugriff seines Vaters entzogen werden, und er wuchs in einer Höhle des Dikte-Berges auf Kreta versteckt auf. Dort nährte ihn die Nymphe Amaltheia mit der Milch einer Ziege; in der Überlieferung wurde mitunter Amaltheia selbst mit der Ziege gleichgesetzt. Zeus, der später seinen Vater tatsächlich besiegte und zum Herrscher der olympischen Götter aufstieg, versetzte Amaltheia aus Dankbarkeit als Capella („Ziegenböckchen") an den Himmel.

### Besondere Objekte
Die Sterne ε und ζ Aurigae in der Nähe von Capella sind zwei bemerkenswerte Bedeckungsveränderliche. Von allen Doppelsternen, die sich von der Erde aus gesehen in periodischen Abständen bedecken, weist ε Aurigae mit 9885 Tagen (27 Jahren) die längste bekannte Periode auf. Die totale Phase der Verfinsterung, während der die Helligkeit des Sterns von $3{,}^m0$ auf $3{,}^m8$ absinkt, dauert etwa 400, die gesamte Verfinsterung ungefähr 700 Tage. Im Jahre 2010 wird das nächste Minimum beginnen. Welches Objekt die Hauptkomponente bedeckt, ist noch ungeklärt. Auch der Doppelstern ζ Aurigae ist außergewöhnlich. Hier kreisen ein rot erscheinender Überriese und ein kleiner blauer Begleiter umeinander. In Abständen von 972,18 Tagen (2,66 Jahren) wird die blaue Komponente von ihrem roten Partner bedeckt, so daß die Helligkeit des Systems von $5{,}^m0$ auf $5{,}^m7$ abnimmt. Schon lange vor der eigentlichen Verfinsterung passiert ihr Licht die dünne äußere Atmosphäre der roten Hauptkomponente, so daß die Astronomen aus dem gemessenen Spektrum wertvolle Informationen über Zusammensetzung und Aufbau dieser Gashülle bekommen. Die totale Bedeckung der blauen Komponente dauert 32 Tage.

Drei schöne offene Sternhaufen befinden sich im Sternbild Auriga: M 36 (NGC 1960), M 37 (NGC 2099) und M 38 (NGC 1912), die sich im Fernglas als diffuse Fleckchen zu erkennen geben und mit einem kleinen Fernrohr in Einzelsterne aufgelöst werden können. Ein weiterer Sternhaufen ist NGC 2281 im östlichen Bereich des Sternbildes.

## Gemini – Zwillinge

Die Zwillinge sind ein großes Sternbild des Tierkreises, in dem sich die Sonne zwischen dem 21. Juni und dem 20. Juli befindet. Sie werden ebenso wie Auriga von der Milchstraße durchzogen und enthalten einige auffällige Sterne, die ein markantes langgezogenes Rechteck am Himmel bilden. Der Stern Pollux (β Geminorum) ist mit $1{,}^m14$ etwas heller als Castor (α Geminorum) mit $1{,}^m59$; sie stehen nahe beieinander und tragen ihre Namen nach dem griechischen Zwillingspaar Kastor und Polydeukes (in latinisierter Form Pollux). Der mythologische Hintergrund ist unter dem Sternfeld 8 beschrieben, auf dem die Zwillinge ebenfalls zu sehen sind.

Übrigens wurde Pluto, der äußerste Planet des Sonnensystems, entdeckt, als er sich im Sternbild Zwillinge nahe des Sternes δ Geminorum befand. Clyde W. Tombaugh fand ihn am 18. Februar 1930 auf Photographien, die er drei Wochen zuvor am Lowell-Observatorium aufgenommen hatte. Weil Pluto 247,7 Jahre braucht, um die Sonne einmal zu umrunden, hat er sich seitdem erst um 100 Grad am Himmel weiterbewegt. Bisher konnte also erst etwas mehr als ein Viertel eines Umlaufs beobachtet werden.

### Besondere Objekte
Castor ist ein interessantes Mehrfachsternsystem in 45 Lichtjahren Entfernung. Mit dem bloßen Auge und im Fernglas erscheint er als Einzelstern, doch sieht man im Amateurfernrohr drei Komponenten. Spektroskopische Untersuchungen belegen, daß jede von ihnen wiederum aus zwei sehr eng stehenden Sternen besteht; das System ist somit ein Sechsfachstern aus drei Sternzwillingen. Die Hauptkomponenten Castor A ($1{,}^m9$) und B ($2{,}^m9$) haben einen Winkelabstand von 2,5″; sie umkreisen sich in 420 Jahren einmal. Jede von ihnen setzt sich aus zwei Sternen zusammen, die einander in 9,22 Tagen bzw. 2,93 Tagen umrunden. Castor C (auch YY Geminorum genannt), 73″ von den Komponenten A und B entfernt, besteht aus zwei roten Zwergsternen mit einer Umlaufperiode von 0,814 Tagen. Er ist ein Bedeckungsveränderlicher, dessen Helligkeit in diesem Rhythmus zwischen $9{,}^m1$ und $9{,}^m7$ schwankt.

Einige andere veränderliche Sterne sind erwähnenswert. η Geminorum ist ein Roter Riese in 190 Lichtjahren Entfernung, dessen Helligkeit halbregelmäßig mit einer Periode von etwa 233 Tagen zwischen $3{,}^m0$ und $3{,}^m9$ variiert. Zugleich ist er ein Bedeckungsveränderlicher: Alle 2,984 Tage wird die Hauptkomponente von einem lichtschwächeren Begleiter teilweise verdeckt. Ein Vertreter der Delta-Cephei-Sterne ist ζ Geminorum; mit einer Periode von 10,2 Tagen schwankt seine Helligkeit zwischen $3{,}^m7$ und $4{,}^m2$.

M 35 (NGC 2168) gehört zu den helleren offenen Sternhaufen; er kann bereits mit bloßem Auge erkannt und mit dem Fernglas deutlich gesehen werden (Bild rechts).

NGC 2392 ist ein heller Planetarischer Nebel, der im Fernrohr als rundliche Scheibe erscheint. Auf photographischen Aufnahmen ist er einem Gesicht mit Knollennase und fellbesetzter Kapuze nicht unähnlich, weshalb er Eskimo- oder auch Clownsgesicht-Nebel genannt wird. Der Zentralstern mit einer scheinbaren Helligkeit von $10{,}^m5$ ist von zwei konzentrischen Gashüllen umgeben, die sich mit unterschiedlicher Geschwindigkeit ausdehnen. Weil die innere Hülle (die das „Gesicht" bildet) stärker dem energiereichen Licht des mit einer Oberflächentemperatur von etwa 40 000 Kelvin sehr heißen Zentralsterns ausgesetzt ist, erscheint sie heller als die äußere Gashülle.

# M 1, M 35

Ein Ausschnitt des Himmels im Grenzbereich der Sternbilder Gemini, Taurus und Orion, gegenüber der Übersichtsaufnahme auf der vorherigen Doppelseite fünffach vergrößert ($f = 100$ cm). Links von der Bildmitte ist der offene Sternhaufen M 35 (NGC 2168) in den Zwillingen zu sehen. Der Krebs-Nebel M 1 (NGC 1952) im Sternbild Taurus ist der Überrest einer Supernova, die im Jahre 1054 aufleuchtete. Er hat einen Durchmesser von 4' × 6' und erscheint auf der Aufnahme wenig größer als ein heller Stern. Der rote Emissionsnebel links unten ist NGC 2174 im Sternbild Orion; er umgibt einen Stern 8. Größenklasse. Das weiße Kreuz markiert die Position, an der sich der Planet Uranus am 13. März 1781 befand, als ihn der Astronom William Herschel während einer routinemäßigen Durchmusterung des Himmels entdeckte. Uranus war damit der erste Planet des Sonnensystems, der mit dem Teleskop aufgefunden wurde, wodurch sich die Anzahl der bekannten Planeten auf sieben erhöhte. Die anderen – außer der Erde die inneren Planeten Merkur und Venus sowie die äußeren Planeten Mars, Jupiter und Saturn – waren bereits seit dem Altertum bekannt gewesen.

**Offene Sternhaufen**

| Katalognummer | Sternbild | Rekt. | Dekl. | Durchmesser | Helligkeit | Sternanzahl |
|---|---|---|---|---|---|---|
| M 38/NGC 1912 | Aur | 05$^h$ 28,7 | +35° 50' | 21' | 6,$^m$4 | 100 |
| M 36/NGC 1960 | Aur | 05$^h$ 36,1 | +34° 08' | 12' | 6,$^m$0 | 60 |
| M 37/NGC 2099 | Aur | 05$^h$ 52,4 | +32° 33' | 20' | 5,$^m$6 | 150 |
| NGC 2281 | Aur | 06$^h$ 49,3 | +41° 04' | 14' | 5,$^m$4 | 30 |
| M 35/NGC 2168 | Gem | 06$^h$ 08,9 | +24° 20' | 28' | 5,$^m$1 | 200 |

# Feld 6

**CMa CMi Lep Mon**

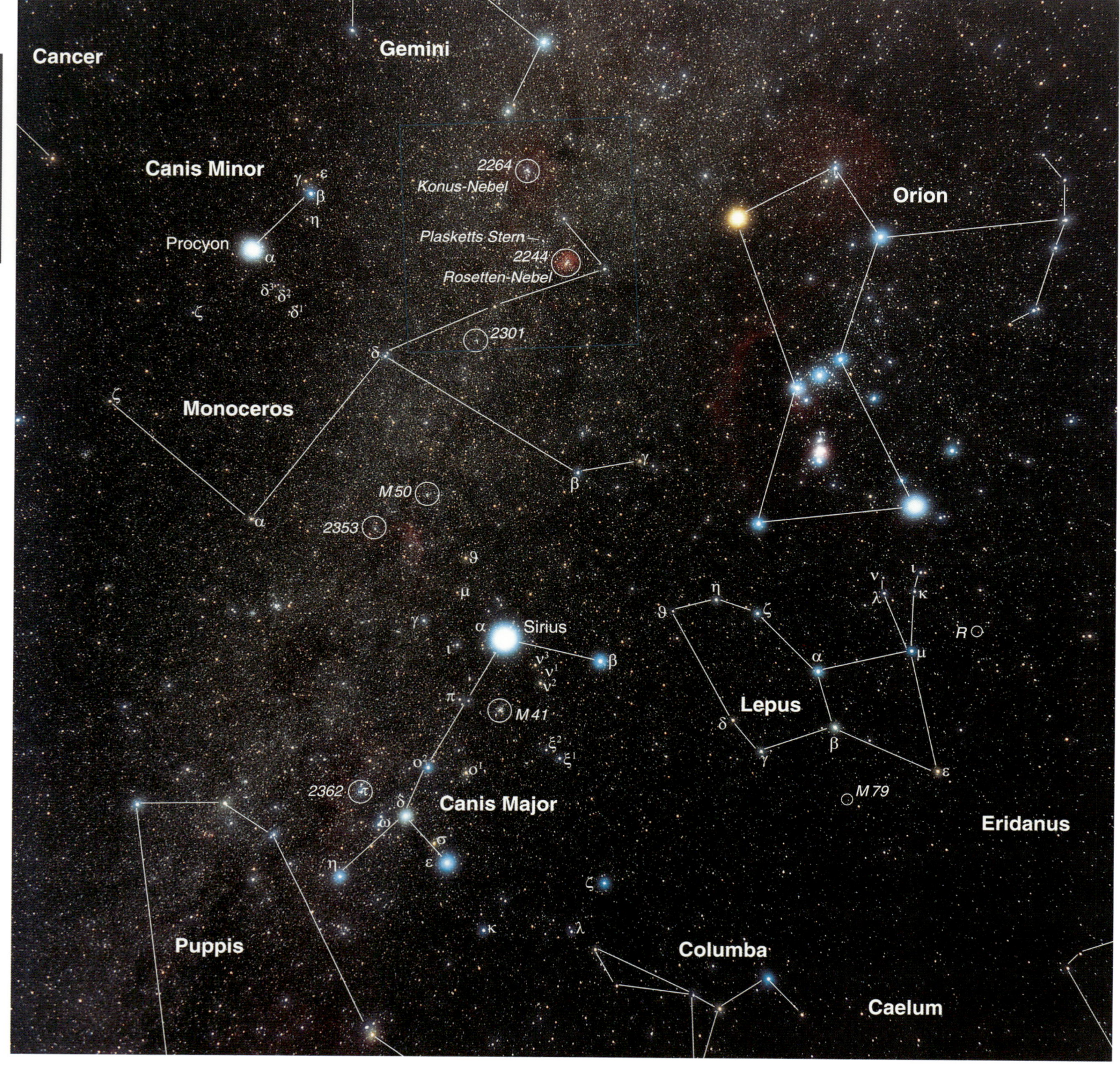

### Canis Major – Großer Hund
CMa – Canis Majoris

### Canis Minor – Kleiner Hund
CMi – Canis Minoris

### Lepus – Hase
Lep – Leporis

### Monoceros – Einhorn
Mon – Monocerotis

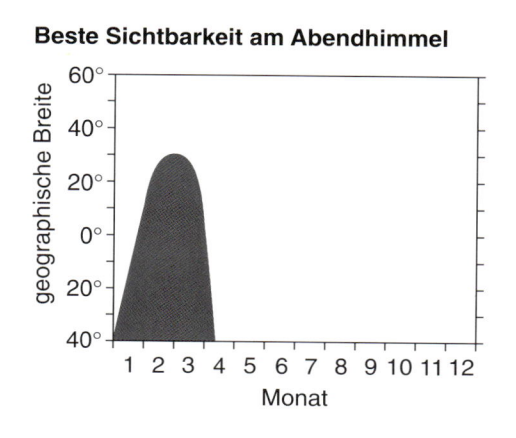

**Beste Sichtbarkeit am Abendhimmel**

# Canis Major, Canis Minor, Lepus, Monoceros

**Daten der Sternbilder**

|  | Canis Major | Canis Minor | Lepus | Monoceros |
|---|---|---|---|---|
| Bereich in Rektaszension | $6^h 11^m$ — $7^h 28^m$ | $7^h 06^m$ — $8^h 11^m$ | $4^h 55^m$ — $6^h 13^m$ | $5^h 55^m$ — $8^h 11^m$ |
| Bereich in Deklination | $-11° 00'$ — $-33° 15'$ | $+13° 15'$ — $-0° 20'$ | $-10° 45'$ — $-27° 20'$ | $+12° 00'$ — $-11° 20'$ |
| Fläche in Quadratgrad | 380,11 | 183,37 | 290,29 | 481,57 |
| Messier-Objekte | M 41 | – | M 79 | M 50 |
| Anzahl der Sterne heller als $5\overset{m}{,}5$ | 51 | 13 | 26 | 34 |
| Meteorströme | – | – | – | Monocerotiden (11./12. Dezember) |
| Kulmination um Mitternacht am | 2. Januar | 14. Januar | 14. Dezember | 5. Januar |
| zirkumpolar für | 79° s. Br. — 90° s. Br. | – | 79° s. Br. — 90° s. Br. | –. |
| vollständig sichtbar von | 57° n. Br. — 90° s. Br. | 89° n. Br. — 77° s. Br. | 63° n. Br. — 90° s. Br. | 79° n. Br. — 78° s. Br. |
| nicht sichtbar von | 90° n. Br. — 79° n. Br. | – | 90° n. Br. — 79° n. Br. | – |

# Feld 6

**CMa CMi Lep Mon**

## Monoceros – Einhorn

Zwischen den beiden Himmelshunden und in direkter Nachbarschaft zum Orion gelegen, führt dieses Sternbild gewissermaßen ein Schattendasein. Seine hellsten Sterne gehören lediglich der 4. Größenklasse an, so daß es sehr unscheinbar wirkt. Weil es aber von der Milchstraße durchzogen wird, enthält es eine Reihe von galaktischen Nebeln und offenen Sternhaufen, die zum Teil bereits im Feldstecher einen lohnenden Anblick bieten. Das Einhorn ist einfach zu finden: Es liegt genau in dem Dreieck, das durch die hellen Sterne Betelgeuse (α Orionis), Sirius (α Canis Majoris) und Procyon (α Canis Minoris) gebildet wird.

Monoceros ist wie viele Sternbilder, die keine markanten Sterne enthalten, erst in der Neuzeit entstanden. Es wird Petrus Plancius zugeschrieben, einem niederländischen Theologen, der 1613 einen Himmelsglobus entworfen hat. Auch die Konstellationen Camelopardalis (Giraffe) und Columba (Taube) gehen auf ihn zurück. Plancius versuchte ebenso wie einige deutsche Himmelskartographen, Sternbilder mit christlicher Symbolik einzuführen. Das Einhorn wählte er, weil es im Alten Testament erwähnt wird.

**Besondere Objekte**

Das einzige Messier-Objekt in diesem Sternbild ist der offene Sternhaufen M 50, der etwa 100 Sterne enthält und bereits mit dem Feldstecher zu sehen ist. Mindestens ebenso auffällig ist jedoch der Sternhaufen NGC 2244. Der große Emissionsnebel, in den er eingehüllt ist, läßt sich freilich erst auf langbelichteten Photographien erkennen (Bilder rechts).

Etwa 2° nordöstlich von NGC 2244 befindet sich ein Stern 6. Größe, der heute Plasketts Stern genannt wird. Wie nämlich der kanadische Astronom John S. Plaskett 1922 festgestellt hat, handelt es sich um einen Doppelstern, dessen Komponenten sich in nur 14 Tagen umkreisen und von denen jede etwa die 55fache Masse der Sonne aufweist. Damit ist dieses Objekt das massereichste Doppelsternsystem, das man kennt. Aus der kurzen Umlaufperiode folgt, daß die beiden Partner sehr eng stehen müssen, so daß vermutlich ein Massenaustausch zwischen ihnen stattfindet.

NGC 2264 ist ein weiterer Sternhaufen im nördlichen Teil des Sternbildes. In ihm befindet sich S Monocerotis, ein bläulichweißer veränderlicher Stern 5. Größe, dessen Helligkeit unregelmäßig um einige Zehntel Größenklassen variiert. Der Haufen ist in Gas- und Staubwolken eingebettet, die im südlichen Bereich einen auffälligen kegelförmigen Dunkelnebel enthalten, der in die leuchtenden Gasmassen hineinragt; wegen seiner Form nennt man ihn Konus-Nebel.

Bemerkenswert ist ferner ein kleines nebliges Gebilde, das bereits im 18. Jahrhundert von dem deutsch-englischen Astronomen William Herschel beschrieben wurde. Es trägt die Katalogbezeichnung NGC 2261, ist aber eher unter dem Namen Hubble-Nebel bekannt. In der dreieckförmigen Wolke ist ein junger veränderlicher Stern verborgen, der sie beleuchtet. Weil der Stern selbst seine Helligkeit ändert und zudem wegen der Bewegung der Staubmassen wechselnde Teile des Nebels beschienen werden, ändern sich Helligkeit und Form des gesamten Objekts. Diese Variationen, die sich innerhalb von Monaten oder Wochen bemerkbar machen können, hatte der amerikanische Astronom Edwin P. Hubble Anfang des 20. Jahrhunderts entdeckt. Weil die Form des Nebels angeblich einem langen, weißen Bart ähnelt und er am besten um die Weihnachtszeit zu sehen ist, wird er im Englischen gelegentlich auch *Santa Claus Nebula* genannt.

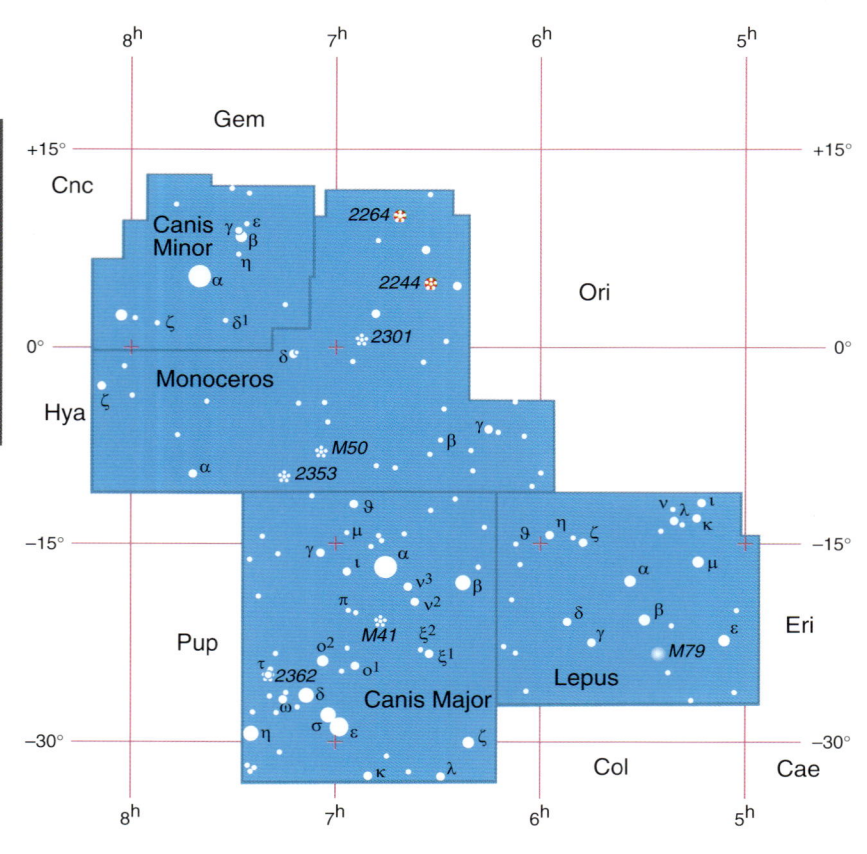

## Canis Major – Großer Hund

Etwa in Verlängerung der drei Gürtelsterne im Orion in südöstlicher Richtung befindet sich Sirius (α Canis Majoris), der hellste Stern von Canis Major und zugleich der hellste Stern am irdischen Himmel. Das auffällige Sternbild ist sehr alt; bereits seit babylonischen Zeiten wird es mit einem Hund identifiziert, der den Jäger Orion auf der Jagd begleitet. Am Himmel scheint der Große Hund den Hasen zu Füßen des Orion zu hetzen, der ihm in der täglichen Bahn am Himmel vorausgeht. Die Ägypter hingegen identifizierten dieses Sternbild mit ihrer Göttin Isis.

In den alten Kulturen kam Sirius – dem „Gleißenden", dem „Hundsstern" oder dem „Stern der Isis", wie er genannt wurde – eine herausragende Bedeutung zu. Sein Sichtbarwerden in der Morgendämmerung über dem östlichen Horizont – der sogenannte heliakische Aufgang – kündigte zur Zeit der Pharaonen die jährlichen Überschwemmungen des Nil an, die den Boden fruchtbar machten und das gesamte Leben in Ägypten beeinflußten. Im Griechenland der Antike meinte man, sein gemeinsamer Aufgang mit der Sonne würde die Kraft unseres Tagesgestirns verstärken und das Land verdörren. In der Tat ging er damals zur Zeit der größten Sommerhitze am Morgenhimmel auf, die man deshalb „Hundstage" nannte – eine Bezeichnung, die sich bis heute gehalten hat.

Canis Major hat einige besondere Objekte zu bieten, die unter dem Sternfeld 9 besprochen werden, wo er zusammen mit Puppis zu sehen ist.

## Canis Minor – Kleiner Hund

Diese kleine Konstellation bestand in der Antike nur aus dem hellen Stern Procyon (α Canis Minoris). Der Name bedeutet „vor dem Hund" und bezieht sich auf den Umstand, daß dieser Stern kurz vor Sirius im Osten aufgeht. Mit $0\overset{m}{.}38$ ist Procyon der achthellste Stern am Himmel; er ist 11,3 Lichtjahre von der Erde entfernt. Er hat – wie Sirius – einen lichtschwachen, kompakten Begleiter, einen sogenannten Weißen Zwerg, dessen Durchmesser nur doppelt so groß ist wie derjenige unseres Heimatplaneten.

## Lepus – Hase

Lassen wir den Hasen den beiden Hunden entkommen und besprechen ihn unter dem Sternfeld 3, auf dem er ebenfalls vollständig zu sehen ist.

**Offene Sternhaufen**

| Katalog-nummer | Stern-bild | Rekt. | Dekl. | Durch-messer | Hellig-keit | Stern-anzahl |
|---|---|---|---|---|---|---|
| NGC 2017 | Lep | 05$^h$ 39,4 | –17° 51′ | 10′ | | 8 |
| NGC 2244 | Mon | 06$^h$ 32,4 | +04° 52′ | 23′ | 4,$^m$8 | 100 |
| NGC 2264 | Mon | 06$^h$ 41,1 | +09° 53′ | 20′ | 3,$^m$9 | 40 |
| M 41/NGC 2287 | CMa | 06$^h$ 47,0 | –20° 44′ | 38′ | 4,$^m$5 | 80 |
| NGC 2301 | Mon | 06$^h$ 51,8 | +00° 28′ | 25′ | 6,$^m$0 | 80 |
| M 50/NGC 2323 | Mon | 07$^h$ 03,2 | –08° 20′ | 16′ | 5,$^m$9 | 80 |
| NGC 2353 | Mon | 07$^h$ 14,6 | –10° 18′ | 20′ | 7,$^m$1 | 30 |
| NGC 2362 | CMa | 07$^h$ 18,8 | –24° 57′ | 8′ | 4,$^m$1 | 60 |

# Nebel im Monoceros

Das schönste Objekt im Sternbild Monoceros ist zweifellos der Rosetten-Nebel mit dem darin eingebetteten Sternhaufen NGC 2244 (links, $f$ = 500 cm; unten, $f$ = 100 cm). Jedoch lassen sich nur die hellsten Teile, die mit den Katalognummern NGC 2237, 2238 und 2239 bezeichnet werden, visuell beobachten; erst auf langbelichteten Photographien erscheint der komplexe Nebel in voller Pracht. Sein Durchmesser ist mit 1° doppelt so groß wie der des Vollmondes. Der zentrale Sternhaufen scheint sich um den gelben Stern 12 Monocerotis, ein Objekt 6. Größenklasse, zu gruppieren, doch ist dieser ein Vordergrundstern, der nur zufällig in derselben Richtung steht. Der Haufen und der Nebel sind ungefähr 4000 Lichtjahre entfernt. Die Mitglieder des offenen Sternhaufens sind sehr jung und wohl erst vor einer halben Million Jahre entstanden. Ihr energiereiches Licht regt die Gasmassen des Nebels zum Leuchten an; der Strahlungsdruck hat die Materie aus dem zentralen Bereich des Nebels herausgetrieben und so die deutlich sichtbare Höhlung geschaffen, die einen Durchmesser von etwa 12 Lichtjahren aufweist. In einigen Millionen Jahren werden die Nebelmassen völlig weggeblasen sein, so daß nur noch der Sternhaufen sichtbar sein wird. Etwas näher als der Rosetten-Nebel liegt der Sternhaufen NGC 2264, der sich um den Stern S Monocerotis gruppiert. Die ihn umgebenden Gas- und Staubmassen enthalten eine auffällige Dunkelwolke, den sogenannten Konus-Nebel. Mit größeren Amateurteleskopen läßt sich der Hubble-Nebel (NGC 2261) erkennen, der sich im Bild unten als diffuses Fleckchen abzeichnet.

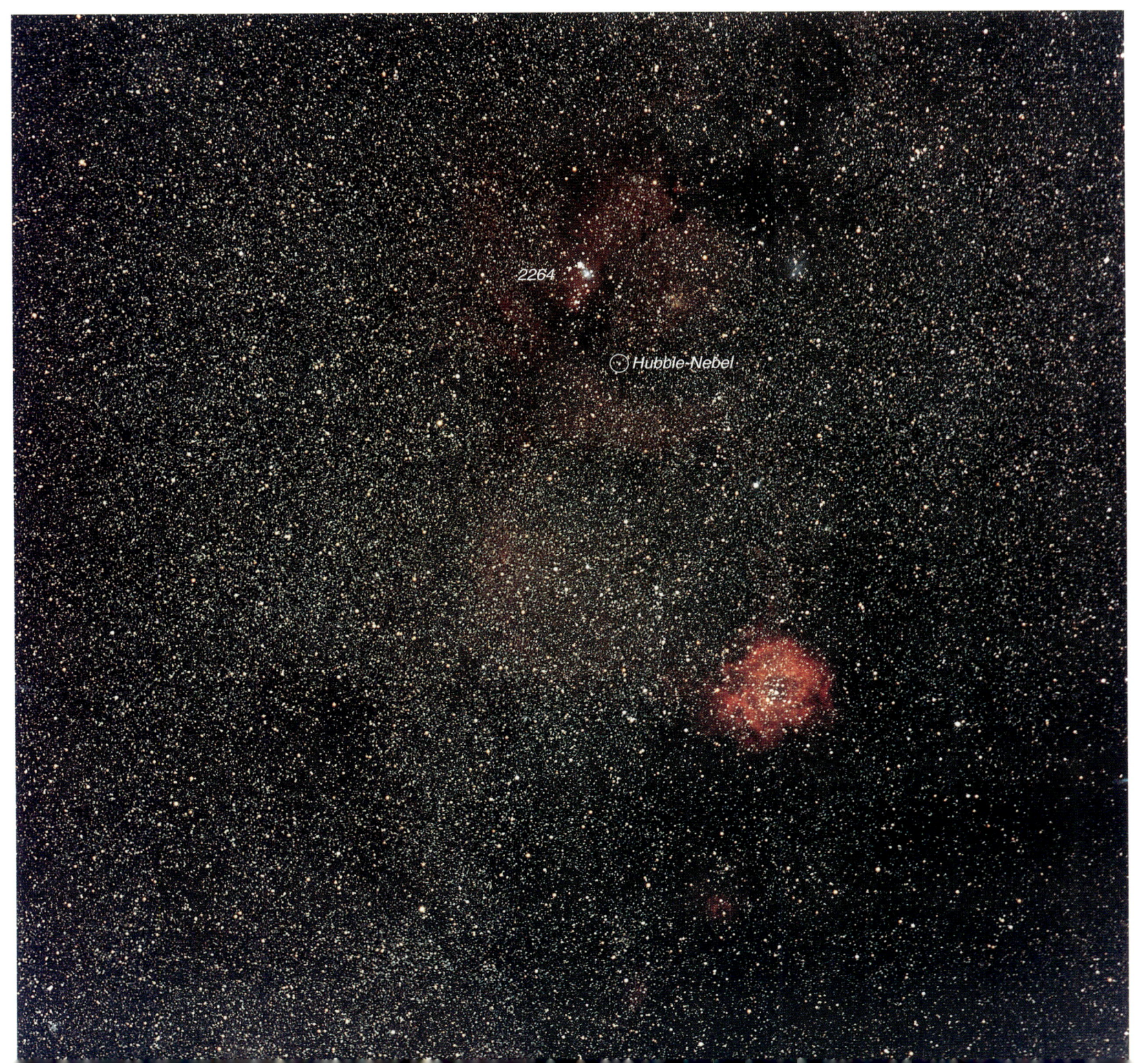

# Feld 7

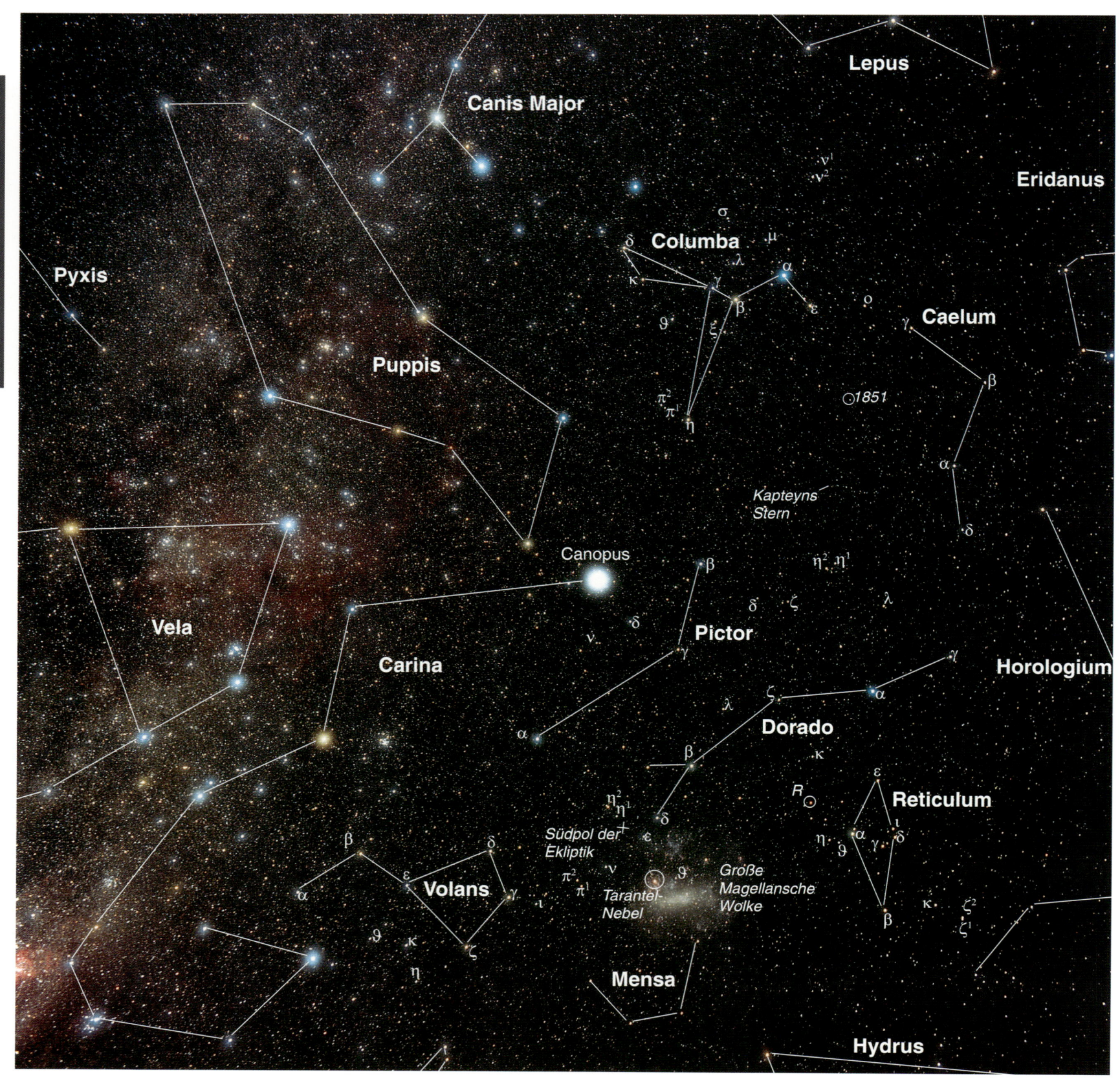

**Cae**
**Col**
**Dor**
**Pic**
**Ret**
**Vol**

**Caelum – Grabstichel**
Cae – Caeli

**Columba – Taube**
Col – Columbae

**Dorado – Schwertfisch**
Dor – Doradus

**Pictor – Maler**
Pic – Pictoris

**Reticulum – Netz**
Ret – Reticuli

**Volans – Fliegender Fisch**
Vol – Volantis

Beste Sichtbarkeit am Abendhimmel

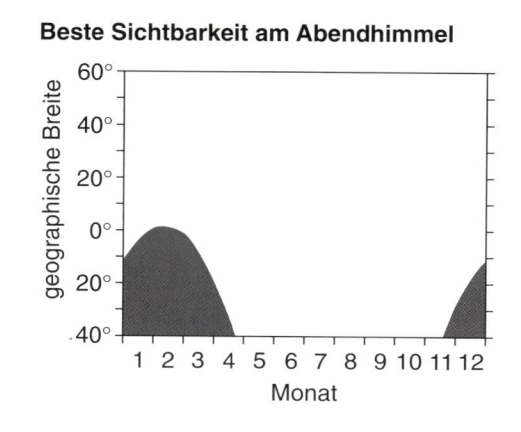

# Caelum, Columba, Dorado, Pictor, Reticulum, Volans

**Daten der Sternbilder**

|  | Caelum | Columba | Dorado | Pictor | Reticulum |
|---|---|---|---|---|---|
| Bereich in Rektaszension | $4^h 19^m$ — $5^h 05^m$ | $5^h 03^m$ — $6^h 40^m$ | $3^h 53^m$ — $6^h 36^m$ | $4^h 32^m$ — $6^h 52^m$ | $3^h 13^m$ — $4^h 37^m$ |
| Bereich in Deklination | $-27° 00'$ — $-48° 45'$ | $-27° 05'$ — $-43° 05'$ | $-48° 40'$ — $-70° 05'$ | $-42° 45'$ — $-64° 10'$ | $-52° 45'$ — $-67° 20'$ |
| Fläche in Quadratgrad | 124,86 | 270,18 | 179,17 | 246,73 | 113,94 |
| Messier-Objekte | — | — | — | — | — |
| Anzahl der Sterne heller als $5^m\!.5$ | 4 | 20 | 16 | 14 | 10 |
| Meteorströme | — | — | — | — | — |
| Kulmination um Mitternacht am | 1. Dezember | 18. Dezember | 17. Dezember | 16. Dezember | 19. November |
| zirkumpolar für | 63° s. Br. — 90° s. Br. | 63° s. Br. — 90° s. Br. | 41° s. Br. — 90° s. Br. | 47° s. Br. — 90° s. Br. | 37° s. Br. — 90° s. Br. |
| vollständig sichtbar von | 41° n. Br. — 90° s. Br. | 47° n. Br. — 90° s. Br. | 20° n. Br. — 90° s. Br. | 26° n. Br. — 90° s. Br. | 23° n. Br. — 90° s. Br. |
| nicht sichtbar von | 90° n. Br. — 63° n. Br. | 90° n. Br. — 63° n. Br. | 90° n. Br. — 41° n. Br. | 90° n. Br. — 47° n. Br. | 90° n. Br. — 37° n. Br. |

# Feld 7

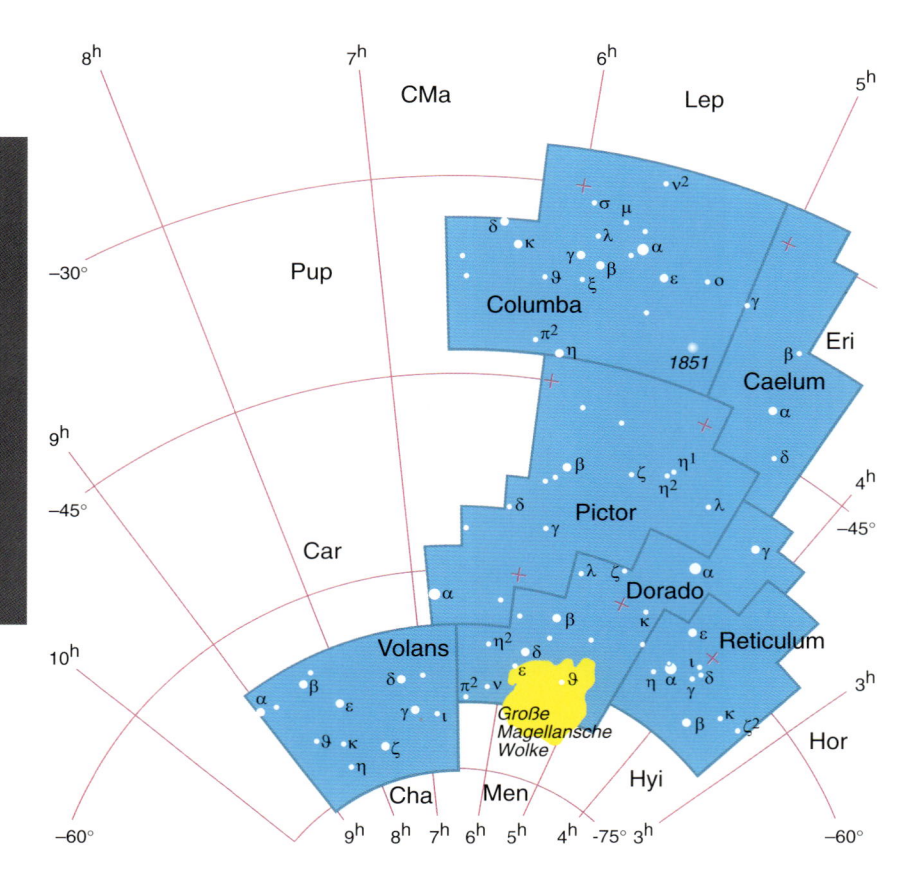

**Cae
Col
Dor
Pic
Ret
Vol**

## Caelum – Grabstichel

Eine kurze Beschreibung dieses Sternbilds, das auf den französischen Astronomen Nicolas-Louis de Lacaille zurückgeht, der in den Jahren 1751 bis 1753 von Kapstadt aus die Sterne des Südhimmels katalogisierte, ist unter dem Sternfeld 42 gegeben.

## Columba – Taube

Columba ist eines von drei Sternbildern, die der niederländische Theologe und Astronom Petrus Plancius um 1600 eingeführt hat. Die Taube steht in inhaltlicher Beziehung zu den benachbarten Konstellationen Puppis (Achterschiff), Vela (Segel des Schiffes) und Carina (Kiel des Schiffes), die zu Plancius' Zeiten noch gemeinsam das riesige Sternbild Argo Navis (Schiff Argo) bildeten. Man kann in ihr die Taube sehen, die den Argonauten den sicheren Weg zwischen den gefährlichen Felsen der Symplegaden – dem heutigen Bosporus – hindurch wies. Plancius mag vielleicht eher Noahs Taube im Sinn gehabt haben, weil es zu jener Zeit Bestrebungen gab, das Schiff Argo in Arche Noah umzubenennen. Im täglichen Lauf der Gestirne am Himmel scheint die Taube dem Schiff voranzufliegen.

Das Sternbild selbst ist recht unscheinbar. Es liegt nördlich des hellen Sterns Canopus ($\alpha$ Carinae) und ist an einer wellenförmigen, in Ost-West-Richtung verlaufenden Reihe aus sechs Sternen zu erkennen. Interessantes Objekt ist ein Kugelsternhaufen, NGC 1851, der einen Durchmesser von elf Bogenminuten und eine scheinbare Gesamthelligkeit von $7{,}^m2$ aufweist.

## Dorado – Schwertfisch

Das unter dem Namen „Goldfisch" eingeführte Sternbild ist eines von mehreren des südlichen Sternenhimmels, die auf Seefahrer des 16. Jahrhunderts zurückgehen. Wohl erstmals auf einem – verschollenen – niederländischen Himmelsglobus verzeichnet, übernahm es der Augsburger Rechtsanwalt und Amateurastronom Johann Bayer 1603 in seine „Uranometria". Spätere Atlanten zeigen es auch als „Xiphias", den Schwertfisch.

Dorado liegt südwestlich von Canopus ($\alpha$ Carinae), des zweithellsten Sterns am Himmel. Das Sternbild ist leicht aufzufinden, weil in ihm die Große Magellansche Wolke liegt, die man bereits mit bloßem Auge als großes nebelhaftes Objekt erkennt.

### Besondere Objekte

Der Stern $\beta$ Doradus ist ein leuchtkräftiger gelber Stern, ein 7500 Lichtjahre entfernter Überriese. Er ist einer der hellsten Veränderlichen vom Delta-Cephei-Typ. Mit einer Periode von 9,84 Tagen variiert seine scheinbare Helligkeit zwischen $3{,}^m8$ und $4{,}^m7$.

Dicht an der Grenze zum Sternbild Reticulum befindet sich der Stern R Doradus. Er ist auf der Übersichtsaufnahme an seiner intensiven roten Farbe zu erkennen, was auf eine relativ geringe Oberflächentemperatur hinweist. Beobachtet man den Himmel im infraroten Spektralbereich, erweist er sich als eines der hellsten Objekte. Diese hohe Infrarot-Leuchtkraft läßt sich nur dadurch erklären, daß die abstrahlende Fläche sehr groß sein muß. Astronomen vermochten dies kürzlich nachzuweisen: Mit einem speziellen Verfahren, der Interferometrie, konnten sie den Winkeldurchmesser von R Doradus zu 0,057 Bogensekunden bestimmen – dies ist der größte Wert, der jemals bei einem Stern gemessen wurde. Für eine Entfernung von 200 Lichtjahren ergibt sich daraus ein Durchmesser von dem 370fachen des Sonnendurchmessers. R Doradus ist damit zwar etwas kleiner als Betelgeuse ($\alpha$ Orionis), ein anderer Stern von gigantischen Ausmaßen, doch erscheint er wegen der geringeren Entfernung am Himmel etwas größer. (Wer sich den kleinen Winkel von 0,057 Bogensekunden vorstellen möchte, der nehme einen Stecknadelkopf von zwei Millimeter Durchmesser und betrachte ihn aus 7200 Metern Entfernung.)

Das markanteste und faszinierendste Objekt im Schwertfisch ist zweifellos die Große Magellansche Wolke, ein Sternsystem, das sich in nur 150 000 Lichtjahren Entfernung befindet und damit ein naher Begleiter unserer Galaxis ist. Es wird unter dem Sternfeld 4 näher besprochen.

## Pictor – Maler

Östlich von Dorado, in Richtung auf den hellen Stern Canopus ($\alpha$ Carinae), schließt sich das Sternbild Pictor an. Es ist eines von 14 zumeist nach technischen Geräten benannten Sternbildern, die der Astronom Nicolas-Louis de Lacaille Mitte des 18. Jahrhunderts eingeführt hat. Auf historischen Sternkarten ist zumeist eine Staffelei mit Palette abgebildet.

### Besondere Objekte

Der niederländische Astronom Jacobus Cornelius Kapteyn entdeckte 1897, daß ein an sich unauffälliger roter Zwergstern 9. Größe im Sternbild Maler sich mit großer Geschwindigkeit am Firmament entlangbewegt: Pro Jahr verschiebt sich seine Position um 8,73 Bogensekunden. Kapteyns Stern weist damit – nach Barnards Pfeilstern in Ophiuchus – die zweitgrößte Eigenbewegung aller Sterne auf. Dies ist darauf zurückzuführen, daß er mit einer Entfernung von 12,7 Lichtjahren der Sonne sehr nahe steht und sich im Raum schräg zu ihr bewegt. Die Radialgeschwindigkeit – die Geschwindigkeitskomponente in Richtung zur Erde – beträgt +242 km/s, d.h. Kapteyns Stern nähert sich unserem Sonnensystem jede Sekunde um 242 Kilometer.

Der Stern $\beta$ Pictoris erscheint uns als Lichtpunkt der scheinbaren Helligkeit $3{,}^m9$; er ist ein etwa 50 Lichtjahre entfernter Zwergstern mit der sechsfachen Leuchtkraft der Sonne. Durch eine Entdeckung im Jahre 1983 ist er zu einem außerordentlich interessanten Forschungsobjekt geworden: Zunächst fand man mit dem Infrarot-Satelliten IRAS eine ungewöhnlich starke Wärmestrahlung aus der unmittelbaren Umgebung des Sterns, die auf große Mengen von Staub hinwies. Ein Jahr später entdeckten Astronomen der Europäischen Südsternwarte in Chile im sichtbaren Licht tatsächlich eine große Materiescheibe mit einer Ausdehnung von 300 Milliarden Kilometern, die diesen Himmelskörper umgibt. Der Durchmesser dieser flachen Gas- und Staubwolke ist damit etwa 25mal so groß wie der unseres Sonnensystems. Nachfolgende Untersuchungen – unter anderem mit dem Hubble-Weltraumteleskop – scheinen zu bestätigen, daß diese Materiescheibe um $\beta$ Pictoris ein gerade in der Entstehung befindliches Planetensystem ist. Die Astronomen können damit einen Vorgang verfolgen, wie er sich vor 4,5 Milliarden Jahren in ähnlicher Weise bei der Bildung unseres Sonnensystems abgespielt haben dürfte. Im inneren Bereich der Materiescheibe um $\beta$ Pictoris könnten sogar bereits Planeten existieren, doch gibt es bislang keinen direkten Nachweis dafür.

# Caelum, Columba, Dorado, Pictor, Reticulum, Volans

## Reticulum – Netz

Dies ist ein weiteres von de Lacaille erfundenes Sternbild. Es soll an ein optisches Meßinstrument erinnern, mit dessen Hilfe er die Positionen der Sterne am Südhimmel bestimmte. Der hellste Stern ist α Reticuli mit einer scheinbaren Helligkeit von 3.$^m$4. Eine etwas ausführlichere Beschreibung dieser Konstellation findet sich unter dem Sternfeld 42.

## Volans – Fliegender Fisch

Dieses Sternbild wurde von niederländischen Seefahrern erfunden, die während ihrer Ostindien-Reisen fliegende Fische beobachtet hatten. Der Augsburger Johann Bayer verzeichnete es 1603 als „Piscis Volans" in seiner „Uranometria". Zu sehen ist diese Konstellation zusätzlich auf den Sternfeldern 4 und 10.

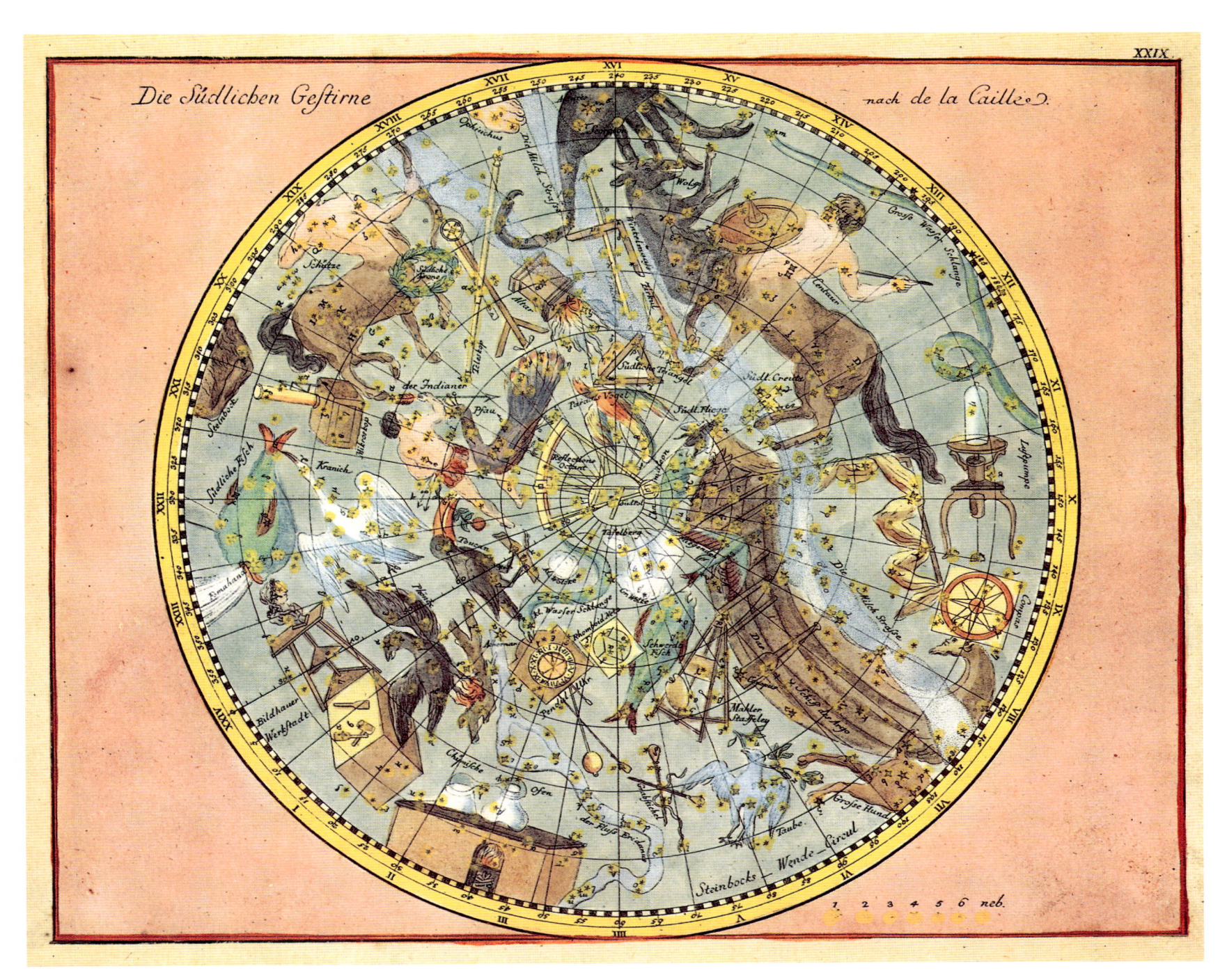

Der französische Astronom, Geodät und Mathematiker Nicolas-Louis de Lacaille (1713—1762) beobachtete in den Jahren von 1751 bis 1753 vom Kap der Guten Hoffnung aus die Sterne des Südhimmels. Um die damals noch bestehenden kartographischen „Lücken" am Firmament zu schließen, führte er 14 neue Sternbilder ein, die seine Vorliebe für technisches Gerät zum Ausdruck brachten: Antlia (Luftpumpe), Caelum (Grabstichel), Circinus (Zirkel), Fornax (Chemischer Ofen), Horologium (Pendeluhr), Mensa (Tafelberg), Microscopium (Mikroskop), Norma (Winkelmaß), Octans (Oktant), Pictor (Maler), Pyxis (Kompaß), Reticulum (Netz), Sculptor (Bildhauer) und Telescopium (Teleskop). Zudem teilte er das riesige Sternbild Argo Navis (Schiff Argo) in drei Teile auf: in Puppis (Achterschiff), Vela (Segel des Schiffes) und Carina (Kiel des Schiffes). Die obige Abbildung ist der „Vorstellung der Gestirne auf XXXIV Kupfertafeln" von Johann Elert Bode aus dem Jahre 1782 entnommen.

**Daten der Sternbilder**

|  | Volans |
|---|---|
| Bereich in Rektaszension | $6^h\ 31^m$ — $9^h\ 04^m$ |
| Bereich in Deklination | −64° 05′ — −75° 30′ |
| Fläche in Quadratgrad | 141,35 |
| Messier-Objekte | – |
| Anzahl der Sterne heller als 5.$^m$5 | 13 |
| Meteorströme | – |
| Kulmination um Mitternacht am | 18. Januar |
| zirkumpolar für | 26° s. Br. — 90° s. Br. |
| vollständig sichtbar von | 14° n. Br. — 90° s. Br. |
| nicht sichtbar von | 90° n. Br. — 26° n. Br. |

# Feld 8

**Cnc Gem Lyn**

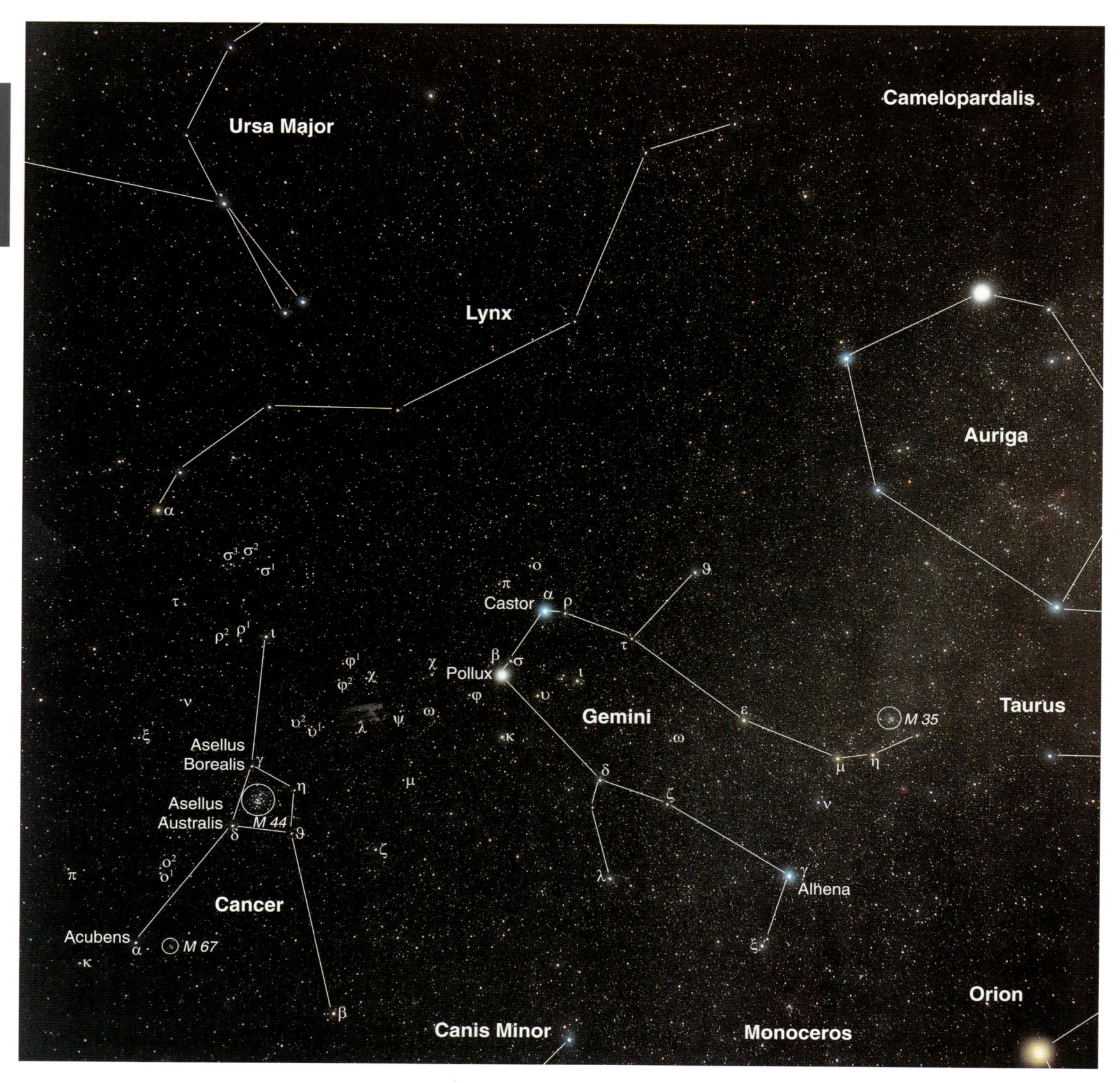

**Cancer – Krebs**
Cnc – Cancri

**Gemini – Zwillinge**
Gem – Geminorum

**Lynx – Luchs**
Lyn – Lyncis

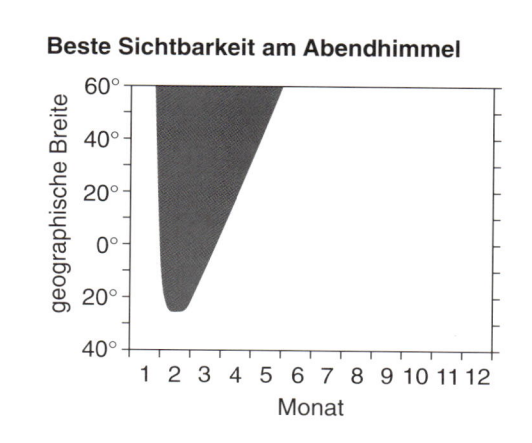

Beste Sichtbarkeit am Abendhimmel

# Cancer, Gemini, Lynx

**Daten der Sternbilder**

|  | Cancer | Gemini | Lynx |
|---|---|---|---|
| Bereich in Rektaszension | 7$^h$ 55$^m$ — 9$^h$ 23$^m$ | 6$^h$ 00$^m$ — 8$^h$ 07$^m$ | 6$^h$ 15$^m$ — 9$^h$ 43$^m$ |
| Bereich in Deklination | +33° 10′ — +6° 30′ | +35° 25′ — +9° 50′ | +62° 00′ — +33° 00′ |
| Fläche in Quadratgrad | 505,87 | 513,76 | 545,39 |
| Messier-Objekte | M 44, M 67 | M 35 | — |
| Anzahl der Sterne heller als 5$^m$,5 | 24 | 45 | 29 |
| Meteorströme | Delta-Cancriden (16./17. Januar) | Geminiden (13./14. Dezember) | — |
| Kulmination um Mitternacht am | 30. Januar | 5. Januar | 19. Januar |
| zirkumpolar für | 90° n. Br. — 83° n. Br. | 90° n. Br. — 80° n. Br. | 90° n. Br. — 57° n. Br. |
| vollständig sichtbar von | 90° n. Br. — 57° s. Br. | 90° n. Br. — 55° s. Br. | 90° n. Br. — 28° s. Br. |
| nicht sichtbar von | 83° s. Br. — 90° s. Br. | 80° s. Br. — 90° s. Br. | 57° s. Br. — 90° s. Br. |

# Feld 8

**Cnc
Gem
Lyn**

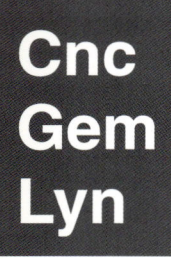

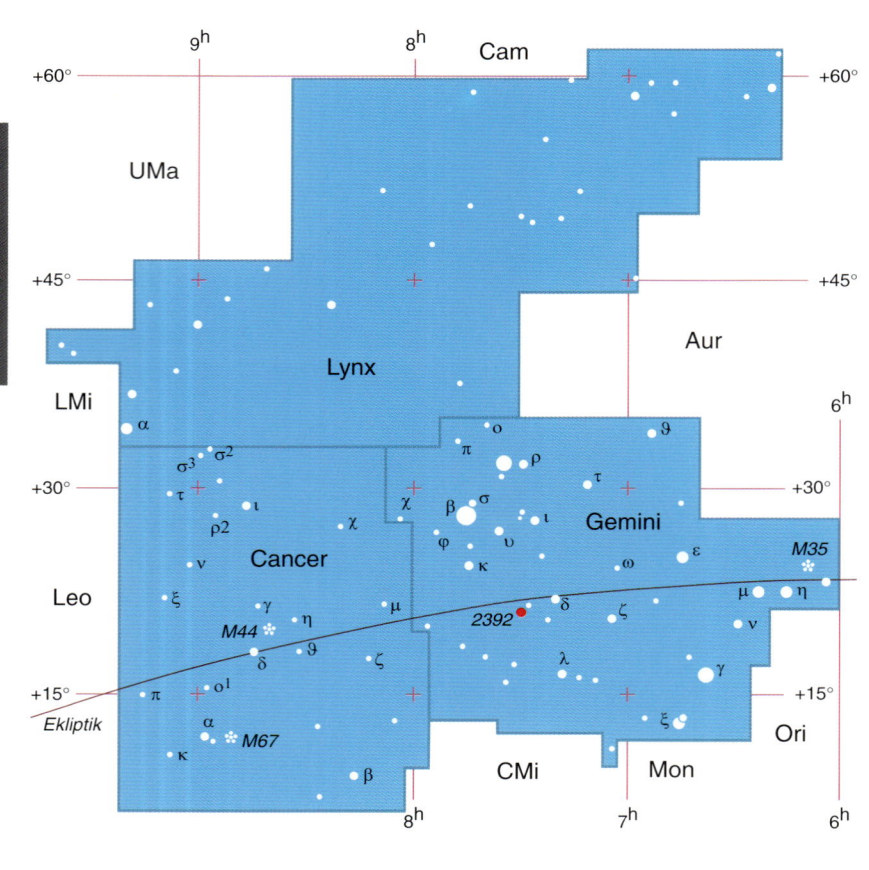

## Cancer – Krebs

Der Krebs ist ein wenig markantes Tierkreissternbild zwischen den Zwillingen und dem Löwen, das von der Sonne vom 20. Juli bis zum 10. August durchlaufen wird; kein Stern ist heller als $3^m\!.5$.

Im klassischen Altertum erreichte unser Tagesgestirn in dieser Konstellation den nördlichsten Punkt seiner scheinbaren Bahn am Himmel, der die Sommer-Sonnenwende (für die nördliche Halbkugel der Erde) bzw. die Winter-Sonnenwende (für die südliche Hemisphäre) markiert. Die Deklination der Sonne in diesem Punkt beträgt +23° 26'; dies ist der Winkel, um den die Jahresbahn der Sonne, die Ekliptik, gegen den Himmelsäquator geneigt ist. Infolge der Präzessionsbewegung der Erdachse hat sich dieser Bahnpunkt inzwischen an die Grenze zwischen den Sternbildern Gemini (Zwillinge) und Taurus (Stier) verschoben. Erhalten hat sich aber die Bezeichnung „Wendekreis des Krebses" für die geographische Breite von 23° 26' Nord: Für alle Orte, die auf diesem Breitengrad liegen, wandert die Sonne am Tag der Sommer-Sonnenwende zur Mittagszeit durch den Zenit; an allen anderen Tagen verläuft ihre Bahn südlich davon.

### Mythologie
Der Krebs gehört zu den Sternbildern, die bereits in der Antike bekannt waren. Mythologisch ist er mit den Abenteuern des griechischen Helden Herakles verbunden, doch geht diese Geschichte auf Motive zurück, die aus dem sumerisch-babylonischen Raum stammen. Als Herakles mit Hydra – einem vielköpfigen schlangenähnlichen Ungeheuer – kämpfte, befand er sich in einer prekären Situation: Für jeden abgeschlagenen Kopf der Bestie wuchsen zwei neue, die nach ihm schnappten. Um seine Not noch zu vergrößern, tauchte aus den Sümpfen ein Riesenkrebs auf, der ihn kräftig in den Fuß zwickte. Doch Herakles hielt sich nicht lange mit dem lästigen Verbündeten der Hydra auf und zertrat ihn. Man sagt, Hera, die Gattin des Zeus, habe diesen Kampf dazu nutzen wollen, um den von ihr verhaßten Herakles – einen unehelichen Sproß ihres Gatten – zu beseitigen. Wenngleich der Krebs nur eine Statistenrolle in dem Herakles-Mythos spielte, versetzte Hera ihn zum Dank für seinen heroischen Einsatz als Sternbild an den Himmel. Dort befindet er sich nun wieder in Gesellschaft mit Hydra und einigen anderen von Herakles bezwungenen Untieren.

Für die beiden Sterne γ und δ Cancri, die den offenen Sternhaufen M 44 flankieren, gibt es eigene Mythen. Ihre lateinischen Namen sind Asellus Borealis und Asellus Australis (für „Nördlicher Esel" und „Südlicher Esel"). Sie sollen die Tiere darstellen, die den Gott Dionysos während einer Irrfahrt durch mehrere vorderasiatische Länder über einen Fluß trugen und von ihm zur Belohnung unter die Sterne versetzt wurden. Andere antike Schriftsteller sahen in ihnen die Esel, auf denen Dionysos mit einigen Begleitern in den Kampf zog, der zwischen den Göttern und den Giganten tobte. Die Giganten, die offenbar vorher noch niemals solche Tiere gesehen hatten, gerieten durch deren heiseres Geschrei derart in Panik, daß sie die Schlacht verloren.

### Besondere Objekte
Im Zentrum des Sternbildes steht der offene Sternhaufen M 44, einer der schönsten seiner Art (Bild rechts oben). Ein weiteres Objekt aus dem Messier-Katalog ist M 67 (NGC 2682), ebenfalls ein offener Sternhaufen. Er ist etwa 2700 Lichtjahre von der Erde entfernt, und man braucht ein kleines Teleskop, um in ihm etwa 60 Einzelsterne erkennen zu können.

## Gemini – Zwillinge

Dieses Sternbild und die besonderen Objekte darin werden unter dem Feld 5 besprochen. Hier soll kurz über den mythologischen Hintergrund berichtet werden.

### Mythologie
Die Zwillinge wurden in der Antike meist mit den Brüdern Kastor und Polydeukes (in latinisierter Form Pollux) identifiziert. Beide wurden Dioskuren genannt, was „Söhne des Zeus" bedeutet. Der Überlieferung zufolge ist ihre Abstammung jedoch nicht eindeutig. Ihre Mutter ist Leda, die Frau des Königs Tyndareos von Sparta. Sie soll Kastor von ihrem Mann und Polydeukes von Zeus empfangen haben, der sich ihr in Gestalt eines Schwanes näherte. Die Zwillingsbrüder – der eine als Menschensohn sterblich, der andere als Sohn des Zeus unsterblich – galten als unzertrennlich. Gemeinsam bestanden sie viele Abenteuer. Kastor war als Pferdebändiger berühmt, Polydeukes wegen seiner Geschicklichkeit als Boxer. Noch als Jünglinge hatten sie sich den Argonauten unter Jasons Führung angeschlossen. Zu dieser Heldentruppe, die das Goldene Vlies holen wollten, gehörten auch Herakles und die Zwillingsbrüder Lynkeus und Idas. Mit diesem anderen Zwillingspaar verband Kastor und Polydeukes eine innige Freundschaft, bis sie eines Tages in einen tödlichen Streit gerieten. Polydeukes, der einzige Überlebende, bat Zeus, seinen Vater, daß er seine eigene Unsterblichkeit mit seinem Bruder teilen dürfe. Die Bitte wurde gewährt, und seitdem verbringen die beiden ihre Tage abwechselnd auf dem Olymp und im Hades. Zudem wurden sie als Sternbild Zwillinge an den Himmel versetzt, wo sie in enger Umarmung zu sehen sind (Bild rechts unten).

## Lynx – Luchs

Nördlich der Zwillinge und des Krebses, zwischen dem Fuhrmann und dem Großen Bären, befindet sich der Luchs. Er ist zwar größer als die beiden benachbarten Tierkreissternbilder, erstreckt sich aber über eine unauffällige Himmelsregion, so daß er ähnlich wie die weiter nördlich gelegene Giraffe kaum bekannt ist. Sein Hauptstern, α Lyncis, hat eine scheinbare Helligkeit von $3^m\!.13$ und ist der einzige, der mit einem griechischen Buchstaben bezeichnet wurde. Alle anderen Sterne dieser Konstellation gehören der 4. oder einer höheren Größenklasse an; man kennzeichnet sie mit ihrer Flamsteed- oder einer anderen Katalog-Nummer.

Lynx ist ein Sternbild der Neuzeit, das der Danziger Astronom Johannes Hevelius eingeführt hat. Es ist erstmals in seinem 1690 erschienenen Sternatlas verzeichnet. Hevelius, der die Sterne noch immer mit dem bloßem Auge vermaß, weil er meinte, ein Fernrohr würde ihre Positionen verzerren, brauchte wohl die sprichwörtlichen Luchsaugen, um in diesem Areal des Himmels überhaupt Sterne erkennen zu können. Vielleicht hatte er bei der Namensgebung auch den griechischen Helden Lynkeus im Sinn, der so scharf sehen konnte, daß er selbst Dinge zu erblicken vermochte, die in der Erde verborgen waren. Lynkeus gehört mit seinem Bruder Idas sowie den Dioskuren Kastor und Polydeukes zu den berühmten Zwillingspaaren der griechischen Mythologie.

# Praesepe

Der offene Sternhaufen M 44 (NGC 2632) im Sternbild Krebs ($f = 200$ cm). Er läßt sich bereits mit bloßem Auge als kleiner diffuser Fleck erkennen und mit einem Fernglas in Einzelsterne auflösen. Man nennt ihn Praesepe, nach dem lateinischen Wort *praesaepe* für „Krippe" oder „Bienenkorb". Die zweite Bedeutung findet sich in der englischen Bezeichnung *Beehive* wieder, die gelegentlich benutzt wird. Der Sternhaufen soll aber mythologisch die Futterkrippe darstellen, an denen die beiden „Esel" Asellus Borealis und Asellus Australis (die beiden Sterne $\gamma$ und $\delta$ Cancri) fressen. Die Praesepe ist etwa 520 Lichtjahre von der Erde entfernt und schätzungsweise 650 Millionen Jahre alt. Sie besteht aus rund 500 Sternen, die sich auf ein Raumgebiet von etwa 13 Lichtjahren Durchmesser verteilen. Von der Erde aus erscheint sie unter dem dreifachen Durchmesser des Mondes, so daß sie ein ideales Beobachtungsobjekt für den Feldstecher ist.

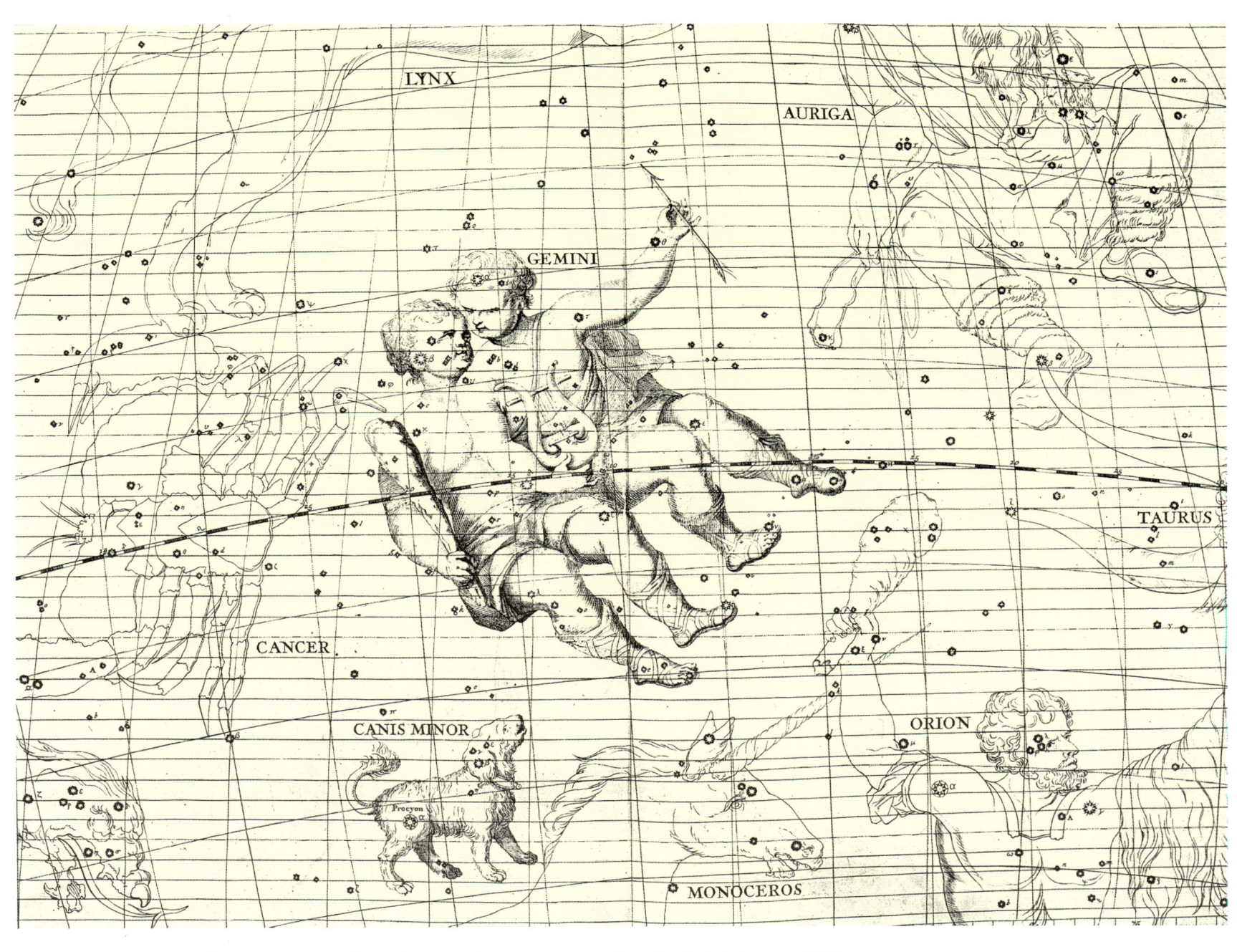

Die Zwillinge Kastor und Polydeukes in der Darstellung von John Flamsteed; „Atlas Coelestis", London 1753.

# Feld 9

**CMa Pup Pyx**

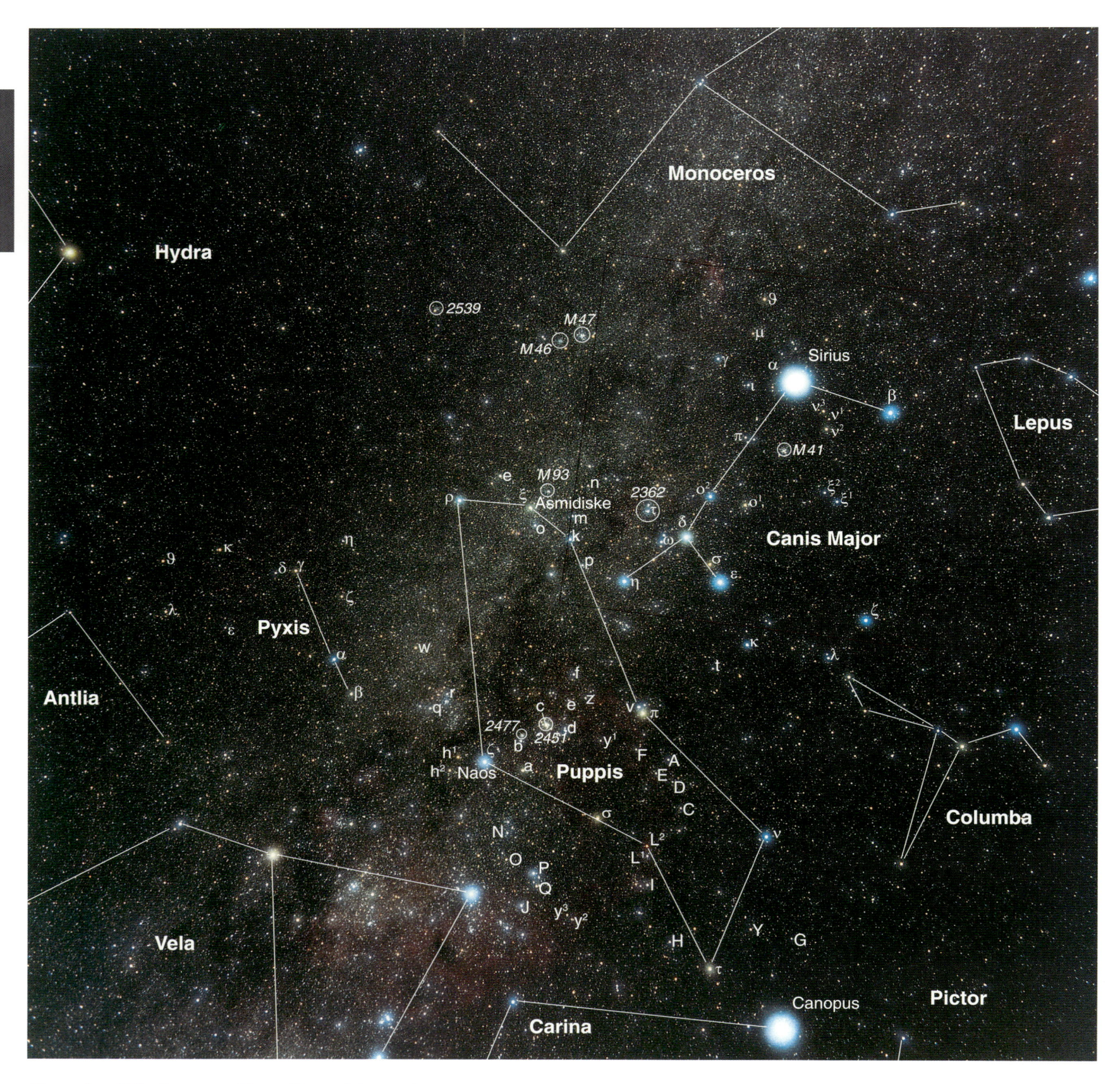

## Canis Major – Großer Hund
CMa – Canis Majoris

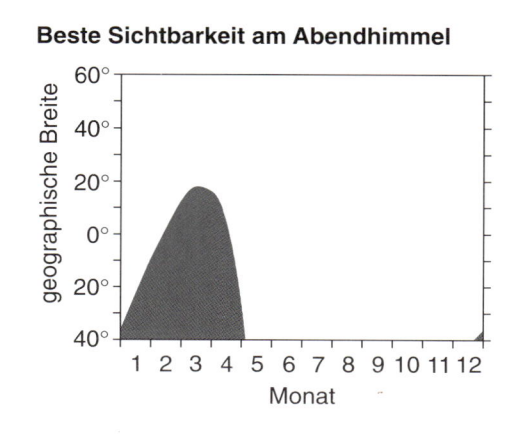

## Puppis – Achterschiff
Pup – Puppis

## Pyxis – Kompaß
Pyx – Pyxidis

**Beste Sichtbarkeit am Abendhimmel**

# Canis Major, Puppis, Pyxis

**Daten der Sternbilder**

|  | Canis Major | Puppis | Pyxis |
|---|---|---|---|
| Bereich in Rektaszension | 6ʰ 11ᵐ — 7ʰ 28ᵐ | 6ʰ 03ᵐ — 8ʰ 28ᵐ | 8ʰ 27ᵐ — 9ʰ 28ᵐ |
| Bereich in Deklination | −11° 00′ — −33° 15′ | −11° 15′ — −51° 05′ | −17° 25′ — −37° 20′ |
| Fläche in Quadratgrad | 380,11 | 673,43 | 220,83 |
| Messier-Objekte | M 41 | M 46, M 47, M 93 | – |
| Anzahl der Sterne heller als 5,ᵐ5 | 51 | 87 | 12 |
| Meteorströme | – | Pi-Puppiden (23./24. April) | – |
| Kulmination um Mitternacht am | 2. Januar | 8. Januar | 4. Februar |
| zirkumpolar für | 79° s. Br. — 90° s. Br. | 79° s. Br. — 90° s. Br. | 73° s. Br. — 90° s. Br. |
| vollständig sichtbar von | 57° n. Br. — 90° s. Br. | 39° n. Br. — 90° s. Br. | 53° n. Br. — 90° s. Br. |
| nicht sichtbar von | 90° n. Br. — 79° n. Br. | 90° n. Br. — 79° n. Br. | 90° n. Br. — 73° n. Br. |

# Feld 9

**CMa
Pup
Pyx**

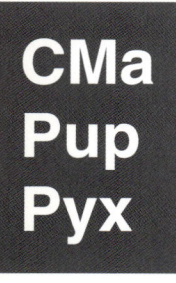

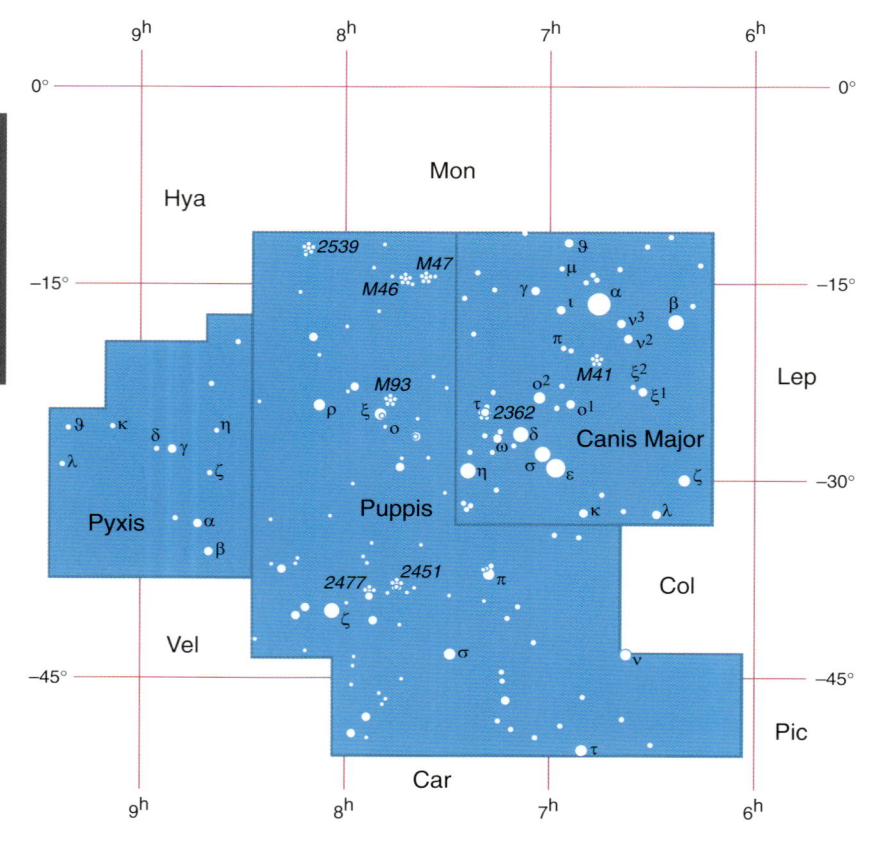

## Canis Major – Großer Hund

Auf der Übersichtsaufnahme auf der vorherigen Doppelseite fallen zwei überaus helle Sterne auf: Sirius (α Canis Majoris) und Canopus (α Carinae). Es sind dies die beiden hellsten Sterne am Himmel, doch ist von Mitteleuropa aus nur Sirius zu sehen. In den alten Kulturen des östlichen Mittelmeerraumes hatte er eine herausragende Bedeutung für das Kalenderwesen und die Landwirtschaft, weil sein erstes Sichtbarwerden in der Morgendämmerung über dem Osthorizont wichtige jahreszeitliche Erscheinungen ankündigte (s. Sternfeld 6).

Das Sternbild Canis Major ist sehr alt, und es hat kaum Versuche gegeben, es zu modifizieren. Nur Johann Elert Bode formte aus einigen Sternen östlich von Sirius, die heute zu Canis Major und Puppis gehören, im Jahre 1801 das Sternbild „Officina Typographica" („Druckerei"), um an den 350. Jahrestag der Erfindung des Buchdrucks mit beweglichen Lettern durch Johannes Gutenberg zu erinnern. Dieses Sternbild wurde jedoch nicht anerkannt.

**Besondere Objekte**

Zwei offene Sternhaufen können – bei klarem, dunklem Himmel – bereits mit bloßem Auge gesehen werden; doch erst im Fernglas oder kleinen Fernrohr lassen sie sich in Einzelsterne auflösen. M 41 befindet sich etwa vier Grad südlich von Sirius. Etwa 80 Sterne gruppieren sich hier auf einer Fläche von der des Vollmondes. Kleiner, aber ähnlich leicht zu finden ist NGC 2362, dessen hellstes Mitglied der Stern τ Canis Majoris mit 4,$^{m}$4 ist.

Ein bemerkenswertes Objekt ist auch Sirius selbst. Wegen seiner Nähe zur Sonne bewegt er sich relativ schnell am Firmament: In eintausend Jahren immerhin mehr als 20 Bogenminuten, also fast einen Vollmonddurchmesser. Der deutsche Astronom Friedrich Bessel untersuchte ab 1834 diese Bewegung genauer, und er stellte fest, daß sie nicht gerade, sondern wellenförmig verläuft. Dies war ein Indiz dafür, daß Sirius von einem unsichtbaren Begleiter umkreist wird, der ein ähnliche Masse haben muß wie er selbst. Erst 1862 gelang es dem Amerikaner Alvan G. Clark bei der Inbetriebnahme des damals weltgrößten Fernrohres, diesen Begleiter mit einer Helligkeit von 8,$^{m}$5 zu entdecken. Weil Sirius ihn um das 10 000fache überstrahlt, ist er so schwer zu beobachten. So konnte erst 1914 ein Spektrum von Sirius B, wie man ihn nannte, aufgenommen werden, und man erkannte, daß es sich um einen Weißen Zwerg handelte. Ein solcher Stern hat etwa die Masse der Sonne, ist jedoch nur unwesentlich größer als die Erde. Sirius B war der erste Vertreter dieses Sterntyps, den man entdeckte.

## Puppis – Achterschiff

Als eigenständiges Sternbild gibt es Puppis erst, nachdem der Astronom Nicolas-Louis de Lacaille das seit der Antike bekannte Sternbild Argo Navis (Schiff Argo), das wegen seiner großen Ausdehnung für die modernen Astronomen zu „unhandlich" geworden war, 1763 in drei Konstellationen aufgeteilt hatte. Für sie wurden schließlich die Namen Puppis (Achterschiff), Carina (Kiel des Schiffes) und Vela (Segel des Schiffes) gewählt. Nach der Aufteilung behielt man die zuvor von de Lacaille eingeführte Nomenklatur der Sterne bei. Deshalb kommt jeder griechische Buchstabe in den drei Sternbildern nur einmal vor: Es gibt zwar beispielsweise einen Stern α Carinae (nämlich Canopus), aber weder α Puppis noch α Velorum. Der hellste Stern im Achterschiff ist ζ Puppis mit 2,$^{m}$25. Die für Sterne der 5. und 6. Größenklasse gewählten lateinischen Buchstaben gibt es jedoch mehrmals (also beispielsweise a Puppis, a Carinae und a Velorum).

Der niederländische Theologe und Astronom Petrus Plancius schlug im Jahre 1613 das Sternbild „Gallus" („Hahn") vor, das sich aus Sternen an der Grenze zwischen Canis Major und Puppis zusammensetzte. Es sollte den Hahn symbolisieren, der durch sein Krähen anzeigte, daß Jesus durch seinen Jünger Petrus dreimal verleugnet worden war. Wie andere Sternbilder mit religiösem Hintergrund wurde es nicht anerkannt.

**Mythologie**

Argo Navis stellte das Schiff der Argonauten dar, die unter Jasons Führung von Thessalien im Nordosten Griechenlands nach Kolchis an der Ostküste des Schwarzen Meeres fuhren, um dort das Goldene Vlies zu holen. Jason war der Sohn des thessalischen Königs Aison, dessen Halbbruder Pelias sich der Herrschaft bemächtigt hatte. Um den Thron zurückzubekommen, sollte Jason Pelias das Goldene Vlies bringen – das goldene Fell eines Widders, das in einem heiligen Hain in Kolchis von einem Drachen bewacht wurde. Nach Anweisungen der Göttin Athene baute Argos das Schiff, das nach ihm benannt wurde. Mit 50 Getreuen – darunter Herakles, Kastor und Polydeukes – gelang es Jason unter Gefahren, Kolchis zu erreichen, wo er die Liebe der Königstochter Medea gewann, die ihm half, das Vlies zu rauben. Nach Jasons Rückkehr versetzte Athene das Schiff als Sternbild an den Himmel, wo sich der Widder bereits befand.

Auch die Ägypter sahen in der Sterngruppierung ein Schiff, in dem allerdings ihr Gott Osiris fuhr, mit dem hellsten Stern – α Carinae oder Canopus – als Steuermann. In der Tat muß das Sternbild wie ein Schiff mit vollen Segeln gewirkt haben, das im Winter dicht über dem Südhorizont entlangfuhr und langsam in der Ferne entschwand.

**Besondere Objekte**

Weil die Milchstraße das Sternbild Puppis durchzieht, findet man darin einige offene Sternhaufen als lohnende Feldstecher-Objekte; sie sind in der untenstehenden Tabelle aufgeführt.

## Pyxis – Kompaß

Den Kompaß bildete Nicolas-Louis de Lacaille bereits 1756 aus Sternen des damaligen Sternbilds Argo Navis. Eine kurze Beschreibung befindet sich unter dem Sternfeld 13.

**Offene Sternhaufen**

| Katalognummer | Sternbild | Rekt. | Dekl. | Durchmesser | Helligkeit | Sternanzahl |
|---|---|---|---|---|---|---|
| M 41/NGC 2287 | CMa | 06$^h$ 47',0 | −20° 44' | 38' | 4,$^{m}$5 | 80 |
| NGC 2362 | CMa | 07$^h$ 18',8 | −24° 57' | 8' | 4,$^{m}$1 | 60 |
| M 47/NGC 2422 | Pup | 07$^h$ 36',6 | −14° 30' | 29' | 4,$^{m}$4 | 30 |
| M 46/NGC 2437 | Pup | 07$^h$ 41',8 | −14° 49' | 27' | 6,$^{m}$1 | 100 |
| M 93/NGC 2447 | Pup | 07$^h$ 44',6 | −23° 52' | 22' | 6,$^{m}$2 | 80 |
| NGC 2451 | Pup | 07$^h$ 45',4 | −37° 58' | 45' | 2,$^{m}$8 | 40 |
| NGC 2477 | Pup | 07$^h$ 52',3 | −38° 33' | 27' | 5,$^{m}$8 | 160 |
| NGC 2539 | Pup | 08$^h$ 10',7 | −12° 50' | 21' | 6,$^{m}$5 | 50 |

# Canis Major

Der Große Hund ist ein markantes Sternbild des Südhimmels, das von Mitteleuropa aus im Winter tief über dem südlichen Horizont steht. Es ist nicht zu verfehlen, weil sein Hauptstern, Sirius, mit einer scheinbaren Helligkeit von $-1^m\!.46$ der hellste Stern jenseits der Sonne ist. Er leuchtet viermal heller als Arktur ($\alpha$ Bootis), der hellste Stern des Nordhimmels, und sechsmal heller als Betelgeuse ($\alpha$ Orionis) im benachbarten Sternbild Orion. Sein Name leitet sich aus dem griechischen *seirios* für „sengend", „funkelnd" ab. Sirius ist der fünftnächste Fixstern und – nach $\alpha$ Centauri – der zweitnächste, den man mit bloßem Auge sehen kann. Sein Abstand von der Sonne beträgt 8,7 Lichtjahre. Im Vergleich zu unserem Tagesgestirn hat er die 2,3fache Masse, den 1,8fachen Durchmesser und die 23fache Leuchtkraft. Andere auffällige Sterne im Großen Hund sind noch viel größer und strahlen noch weit heller, doch erscheinen sie lichtschwächer, weil sie sich in einer Entfernung von mehreren hundert Lichtjahren befinden. Stünden sie uns so nahe wie Sirius, würden sie ihn bei weitem überstrahlen. (Diese Aufnahme ist mit einer Äquivalentbrennweite *f* von 50 Zentimetern dargestellt; betrachtet man sie aus diesem Abstand, erscheint das Sternbild unter dem gleichen Winkel wie am Himmel.)

# Feld 10

**Ant**
**Car**
**Vel**
**Vol**

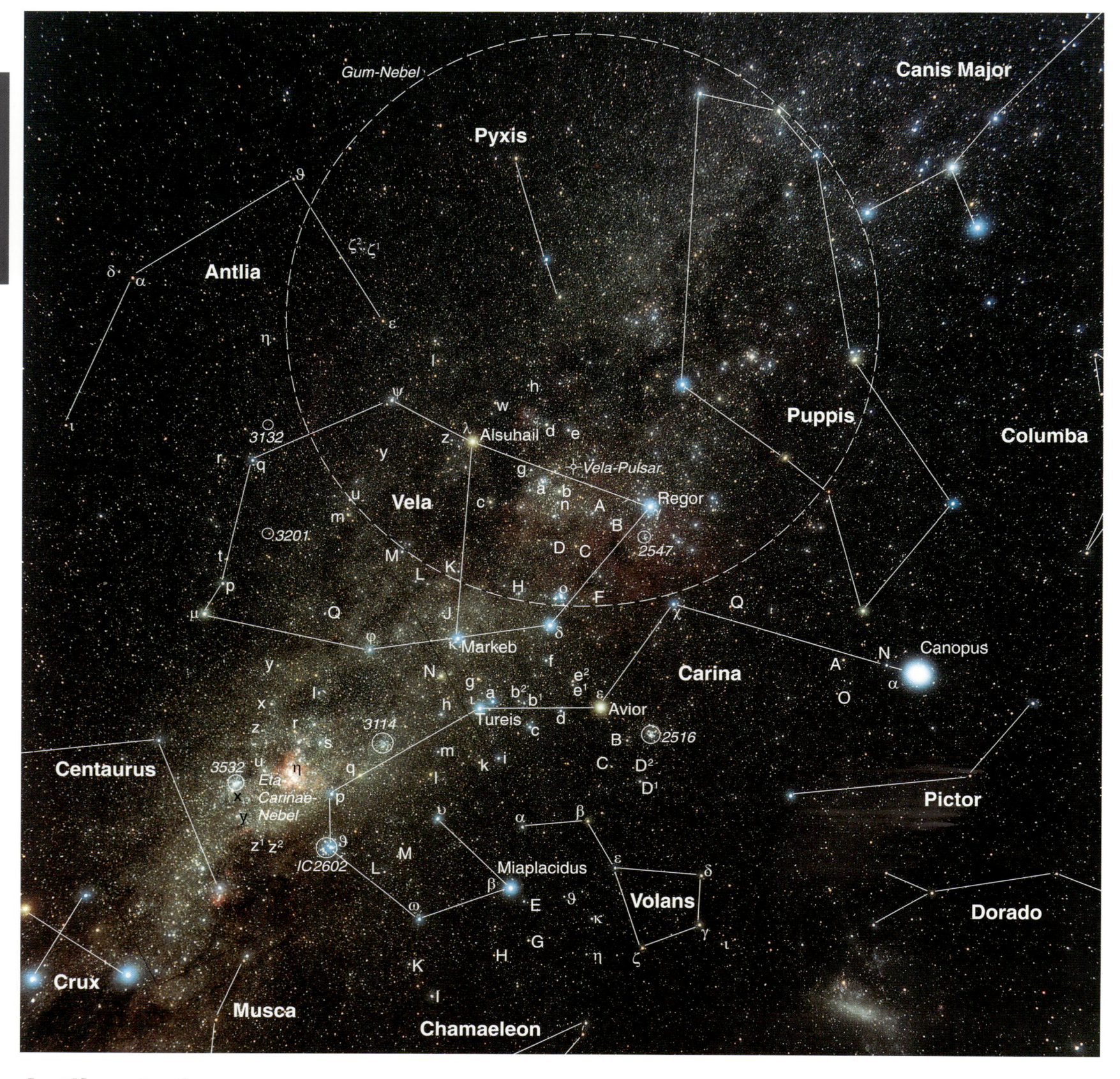

### Antlia – Luftpumpe
Ant – Antliae

### Carina – Kiel des Schiffes
Car – Carinae

### Vela – Segel des Schiffes
Vel – Velorum

### Volans – Fliegender Fisch
Vol – Volantis

**Beste Sichtbarkeit am Abendhimmel**

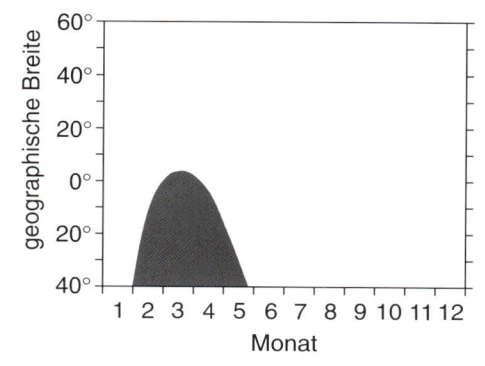

# Antlia, Carina, Vela, Volans

**Daten der Sternbilder**

|  | Antlia | Carina | Vela | Volans |
|---|---|---|---|---|
| Bereich in Rektaszension | 9ʰ 27ᵐ — 11ʰ 06ᵐ | 6ʰ 02ᵐ — 11ʰ 20ᵐ | 8ʰ 03ᵐ — 11ʰ 06ᵐ | 6ʰ 31ᵐ — 9ʰ 04ᵐ |
| Bereich in Deklination | −24° 30′ — −40° 25′ | −50° 45′ — −75° 40′ | −37° 10′ — −57° 10′ | −64° 05′ — −75° 30′ |
| Fläche in Quadratgrad | 238,90 | 494,18 | 499,65 | 141,35 |
| Messier-Objekte | — | — | — | — |
| Anzahl der Sterne heller als 5ᵐ5 | 9 | 69 | 68 | 13 |
| Meteorströme | — | — | — | — |
| Kulmination um Mitternacht am | 24. Februar | 31. Januar | 13. Februar | 18. Januar |
| zirkumpolar für | 65° s. Br. — 90° s. Br. | 39° s. Br. — 90° s. Br. | 53° s. Br. — 90° s. Br. | 26° s. Br. — 90° s. Br. |
| vollständig sichtbar von | 50° n. Br. — 90° s. Br. | 14° n. Br. — 90° s. Br. | 33° n. Br. — 90° s. Br. | 14° n. Br. — 90° s. Br. |
| nicht sichtbar von | 90° n. Br. — 65° n. Br. | 90° n. Br. — 39° n. Br. | 90° n. Br. — 53° n. Br. | 90° n. Br. — 26° n. Br. |

# Feld 10

**Ant
Car
Vel
Vol**

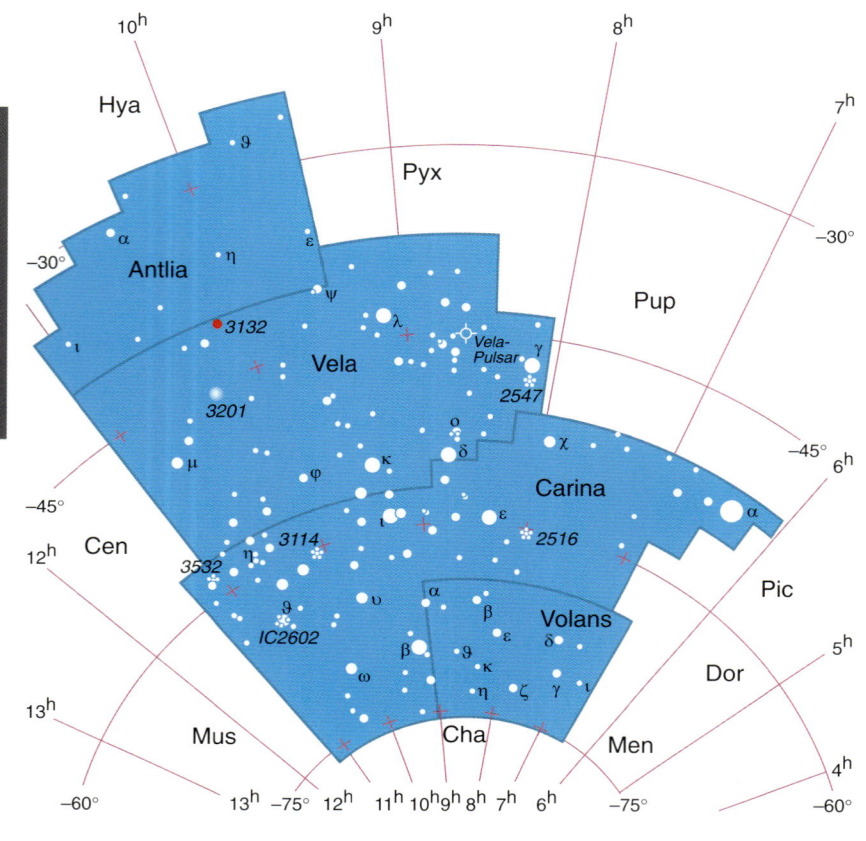

## Antlia – Luftpumpe

„Antlia Pneumatica", wie das Sternbild früher hieß, soll an die Luftpumpe erinnern, die der deutsche Ingenieur und Physiker Otto von Guericke um 1650 erfunden hatte und die 1657 von den englischen Physikern Robert Boyle und Robert Hooke technisch verbessert worden war. Der Astronom Nicolas-Louis de Lacaille war offenbar von der Bedeutung dieses Geräts für Technik und Wissenschaft – insbesondere für die meteorologische Wettervorhersage – so angetan, daß er einhundert Jahre später ein Sternbild nach ihm benannte. Doch wie alle von Lacaille am Südhimmel neu eingeführten Sternbilder ist auch Antlia recht unscheinbar. Nur α Antliae gehört der 4. Größenklasse an; alle anderen Sterne sind lichtschwächer.

## Carina – Kiel des Schiffes

Dieses Sternbild hat der französische Astronom Nicolas-Louis de Lacaille 1763 eingeführt, als er die bis dahin größte Konstellation am Himmel, Argo Navis (Schiff Argo), in drei Teile aufteilte: Carina (Kiel des Schiffes), Puppis (Achterschiff) und Vela (Segel des Schiffes). Argo Navis ist damit das einzige der 48 von Ptolemäus beschriebenen Sternbilder, das heute nicht mehr benutzt wird – wenngleich sich die Einzelteile des Schiffes noch immer am Himmel befinden. (Zur Mythologie von Argo Navis siehe die Beschreibung zu Puppis unter dem Sternfeld 9.)

Der englische Astronom Edmond Halley veröffentlichte 1679 nach Beobachtungen von der britischen Insel Sankt Helena aus einen Katalog mit 341 Sternen des Südhimmels. Aus Sternen um β Carinae, die damals noch zu Argo Navis gehörten, formte er das Sternbild „Robur Carolinum", die „Karlseiche". Es sollte den Baum darstellen, in dem sich der englische König Karl II. nach seiner Niederlage gegen die Truppen Oliver Cromwells in der Schlacht von Worcester 1651 einen Tag lang versteckt hatte. Durch diese patriotische Geste fand Halley zwar das Wohlwollen des Königs, aber nicht das der späteren Astronomen, die das Sternbild nicht anerkannten.

### Besondere Objekte

Die Milchstraße durchzieht die Sternbilder Carina und Vela, weswegen dort einige offene Sternhaufen und Nebelgebiete anzutreffen sind. NGC 2516 ist ein 4300 Lichtjahre entfernter Sternhaufen, der mit dem bloßem Auge als nebliger Fleck von der zweifachen Größe des Vollmondes erscheint. Etwas kleiner ist der weiter östlich gelegene Haufen NGC 3114, dessen Abstand zur Sonne rund 1000 Lichtjahre beträgt. Auch der Stern ϑ Carinae befindet sich in einem hellen Sternhaufen (Katalogbezeichnung IC 2602); seine Entfernung beträgt 700 Lichtjahre. NGC 3532 in der nordöstlichen Ecke des Sternbilds ist etwa 1700 Lichtjahre entfernt.

Um den Stern η Carinae ist bereits mit bloßem Auge ein ausgedehnter diffuser Nebel zu erkennen (Bilder rechts). Der Stern selbst ist sehr ungewöhnlich. Heute ist er ein Objekt 6. Größenklasse (also mit dem unbewaffneten Auge praktisch nicht zu erkennen), doch als Halley die Sterne des Südhimmels katalogisierte, gehörte er der 4. Größenklasse an. Seine scheinbare Helligkeit veränderte sich unregelmäßig; von 1833 bis 1843 stieg sie auf $-1^m$ an, wodurch η Carinae nach Sirius der zweithellste Stern am Nachthimmel wurde. Damals leuchtete der Stern mindestens mit der viermillionenfachen Leuchtkraft der Sonne. Heutige Beobachtungen bei Wellenlängen im infraroten Bereich des Spektrums zeigen, daß er nach wie vor so intensiv strahlt, nur wird der Großteil seines Lichts nun von Wolken aus Staubpartikeln, die der Stern ausgestoßen hat und die in der Sichtlinie liegen, absorbiert und bei größeren Wellenlängen als Wärmestrahlung wieder abgegeben. Der Stern hat eine instabile Entwicklungsphase erreicht, und es ist zu vermuten, daß er in einigen Jahrhunderten als helle Supernova aufflammen wird. Weil sein Licht mehrere tausend Jahre zu uns unterwegs ist, dürfte η Carinae also schon längst explodiert sein – nur werden wir erst dann von diesem spektakulären Ereignis erfahren, wenn der Lichtblitz bei der Erde eingetroffen ist.

## Vela – Segel des Schiffes

Vela stellt das Segel des früheren Sternbilds Argo Navis (Schiff Argo) dar. Der mythologische Hintergrund dieser Konstellation ist unter dem Sternfeld 9 beschrieben, in dem auch Puppis, das Achterschiff der Argo, vollständig zu sehen ist.

### Besondere Objekte

Auf der Übersichtsaufnahme lassen sich ausgedehnte rote Gasfilamente erkennen, deren äußere Umrisse nahezu kreisförmig sind, und die am Himmel unter einem Durchmesser von etwa 35 Grad erscheinen. Sie werden nach dem australischen Astronomen Colin Gum (1924—1960), der sie als erster beschrieben hat, Gum-Nebel genannt. Es handelt sich um die gasförmigen Reste einer oder mehrerer Supernova-Explosionen, die sich vor mehreren tausend Jahren ereignet haben dürften. Der stellare Rest einer dieser Supernovae ist der Vela-Pulsar, ein Neutronenstern, der in rascher Folge Blitze aus Radiostrahlung, Licht und Röntgenstrahlung aussendet.

NGC 3132 im nördlichen Bereich des Sternbilds an der Grenze zu Antlia ist ein Planetarischer Nebel mit 30 Bogensekunden Durchmesser. Mit einem Fernrohr läßt sich in seinem Zentrum ein Stern 10. Größe erkennen, der mit seiner energiereichen Ultraviolett-Strahlung das Gas im Nebel zum Leuchten anregt. NGC 3201 ist ein Kugelsternhaufen mit hoher Sternkonzentration. Von den offenen Sternhaufen ist insbesondere NGC 2547 zu erwähnen, den man bereits mit bloßem Auge zu sehen vermag.

## Volans – Fliegender Fisch

Dieses südlich von Carina gelegene unscheinbare Sternbild ist ebenfalls in den Sternfeldern 4 und 7 zu sehen und dort kurz beschrieben.

**Offene Sternhaufen**

| Katalog-nummer | Stern-bild | Rekt. | Dekl. | Durch-messer | Hellig-keit | Stern-anzahl |
|---|---|---|---|---|---|---|
| NGC 2547 | Vel | 08h 10',7 | −49° 16' | 74' | $4^m7$ | 80 |
| NGC 2516 | Car | 07h 58',3 | −60° 52' | 29' | $3^m8$ | 80 |
| IC 2602 | Car | 10h 43',2 | −64° 24' | 50' | $1^m9$ | 60 |
| NGC 3114 | Car | 10h 02',7 | −60° 07' | 35' | $4^m2$ | 100 |
| NGC 3532 | Car | 11h 06',4 | −58° 40' | 55' | $3^m0$ | 150 |

# Nebel um Eta Carinae

In einem sternenreichen Gebiet der Milchstraße befindet sich das einzigartige Objekt η Carinae; dieser Stern ist von einem hellen, rötlich leuchtenden Emissionsnebel umgeben, der von heißen jungen Sternen angestrahlt und zum Leuchten angeregt wird (links, $f = 50$ cm; unten, $f = 100$ cm). Der Nebel, der die Katalognummer NGC 3372 trägt, ist von dunklen Staubstreifen durchzogen und stellt ähnlich wie der Orion-Nebel ein riesiges Sternentstehungsgebiet dar. Der Stern η Carinae selbst ist einer der leuchtkräftigsten und massereichsten, die man in unserem Milchstraßensystem kennt. Er wird gegenwärtig von einer dünnen, filamentartigen Wolke aus Gas und Staub umhüllt, die einen Großteil des von ihm ausgesandten Lichts absorbiert; ansonsten erschiene er als einer der hellsten Sterne am Himmel.

# Feld 11

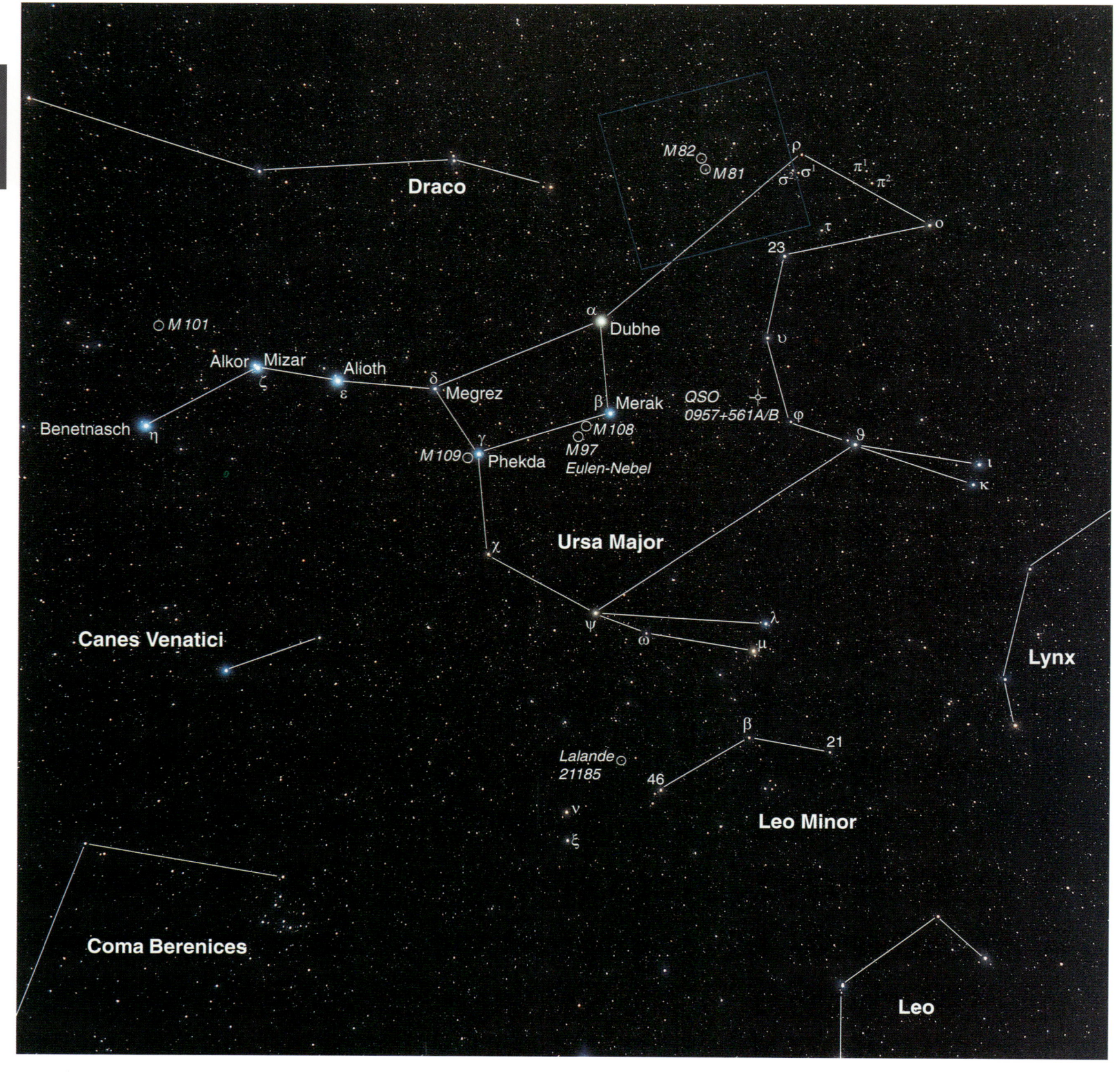

**LMi UMa**

## Leo Minor – Kleiner Löwe
LMi – Leonis Minoris

## Ursa Major – Großer Bär
UMa – Ursae Majoris

**Beste Sichtbarkeit am Abendhimmel**

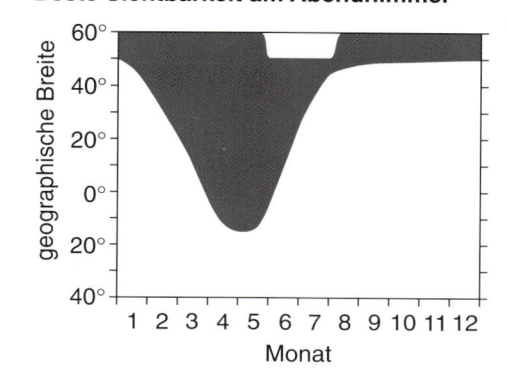

# Leo Minor, Ursa Major

**Daten der Sternbilder**

|  | Leo Minor | Ursa Major |
|---|---|---|
| Bereich in Rektaszension | $9^h 22^m$ — $11^h 07^m$ | $8^h 08^m$ — $14^h 29^m$ |
| Bereich in Deklination | +41° 30′ — +22° 50′ | +73° 10′ — +28° 15′ |
| Fläche in Quadratgrad | 231,96 | 1279,66 |
| Messier-Objekte | – | M 81, M 82, M 97, M 101, M 108, M 109 |
| Anzahl der Sterne heller als $5^m_{.}5$ | 14 | 69 |
| Meteorströme | – | Ursiden (21./22. Dezember) |
| Kulmination um Mitternacht am | 23. Februar | 11. März |
| zirkumpolar für | 90° n. Br. — 67° n. Br. | 90° n. Br. — 62° n. Br. |
| vollständig sichtbar von | 90° n. Br. — 48° s. Br. | 90° n. Br. — 17° s. Br. |
| nicht sichtbar von | 67° s. Br. — 90° s. Br. | 62° s. Br. — 90° s. Br. |

# Feld 11

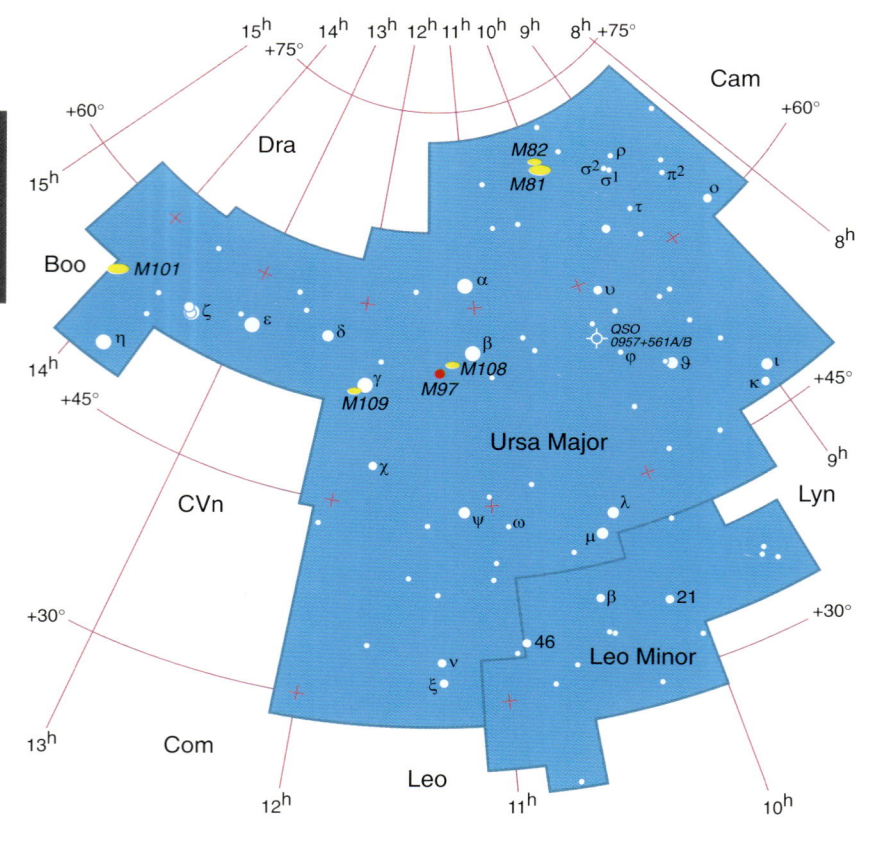

**LMi
UMa**

## Leo Minor – Kleiner Löwe

Dieses zwischen Ursa Major und Leo gelegene unscheinbare Sternbild hat Johannes Hevelius 1687 eingeführt. Es setzt sich aus mehreren Sternen 4. Größenklasse zusammen; die augenfälligste Struktur ist ein flaches, gleichschenkliges Dreieck mit der Basis im Süden. Die Benennung der Sterne ist unvollständig geblieben – so trägt zwar der zweithellste Stern die Bezeichnung β LMi, doch der hellste heißt nicht α LMi, sondern 46 LMi.

## Ursa Major – Großer Bär

Der Große Bär ist vermutlich das bekannteste Sternbild des Nordhimmels, weil er die aus sieben hellen Sternen bestehende Gruppe enthält, die im europäischen Kulturkreis gemeinhin als Großer Wagen bezeichnet wird. Die Deichsel des Wagens – gebildet aus den Sternen Benetnasch (auch Alkaid genannt), Mizar (mit seinem Begleiter Alkor) und Alioth – stellt den etwas zu lang geratenen Schwanz des Bären dar, während die Kastensterne Megrez, Phekda, Merak und Dubhe zu seiner Flanke gehören. Körper und Pranken des Bären erstrecken sich über ein weit größeres Gebiet als der „Himmelswagen". Ursa Major ist mit der etwa 6500fachen Fläche des Vollmondes das drittgrößte Sternbild.

### Mythologie

Wie die Endung des lateinischen Wortes *ursa* erkennen läßt, ist der Große Bär eigentlich eine Bärin. Der griechischen Mythologie zufolge hatte Zeus die Nymphe Kallisto vergewaltigt, die schwanger wurde und einen Sohn namens Arkas gebar. Hera verwandelte Kallisto aus Rache für die Untreue ihres Göttergatten in eine zottige Bärin, die fortan die Wälder durchstreifte. Arkas begegnete als Jüngling auf der Jagd eben dieser Bärin, nicht ahnend, wer sie war. Zeus in seiner Allmacht wußte den Muttermord zu verhindern, indem er beide zum Himmel hinauftragen ließ, wo er Kallisto als Ursa Major und Arkas als Bärenhüter Bootes verewigte. In einer Variante dieser Geschichte verwandelte Zeus auch Arkas in einen Bären und schleuderte Kallisto als Großen und Arkas als Kleinen Bären an den Himmel. Heras Zorn regte sich erneut, als sie ihre Nebenbuhlerin unter den Sternen erstrahlen sah. Sie flehte die beiden Meeresgötter Tethys und Okeanos an, der Bärin das Bad in ihren Wassern zu verbieten – eine mythologische Erklärung dafür, daß dieses Sternbild von Griechenland aus gesehen nie den Horizont berührt. Heras Fluch wird freilich nicht ewig wirken: Infolge der Präzessionsbewegung der Erdachse verschiebt sich die Lage des Großen Bären langsam am Himmel; in 4000 Jahren wird er vom Olymp aus betrachtet in jeder Sommernacht gänzlich unter dem Horizont verschwinden.

Einige nordamerikanische Völker sahen in dem Kasten des Großen Wagens ebenfalls einen Bären, der von drei Jägern – den Deichselsternen – verfolgt wurde. Weil diese Sternengruppe im Herbst abends tief über dem Horizont steht, sagte man, die Jäger hätten den Bären verwundet, und sein Blut würde die Blätter der Bäume rot färben. Die Araber wiederum sahen in denselben Sternen einen Sarg, hinter dem drei Klageweiber gehen, während die Römer sie als Dreschochsen deuteten, die unablässig im Kreis um den Himmelspol herumlaufen. Die Chinesen interpretierten sie als Löffel. Volkstümlich wird diese Sternengruppe heute überwiegend als Wagen, als Pflug oder – in Nordamerika – als Schöpfkelle (*Big Dipper*) angesehen.

### Besondere Objekte

Mizar (ζ Ursae Majoris), $2^m\!.3$ hell, und der mit $4^m\!.0$ lichtschwächere Alkor (80 Ursae Majoris) bilden das bekannteste Mehrfachsternsystem. Sie stehen 11,8′ auseinander, und man kann sie bereits mit bloßem Auge getrennt sehen. Doch 14,4″ neben Mizar befindet sich ein weiterer Stern mit einer Helligkeit von $4^m\!.0$; spektroskopische Messungen haben ergeben, daß dieser Begleiter wiederum aus drei Komponenten besteht. Mizar selbst ist doppelt, so daß das System insgesamt sechs Sterne enthält.

Erwähnenswert ist außerdem der Stern Lalande 21185. Mit 8,2 Lichtjahren Abstand steht er der Sonne noch näher als Sirius, erscheint aber nur als lichtschwaches Objekt der Helligkeit $7^m\!.5$, das im Fernglas erkennbar ist.

Im Sternbild Ursa Major sind zahlreiche Galaxien zu finden, darunter das Paar M 81/M 82 sowie M 101 (Bilder rechts). Ein weiteres Messier-Objekt ist der Planetarische Nebel M 97, auch Eulen-Nebel genannt.

Ebenfalls in Ursa Major befindet sich der 1979 entdeckte, fünf Milliarden Lichtjahre entfernte Zwillingsquasar QSO 0957+561 A/B, dessen Licht auf dem Weg zur Erde durch das Gravitationsfeld einer massereichen Vordergrundgalaxie dergestalt abgelenkt wird, daß man ihn als zwei getrennte Einzelbilder im Abstand von 6″ wahrnimmt. Mit einer Helligkeit von etwa $16^m\!.5$ ist dieser Quasar das fernste Objekt, das man mit großen Amateurteleskopen auszumachen vermag.

### Der Bärenstrom

Die sieben Sterne des Großen Wagens gehören zu den hellsten von Ursa Major. Mit Ausnahme von Dubhe (α UMa), der in orangem Licht strahlt, haben sie die gleiche bläuliche Farbe. Während die Mitglieder eines Sternbildes sich im allgemeinen in sehr unterschiedlichen Entfernungen zur Sonne befinden und sich nur am irdischen Nachthimmel zu einer Figur zu gruppieren scheinen, bilden fünf Sterne des Großen Wagens tatsächlich eine räumliche Einheit: Sie sind zwischen 59 und 75 Lichtjahre von der Erde entfernt und gehören zu einer Gruppe von Sternen – dem sogenannten Ursa-Major-Haufen oder Bärenstrom –, die sich in gleicher Richtung und mit gleicher Geschwindigkeit im Milchstraßensystem bewegen und einst gemeinsam entstanden sind. Weil der vordere Deichselstern, Benetnasch, und der hintere obere Kastenstern, Dubhe, nicht zu diesem Bewegungssternhaufen gehören und in anderer Richtung ziehen, verändert sich die Form des Großen Wagens langsam. Doch auch die Mitglieder des Bärenstroms driften im Laufe der Jahrmillionen auseinander und vermischen sich mit anderen Sternen unserer Galaxis. So gehört die Sonne nicht zu diesem Strom, steht aber an dessen Rand. Darum findet man einige der etwa 100 bekannten Mitglieder des Ursa-Major-Haufens nicht nur in diesem Sternbild, sondern am gesamten Himmel verteilt: Sirius (α Canis Majoris) gehört ebenso dazu wie δ Leonis, β Aurigae, β Eridani und α Coronae Borealis.

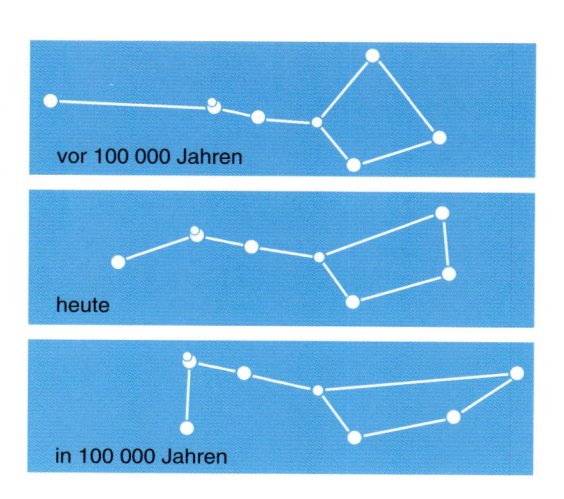

# Galaxien in Ursa Major

**M 81 und M 82**

Um das Galaxienpaar M 81 und M 82 im Sternbild Großer Bär scharen sich einige weitere Sternsysteme (rechts, $f = 100$ cm, sowie unten rechts, $f = 500$ cm). Diese Galaxiengruppe ist mit einer Entfernung von ungefähr zehn Millionen Lichtjahren der Lokalen Gruppe, in der sich unser Milchstraßensystem und die Andromeda-Galaxie befinden, direkt benachbart. Auffallend an der Spiralgalaxie M 81 ist die symmetrische Struktur ihrer Spiralarme und die hohe Sterndichte in ihrem Zentralbereich. Wie Beobachtungen mit Radioteleskopen zeigen, ist sie durch Ströme von Wasserstoffgas mit ihren Nachbarsystemen M 82 und NGC 3077 verbunden. Das irregulär geformte Sternsystem M 82 ist von zahlreichen Gas- und Staubwolken durchzogen, die explosionsartig aus seinem Zentrum herausgeschleudert werden. Offenbar haben die gravitativen Einflüsse von M 81 extrem heftige Sternbildungsprozesse in ihm ausgelöst; die dabei erzeugte Hitze und die Strahlung treiben nun Gas- und Staubmassen mit mehreren hundert Kilometern pro Sekunde in den intergalaktischen Raum.

**M 101**

Die Spiralgalaxie M 101 (unten, $f = 500$ cm) ist etwa zehn Millionen Lichtjahre von der Erde entfernt. Man blickt fast genau senkrecht auf ihre Scheibenebene.

# Feld 12

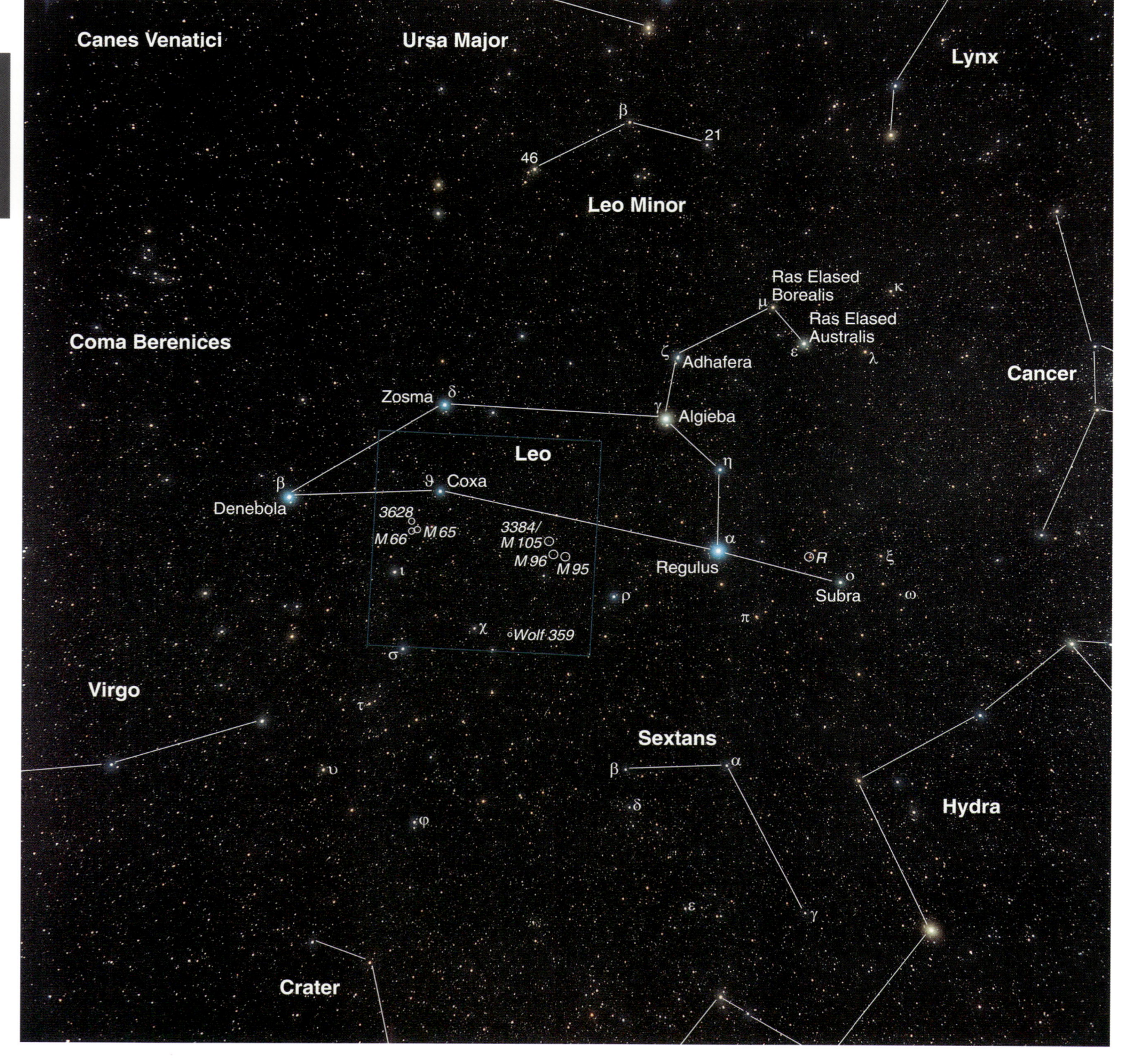

**Leo – Löwe**
Leo – Leonis

**Leo Minor – Kleiner Löwe**
LMi – Leonis Minoris

**Sextans – Sextant**
Sex – Sextantis

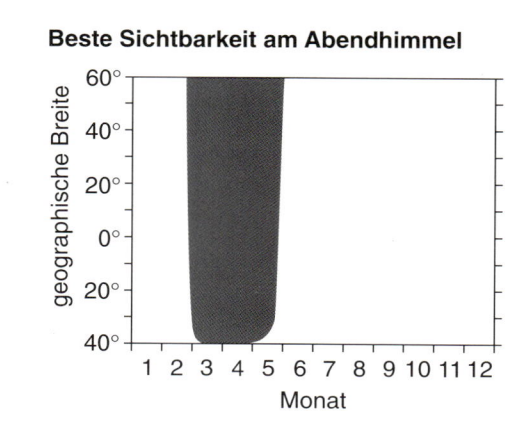

**Beste Sichtbarkeit am Abendhimmel**

# Leo, Leo Minor, Sextans

**Daten der Sternbilder**

|  | Leo | Leo Minor | Sextans |
|---|---|---|---|
| Bereich in Rektaszension | 09$^h$ 21$^m$ — 11$^h$ 59$^m$ | 09$^h$ 22$^m$ — 11$^h$ 07$^m$ | 9$^h$ 41$^m$ — 10$^h$ 52$^m$ |
| Bereich in Deklination | +33° 00′ — −6° 40′ | +41° 30′ — +22° 50′ | +6° 30′ — −11° 40′ |
| Fläche in Quadratgrad | 946,96 | 231,96 | 313,51 |
| Messier-Objekte | M 65, M 66, M 95, M 96, M 105 | — | — |
| Anzahl der Sterne heller als 5$^m$,5 | 46 | 14 | 5 |
| Meteorströme | Leoniden (17./18. November) | Leo Minoriden (24. Oktober) | — |
| Kulmination um Mitternacht am | 1. März | 23. Februar | 22. Februar |
| zirkumpolar für | — | 90° n. Br. — 67° n. Br. | — |
| vollständig sichtbar von | 83° n. Br. — 57° s. Br. | 90° n. Br. — 48° s. Br. | 78° n. Br. — 83° s. Br. |
| nicht sichtbar von | — | 67° s. Br. — 90° s. Br. | — |

# Feld 12

**Leo
LMi
Sex**

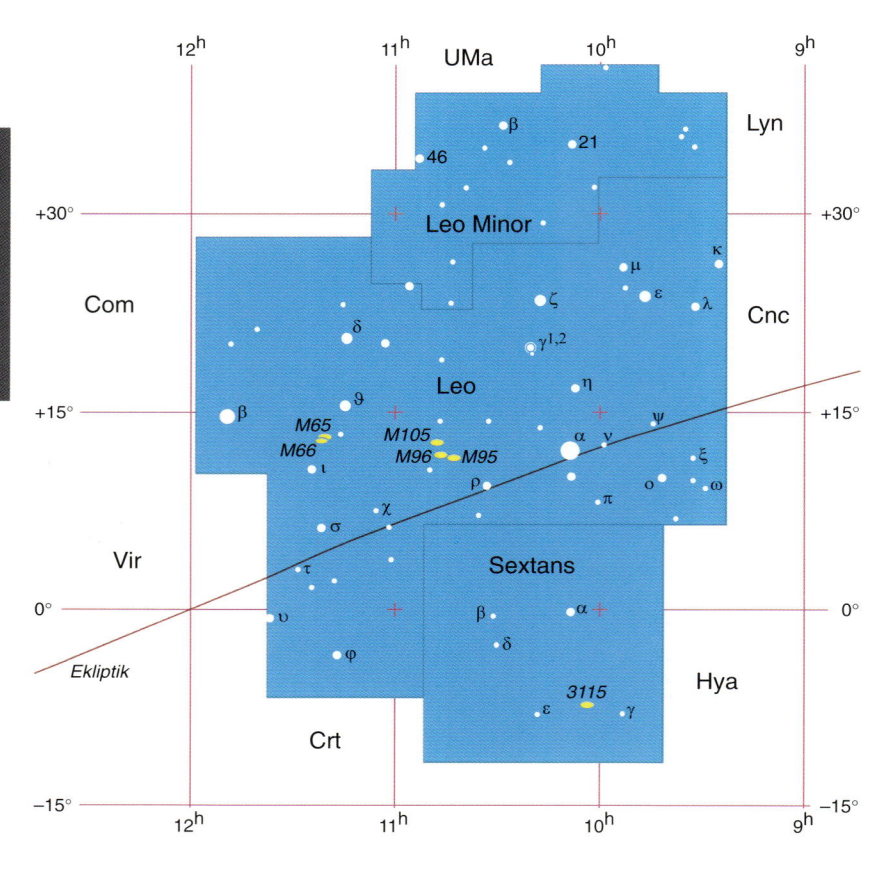

Zwischen Regulus und o Leonis befindet sich der Mira-Veränderliche R Leonis. Dieser rote Riesenstern ist etwa 600 Lichtjahre entfernt; seine scheinbare Helligkeit variiert mit einer Periode von 312,4 Tagen zwischen $4^m\!.4$ und $11^m\!.3$.

Wolf 359 ist an sich ein unauffälliger Stern mit einer scheinbaren Helligkeit von $13^m\!.5$; er sei an dieser Stelle aber erwähnt, weil er mit einem Abstand von 7,6 Lichtjahren in der Liste der sonnennächsten Sterne Rang drei einnimmt. Er ist zu lichtschwach, um auf der Übersichtsaufnahme zu erscheinen, doch kann man ihn auf der Detailaufnahme auf Seite 71 gerade noch als Lichtpunkt ausmachen.

Mit größeren Amateurfernrohren lohnt sich die Ausschau nach einer der zahlreichen Galaxien im Sternbild Leo. Allein fünf von ihnen hatte der Astronom Charles Messier in seinem Katalog nebelhafter Objekte verzeichnet – allerdings ohne zu wissen, daß dies eigenständige Systeme aus vielen Milliarden Sternen sind, denn diese Erkenntnis ist noch keine einhundert Jahre alt. Die Messier-Objekte und einige andere Galaxien sind in der Übersichtsaufnahme auf der vorangehenden Doppelseite und in der Detailaufnahme rechts gekennzeichnet.

Jedes Jahr im November ist ein Meteorstrom zu sehen, der seinen Ursprung scheinbar im Sternbild Leo hat und deshalb Leoniden-Strom genannt wird. Während er in gewöhnlichen Jahren mit etwa zehn Meteoren pro Stunde nicht sehr auffällig ist, erreicht er alle 33 Jahre außerordentlich hohe Fallzahlen – zuletzt 1966, wo über dem Mittelwesten der USA ein wahrer Sternschnuppenregen niederging und während des kurzen Maximums 40 Meteore pro Sekunde gezählt werden konnten. Auch für 1998 und 1999 kann mit sehr hohen Fallzahlen gerechnet werden.

## Leo – Löwe

Der Löwe ist ein ausgedehntes, markantes Tierkreissternbild am Nordhimmel; die Sonne durchquert es vom 10. August bis zum 16. September. In der Gruppierung aus Sternen der 1. bis 3. Größenklasse kann man tatsächlich die Umrisse einer liegenden Raubkatze ausmachen; ein großes Trapez bildet den Körper, während ein kleineres Hals und Kopf darstellt. Viele Kulturen bezeichneten das Sternbild in ihrer Sprache als Löwen: In Babylonien hieß es Aru, in Syrien Aryo, bei den Juden Arye, in der Türkei Artan und in Persien Ser oder Shir. Man kann allerdings in den Sternen, die das Vorderteil des Löwen bilden, auch eine Sichel oder ein spiegelverkehrtes Fragezeichen sehen.

### Mythologie

Der Überlieferung nach soll das Sternbild den Nemeischen Löwen darstellen, den Herakles tötete, als er seinen ersten Auftrag für Eurystheus, den König von Mykene und Tiryns, erfüllte. Dieses Untier wohnte in einer Höhle nahe der Stadt Nemea auf dem Peleponnes, von wo aus es die Umgebung unsicher machte. Es war unverwundbar, weil sein hartes Fell jede Art von Waffe abprallen ließ. So war Herakles allein auf seine Körperkräfte angewiesen: Er verschloß einen der beiden Zugänge der Höhle mit einem Felsen, ging durch den anderen hinein, trat der Bestie entgegen und erwürgte sie mit bloßen Händen. Den toten Löwen trug er zu Eurystheus, doch der wollte ihn nicht haben und verkroch sich furchtsam in einen leeren Vorratskrug, der im Boden eingegraben war. Daraufhin zog Herakles mit den harten, rasiermesserscharfen Krallen des Löwen dessen Fell ab und nutzte es fortan als Mantel, der ihn vor fremden Waffen schützte.

### Besondere Objekte

Der 85 Lichtjahre entfernte Stern Regulus (lateinisch für „kleiner König") ist ein Dreifachsystem. Bereits mit einem Feldstecher vermag man 176″ von der $1^m\!.3$ hellen Hauptkomponente entfernt einen Begleiter der Helligkeit $7^m\!.6$ auszumachen; die dritte Komponente, die sich in einem Abstand von nur 4″ befindet und der 13. Größenklasse angehört, läßt sich jedoch nur mit einem Fernrohr aufspüren. Ebenfalls nur 4″ auseinander stehen die beiden Komponenten von γ Leonis, die scheinbare Helligkeiten von $2^m\!.6$ und $3^m\!.8$ haben. Ein weiterer Doppelstern ist β Leonis oder Denebola (nach der arabischen Bezeichnung für „Schwanz des Löwen"); seine $2^m\!.1$ und $6^m$ hellen Komponenten stehen mit einem Abstand von 19′ sehr weit auseinander und können bereits mit einem Opernglas gesehen werden.

## Leo Minor – Kleiner Löwe

Der in Danzig lebende Astronom Johannes Hevelius hat Ende des 17. Jahrhunderts sowohl den Kleinen Löwen als auch den Sextanten eingeführt, um Lücken in den aus der Antike überlieferten Sternbildern zu füllen. Leo Minor, der keine erwähnenswerten Beobachtungsobjekte enthält, ist ebenfalls auf dem Feld 11 zu sehen.

## Sextans – Sextant

Dieses Sternbild ist in dem nachfolgenden Feld 13 besprochen und auch auf dem Sternfeld 16 zu sehen.

Die Sternbilder Leo und Sextans in Globusansicht (also spiegelverkehrt), wie sie Johannes Hevelius in seinem 1690 erschienenen Himmelsatlas dargestellt hat. Der Sextant wurde von Hevelius als Sternbild eingeführt.

# Galaxien im Leo

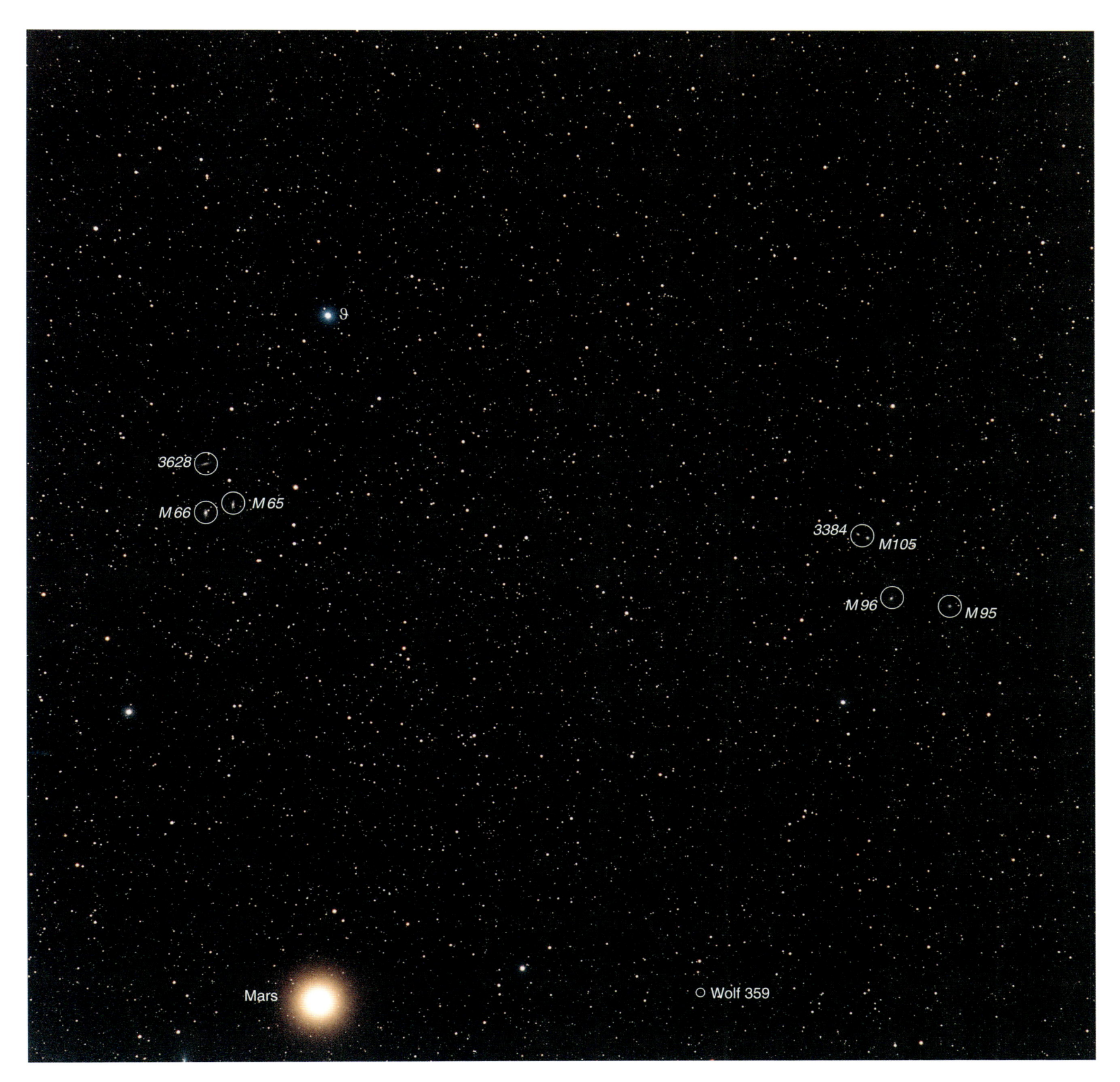

Die Umgebung des Sternes ϑ Leonis (im Bild links oben). Die Aufnahme mit einer Äquivalentbrennweite $f = 100$ cm entstand am 2. Mai 1997, als sich der Planet Mars in diesem Sternfeld befand. Er ist am unteren Bildrand als helles, rot leuchtendes Objekt zu sehen und ist stark überbelichtet (das Scheibchen dieses Planeten würde unter dem hier gewählten Abbildungsmaßstab mit einem Durchmesser von lediglich 0,05 Millimetern erscheinen). Zu diesem Zeitpunkt übertraf er mit $-0\overset{m}{,}4$ selbst Regulus, den hellsten Stern im Löwen, an Helligkeit. Mars war an diesem Tag 122 Millionen Kilometer von der Erde entfernt. Das Sonnenlicht, das er reflektierte, brauchte demnach 6,8 Minuten, um zur Erde zu gelangen. (Licht legt annähernd 300 000 Kilometer pro Sekunde bzw. 9,4 Billionen Kilometer pro Jahr zurück.) Alle anderen Lichtpunkte auf dieser Aufnahme sind Objekte, die selbst leuchten. Die meisten sind Sterne wie unsere Sonne und gehören zu unserer Galaxis, dem Milchstraßensystem. Sie sind millionen- bis milliardenfach weiter entfernt als der Planet Mars. Der Stern Wolf 359 beispielsweise, den man als schwachen Lichtpunkt auf dieser Aufnahme erkennen kann, steht mit 7,6 Lichtjahren Abstand der Sonne relativ nahe; sein Licht war demnach 7,6 Jahre unterwegs. Etwa zehnmal weiter entfernt ist der Stern ϑ Leonis; sein Licht brauchte 78 Jahre, um zur Erde zu gelangen. Einige der Lichtpunkte auf diesem Photo sind ihrerseits eigenständige Sternsysteme oder Galaxien aus jeweils einigen zehn oder hundert Milliarden Sternen. Ihre Entfernung ist so groß, daß ihr Licht mehrere Millionen Jahre unterwegs ist, bevor es am Ort der Erde ankommt. Die beiden Galaxien M 95 und M 96 zum Beispiel sind ungefähr 30 Millionen Lichtjahre entfernt. Ihr Abbild auf dieser Aufnahme entspricht also nicht dem, wie sie heute aussehen, sondern wie sie vor 30 Millionen Jahren ausgesehen haben. Betrachtet man diese Photographie oder irgend eine andere Himmelsaufnahme, unternimmt man stets eine Art Zeitreise: Je weiter die Himmelsobjekte von der Erde entfernt sind, um so weiter reicht der Blick auch in die Vergangenheit.

# Feld 13

**Ant**
**Hya**
**Pyx**
**Sex**

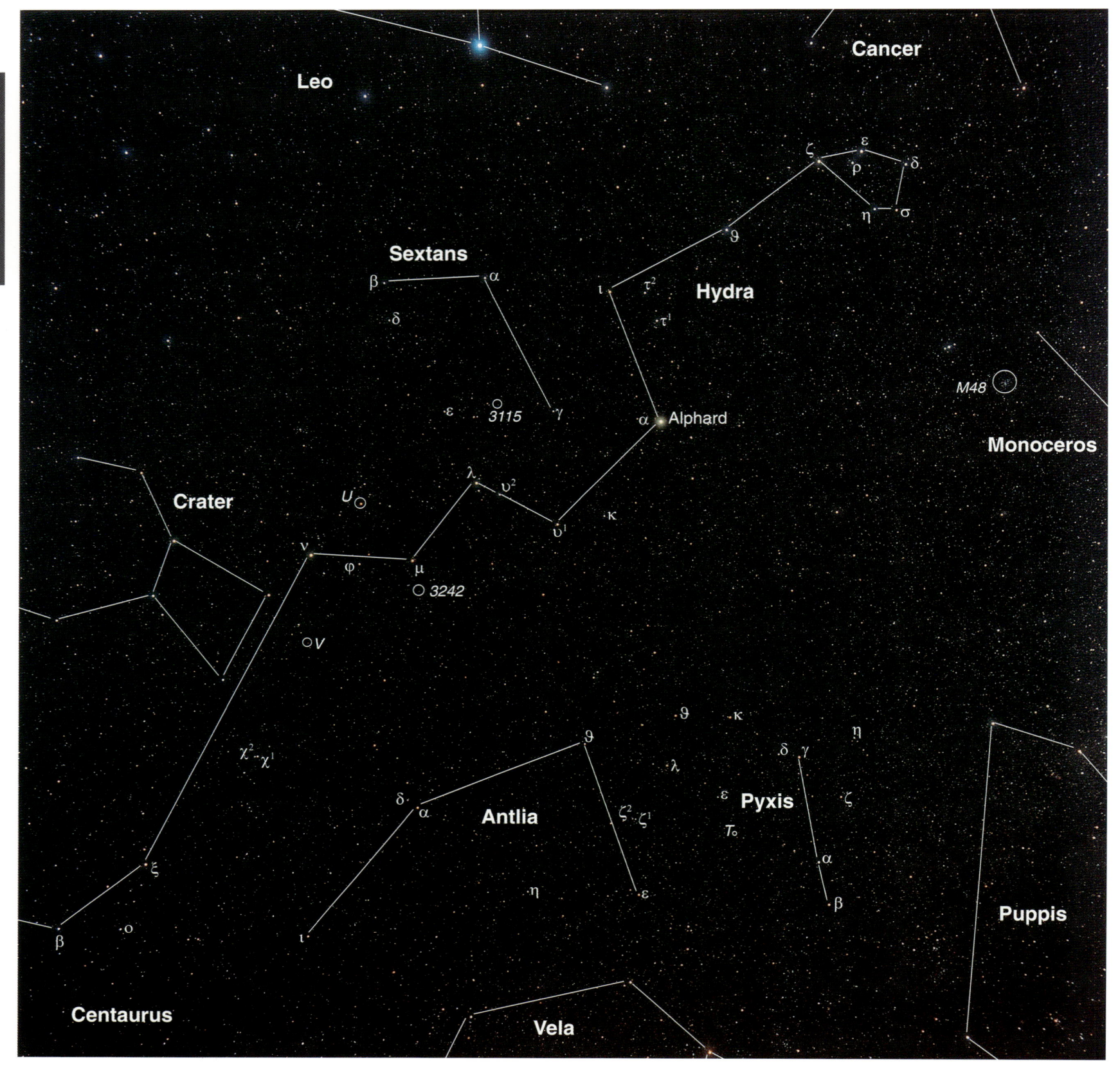

## Antlia – Luftpumpe
Ant – Antliae

## Hydra – Wasserschlange
Hya – Hydrae

## Pyxis – Kompaß
Pyx – Pyxidis

## Sextans – Sextant
Sex – Sextantis

**Beste Sichtbarkeit am Abendhimmel**

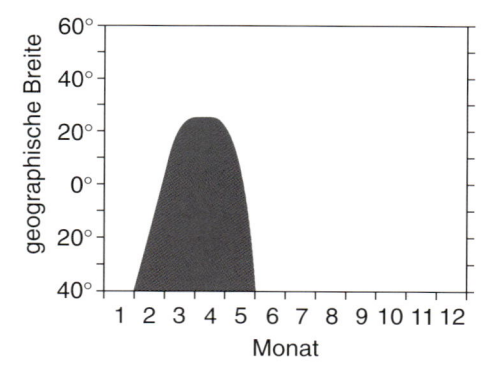

# Antlia, Hydra, Pyxis, Sextans

**Daten der Sternbilder**

|  | Antlia | Hydra | Pyxis | Sextans |
|---|---|---|---|---|
| Bereich in Rektaszension | 9ʰ 27ᵐ — 11ʰ 06ᵐ | 8ʰ 11ᵐ — 15ʰ 03ᵐ | 8ʰ 27ᵐ — 9ʰ 28ᵐ | 9ʰ 41ᵐ — 10ʰ 52ᵐ |
| Bereich in Deklination | −24° 30′ — −40° 25′ | +6° 40′ — −35° 45′ | −17° 25′ — −37° 20′ | +6° 30′ — −11° 40′ |
| Fläche in Quadratgrad | 238,90 | 1302,84 | 220,83 | 313,51 |
| Messier-Objekte | — | M 48, M 68, M 83 | — | — |
| Anzahl der Sterne heller als $5^m\!.5$ | 9 | 67 | 12 | 5 |
| Meteorströme | — | Sigma-Hydriden (11./12. Dezember) | — | — |
| Kulmination um Mitternacht am | 24. Februar | 15. März | 4. Februar | 22. Februar |
| zirkumpolar für | 65° s. Br. — 90° s. Br. | — | 73° s. Br. — 90° s. Br. | — |
| vollständig sichtbar von | 50° n. Br. — 90° s. Br. | 54° n. Br. — 83° s. Br. | 53° n. Br. — 90° s. Br. | 78° n. Br. — 83° s. Br. |
| nicht sichtbar von | 90° n. Br. — 65° n. Br. | — | 90° n. Br. — 73° n. Br. | — |

# Feld 13

**Ant
Hya
Pyx
Sex**

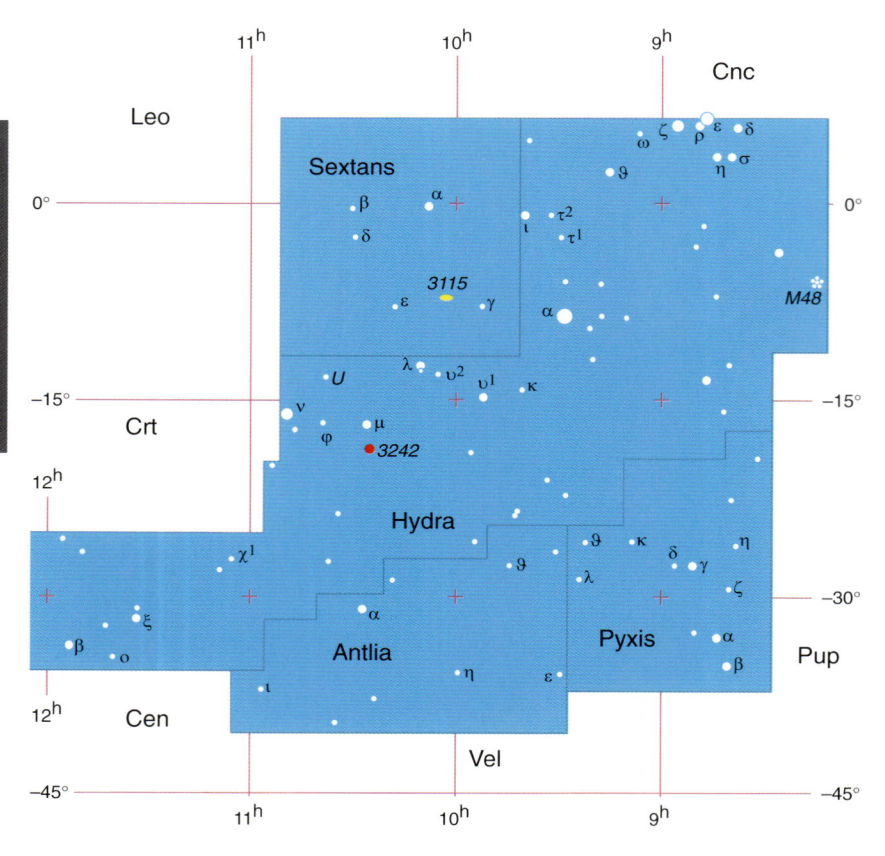

## Antlia – Luftpumpe

Antlia gehört zu den 14 neuen Sternbildern, die der Astronom Nicolas-Louis de Lacaille Mitte des 18. Jahrhunderts einführte. Von ihm als *la machine pneumatique* bezeichnet, taucht es als „Antlia Pneumatica" in historischen Himmelsatlanten auf. Das Sternbild soll an die Erfindung der Luftpumpe erinnern. Mit $4^m_{.}3$ ist α Antliae der hellste Stern in dieser Konstellation, die sich zwischen der Hydra (Wasserschlange) im Norden und Vela (Segel des Schiffes) im Süden befindet.

## Hydra – Wasserschlange

Die Wasserschlange ist das größte und zugleich längste Sternbild. Sie liegt südlich der Tierkreissternbilder Krebs, Löwe, Jungfrau und Waage und erstreckt sich über mehr als 100° von Westen nach Osten. Von Mitteleuropa aus gesehen erhebt sie sich nur wenig über den südlichen Horizont, so daß man sie kaum in voller Länge überblicken kann. Auch auf der Übersichtsaufnahme, die eine Seitenlänge von fast 60° aufweist, ist nur ihr Vorderteil zu sehen; der Rest ihres Körpers ist auf dem Sternfeld 17 erfaßt.

Trotz ihrer Größe ist die Wasserschlange nur schlecht am Himmel auszumachen. Am markantesten ist ihr Kopf, der aus zwei Sternen der 3. und vier Sternen der 4. Größenklasse gebildet wird. Auch der mit $2^m_{.}0$ hellste Stern dieser Konstellation, der völlig zutreffend den Eigennamen Alphard (nach dem arabischen *al fard* für „der Alleinstehende") trägt, ist relativ leicht auszumachen, wenn man von Regulus (α Leonis), dem hellsten Stern im Löwen, ausgeht und den Blick in südwestliche Richtung wendet; auch die Verlängerung der Verbindungslinie von Castor und Pollux, den beiden Hauptsternen der Zwillinge, kann als Aufsuchhilfe dienen.

### Mythologie

Das Sternbild, das manchmal auch Weibliche oder Nördliche Wasserschlange genannt wird (zur Unterscheidung von Hydrus, der Männlichen oder Südlichen Wasserschlange), ist mit zwei Sagen verknüpft. Nach der bekanntesten stellt es das schlangen- oder drachenähnliche Untier Hydra dar, das in den Sümpfen in der Umgebung der Stadt Lerna hauste. Die zweite Aufgabe, die Herakles zu erfüllen hatte, bestand darin, dieses gräßliche Monster zu töten, das – je nach Autor – neun, fünfzig oder gar hundert Köpfe gehabt haben soll. Verwegen attackierte der größte aller griechischen Helden die Hydra mit brennenden Pfeilen und versuchte dann mit seinem Schwert, ihre Köpfe einen nach dem anderen abzuschlagen. Doch mußte er feststellen, daß für jeden Kopf, den er vom Rumpf trennte, zwei neue nachwuchsen. Zu allem Überfluß wurde er von einem Verbündeten der Hydra, einem Riesenkrebs, im Wortsinne in die Zange genommen. Während Herakles den Krebs (der als Sternbild Cancer am Himmel verewigt ist) zertreten konnte, vermochte er die Hydra nur mit Hilfe seines Neffen Iolaos zu besiegen. Dieser treue Gefährte schaffte Unmengen von Holz heran, und jedesmal, wenn Herakles einen Kopf der Bestie abgeschlagen hatte, brannte er die Wunde aus, um ein Nachwachsen der Köpfe zu verhindern. So gelang es ihnen schließlich gemeinsam, das Untier zu besiegen.

Die zweite, weniger heldenhafte Sage bezieht sich auf eine Wasserschlange, die mit den Sternbildern Corvus (Rabe) und Crater (Becher) verknüpft ist. Sie wird unter dem Sternfeld 16 erzählt.

### Besondere Objekte

Der veränderliche Stern V Hydrae weist eine besonders kräftige rote Farbe auf. Im Maximum erreicht er eine Helligkeit von $6^m_{.}5$, doch sinkt er im Minimum auf $12^m_{.}5$; die Übersichtsaufnahme zeigt ihn als Stern etwa 8. Größe. Ein anderer Veränderlicher ist U Hydrae. Seine scheinbare Helligkeit variiert unregelmäßig zwischen $6^m_{.}2$ und $4^m_{.}7$, so daß er im Maximum mit bloßem Auge sichtbar ist.

Im Westen des Sternbildes, direkt an der Grenze zu Monoceros, liegt der offene Sternhaufen M 48. Seine scheinbare Gesamthelligkeit beträgt $5^m_{.}8$, so daß er mit dem bloßem Auge wohl nur bei exzellenten Sichtbedingungen erahnt werden kann; mit dem Feldstecher ist er jedoch mühelos zu finden. Ein kleines Teleskop ist erforderlich, um den Haufen in Einzelsterne auflösen zu können.

Ein Planetarischer Nebel ist NGC 3242. Er befindet sich knapp 2° südlich von μ Hydrae, eines Sterns der 4. Größenklasse, und ist 1900 Lichtjahre entfernt. Im Fernrohr erscheint das blaugrüne Objekt der Helligkeit $7^m_{.}8$ als Scheibchen von der Größe des Planeten Jupiter, weshalb man ihm den Spitznamen „Geist des Jupiter" verliehen hat.

Die im östlichen Teil des Sternbildes gelegenen Objekte sind unter dem Sternfeld 17 besprochen.

## Pyxis – Kompaß

Mitunter wird der Kompaß als eine von vier Konstellationen angesehen, in die der französische Astronom de Lacaille das aus der Antike überlieferte Sternbild Argo Navis (Schiff Argo) zerlegt habe. Doch diese Aufteilung – in Carina (Kiel des Schiffes), Vela (Segel des Schiffes) und Puppis (Achterschiff) – nahm er erst 1763 vor, während er den Kompaß bereits in seinem 1756 veröffentlichten Himmelsatlas als eigenständiges Sternbild neben das noch vollständige Schiff Argo setzte.

Die Argonauten waren freilich ohne Kompaß unterwegs gewesen, denn dieser ist eine chinesische Erfindung. Bereits im 4. Jahrhundert v. Chr. waren den Chinesen die richtungsweisenden Eigenschaften des Magneteisensteins bekannt; später fertigten sie Löffel aus diesem natürlichen Material, die als Nord-Süd-Zeiger dienten. (Diese Form war übrigens ein Symbol für den Großen Wagen, den die Chinesen „Nördlicher Löffel" nannten.)

### Besondere Objekte

Der Stern T Pyxidis ist eine sogenannte wiederkehrende Nova: ein veränderlicher Stern, der wiederholt Helligkeitsausbrüche zeigt. T Pyxidis ist von allen bekannten Vertretern dieses Typs der aktivste. Während seine Helligkeit gewöhnlich bei $14^m_{.}0$ liegt, steigt sie etwa alle zwölf bis 24 Jahre um bis das Tausendfache auf $6^m_{.}5$ an. Die Position dieses Objekts ist auf der Übersichtsaufnahme markiert.

#### Offene Sternhaufen

| Katalog-nummer | Stern-bild | Rekt. | Dekl. | Durch-messer | Hellig-keit | Stern-anzahl |
|---|---|---|---|---|---|---|
| M 48/NGC 2548 | Hya | $08^h\,13'\!.8$ | $-05°\,48'$ | 54' | $5^m_{.}8$ | 80 |

# Antlia, Hydra, Pyxis, Sextans

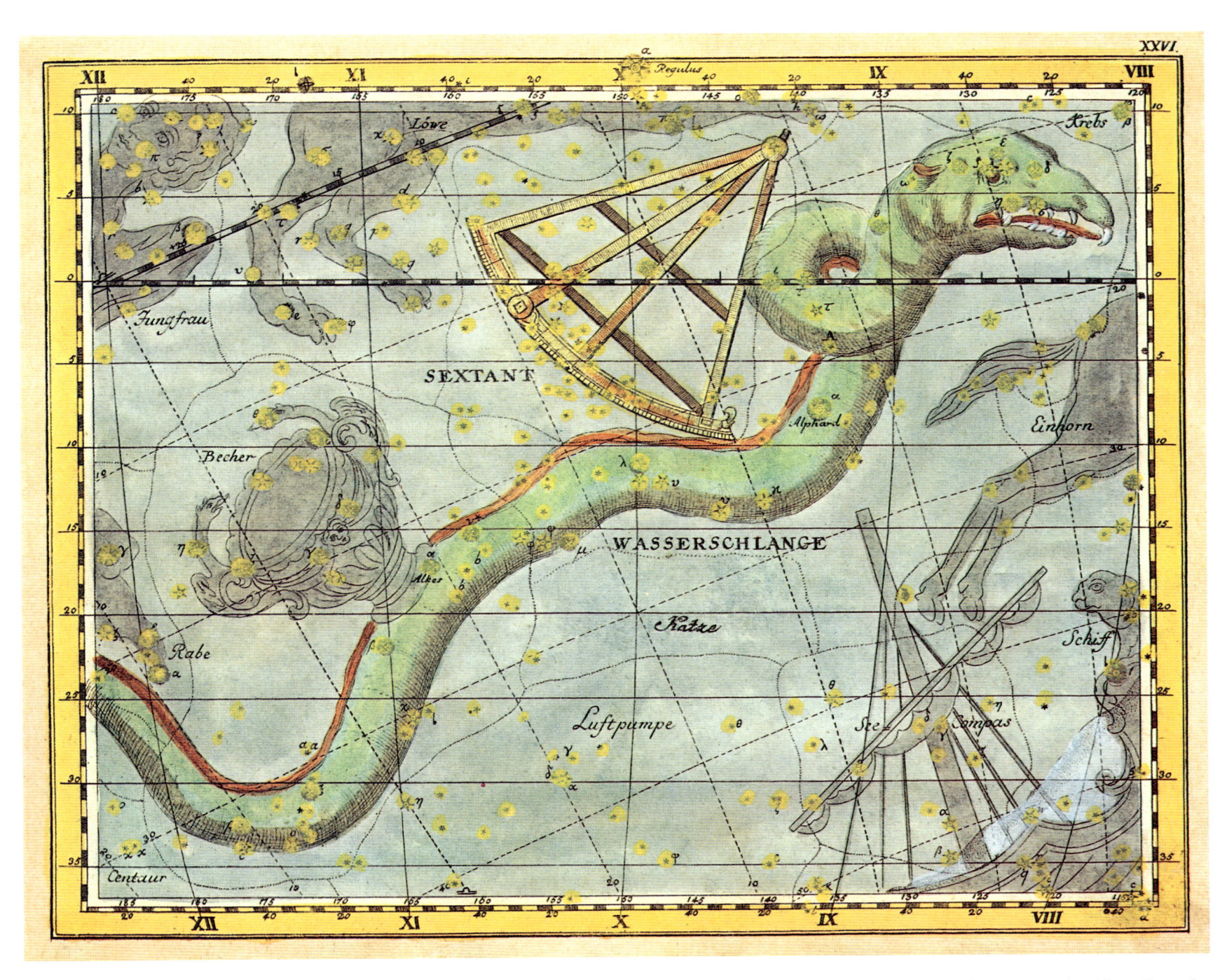

Die Sternbilder Wasserschlange und Sextant aus der „Vorstellung der Gestirne" von Johann E. Bode aus dem Jahre 1782. Im Gegensatz zum mythologischen Hintergrund wurde die Hydra auf Sternkarten immer nur als einköpfiges Monster dargestellt. Der Stern Alphard ($\alpha$ Hydrae) wird mitunter nach einem Namensvorschlag von Tycho Brahe Cor Hydrae, das Herz der Wasserschlange, genannt. Unterhalb der Wasserschlange sind auf diesem Bild die modernen Sternbilder Kompaß und Luftpumpe zu sehen, sowie – zumindest in Umrissen – das Sternbild Katze, das Joseph-Jérôme de Lalande wenige Jahre zuvor eingeführt hatte, das aber im 19. Jahrhundert wieder aus der astronomischen Literatur verschwunden ist. Bode selbst fügte in seinem zweiten Sternatlas, der 1801 erschienenen „Uranographia", dem Kompaß ein anderes nautisches Instrument bei: „Lochium Funis" („Log und Leine"). Es wurde jedoch nicht als offizielles Sternbild anerkannt. Der hier fehlende Schwanzteil der Hydra ist auf Seite 87 zu sehen.

## Sextans – Sextant

Dies ist eines von sieben Sternbildern, das der Astronom Johannes Hevelius Ende des 17. Jahrhunderts eingeführt hat und noch heute in Gebrauch ist. Es ist ein typisches „Füllsternbild", das zwischen Leo im Norden und Hydra im Süden liegt. Es soll an das Meßinstrument erinnern, mit dem Hevelius die Sternpositionen für seinen 1690 erschienenen Katalog bestimmt hat.

### Besondere Objekte

Sextans enthält nur fünf Sterne, die heller als $5^m\!.5$ sind. Mit größeren Amateurfernrohren läßt sich im südlichen Bereich die Galaxie NGC 3115 mit ihrem spindelförmigen Umriß erkennen. Ihr helles Zentrum ist auch auf der Übersichtsaufnahme als sternähnlicher Lichtpunkt zu sehen. Die visuelle Helligkeit dieser Galaxie beträgt $8^m\!.9$, ihre Entfernung ungefähr 20 Millionen Lichtjahre.

# Feld 14

UMi

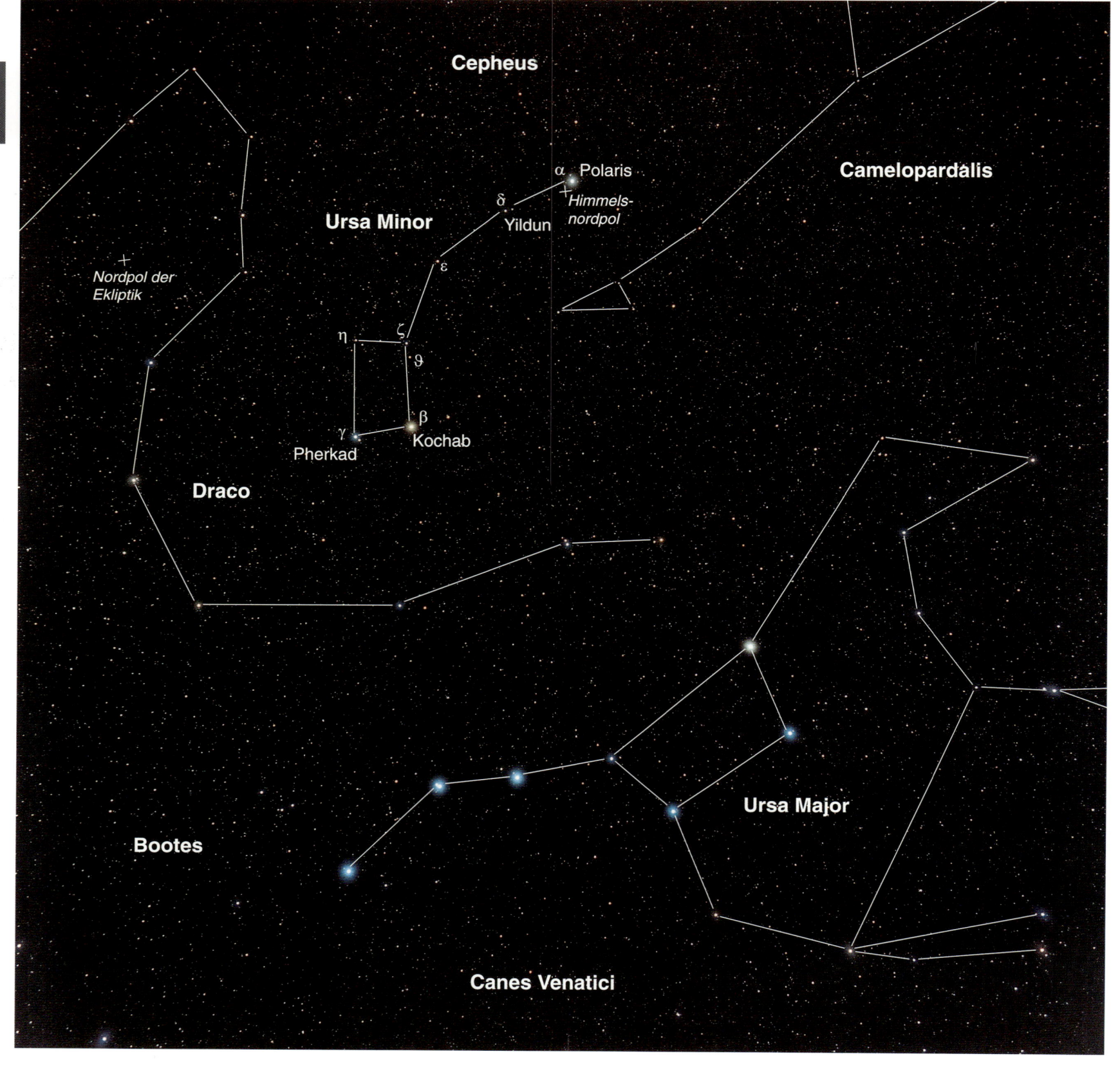

**Ursa Minor – Kleiner Bär**
UMi – Ursae Minoris

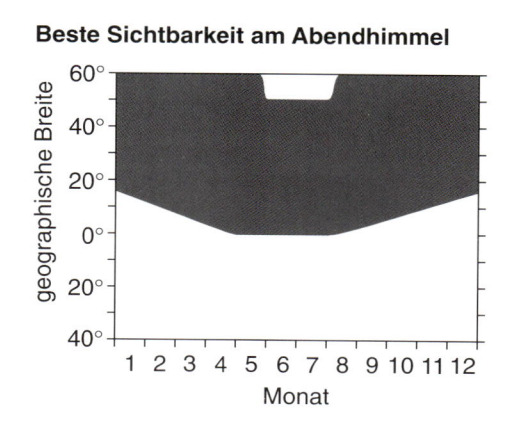

**Beste Sichtbarkeit am Abendhimmel**

# Ursa Minor

**Daten der Sternbilder**

|  | Ursa Minor |
|---|---|
| Bereich in Rektaszension | 0ʰ — 24ʰ |
| Bereich in Deklination | +65° 25′ — +90° |
| Fläche in Quadratgrad | 255,86 |
| Messier-Objekte | – |
| Anzahl der Sterne heller als 5,ᵐ5 | 16 |
| Meteorströme | – |
| Kulmination um Mitternacht am | 13. Mai |
| zirkumpolar für | 90° n. Br. — 25° n. Br. |
| vollständig sichtbar von | 90° n. Br. — 2° n. Br. |
| nie sichtbar von | 25° s. Br. — 90° s. Br. |

# Feld 14

**UMi**

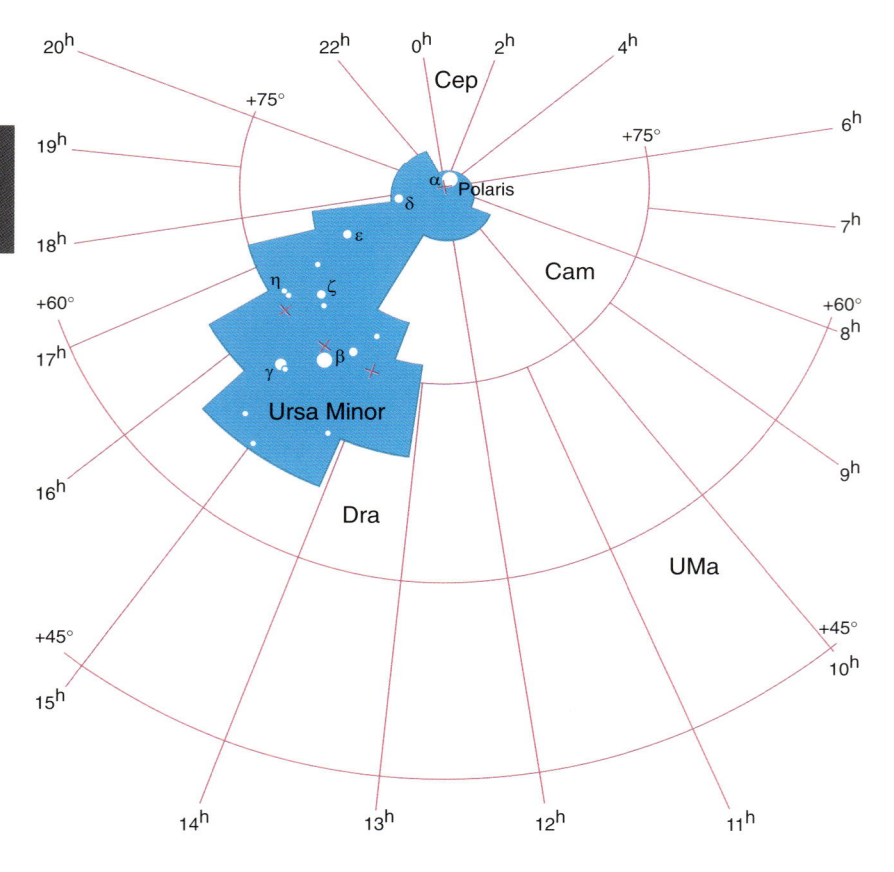

## Ursa Minor – Kleiner Bär

Der Kleine Bär wird im Volksmund auch der Kleine Wagen genannt, weil seine hellsten Sterne wie eine verkleinerte Ausgabe des Großen Wagens wirken – nur mit dem Unterschied, daß seine Deichsel anders gekrümmt ist. Seine Bedeutung erhält das Sternbild dadurch, daß in ihm der nördliche Himmelspol liegt, um den sich die Gestirne zu drehen scheinen. Nur 0,75° von diesem Fixpunkt entfernt befindet sich Polaris (α Ursae Minoris), ein Stern 2. Größenklasse, der das Ende der Wagendeichsel bildet. Im Umkreis von 15° am Firmament ist er der hellste Stern, so daß man ihn leicht auffinden kann. Wegen seiner Polnähe gibt er recht genau die Nordrichtung an, wenn man von ihm ausgehend eine Senkrechte zum Horizont zieht.

### Mythologie

Im frühen Griechenland (vor etwa 600 v. Chr.) galt Ursa Minor noch nicht als eigenständiges Sternbild; seine Sterne wurden vielmehr als „Flügel" zu dem Drachen hinzugerechnet. Womöglich stammt es von phönizischen Seefahrern, die es als Navigationshilfe nutzten. Thales von Milet (um 625–547 v. Chr.) soll es in die griechische Astronomie übernommen haben. Für einen Ursprung außerhalb Griechenlands spricht auch der Umstand, daß mit Ursa Minor keine bedeutenden Mythen verbunden sind. Einer Variante der Kallisto-Legende zufolge soll der Kleine Bär Arkas darstellen, den Sohn dieser Nymphe, den sie von Zeus empfangen hatte (s. Feld 11). Eine andere Überlieferung identifizierte den Großen und den Kleinen Bären mit Helike und Kynosura, den beiden Ammen, die Zeus in Kreta aufgezogen haben sollen. Aus dieser Geschichte erklärt sich auch die englische Bezeichnung *Cynosure*, die mitunter für das Sternbild Ursa Minor bzw. den Polarstern verwendet wird.

### Bestimmung der visuellen Grenzgröße

Weil Ursa Minor von den meisten Gebieten der nördlichen Hemisphäre aus das gesamte Jahr über sichtbar ist und immer nahezu gleich hoch über dem Horizont steht, eignen sich seine Sterne, um die visuelle Grenzgröße zu ermitteln, also diejenige Sternhelligkeit, die man mit dem Auge noch wahrzunehmen vermag. Die Anzahl der Sterne, die man sehen kann, hängt nämlich sehr von den atmosphärischen Bedingungen und der Aufhellung durch natürliche oder künstliche Lichtquellen ab. Nächte, die so klar und dunkel sind, daß man mit bloßem Auge Sterne der 6. Größe erkennen kann, sind sehr selten geworden. Meist rufen Wassertröpfchen und Staubpartikel in der Luft einen Dunstschleier hervor, der die Sicht merklich behindert. Der Mond und jede Art von künstlicher Beleuchtung bewirken dann eine starke Aufhellung des Nachthimmels, weil ihr Licht an diesen Partikeln gestreut wird. Zur Ermittlung der Grenzgröße für das Auge kann nachfolgende Tabelle dienen. Dabei ist zu beachten, daß das Auge seine volle Lichtempfindlichkeit erst nach etwa 45-minütigem Aufenthalt in der Dunkelheit erreicht (in dieser Zeit steigt die Empfindlichkeit um das 200 000fache). Zudem lassen sich lichtschwache Objekte besser erkennen, wenn man sie nicht direkt anblickt, sondern knapp vorbei schaut.

| Stern | α | β | γ | ε | ζ | δ | η | ϑ |
|---|---|---|---|---|---|---|---|---|
| Helligkeit | $2^m\!.1$–$2^m\!.2$ | $2^m\!.1$ | $3^m\!.1$ | $4^m\!.2$ | $4^m\!.3$ | $4^m\!.4$ | $5^m\!.0$ | $5^m\!.0$ |

Die Umgebung des nördlichen Himmelspols in der Darstellung von Johannes Hevelius aus dem Jahre 1690 (Globusansicht). Der Polarstern ist der helle Stern in der Schwanzspitze von Ursa Minor, dem Kleinen Bären. Zu jener Zeit befand sich der Polarstern noch 2,3° vom Himmelsnordpol entfernt, der auf der Karte durch ein Netz von Koordinatenlinien markiert ist, die von ihm ausgehend radial nach außen verlaufen. Ein zweites Liniennetz hat Ursprung im nördlichen Pol der Ekliptik (im Bild unten). Um diesen Punkt an der Sphäre beschreibt der Himmelsnordpol im Laufe von 25 700 Jahren einen Kreis, der hier durch eine dicke schwarz-weiße Linie markiert ist. Ursache dieser Polwanderung ist die Präzessionsbewegung der Erdachse (s. auch S. 107). Gegenwärtig befindet sich der Himmelsnordpol nur noch 45′ vom Polarstern entfernt, und er wird sich ihm bis zum Jahre 2100 weiter auf 27,5′ annähern, bevor er sich wieder von ihm entfernt. Vor rund 5000 Jahren – zu einer Zeit, als in Sumer die ersten Stadtstaaten entstanden und in Ägypten die großen Pyramiden gebaut wurden – befand sich der Himmelsnordpol in der Nähe des Sterns Thuban (α Draconis); dies ist auf der Karte der helle Stern links vom Kopf des Kleinen Bären.

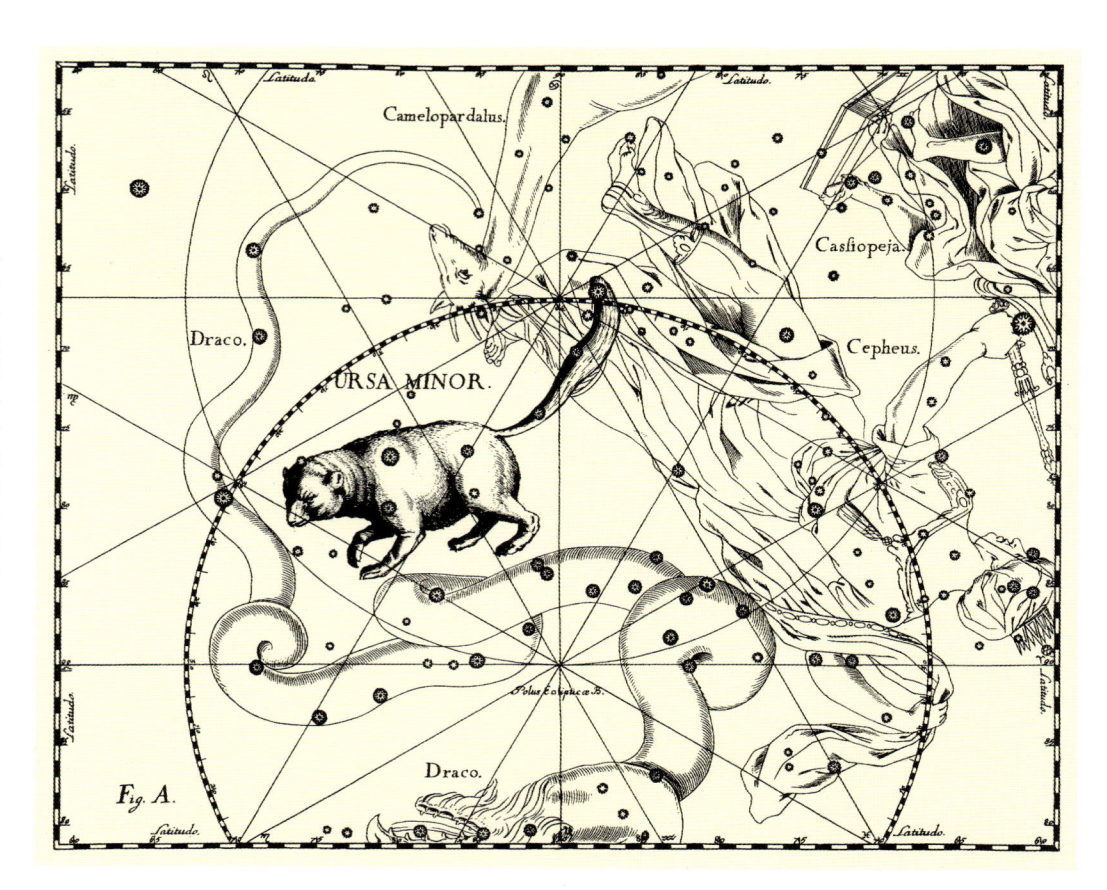

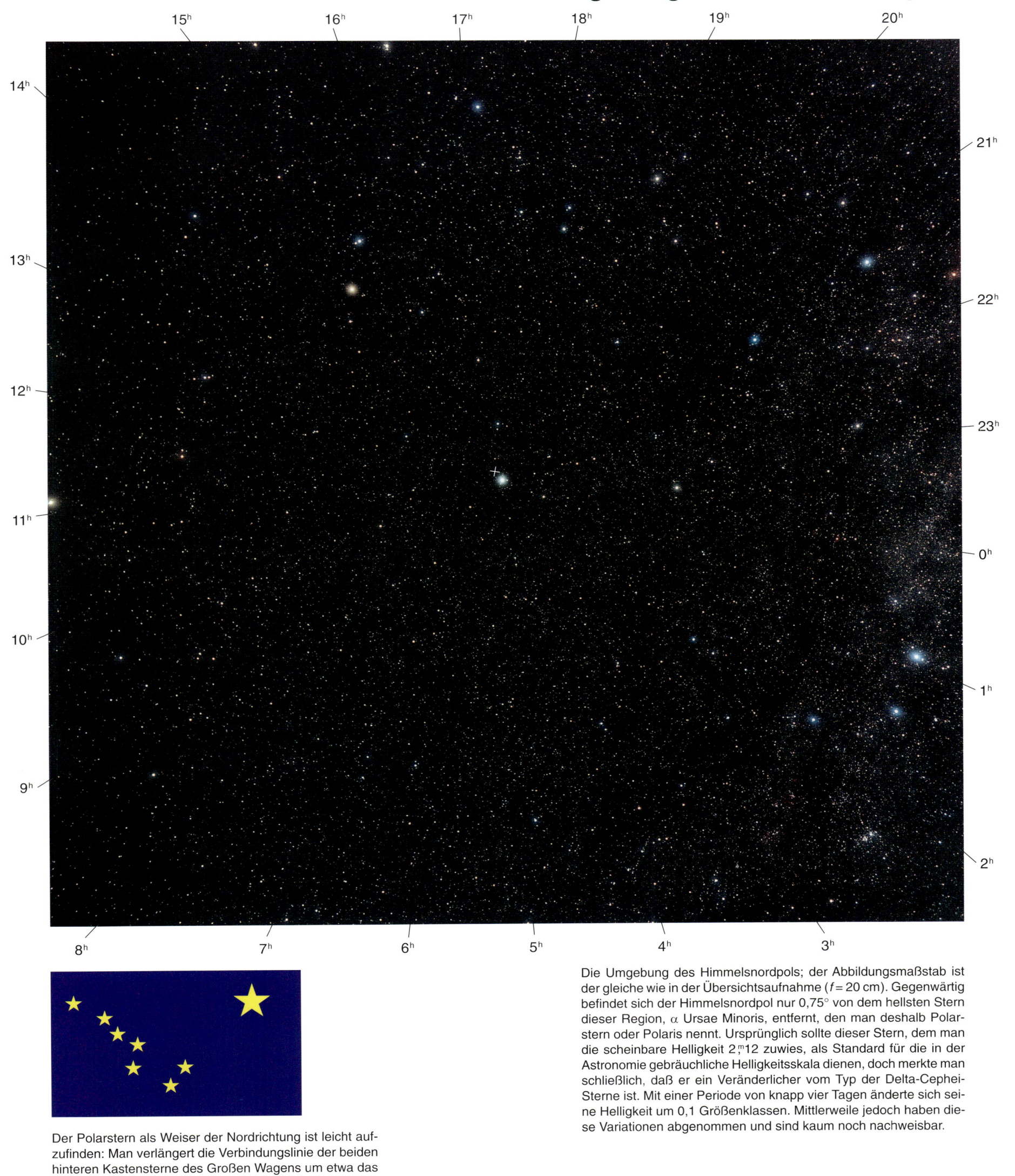

# Umgebung des Himmelsnordpols

Die Umgebung des Himmelsnordpols; der Abbildungsmaßstab ist der gleiche wie in der Übersichtsaufnahme ($f = 20$ cm). Gegenwärtig befindet sich der Himmelsnordpol nur 0,75° von dem hellsten Stern dieser Region, α Ursae Minoris, entfernt, den man deshalb Polarstern oder Polaris nennt. Ursprünglich sollte dieser Stern, dem man die scheinbare Helligkeit $2{,}^m12$ zuwies, als Standard für die in der Astronomie gebräuchliche Helligkeitsskala dienen, doch merkte man schließlich, daß er ein Veränderlicher vom Typ der Delta-Cephei-Sterne ist. Mit einer Periode von knapp vier Tagen änderte sich seine Helligkeit um 0,1 Größenklassen. Mittlerweile jedoch haben diese Variationen abgenommen und sind kaum noch nachweisbar.

Der Polarstern als Weiser der Nordrichtung ist leicht aufzufinden: Man verlängert die Verbindungslinie der beiden hinteren Kastensterne des Großen Wagens um etwa das Fünffache. Dieses praktische Verfahren ist hier anhand der Flagge des US-Bundesstaates Alaska dargestellt.

# Feld 15

**Com**

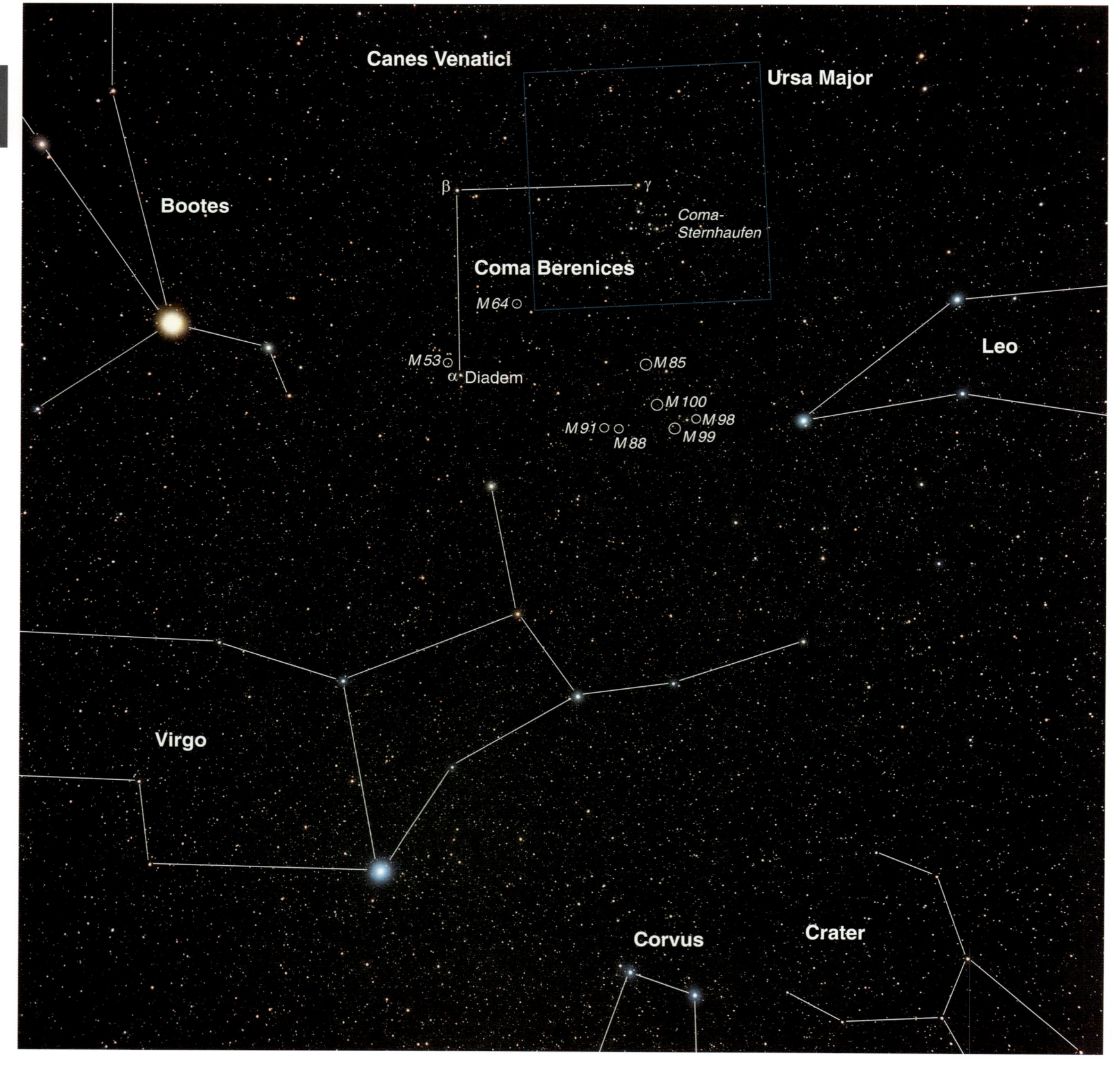

**Coma Berenices – Haar der Berenike**

Com – Comae Berenices

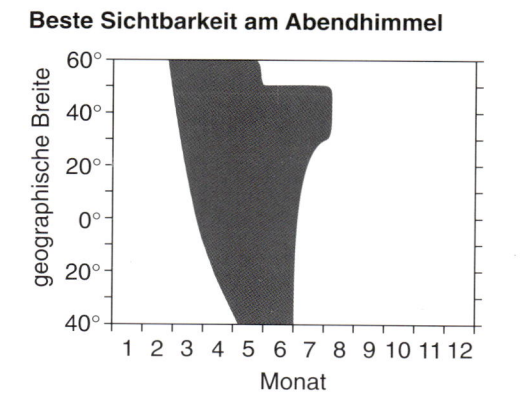

**Beste Sichtbarkeit am Abendhimmel**

# Coma Berenices

**Daten der Sternbilder**

|  | Coma Berenices |
| --- | --- |
| Bereich in Rektaszension | $11^h 58^m - 13^h 36^m$ |
| Bereich in Deklination | $+33° 20' - +13° 15'$ |
| Fläche in Quadratgrad | 386,47 |
| Messier-Objekte | M 53, M 64, M 85, M 88, M 91, M 98, M 99, M 100 |
| Anzahl der Sterne heller als $5^m_.5$ | 24 |
| Meteorströme | Coma Bereniciden (18. Dezember — 6. Januar) |
| Kulmination um Mitternacht am | 2. April |
| zirkumpolar für | 90° n. Br. — 77° n. Br. |
| vollständig sichtbar von | 90° n. Br. — 57° s. Br. |
| nicht sichtbar von | 77° s. Br. — 90° s. Br. |

# Feld 15

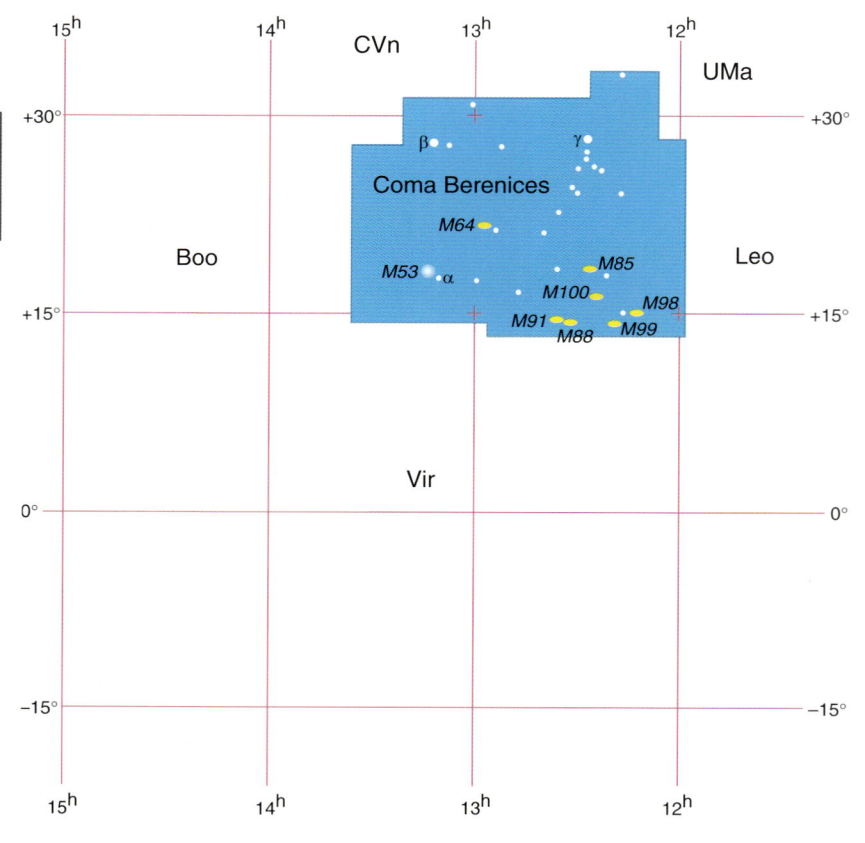

## Coma Berenices – Haar der Berenike

In östlicher Nachbarschaft zum Löwen liegt ein kleines Sternbild, das seine Schönheit erst in einer klaren, dunklen Nacht entfaltet. Etwa zwei Dutzend Sterne 4. und 5. Größe scheinen dann wie Diamanten auf schwarzem Samt zu funkeln. Im alten Griechenland wurden die Sterne dieser Konstellation noch dem Löwen zugerechnet; man sah in ihnen dessen Schwanzquaste. Die Identifizierung mit dem Haar der ägyptischen Königin Berenike II. erfolgte Ende des dritten vorchristlichen Jahrhunderts, doch erst der in Duisburg lebende niederländische Kartograph Gerhard Mercator machte es 1551 zu einem eigenständigen Sternbild.

### Mythologie

Berenike ist keine mythologische Figur, sie hat im 3. Jahrhundert v. Chr. tatsächlich gelebt. Sie war die Schwester und Gattin von Ptolemaios III. Euergetes, der seit 246 v. Chr. König des Ptolemäerreiches in Ägypten war. Als ihr Gemahl mit seinen Truppen im 3. Syrischen Krieg gegen die Seleukiden zu Felde zog, die das Reich von Syrien und Palästina her bedrohten, suchte sie die Götter gnädig zu stimmen, indem sie gelobte, im Falle seiner siegreichen Rückkehr ihr schönes, wallendes Haar abzuschneiden. Das tat sie denn auch, und sie hinterlegte ihre Locken in einem Tempel in Zephyrium nahe der heutigen Stadt Assuan unter den wachsamen Augen der Tempelwächter. Doch oh Schreck: Am nächsten Tag war die Haarpracht verschwunden. Um dem König eine Erklärung zu geben, wies der Hofastronom Konon von Samos – ein Freund des Archimedes – in einer dunklen Nacht auf eine Stelle am Himmel nahe des Schwanzes des Löwen, an der zahlreiche lichtschwache Sterne glitzerten, und sagte, die Götter seien über das Dankopfer Berenikes so erfreut gewesen, daß sie ihren Haaren für alle Ewigkeit einen Platz am Firmament geschenkt hätten wie einst der Krone der Ariadne (die im Sternbild Corona Borealis verewigt ist). Der König war offenbar zufrieden, konnte er doch nun die schönen Locken seiner Frau sehen, wann und von wo auch immer er wollte.

Der Nachwelt überliefert wurde diese Begebenheit durch das Lobgedicht „Locke der Berenike", das der griechische Gelehrte Kallimachos (etwa 305 – 240 v. Chr.) verfaßt hat. Königin Berenike II. hat uns indes noch mehr hinterlassen als ihr wallendes Haupthaar am Firmament. Ihr zu Ehren wurde die Hafenstadt Euhesperides – das heutige Bengasi – in Berenike umbenannt. Dieser Handelsplatz exportierte bis ins Mittelalter hinein einen lackartigen Anstrich, den man nach seinem Herkunftsort benannte. Über die lateinische Form Berenice und durch Lautverschiebungen wurde daraus im Italienischen *vernice*, im Französischen *vernis* und im Neuhochdeutschen „Firnis". Nach dem französischen Wort bezeichnete man schließlich Ende des 19. Jahrhunderts die feierliche Eröffnung einer Gemälde-Ausstellung als „Vernissage"; dieser Begriff hat sich mittlerweile auch für Präsentationen anderer künstlerischer Produkte eingebürgert.

### Besondere Objekte

Das Erscheinungsbild von Coma Berenices wird durch eine lockere Ansammlung lichtschwacher Sterne geprägt. Sie gehören zu einem offenen Sternhaufen, der etwa 250 Lichtjahre von der Erde entfernt und damit einer der nächstgelegenen Himmelsobjekte dieser Art ist. Der Coma-Sternhaufen ist mit einem Winkeldurchmesser von etwa 5° sehr ausgedehnt und entfaltet seine volle Pracht, wenn man ihn mit einem lichtstarken Feldstecher beobachtet; mit einem Fernrohr könnte man nur einen kleinen Ausschnitt davon erfassen. Die mindestens 30 Mitglieder des Haufens bewegen sich gemeinsam auf einen Konvergenzpunkt am Himmel zu, der in der Nähe des Sterns γ Velorum liegt. Sie bilden damit einen von mehreren bekannten Bewegungssternhaufen.

Mit dem Feldstecher lassen sich auch manche Doppelsterne in diesem Sternbild getrennt sehen. Am einfachsten gelingt dies bei 17 Comae Berenices, dessen $5^m\!.3$ und $6^m\!.7$ helle Komponenten einen Abstand von 145″ voneinander haben.

Unter den acht Messier-Objekten in dieser Konstellation befindet sich ein Kugelsternhaufen. M 53 (NGC 5024), in scheinbarer Nähe zu α Comae Berenices gelegen, ist 65 000 Lichtjahre von der Erde entfernt und erscheint als diffuser Fleck der Helligkeit $7^m\!.5$.

Die anderen im Messier-Katalog aufgelisteten Objekte in Coma Berenices sind Galaxien. M 64 (NGC 4826) ist etwa 20 Millionen Lichtjahre von der Erde entfernt und hat eine scheinbare Helligkeit von $8^m\!.5$. Mit größeren Amateurfernrohren erkennt man in ihr auffällige Dunkelwolken. Beobachtungen mit Radioteleskopen haben ergeben, daß diese Struktur durch Gaswolken hervorgerufen wird, die in entgegengesetzter Richtung zu den Sternen in der Galaxienscheibe rotieren. Vermutlich hat die Galaxie vor einiger Zeit eine intergalaktische Gaswolke eingefangen, die nun in ihr Zentrum strömt und dort Sternbildungsprozesse anregt. M 85 (NGC 4382), M 88 (NGC 4501), M 98 (NGC 4192), M 99 (NGC 4254) und M 100 (NGC 4321) sind allesamt rund 65 Millionen Lichtjahre entfernt und gehören zu einem riesigen Haufen von Sternsystemen, dem Virgo-Galaxienhaufen, deren Mitglieder zumeist im benachbarten Sternbild Jungfrau liegen.

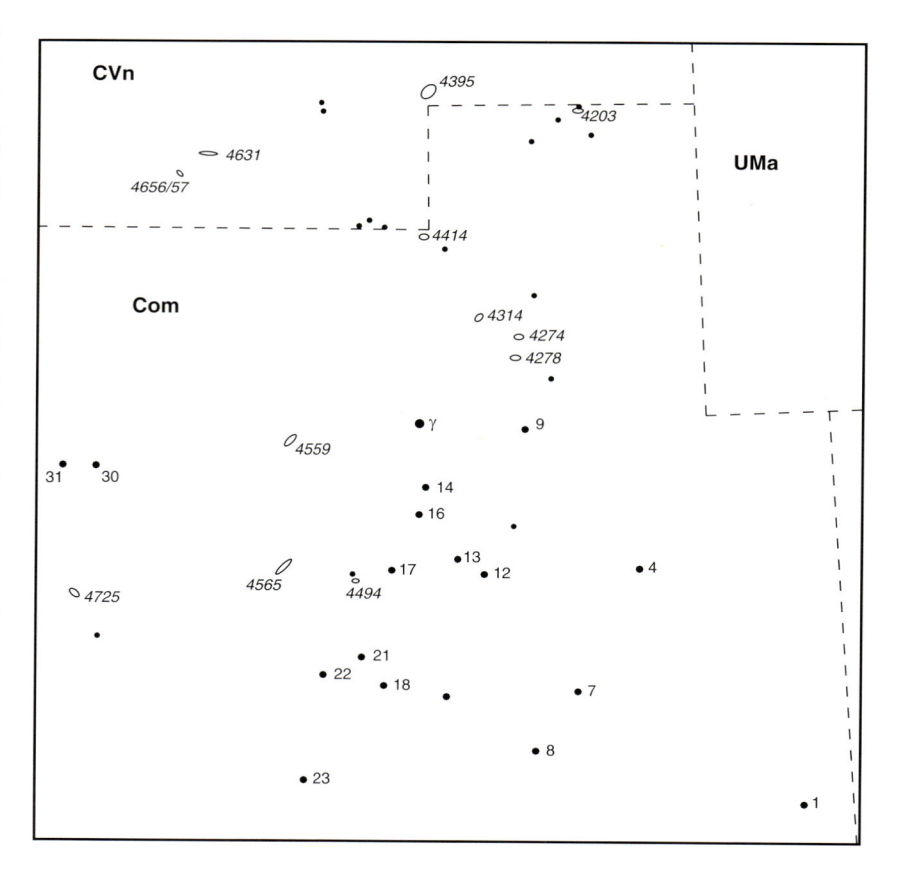

# Sternhaufen und Galaxien in Coma Berenices

| Galaxie | scheinbare Helligkeit | Größe in Bogenminuten |
|---|---|---|
| NGC 4203 | 10.$^m$9 | 3,5 × 3,4 |
| NGC 4274 | 10.$^m$4 | 6,7 × 2,5 |
| NGC 4278 | 10.$^m$2 | 3,5 × 3,5 |
| NGC 4314 | 10.$^m$6 | 4,2 × 4,1 |
| NGC 4395 | 10.$^m$2 | 14,5 × 12,0 |
| NGC 4414 | 10.$^m$1 | 4,4 × 3,0 |
| NGC 4494 | 9.$^m$8 | 4,6 × 4,4 |
| NGC 4559 | 10.$^m$0 | 12,0 × 4,9 |
| NGC 4565 | 9.$^m$6 | 14,0 × 1,8 |
| NGC 4631 | 9.$^m$2 | 15,5 × 3,3 |
| NGC 4656 | 10.$^m$5 | 20,0 × 2,9 |
| NGC 4657 | 10.$^m$5 | 15,0 × 3,0 |
| NGC 4725 | 9.$^m$4 | 11,0 × 8,3 |

In der Nähe des Sterns γ Comae Berenices befindet sich der Coma-Sternhaufen, eine lockere Ansammlung von Sternen der 5. bis 10. Größenklasse. Er ist bei klarer Sicht bereits mit bloßem Auge erkennbar, doch empfiehlt sich die Beobachtung mit einem Feldstecher. Auf langbelichteten Photographien – mit größeren Amateurfernrohren auch visuell – erkennt man unter den zahlreichen Lichtpunkten in dieser Himmelsgegend einige Galaxien. Um das obenstehende Photo, das eine Äquivalentbrennweite $f = 100$ cm aufweist, unbeeinträchtigt zu lassen und dennoch die Identifikation der Objekte zu ermöglichen, sind die hellsten Sterne und Galaxien in diesem Feld in der Skizze auf der linken Seite eingezeichnet. Angaben über die scheinbare Helligkeit und die Ausdehnung der Galaxien können der Tabelle entnommen werden. Die meisten der hier sichtbaren Sternsysteme gehören zu einer riesigen Ansammlung von Galaxien im Weltraum, dem Virgo-Galaxienhaufen, der sich von dem benachbarten Sternbild Jungfrau aus bis weit nach Coma Berenices hinein erstreckt. Die Mitglieder dieses Haufens sind ungefähr 65 Millionen Lichtjahre von unserer Sonne entfernt. Das Sternbild Coma Berenices ist jedoch auch durch einen eigenen Galaxienhaufen bekannt, der sich links außerhalb des hier gezeigten Himmelsareals befindet. Er ist etwa 400 Millionen Lichtjahre entfernt, und seine hellsten Mitglieder erreichen nur die 14. Größenklasse. Damit sind sie zu lichtschwach, um auf einem Photo wie dem obigen abgebildet werden zu können.

# Feld 16

**Crv**
**Crt**
**Sex**

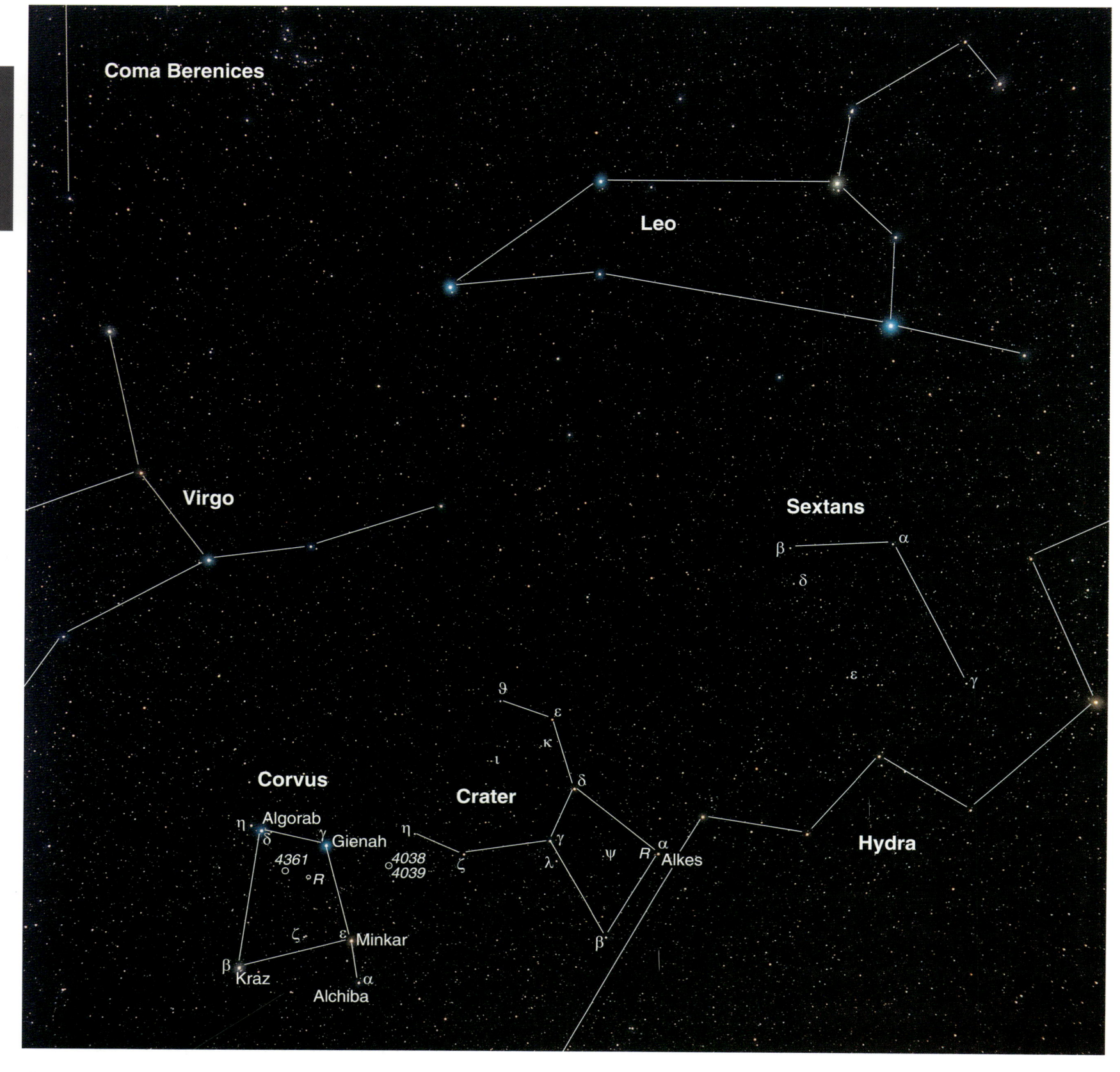

**Corvus – Rabe**
Crv – Corvi

**Crater – Becher**
Crt – Crateris

**Sextans – Sextant**
Sex – Sextantis

**Beste Sichtbarkeit am Abendhimmel**

# Corvus, Crater, Sextans

**Daten der Sternbilder**

|  | Corvus | Crater | Sextans |
|---|---|---|---|
| Bereich in Rektaszension | 11ʰ 56ᵐ — 12ʰ 56ᵐ | 10ʰ 51ᵐ — 11ʰ 56ᵐ | 9ʰ 41ᵐ — 10ʰ 52ᵐ |
| Bereich in Deklination | −11° 40′ — −25° 10′ | −6° 40′ — −25° 10′ | +6° 30′ — −11° 40′ |
| Fläche in Quadratgrad | 183,80 | 282,40 | 313,51 |
| Messier-Objekte | — | — | — |
| Anzahl der Sterne heller als 5,ᵐ5 | 10 | 11 | 5 |
| Meteorströme | Corviden (27./28. Juni) | — | — |
| Kulmination um Mitternacht am | 28. März | 12. März | 22. Februar |
| zirkumpolar für | 78° s. Br. — 90° s. Br. | 83° s. Br. — 90° s. Br. | — |
| vollständig sichtbar von | 65° n. Br. — 90° s. Br. | 65° n. Br. — 90° s. Br. | 78° n. Br. — 83° s. Br. |
| nicht sichtbar von | 90° n. Br. — 78° n. Br. | 90° n. Br. — 83° n. Br. | — |

# Feld 16

**Crv**
**Crt**
**Sex**

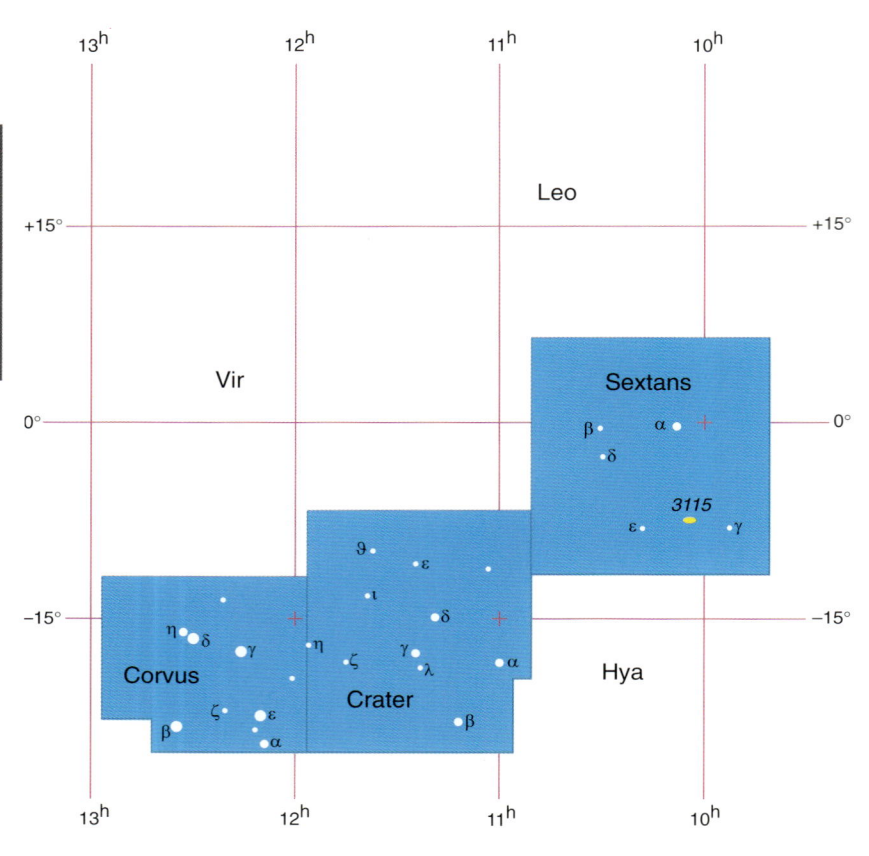

## Corvus – Rabe

Die kleine Konstellation Rabe liegt zwischen dem Tierkreissternbild Jungfrau im Norden und der Hydra (Wasserschlange) im Süden. Sie ist relativ leicht an den vier Sternen γ, δ, β und ε Corvi zu erkennen, die der 3. Größenklasse angehören und sich zu einer segelförmigen Figur in einer ansonsten sternarmen Himmelsgegend ordnen. Corvus ist einer der Fälle, in denen der Buchstabe α nicht den hellsten Stern im Sternbild markiert. α Corvi ist ein Stern 4. Größe und symbolisiert in der bildlichen Darstellung den Schnabel des Raben.

### Mythologie
Der Rabe gehört wie der benachbarte Becher und die Wasserschlange zu den Sternbildern, die bereits in der griechischen Antike bekannt waren. Alle drei Figuren sind durch einen gemeinsamen Mythos verknüpft.

Der Rabe war der Vogel des Gottes Apollon; dieser hatte selbst einmal die Gestalt eines solchen Tieres angenommen, um vor der Bestie Typhon zu fliehen, die den Olymp bedrohte. Als Apollon seinem Vater Zeus ein Opfer bringen wollte, schickte er den Raben aus, um frisches Wasser von einer Quelle für die heilige Handlung zu holen, und er trug ihm auf, sich zu beeilen. Der Rabe nahm einen vergoldeten Krug in seine Krallen und flog davon. Unterwegs erspähte er einen Feigenbaum, dessen Früchte allerdings noch grün waren. Weil der gierige Vogel dennoch nicht auf den Genuß verzichten wollte, setzte er sich auf einen Ast und wartete einige Tage, bis die Feigen gereift waren. Erst nachdem er sich vollgefressen hatte, erinnerte er sich wieder an seinen Auftrag. Nach einer Entschuldigung suchend ergriff er mit seinen Klauen eine lange Wasserschlange, flog damit zu seinem Herrn zurück und erklärte dreist, er habe nicht eher zurückkommen können, weil das Reptil den Zugang zur Quelle versperrt habe. Apollon indes erkannte die Lüge und bestrafte den Raben, indem er ihm die Fähigkeit nahm, während der Zeit der Feigenreife etwas zu trinken. Als bleibende Warnung versetzte er ihn mitsamt dem Becher und der Wasserschlange für alle sichtbar unter die Gestirne, wo er seitdem vergebens versucht, an den gefüllten Krug heranzukommen (Bild rechts). Auf seinen großen Durst sei es zurückzuführen, so sagt man, daß der Rabe heiser krächze. In diesem Falle war das Versetzen an den Himmel also keine Ehre, sondern der Rabe wurde damit gleichsam an den Pranger gestellt.

Nach einer anderen Erzählung, die ebenfalls auf eine negative Eigenschaft des Raben anspielt, hatte dieser Vogel einst weißes Gefieder wie eine Taube. Als Koronis, die Geliebte Apollons, von ihm schwanger war und dennoch fremdging, überbrachte der klatschsüchtige Rabe seinem Herrn die skandalöse Nachricht. Aus Zorn tötete Apollon Koronis und ihren Liebhaber. Doch schnell reute ihn die Tat, und es gelang ihm, den noch ungeborenen Sohn zu retten. Den Vogel aber, der Apollon so in Wallung gebracht hatte, ließ er für immer schwarz werden.

### Besondere Objekte
R Corvi ist ein veränderlicher Stern vom Mira-Typ. Seine scheinbare Helligkeit variiert mit einer Periode von 317 Tagen zwischen $14^m\!.4$ im Minimum und $6^m\!.7$ im Maximum. Er ist auf der Übersichtsaufnahme nicht zu sehen, weil er zu jenem Zeitpunkt zu lichtschwach war; seine Position ist jedoch markiert.

Ansonsten finden lediglich Besitzer von größeren Amateurfernrohren im Sternbild Corvus interessante Beobachtungsobjekte. Eines von ihnen ist der 4300 Lichtjahre entfernte Planetarische Nebel NGC 4361, dessen Durchmesser nur 80″ beträgt. Der Nebel hat eine Gesamthelligkeit von $10^m\!.5$; sein Zentralstern ist $12^m\!.8$ hell.

Zwei Galaxien sind besonders erwähnenswert: NGC 4038 und NGC 4039, deren Helligkeit jeweils $10^m\!.5$ beträgt. Auf photographischen Aufnahmen mit großen Teleskopen erscheint dieses Galaxienpaar je nach Belichtungszeit in Form eines Herzes, eines Fragezeichens oder mit zwei langen, gebogenen dünnen Filamenten, die von ihnen ausgehen. Diese Filamente ähneln den langen Fühlern eines Käfers, weshalb man das Doppelobjekt auch Antennen-Galaxien nennt. Eine im Englischen gebräuchliche Bezeichnung ist *Ringtail Galaxy*. Das Galaxienpaar ist ein Beispiel für den gar nicht so seltenen Fall, daß zwei Sternsysteme kollidieren können. Beide Galaxien haben sich durch Gezeitenkräfte stark verformt, und durch die Störungen wurde in gasreichen Gebieten die Bildung neuer Sterne angeregt.

## Crater – Becher

Der Becher ist eines der unscheinbarsten Sternbilder, die aus der Antike überliefert wurden. Hellster Stern dieser Konstellation ist δ Crateris mit $3^m\!.56$. Ihm gegenüber ist α Crateris mit $4^m\!.06$ um eine halbe Größenklasse schwächer; die aus dem Arabischen stammende Bezeichnung Alkres für diesen Stern bedeutet „Krug".

Als Anfang des 17. Jahrhunderts versucht wurde, den Sternenhimmel zu christianisieren, behielt man die Bedeutung des Sternbildes als Trinkgefäß bei, doch sah man jetzt darin den „Kelch des Leiden Christi".

### Mythologie
Die Überlieferung verbindet den Becher mit den benachbarten Sternbildern Corvus und Hydra. Doch gibt es auch einen eigenen, auf einer grausamen Geschichte beruhenden Mythos. Demophon, der König von Elaios, ließ jedes Jahr die Tochter eines Adligen opfern, um seine Stadt vor einer Seuche zu bewahren. Die Unglückliche wurde per Los bestimmt, doch seine eigenen Töchter nahm Demophon stets aus. Als einer der Adligen namens Mastusios forderte, auch die Königstöchter in die Auslosung einzubeziehen, ließ Demophon ohne Umschweife Mastusios' Tochter opfern. Doch dieser rächte sich, indem er die Töchter des Königs ermordete und Demophon einen Krug mit Wein vorsetzte, der mit ihrem Blut vermischt war. Mastusios büßte diese Tat mit seinem Leben, und der Krug wurde zur Warnung vor weiterem Frevel als Sternbild Crater an den Himmel versetzt.

### Besondere Objekte
In unmittelbarer Nachbarschaft zu α Crateris liegt der veränderliche Stern R Crateris, der an seiner roten Färbung zu erkennen ist; er erreicht jedoch im Maximum nur die 8. Größenklasse. Ansonsten enthält dieses Sternbild keine Objekte von besonderer Bedeutung.

## Sextans – Sextant

Dieses Sternbild wurde im 17. Jahrhundert als typischer „Lückenfüller" von Johannes Hevelius zwischen den großen Konstellationen Leo und Hydra eingeführt. Es ist unter dem Sternfeld 13 besprochen.

# Corvus, Crater

Die Sternbilder Corvus (Rabe) und Crater (Becher) sowie der östliche Teil von Hydra (der Wasserschlange), wie Johann E. Bode sie 1782 in seinem Sternatlas „Vorstellung der Gestirne auf XXXIV Kupfertafeln" dargestellt hat. Auf dieser und auf anderen historischen Sternkarten sieht man den Raben, wie er nach der Wasserschlange pickt, um sie zu vertreiben; der Becher – meist als großer, prunkvoll ausgestatteter Kelch gezeichnet – ist zwar zu dem Vogel hin geneigt, doch so weit weg, daß er daraus nicht trinken kann. Zudem bewegt sich der Becher im täglichen Lauf der Gestirne nach rechts vom Raben weg, so daß dieser ihn nicht einzuholen vermag. Diese Symbolik spielt auf den Fluch an, mit dem Apollon den Raben nach einer Lüge belegt hat.

# Feld 17

**Cen
Cir
Cru
Hya**

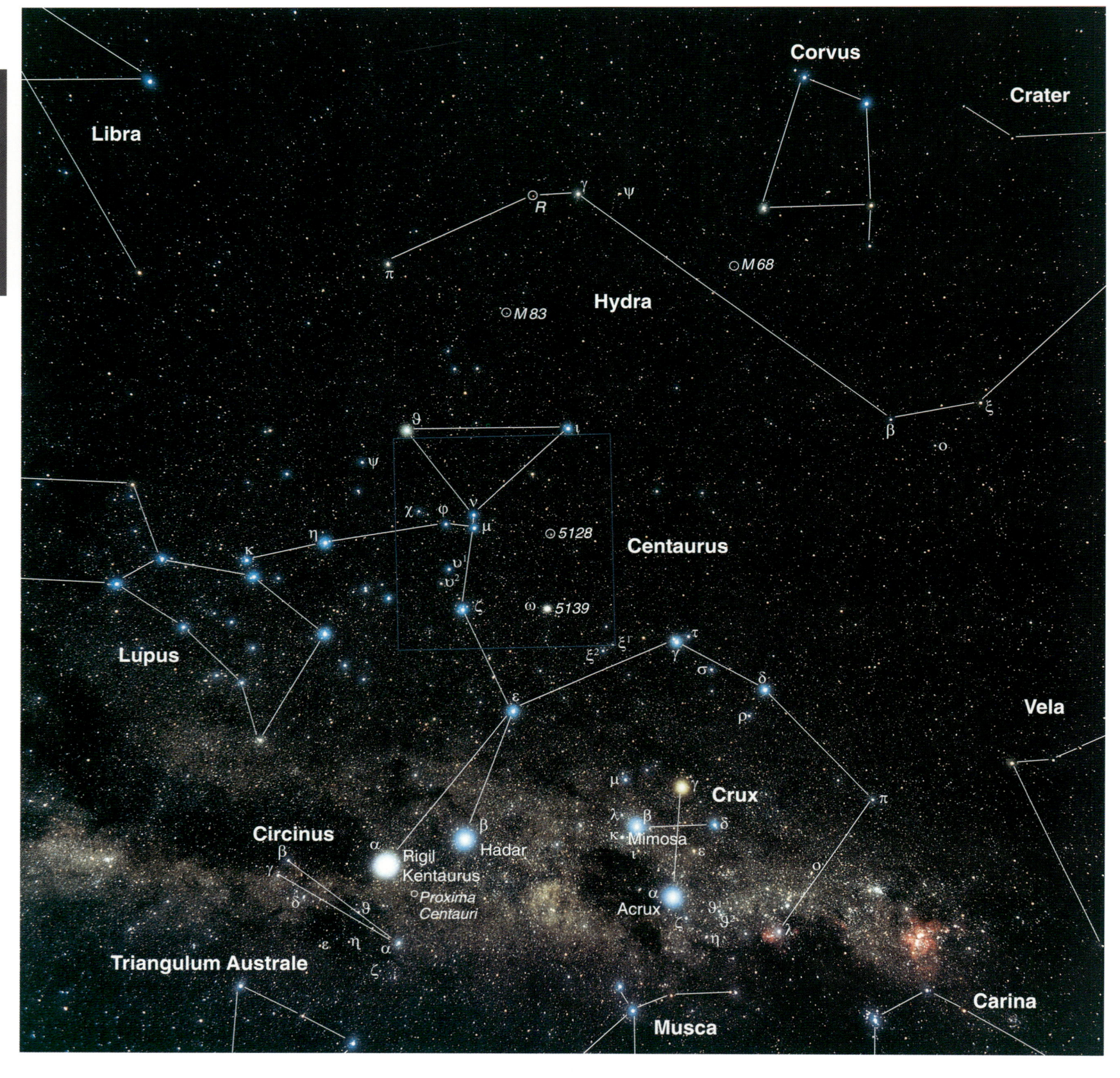

## Centaurus – Kentaur
Cen – Centauri

## Circinus – Zirkel
Cir – Circini

## Crux – Kreuz (des Südens)
Cru – Crucis

## Hydra – Wasserschlange
Hya – Hydrae

**Beste Sichtbarkeit am Abendhimmel**

# Centaurus, Circinus, Crux, Hydra

**Daten der Sternbilder**

|  | Centaurus | Circinus | Crux | Hydra |
|---|---|---|---|---|
| Bereich in Rektaszension | 11ʰ 05ᵐ — 15ʰ 03ᵐ | 13ʰ 38ᵐ — 15ʰ 30ᵐ | 11ʰ 56ᵐ — 12ʰ 58ᵐ | 8ʰ 11ᵐ — 15ʰ 03ᵐ |
| Bereich in Deklination | −30° 00′ — −64° 45′ | −55° 25′ — −70° 35′ | −55° 40′ — −64° 40′ | +6° 40′ — −35° 45′ |
| Fläche in Quadratgrad | 1060,42 | 93,35 | 68,45 | 1302,84 |
| Messier-Objekte | — | — | — | M 48, M 68, M 83 |
| Anzahl der Sterne heller als 5ᵐ,5 | 100 | 9 | 23 | 67 |
| Meteorströme | — | — | — | Sigma-Hydriden (11./12. Dezember) |
| Kulmination um Mitternacht am | 30. März | 30. April | 28. März | 15. März |
| zirkumpolar für | 60° s. Br. — 90° s. Br. | 35° s. Br. — 90° s. Br. | 34° s. Br. — 90° s. Br. | — |
| vollständig sichtbar von | 25° n. Br. — 90° s. Br. | 20° n. Br. — 90° s. Br. | 25° n. Br. — 90° s. Br. | 54° n. Br. — 83° s. Br. |
| nicht sichtbar von | 90° n. Br. — 60° n. Br. | 90° n. Br. — 35° n. Br. | 90° n. Br. — 34° n. Br. | — |

# Feld 17

**Cen
Cir
Cru
Hya**

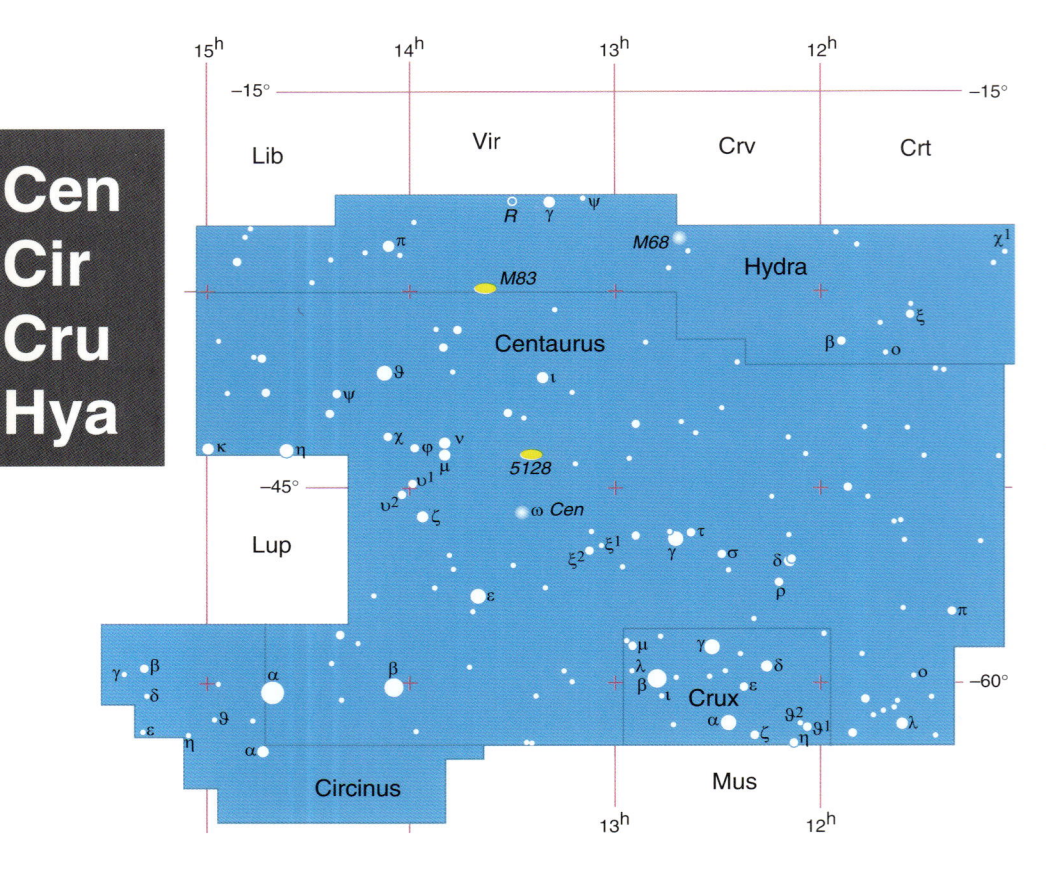

## Centaurus – Kentaur

Dieses Sternbild ist eines der größten und eindrucksvollsten des südlichen Himmels. Etwa 100 Sterne sind mit bloßem Auge erkennbar; das sind mehr als in anderen Konstellationen ähnlicher Größe. Zudem enthält es mit α Centauri den dritthellsten Stern des Nachthimmels.

Centaurus ist eines der 48 Sternbilder, die bereits in der griechischen Antike bekannt waren – obwohl es heute vom östlichen Mittelmeerraum aus gesehen nur zu einem geringen Teil über den Südhorizont aufsteigt. Das liegt daran, daß sich der sichtbare Teil des Firmaments infolge der Präzessionsbewegung der Erdachse langsam verschiebt: Als Eudoxos im 4. vorchristlichen Jahrhundert die gebräuchlichen Sternbilder auflistete, war Centaurus noch gänzlich zu sehen, und die hellen Sterne α und β Centauri wanderten dicht über den Südhorizont hinweg.

**Mythologie**
Die Kentauren – in der Kunst meist als Zwitterwesen aus Pferd und Mensch dargestellt – galten als unzivilisiertes, gewalttätiges Volk. Einer von ihnen, Cheiron, unterschied sich von ihnen jedoch durch Abstammung und Charakter. Glaubt man der Überlieferung, war Cheiron eine der weisesten und gelehrtesten Personen, die jemals lebten. Viele der aus den Heroengeschichten bekannten Griechen hatten seine Erziehung genossen wie etwa Iason, der Anführer der Argonauten, Achilleus, der Held des Trojanischen Krieges, und Asklepios, der von ihm in die Geheimnisse der Heilkunst eingewiesen wurde.

Eines Tages wurde Herakles auf einer seiner Abenteuerreisen von dem gastfreundlichen Kentauren Pholos bewirtet. Doch andere Kentauren, vom Duft des Weines unbeherrscht geworden, griffen Herakles an. Dieser setzte sich zur Wehr und tötete viele von ihnen. Einige der Kentauren flüchteten sich während des Kampfes zu dem unbeteiligten Cheiron, der versehentlich von einem der vergifteten Pfeile Herakles' getroffen wurde. Cheiron war als Sohn des Titanen Kronos zwar unsterblich, doch das Gift verurteilte ihn zu langem Leiden. Der Göttervater Zeus soll schließlich zugestimmt haben, Cheiron von seinen Qualen zu erlösen und ihm eine andere Art von Unsterblichkeit zu verleihen, indem er ihn als Sternbild an den Himmel versetzte.

**Besondere Objekte**
Der hellste Stern dieser Konstellation trägt den Eigennamen Rigil Kentaurus („Fuß des Kentauren"), aber er ist selbst unter Nicht-Astronomen gemeinhin als α Centauri bekannt. Das bloße Auge nimmt ihn als Einzelstern der Helligkeit $-0^m\!\!.3$ wahr, doch zeigt bereits ein kleines Fernrohr, daß er aus zwei Komponenten besteht. Beide haben etwa die gleiche Farbe und Größe wie unsere Sonne. Sie erscheinen uns so hell, weil sie sozusagen unsere Nachbarn im Kosmos sind. Mit einer Entfernung von 4,39 Lichtjahren befinden sie sich nur 278 000mal weiter von der Erde entfernt als der Stern, um den unser Heimatplanet kreist, und den wir Sonne nennen.

Inmitten des Sternengewimmels im Band der Milchstraße, das Centaurus in dieser Gegend durchzieht, befindet sich ein unauffälliger roter Zwergstern 11. Größe. Er ist am Himmel 2,2° von α Centauri entfernt und bildet die dritte Komponente dieses Sternsystems, die uns sogar noch etwas näher steht: Proxima Centauri (der „Nächste im Centaurus") ist nur 4,28 Lichtjahre von der Erde entfernt. Seine Position ist in der Übersichtsaufnahme auf Seite 88 markiert.

In diesem Sternbild ist zudem der prächtigste Kugelsternhaufen am Himmel, ω Centauri, zu finden (Bilder rechts). Er ist bereits mit bloßem Auge zu sehen, doch lassen sich seine Randbezirke erst mit einem Fernrohr in Einzelsterne auflösen. Optisch eindrucksvoll ist die Galaxie NGC 5128, die zugleich stärkste Radioquelle im Centaurus ist und Centaurus A genannt wird.

## Circinus – Zirkel

Nahe der hellen Sterne α und β Centauri befindet sich dieses Sternbild, das sein Vorhandensein dem französischen Astronomen Nicolas-Louis de Lacaille verdankt. Es soll an die Bedeutung des Zirkels als Hilfsgerät zur Positionsbestimmung auf See erinnern. Man sieht das Werkzeug in zusammengeklapptem Zustand am Himmel.

## Crux – Kreuz (des Südens)

Diese kleine, aber sehr bekannte Konstellation zu Füßen des Kentauren ist nochmals im Sternfeld 20 zu sehen und dort besprochen.

## Hydra – Wasserschlange

Zwischen dem auffälligen Sternbild Centaurus und der markanten Figur des Raben windet sich in einem eher sternenarmen Gebiet der lange Hinterleib der Wasserschlange am Himmel entlang. Wegen der großen Ausdehnung dieses Sternbildes, das sich über ein Viertel des Himmels erstreckt, läßt es sich nicht in einer einzigen Photographie präsentieren. Der westliche Teil der Hydra, der Kopf und Vorderteil dieses mythischen Ungeheuers symbolisiert, ist auf dem Feld 13 zu sehen und dort besprochen. Im folgenden sollen lediglich die im hier abgebildeten Teil des Sternbildes befindlichen Objekte vorgestellt werden.

**Besondere Objekte**
R Hydrae ist ein veränderlicher Stern des Mira-Typs, dessen scheinbare Helligkeit in einem Rhythmus von 387 Tagen zwischen der 10. und der 4. Größenklasse variiert. Damit ist er im Maximum mit bloßem Auge zu erkennen. Doch weil die Periode seiner Helligkeitsschwankung drei Wochen länger ist als ein Jahr, verschiebt sich die Sichtbarkeit des Maximums jährlich um diese Zeitspanne, so daß sie nur selten mit der Sichtbarkeit des Sternbildes am Abendhimmel zusammenfällt. Dies hat zur Folge, daß man den Stern in manchen aufeinanderfolgenden Jahren am Abendhimmel sehen kann und dann lange Zeit nicht mehr. Die Übersichtsaufnahme zeigt R Hydrae als roten Stern der 6. Größenklasse. Das 330 Lichtjahre entfernte Objekt ist übrigens auch ein Doppelstern: In 21″ Abstand befindet sich ein Begleiter 12. Größe.

Südlich von R Hydrae findet man die mit $8^m\!\!.2$ recht helle Galaxie M 83. Man blickt fast senkrecht auf ihre Scheibenebene, und in Fernrohren mit mindestens 15 cm Spiegeldurchmesser lassen sich ihre deutlich ausgeprägten Spiralarme erkennen.

Ebenfalls $8^m\!\!.2$ hell ist M 68, ein etwa 46 000 Lichtjahre entfernter Kugelsternhaufen. Er ist im Fernrohr als nebliger Fleck erkennbar.

# Omega Centauri und NGC 5128

Ein Ausschnitt aus dem Sternbild Centaurus, gegenüber der Übersichtsaufnahme auf S. 88 fünffach vergrößert (oben, $f = 100$ cm). Das mit $3^m_.5$ hellste Objekt im Bild (es ist zusätzlich rechts mit $f = 200$ cm zu sehen) hielten frühere Beobachter für einen Stern. Der Himmelskartograph Johann Bayer ordnete ihm deshalb in seiner 1603 erschienenen „Uranometria" die für einen Stern typische Bezeichnung ω Centauri zu. Erst später erkannte man, daß es sich um einen kugelförmigen Sternhaufen handelt – den größten und hellsten am irdischen Firmament. Mit einer Ausdehnung von 36' am Himmel bedeckt er eine Fläche größer als der Vollmond. Er ist etwa 16 000 Lichtjahre von der Erde entfernt und enthält in einem Raumbereich von ungefähr 170 Lichtjahren Durchmesser mehrere hunderttausend Sterne. In seinem Zentrum stehen die Sterne so dicht, daß ihr mittlerer Abstand nur etwa ein Zehntel Lichtjahr beträgt. Die meisten Kugelsternhaufen befinden sich außerhalb von unserem scheibenförmigen Milchstraßensystem und weisen eine nahezu sphärische Verteilung auf. Sie sind in den Außenbezirken einer riesigen Gaswolke entstanden, die sich unter dem Einfluß ihrer Schwerkraft zusammenzog und schließlich zu dem abgeflachten Materiestrudel wurde, aus dem sich später die Sterne in der Ebene des Milchstraßensystems bildeten. Die Sterne in den Kugelhaufen sind somit die ältesten Objekte in unserer Galaxis. Sie sind etwa dreimal so alt wie die Sonne, die mit einem Alter von 4,5 Milliarden Jahren vergleichsweise jung ist. Ebenfalls auf dem Photo zu sehen ist die Galaxie NGC 5128. Sie hat etwa die gleiche Ausdehnung am Himmel wie ω Centauri und erscheint mit einer Helligkeit von $6^m_.7$. Auffallend an ihr ist ein dicker Staubgürtel, der sich quer über sie erstreckt. Vermutlich ist er eine Folge der Kollision zweier Galaxien, die nun zu einem Sternsystem verschmolzen sind. Das ebenfalls unter dem Namen Centaurus A bekannte Objekt ist etwa 12 Millionen Lichtjahre entfernt und strahlt auch im Radio-, Infrarot- und Röntgenbereich des elektromagnetischen Spektrums extrem stark.

# Feld 18

**Boo**
**CVn**
**CrB**

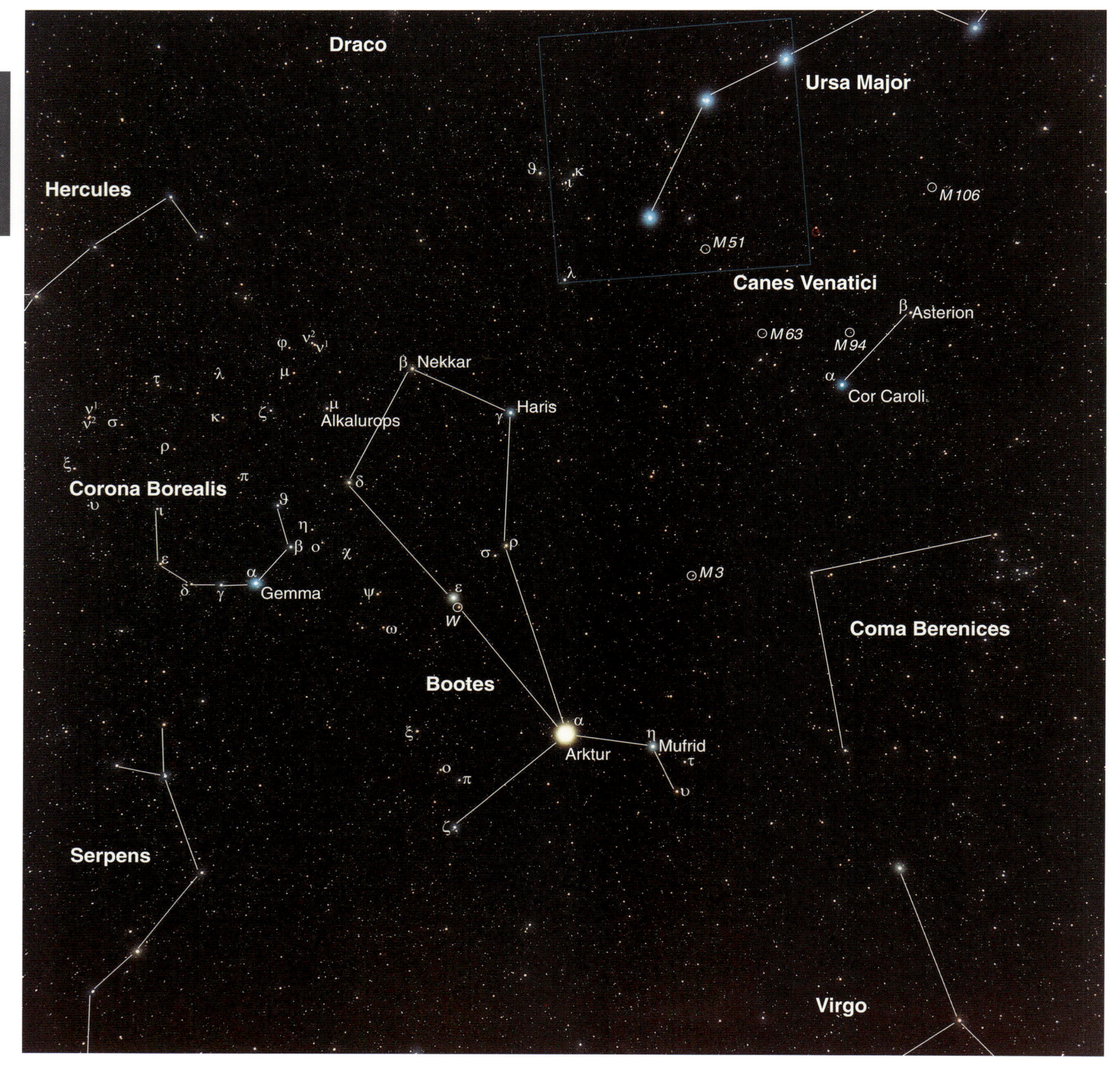

### Bootes – Bärenhüter
Boo – Bootis

### Canes Venatici – Jagdhunde
CVn – Canum Venaticorum

### Corona Borealis – Nördliche Krone
CrB – Coronae Borealis

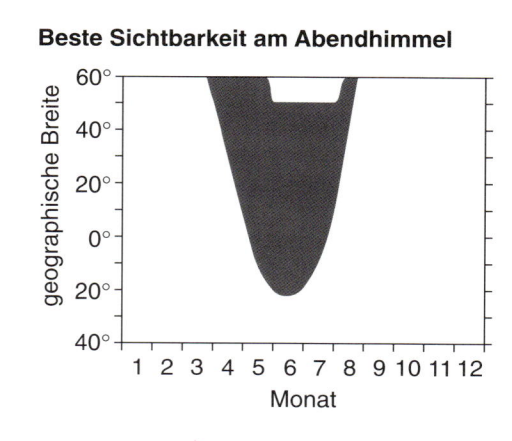

Beste Sichtbarkeit am Abendhimmel

# Bootes, Canes Venatici, Corona Borealis

**Daten der Sternbilder**

|  | Bootes | Canes Venatici | Corona Borealis |
|---|---|---|---|
| Bereich in Rektaszension | 13$^h$ 36$^m$ – 15$^h$ 50$^m$ | 12$^h$ 06$^m$ – 14$^h$ 08$^m$ | 15$^h$ 16$^m$ – 16$^h$ 25$^m$ |
| Bereich in Deklination | +55° 05′ – +7° 20′ | +52° 25′ – +27° 50′ | +39° 45′ – +25° 30′ |
| Fläche in Quadratgrad | 906,83 | 465,19 | 178,71 |
| Messier-Objekte | – | M 3, M 51, M 63, M 94, M 106 | – |
| Anzahl der Sterne heller als 5$^m$5 | 47 | 16 | 18 |
| Meteorströme | Quadrantiden (3. Januar) | – | – |
| Kulmination um Mitternacht am | 2. Mai | 7. April | 19. Mai |
| zirkumpolar für | 90° n. Br. – 83° n. Br. | 90° n. Br. – 62° n. Br. | 90° n. Br. – 64° n. Br. |
| vollständig sichtbar von | 90° n. Br. – 35° s. Br. | 90° n. Br. – 38° s. Br. | 90° n. Br. – 50° s. Br. |
| nicht sichtbar von | 83° s. Br. – 90° s. Br. | 62° s. Br. – 90° s. Br. | 64° s. Br. – 90° s. Br. |

# Feld 18

**Boo
CVn
CrB**

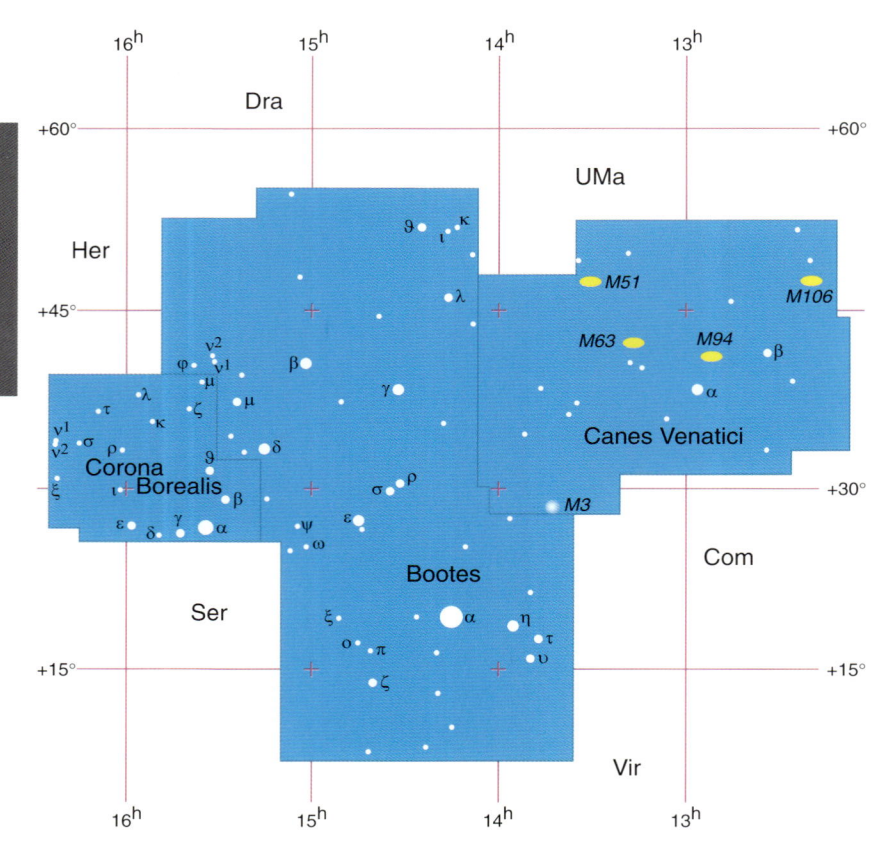

## Bootes – Bärenhüter

Der Bärenhüter gehört zu den auffälligen Sternbildern. Sein Hauptstern Arktur (α Bootis) ist mit $-0\overset{m}{.}04$ der hellste Stern des Nordhimmels und der vierthellste am gesamten Firmament. Als Aufsuchhilfe kann der Große Wagen dienen: Man findet den orange leuchtenden Arktur, indem man den Bogen, den die Deichselsterne des Großen Wagens formen, nach Süden verlängert. Die von den hellsten Sternen dieser Konstellation am Himmel gebildete Figur ist einem Drachen oder einer riesigen Eiswaffel (mit β Bootis als Spitze der Eiskugel) nicht unähnlich.

### Mythologie

Mehrere Mythen bringen Bootes in Verbindung mit dem Großen Wagen. Einer Überlieferung zufolge stellt das Sternbild Arkas dar, den Sohn des Zeus und der Nymphe Kallisto, die ihrerseits im Sternbild Ursa Major verewigt worden sein soll. Diese Legende wird unter dem Sternfeld 11 erzählt. Eine andere Sage identifiziert Bootes mit Philomelos, dem Sohn des Sterblichen Iasion und der Göttin Demeter. Philomelos, ein armer, aber findiger Bauer, soll den Wagen und den Pflug entwickelt haben. Für diese Errungenschaft versetzte ihn seine Mutter – die als Göttin des Ackerbaus und des Getreides galt – als Sternbild Bootes an den Himmel. Dort sieht man ihn, wie er als Landmann hinter dem Großen Wagen (oder dem Pflug) hergeht.

Eine dritte Sage berichtet ebenfalls von einem Wagenlenker. Aus Dankbarkeit für die ihm zuteil gewordene Gastfreundschaft führte der Weingott Dionysos den Athener Ikarios in die Kunst des Weinanbaus ein. Mit einem Wagen voller Weinschläuche und begleitet von seinem Hund Maira machte sich Ikarios auf, den Rebensaft feilzubieten. Doch Hirten, denen er Wein ausschenkte, verfügten noch über keinerlei Erfahrung mit alkoholischen Getränken, und sie meinten in ihrer Trunkenheit, Ikarios habe sie vergiften wollen. Sie erschlugen ihn und verscharrten seinen Leichnam. Als Ikarios' Tochter Erigone ihren Vater suchte, führte Maira sie an den Ort des Verbrechens. Aus Trauer erhängte sich Erigone an einem Baum, und auch der Hund starb aus Kummer. Dionysos soll daraufhin Ikarios als Bootes, Erigone als Virgo und Maira als Hundsstern an den Himmel versetzt haben.

### Besondere Objekte

Trotz seiner Größe enthält Bootes nur wenige Beobachtungsobjekte für Benutzer von Feldstechern oder kleinen Fernrohren. W Bootis ist ein halbregelmäßiger Veränderlicher, dessen Helligkeit leicht zwischen $4\overset{m}{.}7$ und $5\overset{m}{.}4$ variiert. Ein Dreifachstern ist μ Bootis: Mit dem Feldstecher erkennt man in 108″ Abstand von der $4\overset{m}{.}3$ hellen Hauptkomponente einen Begleiter der Helligkeit $7\overset{m}{.}0$; dieser erweist sich im Fernrohr wiederum als Paar etwa gleich heller Sterne.

Vom 1. bis 4. Januar eines jeden Jahres ist der bedeutende Meteorstrom der Quadrantiden zu sehen, dessen Name sich von dem früheren Sternbild Quadrans Muralis (Mauerquadrant) ableitet. Der Radiant liegt heute im Sternbild Bootes bei einer Rektaszension von $15^h\ 20^m$ und einer Deklination von $+49°$. Die Schaueraktivität erreicht innerhalb weniger Stunden um den 3. Januar ein scharfes Maximum mit 45 bis 200 Meteoren pro Stunde.

## Canes Venatici – Jagdhunde

Dieses kleine Sternbild liegt zwischen Bootes und Ursa Major. Auf historischen Karten sieht man die beiden Jagdhunde mit Namen Asterion („der Sternreiche") und Chara („Freude") dem Großen Bären hinterherhetzen; Bootes führt sie an der Leine. Canes Venatici ist eines von mehreren Sternbildern, die der Astronom Johannes Hevelius Ende des 17. Jahrhunderts in seinem Himmelsatlas neu verzeichnet hatte. Zuvor galten die Sterne dieser Region als Bestandteile von Ursa Major.

Der Stern α Canum Venaticorum trägt den Eigennamen Cor Caroli („Herz des Karl"). Benannt ist er nach dem englischen König Karl I., der 1649 hingerichtet wurde. Als sein Sohn im Mai 1660 zur Wiedereinsetzung der Stuart-Dynastie als König Karl II. nach London zurückkehrte, soll der Stern besonders hell geleuchtet haben. Der englische Kartograph Francis Lamb würdigte dieses Phänomen, indem er 1673 auf einer Sternkarte den Stern mit einem gekrönten Herz umgab und als Cor Caroli Regis Martyris bezeichnete. Unter dem verkürzten Namen fand der Stern schließlich auch Eingang in die weniger patriotische astronomische Literatur.

### Besondere Objekte

An der südlichen Grenze des Sternbildes befindet sich der Kugelsternhaufen M 3, der bereits im Fernglas als nebliger Fleck erscheint. Die anderen Messier-Objekte sind Galaxien, von denen M 51 zu den schönsten des gesamten Nordhimmels zählt (Bilder rechts).

## Corona Borealis – Nördliche Krone

Dieses Sternbild ist auch auf dem Feld 25 zu sehen und dort besprochen.

In der Umgebung der Deichsel des Großen Wagens (oben, $f = 100$ cm) befinden sich zwei helle Sternsysteme. Die Galaxie M 51 (rechts, $f = 500$ cm) liegt im Sternbild Canes Venatici direkt an der Grenze zu Ursa Major und ist etwa 13 Millionen Lichtjahre entfernt. Sie weist deutlich ausgeprägte Spiralarme auf. Die helle Verdickung am Ende des nördlichen Armes ist ein kleines Sternsystem, das nahe an M 51 vorbeigezogen ist. Durch die wechselseitige Massenanziehung haben sich beide Galaxien stark verformt, und zahlreiche Sterne wurden aus ihnen herausgerissen. Im Bild oben ist auch die Galaxie M 101 in Ursa Major als diffuser Fleck zu erkennen; sie ist auf S. 67 in größerem Maßstab abgebildet.

Johann E. Bode verzeichnete in seinem 1782 erschienenen Himmelsatlas nahezu alle bis dahin eingeführten Sternbilder. So nahm er auch den – heute nicht mehr gebräuchlichen – Mauerquadranten (Quadrans Muralis) auf, der das von dem Astronomen Joseph-Jérôme de Lalande benutzte Gerät zur Bestimmung von Sternpositionen darstellen soll, sowie das Herz des Karl (von Bode als das Herz Karls II. bezeichnet), das Anhänger der englischen Monarchie dem Stern α Canum Venaticorum zugeordnet hatten.

# Feld 19

Vir

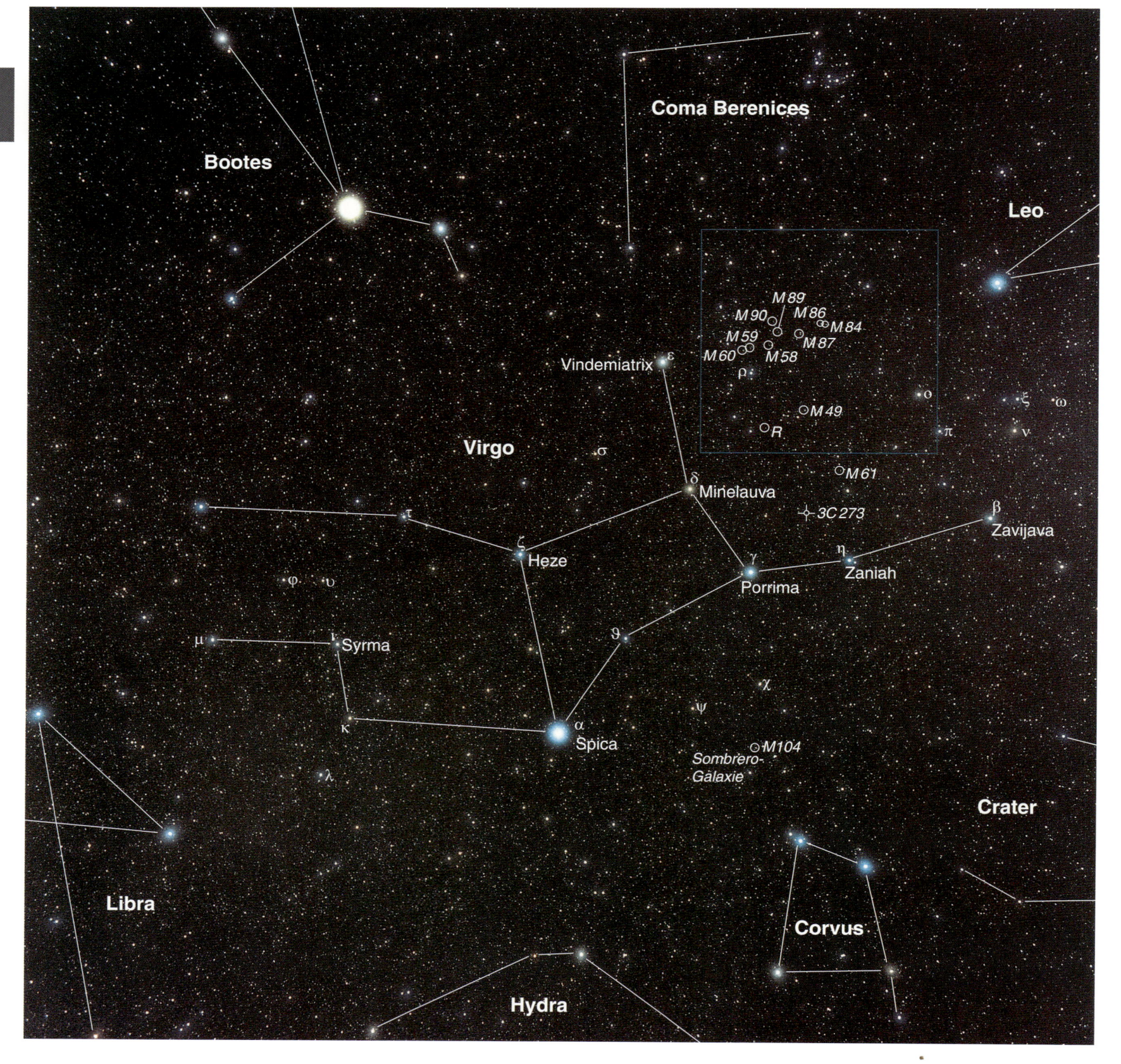

**Virgo – Jungfrau**
Vir – Virginis

**Beste Sichtbarkeit am Abendhimmel**

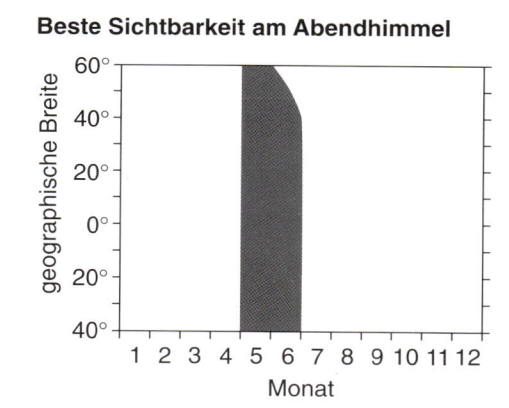

# Virgo

**Daten der Sternbilder**

|  | Virgo |
|---|---|
| Bereich in Rektaszension | 11ʰ 37ᵐ — 15ʰ 11ᵐ |
| Bereich in Deklination | +14° 20′ — −22° 40′ |
| Fläche in Quadratgrad | 1294,43 |
| Messier-Objekte | M 49, M 58, M 59, M 60, M 61, M 84, M 86, M 87, M 89, M 90, M 104 |
| Anzahl der Sterne heller als 5ᵐ5 | 57 |
| Meteorströme | Virginiden (18./19. März) |
| Kulmination um Mitternacht am | 11. April |
| zirkumpolar für | – |
| vollständig sichtbar von | 67° n. Br. — 76° s. Br. |
| nicht sichtbar von | – |

# Feld 19

**Vir**

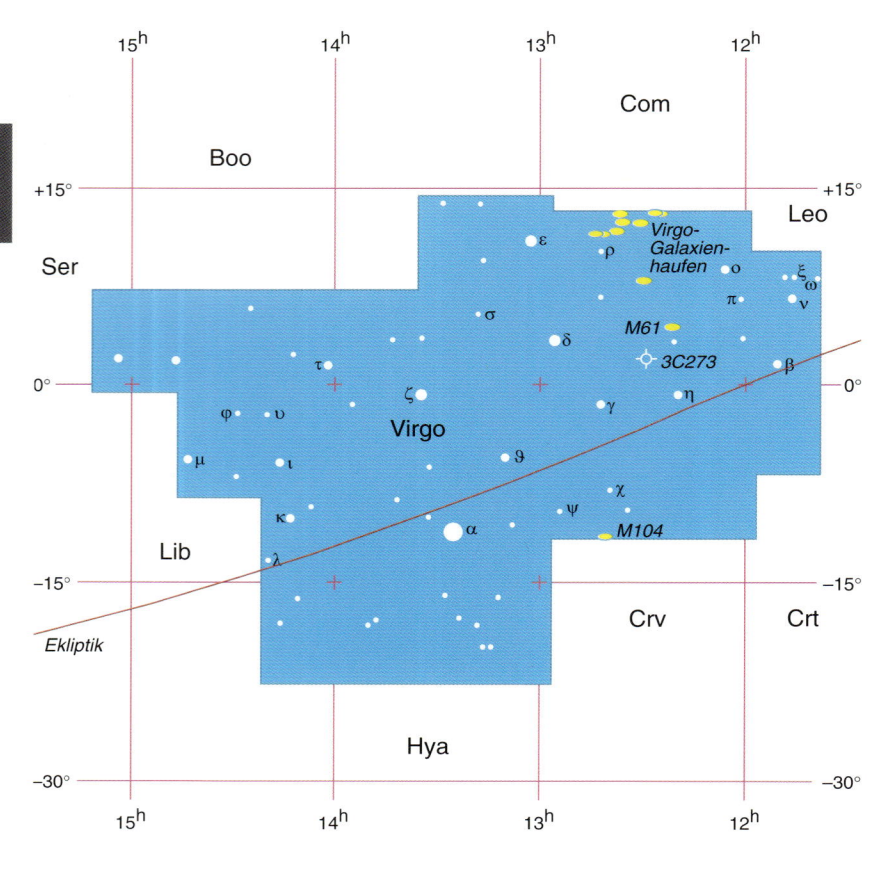

## Virgo – Jungfrau

Die Jungfrau ist das zweitgrößte Sternbild am Himmel und das größte der zwölf Tierkreissternbilder. Die Sonne befindet sich vom 16. September bis zum 30. Oktober in dieser Konstellation. Ihre scheinbare Bahn am Himmel, die Ekliptik, schneidet den Himmelsäquator im westlichen Teil von Virgo. Die Sonne passiert diesen Äquinoktialpunkt von nördlichen Deklinationen her kommend am 22. oder 23. September. An jenem Datum sind Tag und Nacht auf der gesamten Erde gleich lang (Tagundnachtgleiche), und auf der nördlichen Hemisphäre der Erde beginnt der Herbst, auf der südlichen der Frühling.

Das Sternbild ist trotz seiner großen Ausdehnung nicht sehr markant. Der mit $1\overset{m}{.}0$ hellste Stern, Spica ($\alpha$ Virginis), ist jedoch leicht aufzufinden, wenn man dem Bogen, den die Sterne der Deichsel des Großen Wagens bilden, über Arktur ($\alpha$ Bootis) weiter folgt.

### Mythologie

Der aus dem Lateinischen stammende Name des Sterns Spica bedeutet „Kornähre", und dieses Sinnbild verkörperte diese Konstellation bereits in Babylonien. Überhaupt wurde Virgo oft mit reichen Ernten, der Fruchtbarkeit allgemein und dem für den Ackerbau wichtigen Wechsel der Jahreszeiten in Verbindung gebracht. Einer Überlieferung zufolge stellt das Sternbild Persephone dar, die Tochter der Getreide- und Fruchtbarkeitsgöttin Demeter und des Zeus. Hades, der Gott der Unterwelt, entführte das Mädchen eines Tages als Braut in sein Reich. Demeter forderte daraufhin Zeus auf, ihre Tochter zurückzuholen. Doch dies war nicht mehr möglich; Zeus konnte lediglich bestimmen, daß Persephone die Hälfte eines Jahres bei ihrem Mann in der Unterwelt und die andere Hälfte oben auf der Erde bei ihrer Mutter im Land der Lebenden weilen sollte. So wie Persephone verbringen auch die Saaten der Früchte eine Zeit des Jahres vergraben in der Erde, bis sie im Frühjahr wieder ans Tageslicht kommen.

Ein anderer Mythos identifiziert Virgo mit der Göttin Dike, die als jungfräuliches Abbild ihrer Mutter Themis galt. Dike lebte in einem frühen Zeitalter auf der Erde, als der Frühling ewig währte, die Äcker von selbst Früchte trugen und die Menschheit in Frieden lebte. Doch als die Menschen streitsüchtig wurden und die Gerechtigkeit nicht mehr achteten, flüchtete Dike sich in die Berge und schließlich – als es mit Gewalttaten und Kriegen noch ärger kam – an den Himmel neben das Sternbild Waage.

Eine weitere Verbindung gibt es mit den Sternbildern Bootes und Kleiner Hund. Diese Geschichte wird unter dem Sternfeld 18 erzählt.

### Besondere Objekte

R Virginis ist ein veränderlicher Stern vom Mira-Typ. Seine Periode ist mit 145,5 Tagen für ein Objekt dieser Art ungewöhnlich kurz. Die scheinbare Helligkeit schwankt gewöhnlich zwischen $7^m$ und $11^m$.

Das Sternbild enthält einer reiche Konzentration von Galaxien. Die hellsten Mitglieder dieses Virgo-Haufens lassen sich in großen Amateurfernrohren oder auf langbelichteten Photographien erkennen (Bild rechts).

### Der Quasar 3C 273

Hinter dieser Bezeichnung verbirgt sich der wohl bekannteste Vertreter einer Klasse sehr rätselhafter Himmelsobjekte. Im dritten Katalog von Radioquellen, den die Universität Cambridge in Großbritannien herausgegeben hat, steht er an 273. Stelle.

Ende der fünfziger Jahre begannen Astronomen damit, im optischen Spektralbereich nach Objekten zu suchen, die als intensive Radioquellen bekannt waren. Doch dazu mußten zuvor die Positionen der im Radiofrequenzbereich strahlenden Himmelskörper möglichst genau ermittelt werden. Im Jahre 1962 bot sich eine Gelegenheit, die Position der Quelle 3C 273 exakt zu bestimmen, als sie innerhalb weniger Monate dreimal von der Scheibe des Mondes verdeckt wurde. Durch Messen der Zeitpunkte, wann das Radiosignal aus- und wieder einsetzte, ließ sich die Quelle lokalisieren. Mit optischen Teleskopen fand man an dieser Stelle ein sternartig aussehendes Objekt 12. Größenklasse mit ungewöhnlichen spektralen Eigenschaften. Aus dem Spektrum konnte man ableiten, daß 3C 273 etwa drei Milliarden Lichtjahre von der Erde entfernt ist. Aus scheinbarer Helligkeit und Entfernung ließ sich wiederum die Leuchtkraft dieser Quelle berechnen. Es stellte sich heraus, daß 3C 273 etwa sechs billionenmal heller strahlt als die Sonne oder etwa hundertmal heller als ganze Galaxien. Stünde das Objekt 40 Lichtjahre von der Erde entfernt, würde es uns ebenso hell erscheinen wie unsere Sonne.

Die unvorstellbare Energieabstrahlung dieser Objekte, die man nach ihrem Erscheinungsbild quasi-stellare Radioquellen oder kurz Quasare nennt, gibt der Wissenschaft große Rätsel auf. Mittlerweile hat man feststellen können, daß manche dieser Energiemonster nicht viel größer sind als unser Sonnensystem. Es gibt nicht viele Prozesse, die in einem solchen Raumbereich die mehrhundertfache Leuchtkraft einer Galaxie erzeugen können. Als wahrscheinlichste Ursache der Quasare gelten Schwarze Löcher ungeheurer Masse, die Sterne aus der Umgebung anziehen und langsam in sich hineinsaugen, wobei Gravitations- in Strahlungsenergie umgewandelt wird.

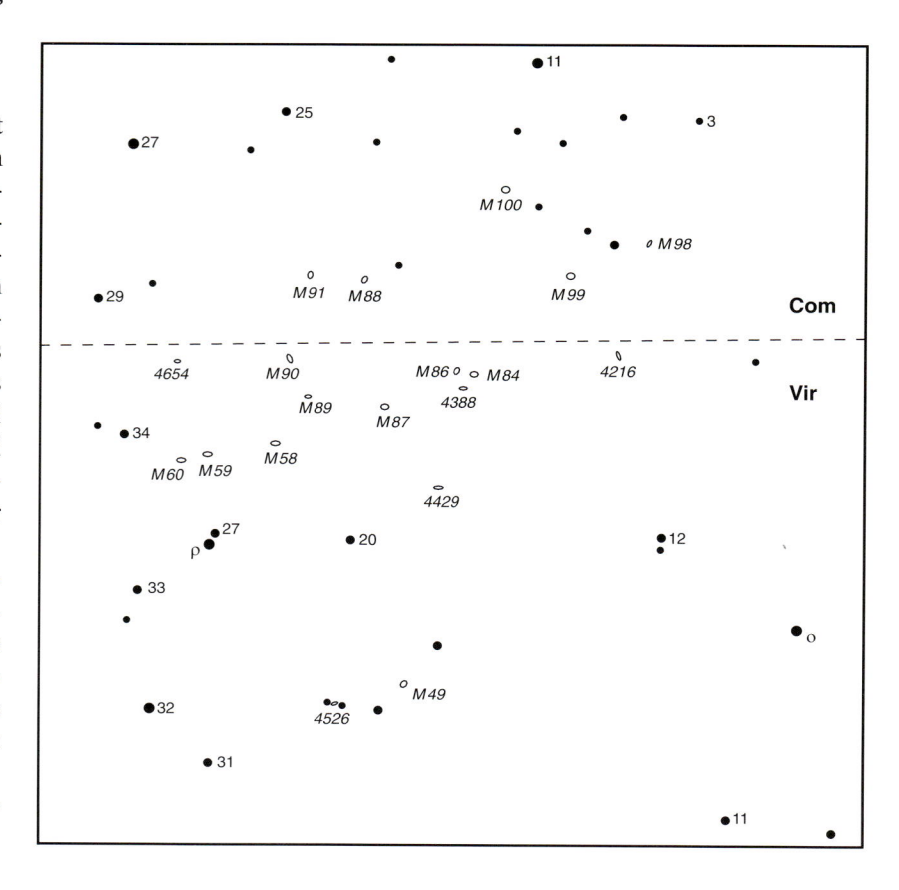

# Virgo-Galaxienhaufen

Die meisten Galaxien im Sternbild Virgo gehören zu einer riesigen Ansammlung von Sternsystemen, deren Zentrum etwa 65 Millionen Lichtjahre von der Erde entfernt ist. (Wenn intelligente Bewohner eines hypothetischen Planeten in einer dieser Galaxien ein Fernrohr auf unser Milchstraßensystem richten würden, könnten sie Licht sehen, das unsere Sonne abgestrahlt hat, als auf der Erde noch Dinosaurier lebten.) Dieser Virgo-Haufen enthält mehrere tausend Galaxien. Gemeinsam mit der Lokalen Gruppe, zu der das Milchstraßensystem, die Andromeda-Galaxie und weitere nahe Sternsysteme gehören, bilden der Virgo-Haufen und der im benachbarten Sternbild Coma Berenices befindliche Coma-Haufen eine große Ansammlung von Galaxien im Kosmos, die Lokaler Superhaufen genannt wird.

| Galaxie | scheinbare Helligkeit | Größe in Bogenminuten |
|---|---|---|
| M 49 | $8^m\!.4$ | 8,1 × 7,1 |
| M 58 | $9^m\!.7$ | 5,5 × 4,6 |
| M 59 | $9^m\!.6$ | 4,6 × 3,6 |
| M 60 | $8^m\!.8$ | 7,1 × 6,1 |
| M 61 | $9^m\!.7$ | 6,0 × 5,9 |
| M 84 | $9^m\!.1$ | 5,1 × 4,1 |
| M 86 | $8^m\!.9$ | 12,0 × 9,3 |
| M 87 | $8^m\!.6$ | 7,1 × 7,1 |
| M 89 | $9^m\!.8$ | 3,4 × 3,4 |
| M 90 | $9^m\!.5$ | 10,5 × 4,4 |
| M 104 | $8^m\!.0$ | 7,1 × 4,4 |
| NGC 4216 | $10^m\!.0$ | 7,8 × 1,6 |
| NGC 4388 | $11^m\!.0$ | 5,7 × 1,6 |
| NGC 4429 | $10^m\!.0$ | 5,6 × 2,6 |
| NGC 4526 | $9^m\!.7$ | 7,1 × 2,9 |
| NGC 4654 | $10^m\!.5$ | 4,9 × 2,7 |

# Feld 20

**Aps**
**Ara**
**Cha**
**Cir**
**Cru**
**Mus**
**Oct**
**TrA**

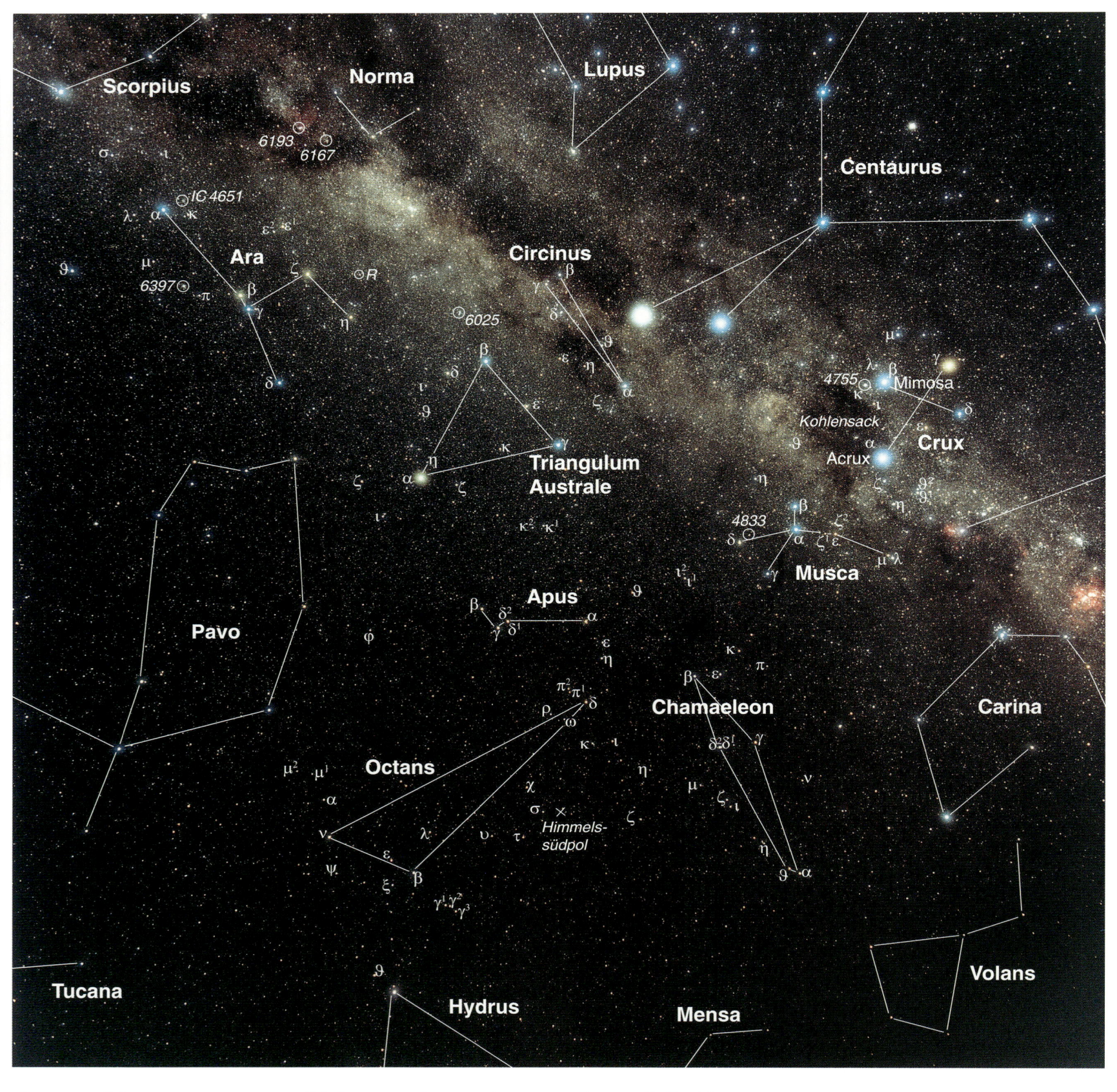

**Ara – Altar**
Ara – Arae

**Circinus – Zirkel**
Cir – Circini

**Musca – Fliege**
Mus – Muscae

**Octans – Oktant**
Oct – Octantis

**Triangulum Australe – Südliches Dreieck**
TrA – Trianguli Australis

**Apus – Paradiesvogel**
Aps – Apodis

**Crux – Kreuz (des Südens)**
Cru – Crucis

**Chamaeleon – Chamäleon**
Cha – Chamaeleontis

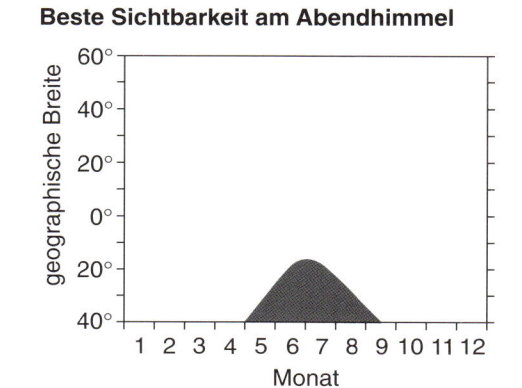

**Beste Sichtbarkeit am Abendhimmel**

# Apus, Ara, Chamaeleon, Circinus, Crux, Musca, Octans, Triangulum Australe

**Daten der Sternbilder**

|  | Apus | Ara | Chamaeleon | Circinus | Crux |
|---|---|---|---|---|---|
| Bereich in Rektaszension | 13ʰ 50ᵐ — 18ʰ 27ᵐ | 16ʰ 33ᵐ — 18ʰ 11ᵐ | 7ʰ 27ᵐ — 13ʰ 56ᵐ | 13ʰ 38ᵐ — 15ʰ 30ᵐ | 11ʰ 56ᵐ — 12ʰ 58ᵐ |
| Bereich in Deklination | −67° 30′ — −83° 05′ | −45° 30′ — −67° 40′ | −75° 15′ — −83° 05′ | −55° 25′ — −70° 35′ | −55° 40′ — −64° 40′ |
| Fläche in Quadratgrad | 206,32 | 237,06 | 131,59 | 93,35 | 68,45 |
| Messier-Objekte | — | — | — | — | — |
| Anzahl der Sterne heller als 5ᵐ5 | 11 | 17 | 12 | 9 | 23 |
| Meteorströme | | | | | |
| Kulmination um Mitternacht am | 21. Mai | 10. Juni | 1. März | 30. April | 28. März |
| zirkumpolar für | 23° s. Br. — 90° s. Br. | 44° s. Br. — 90° s. Br. | 15° s. Br. — 90° s. Br. | 35° s. Br. — 90° s. Br. | 34° s. Br. — 90° s. Br. |
| vollständig sichtbar von | 7° n. Br. — 90° s. Br. | 22° n. Br. — 90° s. Br. | 7° n. Br. — 90° s. Br. | 20° n. Br. — 90° s. Br. | 25° n. Br. — 90° s. Br. |
| nicht sichtbar von | 90° n. Br. — 23° n. Br. | 90° n. Br. — 44° n. Br. | 90° n. Br. — 15° n. Br. | 90° n. Br. — 35° n. Br. | 90° n. Br. — 34° n. Br. |

# Feld 20

**Aps
Ara
Cha
Cir
Cru
Mus
Oct
TrA**

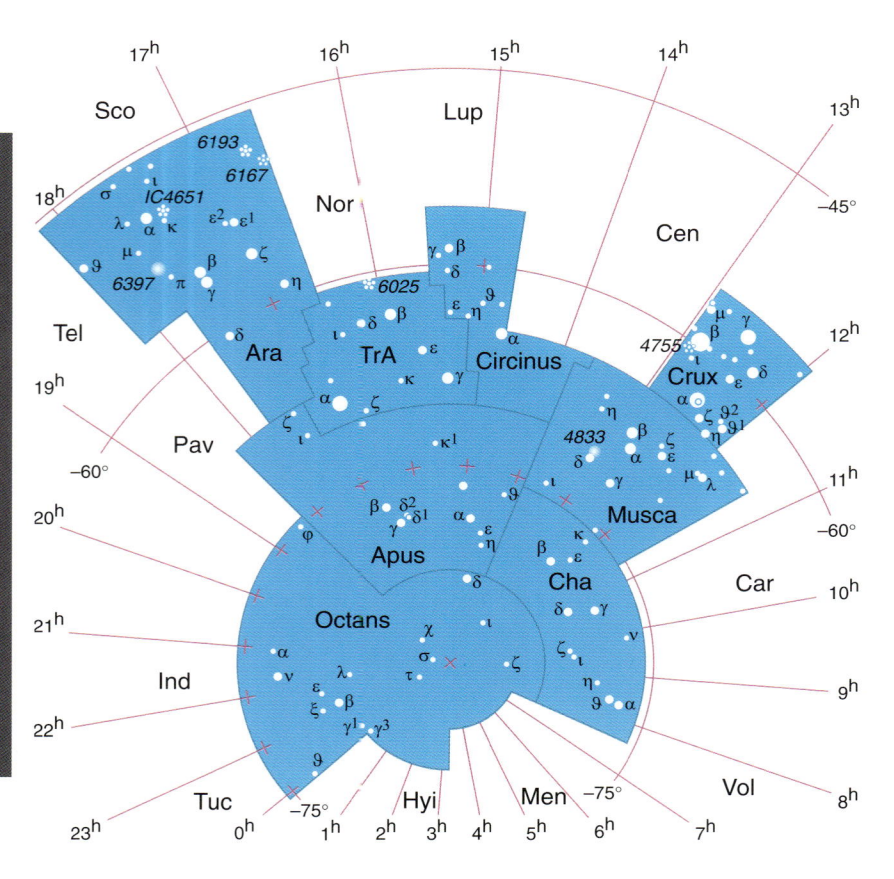

## Circinus – Zirkel

Zu den 14 neuen Sternbildern, die der französische Astronom Nicolas-Louis de Lacaille einführte, gehört auch der Zirkel. Aufgrund seiner Nähe zu dem hellen Stern α Centauri ist das Sternbild leicht aufzufinden, doch enthält es keine Objekte, die für die Beobachtung mit dem Feldstecher oder mit einem kleinen Fernrohr geeignet wären.

## Crux – Kreuz (des Südens)

Dieses vielleicht bekannteste Sternbild des Südhimmels ist auf der rechten Seite vergrößert abgebildet und dort besprochen.

## Musca – Fliege

Südlich vom Kreuz des Südens liegt dieses kleine, recht gut erkennbare Sternbild, das niederländische Seefahrer ursprünglich als „Apis" („Biene") eingeführt hatten. Im 17. Jahrhundert nannte man es vorübergehend „Musca Australis" („Südliche Fliege"), um es von der Nördlichen Fliege zu unterscheiden, die Petrus Plancius an den Nordhimmel gesetzt hatte. Auf historischen Sternkarten sieht man, wie das benachbarte Chamäleon mit seiner langen Zunge nach der Fliege schnappt. Mit α und β Muscae enthält das Sternbild zwei Sterne der 3. Größenklasse.

**Besondere Objekte**
Ein kleiner Teil der Kohlensack-Dunkelwolke ragt in den nördlichen Teil des Sternbildes hinein. In der Nähe von δ Muscae findet man NGC 4833, einen Kugelsternhaufen der visuellen Helligkeit $7\overset{m}{.}0$ und mit einem scheinbaren Durchmesser von 13,5′.

## Apus – Paradiesvogel

Als niederländische Seefahrer Ende des 16. Jahrhunderts nach Ostindien segelten, brachten sie Berichte über Sternbilder des Südhimmels mit. Es ist jedoch nicht bekannt, ob diese Konstellationen von den dortigen Bewohnern übernommen oder von den Seefahrern selbst erfunden wurden. Apus stellt einen Paradiesvogel dar, wie er in den tropischen Regenwäldern Neuguineas und der Molukken vorkommt. Johann Bayer hatte ihn 1603 in seinem Sternatlas als „Avis Indica" („Indischer Vogel") verzeichnet. Das Sternbild enthält keine nennenswerten Beobachtungsobjekte, und die hellsten Sterne gehören der 4. Größenklasse an.

## Ara – Altar

Das kleine Sternbild war bereits in der Antike den Griechen bekannt. Es soll den Altar darstellen, an dem Zeus und die anderen Götter feierlich schworen, der Herrschaft der Titanen ein Ende zu bereiten. Nach anderer Überlieferung ist Ara der Altar, auf dem der Kentaur Cheiron (Sternbild Centaurus) den Wolf (Sternbild Lupus) opferte. Ara liegt südlich des Sternbilds Skorpion und ist leicht an den Sternen 3. Größenklasse zu erkennen.

**Besondere Objekte**
R Arae ist ein Bedeckungsveränderlicher vom Algol-Typ, dessen Helligkeit alle 4,4 Tage von $5\overset{m}{.}9$ auf $6\overset{m}{.}9$ abnimmt. Im Band der Milchstraße, das Ara durchzieht, liegen einige offene Sternhaufen, die bereits mit dem Feldstecher beobachtet werden können (s. Tabelle). Der helle Kugelsternhaufen NGC 6397 ist mit etwa 8000 Lichtjahren Abstand eines der nächsten Himmelsobjekte dieser Art.

## Chamaeleon – Chamäleon

Dieses Sternbild stammt ebenso wie Apus und Musca von niederländischen Seefahrern; es erschien erstmals im Jahre 1598 auf einem Himmelsglobus, den Petrus Plancius hergestellt hatte. Johann Bayer übernahm es 1603 in seine „Uranometria". Wie das namensgebende Tier versteht auch das Sternbild, sich seiner Umgebung anzupassen, denn es fällt mangels heller Sterne in dem an markanten Objekten armen Gebiet in der Nähe des südlichen Himmelspols nicht weiter auf. Hellster Stern ist α Chamaeleontis mit $4\overset{m}{.}1$.

## Octans – Oktant

Der Oktant ist eines von zahlreichen technischen Instrumenten, die der Astronom de Lacaille Mitte des 18. Jahrhunderts als Sternbild am Südhimmel verewigte. Er ist ein dem Sextanten ähnliches Winkelmeßgerät, dessen Meßskala aber nicht ein Sechstel, sondern nur ein Achtel des Vollkreiswinkels überdeckt. Das Sternbild ist sehr unscheinbar, weil seine hellsten Sterne lediglich zur 4. Größenklasse zählen. Indes erhält es seine astronomische Bedeutung dadurch, daß innerhalb seiner Grenzen der Himmelssüdpol liegt. Der Oktant ist somit das südliche Pendant zum Kleinen Bären. Im Gegensatz zum Nordhimmel, wo α Ursae Minoris, ein Objekt 2. Größe, die ungefähre Lage des Poles markiert, fehlt hier allerdings ein auffälliger Polarstern. Der dem Himmelssüdpol nächstgelegene Stern, den man mit bloßem Auge sehen kann, ist σ Octantis mit $5\overset{m}{.}47$. Der nächste Stern 2. Größe ist β Carinae; er liegt 20,3° vom Pol entfernt.

## Triangulum Australe – Südliches Dreieck

Dieses Sternbild wird häufig auf die beiden niederländischen Seefahrer Pieter D. Keyser und Frederick de Houtman zurückgeführt, doch wurde es bereits 1503 von Amerigo Vespucci beschrieben. Das unweit von α und β Centauri gelegene Dreieck wird aus Sternen der 2. und 3. Größenklasse gebildet.

**Offene Sternhaufen**

| Katalog-nummer | Stern-bild | Rekt. | Dekl. | Durch-messer | Hellig-keit | Stern-anzahl |
|---|---|---|---|---|---|---|
| NGC 4755 | Cru | $12^h\ 53\overset{m}{.}6$ | −60° 20′ | 10′ | $4\overset{m}{.}2$ | |
| NGC 6025 | TrA | $16^h\ 03\overset{m}{.}7$ | −60° 30′ | 12′ | $5\overset{m}{.}1$ | 60 |
| NGC 6167 | Ara | $16^h\ 34\overset{m}{.}4$ | −49° 36′ | 7′ | $6\overset{m}{.}7$ | |
| NGC 6193 | Ara | $16^h\ 41\overset{m}{.}3$ | −48° 46′ | 14′ | $5\overset{m}{.}2$ | |
| IC 4651 | Ara | $17^h\ 24\overset{m}{.}7$ | −49° 57′ | 12′ | $6\overset{m}{.}9$ | 80 |

# Kreuz des Südens

Das Kreuz des Südens liegt inmitten des hellen Milchstraßenbandes. Im Altertum war dieses Sternbild noch von Griechenland aus zu sehen und die Sterne wurden zum Centaurus hinzugerechnet. Europäische Seefahrer entdeckten diese Sternengruppe im 16. Jahrhundert sozusagen neu; sie sahen in ihr ein Symbol ihres Glaubens. Das Kreuz diente ihnen auch zur Orientierung, denn die Verbindungslinie von γ nach α Crucis weist in ihrer Verlängerung recht genau zum Himmelssüdpol. Die auffällige Dunkelwolke, die sich vor dem hellen Hintergrund zahlreicher lichtschwacher Sterne gut abzeichnet und mit bloßem Auge sichtbar ist, trägt den treffenden Namen Kohlensack. Von den offenen Sternhaufen in dieser Konstellation ist NGC 4755 am bekanntesten: Mehrere verschiedenfarbige Sterne gruppieren sich um κ Crucis. Wegen dieses schönen Farbenspiels prägte der englische Astronom John Herschel für den Sternhaufen die Bezeichnung *jewel box* („Schmuckkästchen").

**Daten der Sternbilder**

|  | Musca | Octans | Triangulum Australe |
|---|---|---|---|
| Bereich in Rektaszension | $11^h 19^m$ — $13^h 49^m$ | $0^h$ — $24^h$ | $14^h 56^m$ — $17^h 13^m$ |
| Bereich in Deklination | $-64°\ 40'$ — $-75°\ 35'$ | $-74°\ 20'$ — $-90°$ | $-60°\ 20'$ — $-70°\ 25'$ |
| Fläche in Quadratgrad | 138,36 | 291,05 | 109,98 |
| Messier-Objekte | — | — | — |
| Anzahl der Sterne heller als $5^m_.5$ | 17 | 16 | 10 |
| Meteorströme | — | — | — |
| Kulmination um Mitternacht am | 30. März | — | 23. Mai |
| zirkumpolar für | 25° s. Br. — 90° s. Br. | 8° s. Br. — 90° s. Br. | 30° s. Br. — 90° s. Br. |
| vollständig sichtbar von | 14° n. Br. — 90° s. Br. | 8° s. Br. — 90° s. Br. | 20° n. Br. — 90° s. Br. |
| nicht sichtbar von | 90° n. Br. — 25° n. Br. | 90° n. Br. — 16° n. Br. | 90° n. Br. — 30° n. Br. |

# Feld 21

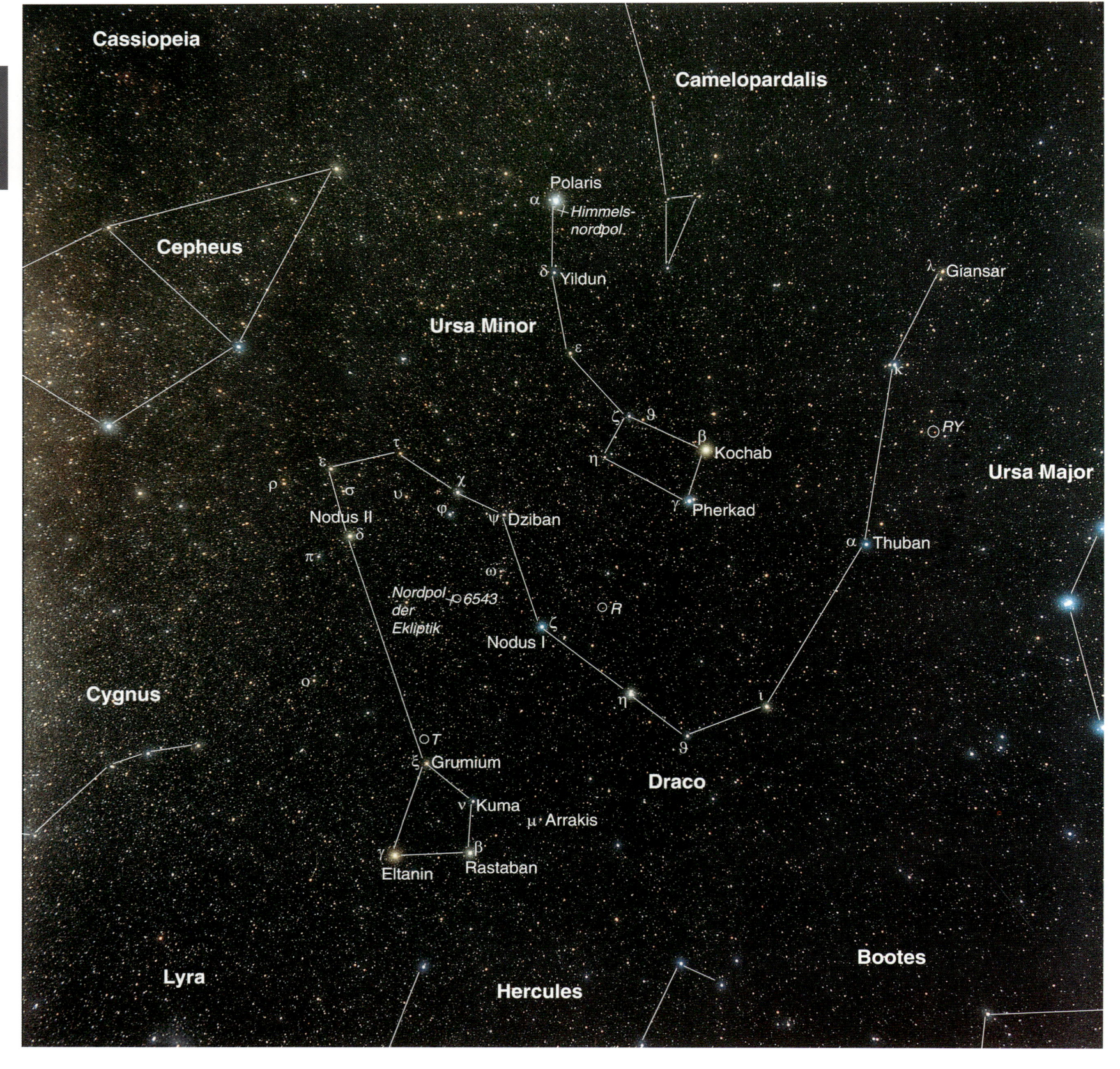

**Dra**
**UMi**

**Draco – Drache**
Dra – Draconis

**Ursa Minor – Kleiner Bär**
UMi – Ursae Minoris

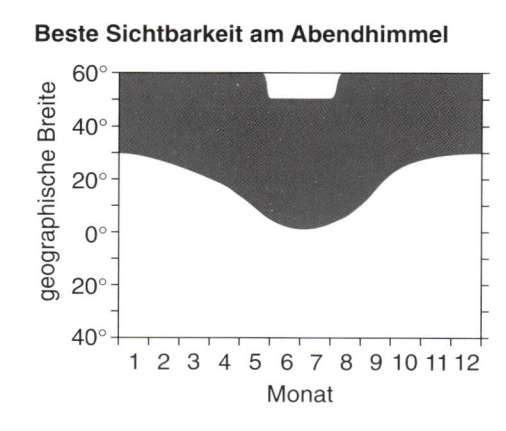

Beste Sichtbarkeit am Abendhimmel

# Draco, Ursa Minor

**Daten der Sternbilder**

|  | Draco | Ursa Minor |
|---|---|---|
| Bereich in Rektaszension | $9^h 22^m$ — $20^h 55^m$ | $0^h$ — $24^h$ |
| Bereich in Deklination | +86° 25′ — +47° 35′ | +65° 25′ — +90° |
| Fläche in Quadratgrad | 1082,95 | 255,86 |
| Messier-Objekte | — | — |
| Anzahl der Sterne heller als $5^m\!.5$ | 72 | 16 |
| Meteorströme | Draconiden (9./10. Oktober) | — |
| Kulmination um Mitternacht am | 24. Mai | 13. Mai |
| zirkumpolar für | 90° n. Br. — 42° n. Br. | 90° n. Br. — 25° n. Br. |
| vollständig sichtbar von | 90° n. Br. — 4° s. Br. | 90° n. Br. — 2° n. Br. |
| nicht sichtbar von | 42° s. Br. — 90° s. Br. | 25° s. Br. — 90° s. Br. |

# Feld 21

**Dra**
**UMi**

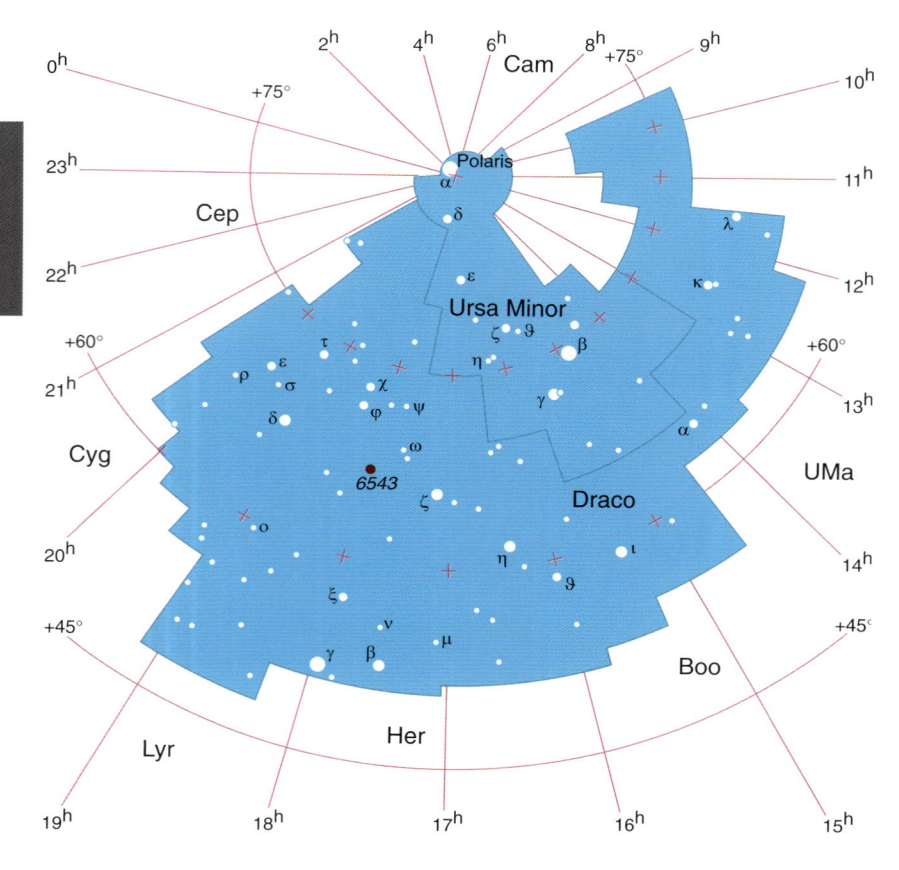

## Draco – Drache

Am Himmel gibt es mehrere markante Ketten von Sternen, in denen im Altertum schlangen- oder drachenähnliche Untiere gesehen wurden. Draco ist für den Beobachter auf der nördlichen Hemisphäre sicherlich eines der bekanntesten dieser bedrohlichen Monster, weil es für Breiten nördlich von 42° Nord zirkumpolar ist, also niemals unter den Horizont sinkt.

Das Sternbild ist sehr ausgedehnt und flächenmäßig das achtgrößte am Himmel. Der Kopf des Drachen wird durch die Sterne γ, β, ν und ξ Draconis gebildet, die unweit des hellen Sternes Wega in der Leier liegen. Von dort beginnend schlängelt sich eine Reihe relativ lichtschwacher Sterne zwischen dem Großen und dem Kleinen Bären hindurch. Letzterer wird von dem Drachen fast völlig umschlossen. In der griechischen Antike gehörte das Sternbild Ursa Minor sogar mit zu Draco: Es stellte die Flügel des Untieres dar. Erst Thales von Milet soll im 6. Jahrhundert v. Chr. Ursa Minor zu einem eigenständigen Sternbild gemacht haben.

Hellster Stern im Drachen ist γ Draconis, der mit $2^m\!.2$ etwa ebenso hell erscheint wie der Polarstern; sein Eigenname Eltanin geht auf die arabische Bezeichnung für „Drache" zurück. Auch die Namen Rastaban (β Draconis) und Thuban (α Draconis) sind aus demselben Wort abgeleitet. Thuban, der eine Helligkeit von $3^m\!.7$ aufweist, hatte übrigens vor etwa 5000 Jahren die Rolle des Polarsterns inne: In seiner Nähe lag damals der nördliche Himmelspol, der infolge der Präzessionsbewegung der Erdachse innerhalb von etwa 25 700 Jahren einen Kreis beschreibt, dessen Mittelpunkt – der nördliche Pol der Ekliptik – ebenfalls im Drachen liegt.

### Mythologie

Der Drache war nach allgemeiner Überlieferung eines der Untiere, mit denen Herakles kämpfte. Zu den zwölf Aufgaben, die der griechische Held für den König Eurystheus zu erfüllen hatte, gehörte der Diebstahl der goldenen Äpfel der Hesperiden. Diese Früchte waren einst das Hochzeitsgeschenk der Erdgöttin Gaia für Hera, die Gattin des Zeus, und sie wuchsen in einem Hain irgendwo am westlichen Ende der Welt. Dort wurden die Bäume von den Hesperiden, den Töchtern des Abends, bewacht, denn kein Mensch durfte von den Äpfeln kosten, weil ihr Genuß Unsterblichkeit und ewige Jugend verheißen hätte. Unterstützt wurden die Hesperiden von dem unsterblichen Drachen Ladon, einem gräßlichen Wesen mit einhundert Köpfen, das niemals schlief. Herakles fand den Hain nach einigen Abenteuern schließlich in der Gegend, wo der Riese Atlas den Himmel auf seinen Schultern trug. Nach einer Version der Sage überredete Herakles den Riesen, für ihn die goldenen Äpfel zu holen und bot ihm dafür an, für diese Zeit die schwere Last zu übernehmen. Nach anderer Überlieferung war es Herakles selbst, der die Äpfel holte, und er mußte dazu Ladon töten. Von Hera soll der Drache anschließend an den Himmel versetzt worden sein; dort scheint er noch immer mit seinem Maul nach Herakles zu schnappen, der im benachbarten Sternbild Herkules verewigt ist.

### Besondere Objekte

Das Sternbild Drache enthält einige Doppelsterne, von denen zwei bereits mit einem Feldstecher getrennt gesehen werden können. Herausragendes Beispiel hierfür ist ν Draconis, der 120 Lichtjahre entfernt ist. Die beiden Komponenten haben eine scheinbare Helligkeit von jeweils $4^m\!.9$ und strahlen in weißem Licht. Mit 61,9″ Abstand stehen sie weit auseinander; Personen mit guten Augen können sie sogar ohne optische Hilfsmittel als zwei Lichtpunkte erkennen. Das System ψ Draconis hat mit 30,3″ nur den halben Winkelabstand voneinander; die beiden Sterne sind $4^m\!.9$ und $6^m\!.1$ hell. Andere Doppelsterne bleiben der Beobachtung mit Fernrohren vorbehalten. η Draconis besteht aus zwei Komponenten der Helligkeit $2^m\!.7$ und $8^m\!.7$ in 5,2″ Abstand. Der 85 Lichtjahre entfernte μ Draconis erscheint dem bloßen Auge als ein Stern 5. Größe, doch besteht er aus zwei Komponenten im Abstand von 1,9″, die eine scheinbare Helligkeit von jeweils $5^m\!.7$ aufweisen; die beiden Partner umkreisen sich innerhalb von 480 Jahren einmal. Die Hauptkomponente von ε Draconis mit $3^m\!.8$ hat in 3,1″ Abstand einen Begleiter der Helligkeit $7^m\!.4$.

Zwei veränderliche Sterne vom Mira-Typ können um die Zeit ihres Helligkeitsmaximums mit dem Feldstecher beobachtet werden: R Draconis variiert mit einer Periode von 245,5 Tagen zwischen $6^m\!.7$ und $13^m\!.0$; die Helligkeit von T Draconis schwankt in einem Rhythmus von 421,2 Tagen zwischen $7^m\!.2$ und $13^m\!.5$. Beide Mira-Sterne sind als lichtschwache Objekte auf der Übersichtsaufnahme zu erkennen. Deutlich heller erscheint RY Draconis, ein halbregelmäßiger Veränderlicher, dessen Helligkeit in ungefähr 172 Tagen zwischen $6^m\!.5$ und $8^m\!.0$ variiert.

NGC 6543 ist ein Planetarischer Nebel, der im Fernrohr als diffuses Scheibchen der Gesamthelligkeit $8^m\!.1$ erscheint und damit eines der hellsten Objekte dieser Art ist. Der Zentralstern, der ihn zum Leuchten anregt, ist $10^m\!.9$ hell. Auf photographischen Aufnahmen mit langer Brennweite offenbart dieser Nebel eine sehr komplexe Struktur. Wegen seines Aussehens hat man ihm den Namen „Katzenaugen-Nebel" gegeben. Das nebenstehende Photo hat das Hubble-Weltraumteleskop im September 1994 aufgenommen. Das Bild ist farbcodiert: Rot gibt die Verteilung von Wasserstoff an, Blau diejenige von neutralem Sauerstoff und grün die von ionisiertem Stickstoff; im Fernrohr erscheint der Nebel als bläulichgrünes Scheibchen. Er ist ungefähr 3000 Lichtjahre entfernt und vermutlich erst vor etwa 1000 Jahren entstanden, als der Zentralstern – der möglicherweise aus zwei eng benachbarten Komponenten besteht – einen Großteil seiner äußeren Gashülle explosionsartig abgestoßen hat. (Genaugenommen hätte man dieses Ereignis vor 1000 Jahren bemerken können; wegen der Laufzeit des Lichts ist der Stern aber bereits vor rund 4000 Jahren explodiert.)

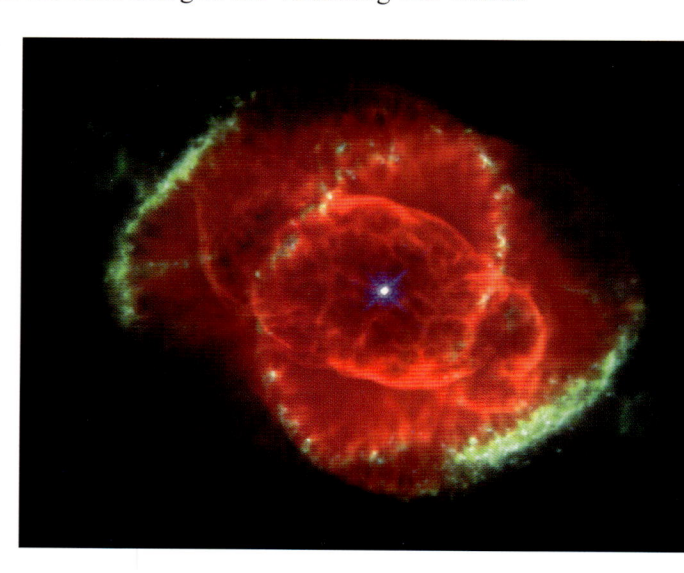

## Ursa Minor – Kleiner Bär

Diesem Sternbild, dem durch seine exponierte Lage am Himmelsnordpol eine besondere Bedeutung zukommt, ist eine eigene Übersichtsaufnahme gewidmet (s. Feld 14).

# Die Präzessionsbewegung der Erdachse

An verschiedenen Stellen in diesem Atlas ist von der Präzessionsbewegung der Erdachse die Rede, die über lange Zeiträume hinweg den Anblick des Nachthimmels verändert. Dieser Effekt ist darauf zurückzuführen, daß die Erde sich wie ein Kreisel dreht und sie den Anziehungskräften von Mond, Sonne und Planeten ausgesetzt ist, die eben diese Kreiselbewegung beeinflussen.

Das Phänomen läßt sich am besten mit einem Kinderkreisel veranschaulichen. Versetzt man ihn in eine schnelle Drehbewegung, so wird er zunächst recht stabil um eine senkrechte Achse rotieren. Unebenheiten in der Unterlage, auf der er sich dreht, oder Inhomogenitäten in seiner Massenverteilung bewirken jedoch eine leichte Verkippung der Rotationsachse. Wegen der Schwerkraft, die auf ihn wirkt, müßte er nun eigentlich umfallen. Doch ein sich drehender Kreisel hat die Eigenschaft, daß seine Rotationsachse einem solchen Drehmoment rechtwinklig auszuweichen sucht: Anstatt umzukippen, beschreibt die Drehachse eine Bahn auf dem Mantel eines Kegels, dessen Spitze mit dem Aufsetzpunkt des Kreisels zusammenfällt.

Die Erdkugel verhält sich ähnlich wie ein schiefstehender Kinderkreisel. Bekanntlich ist die Erdachse zur Ekliptikebene geneigt, auf der sie sich um die Sonne bewegt. Diese Schiefe der Ekliptik, wie man den Neigungswinkel nennt, beträgt gegenwärtig 23° 26' und ist Ursache der Jahreszeiten. Wäre die Erde eine ideale Kugel mit homogener Massenverteilung, würde keine Präzession auftreten. Doch weil ihr Durchmesser am Äquator größer ist als in Richtung der Pole, ist ihr gewissermaßen äquatorumspannend eine zusätzliche Masse aufgesetzt. An diesem Äquatorwulst greifen die Anziehungskräfte von Sonne und Mond an, die sich stets in der Ebene der Ekliptik bzw. in ihrer Nähe befinden, und erzeugen ein Drehmoment, das den Erdkreisel mit seiner Rotationsachse senkrecht zur Ekliptikebene zu stellen sucht. Diesem Drehmoment weicht die Erde rechtwinklig aus, so daß ihre Achse sich auf dem Mantel eines Doppelkegels bewegt, dessen Spitze im Erdmittelpunkt zu liegen kommt. Infolgedessen beschreiben die beiden Himmelspole am Firmament einen Kreis mit einem Radius von 23° 26' um die Pole der Ekliptik. Ein voller Umlauf dauert etwa 25 700 Jahre. In dieser Zeit verschieben sich auch die beiden Äquinoktialpunkte (der Frühlings- und der Herbstpunkt als Schnittpunkte der Ekliptik mit dem Himmelsäquator) einmal durch alle Tierkreissternbilder. Diese Verlagerung ist westwärts gerichtet – entgegengesetzt zur scheinbaren jährlichen Bewegung der Sonne – und beträgt 50,39'' pro Jahr.

Genaugenommen tragen auch die Planeten zur Präzession bei. Der Umlauf der Erde um die Sonne kann nämlich ebenfalls als Kreiselbewegung aufgefaßt werden. Das Drehmoment, das die Planeten ausüben, sucht die Ebene der Erdbahn in die Hauptebene der Planetenbahnen zu drehen. Ein weiterer Beitrag kommt durch einen relativistischen Effekt zustande. Die daraus resultierende allgemeine Präzession ist etwas kleiner als die durch Sonne und Mond bedingte Präzession und beträgt 50,29'' pro Jahr.

Weil das astronomische Koordinatensystem auf der Äquator- und der Ekliptikebene beruht und die Rektaszension eines Himmelskörpers vom Frühlingspunkt ausgehend gezählt wird, bewirkt die Präzession, daß sich die Koordinaten der Gestirne verschieben. Jede Positionsangabe müßte demnach auch den genauen Zeitpunkt der Beobachtung beinhalten. Die Astronomen lösen das Problem, indem sie die Koordinaten jeweils auf eine bestimmte Standard-Epoche beziehen. Die gegenwärtig gültige Standard-Epoche ist auf den 1. Januar 2000, 12 Uhr Weltzeit, bezogen. Alle Positionsangaben in diesem Atlas gelten für diese Epoche.

Das untenstehende Bild zeigt, wie sich durch die Präzessionsbewegung die Lage des nördlichen Himmelspols am Firmament verschiebt. Während er gegenwärtig sehr nahe an dem Stern α Ursae Minoris liegt, den man deshalb Polarstern oder Polaris nennt, wird er sich in etwa 12 000 Jahren in die Nähe der Wega, des hellsten Sterns in der Leier, verlagert haben.

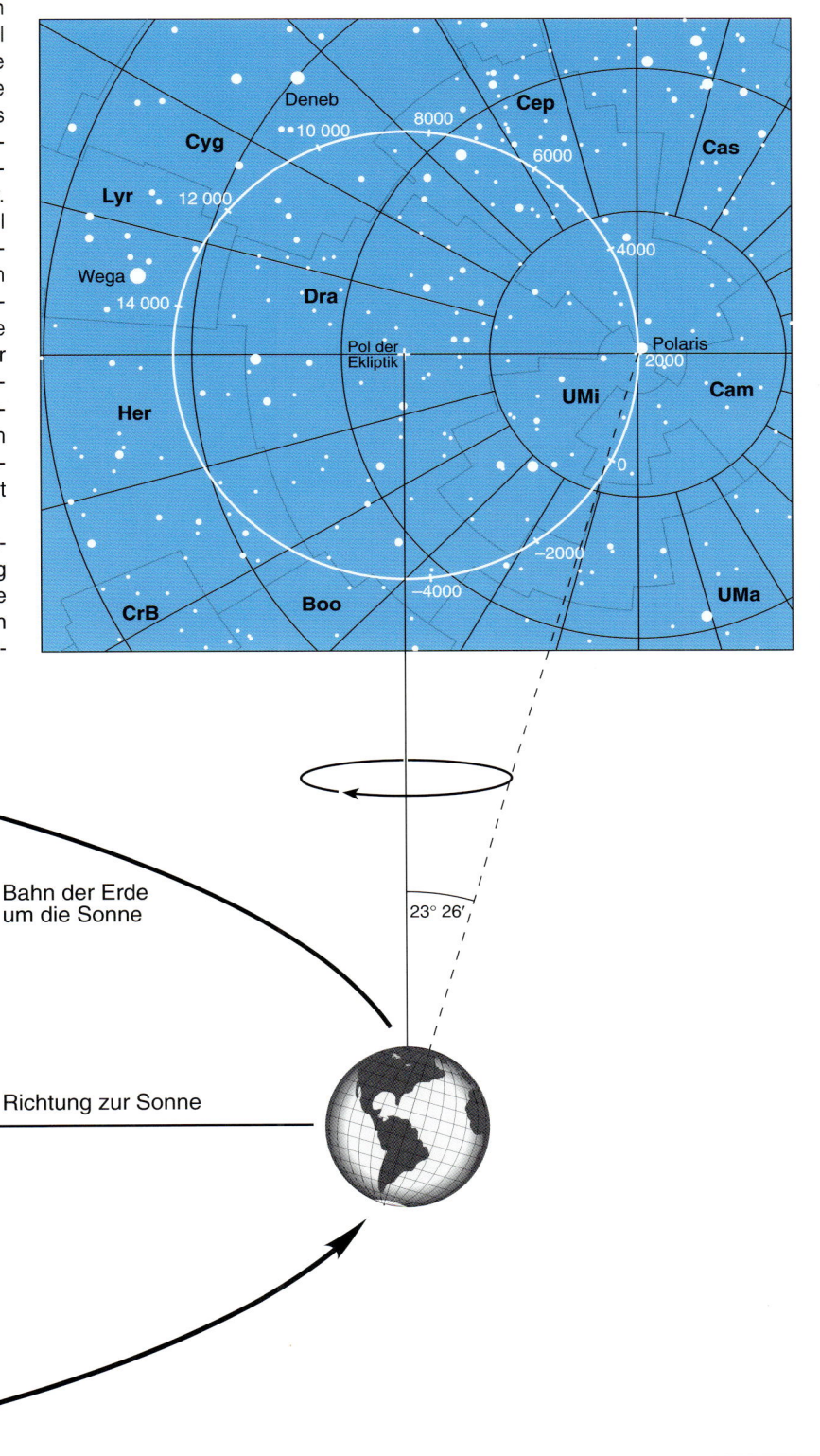

# Feld 22

**Sct**
**Ser**

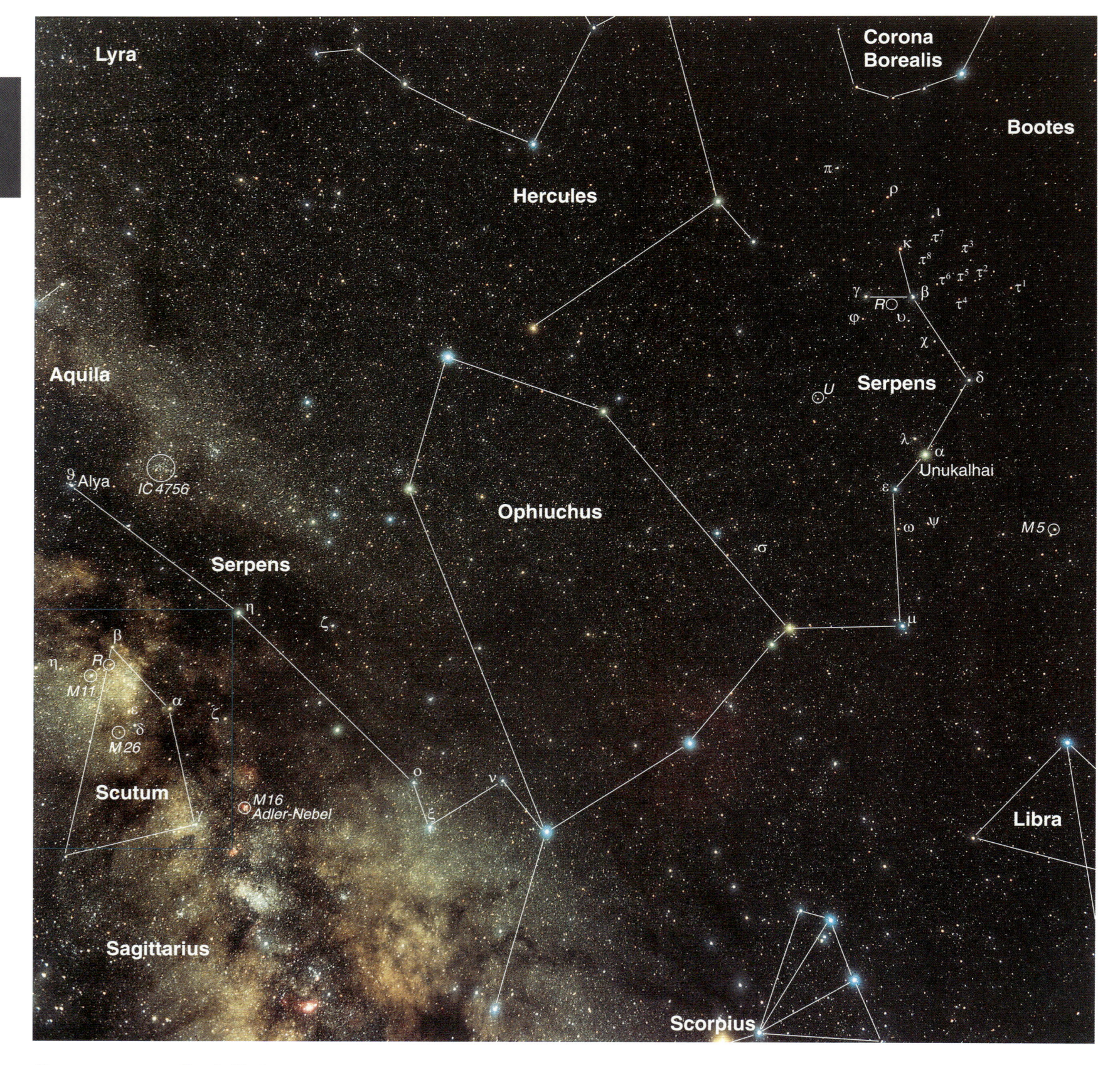

## Scutum – Schild
Sct – Scuti

## Serpens – Schlange
Ser – Serpentis

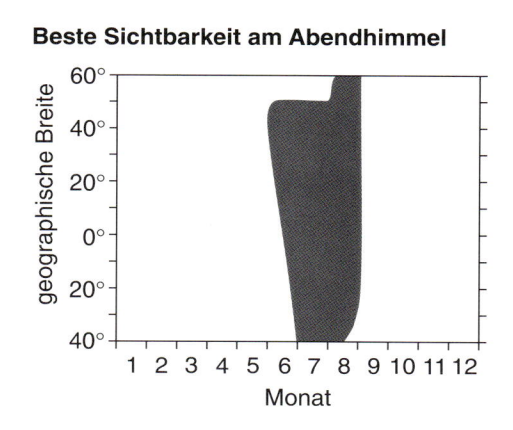

**Beste Sichtbarkeit am Abendhimmel**

# Scutum, Serpens

**Daten der Sternbilder**

|  | Scutum | Serpens |
|---|---|---|
| Bereich in Rektaszension | $18^h 21^m$ — $18^h 59^m$ | $15^h 10^m$ — $18^h 59^m$ |
| Bereich in Deklination | $-3° 50'$ — $-16° 00'$ | $+25° 40'$ — $-16° 10'$ |
| Fläche in Quadratgrad | 109,11 | 428,48 + 208,44 |
| Messier-Objekte | M 11, M 26 | M 5, M 16 |
| Anzahl der Sterne heller als $5^m\!.5$ | 11 | 36 |
| Meteorströme | – | – |
| Kulmination um Mitternacht am | 1. Juli | 6. Juni |
| zirkumpolar für | 86° s. Br. — 90° s. Br. | – |
| vollständig sichtbar von | 74° n. Br. — 90° s. Br. | 74° n. Br. — 64° s. Br. |
| nicht sichtbar von | 90° n. Br. — 86° n. Br. | – |

# Feld 22

**Sct**
**Ser**

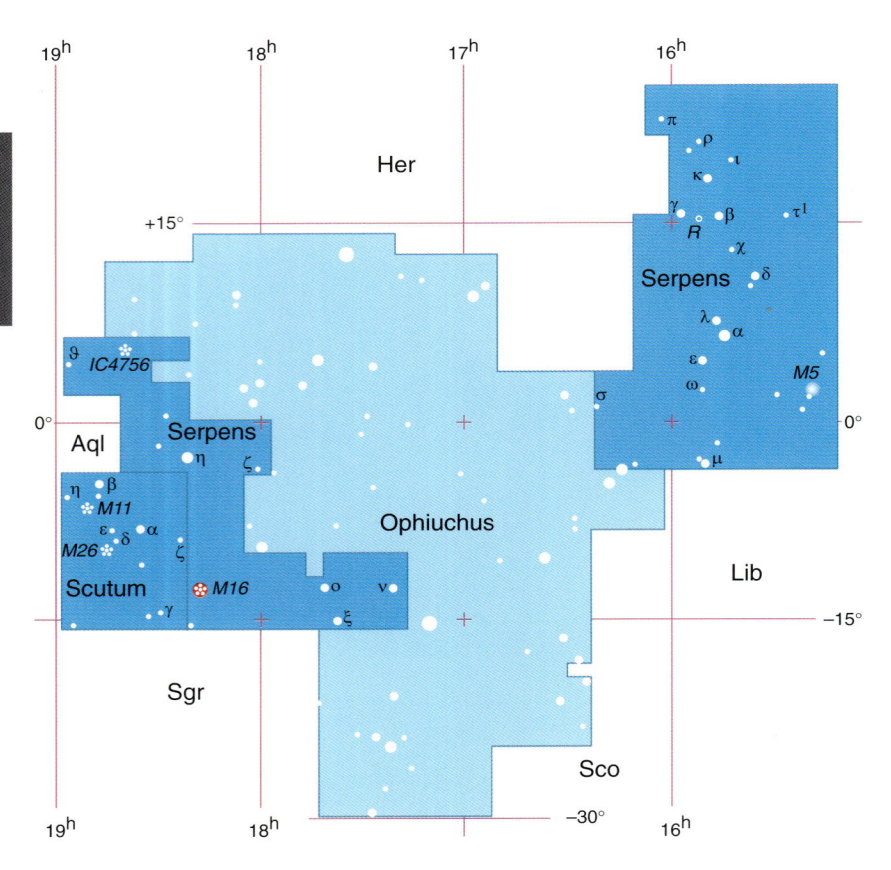

## Scutum – Schild

Der Schild ist eines der Sternbilder, die Johannes Hevelius Ende des 17. Jahrhunderts eingeführt hat. Der Danziger Astronom verzeichnete die Konstellation als Scutum Sobiescianum in seinem Himmelsatlas. Gemeint war der Schild des polnischen Königs Johann III. Sobieski, und die Kreation des Sternbildes sollte an die siegreiche Schlacht am Kahlenberg im September 1683 erinnern, durch die der König und seine Truppen Wien von der türkischen Belagerung befreiten. Das Sternbild ist das einzige aus patriotischen Gründen eingeführte, das heute noch in Gebrauch ist; allerdings haben es die Astronomen entpolitisiert und nur als Scutum zu einem der 88 offiziellen Sternbilder gemacht.

Scutum ist das fünftkleinste aller Sternbilder, und seine hellsten Sterne gehören lediglich der 4. Größenklasse an. Dennoch ist es bei guter Sicht leicht am Himmel aufzufinden, weil es in einem überaus sternenreichen Gebiet der Milchstraße liegt. Diese Verdichtung aus unzähligen lichtschwachen Sternen wird Schild-Wolke genannt (Bild rechts). Wer einmal in einer der seltenen dunklen Nächte mit klarer Luft unbefangen an diese Stelle des Himmels geschaut hat, mag sich über die vermeintliche Wolkenformation gewundert haben, die bemerkenswert beharrlich an derselben Stelle des Himmels zu stehen schien.

### Besondere Objekte

Der Stern δ Scuti ist Namensgeber der Delta-Scuti-Sterne, eines speziellen Typs der Pulsationsveränderlichen. Deren Schwingungsperioden sind mit einer bis fünf Stunden sehr kurz, und die Helligkeitsschwankungen betragen in der Regel weniger als 0,1 Größenklassen. Die scheinbare Helligkeit von δ Scuti selbst variiert innerhalb von 4,3 Stunden zwischen $4^m_.7$ und $4^m_.8$. Die Delta-Scuti-Sterne sind relativ schwer als veränderlich zu erkennen, doch schätzt man, daß sie wesentlich häufiger sind als zum Beispiel die Delta-Cephei-Sterne.

R Scuti ist ebenfalls ein Pulsationsveränderlicher, doch gehört er zum Typ der RV-Tauri-Sterne. Im Helligkeitsverlauf wechseln sich regelmäßig flache und tiefe Minima ab. Mit einer Periode von ungefähr 140 Tagen schwankt die Helligkeit von R Scuti im Bereich zwischen $4^m_.4$ und $8^m_.2$.

Zu den offenen Sternhaufen in Scutum gehören M 11 und M 26. Im Fernrohr erscheint M 11 fächerförmig, und man hat ihm den Namen Wildenten-Haufen gegeben, weil diese Form einem fliegenden Schwarm von Enten ähneln soll. Während man M 11 bereits im Feldstecher als milchigen Fleck erkennt, ist zur Beobachtung von M 26 eines kleines Fernrohr erforderlich.

## Serpens – Schlange

Als einziges der 88 Sternbilder besteht Serpens aus zwei Teilen. Diese werden durch Ophiuchus, den Schlangenträger, getrennt. Zur Unterscheidung bezeichnet man mitunter den westlichen Teil des Sternbildes als Serpens Caput (Kopf der Schlange) und den östlichen als Serpens Cauda (Schwanz der Schlange); die Astronomen betrachten jedoch beide Teile als Einheit und sprechen einfach von Serpens.

### Mythologie

Schon von alters her sieht man in der langen Kette aus Sternen in der Nähe des Himmelsäquators zwischen Bootes im Westen und Aquila im Osten eine Schlange, die sich um die Hüften oder Beine eines Mannes, des Schlangenträgers, windet (s. S. 126). Es ist die gleiche Schlange, die den Äskulapstab umringt, der zum Sinnbild des Heilberufs wurde.

Der Überlieferung zufolge fiel Glaukos, ein Sohn des kretischen Königs Minos, als Kind beim Spielen in ein Honigfaß und erstickte. Ein Seher namens Polyeidos entdeckte den toten Jungen. Minos sperrte ihn zusammen mit dem Leichnam ein und verlangte, seinen Sohn wieder lebendig zu machen. Das Mittel dafür fand Polyeidos auf eigenartige Weise: Als er eine Schlange tötete, die auf ihn zukroch, tauchte sofort eine zweite auf und brachte Kräuter, mit denen sie ihre Artgenossin wiederbelebte. Polyeidos versuchte das gleiche Mittel bei Glaukos und hatte Erfolg. Minos forderte nun weiter, Polyeidos solle dem Jungen die Kunst der Weissagung beibringen. Polyeidos tat dies, doch verstand er es auch, den Jungen zu veranlassen, das Gelernte mit einem Schlag wieder zu vergessen.

Nach anderen Berichten soll es Asklepios gewesen sein, der Glaukos wieder zum Leben erweckte. Von diesem Heiler wird unter dem Sternbild Ophiuchus (Feld 26) erzählt.

### Besondere Objekte

Ein Doppelstern, der bereits mit einem guten Feldstecher mit 20facher Vergrößerung getrennt gesehen werden kann, ist ϑ Serpentis. Seine beiden Komponenten mit einer scheinbaren Helligkeit von $4^m_.5$ bzw. $5^m_.4$ stehen 22″ auseinander. Ähnlich helle Komponenten weist δ Serpentis auf; allerdings beträgt ihr Abstand nur 4″, so daß ein kleines Fernrohr erforderlich ist, um sie zu erkennen.

Der Mira-Veränderliche R Serpentis, zwischen β und γ Serpentis gelegen, weist eine Periode von 356,4 Tagen auf, mit der sich seine scheinbare Helligkeit zwischen $5^m_.1$ und $14^m_.4$ ändert. Er ist im Maximum leicht mit einem Feldstecher zu erkennen. Auch U Serpentis gehört zu den Mira-Veränderlichen. Für seine Beobachtung ist allerdings ein Fernrohr erforderlich: Seine Helligkeit variiert mit einer Periode von 237,9 Tagen zwischen $7^m_.8$ und $14^m_.7$. Er befindet sich nur etwa 5′ nordwestlich von 45 Serpentis, einem Stern 6. Größenklasse. Auf dem Übersichtsphoto ist er nicht zu erkennen, weil er zum Zeitpunkt der Aufnahme zu lichtschwach war.

Ein heller Kugelsternhaufen ist M 5 (NGC 5904) im westlichen Teil von Serpens. Mit 17,4′ ist sein scheinbarer Durchmesser etwa halb so groß wie der des Mondes; seine Gesamthelligkeit beträgt $5^m_.7$, so daß er ein gutes Feldstecher-Objekt ist.

In den östlichen Teil von Serpens ragen Ausläufer des Milchstraßenbandes hinein. In ihnen sind zwei offene Sternhaufen zu finden: IC 4756 und M 16. Letzterer ist in einen großen Gas- und Staubwolkenkomplex eingebettet, den sogenannten Adler-Nebel. Viele der Sterne in M 16 sind sehr jung und weisen eine hohe Leuchtkraft auf. Im umgebenden Nebel entstehen noch heute Sterne.

**Offene Sternhaufen**

| Katalognummer | Sternbild | Rekt. | Dekl. | Durchmesser | Helligkeit | Sternanzahl |
|---|---|---|---|---|---|---|
| M 16/NGC 6611 | Ser | $18^h\ 18,'8$ | −13° 47′ | 21′ | $6^m_.0$ | |
| IC 4756 | Ser | $18^h\ 39,'0$ | +05° 27′ | 52′ | $4^m_.6$ | 80 |
| M 26/NGC 6694 | Sct | $18^h\ 45,'2$ | −09° 24′ | 14′ | $8^m_.0$ | 30 |
| M 11/NGC 6705 | Sct | $18^h\ 51,'1$ | −06° 16′ | 13′ | $5^m_.8$ | 200 |

# Schild-Wolke

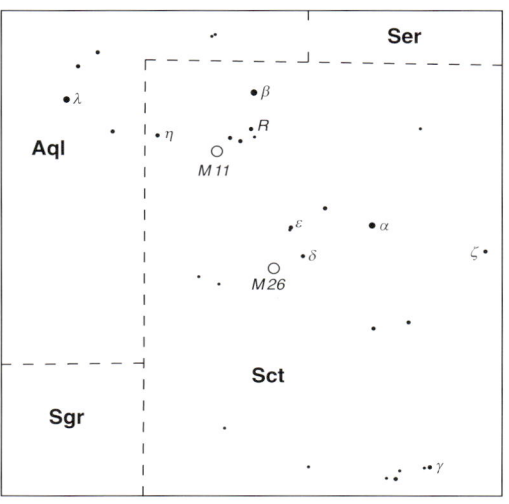

In Richtung des Sternbildes Scutum blickt man in dichte Teile der Milchstraßenebene hinein. Das Gebiet ist übersät mit Sternen. Die dunklen Bereiche im Bild sind ausgedehnte Staubwolken, die das Licht dahinterstehender Sterne verschlucken. Im hier gezeigten Ausschnitt mit einer Äquivalentbrennweite $f = 100$ cm sind einige Sternhaufen erkennbar, von denen zwei – die beiden Messier-Objekte M 11 und M 26 – in nebenstehender Skizze markiert sind.

# Feld 23

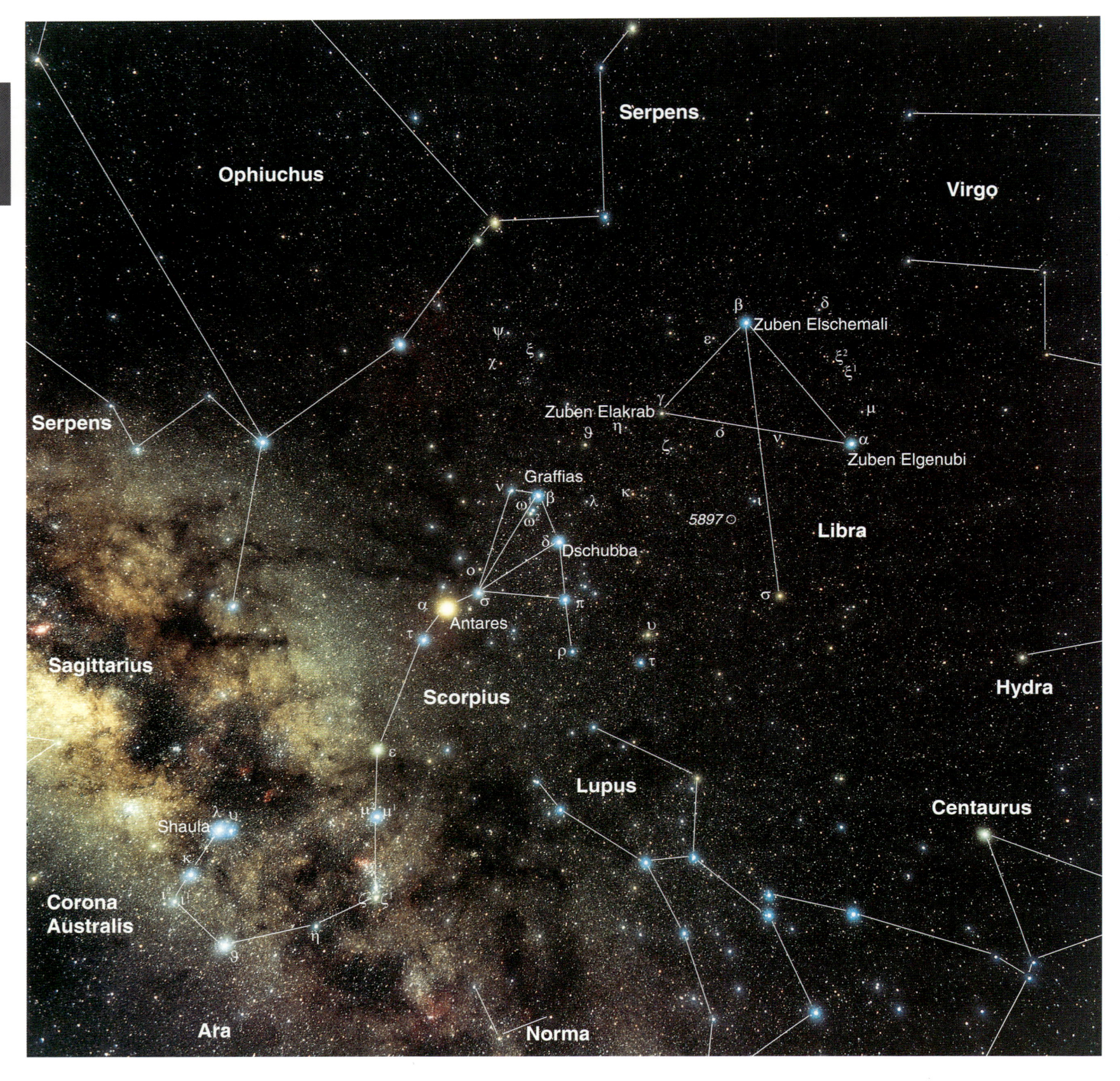

**Lib
Sco**

### Libra – Waage
Lib – Librae

### Scorpius – Skorpion
Sco – Scorpii

**Beste Sichtbarkeit am Abendhimmel**

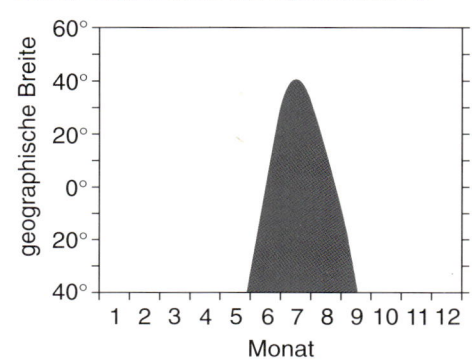

# Libra, Scorpius

**Daten der Sternbilder**

|  | Libra | Scorpius |
|---|---|---|
| Bereich in Rektaszension | 14ʰ 21ᵐ — 16ʰ 02ᵐ | 15ʰ 47ᵐ — 17ʰ 59ᵐ |
| Bereich in Deklination | −0° 30′ — −30° 00′ | −8° 20′ — −45° 45′ |
| Fläche in Quadratgrad | 538,05 | 496,78 |
| Messier-Objekte | — | M 4, M 6, M 7, M 80 |
| Anzahl der Sterne heller als 5ᵐ,5 | 30 | 61 |
| Meteorströme | — | Scorpiden (28. Mai — 5. Juni) |
| Kulmination um Mitternacht am | 9. Mai | 3. Juni |
| zirkumpolar für | 89° s. Br. — 90° s. Br. | 82° s. Br. — 90° s. Br. |
| vollständig sichtbar von | 60° n. Br. — 90° s. Br. | 44° n. Br. — 90° s. Br. |
| nicht sichtbar von | 90° n. Br. — 89° n. Br. | 90° n. Br. — 82° n. Br. |

# Feld 23

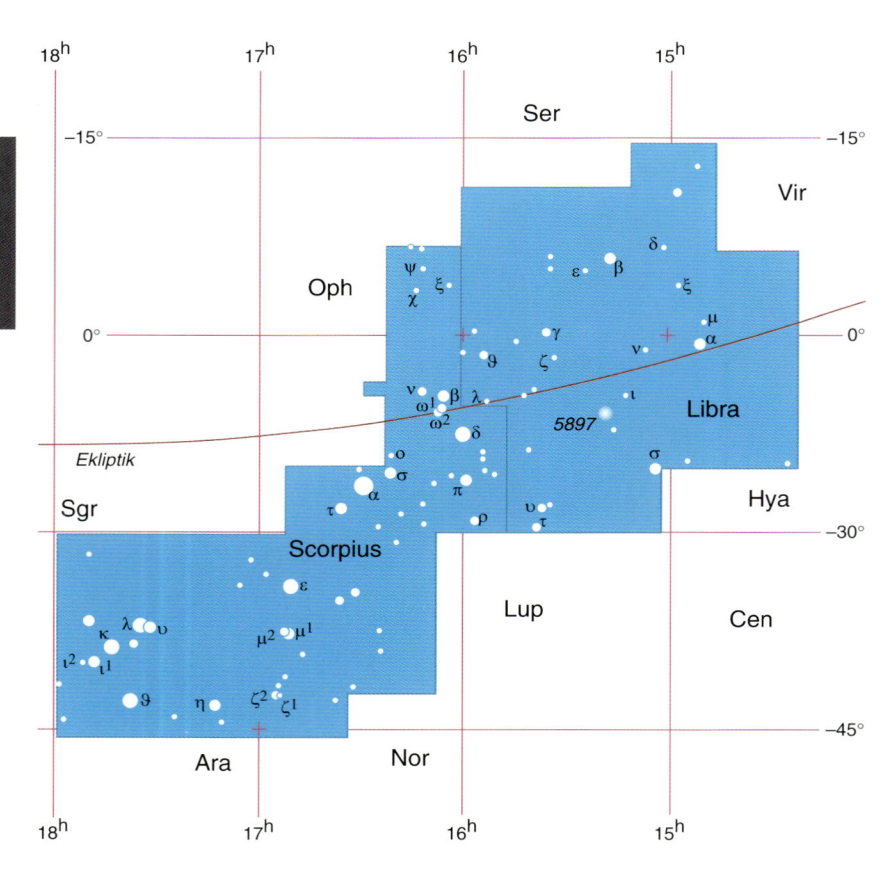

## Libra – Waage

Die Waage ist ein wenig markantes Tierkreissternbild, durch das die Sonne auf ihrer jährlichen scheinbaren Bahn vom 30. Oktober bis zum 23. November zieht. Sie ist übrigens das einzige unbelebte Objekt im Tierkreis.

**Mythologie**
Die Waage, wie wir sie kennen, wurde von den Römern eingeführt. Die ersten Belege für diese Bezeichnung stammen aus dem ersten Jahrhundert vor Christus. Davor wurden die Sterne dieses Himmelsteiles zum Skorpion hinzugerechnet; sie symbolisierten die langen Greifscheren des Spinnentieres. Die Griechen nannten das Sternbild deshalb *chelai* („Klauen"). Es gibt allerdings Hinweise darauf, daß es schon vor 4000 Jahren bei den Sumerern *Zib-Ba Anna*, die „Waage des Himmels" hieß. Diese Bedeutung könnte das Sternbild erlangt haben, weil damals die Sonne zum Zeitpunkt der Herbst-Tagundnachtgleiche in ihm stand, die Längen des Tages und der Nacht sich also gewissermaßen die Waage hielten.

Die Interpretation als Scheren des Skorpion ist noch an den aus dem Arabischen entlehnten Eigennamen der Sterne α und β Librae erkennbar: Sie heißen Zuben Elgenubi und Zuben Elschemali, was „südliche Schere" bzw. „nördliche Schere" bedeutet.

**Besondere Objekte**
Im Vergleich zu den benachbarten, der Milchstraße nähergelegenen Sternbildern Scorpius, Lupus und Centaurus hat die Waage relativ wenige Besonderheiten aufzuweisen. α Librae ist ein Doppelstern, den man bereits mit einem Opernglas getrennt sehen kann. Die beiden Komponenten der Helligkeit $2^m\!.8$ und $5^m\!.2$ stehen $231''$, also fast $4'$ auseinander.

Ein Bedeckungsveränderlicher vom Algol-Typ ist δ Librae. Zwei sehr eng stehende Sterne umkreisen einander in 2,32 Tagen. Weil die Bahnebene nur wenig gegen die Sichtlinie geneigt ist, wird bei jedem Umlauf jede der beiden Komponenten einmal von ihrem Partner verdeckt. Die Helligkeit des Systems variiert dabei zwischen $4^m\!.8$ und $5^m\!.9$, wobei zusätzlich zu dem tiefen Hauptminimum noch ein flaches Nebenminimum auftritt.

Ein Kugelsternhaufen ist NGC 5897. Er ist 45 000 Lichtjahre von der Erde entfernt und erscheint im Fernrohr als Objekt 9. Größe.

## Scorpius – Skorpion

Der Skorpion ist eines der zwölf Tierkreissternbilder. Die Sonne durchquert es allerdings innerhalb weniger Tage, vom 23. bis 29. November, um dann in das Sternbild Ophiuchus (Schlangenträger) einzutreten. Die hellen Sterne scheinen tatsächlich die Gestalt des stachelbewehrten Tieres nachzubilden. Im Altertum rechnete man das heutige Sternbild Libra (Waage) dem Skorpion zu; es stellte dessen Scheren dar.

Im Bereich des Sternbildes Skorpion weist das Band der Milchstraße eine reiche Strukturierung auf; helle, dichte Sternwolken, leuchtende Nebel und zerfaserte Dunkelwolken wechseln sich ab. Die Vielzahl von Beobachtungsobjekten, die sich dem Sternfreund dort bieten, sind im nachfolgenden Feld 24 besprochen.

**Mythologie**
Im kaukasisch-mesopotamischen Raum ist der Skorpion seit mindestens 5000 Jahren als Sternbild bekannt. Am Himmel befindet er sich genau gegenüber vom Orion, den er der Sage nach für seinen Hochmut bestrafte, indem er ihn durch einen Stich mit seinem Stachel tötete. Über den Grund gibt es freilich mehrere überlieferte Versionen. Nach einer war es die Erdgöttin, die das Spinnentier rief, weil Orion, der Jäger, sich angemaßt hatte, jedes Tier auf Erden erlegen zu können, nach einer anderen die Jagdgöttin Artemis, um sich seiner Zudringlichkeit zu erwehren. Orion und Skorpion wurden anschließend an den Himmel versetzt, wo der Jäger nun selber der Gejagte ist und vor dem im Osten aufsteigenden Tier mit bedrohlich aufgerecktem Stachel zu fliehen sucht, indem er sich unter den Westhorizont begibt.

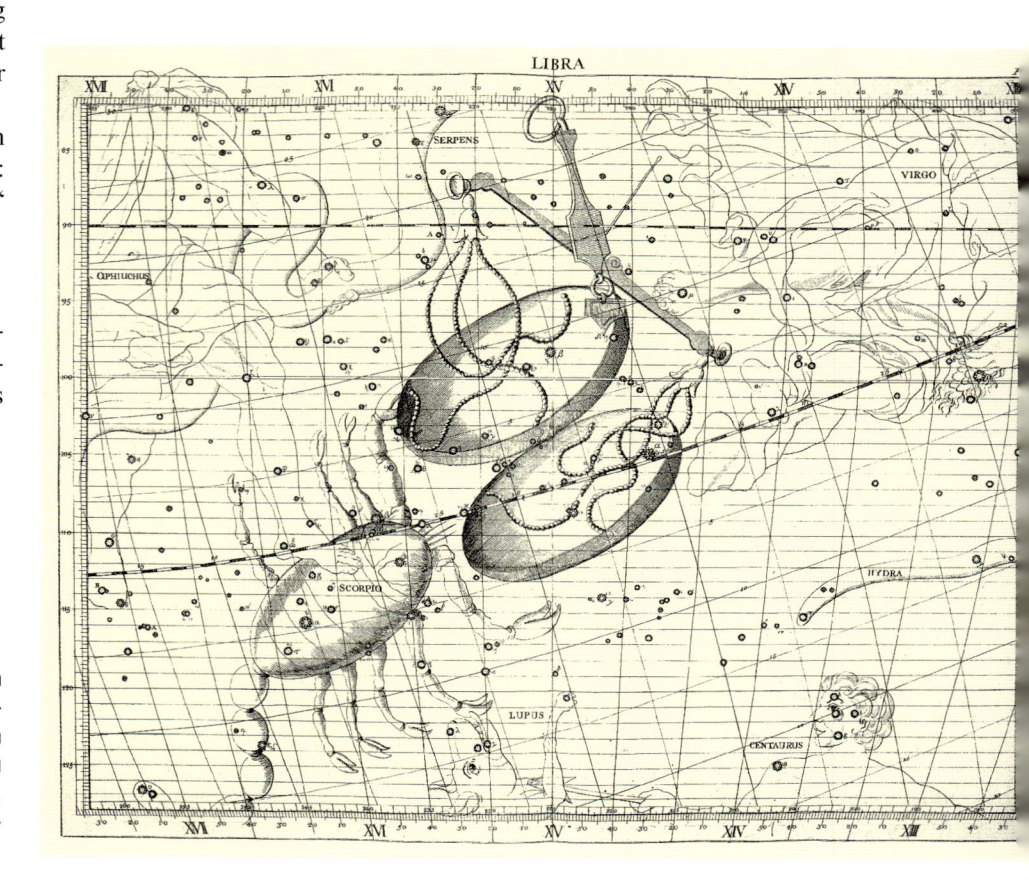

Die Waage und der Skorpion im Himmelsatlas von John Flamsteed. Zu Zeiten Julius Cäsars wurde die Waage als eigenständiges Sternbild eingeführt und in Verbindung zu dem benachbarten Tierkreissternbild Virgo gebracht. Die Jungfrau soll Dike, die griechische Göttin der Gerechtigkeit darstellen, die von den Römern als Justitia übernommen wurde. Seitdem symbolisiert Libra die Waage der Gerechtigkeit.

# Kleine Körper im Sonnensystem

Außer der Sonne und den sie auf Ellipsenbahnen umlaufenden neun großen Planeten durchziehen Millionen von kleineren festen Himmelskörpern unser Sonnensystem. Eine spezielle Gruppe sind die Kleinplaneten – auch Asteroiden oder Planetoiden genannt –, von denen die meisten die Sonne zwischen der Mars- und der Jupiterbahn umkreisen. Die Planetoiden sind ebenso wie die Kometen Körper, die sich bei der Entstehung des Sonnensystems aus der ursprünglich gasförmigen Materie gebildet haben und nach der Ausformung der Planeten übriggeblieben sind. Während Planetoiden jedoch aus festem Gestein bestehen, sind Kometen relativ lockere Konglomerate aus gefrorenen Gasen, Staub und Geröll. Dieser Unterschied macht sich in ihrem Erscheinungsbild bemerkbar: Planetoiden sind selbst in großen Fernrohren nur als Lichtpunkte erkennbar; Kometen hingegen bilden bei Annäherung an die Sonne Gas- und Staubschweife aus, weil das Sonnenlicht ihre Oberfläche erhitzt und das gefrorene Gas verdampft.

Die beiden kleinen Photos unten sind Ausschnitte aus den Übersichtsaufnahmen in den Feldern 23 und 24 aus dem nördlichen Bereich des Sternbildes Libra (Waage). Sie wurden im Abstand von zwei Tagen aufgenommen. Es ist zu sehen, daß zwei Lichtpunkte ihre Position in dieser Zeit verändert haben – es sind dies Ceres und Vesta, mit 1000 und 540 Kilometern Durchmesser der größte bzw. drittgrößte der Planetoiden.

Im südlichen Bereich des Sternbildes Libra entdeckte der japanische Amateurastronom Yuji Hyakutake am 30. Januar 1996 einen diffusen Lichtfleck, der sich als Komet entpuppte. Bereits wenige Wochen später zog das aus dem äußeren Bereich des Sonnensystems stammende Objekt, das nach seinem Entdecker benannt wurde, in 15 Millionen Kilometer Abstand an der Erde vorbei und war in dieser Zeit als heller Schweifstern am Nordhimmel zu sehen. Von einem dunklen Standort aus war der ungewöhnlich lange Schweif gut erkennbar. Das Bild zeigt Komet Hyakutake am 24. März 1996, als er sich zwischen Arktur (dem hellen Stern links unten) und dem Großen Wagen befand.

# Feld 24

**Lup Nor Sco**

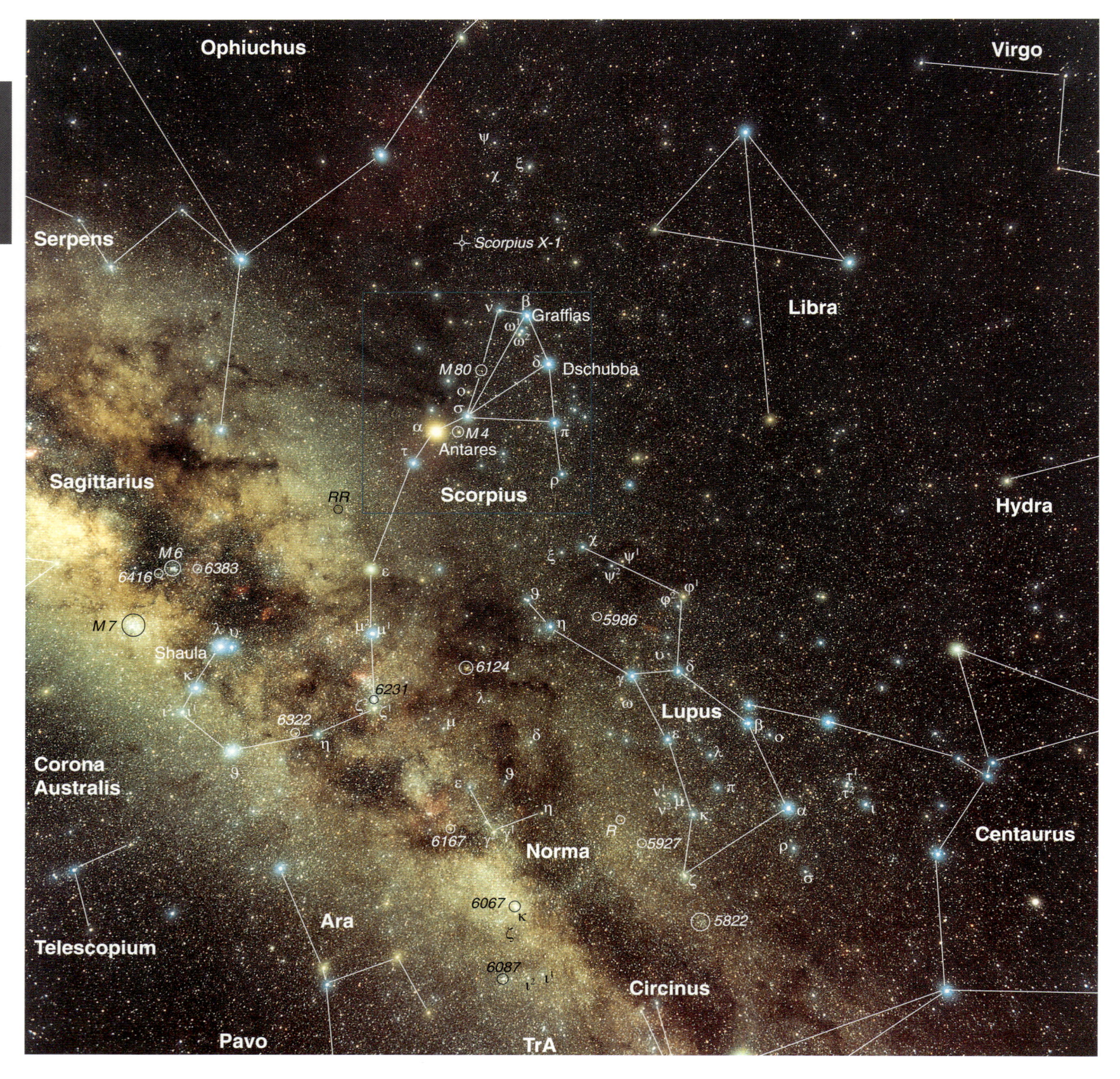

**Lupus – Wolf**
Lup – Lupi

**Norma – Winkelmaß**
Nor – Normae

**Scorpius – Skorpion**
Sco – Scorpii

Beste Sichtbarkeit am Abendhimmel

# Lupus, Norma, Scorpius

**Daten der Sternbilder**

|  | Lupus | Norma | Scorpius |
|---|---|---|---|
| Bereich in Rektaszension | 14$^h$ 18$^m$ — 16$^h$ 09$^m$ | 15$^h$ 12$^m$ — 16$^h$ 36$^m$ | 15$^h$ 47$^m$ — 17$^h$ 59$^m$ |
| Bereich in Deklination | −29° 50' — −55° 35' | −42° 20' — −60° 30' | −8° 20' — −45° 45' |
| Fläche in Quadratgrad | 333,68 | 165,29 | 496,78 |
| Messier-Objekte | — | — | M 4, M 6, M 7, M 80 |
| Anzahl der Sterne heller als 5$^m$,5 | 50 | 14 | 61 |
| Meteorströme | — | Gamma-Normiden (16./17. März) | Scorpiden (28. Mai — 5. Juni) |
| Kulmination um Mitternacht am | 9. Mai | 19. Mai | 3. Juni |
| zirkumpolar für | 60° s. Br. — 90° s. Br. | 48° s. Br. — 90° s. Br. | 82° s. Br. — 90° s. Br. |
| vollständig sichtbar von | 35° n. Br. — 90° s. Br. | 30° n. Br. — 90° s. Br. | 44° n. Br. — 90° s. Br. |
| nicht sichtbar von | 90° n. Br. — 60° n. Br. | 90° n. Br. — 48° n. Br. | 90° n. Br. — 82° n. Br. |

# Feld 24

**Lup  
Nor  
Sco**

## Norma – Winkelmaß

Aus Sternen, die zuvor den Konstellationen Ara und Lupus zugerechnet wurden, schuf der Astronom Nicolas-Louis de Lacaille Mitte des 18. Jahrhunderts das Sternbild „Norma et Regula". Es stellte Winkel und Lineal dar, wie sie von Seeleuten als Hilfsinstrumente zur Navigation benutzt wurden. Der Name wurde später zu Norma verkürzt. De Lacaille hatte die Sterne auch in der von Johann Bayer begründeten Tradition mit griechischen Buchstaben versehen, doch wurden die Sterne α und β Normae nach der Neuordnung der Sternbildgrenzen benachbarten Sternbildern zugeschlagen. So kommt es, daß heute kein Stern in der Konstellation die Bezeichnung α oder β trägt und hellster Stern $\gamma^2$ Normae mit $4^m{.}1$ ist.

### Besondere Objekte

Wie die Übersichtsaufnahme zeigt, liegt Norma inmitten des durch Dunkelwolken und dichte Sternansammlungen reich strukturierten Bandes der Milchstraße. Ein Blick durch den Feldstecher ist deshalb immer empfehlenswert. Von den hier zu findenden offenen Sternhaufen sind drei für die auf der rechten Seite stehende Tabelle ausgewählt.

R Normae ist ein veränderlicher Stern vom Mira-Typ. Mit einer Periode von 492,7 Tagen variiert seine scheinbare Helligkeit zwischen $6^m{.}5$ und $13^m{.}9$. Nahezu die gleichen Helligkeitsschwankungen zeigt der Mira-Veränderliche T Normae, doch ist seine Periode mit 242,6 Tagen erheblich kürzer.

## Scorpius – Skorpion

Das Tierkreissternbild Skorpion ist nach dem Orion sicherlich die eindrucksvollste Konstellation am Himmel. Beide sind durch einen gemeinsamen Mythos verknüpft, der unter dem Feld 23 erzählt wird. Hier sollen die interessantesten Himmelsobjekte in diesem Sternbild vorgestellt werden.

### Besondere Objekte

Aus der markanten Figur des Skorpion hebt sich Antares (α Scorpii) aufgrund seiner Helligkeit und roten Farbe hervor. Sein griechischer Name bedeutet „Gegenmars" und ist eine Anspielung auf die ebenfalls auffällig rote Färbung unseres Nachbarplaneten, den die Griechen und Römer mit dem Kriegsgott Ares bzw. Mars identifizierten. Weil die Ekliptik den nördlichen Teil des Skorpion durchquert, befindet sich Mars gelegentlich in der Nähe von Antares.

Antares ist ein Doppelstern: Die Hauptkomponente, deren Helligkeit innerhalb von fünf Jahren zwischen $0^m{.}9$ und $1^m{.}2$ variiert, wird im Abstand von 2,7" von einem blauen Stern 5. Größe begleitet. Ebenfalls doppelt ist β Scorpii, dessen Eigenname Graffias „Krebs" bedeutet; die beiden Komponenten der Helligkeit $2^m{.}6$ und $4^m{.}9$ stehen 13,6" auseinander. Hinter ν Scorpii verbirgt sich sogar ein Vierfachsystem; zwei sehr enge Sternpaare sind durch ihre Schwerkraft miteinander verbunden und stehen von der Erde aus gesehen 41,1" auseinander. Damit vollführen diese vier Sterne eine Bewegung im Raum ähnlich wie zwei Tanzpaare im Saal: Während sich jedes Paar umeinander dreht, bewegen sich auch die beiden Paare im Kreis.

Zu den Kugelsternhaufen im Skorpion zählen auch zwei Messier-Objekte: M 4 und M 80 in der Nähe von Antares (Bild rechts). Prädestiniert für die Beobachtung mit dem Feldstecher sind die offenen Sternhaufen in diesem Sternbild. M 7 ist das südlichste aller Messier-Objekte am Himmel, so daß es von Mitteleuropa aus nur unter guten Sichtbedingungen zu erkennen ist. Für Bewohner südlicher Breiten ist dieser Sternhaufen jedoch schon mit bloßem Auge sichtbar. Die anderen in nebenstehender Tabelle aufgelisteten offenen Sternhaufen sind lohnende Feldstecherobjekte.

Im Skorpion befindet sich auch die hellste Röntgenstrahlungsquelle am Himmel; sie wurde 1962 als erste kosmische Quelle dieser Art entdeckt und trägt die Bezeichnung Scorpius X-1. Im sichtbaren Spektralbereich sieht man an dieser Position einen Stern 13. Größe. In Wahrheit ist er ein Doppelstern, dessen einer Partner ein ultradichter Neutronenstern ist. Beide Komponenten sind sich so nahe, daß Materie von dem größeren Stern auf den kompakten Begleiter überströmt. Dabei heizt sie sich auf Temperaturen von 10 bis 100 Millionen Grad auf, so daß sie hochenergetische Röntgenstrahlung aussendet.

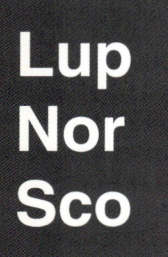

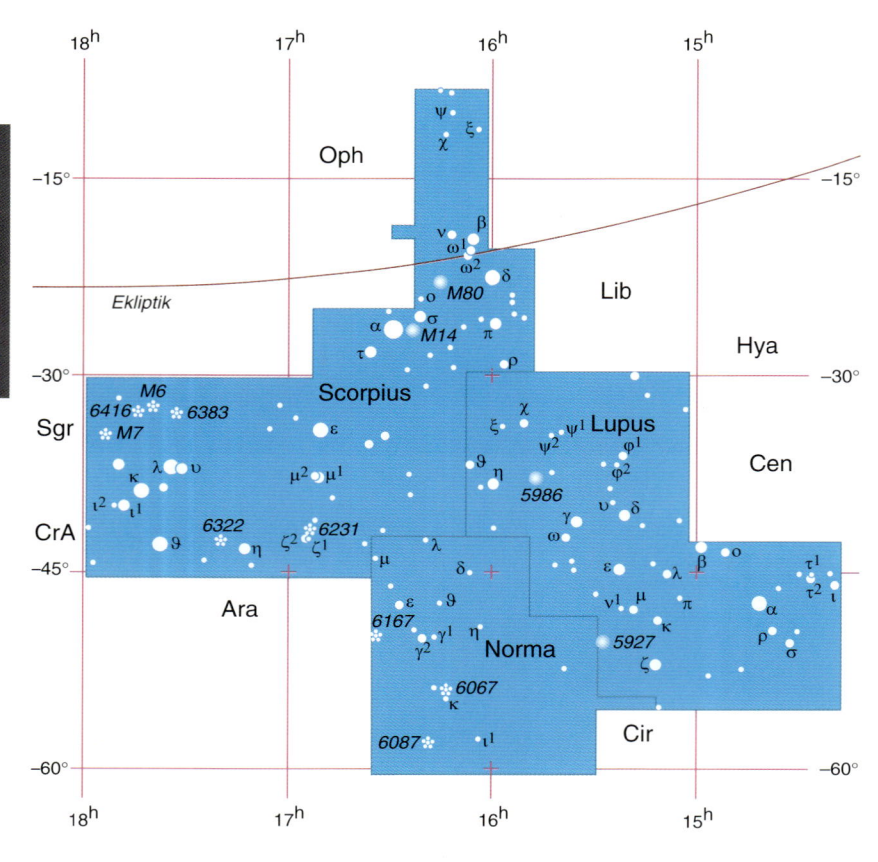

## Lupus – Wolf

Zwischen den auffälligen Sternbildern Scorpius und Centaurus gelegen, wird Lupus im allgemeinen weniger Aufmerksamkeit zuteil. Dennoch hat auch diese Konstellation interessante Beobachtungsobjekte zu bieten. Von Mitteleuropa aus sind allerdings nur die nördlichsten Bereiche von Lupus sichtbar, und das auch nur bei guter Horizontsicht.

### Mythologie

Das Sternbild war offenbar schon von den Babyloniern als „Wilder Hund" gedeutet worden. Die Griechen nannten es später *therion*, womit sie ein nicht näher spezifiziertes wildes oder reißendes Tier meinten. Einen eigenen Mythos hatten sie nicht mit diesem Sternbild verbunden. Sie beschrieben *therion* lediglich als Opfertier, das der am Himmel benachbarte Kentaur auf eine Lanze gespießt hat, um es auf den Altar zu legen; dieser ist ebenfalls am Firmament verewigt, und zwar als Sternbild Ara.

### Besondere Objekte

Lupus enthält einige beachtenswerte Doppelsterne. Die beiden Komponenten von κ Lupi sind $3^m{.}9$ und $5^m{.}8$ hell und haben einen Abstand von 27", so daß man sie bereits mit einem kleinen Fernrohr getrennt sehen kann. Zwei weiß leuchtende Sterne der Helligkeit $5^m{.}3$ und $5^m{.}8$ bilden das Doppelsternsystem ξ Lupi, die am Himmel 10,4" voneinander entfernt sind. Das System π Lupi besteht aus zwei etwa gleich hellen Komponenten mit $4^m{.}6$ und $4^m{.}7$, die nur 1,4" auseinander stehen; mit dem bloßen Auge erscheint es als Einzelstern der Helligkeit $3^m{.}9$. Der Hauptstern von η Lupi mit einer Helligkeit von $3^m{.}4$ verfügt in 15" Abstand über einen $7^m{.}8$ hellen Begleiter. μ Lupi ist sogar ein Dreifachsystem: Was dem Auge als Objekt der Helligkeit $4^m{.}3$ erscheint, entpuppt sich im Fernrohr als enges, 1,2" auseinanderstehendes Paar zweier Sterne 5. Größenklasse, das in 23,7" Abstand einen Begleiter der Helligkeit $7^m{.}2$ aufweist. Ebenfalls dreifach ist ε Lupi; nahe an der $3^m{.}4$ hellen Hauptkomponente befindet sich ein Begleitstern der 6., weiter entfernt einer der 9. Größenklasse.

Lupus liegt im Bereich des hier sehr hellen Milchstraßenbandes und enthält deshalb einige Sternhaufen. Erwähnenswert sind insbesondere die Kugelsternhaufen NGC 5927 und NGC 5986; ihre scheinbaren Helligkeiten betragen $8^m{.}0$ bzw. $7^m{.}5$, und im Fernrohr erscheinen sie als rundliche Nebelflecken von etwa 10' Durchmesser. Ganz im Süden des Sternbildes befindet sich der offene Sternhaufen NGC 5822, der eine größere Fläche am Himmel einnimmt als der Vollmond.

# Nebel um Antares und Rho Ophiuchi

Die Umgebung um den Stern Antares (α Scorpii), die den „Kopf" des Skorpions darstellt (f = 100 cm). Das Gebiet ist von einer riesigen interstellaren Molekülwolke durchzogen, die zahlreiche helle und dunkle Nebel enthält. Dieses nach dem Stern ρ Ophiuchi benannte Rho-Ophiuchi-Dunkelwolken-System erstreckt sich über die Grenze zwischen Scorpius und Ophiuchus bis in das benachbarte Sternbild Sagittarius hinein. Die Gas- und Staubschwaden reflektieren das Licht der nahegelegenen Sterne. Der relativ kühle, rötlich leuchtende Stern Antares ist in einen orangegelben Nebel eingehüllt, während ρ Ophiuchi und einige andere heiße Sterne von blauen Reflexionsnebeln umgeben sind. Um die Sterne σ und τ Scorpii sind rötlich leuchtende Emissionsnebel zu sehen. Von ρ Ophiuchi und den darunterliegenden Sternen ausgehend erstrecken sich dunkle Staubwolken nach links. Tief im Innern des Dunkelwolken-Komplexes haben sich vermutlich Materieverdichtungen gebildet, aus denen neue Sterne entstehen.

**Offene Sternhaufen**

| Katalognummer | Sternbild | Rekt. | Dekl. | Durchmesser | Helligkeit | Sternanzahl |
|---|---|---|---|---|---|---|
| NGC 5822 | Lup | 15$^h$ 05$^,$2 | −54° 21′ | 39′ | 6$^m$3 | 150 |
| NGC 6067 | Nor | 16$^h$ 13$^,$2 | −54° 13′ | 12′ | 5$^m$6 | 100 |
| NGC 6087 | Nor | 16$^h$ 18$^,$9 | −57° 54′ | 13′ | 5$^m$4 | 40 |
| NGC 6124 | Sco | 16$^h$ 25$^,$6 | −40° 40′ | 29′ | 5$^m$8 | 100 |
| NGC 6167 | Nor | 16$^h$ 34$^,$4 | −49° 36′ | 7′ | 6$^m$7 | |
| NGC 6231 | Sco | 16$^h$ 54$^,$0 | −41° 48′ | 14′ | 2$^m$6 | |
| NGC 6322 | Sco | 17$^h$ 18$^,$5 | −42° 57′ | 10′ | 6$^m$0 | 30 |
| NGC 6383 | Sco | 17$^h$ 34$^,$8 | −32° 34′ | 20′ | 5$^m$5 | 40 |
| M 6/NGC 6405 | Sco | 17$^h$ 40$^,$1 | −32° 13′ | 33′ | 4$^m$2 | 80 |
| NGC 6416 | Sco | 17$^h$ 44$^,$4 | −32° 21′ | 30′ | 5$^m$7 | 40 |
| M 7/NGC 6475 | Sco | 17$^h$ 53$^,$9 | −34° 49′ | 80′ | 3$^m$3 | 80 |

# Feld 25

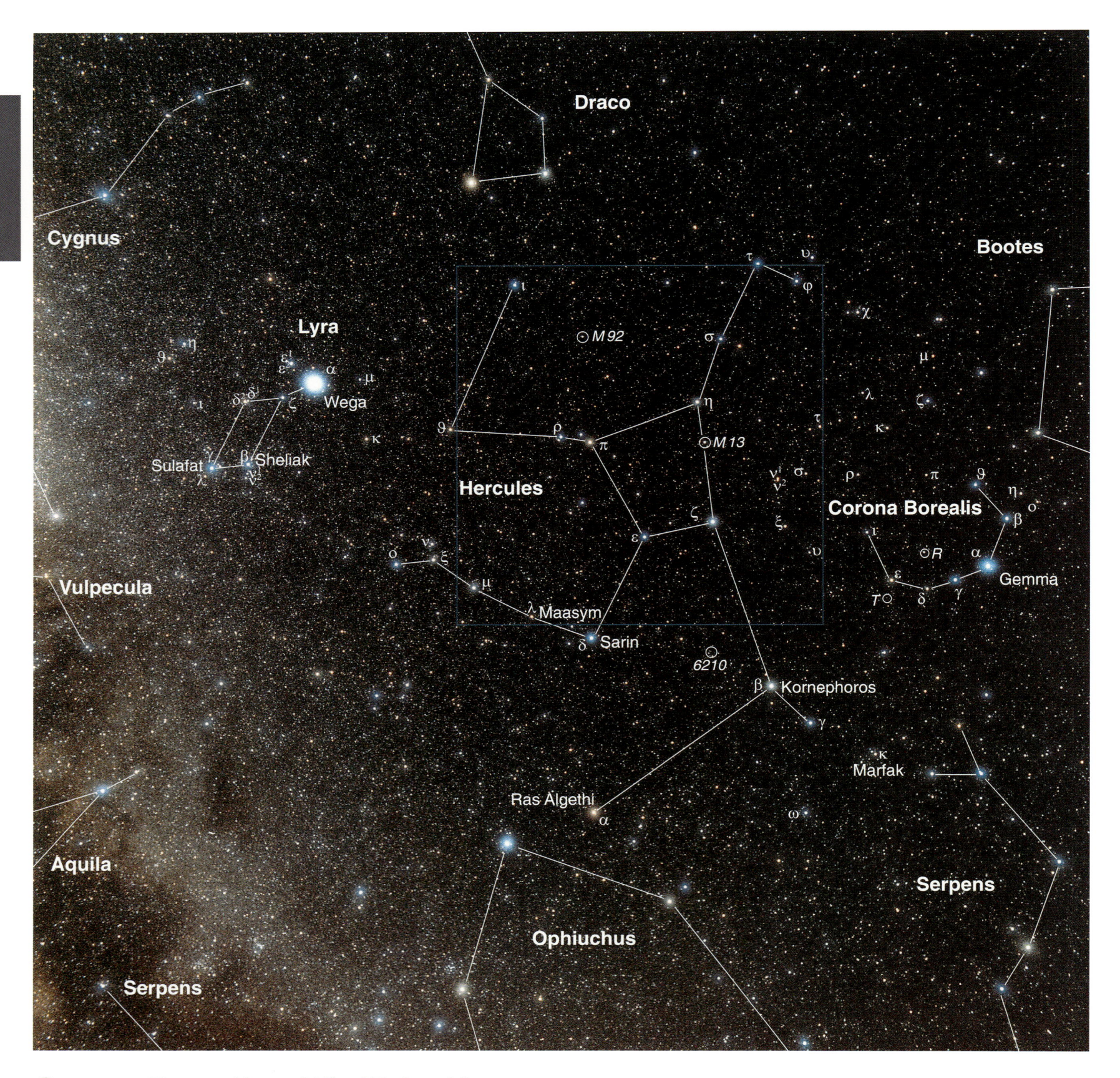

**CrB**
**Her**
**Lyr**

## Corona Borealis – Nördliche Krone
CrB – Coronae Borealis

## Hercules – Herkules
Her – Herculis

## Lyra – Leier
Lyr – Lyrae

**Beste Sichtbarkeit am Abendhimmel**

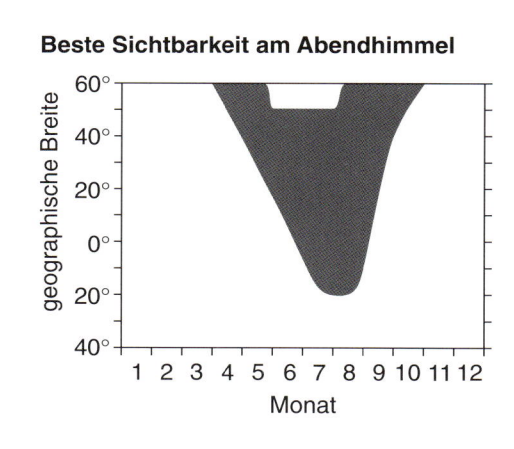

# Corona Borealis, Hercules, Lyra

**Daten der Sternbilder**

|  | Corona Borealis | Hercules | Lyra |
| --- | --- | --- | --- |
| Bereich in Rektaszension | $15^h\,16^m - 16^h\,25^m$ | $15^h\,48^m - 18^h\,58^m$ | $18^h\,13^m - 19^h\,29^m$ |
| Bereich in Deklination | $+39°\,45' - +25°\,30'$ | $+51°\,20' - +3°\,40'$ | $+47°\,45' - +25°\,40'$ |
| Fläche in Quadratgrad | 178,71 | 1225,15 | 286,48 |
| Messier-Objekte | – | M 13, M 92 | M 56, M 57 |
| Anzahl der Sterne heller als $5^m\!.5$ | 18 | 77 | 24 |
| Meteorströme | – | – | Lyriden (20./21. April) |
| Kulmination um Mitternacht am | 19. Mai | 13. Juni | 4. Juli |
| zirkumpolar für | 90° n. Br. – 64° n. Br. | 90° n. Br. – 86° n. Br. | 90° n. Br. – 64° n. Br. |
| vollständig sichtbar von | 90° n. Br. – 50° s. Br. | 90° n. Br. – 39° s. Br. | 90° n. Br. – 42° s. Br. |
| nicht sichtbar von | 64° s. Br. – 90° s. Br. | 86° s. Br. – 90° s. Br. | 64° s. Br. – 90° s. Br. |

# Feld 25

**CrB
Her
Lyr**

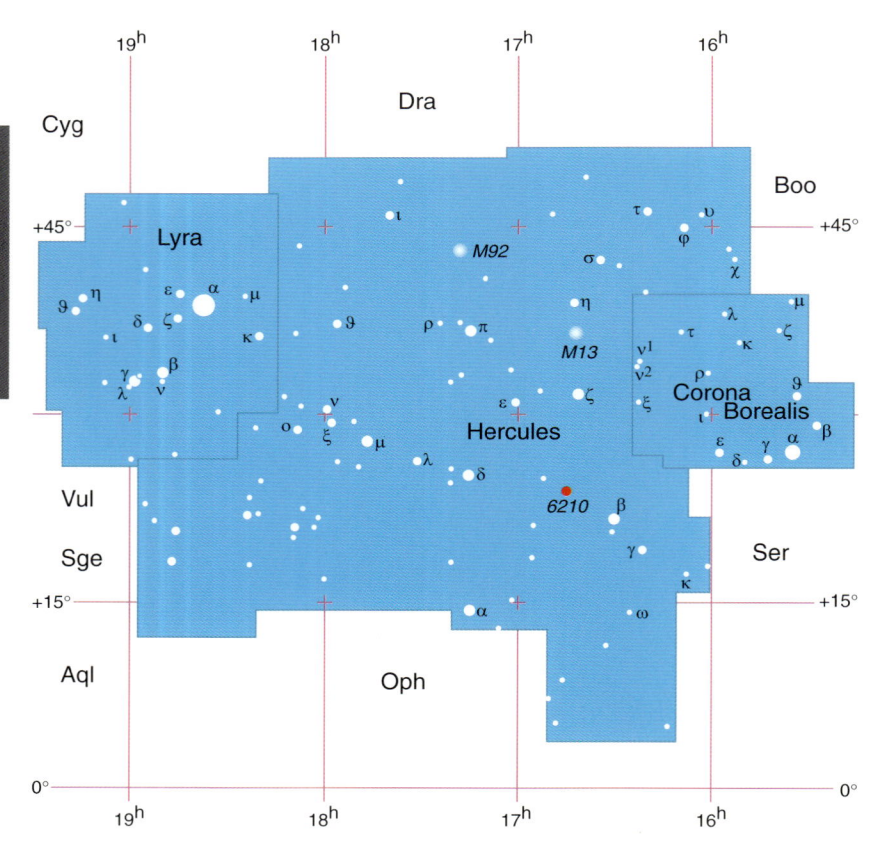

## Corona Borealis – Nördliche Krone

Wenngleich α Coronae Borealis – nach dem lateinischen Wort für Edelstein auch Gemma genannt – mit $2^m\!.2$ der einzige hellere Stern dieser Konstellation ist, läßt sich die Nördliche Krone anhand der halbkreisförmigen Struktur aus Sternen 4. Größe leicht am Himmel aufsuchen. Das Sternbild soll die mit Edelsteinen besetzte Krone darstellen, die Ariadne, die Tochter des kretischen Königs Minos, als Hochzeitsgeschenk bekam.

Anfang des 17. Jahrhunderts machte sich in Augsburg Julius Schiller – ein Mitarbeiter von Johann Bayer – daran, die bisherigen Sternbilder durch christliche Symbole zu ersetzen. In seinem 1627 erschienenen „Coelum Stellatum Christianum" („Christlicher Sternenhimmel") ordnete er Corona Borealis die „Dornenkrone Christi" zu. Einhundert Jahre später versuchte der Benediktinermönch Thomas Corbinianus einen weltlichen Vertreter der Kirche zu ehren, indem er die Nördliche Krone nach dem Erzbischof von Salzburg, Leopold Anton von Firmian, in „Corona Firmiana Vulgo Septentrionalis" umbenannte.

Sehr unterschiedliche Bedeutungen hatte das Sternbild in anderen Kulturkreisen. Die Araber sahen darin die Schüssel eines Bettlers und die Chinesen eine Geldkette. Die Aborigines in Australien, für die der Halbkreis aus sieben Sternen nach unten offen erscheint, interpretierten ihn als Bumerang, und ein Indianerstamm in Brasilien als Gürteltier.

### Besondere Objekte

R Coronae Borealis ist ein veränderlicher Stern mit sehr ungewöhnlichem Verhalten. Seine scheinbare Helligkeit beträgt gewöhnlich etwa $6^m$, doch fällt sie mitunter rasch um mehrere Größenklassen (bis auf $14^m$) ab. Diese Variationen erfolgen nach keinem erkennbaren Muster: Weder der Zeitpunkt des Helligkeitsabfalls noch die Tiefe des Minimums oder die Verweildauer darin lassen sich vorhersagen. Bisher sind etwa 40 Sterne dieses Veränderlichen-Typs bekannt. Aus Untersuchungen ihres Spektrums weiß man, daß sie im Vergleich zu anderen Sternen wenig Wasserstoff, aber viel Helium und Kohlenstoff enthalten. Man nimmt an, daß sie von Zeit zu Zeit Gasschwaden aus ihrer Hülle abstoßen. Beim Ausbreiten kühlt sich die Materie ab, und der darin enthaltene Kohlenstoff kondensiert zu festen Partikeln. Diese Rußwolken können das Licht des Sterns absorbieren, so daß seine scheinbare Helligkeit abnimmt. Erst wenn sich die Wolken größtenteils verflüchtigt und sich die Kohlenstoffpartikel zu größeren Staubteilchen verbunden haben, kehrt der Stern von der Erde aus gesehen langsam wieder zu seiner normalen Helligkeit zurück.

Genau das entgegengesetzte Verhalten zu den R-Coronae-Borealis-Sternen zeigt T Coronae Borealis: Dieser Stern ist eine wiederkehrende Nova, deren Helligkeit von normalerweise etwa $11^m$ explosionsartig bis auf $2^m$ ansteigen kann. Zwei solcher Ausbrüche wurden 1866 und 1946 beobachtet. Bei diesem Veränderlichen-Typ handelt es sich um enge Doppelsternsysteme, die aus einem kompakten Weißen Zwerg und einem massearmen Roten Riesen bestehen. Der Riesenstern befindet sich in einem späten Stadium seiner Entwicklung und hat sich dabei so weit ausgedehnt, daß Materie aus seiner äußeren Gashülle auf den Weißen Zwerg überströmt. Das Gas stürzt jedoch nicht direkt auf die Oberfläche des Begleiters, sondern sammelt sich zunächst in einer wirbelnden Materiescheibe an, die diesen Stern umgibt. Durch die fortgesetzte Materiezufuhr kommt es gelegentlich zu Instabilitäten, die explosionsartig verlaufende Kernreaktionen auslösen können – mit der vielfachen Sprengkraft einer Wasserstoffbombe.

## Hercules – Herkules

### Mythologie

Der Ursprung des Sternbildes, das heute Hercules heißt, liegt im Dunkel der Geschichte verborgen. Im frühen Griechenland nannte man es einfach „Engonasin" („der Kniende"). Später wurde es mit verschiedenen mythischen Figuren wie beispielsweise Theseus, Prometheus und Orpheus verknüpft. Die Zeiten überdauert hat die Identifikation mit Herakles, dem Sohn des Zeus und der Alkmene, von den Römern Hercules genannt.

Herakles ist einer der größten Helden der griechischen Sagen. Wie viele andere uneheliche Nachkommen des Zeus und deren Mütter sah auch er sich dem Haß von Hera, Zeus' Schwester und Gattin, ausgesetzt. Seit er in der Wiege lag, versuchte sie, ihn umzubringen; und weil dies immer wieder mißlang, trieb sie ihn in endlose Mühsale und zerstörerischen Wahnsinn. In einem dieser Anfälle erschlug Herakles seine Frau und seine Kinder. Wieder bei Sinnen, erbat er den Rat des Orakels von Delphi. Von der Pythia, wie die dortige Prophetin genannt wurde, soll er seinen Namen bekommen haben (der „Ruhm der Hera" bedeutet). Sie trug ihm auf, für zwölf Jahre in den Dienst des Königs Eurystheus zu treten und die Arbeiten auszuführen, die dieser von ihm verlangen werde. Eurystheus hatte aber – durch eine List Heras – den Thron inne, der eigentlich Herakles zustand. So war der König darauf bedacht, Herakles solche Aufgaben erledigen zu lassen, die er nach Möglichkeit nicht überleben werde.

Herakles gelang es aber durch Kraft, Tapferkeit und Schläue, die von Eurystheus gestellten zwölf Arbeiten zu vollenden. Manche der Ungeheuer, die es dabei zu besiegen galt, sind ebenfalls als Sternbild am Himmel verewigt: der Nemeische Löwe (Leo), die Hydra und ihr Verbündeter, ein Riesenkrebs, (Hydra und Cancer) sowie der Drache Ladon, der die goldenen Äpfel der Hesperiden bewachte (Draco). Auch der Adler, der sich an Prometheus' Leber labte und von Herakles mit einem Pfeil erschossen wurde, ist am Himmel ebenso zu sehen wie die Tatwaffe (Aquila und Sagitta). Der kretische Stier, den Herakles als siebte Aufgabe einzufangen hatte, wird manchmal mit dem Sternbild Taurus in Verbindung gebracht. Einige Sterne zwischen Hercules und Cygnus wurden zudem von dem Astronomen Johannes Hevelius 1687 zu dem Sternbild „Cerberus" zusammengefügt, das den dreiköpfigen Wachhund an den Toren zum Hades darstellen sollte, den Herakles in seiner letzten Aufgabe gefangengenommen hatte; dieses Sternbild wurde jedoch nicht anerkannt.

### Besondere Objekte

Wenngleich Hercules das fünftgrößte Sternbild ist, enthält es relativ wenige Beobachtungsobjekte. Bereits für den Feldstecher geeignet sind die beiden Kugelsternhaufen M 13 und M 92 (Bilder rechts). Mit einem Fernrohr läßt sich der Planetarische Nebel NGC 6210, ein Objekt 9. Größenklasse, als blaßgrünes Scheibchen erkennen.

## Lyra – Leier

Das kleine Sternbild Lyra, das durch den hellen Stern Wega sehr leicht am Himmel aufzufinden ist, wird unter dem Feld 29 beschrieben.

# Kugelsternhaufen M 13, M 92

Im Sternbild Hercules befinden sich zwei Kugelsternhaufen, von denen der eine, M 13, als der schönste des nördlichen Himmels gilt. Das Bild oben mit einer Äquivalentbrennweite $f = 50$ cm zeigt das aus den Sternen $\pi$, $\eta$, $\zeta$ und $\varepsilon$ Herculis gebildete Trapez inmitten des Sternbildes, das sich leicht auffinden läßt, weil es genau zwischen den Konstellationen Corona Borealis im Westen und Lyra im Osten liegt. Etwa auf einem Drittel der Verbindungslinie zwischen $\eta$ und $\zeta$ Herculis ist M 13 als auffallend heller Lichtfleck zu sehen. Bei stärkerer Vergrößerung (rechts, $f = 500$ cm) lassen sich die Außenbezirke des Kugelhaufens in Einzelsterne auflösen. M 13 ist rund 22 000 Lichtjahre entfernt; etwa 300 000 Sterne ballen sich in ihm zu einer Kugel mit 150 Lichtjahren Durchmesser zusammen. Die scheinbare Helligkeit dieses Sternhaufens beträgt $5^{m}_{.}7$, so daß er leicht mit dem Feldstecher zu erkennen ist. M 92 ist mit $6^{m}_{.}4$ nur wenig lichtschwächer; er ist in der Aufnahme oben als sternähnlicher Lichtfleck zu sehen, der mit den beiden oberen Trapezsternen $\pi$ und $\eta$ Herculis ein gleichseitiges Dreieck bildet.

# Feld 26

Oph

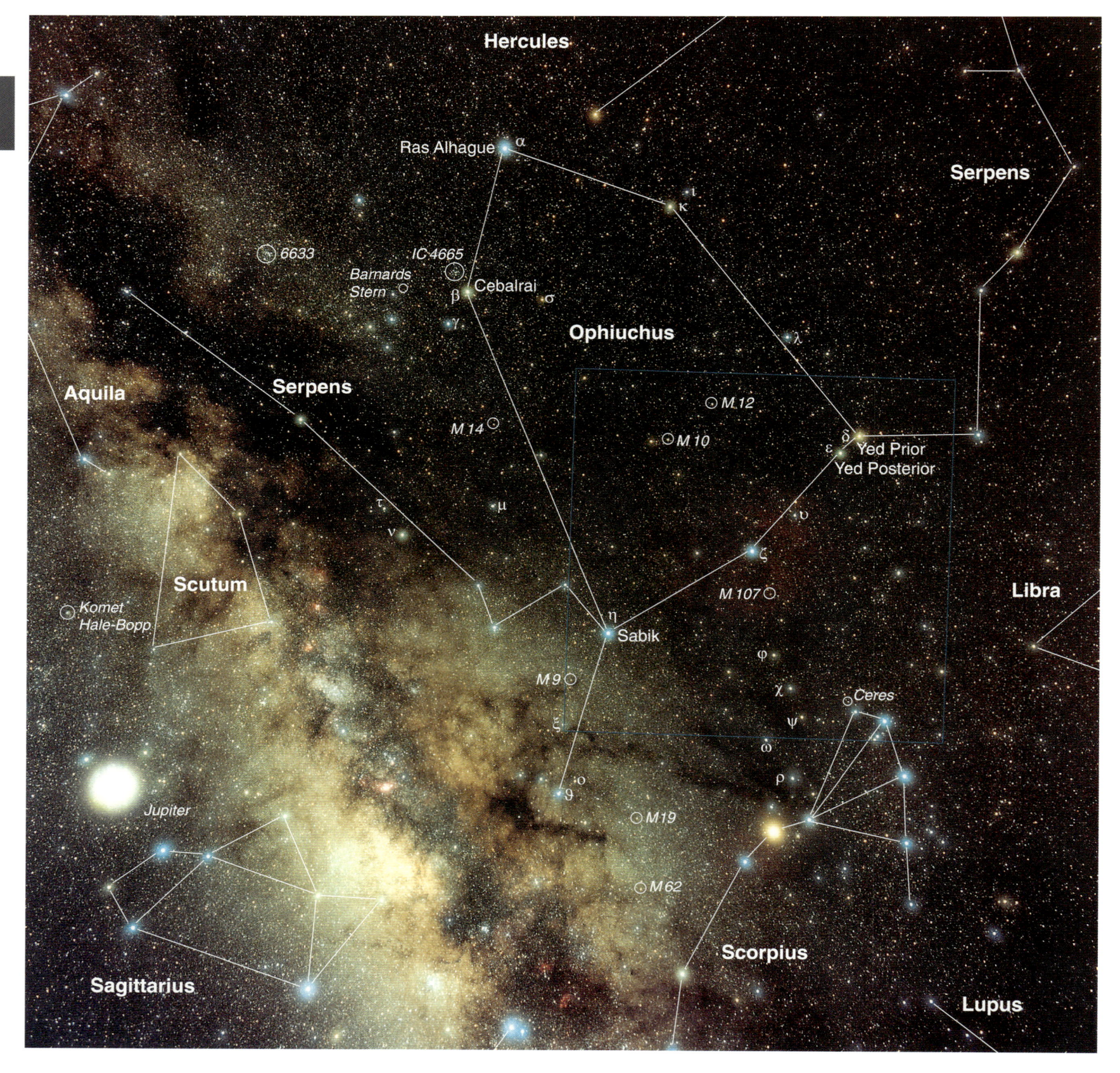

**Ophiuchus – Schlangenträger**
Oph – Ophiuchi

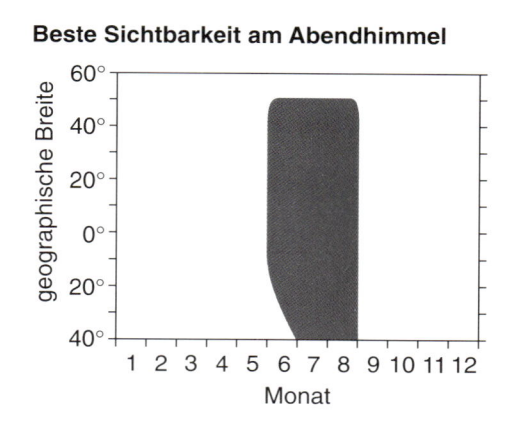

**Beste Sichtbarkeit am Abendhimmel**

# Ophiuchus

**Daten der Sternbilder**

|  | Ophiuchus |
|---|---|
| Bereich in Rektaszension | $16^h 01^m$ — $18^h 46^m$ |
| Bereich in Deklination | +14° 20' — −30° 15' |
| Fläche in Quadratgrad | 948,34 |
| Messier-Objekte | M 9, M 10, M 12, M 14, M 19, M 62, M 107 |
| Anzahl der Sterne heller als $5^m.5$ | 53 |
| Meteorströme | Ophiuchiden (20. Juni) |
| Kulmination um Mitternacht am | 11. Juni |
| zirkumpolar für | – |
| vollständig sichtbar von | 60° n. Br. — 76° s. Br. |
| nicht sichtbar von | – |

# Feld 26

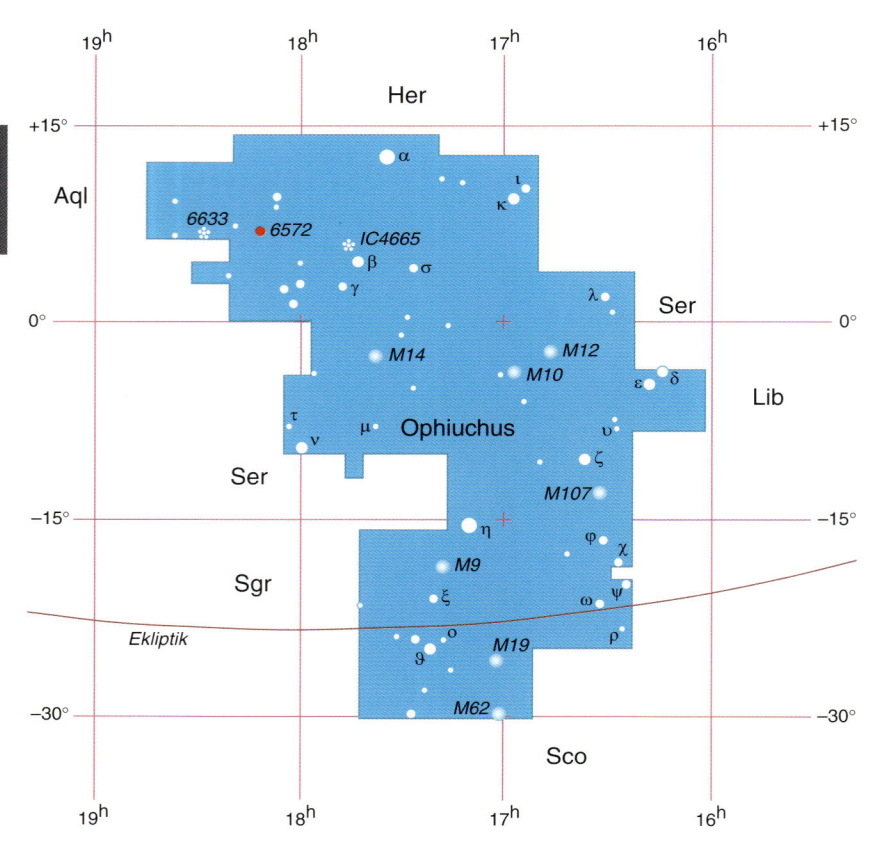

## Ophiuchus – Schlangenträger

Diese große, aber wenig markante Konstellation teilt das Sternbild Serpens (Schlange) in zwei Teile. Der Schlangenträger gehört zwar nicht zu den zwölf Tierkreissternbildern, doch führt die Ekliptik, die scheinbare Jahresbahn der Sonne am Himmel, auch durch dieses Sternbild; die Sonne durchwandert es vom 29. November bis zum 17. Dezember. Damit hält sich unser Tagesgestirn länger im Ophiuchus auf als im benachbarten Tierkreissternbild Skorpion. Seit den Anfängen der Astronomie (und der Astrologie) wird die Zone beiderseits der Ekliptik jedoch nur in zwölf und nicht in 13 Tierkreiszeichen unterteilt.

Weil die Planeten und auch die meisten der kleineren Himmelskörper im Sonnensystem die Sonne auf Bahnen umlaufen, die nur wenig gegen die Erdbahnebene geneigt sind, bewegen sie sich am Firmament ebenfalls durch die Sternbilder des Tierkreises. Die Übersichtsaufnahme auf der vorhergehenden Doppelseite, die am 18. Juni 1996 entstand, zeigt drei solcher „Wandelsterne". Hellstes Objekt im Bild ist Jupiter, der größte Planet unseres Sonnensystems. Etwas nördlich von ihm ist der Komet Hale-Bopp zu sehen, der damals ein Objekt 6. Größenklasse war und im Frühjahr 1997 ein imposantes Schauspiel am Himmel bot. (Die Bahn dieses Kometen steht allerdings nahezu senkrecht auf der Erdbahnebene; doch befand sich Hale-Bopp damals nicht weit von dem Schnittpunkt seiner Bahn mit der Ekliptik entfernt.) Im Sternbild Skorpion ist ein weiteres Mitglied unseres Sonnensystems markiert: der Kleinplanet Ceres, der mit einem Durchmesser von 1000 Kilometern der größte der Planetoiden ist, deren Bahnen zumeist zwischen denen von Mars und Jupiter verlaufen.

### Mythologie

Der Schlangenträger wurde mit mehreren Gestalten der griechischen Mythologie in Verbindung gebracht, unter anderem auch mit Herakles. Am bekanntesten ist jedoch die Identifizierung mit Asklepios, in unserer modernen Sprache besser als Äskulap bekannt.

Asklepios war der Sohn des Gottes Apollon und seiner Geliebten Koronis. Seine Geburt verlief äußerst dramatisch: Als Koronis sich einen Liebhaber nahm, geriet Apollon derart in Rage, daß er sie erschoß. Im Sterben verriet sie ihm, daß sie einen Sohn von ihm erwartete. Apollon gelang es in letzter Minute, das Kind zu retten. Er brachte es zu dem weisen Kentauren Cheiron, der es aufzog und in die Heilkunst einführte. Asklepios wurde bald selbst zu einem berühmten Heiler; nach ihm ist der Äskulapstab benannt, ein von einer heiligen Schlange umringelter Stab, der zum Sinnbild für den Heilberuf wurde. Asklepios war ein Könner seines Fachs und erwies den Menschen einen großen Dienst. Doch als er es zu weit trieb und einen Toten wieder zum Leben erweckte, sah Zeus, der Göttervater, dies als Anmaßung eines Sterblichen an und streckte Asklepios mit einem Blitz nieder.

### Besondere Objekte

Weil große Teile des Sternbildes im Band der Milchstraße liegen, enthält es zahlreiche Sternhaufen und Nebel. Zu den offenen Sternhaufen gehören NGC 6633 und IC 4665, die beide gut mit dem Feldstecher zu erkennen sind. Sieben Kugelsternhaufen zählen zu den Objekten, die Charles Messier aufgelistet hatte; sie sind in der Übersichtsaufnahme markiert.

Der wohl bekannteste Stern im Ophiuchus ist Barnards Stern. Im Jahre 1916 entdeckte der amerikanische Astronom Edward E. Barnard, daß sich die Position dieses roten Zwergsterns ungewöhnlich rasch verändert, und zwar um 10,29″ pro Jahr. Dies ist die größte Eigenbewegung, die jemals an einem Stern gemessen wurde. In einem Jahrhundert bewegt sich Barnards Stern um die Hälfte des scheinbaren Monddurchmessers am Firmament weiter. Diese große Eigenbewegung hat zwei Ursachen: Zum einen bewegt sich der Stern mit einer Geschwindigkeit von 166 Kilometern pro Sekunde tatsächlich sehr rasch durch den Weltraum; zum anderen ist er mit einer Entfernung von 5,9 Lichtjahren nach dem Alpha-Centauri-System der zweitnächste Stern jenseits der Sonne. Weil er sich schräg auf uns zu bewegt, wird er in 10 000 Jahren das Sonnensystem in einem Abstand von weniger als vier Lichtjahren passieren und uns damit näher stehen als α Centauri. Seine scheinbare Helligkeit wird in dieser Zeit von gegenwärtig $9^m\!.5$ auf $8^m\!.6$ ansteigen. Barnards Stern gehört zu den lichtschwächsten bekannten Sternen: Er hat einen Durchmesser von lediglich 225 000 Kilometern, und seine Leuchtkraft beträgt nur 1/2500 derjenigen der Sonne.

Ein anderer roter Zwergstern im Sternbild Ophiuchus, Gliese 710, wird uns übrigens noch näher kommen: Gegenwärtig ist er 63 Lichtjahre entfernt, doch wird er in etwa einer Million Jahren in einem Abstand von nur einem Lichtjahr an unserem Sonnensystem vorbeiziehen.

### Offene Sternhaufen

| Katalog-nummer | Stern-bild | Rekt. | Dekl. | Durch-messer | Hellig-keit | Stern-anzahl |
|---|---|---|---|---|---|---|
| IC 4665 | Oph | $17^h\,46^m\!.3$ | +05° 43′ | 40′ | $4^m\!.2$ | 30 |
| NGC 6633 | Oph | $18^h\,27^m\!.7$ | +06° 34′ | 27′ | $4^m\!.6$ | 30 |

# Emissionsnebel im Ophiuchus

Dieses mit einer Äquivalentbrennweite $f$ = 50 cm dargestellte Bild zeigt die Umgebung des Sterns ζ Ophiuchi (in der Bildmitte). Der bläulich-weiße Stern mit einer scheinbaren Helligkeit von $2^m\!.6$, der sich in einer Entfernung von 550 Lichtjahren zur Erde befindet, ist von einem großen, rötlich leuchtenden Emissionsnebel umgeben. Vor diesem hellen Hintergrund heben sich einige schmale Dunkelwolken ab. Auf dem Bild sind auch die Kugelsternhaufen M 9, M 10, M 12 und M 107 zu sehen; ihre Position ist in der Übersichtsaufnahme auf S. 124 markiert.

Der Schlangenträger in der Version von Johann E. Bode. Drei der in diesem Kartenblatt verzeichneten Sternbilder wurden später nicht in die offizielle Liste der 88 Konstellationen aufgenommen. Der Königliche Stier von Poniatowski war eine Erfindung von Martin Poczobut, dem Direktor des königlichen Observatoriums in Wilna; er wollte damit seinen Financier, den polnischen König Stanislaus II., ehren. Johannes Hevelius hatte 1687 den Zweig vom Baum der goldenen Äpfel, den Herkules in der Hand hielt, durch den Höllenhund Zerberus ersetzt, den er als dreiköpfige Schlange darstellte. Später wurde Zerberus wieder mit dem Zweig verbunden, wodurch das Sternbild „Cerberus et Ramus" („Zerberus und Zweig") entstand. Eine weitere Erfindung von Hevelius ist „Mons Maenalus" („Der Berg Maenalus") zwischen der Waage und Bootes; dieses Sternbild sollte den Berg darstellen, auf dem Bootes steht. Das heutige Sternbild Scutum ist auf Bodes Karte noch als „Das Sobieskische Schild" verzeichnet, das ebenfalls auf einen Vorschlag von Hevelius zurückgeht.

# Feld 27

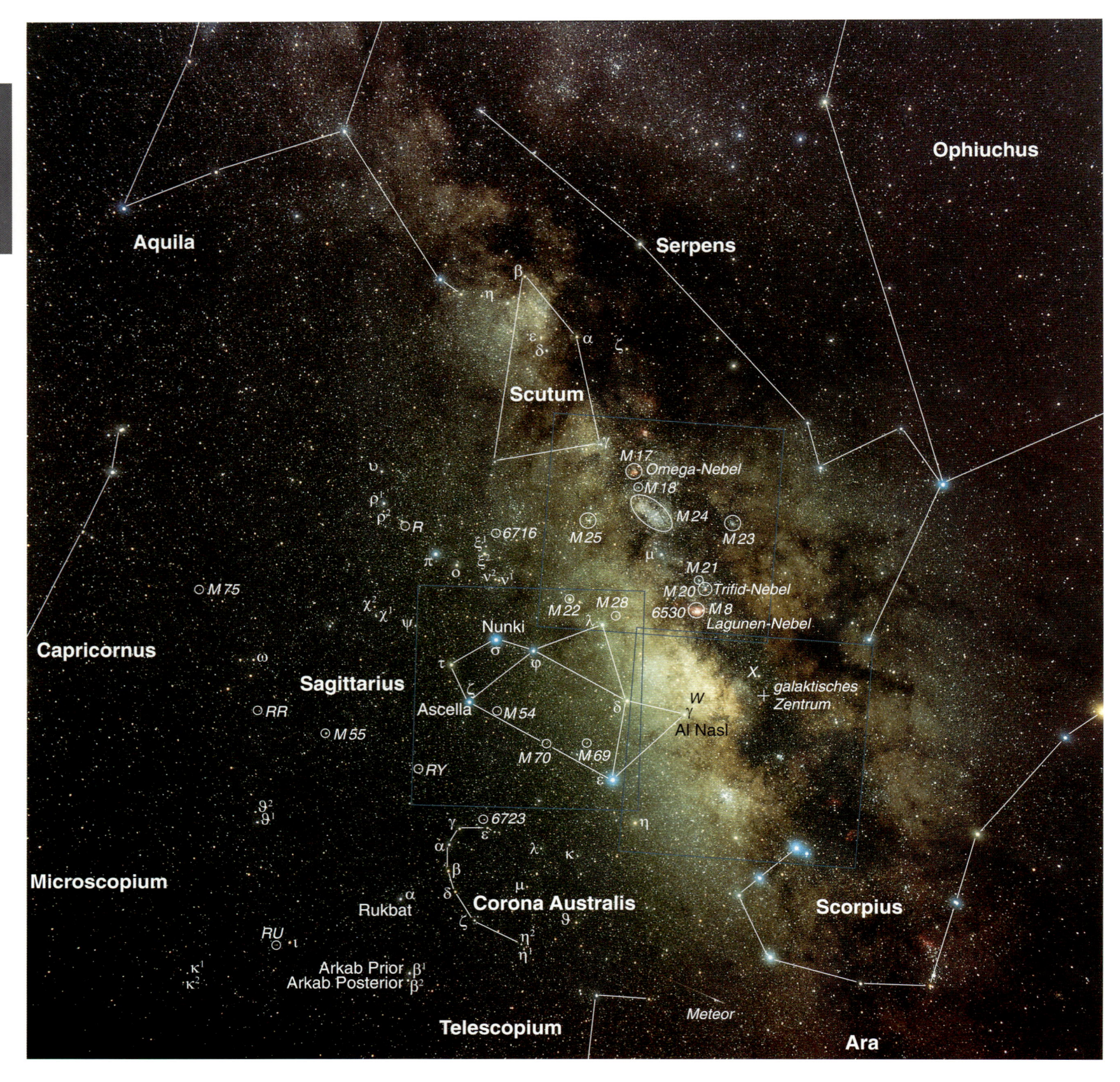

**CrA**
**Sgr**
**Sct**

## Corona Australis – Südliche Krone
CrA – Coronae Australis

## Sagittarius – Schütze
Sgr – Sagittarii

## Scutum – Schild
Sct – Scuti

**Beste Sichtbarkeit am Abendhimmel**

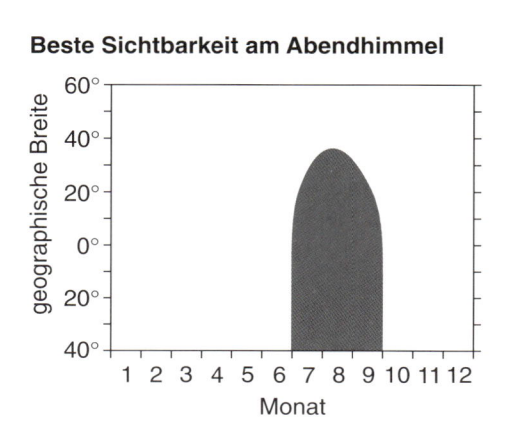

# Corona Australis, Sagittarius, Scutum

**Daten der Sternbilder**

|  | Corona Australis | Sagittarius | Scutum |
|---|---|---|---|
| Bereich in Rektaszension | $17^h 58^m$ — $19^h 19^m$ | $17^h 43^m$ — $20^h 29^m$ | $18^h 21^m$ — $18^h 59^m$ |
| Bereich in Deklination | $-36° 45'$ — $-45° 30'$ | $-11° 40'$ — $-45° 15'$ | $-3° 50'$ — $-16° 00'$ |
| Fläche in Quadratgrad | 127,69 | 867,43 | 109,11 |
| Messier-Objekte | – | M 8, M 17, M 18, M 20, M 21, M 22, M 23, M 24, M 25, M 28, M 54, M 55, M 69, M 70, M 75 | M 11, M 26 |
| Anzahl der Sterne heller als $5^m\!5$ | 19 | 64 | 11 |
| Meteorströme | – | Sagittariden (10./11. Juni) | – |
| Kulmination um Mitternacht am | 30. Juni | 7. Juli | 1. Juli |
| zirkumpolar für | 53° s. Br. — 90° s. Br. | 78° s. Br. — 90° s. Br. | 86° s. Br. — 90° s. Br. |
| vollständig sichtbar von | 44° n. Br. — 90° s. Br. | 45° n. Br. — 90° s. Br. | 74° n. Br. — 90° s. Br. |
| nicht sichtbar von | 90° n. Br. — 53° n. Br. | 90° n. Br. — 78° n. Br. | 90° n. Br. — 86° n. Br. |

# Feld 27

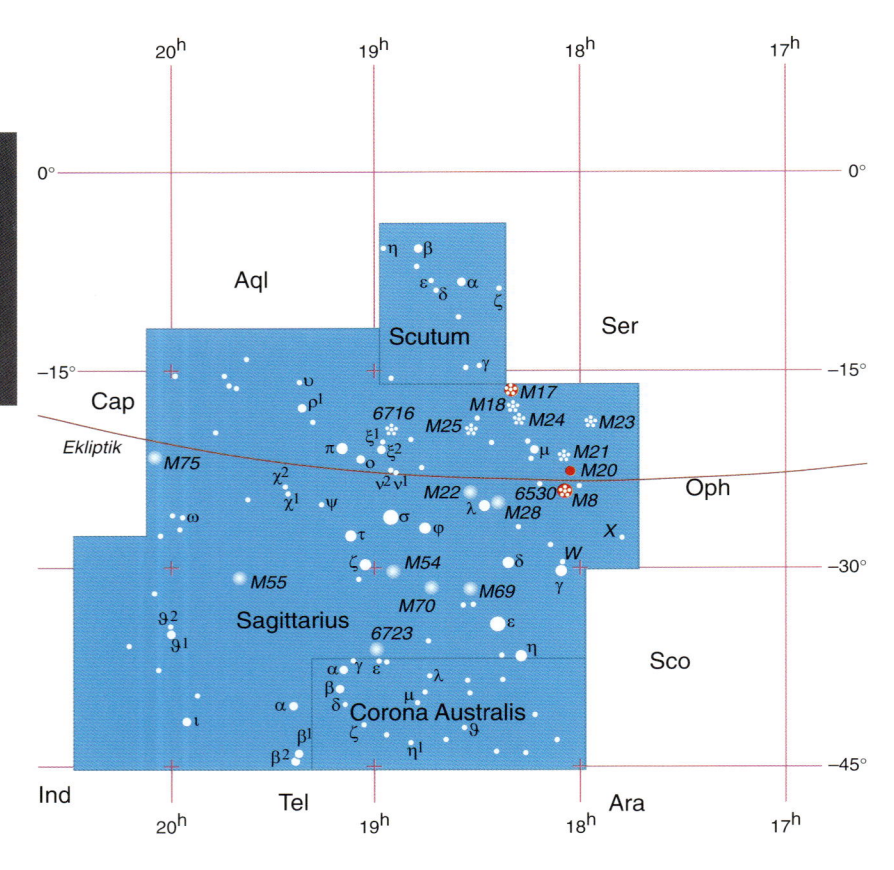

**CrA
Sgr
Sct**

## Corona Australis – Südliche Krone

Dieses Gegenstück zur Corona Borealis, der Nördlichen Krone, ist nochmals auf der Übersichtsaufnahme in Feld 31 zu sehen und dort besprochen.

## Sagittarius – Schütze

Der Schütze ist das südlichste der zwölf Tierkreissternbilder. Die Sonne durchquert es vom 17. Dezember bis zum 20. Januar und erreicht in ihm ihren größten Abstand vom Himmelsäquator zu südlichen Breiten hin. In Richtung dieses Sternbildes befindet sich das Zentrum unserer Galaxis. Man blickt also in die dichtesten und sternreichsten Teile der Milchstraße hinein. Infolgedessen ist Sagittarius von hellen Sternwolken und Verdichtungen interstellarer Materie durchzogen, die ihn zum objektreichsten Sternbild am Himmel machen. Allein 15 Messier-Objekte sind hier zu finden.

Hellster Stern im Sagittarius ist ε Sagittarii mit $1^m\!.85$; α Sagittarii im Süden des Sternbildes hat eine Helligkeit von lediglich $4^m\!.0$.

### Mythologie

Sagittarius ist neben Centaurus der zweite Kentaur am Himmel, der gewöhnlich als Zwitterwesen – halb Mensch, halb Pferd – dargestellt wird. Im Centaurus soll Cheiron verewigt sein, der als sehr weise und freundlich galt. Mitunter wird er aber auch mit Sagittarius identifiziert. Einer anderen Überlieferung zufolge ist in Sagittarius jedoch Krotos dargestellt, ein Sohn des bocksbeinigen Pan und der Eupheme, der Amme der neun Musen. Krotos soll die Kunst des Bogenschießens erfunden haben und gern zur Jagd geritten sein. Vielleicht deshalb wurde er als Kentaur angesehen, obwohl er von seiner Abstammung her ein zweibeiniges Geschöpf gewesen sein müßte. Auf historischen Sternkarten sieht man den Kentauren, wie er mit Pfeil und Bogen auf den Skorpion zielt, so als wolle er ihn töten, bevor dieser den Jäger Orion sticht.

Das Sternbild haben die Griechen offensichtlich von den Sumerern übernommen. Das Motiv des Bogenschützen oder Reiters findet sich zudem im alten Ägypten und Indien. Es ist nicht auszuschließen, daß es seinen Ursprung in einem frühen Volk von Reiternomaden hat.

In unserer Zeit wird in die Sterne des Schützen häufig ein sehr profaner Gegenstand hineingedeutet: eine Teekanne. Insbesondere in Nordamerika hat es sich eingebürgert, in das Sternbild die Umrisse eines *teapot* einzuzeichnen.

### Besondere Objekte

Von den veränderlichen Sternen im Schützen sind insbesondere der Mira-Stern R Sagittarii und die beiden Delta-Cephei-Sterne W und X Sagittarii hervorzuheben. Die Helligkeit von R Sagittarii variiert in einem Rhythmus von 268,8 Tagen zwischen $6^m\!.7$ und $12^m\!.8$. Die beiden Cepheiden haben ihrem Veränderlichen-Typ entsprechend kürzere Perioden: Diejenige von W Sagittarii beträgt 7,595 Tage, die von X Sagittarii 7,011 Tage. Innerhalb dieser Zeit ändert sich die scheinbare Helligkeit zwischen $4^m\!.3$ und $5^m\!.1$ bzw. zwischen $5^m\!.0$ und $6^m\!.1$. RY Sagittarii ist ein R-Coronae-Borealis-Stern, der gewöhnlich $6^m\!.0$ hell ist, in unvorhersagbarer Weise aber in der Helligkeit auf die 15. Größenklasse absinken kann. Zwei weitere Mira-Sterne sind RR und RU Sagittarii, deren Helligkeit zwischen der 6. und der 14. Größenklasse schwankt; ihre Perioden betragen 334,6 bzw. 240,3 Tage.

Das Sternbild enthält mehrere rot leuchtende Gasnebel, deren Farbe allerdings erst auf langbelichteten Aufnahmen richtig zur Geltung kommt. Größter und hellster dieser Emissionsnebel ist M 8, der Lagunen-Nebel, in den der offene Sternhaufen NGC 6530 eingebettet ist. Etwa 1,5° nördlich von ihm liegt eine weitere Kombination aus Gaswolke und Sternhaufen, der Trifid-Nebel M 20. An der Grenze zu den Sternbildern Scutum und Serpens befindet sich der Omega-Nebel, der ebenso wie der von ihm eingehüllte Sternhaufen die Katalogbezeichnung M 17 trägt.

Die anderen Messier-Objekte im Schützen sind offene oder kugelförmige Sternhaufen; sie sind in der Übersichtsaufnahme markiert und zum größten Teil auch auf den Detailaufnahmen auf den folgenden Seiten abgebildet. Lediglich M 24 ist kein Sternhaufen; bei diesem nebligen Gebilde handelt es sich um eine ausgedehnte Sternwolke, die sich in einem der Spiralarme befindet, die sich zwischen der Position unseres Sonnensystems und dem galaktischen Zentrum entlangwinden.

### Das galaktische Zentrum

Unser Milchstraßensystem ist eine flache Scheibe aus Sternen mit einem Durchmesser von etwa 100 000 Lichtjahren, die in der Mitte eine kugelförmige Verdickung aufweist. Die Sonne befindet sich rund 25 000 Lichtjahre vom Zentrum der Galaxis entfernt in einem Spiralarm mittlerer Sterndichte. Weil wir uns inmitten der Scheibe befinden, erscheint uns diese als breites Band aus unzähligen hellen und lichtschwachen Sternen am Himmel. In Richtung des galaktischen Zentrums blicken wir in ein Gebiet besonders hoher Sternkonzentration, doch verdecken ausgedehnte Wolken aus interstellarer Materie die inneren Bereiche des Milchstraßensystems. Lediglich Strahlung, deren Wellenlänge viel größer oder viel kleiner als die Größe der Staubpartikel ist, kann diesen Materieschleier durchdringen: infrarotes Licht, Radiowellen sowie hochenergetische Röntgen- und Gammastrahlen. In jedem dieser Wellenlängenbereiche läßt sich ein Teilaspekt der Vorgänge im Zentrum der Galaxis erkunden. So weiß man heute, daß sich dort ein rätselhaftes Objekt befindet, das kleiner ist als der Durchmesser der Jupiterbahn, aber etwa 2,5 Millionen Sonnenmassen enthält.

## Scutum – Schild

Dieses nördlich an Sagittarius angrenzende Sternbild, in dem sich ebenfalls dichte Sternwolken des Milchstraßenbandes befinden, ist im Feld 22 besprochen.

**Offene Sternhaufen**

| Katalog-nummer | Stern-bild | Rekt. | Dekl. | Durch-messer | Hellig-keit | Stern-anzahl |
|---|---|---|---|---|---|---|
| M 23/NGC 6494 | Sgr | $17^h\,56'\!.8$ | $-19°\,01'$ | 27' | $5^m\!.5$ | 150 |
| M 20/NGC 6514 | Sgr | $18^h\,02'\!.3$ | $-23°\,02'$ | 28' | $6^m\!.3$ | |
| NGC 6530 | Sgr | $18^h\,04'\!.8$ | $-24°\,20'$ | 14' | $4^m\!.6$ | 30 |
| M 21/NGC 6531 | Sgr | $18^h\,04'\!.6$ | $-22°\,30'$ | 13' | $5^m\!.9$ | 70 |
| M 18/NGC 6613 | Sgr | $18^h\,19'\!.9$ | $-17°\,08'$ | 10' | $6^m\!.9$ | 20 |
| M 17/NGC 6618 | Sgr | $18^h\,20'\!.8$ | $-16°\,11'$ | 11' | $6^m\!.0$ | 40 |
| M 25/IC 4725 | Sgr | $18^h\,31'\!.6$ | $-19°\,15'$ | 32' | $4^m\!.6$ | 30 |
| NGC 6716 | Sgr | $18^h\,54'\!.6$ | $-19°\,53'$ | 10' | $6^m\!.9$ | 20 |

# Umgebung des galaktischen Zentrums

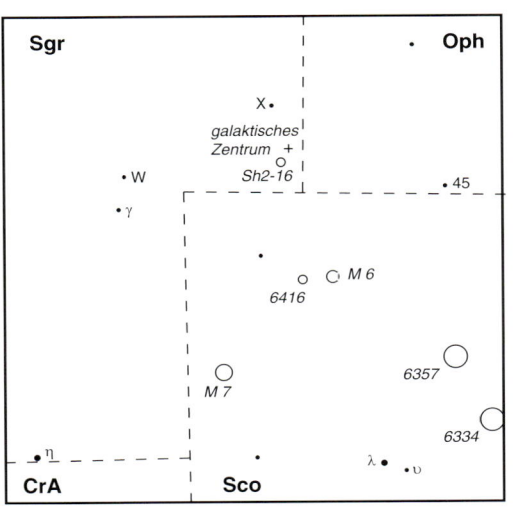

Die Umgebung des galaktischen Zentrums im Grenzbereich der Sternbilder Sagittarius, Scorpius und Ophiuchus ($f = 100$ cm). Man sieht hier in einen der dichtesten Teile der Milchstraße hinein, wo sich die Sterne zu hell leuchtenden Wolken zusammenballen. Der Blick in das Zentrum unserer Galaxis selbst ist jedoch durch ausgedehnte Dunkelwolken versperrt; man kann in dieser Richtung nur knapp 10 000 Lichtjahre weit sehen, während das Zentrum des Milchstraßensystems 25 000 Lichtjahre entfernt ist. Nur Strahlung aus dem Infrarot- und Radiofrequenzbereich sowie aus dem Röntgen- und Gammastrahlungsbereich kann aus dem Milchstraßenzentrum zu uns dringen. Etwas südöstlich von der Position des galaktischen Zentrums befindet sich ein Emissionsnebel, den man an der rötlichen Färbung erkennt; er trägt die Katalogbezeichnung Sh2-16. Rechts unten im Bild befinden sich zwei weitere Emissionsnebel, NGC 6357 und NGC 6334, die in kräftigem Rot leuchten. Die Position der offenen Sternhaufen M 6, M 7 und NGC 6416 im Sternbild Scorpius ist in der nebenstehenden Skizze markiert.

# Feld 27

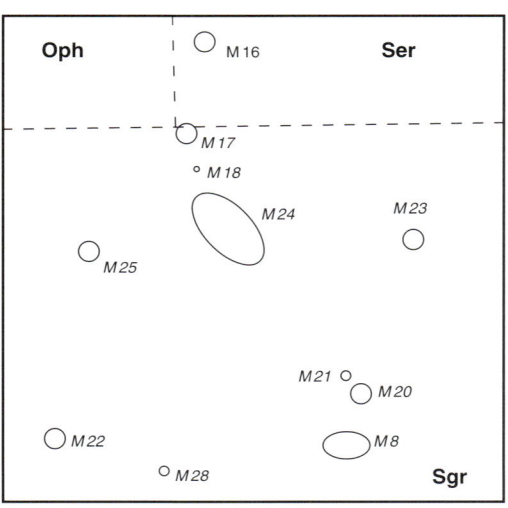

**CrA**
**Sgr**
**Sct**

In dem dunklen Streifen aus interstellarer Materie, der die Milchstraße im Sagittarius durchzieht, befinden sich einige helle, rot leuchtende Emissionsnebel ($f = 100$ cm). Der größte von ihnen, der Lagunen-Nebel M 8, ist bei guter Sicht bereits mit bloßem Auge erkennbar; er erscheint doppelt so groß wie der Vollmond. Die anderen Emissionsnebel in diesem Bild sind M 20 (Trifid-Nebel; er enthält auch Bereiche, die in reflektiertem Licht bläulich leuchten), M 17 (Omega-Nebel) und – ganz oben am Bildrand – M 16 (Adler-Nebel), der bereits zum Sternbild Serpens gehört. In der Bildmitte ist eine auffallend helle Sternwolke zu sehen, die Charles Messier als Objekt Nummer 24 in seinen Katalog aufgenommen hatte. Des weiteren sind im Bild die offenen Sternhaufen M 18, M 21, M 23 und M 25 sowie die Kugelsternhaufen M 22 und M 28 zu erkennen.

# Milchstraße im Sagittarius

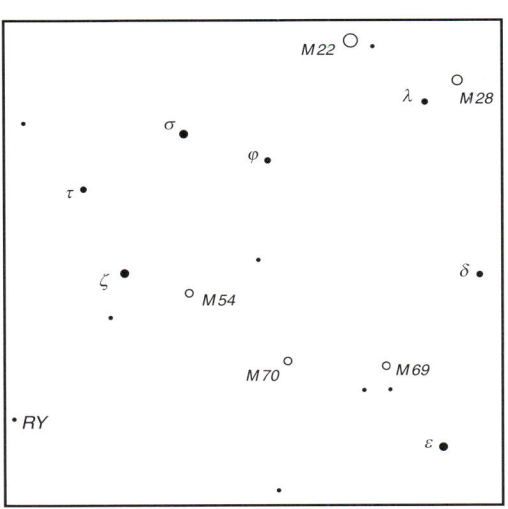

Ein Ausschnitt aus dem Bereich der hellsten Sterne im Schützen, in denen man die Umrisse einer Teekanne zu erkennen vermag ($f = 100$ cm). Die Sterne σ, φ, ζ und ε Sagittarii leuchten bläulichweiß, während λ, δ und τ Sagittarii orangefarben sind. Das Bild zeigt zudem fünf der hellsten Kugelsternhaufen in diesem Sternbild: M 22, M 28, M 54, M 69 und M 70.

# Feld 28

**Cyg**
**Lyr**
**Sge**
**Vul**

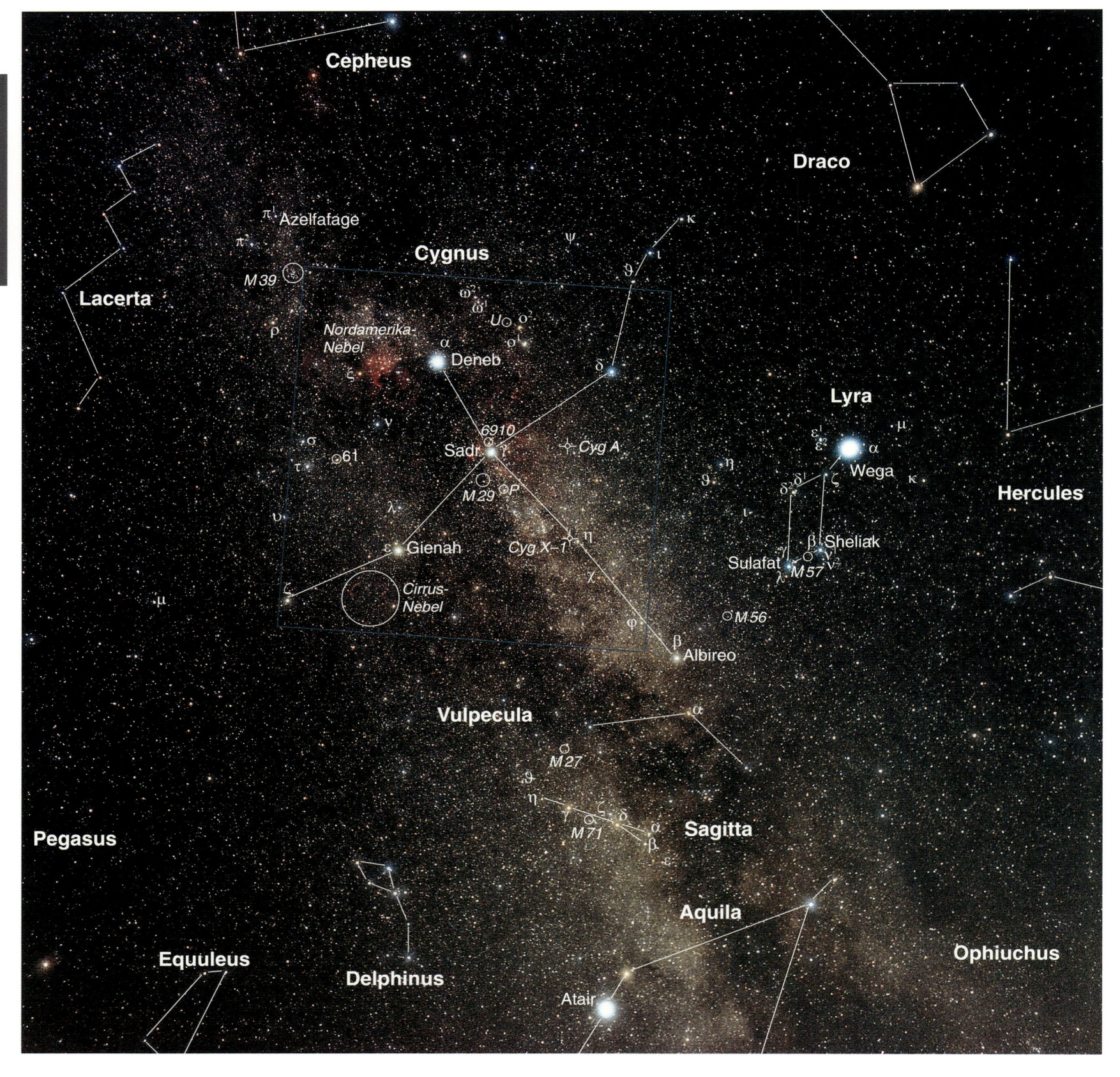

**Cygnus – Schwan**
Cyg – Cygni

**Lyra – Leier**
Lyr – Lyrae

**Sagitta – Pfeil**
Sge – Sagittae

**Vulpecula – Füchschen**
Vul – Vulpeculae

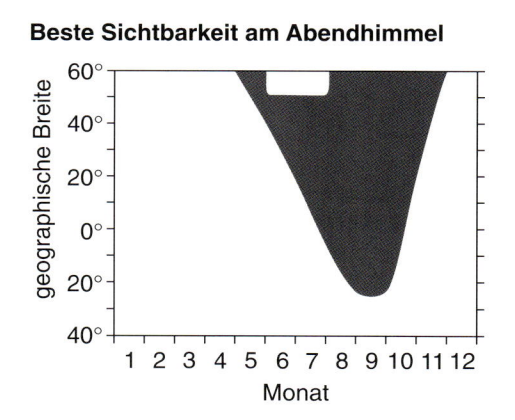

**Beste Sichtbarkeit am Abendhimmel**

# Cygnus, Lyra, Sagitta, Vulpecula

**Daten der Sternbilder**

|  | Cygnus | Lyra | Sagitta | Vulpecula |
|---|---|---|---|---|
| Bereich in Rektaszension | 19ʰ 07ᵐ – 22ʰ 03ᵐ | 18ʰ 13ᵐ – 19ʰ 29ᵐ | 18ʰ 57ᵐ – 20ʰ 21ᵐ | 18ʰ 57ᵐ – 21ʰ 31ᵐ |
| Bereich in Deklination | +61° 20′ – +27° 45′ | +47° 45′ – +25° 40′ | +21° 40′ – +16° 10′ | +29° 30′ – +19° 25′ |
| Fläche in Quadratgrad | 803,98 | 286,48 | 79,93 | 268,17 |
| Messier-Objekte | M 29, M 39 | M 56, M 57 | M 71 | M 27 |
| Anzahl der Sterne heller als 5ᵐ,5 | 78 | 24 | 9 | 24 |
| Meteorströme | Kappa-Cygniden (20. August) | Lyriden (20./21. April) | – | – |
| Kulmination um Mitternacht am | 30. Juli | 4. Juli | 16. Juli | 25. Juli |
| zirkumpolar für | 90° n. Br. – 62° n. Br. | 90° n. Br. – 64° n. Br. | 90° n. Br. – 74° n. Br. | 90° n. Br. – 71° n. Br. |
| vollständig sichtbar von | 90° n. Br. – 29° s. Br. | 90° n. Br. – 42° s. Br. | 90° n. Br. – 68° s. Br. | 90° n. Br. – 60° s. Br. |
| nicht sichtbar von | 62° s. Br. – 90° s. Br. | 64° s. Br. – 90° s. Br. | 74° s. Br. – 90° s. Br. | 71° s. Br. – 90° s. Br. |

# Feld 28

**Cyg
Lyr
Sge
Vul**

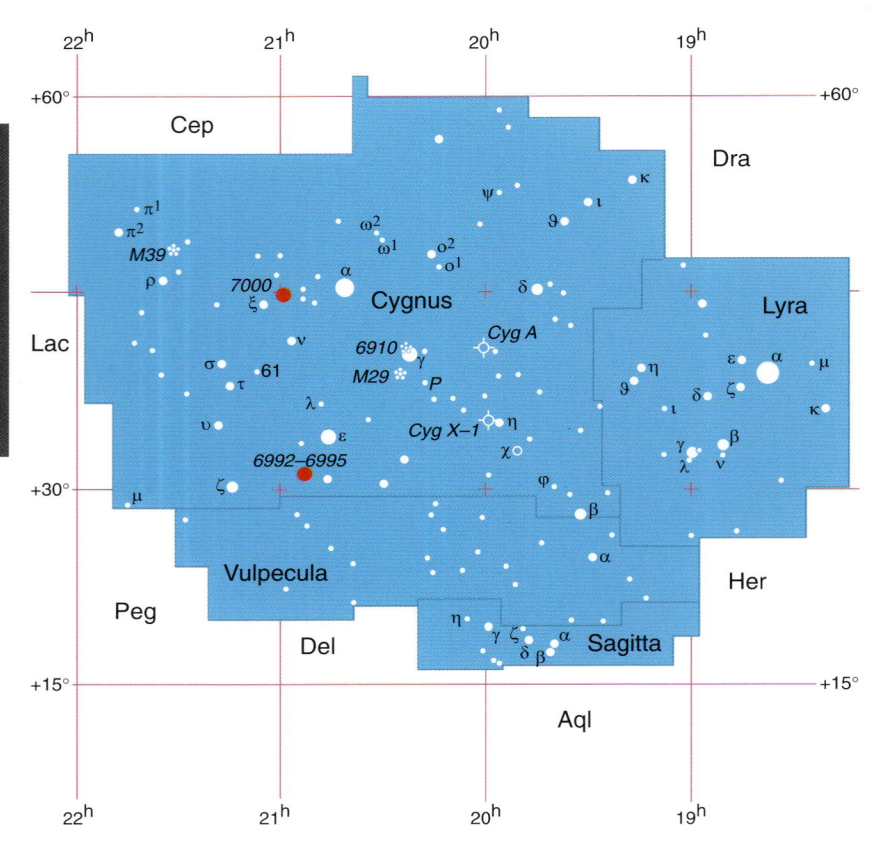

## Cygnus – Schwan

Der Schwan ist eines der markanteren Sternbilder des Nordhimmels. Von Mitteleuropa aus ist er den gesamten Sommer über am nächtlichen Firmament zu sehen. Deneb (α Cygni), der hellste Stern im Schwan, bildet zusammen mit Wega (α Lyrae) und Atair (α Aquilae) das sogenannte Sommerdreieck, das in der abendlichen Dämmerung sehr früh sichtbar wird und früher den Seeleuten als Navigationshilfe diente.

Die hellsten Sterne des Schwans bilden ein auffälliges Kreuz am Himmel, so daß das Sternbild gelegentlich auch „Nördliches Kreuz" genannt wird. In der Interpretation als Schwan stellen der aus den Sternen ε, γ und δ Cygni gebildete Querbalken des Kreuzes die Flügel, Deneb (nach dem arabischen Wort für „Schwanz") die Schwanzfedern und die Sternenreihe von γ über η, χ und φ zu β Cygni den langen Hals des Schwans dar.

### Mythologie

Im vorderasiatischen Raum sah man in der Sternkonfiguration seit je einen Vogel, der die Milchstraße entlangfliegt. Aus der griechischen Mythologie ist die Identifikation mit Zeus überliefert, der in Gestalt eines Schwans Frauen mit seiner Lüsternheit verfolgte. Eine andere Erzählung bezieht sich auf die Phaeton-Sage. Als Phaeton mit dem Wagen seines Vaters, des Sonnengottes Helios, am Himmel Amok fuhr und mit dem glühenden Tagesgestirn an Bord einen schrecklichen Weltbrand auslöste, wurde er von Zeus mit einem Blitz getötet. Kyknos, König der Ligurer, war über den Verlust seines Freundes Phaeton so betrübt, daß er tagelang an den Ufern des Eridanus herumwanderte, in den Phaeton gestürzt war, bis er sich schließlich auf göttliche Veranlassung in einen Schwan verwandelte. Als Cygnus soll er anschließend an den Himmel versetzt worden sein.

### Besondere Objekte

Deneb erscheint mit $1\overset{m}{.}2$ als einer der hellsten 20 Sterne am Himmel, wenngleich er 1800 Lichtjahre von der Erde entfernt ist. Dies bedeutet, daß er mit der 70 000fachen Leuchtkraft unserer Sonne strahlt. Deneb gehört somit zu den Überriesen, wie man solche außerordentlich hellen Sterne nennt.

Lediglich elf Lichtjahre entfernt ist 61 Cygni. Er erscheint als Stern 5. Größe und ist der viertnächste Stern, der mit bloßem Auge sichtbar ist. An 61 Cygni gelang es dem deutschen Astronomen Friedrich Wilhelm Bessel 1838 erstmals, die Parallaxe eines Sterns zu messen und daraus den ersten zuverlässigen Wert für dessen Entfernung abzuleiten. (Die Parallaxe ist die scheinbare Positionsverschiebung eines relativ nahen Sterns vor dem fernen Fixsternhimmel, wenn er von zwei weit auseinanderliegenden Punkten der Erdbahn aus anvisiert wird; im Falle von 61 Cygni beträgt die Parallaxe 0,294″.) 61 Cygni ist zudem ein Doppelstern; seine $5\overset{m}{.}2$ und $6\overset{m}{.}9$ hellen Komponenten stehen 30″ auseinander.

Ein bemerkenswerter Doppelstern ist β Cygni, der auch als Albireo – abgeleitet aus dem griechischen Wort *ornis* für „Vogel" – bekannt ist. Bereits im Feldstecher erkennt man 34,4″ neben der $3\overset{m}{.}1$ hellen orangefarbenen Hauptkomponente einen bläulichen Begleiter der Helligkeit $5\overset{m}{.}1$.

Von allen Mira-Veränderlichen am Himmel zeigt χ Cygni die größte Helligkeitsschwankung: Im Maximum erreicht er $3\overset{m}{.}3$, während er im Minimum mit $14\overset{m}{.}2$ fast elf Größenklassen lichtschwächer ist; seine Periode beträgt 406,9 Tage. Ein weiterer Vertreter dieses Veränderlichen-Typs, U Cygni, variiert innerhalb von 462,2 Tagen zwischen $5\overset{m}{.}9$ und $12\overset{m}{.}1$.

Nach dem veränderlichen Stern P Cygni ist eine ganze Sternklasse benannt. P Cygni selbst ist ein wahrer Leuchtkraftgigant: Seine Oberflächentemperatur beträgt 19 000 Kelvin, und er strahlt mehr als 700 000mal so hell wie die Sonne. Dieser Überriese hat den 76fachen Durchmesser und die 50fache Masse der Sonne. P-Cygni-Sterne zeichnen sich durch eine Besonderheit in ihrem Spektrum aus, die darauf hinweist, daß sie langsam Masse verlieren und diese expandierende Gashülle von der Sternstrahlung zum Leuchten angeregt wird.

Der Schwan hat nicht nur im optischen, sondern auch in anderen Bereichen des elektromagnetischen Spektrums bemerkenswerte Objekte zu bieten. So ist zum Beispiel die zweithellste Radioquelle am Nordhimmel hier zu finden, von den Astronomen als Cygnus A – oder kurz Cyg A – bezeichnet. Im sichtbaren Licht ist an dieser Stelle eine Galaxie 16. Größe auszumachen, die eine sanduhrförmige Gestalt hat und etwa 650 Millionen Lichtjahre entfernt ist. Ihre Form und die Stärke ihrer Energieabstrahlung machen Cygnus A zum Prototyp der Radiogalaxien. Sie strahlt jede Sekunde im Radiobereich eine Million mal mehr Energie ab als unser Milchstraßensystem über alle Wellenlängen zusammen. Die Radiostrahlung stammt von zwei riesigen gebündelten Materiestrahlen, die auf entgegengesetzten Seiten aus dem Kern der Galaxie austreten und Millionen von Lichtjahren in den Raum hinausreichen.

Das Objekt mit der Bezeichnung Cygnus X–1 ist die erste im Sternbild Schwan entdeckte Röntgenquelle. Dahinter verbirgt sich ein sogenannter Röntgen-Doppelstern, der sich innerhalb unserer Galaxis befindet und etwa 8200 Lichtjahre entfernt ist. Im sichtbaren Licht erscheint er als Stern 9. Größe und ist auch auf der Übersichtsaufnahme zu sehen. Röntgen-Doppelsternsysteme bestehen aus einem gewöhnlichen Stern, der wie unsere Sonne Wasserstoff zu schwereren Elementen verbrennt, und einem sehr kompakten Begleiter, bei dem es sich um einen Weißen Zwerg, einen Neutronenstern oder sogar um ein Schwarzes Loch handeln kann. (Alle drei der genannten Himmelskörper sind Endstadien der Sternentwicklung, und in welchen ein Stern sich letztlich umwandelt, hängt von seiner Masse ab.) Von Cygnus X–1 ist bekannt, daß der Begleiter kleiner als 150 Kilometer im Durchmesser sein muß, obwohl seine Masse etwa zehnmal so groß ist wie die der Sonne. Gas, das von der gewöhnlichen Sternkomponente auf den Begleiter strömt, heizt sich dabei auf viele Millionen Grad auf und emittiert die beobachtete Röntgenstrahlung.

## Lyra, Sagitta, Vulpecula – Leier, Pfeil, Füchschen

Diese dem Schwan im Westen bzw. Süden benachbarten kleinen Sternbilder sind auch im folgenden Sternfeld 29 zu sehen und dort besprochen.

**Offene Sternhaufen**

| Katalognummer | Sternbild | Rekt. | Dekl. | Durchmesser | Helligkeit | Sternanzahl |
|---|---|---|---|---|---|---|
| NGC 6910 | Cyg | $20^h\,23\overset{m}{.}1$ | +40° 47′ | 7′ | $7\overset{m}{.}4$ | 50 |
| M 29/NGC 6913 | Cyg | $20^h\,23\overset{m}{.}9$ | +38° 32′ | 6′ | $6\overset{m}{.}6$ | 50 |
| M 39/NGC 7092 | Cyg | $21^h\,32\overset{m}{.}2$ | +48° 26′ | 31′ | $4\overset{m}{.}6$ | 30 |

# Milchstraße im Cygnus

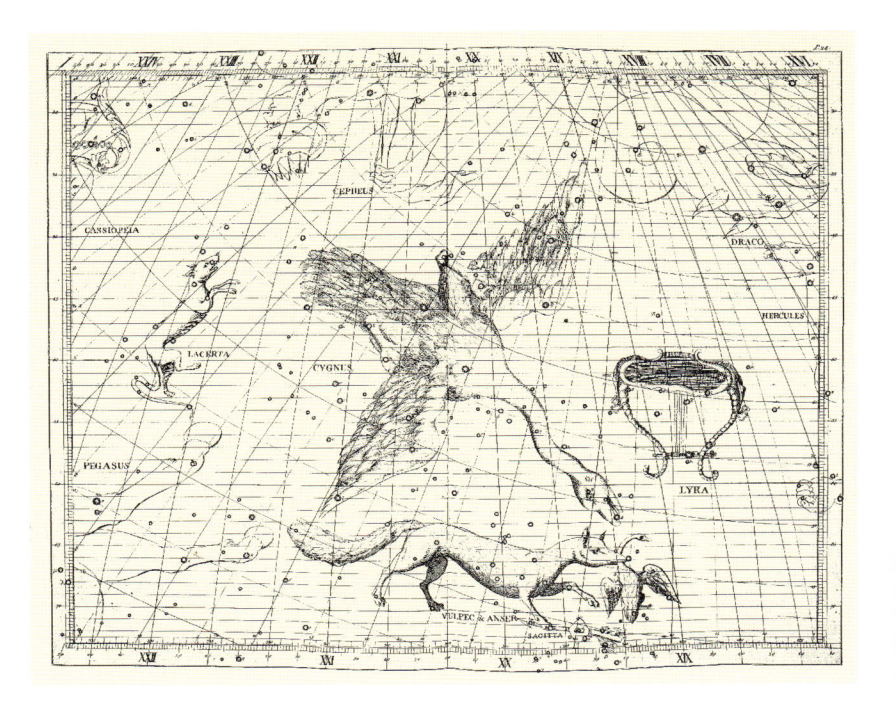

Im Bereich des Sternbildes Schwan entfaltet die Milchstraße im nördlichen Teil des Firmaments ihre volle Pracht. Die dichten Ansammlungen von Sternen sind von Wolken interstellarer Materie durchzogen, in denen einige helle Emissionsnebel zu finden sind. Hellster Stern im Bild ist Deneb ($\alpha$ Cygni). Links von ihm ist eine auffällig strukturierte, rot leuchtende Wolke aus ionisiertem Wasserstoff zu sehen; wegen ihrer markanten Form wird sie Nordamerika-Nebel genannt. Im Bild links unten sind die zarten Schleier des Cirrus-Nebels zu erkennen. Während die hier gezeigte Aufnahme eine Äquivalentbrennweite $f = 50$ cm aufweist, sind die beiden Emissionsnebel auf der folgenden Doppelseite noch einmal in größerem Maßstab abgebildet, um ihren Detailreichtum zur Geltung zu bringen.

Der Schwan, wie ihn John Flamsteed in seinem „Atlas Coelestis" am Himmel entlangfliegen sah. Das südlich von ihm gelegene Sternbild Vulpecula, das Johannes Hevelius im 17. Jahrhundert eingeführt hatte, ist hier noch als „Vulpecula et Anser" („Fuchs und Gans") verzeichnet; erst später wurde dieser Name zur heute üblichen Bezeichnung verkürzt.

# Feld 28          Nebel im Cygnus

**Cyg
Lyr
Sge
Vul**

Einer der bekanntesten Emissionsnebel des nördlichen Himmels ist der Nordamerika-Nebel (NGC 7000). Er besteht aus einer riesigen Wolke aus Wasserstoffgas, das durch das Licht naher, heißer Sterne ionisiert und damit zum Leuchten angeregt wird. Seine markante Form erhält der Emissionsnebel durch Dunkelwolken, die ihn durchziehen und den Golf von Mexiko nachzuzeichnen scheinen. Diese Dunkelwolken trennen den Nebel auch von seinem westlichen (rechten) Teil, in dessen Form man mit etwas Phantasie einen Vogel mit langem, dickem Schnabel erkennen kann. Dieses Objekt mit der Katalogbezeichnung IC 5067—5070 ist daher auch unter dem Namen Pelikan-Nebel bekannt. Die Flächenhelligkeit beider Nebel ist sehr gering, so daß man sie selbst mit einem lichtstarken Feldstecher oder Fernrohr am Himmel nur erahnen kann. Erst auf langbelichteten Photographien wie dieser treten sie markant aus dem Himmelshintergrund hervor ($f = 100$ cm).

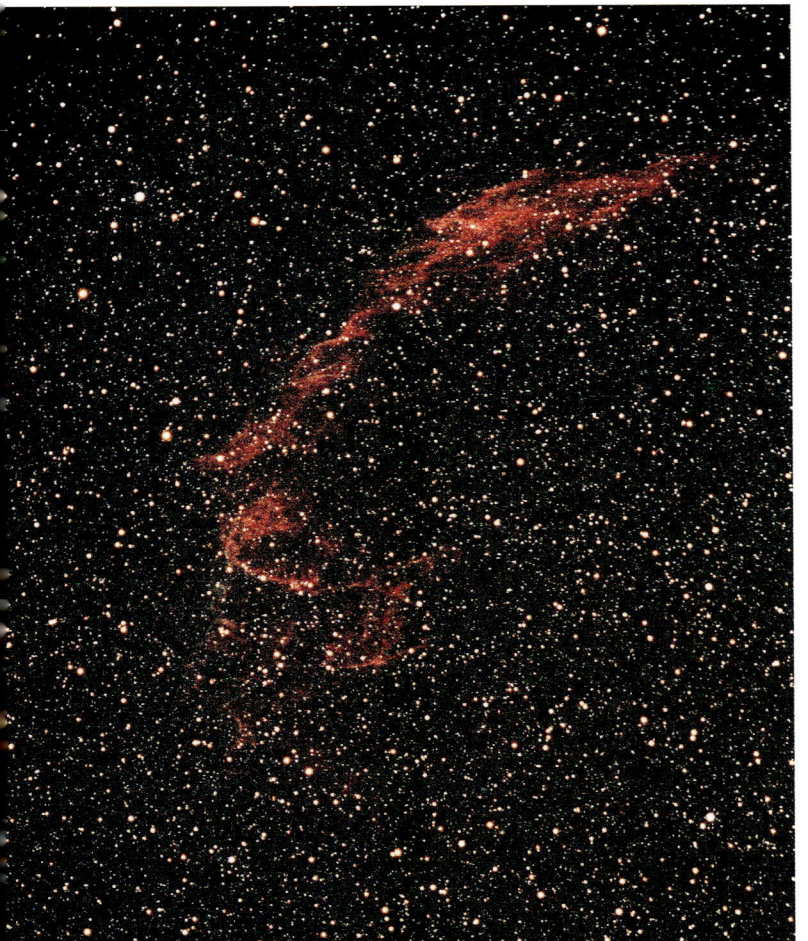

Der Cirrus-Nebel im Sternbild Schwan. Im oberen Bild ($f = 100$ cm) ist die Umgebung des Nebels zu sehen, einschließlich des offenen Sternhaufens NGC 6940 im benachbarten Sternbild Vulpecula. In den rot leuchtenden Wolkenfetzen erkennt man eine gewisse sphärische Symmetrie, woraus sich folgern läßt, daß sie die sichtbaren Reste einer Supernova-Explosion sind. Die Gase dehnen sich heute noch mit einer Geschwindigkeit von etwa 120 Kilometern pro Sekunde aus. Abschätzungen ergeben, daß die Supernova vor 30 000 bis 50 000 Jahren explodiert sein muß. Die Gasmassen leuchten nur noch sehr schwach; am hellsten erscheint der östliche Teil des Nebels, der die Katalognummer NGC 6992–6995 trägt (links; $f = 500$ cm). In wenigen tausend Jahren werden sich die ehemaligen äußeren Schichten eines leuchtkräftigen Sterns so weit im Raum verteilt haben, daß sie nicht mehr nachweisbar sind.

# Feld 29

**Del
Equ
Lyr
Sge
Vul**

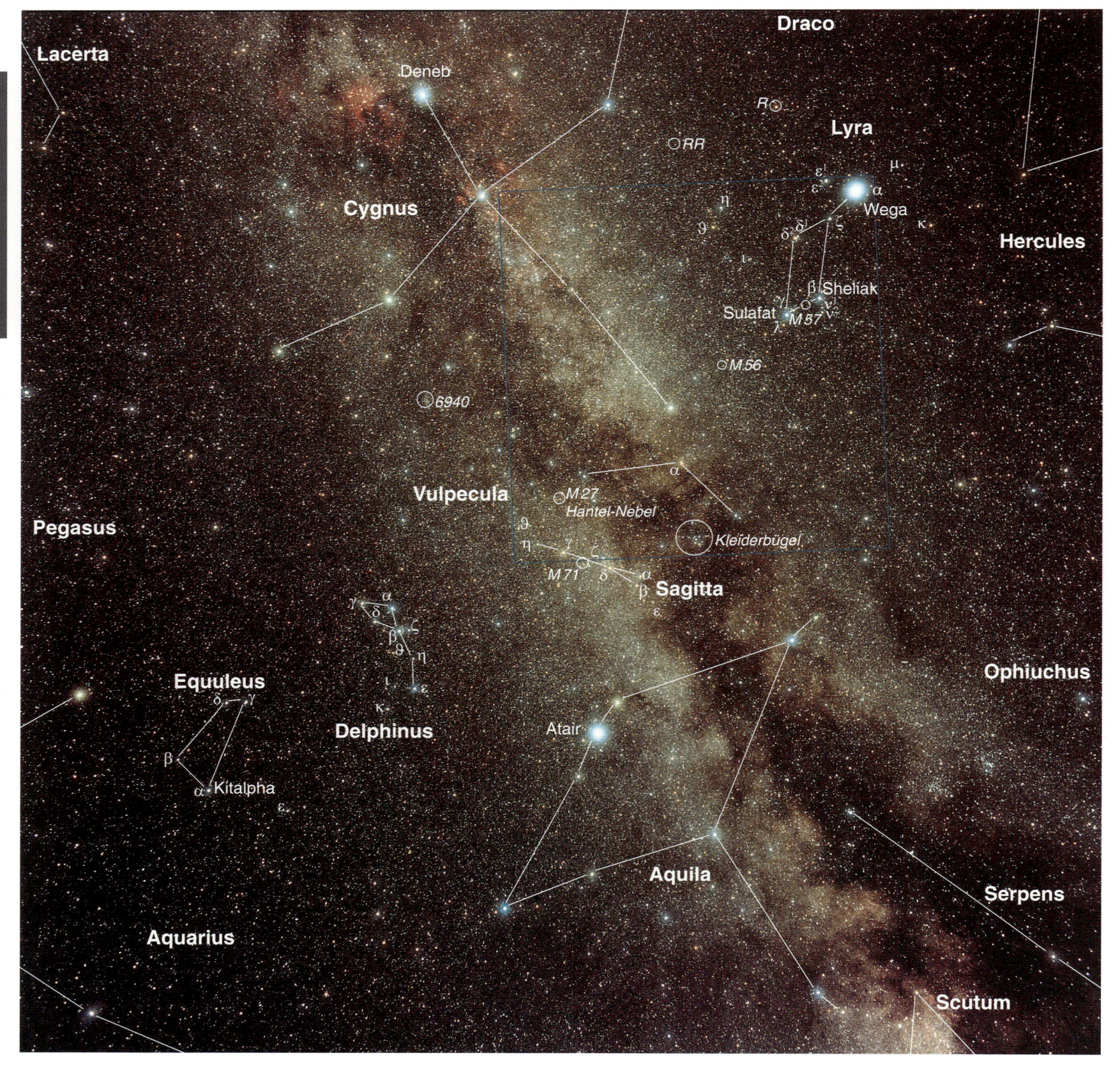

**Delphinus – Delphin**
Del – Delphini

**Equuleus – Füllen**
Equ – Equulei

**Lyra – Leier**
Lyr – Lyrae

**Sagitta – Pfeil**
Sge – Sagittae

**Vulpecula – Füchschen**
Vul – Vulpeculae

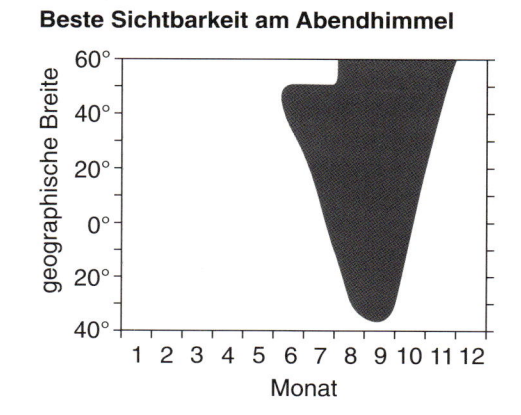

Beste Sichtbarkeit am Abendhimmel

# Delphinus, Equuleus, Lyra, Sagitta, Vulpecula

**Daten der Sternbilder**

|  | Delphinus | Equuleus | Lyra | Sagitta | Vulpecula |
|---|---|---|---|---|---|
| Bereich in Rektaszension | 20$^h$ 14$^m$ — 21$^h$ 09$^m$ | 20$^h$ 56$^m$ — 21$^h$ 26$^m$ | 18$^h$ 13$^m$ — 19$^h$ 29$^m$ | 18$^h$ 57$^m$ — 20$^h$ 21$^m$ | 18$^h$ 57$^m$ — 21$^h$ 31$^m$ |
| Bereich in Deklination | +20° 55′ — +2° 25′ | +13° 00′ — +2° 30′ | +47° 45′ — +25° 40′ | +21° 40′ — +16° 10′ | +29° 30′ — +19° 25′ |
| Fläche in Quadratgrad | 188,54 | 71,64 | 286,48 | 79,93 | 268,17 |
| Messier-Objekte | — | — | M 56, M 57 | M 71 | M 27 |
| Anzahl der Sterne heller als 5$^m$,5 | 12 | 5 | 24 | 9 | 24 |
| Meteorströme | — | — | Lyriden (20./21. April) | — | — |
| Kulmination um Mitternacht am | 31. Juli | 8. August | 4. Juli | 16. Juli | 25. Juli |
| zirkumpolar für | 90° n. Br. — 88° n. Br. | 90° n. Br. — 88° n. Br. | 90° n. Br. — 64° n. Br. | 90° n. Br. — 74° n. Br. | 90° n. Br. — 71° n. Br. |
| vollständig sichtbar von | 90° n. Br. — 69° s. Br. | 90° n. Br. — 77° s. Br. | 90° n. Br. — 42° s. Br. | 90° n. Br. — 68° s. Br. | 90° n. Br. — 60° s. Br. |
| nicht sichtbar von | 88° s. Br. — 90° s. Br. | 88° s. Br. — 90° s. Br. | 64° s. Br. — 90° s. Br. | 74° s. Br. — 90° s. Br. | 71° s. Br. — 90° s. Br. |

# Feld 29

**Del
Equ
Lyr
Sge
Vul**

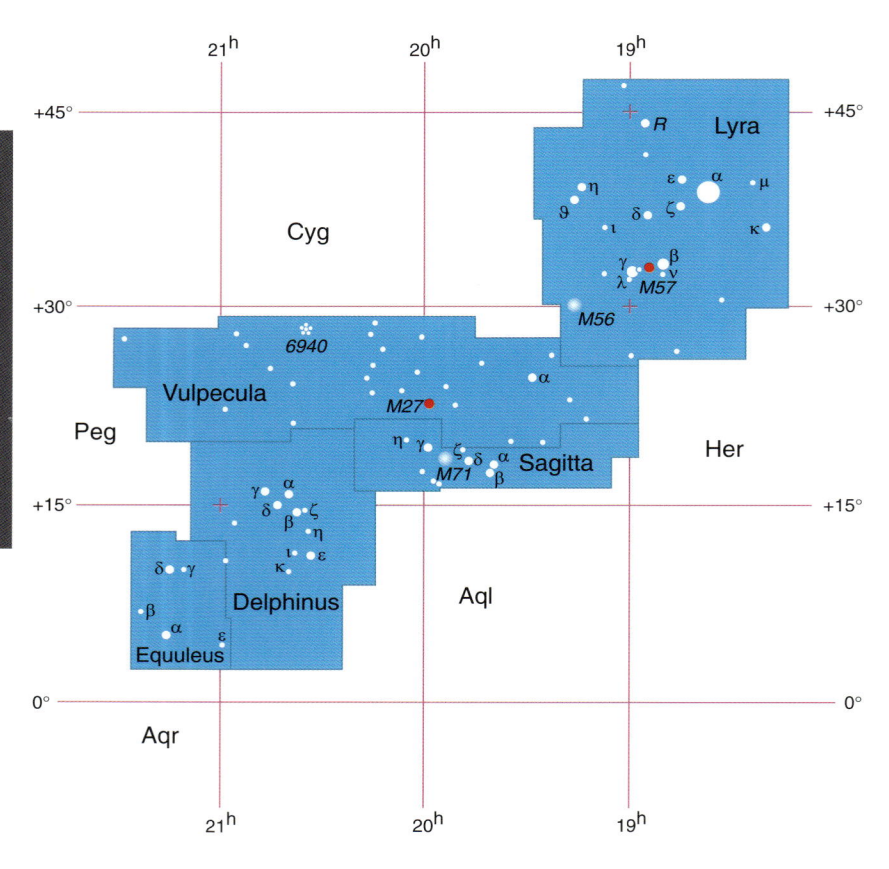

## Delphinus – Delphin

Eine Detailaufnahme dieses kleinen, markanten Sternbildes ist auf S. 147 unter dem Feld 30 zu sehen.

## Equuleus – Füllen

Eine Erläuterung zu diesem unauffälligen Sternbild, das aus einigen lichtschwachen Sternen zwischen den Konstellationen Delphin, Pegasus und Wassermann besteht, befindet sich unter dem Feld 32.

## Lyra – Leier

Die Leier ist ein kleines, aber leicht aufzufindendes Sternbild: Hauptstern ist Wega, mit $0\overset{m}{.}03$ der fünfthellste Stern am Firmament und der zweithellste am Nordhimmel. Sein Eigenname leitet sich aus dem Arabischen ab und bedeutet „herabstürzender Adler" oder „Geier". Der Mythologie zufolge stellt die Leier das erste derartige Musikinstrument dar, das der findige Götterbote Hermes gebaut haben soll und das später an den Sänger Orpheus weitergegeben wurde.

### Besondere Objekte

Die Sterne $\varepsilon^1$ und $\varepsilon^2$ Lyrae bilden ein Doppelsternsystem; die beiden $4\overset{m}{.}7$ und $5\overset{m}{.}1$ hellen Komponenten haben einen Abstand von 208″ voneinander und lassen sich bereits mit bloßem Auge getrennt sehen. Mit einem Fernrohr kann man bei mittlerer Vergrößerung erkennen, daß jede dieser Komponenten wiederum doppelt ist: Jeweils ein Stern 5. und 6. Größe umkreisen einander in einer scheinbaren Distanz von zwei bis drei Bogensekunden. Somit ist $\varepsilon$ Lyrae eines der relativ seltenen Vierfachsternsysteme; ein weiteres Beispiel ist $\nu$ Scorpii (s. Feld 24).

$\beta$ Lyrae ist ein besonderer Dreifachstern. Zwei der Komponenten stehen so nahe beiander, daß sie sich verformen. Einer dieser Sternpartner hat ein fortgeschrittenes Entwicklungsstadium erreicht und sich so weit aufgebläht, daß Gas von ihm auf den nahen Begleiter strömt. Von der Erde aus gesehen kommt es bei jedem Umlauf der Sterne zu einer teilweisen Bedeckung. Deshalb variiert die scheinbare Helligkeit von $\beta$ Lyrae in einem Rhythmus von 12,9 Tagen zwischen $3\overset{m}{.}3$ und $4\overset{m}{.}3$. Dieser Stern ist Prototyp einer speziellen Klasse von Bedeckungsveränderlichen, der Beta-Lyrae-Sterne.

Nach RR Lyrae ist ebenfalls eine Klasse von Veränderlichen benannt. Diese RR-Lyrae-Sterne gehören zu den Pulsationsveränderlichen und ändern ihre Helligkeit innerhalb weniger Stunden. Ein leichtes Feldstecherobjekt ist R Lyrae, ein halbregelmäßiger Veränderlicher, dessen Helligkeit mit einer Periode von ungefähr 47 Tagen zwischen $4\overset{m}{.}0$ und $5\overset{m}{.}0$ variiert.

M 56 ist ein Kugelsternhaufen der scheinbaren Helligkeit $8\overset{m}{.}2$ in etwa 40 000 Lichtjahren Entfernung. Das bekannteste Messier-Objekt in der Leier, der Ring-Nebel M 57, ist auf der nächsten Seite zu sehen.

## Sagitta – Pfeil

Dieses drittkleinste der Sternbilder bedeckt lediglich 0,2 Prozent der Himmelsfläche. Hellster Stern ist $\gamma$ Sagittae mit $3\overset{m}{.}47$. Das bereits in der Antike bekannte Sternbild soll den Pfeil darstellen, mit dem Herkules den Adler erschoß, der an Prometheus' Leber fraß.

### Besondere Objekte

Das zwischen $\gamma$ und $\delta$ Sagittae gelegene Messier-Objekt M 71 (NGC 6838) ist ein Kugelsternhaufen in etwa 18 000 Lichtjahren Entfernung. Seine scheinbare Helligkeit beträgt $8\overset{m}{.}0$.

## Vulpecula – Füchschen

Das südlich des Schwans gelegene Sternbild hat Johannes Hevelius Ende des 17. Jahrhunderts als Doppelkonstellation eingeführt: „Vulpecula et Anser" („Fuchs und Gans"). Auf historischen Sternkarten sieht man den Fuchs, wie er eine Gans davonträgt (Bild S. 137). Spätere Astronomen nahmen ihm seine Beute wieder weg und ließen ihn allein am Himmel stehen.

### Besondere Objekte

Für das bloße Auge hat Vulpecula wenig Attraktives zu bieten, weil die hellsten Sterne nur der 4. und 5. Größenklasse angehören. Allerdings enthält das Sternbild mit M 27 (NGC 6853), dem Hantel-Nebel, den hellsten Planetarischen Nebel des nördlichen Himmels (Bild unten).

Im großen Gesichtsfeld eines Fernglases läßt sich zudem an der Grenze zum Sternbild Sagitta eine interessante Struktur beobachten: ein Kleiderbügel. Sechs Sterne 6. und 7. Größe bilden eine lineare Kette, von deren Mitte nach Süden hin ein Haken abzweigt, der aus vier weiteren, etwas helleren Sternen gebildet wird.

**Offene Sternhaufen**

| Katalog-nummer | Stern-bild | Rekt. | Dekl. | Durch-messer | Hellig-keit | Stern-anzahl |
|---|---|---|---|---|---|---|
| NGC 6940 | Vul | $20^h\,34\overset{m}{.}6$ | $+28°\,18'$ | 31′ | $6\overset{m}{.}3$ | 60 |

# Planetarische Nebel M 27, M 57

Im Bereich der Milchstraße um den Südteil des Sternbildes Schwan sind zwei bemerkenswerte Planetarische Nebel zu finden: M 27 und M 57 (oben, $f$ = 50 cm). Der knapp 1000 Lichtjahre entfernte Nebel M 27 im Sternbild Vulpecula ist bereits mit einem 10fach vergrößernden Fernglas als diffuser Fleck der Helligkeit $7\overset{m}{.}3$ auszumachen. In Fernrohren mit starker Vergrößerung ist seine ovale Form mit den wulstförmigen Verdichtungen an zwei gegenüberliegenden Seiten erkennbar, der er seinen Namen Hantel-Nebel verdankt. Doch erst auf langbelichteten Photographien ist die detaillierte Struktur des Nebels zu sehen (links, $f$ = 500 cm). Der in der Aufnahme erkennbare Zentralstern hat eine Helligkeit von $13\overset{m}{.}4$. Im Sternbild Lyra (Leier), auf der Verbindungslinie zwischen den Sternen β und γ Lyrae, befindet sich M 57, auch Ring-Nebel genannt. Der Astronom Antoine Darquier verglich 1779 das Erscheinungsbild dieses Nebels mit dem eines Planeten, was seinen Kollegen William Herschel veranlaßte, die Bezeichnung „Planetarische Nebel" einzuführen. Bei starker Vergrößerung sieht man deutlich die ringförmige Struktur des etwa 2000 Lichtjahre entfernten, $9\overset{m}{.}3$ hellen Objekts (rechts, $f$ = 500 cm). Der gleiche Abbildungsmaßstab erlaubt einen direkten Größenvergleich beider Nebel.

# Feld 30

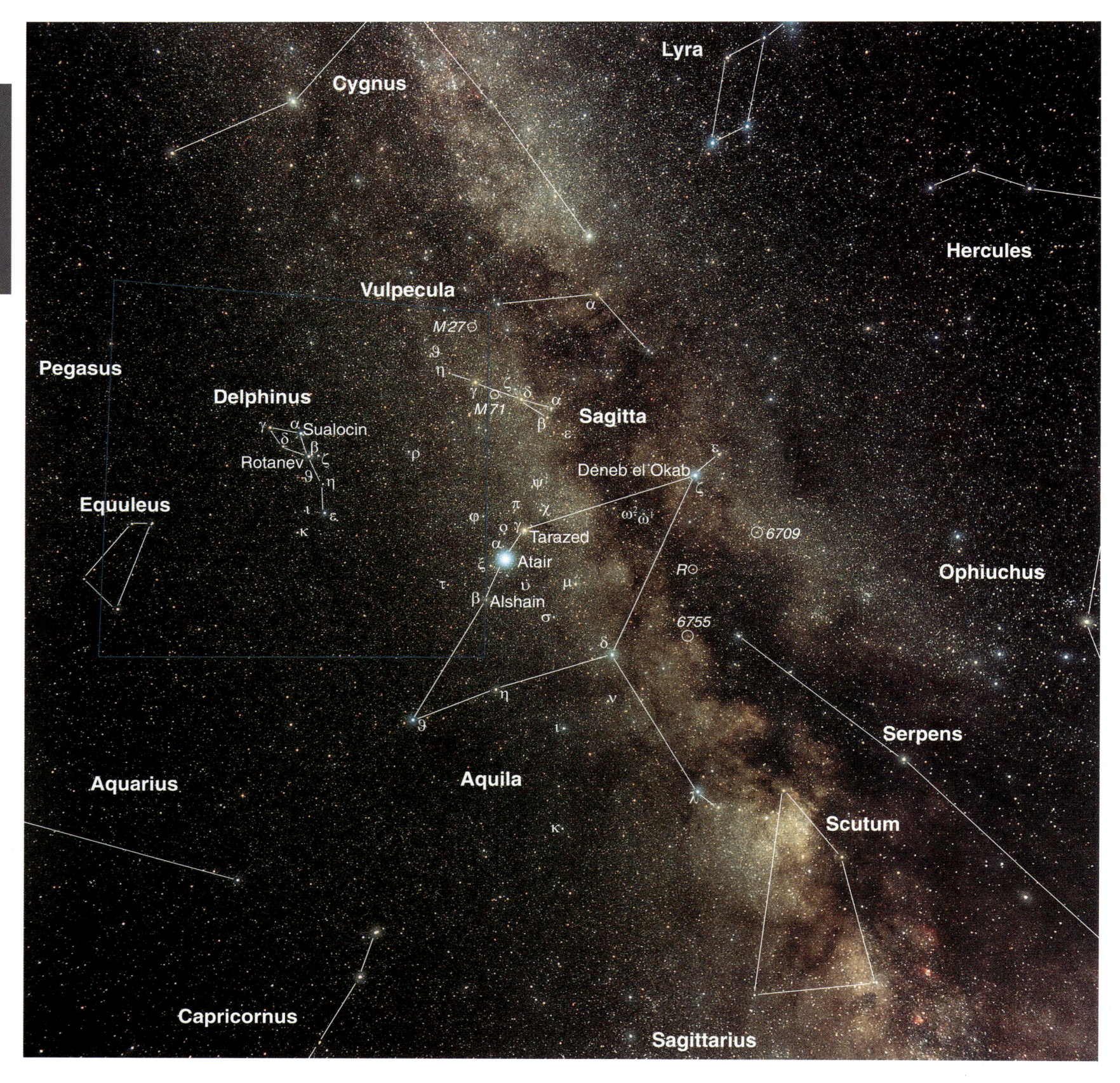

**Aql**
**Del**
**Sge**
**Vul**

### Aquila – Adler
Aql – Aquilae

### Delphinus – Delphin
Del – Delphini

### Sagitta – Pfeil
Sge – Sagittae

### Vulpecula – Füchschen
Vul – Vulpeculae

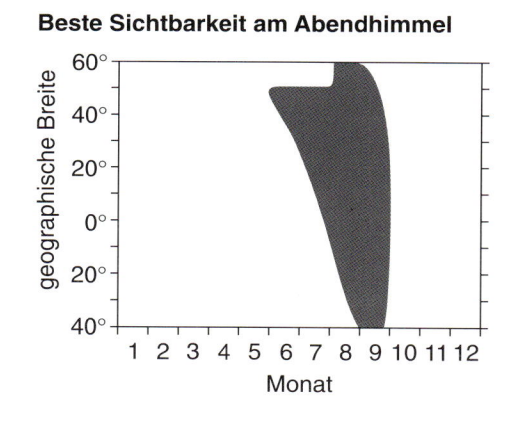

Beste Sichtbarkeit am Abendhimmel

# Aquila, Delphinus, Sagitta, Vulpecula

**Daten der Sternbilder**

|  | Aquila | Delphinus | Sagitta | Vulpecula |
|---|---|---|---|---|
| Bereich in Rektaszension | 18$^h$ 41$^m$ — 20$^h$ 39$^m$ | 20$^h$ 14$^m$ — 21$^h$ 09$^m$ | 18$^h$ 57$^m$ — 20$^h$ 21$^m$ | 18$^h$ 57$^m$ — 21$^h$ 31$^m$ |
| Bereich in Deklination | +18° 40′ — −11° 50′ | +20° 55′ — +2° 25′ | +21° 40′ — +16° 10′ | +29° 30′ — +19° 25′ |
| Fläche in Quadratgrad | 652,47 | 188,54 | 79,93 | 268,17 |
| Messier-Objekte | — | — | M 71 | M 27 |
| Anzahl der Sterne heller als 5$^m$,5 | 43 | 12 | 9 | 24 |
| Meteorströme | — | — | — | — |
| Kulmination um Mitternacht am | 16. Juli | 31. Juli | 16. Juli | 25. Juli |
| zirkumpolar für | — | 90° n. Br. — 88° n. Br. | 90° n. Br. — 74° n. Br. | 90° n. Br. — 71° n. Br. |
| vollständig sichtbar von | 78° n. Br. — 71° s. Br. | 90° n. Br. — 69° s. Br. | 90° n. Br. — 68° s. Br. | 90° n. Br. — 60° s. Br. |
| nicht sichtbar von | — | 88° s. Br. — 90° s. Br. | 74° s. Br. — 90° s. Br. | 71° s. Br. — 90° s. Br. |

# Feld 30

**Aql
Del
Sge
Vul**

### Besondere Objekte

Atair ist mit der zehnfachen Leuchtkraft der Sonne einer der am hellsten strahlenden Sterne im Umkreis von 20 Lichtjahren um die Erde. Aus Untersuchungen seines Spektrums weiß man, daß er sehr schnell rotiert: Innerhalb von 6,5 Stunden dreht er sich einmal um seine Achse. Wegen der hohen Fliehkraft, die dadurch entsteht, dürfte er eine stark abgeplattete Gaskugel sein.

ε Aquilae ist ein Delta-Cephei-Stern, dessen scheinbare Helligkeit mit einer Periode von 7,2 Tagen zwischen $3^m\!.5$ und $4^m\!.4$ variiert. Ein Veränderlicher vom Mira-Typ ist hingegen R Aquilae; seine Helligkeit schwankt zwischen der 5. und der 6. Größenklasse mit einer Periode, die etwa 300 Tage beträgt.

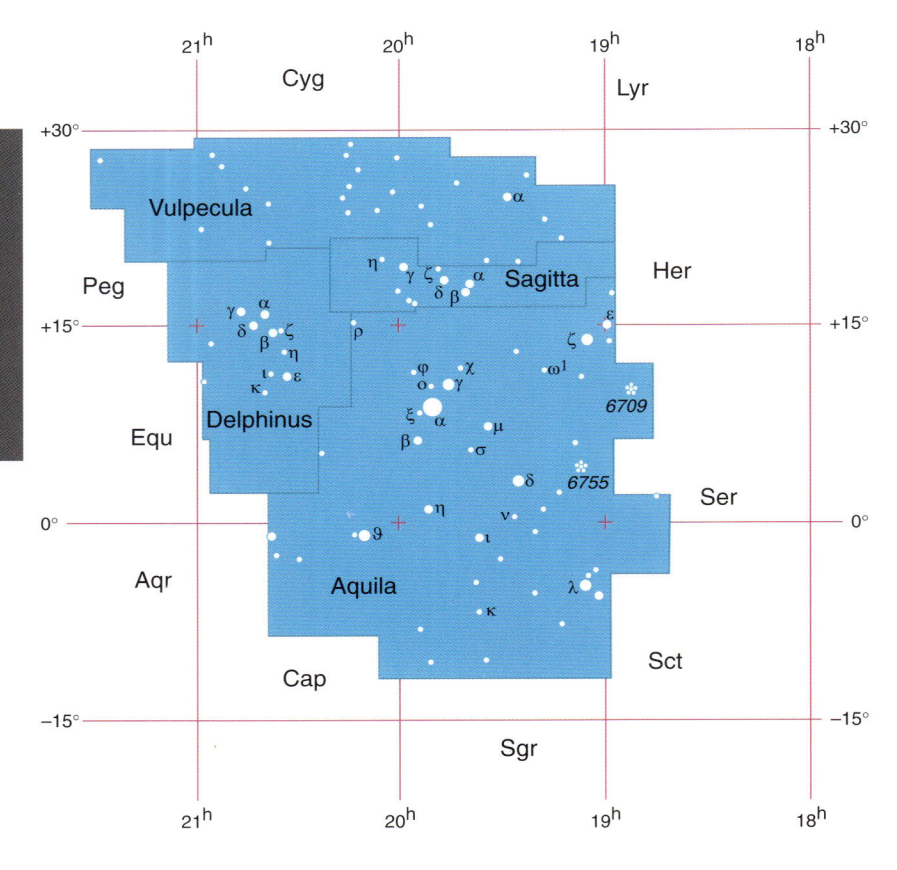

## Aquila – Adler

Der Adler liegt in einem Bereich der Milchstraße, in dem sie durch ein dunkles Band in zwei Hälften gespalten wird. Diese Zweiteilung setzt sich in südwestlicher Richtung bis über die Sternbilder Schütze und Skorpion hinweg fort. Der bläulich-weiße Hauptstern von Aquila, Atair (arabisch für „Fliegender Adler"), hat eine scheinbare Helligkeit von $0^m\!.77$. Er wird von β und γ Aquilae flankiert, zwei gelblich-orange leuchtenden Sternen der Helligkeit $3^m\!.7$ und $2^m\!.6$. Anhand dieser Dreiergruppe ist das Sternbild leicht am Himmel zu finden. In Wirklichkeit stehen die drei Sterne jedoch weit auseinander: α Aquilae ist 17, β Aquilae 42 und γ Aquilae 280 Lichtjahre von der Erde entfernt. Mit den anderen hellen Sternen dieser Konstellation bilden sie eine Figur, in der man – ähnlich wie im Sternbild Cygnus – einen fliegenden Vogel sehen kann.

Zwischen dem Adler und dem benachbarten Sternbild Wassermann führte Karl-Joseph König, Astronom an der Sternwarte Mannheim, 1785 die Konstellation „Leo Palatinus"(„Pfälzischer Löwe") ein, um seine Geldgeber, den Kurfürsten Carl Theodor und seine Frau Elisabeth Augusta, zu ehren. Doch das Sternbild wurde ebensowenig anerkannt wie der „Reichsapfel" des Kaisers Leopold I., den ein anderer Astronom, Gottfried Kirch, 1688 als „Pomum Imperiale" dem Adler beifügen wollte.

### Mythologie

Bereits die Sumerer und Babylonier nannten Atair den Adlerstern. Aus der griechischen Mythologie sind verschiedene Erklärungen dafür überliefert, wie der Adler an den Himmel kam. Nach einer Version soll es der Greifvogel sein, der in der Herakles-Sage eine Rolle spielte. Als Herakles durch den Kaukasus kam, fand er Prometheus, der zur Strafe dafür, daß er den Menschen das Feuer gebracht hatte, von den Göttern an einen Felsen geschmiedet wurde. Täglich kam ein Adler vorbei und fraß an der Leber des Prometheus, die des nachts wieder nachwuchs. Herakles befreite den Unglücklichen von seinen Qualen, indem er den Adler mit einem Pfeil erschoß. Eine andere Erzählung bringt den Adler in Verbindung mit dem benachbarten Sternbild Aquarius (Wassermann). Angeblich ist dort Ganymed dargestellt, ein schöner Jüngling, den ein Adler – der gewöhnlich für Zeus die Blitze trug – auf den Olymp brachte, wo er den Göttern als Mundschenk oder als Buhlknabe diente. In beiden Fällen wurde der Adler als Dank für seine Dienstleistung von Zeus an den Himmel versetzt.

Nach einem anderen Mythos hinterließ der hinduistische Gott Wischnu in den Sternen α, β und γ Aquilae seinen Fußabdruck am Firmament.

## Delphinus – Delphin

Das im Randbereich des Milchstraßenbandes in Nachbarschaft zum Adler gelegene kleine Sternbild ist leicht am Himmel aufzufinden (Bild rechts). Die eigentümlichen Namen Sualocin und Rotanev für α und β Delphini gehen auf einen findigen Einfall von Niccolo Cacciatore zurück, dem Assistenten und späteren Nachfolger von Guiseppe Piazzi als Leiter der Sternwarte Palermo. Rückwärts gelesen ergibt sich Nicolaus Venator, die latinisierte Version von Niccolo Cacciatore. Er führte die beiden Namen 1814 in einem Sternkatalog ein. Damit war er der erste und einzige Astronom, dem es gelang, Sterne nach sich zu benennen. Spätere Kollegen wandten einen ähnlichen Trick bei der Namensgebung von Planetoiden an.

## Sagitta, Vulpecula – Pfeil, Füchschen

Diese beiden nördlich des Adlers gelegenen Sternbilder sind auch auf der Übersichtsaufnahme in Feld 29 zu sehen und dort beschrieben.

**Offene Sternhaufen**

| Katalognummer | Sternbild | Rekt. | Dekl. | Durchmesser | Helligkeit | Sternanzahl |
|---|---|---|---|---|---|---|
| NGC 6709 | Aql | $18^h\,51\!.\!'5$ | $+10°\,21'$ | $13'$ | $6^m\!.7$ | 40 |
| NGC 6755 | Aql | $19^h\,07\!.\!'8$ | $+04°\,14'$ | $14'$ | $7^m\!.5$ | 100 |

# Delphin

Das Sternbild Delphin besteht aus einer kleinen, markanten Figur am nördlichen Sternenhimmel: Vier Sterne 4. Größe bilden eine kleine Raute, an deren südwestlicher Ecke eine kurze Kette weiterer Sterne ungefähr gleicher Helligkeit ansetzt. Mit etwas Phantasie kann man in dieser Sterngruppe einen aus dem Wasser springenden Delphin sehen. Diese Meeressäuger waren den Griechen bestens bekannt. Eines dieser intelligenten Tiere soll den Sänger Arion vor dem Ertrinken gerettet haben, als er während einer Seereise über Bord springen mußte, um den Seeleuten zu entkommen, die ihn berauben und töten wollten. Einer anderen Überlieferung zufolge versetzte der Meeresgott Poseidon den Delphin an den Himmel aus Dank dafür, daß er ihm die ersehnte Braut zugeführt hatte.

Das im Feld 30 vorgestellte Himmelsareal versah Johann E. Bode 1782 mit den damals üblichen Sinnbildern. Die Karte enthält einige Konstellationen, die heute nicht mehr gebräuchlich sind. „Antinous" stellte eine historisch belegte Person dar. Ein Jüngling dieses Namens war der Geliebte des römischen Kaisers Hadrian. Während einer gemeinsamen Fahrt auf dem Nil im Jahre 130 n. Chr. ertränkte sich Antinous in den Fluten des Stroms, weil ein Orakel dem Kaiser geweissagt hatte, er würde aus einer tödlichen Gefahr errettet werden, wenn er das verlöre, was er meisten liebe. Ptolemäus erwähnte in seiner etwa 20 Jahre später geschriebenen „Megale Syntax" (dem „Almagest") Antinous als Teil des Sternbildes *Aetos*, des heutigen Adler. Der Adler soll einst einen anderen Jüngling, Ganymed, mit seinen Klauen ergriffen haben, um ihn den der Knabenliebe nicht abgeneigten Göttern zu bringen.

# Feld 31

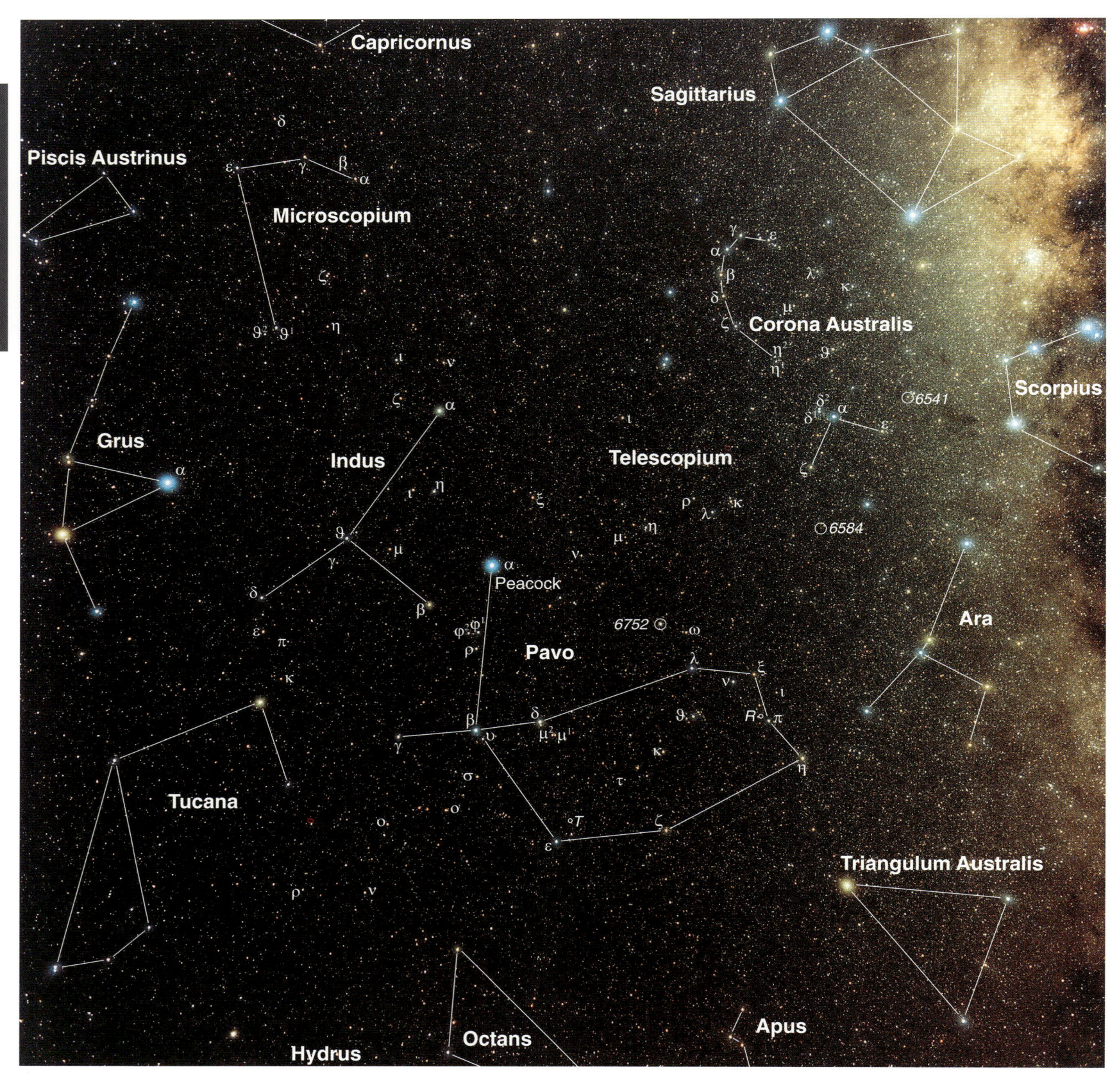

CrA
Ind
Mic
Pav
Tel

**Corona Australis – Südliche Krone**
CrA – Coronae Australis

**Microscopium – Mikroskop**
Mic – Microscopii

**Pavo – Pfau**
Pav – Pavonis

**Telescopium – Fernrohr**
Tel – Telescopii

**Indus – Indianer**
Ind – Indi

Beste Sichtbarkeit am Abendhimmel

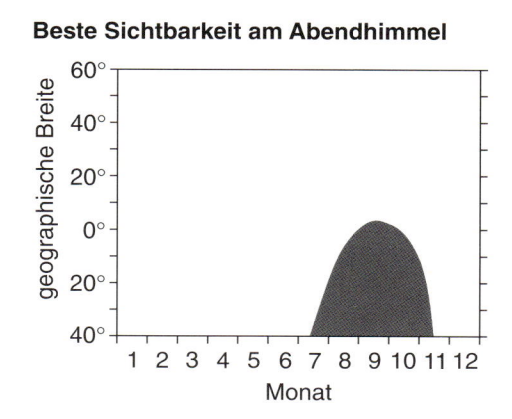

# Corona Australis, Indus, Microscopium, Pavo, Telescopium

**Daten der Sternbilder**

|  | Corona Australis | Indus | Microscopium | Pavo | Telescopium |
|---|---|---|---|---|---|
| Bereich in Rektaszension | 17$^h$ 58$^m$ — 19$^h$ 19$^m$ | 20$^h$ 28$^m$ — 23$^h$ 28$^m$ | 20$^h$ 27$^m$ — 21$^h$ 28$^m$ | 17$^h$ 40$^m$ — 21$^h$ 33$^m$ | 18$^h$ 09$^m$ — 20$^h$ 30$^m$ |
| Bereich in Deklination | −36° 45′ — −45° 30′ | −45° 05′ — −74° 25′ | −27° 25′ — −45° 00′ | −56° 35′ — −75° 00′ | −45° 05′ — −57° 00′ |
| Fläche in Quadratgrad | 127,69 | 294,01 | 209,51 | 377,67 | 251,51 |
| Messier-Objekte | — | — | — | — | — |
| Anzahl der Sterne heller als 5$^m$5 | 19 | 10 | 13 | 28 | 15 |
| Meteorströme | — | — | — | Pavoniden (5./6. April) | — |
| Kulmination um Mitternacht am | 30. Juni | 12. August | 4. August | 15. Juli | 10. Juli |
| zirkumpolar für | 53° s. Br. — 90° s. Br. | 45° s. Br. — 90° s. Br. | 63° s. Br. — 90° s. Br. | 33° s. Br. — 90° s. Br. | 45° s. Br. — 90° s. Br. |
| vollständig sichtbar von | 44° n. Br. — 90° s. Br. | 16° n. Br. — 90° s. Br. | 45° n. Br. — 90° s. Br. | 15° n. Br. — 90° s. Br. | 33° n. Br. — 90° s. Br. |
| nicht sichtbar von | 90° n. Br. — 53° n. Br. | 90° n. Br. — 45° n. Br. | 90° n. Br. — 63° n. Br. | 90° n. Br. — 33° n. Br. | 90° n. Br. — 45° n. Br. |

# Feld 31

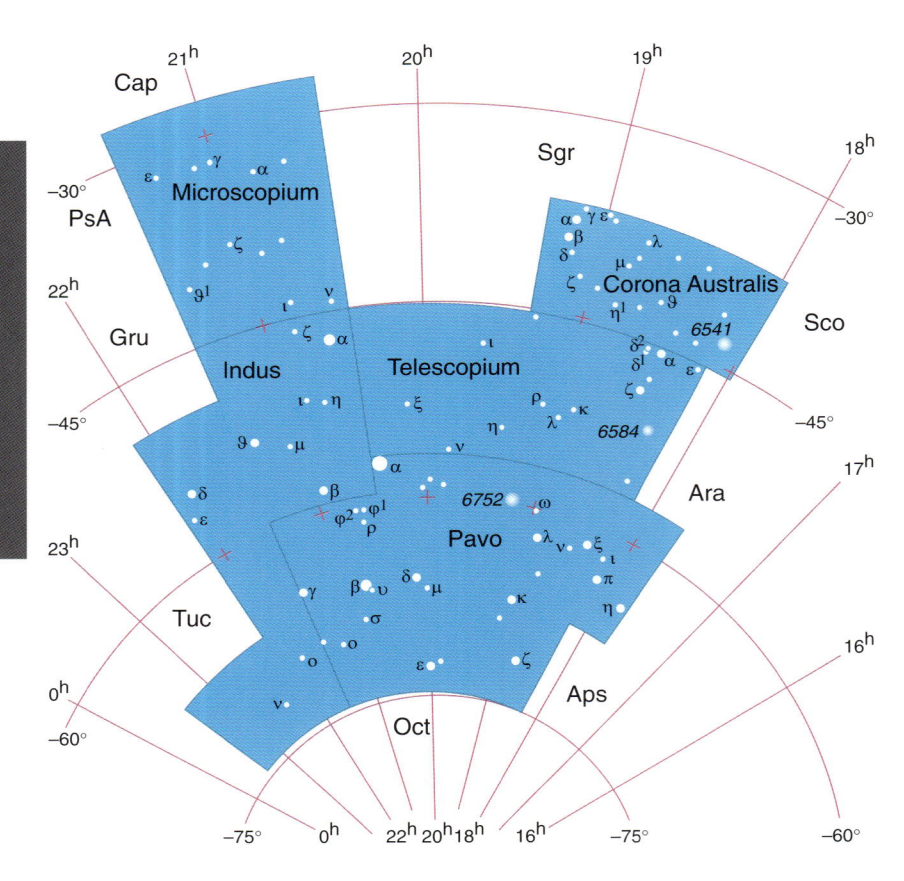

**CrA**
**Ind**
**Mic**
**Pav**
**Tel**

## Microscopium – Mikroskop

Dieses Sternbild hat sein Vorhandensein dem Astronomen Nicolas-Louis de Lacaille zu verdanken, der es Mitte des 18. Jahrhunderts als Lückenfüller zwischen dem Schützen und dem Kranich einführte. Es enthält zwar 15 Sterne der 5. Größenklasse, die mit bloßem Auge gesehen werden können, doch fällt es schwer, darin eine auffällige Figur, geschweige denn ein Mikroskop zu erkennen. Hellster Stern ist ε Microscopii mit $4^m\!.7$.

## Pavo – Pfau

Der aus Südasien stammende farbenprächtige Hühnervogel animierte niederländische Ostindienfahrer Ende des 16. Jahrhunderts zu dieser Namensgebung. Johann Bayer übernahm das Sternbild 1603 in seine „Uranometria".

**Besondere Objekte**
κ Pavonis ist ein Pulsationsveränderlicher vom Typ der W-Virginis-Sterne, die zur Gruppe der langperiodischen Cepheiden zählen. Seine Helligkeit variiert mit einer Periode von 9,1 Tagen zwischen $3^m\!.9$ und $4^m\!.7$. R und T Pavonis gehören zu den Mira-Sternen; mit einer Periode von 230 bzw. 244 Tagen schwankt ihre Helligkeit zwischen der 7. und der 14. Größenklasse. Die Position beider Sterne ist auf der Übersichtsaufnahme markiert.

Ein Beobachtungsobjekt für den Feldstecher ist der Kugelsternhaufen NGC 6752. Mit einer scheinbaren Gesamthelligkeit von $5^m\!.5$ befindet er sich gerade an der Sichtbarkeitsgrenze für das unbewaffnete Auge.

## Corona Australis – Südliche Krone

Etwa dort, wo man sich die Vorderbeine des Kentauren vorzustellen hat, der im Sternbild Sagittarius dargestellt ist, befindet sich eine bogenförmige Anordnung von Sternen 4. und 5. Größe. Sie liegt im Randbereich der Milchstraße und ist leicht an ihrer markanten Form zu erkennen. Der Name dieses Sternbildes weist es als südliches Gegenstück der Nördlichen Krone aus, wenngleich die Griechen zu Ptolemäus' Zeiten darin eher einen Kranz als eine Krone sahen.

**Besondere Objekte**
Erwähnenswert ist der Doppelstern γ Coronae Australis. Die beiden $4^m\!.8$ und $5^m\!.1$ hellen, gelben Komponenten umkreisen einander in 120 Jahren und haben einen scheinbaren Abstand von gegenwärtig 1,3″. Das Sternsystem ist etwa 40 Lichtjahre von der Erde entfernt. κ CrA ist ebenfalls doppelt; die beiden Sterne mit einer Helligkeit von $5^m\!.9$ und $6^m\!.6$ stehen 22″ auseinander.

Nahe der Grenze zum Sternbild Skorpion befindet sich der Kugelsternhaufen NGC 6541. Mit einer scheinbaren Helligkeit von $6^m\!.1$ und einem Durchmesser von 13′ ist er bereits im Feldstecher zu erkennen.

## Indus – Indianer

Diese Konstellation gehört zu denen, die niederländische Seefahrer Ende des 16. Jahrhunderts eingeführt hatten. Johann Bayer verzeichnete es 1603 in seiner „Uranometria". Gelegentlich wird das Sternbild auch als „Inder" bezeichnet, doch soll es einen amerikanischen Indianer darstellen, der in historischen Sternkarten Pfeile und einen Speer in seinen Händen hält.

Hellster Stern ist α Indi mit $3^m\!.1$. Er bildet mit den auffälligeren Sternen α Gruis und α Pavonis ein Dreieck, das zum Aufsuchen des Sternbildes dienen kann. Die ansonsten recht unscheinbare Konstellation erstreckt sich nach Süden hin bis zum Sternbild Octans, in dem sich der südliche Himmelspol befindet.

**Besondere Objekte**
Mit einer Entfernung von 11,2 Lichtjahren und einer scheinbaren Helligkeit von $4^m\!.7$ ist ε Indi einer der sonnennächsten Sterne, die mit bloßem Auge gesehen werden können. Seine Leuchtkraft ist recht gering; sie beträgt nur 13 Prozent derjenigen der Sonne.

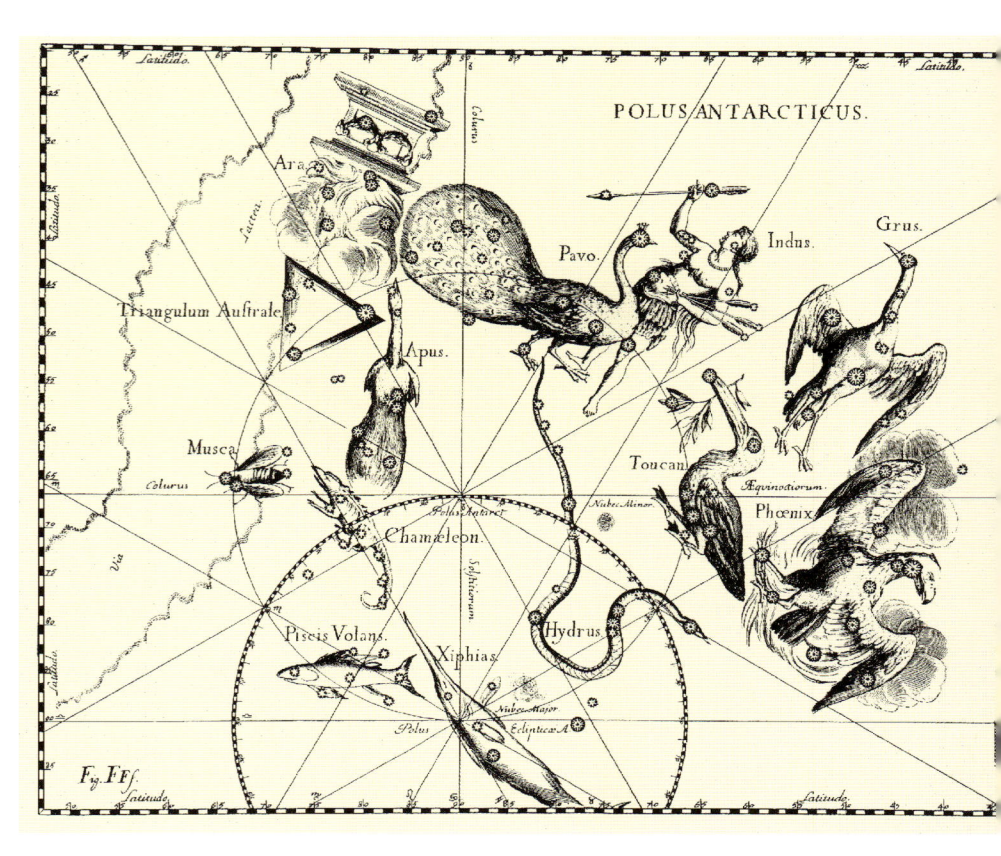

## Telescopium – Fernrohr

Das ebenfalls von de Lacaille eingerichtete Sternbild aus Sternen 4. und 5. Größe soll das wichtigste Arbeitsgerät der Astronomen ehren, doch enthält es selbst für größere Amateurfernrohre kaum erwähnenswerte Beobachtungsobjekte. Ausnahme ist der Kugelsternhaufen NGC 6584 mit einer Gesamthelligkeit von $8^m\!.6$ und einem Winkeldurchmesser von 8′.

Eine Sternkarte von Johannes Hevelius aus dem Jahre 1690 mit den hier besprochenen Sternbildern Indus und Pavo sowie einigen weiteren in der Nähe des südlichen Himmelspoles. Zu beachten ist, daß Hevelius die Sternbilder in Globusansicht, also seitenverkehrt darstellte.

# Komet Hale-Bopp

Im Laufe eines Jahres können etwa ein Dutzend Kometen beobachtet werden. Die meisten von ihnen haben allerdings nur eine sehr geringe Helligkeit, so daß sie lediglich in entsprechend lichtstarken Teleskopen erkennbar sind. Aber jeder Mensch hat im Mittel etwa ein bis zwei Mal in seinem Leben die Chance, einen der helleren Schweifsterne mit bloßem Auge am Himmel zu sehen. Komet Hale-Bopp, der im Frühjahr 1997 den Bewohnern der nördlichen Hemisphäre ein spektakuläres Schauspiel bot, war sicherlich nicht der hellste oder derjenige mit dem größten Schweif; doch nur selten in der Geschichte ließ sich ein so heller Komet mehrere Wochen lang in bester Position am Abendhimmel bewundern.

Kometen sind sozusagen kosmische Vagabunden, die sich gewöhnlich in den Außenbezirken unseres Sonnensystems aufhalten. Sie stammen aus Bereichen jenseits der Bahnen von Neptun und Pluto, wo vermutlich einige Milliarden oder Billionen von ihnen das Sonnensystem wie ein riesiger Halo umgeben. Sie sind locker aus Wassereis, gefrorenen Gasen (wie Kohlenmonoxid, Kohlendioxid, Ammoniak und Methan) sowie Staub zusammengeballt, so daß sie schmutzigen Schneebällen gleichen. Vermutlich ist ihre Materiezusammensetzung seit der Bildung des Sonnensystems vor 4,5 Milliarden Jahren im wesentlichen unverändert geblieben.

Was Komet Hale-Bopp von den meisten anderen dieser Himmelskörper unterschied, war seine enorme Aktivität. Als die beiden amerikanischen Amateurastronomen Alan Hale und Thomas Bopp ihn in der Nacht vom 22. auf den 23. Juli 1995 als diffusen Fleck 11. Größe entdeckten, befand er sich noch außerhalb der Jupiterbahn, eine Milliarde Kilometer von der Sonne entfernt. Die geringe Sonneneinstrahlung in dieser Entfernung reichte bereits aus, um den Kometenkörper in jeder Sekunde etwa eine Tonne Kohlenmonoxid ausgasen zu lassen. Die ausströmenden Dämpfe rissen dabei Unmengen von Staub mit. Bei seiner weiteren Annäherung an die Sonne begann schließlich auch Wassereis sich zu verflüchtigen; der Materialverlust steigerte sich auf 100 Tonnen pro Sekunde. Doch trotz dieses enormen Aderlasses verfügt der Kometenkörper – der einen Durchmesser von etwa 20 bis 30 Kilometern hat – noch über ausreichend Substanz, um viele Dutzend Male als heller Schweifstern zurückzukehren; sein nächster Besuch ist gegen Ende des 44. Jahrhunderts zu erwarten.

Das Bild zeigt den Kometen Hale-Bopp am 10. März 1997, als er sich in der Nähe des Milchstraßenbandes im Sternbild Schwan befand. Der lange, bläuliche Plasmaschweif besteht aus Gasen, die durch das Sonnenlicht ionisiert und damit zum Leuchten angeregt werden. Feste Partikel hingegen drückt die Sonnenstrahlung in den kürzeren, leicht gekrümmten Staubschweif, der nicht selbst leuchtet, sondern nur das Sonnenlicht reflektiert. Die scheinbare Länge des Plasmaschweifs am Firmament beträgt auf dieser Aufnahme ungefähr zehn Grad, also das Zwanzigfache des Vollmonddurchmessers.

# Feld 32

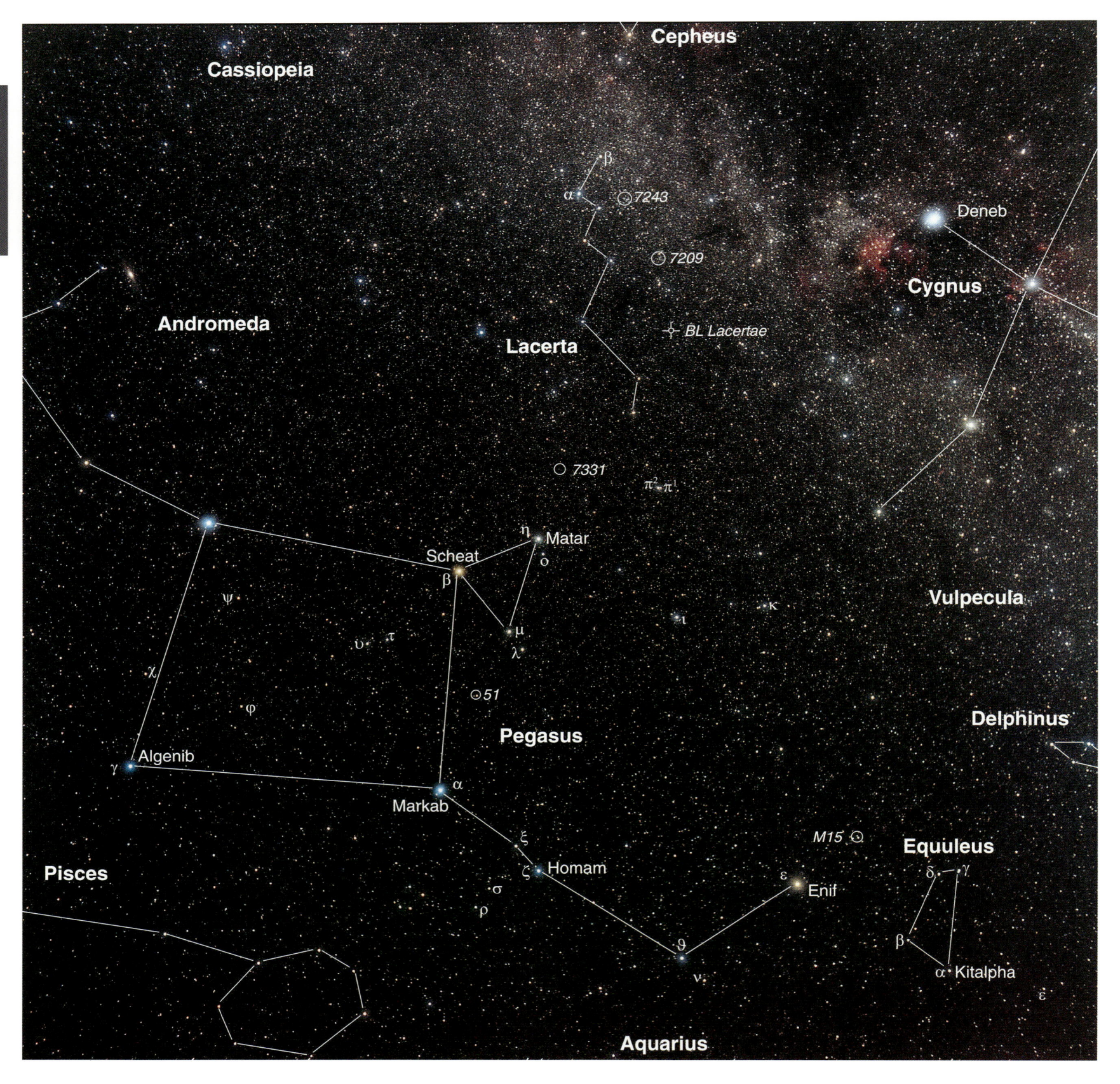

**Equ**
**Lac**
**Peg**

## Equuleus – Füllen
Equ – Equulei

## Lacerta – Eidechse
Lac – Lacertae

## Pegasus – Pegasus
Peg – Pegasi

**Beste Sichtbarkeit am Abendhimmel**

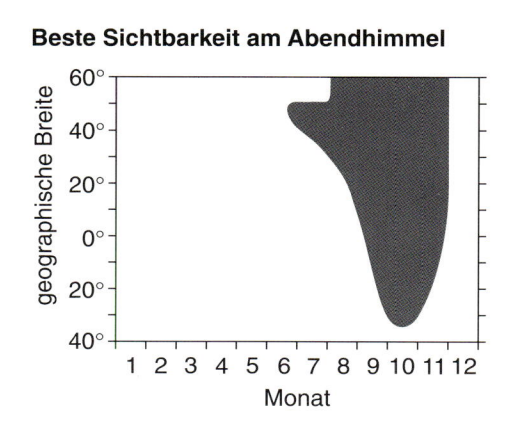

# Equuleus, Lacerta, Pegasus

**Daten der Sternbilder**

|  | Equuleus | Lacerta | Pegasus |
|---|---|---|---|
| Bereich in Rektaszension | 20ʰ 56ᵐ — 21ʰ 26ᵐ | 21ʰ 57ᵐ — 22ʰ 58ᵐ | 21ʰ 09ᵐ — 0ʰ 15ᵐ |
| Bereich in Deklination | +13° 00′ — +2° 30′ | +56° 55′ — +35° 10′ | +36° 35′ — +2° 20′ |
| Fläche in Quadratgrad | 71,64 | 200,69 | 1120,79 |
| Messier-Objekte | — | — | M 15 |
| Anzahl der Sterne heller als $5^m\!\!.5$ | 5 | 23 | 52 |
| Meteorströme | — | — | Pegasiden (1.—12. November) |
| Kulmination um Mitternacht am | 8. August | 28. August | 1. September |
| zirkumpolar für | 90° n. Br. — 88° n. Br. | 90° n. Br. — 55° n. Br. | 90° n. Br. — 88° n. Br. |
| vollständig sichtbar von | 90° n. Br. — 77° s. Br. | 90° n. Br. — 33° s. Br. | 90° n. Br. — 53° s. Br. |
| nicht sichtbar von | 88° s. Br. — 90° s. Br. | 55° s. Br. — 90° s. Br. | 88° s. Br. — 90° s. Br. |

# Feld 32

**Equ Lac Peg**

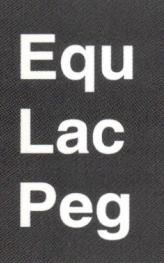

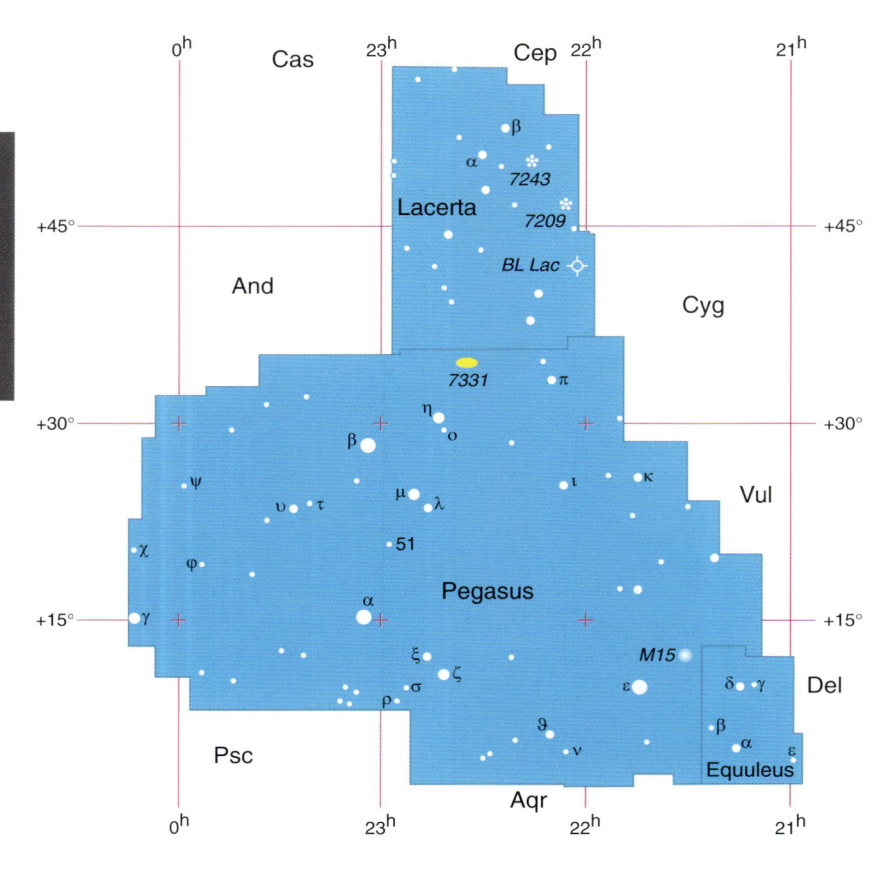

## Equuleus – Füllen

Zwischen Pegasus, Delphin und Wassermann befindet sich das Füllen, mit einer Fläche von 72 Quadratgrad das zweitkleinste Sternbild am Himmel. Mit bloßem Auge sind etwa fünf Sterne sichtbar, die den Kopf eines jungen Pferdes symbolisieren sollen. Die Entstehungsgeschichte dieser Konstellation ist unbekannt; der erste gesicherte Nachweis findet sich im „Almagest" des Ptolemäus aus dem 2. Jahrhundert n. Chr., wo das Füllen zu einem der in der Antike bekannten 48 Sternbilder gezählt wird.

Hellster Stern ist α Equulei mit $3\stackrel{m}{.}9$. Sein aus dem Arabischen entlehnter Eigenname Kitalpha bedeutet „vorderer Abschnitt des Pferdes" – eine Bezeichnung, die Ptolemäus für das gesamte Sternbild verwendete. Die anderen vier mit einem griechischen Buchstaben benannten Sterne sind Doppelsternsysteme; ihre Komponenten lassen sich jedoch erst mit größeren Amateurteleskopen getrennt sehen. Ansonsten weist das Sternbild keine interessanten Beobachtungsobjekte auf.

## Lacerta – Eidechse

Um nördlich von Pegasus eine Lücke zwischen den Sternbildern Andromeda und Cygnus zu schließen, faßte Johannes Hevelius 1687 die dortigen Sterne 4. Größe zu der Figur einer Eidechse zusammen. Spätere alternative Vorschläge vermochten sich nicht durchzusetzen. Der Franzose Augustin Royer hatte diese Himmelsregion 1697 zu Ehren von Ludwig XIV, des *Roi Soleil*, „Sceptrum" nennen wollen; die Figur sollte das französische Zepter und die Hand der Justitia symbolisieren. Im Jahre 1787 versuchte Johann Elert Bode Preußens Gloria zu bewahren, indem er mit „Friedrichs Ehre" („Honores Friderici") dem ein Jahr zuvor gestorbenen Friedrich dem Großen ein himmlisches Denkmal setzen wollte.

### Besondere Objekte
Der nördliche Teil von Lacerta liegt im Band der Milchstraße und enthält neben zahlreichen lichtschwachen Sternen zwei größere offene Sternhaufen. Im Jahre 1929 entdeckte Cuno Hoffmeister in diesem Sternbild ein Objekt, dessen Helligkeit um den Wert $14\stackrel{m}{.}5$ ohne erkennbare Periodizität schwankt. Es erhielt die für einen veränderlichen Stern typische Bezeichnung BL Lacertae. Als man etwa vierzig Jahre später auf weitere ungewöhnliche Eigenschaften aufmerksam wurde, avancierte es zum Namensgeber einer neuen Objektklasse. BL-Lacertae- oder einfach BL-Lac-Objekte sind kompakte, äußerst aktive Kerne von Galaxien, die heller strahlen als das Sternsystem selbst. In dieser Hinsicht ähneln sie Quasaren, doch weisen sie im Gegensatz zu diesen keine Emissionslinien im Spektrum auf. Ihre Energieabstrahlung variiert bei allen Wellenlängen vom Röntgen- bis zum Radiofrequenzbereich. Innerhalb eines Monats kann die Helligkeit um einen Faktor 100 schwanken, und oft sind innerhalb weniger Stunden starke Veränderungen festzustellen. Daraus läßt sich auf die Ausdehnung dieser mysteriösen Objekte schließen, denn der Raumbereich, in dem die Helligkeitsänderungen auftreten, kann nicht größer sein als die Entfernung, die Licht in dieser Zeit zurücklegt. Folglich sind diese Objekte kleiner als unser Sonnensystem. Man vermutet, daß sowohl BL-Lac-Objekte als auch Quasare in ihrem Zentrum jeweils ein Schwarzes Loch enthalten, das Sterne aus der Umgebung einsaugt. Der Unterschied liegt womöglich in der Art der Galaxie, in die sie eingebettet sind: BL-Lac-Objekte befinden sich vermutlich in gasarmen elliptischen, Quasare in gasreichen gewöhnlichen Galaxien.

## Pegasus – Pegasus

Wenn am Himmel die Sternbilder Leier, Schwan und Adler weitergewandert sind und das sogenannte Sommerdreieck – bestehend aus Wega (α Lyrae), Deneb (α Cygni) und Atair (α Aquilae) – sich dem Westhorizont entgegenneigt, dominiert eine andere geometrische Figur am Firmament: ein großes Rechteck aus vier hellen Sternen, das ein Teil des sehr ausgedehnten Sternbildes Pegasus ist. An dem nordöstlichen Eckpunkt des Rechtecks setzt eine Reihe von Sternen an, die zum benachbarten Sternbild Andromeda gehören. Der Eckpunkt selbst wird seit der Neuordnung der Sternbildgrenzen als α Andromedae ebenfalls der Andromeda zugeordnet; davor trug der Stern die Bezeichnung δ Pegasi.

### Mythologie
Als Perseus das schlangenumringelte Haupt der Medusa abschlug, entsprang aus dem Hals ein geflügeltes Pferd, Pegasus. Es eilte davon und wurde später von Bellerophontes eingefangen und gezähmt. Dies geschah zu einer Zeit, als das Zaumzeug noch nicht erfunden war, und Bellerophontes – dem die Götter gewogen waren – soll einen goldenen Zaum von der Göttin Athene erhalten haben. Der Reiter und sein Flügelroß bestanden manches Abenteuer, bis Bellerophontes eines Tages zu übermütig wurde: Als er sich mit Pegasus bis zum Himmel erheben und ins Reich der Götter eindringen wollte, sandte der verärgerte Zeus eine Bremse, die Pegasus stach, so daß das Wunderpferd seinen Reiter abwarf. Während Bellerophontes anschließend hinkend durch einsame Lande irrte, flog Pegasus weiter zum Olymp und trug fortan die Blitze des Zeus.

### Besondere Objekte
Obwohl Pegasus das siebtgrößte Sternbild ist, enthält es kaum nennenswerte Beobachtungsobjekte. Der Kugelsternhaufen M 15, $6\stackrel{m}{.}0$ hell, ist zwar bereits mit dem Fernglas als rundlicher Fleck zu sehen, doch läßt sich das 50 000 Lichtjahre entfernte Objekt erst mit größeren Amateurfernrohren teilweise in Einzelsterne auflösen.

Etwa 1000mal weiter von der Erde entfernt als M 15 ist NGC 7331, eine spiralförmige Galaxie, die als länglicher Nebelfleck 10. Größe erscheint.

Der Stern 51 Pegasi, der mit einer Helligkeit von $5\stackrel{m}{.}5$ gerade noch mit bloßem Auge gesehen werden kann, sorgte 1995 für Schlagzeilen. Die beiden Schweizer Astronomen Michel Mayor und Didier Queloz hatten aus Veränderungen im Spektrum dieses Sterns geschlossen, daß er von einem Planeten umkreist wird, der etwa ebenso groß ist wie Jupiter. Damit ist 51 Pegasi der erste sonnenähnliche Stern, bei dem indirekt das Vorhandensein eines Planetensystems nachgewiesen werden konnte (s. Kasten rechts).

**Offene Sternhaufen**

| Katalog-nummer | Stern-bild | Rekt. | Dekl. | Durch-messer | Hellig-keit | Stern-anzahl |
|---|---|---|---|---|---|---|
| NGC 7209 | Lac | 22h 05,2 | +46° 30' | 25' | $7\stackrel{m}{.}7$ | 25 |
| NGC 7243 | Lac | 22h 15,3 | +49° 53' | 21' | $6\stackrel{m}{.}4$ | 40 |

# Planeten außerhalb des Sonnensystems

Eine der faszinierendsten Fragen in der Astronomie ist, ob es Planeten um andere Sterne gibt. Bis vor kurzem war lediglich gewiß, daß zumindest ein Stern über solche Begleiter verfügt: unsere Sonne. In Anbetracht der vielen Milliarden Sterne in unserer Galaxis – und der vielen Milliarden Galaxien im Universum – wäre es vermessen anzunehmen, unser Planetensystem sei das einzige im Weltall. Doch wie soll man Planeten um Sterne nachweisen, die viele Lichtjahre von uns entfernt sind?

Zunächst einmal muß man sich die Unterschiede zwischen Sternen und Planeten bewußt machen. Sterne sind Gaskugeln, die so viel Masse in sich vereinigt haben, daß in ihrem Inneren Druck und Temperatur hoch genug sind, um aus Kernenergie weitere Wärme zu erzeugen: Die Atomkerne leichter Elemente verschmelzen zu schwereren Kernen, wobei sich ein winziger Teil der Masse in Energie umwandelt. In jedem Stern ist demnach ein gigantischer Fusionsreaktor in Gang, und die von ihm erzeugte Energie wird schließlich von der Oberfläche des Sterns in Form von Licht und anderen Strahlungsarten in den Weltraum emittiert. Planeten hingegen leuchten nicht selbst und bestehen zumindest zum Teil aus fester Materie; ihre Masse ist jedoch viel zu gering, um in ihrem Zentrum die für Kernfusion erforderlichen Bedingungen zu erzeugen. Wir können die Planeten unseres Sonnensystems am Himmel nur sehen, weil sie das Licht unseres Zentralgestirns reflektieren und ein Teil davon zur Erde gelangt. Diese Lichtmenge ist vergleichsweise winzig: Unser Heimatplanet zum Beispiel reflektiert nur ungefähr ein Zehnmilliardstel des Lichts, das die Sonne aussendet.

Dieser Helligkeitsunterschied macht es praktisch unmöglich, einen Planeten, der um einen anderen Stern kreist, direkt zu beobachten. Sein Abstand von seinem Zentralgestirn wäre von der Erde aus gesehen so klein und seine Helligkeit so gering, daß er völlig vom Glanz des Sterns überstrahlt würde.

## Nachweisverfahren

Die Astronomen sind demnach auf indirekte Methoden angewiesen, um auf das Vorhandensein eines extrasolaren Planeten schließen zu können. Jeder Begleiter eines Sterns – sei es nun ein weiterer Stern oder ein viel masseärmerer Planet – müßte sich durch seine Gravitationswirkung auf das Zentralgestirn bemerkbar machen. Zwei gravitativ gekoppelte Körper kreisen nämlich um einen gemeinsamen Schwerpunkt, der auf der Verbindungslinie zwischen ihnen liegt. Als Folge davon führt auch das Zentralgestirn eine elliptische Bewegung um diesen Systemschwerpunkt durch, und es hängt vom Massenverhältnis und dem Abstand beider Himmelskörper ab, wie stark diese Bewegung ist. Haben beide vergleichbare Masse (wie etwa bei manchen Doppelsternsystemen), liegt der Punkt, um den sie kreisen, in der Mitte der Verbindungslinie. Im anderen Extrem, wenn ein massearmer und ein äußerst massereicher Körper einander umlaufen, wird der Systemschwerpunkt innerhalb der Hauptkomponente liegen, so daß diese ein Art Taumelbewegung im Raum ausführt.

Von der Erde aus gesehen würde sich eine solche Bewegung auf zwei verschiedene Arten bemerkbar machen. Zum einen müßte die beobachtete Position des Sterns am Firmament periodisch um eine Mittellage schwanken; zum anderen sollte die Entfernung des Sterns zur Erde im gleichen Rhythmus Veränderungen unterworfen sein. Selbstverständlich sind beide Effekte sehr klein, und wie stark sie ausgeprägt sind, hängt zudem noch von der Lage der Bahnebene des Systems ab. (Falls man genau senkrecht auf die Bahnebene sehen würde, wären nur Positionsverschiebungen, aber keine Entfernungsänderungen festzustellen.)

Die Positionen von Sternen lassen sich mit modernen Techniken auf 0,001″ genau bestimmen. Dies würde ausreichen, um einen Planeten von der Größe Jupiters bei einem der sonnennächsten Sterne zu entdecken. In der Vergangenheit glaubte man bei verschiedenen nahen Sternen tatsächlich Hinweise auf eine periodische Positionsänderung und damit auf das Vorhandensein von Planeten gefunden zu haben (wie beispielsweise bei Barnards Stern), doch keiner hielt einer genauen Überprüfung stand.

Erfolgversprechender – und mittlerweile auch erfolgreich – ist das Verfahren, die periodischen Änderungen der Entfernung zu bestimmen. Die Methode beruht auf einem Effekt, der nach dem Physiker Christian Doppler benannt ist: Bewegt sich eine Lichtquelle auf einen Beobachter zu, erscheinen die Wellenlängen des Lichts verkürzt; entfernt sie sich von ihm, werden sie gedehnt. Diese Wellenlängenänderung läßt sich anhand der Verschiebung von diskreten Linien im Spektrum eines Sterns messen. Das Verfahren wird seit langem erfolgreich eingesetzt, um die Radialgeschwindigkeit – die Komponente der Geschwindigkeit in der Sichtlinie zum Beobachter – von Himmelskörpern zu ermitteln. Fortschritte in der Meßtechnik haben es inzwischen ermöglicht, selbst geringe Radialgeschwindigkeiten von etwa fünf Metern pro Sekunde zu bestimmen. Damit läßt sich die Bewegung eines Objekts erkennen, das sich mit der Geschwindigkeit eines Wettläufers auf uns zu bewegt oder von uns entfernt.

## Die Entdeckung fremder Welten

Planeten wären – so eine gängige Vermutung noch vor wenigen Jahren – am ehesten um sonnenähnliche Sterne zu erwarten. Deshalb suchte man gezielt in den Spektren solcher Sterne nach periodischen Doppler-Verschiebungen. Um so größer war die Überraschung, als 1994 die ersten gesicherten Hinweise für Planeten außerhalb des Sonnensystems vorlagen. Die gefundenen Trabanten umkreisen keinen gewöhnlichen Stern, sondern einen Pulsar mit der Bezeichnung PSR 1257+12. Dies ist nun einer der unwirtlichsten Orte, den man sich für Planeten vorstellen kann. Pulsare sind nämlich die Überreste eines ursprünglich massereichen Sterns, der in einer gigantischen Supernova-Explosion sein Ende gefunden hatte. Für jeden Planeten in der Nähe dieses Geschehens hätte dies unweigerlich den Weltuntergang bedeutet. Deshalb ist anzunehmen, daß sich das Planetensystem mit dem Pulsar als Zentralgestirn erst nach der Supernova-Explosion gebildet hat. Lebensfreundliche Bedingungen kann man freilich auch heute dort nicht erwarten, denn der Pulsar sendet kein wärmendes Licht aus, sondern bombardiert seine Umgebung mit hochenergetischer tödlicher Strahlung.

Nur ein Jahr nach dem Nachweis der Pulsarplaneten wurde schließlich auch der erste Trabant um einen normalen Stern entdeckt. Die beiden Schweizer Astronomen Michel Mayor und Didier Queloz hatten im Spektrum des Sterns 51 Pegasi periodische Doppler-Verschiebungen gefunden, aus denen sie auf die Existenz eines Planeten schlossen. Auch dieses Objekt muß eine äußerst fremdartige Welt sein: Seine Masse ist mindestens halb so groß wie die des Jupiter, und er umkreist sein Zentralgestirn in nur sieben Millionen Kilometer Abstand einmal in 4,2 Tagen. Die Oberfläche dieses Planeten wird regelrecht gekocht: Die Temperaturen dort dürften etwa 1300 Grad Celsius betragen.

Wenige Wochen nach diesem sensationellen Befund gaben die amerikanischen Astronomen Geoffrey Marcy und Paul Butler die Entdeckung eines weiteren extrasolaren Planeten bekannt. Seitdem hat sich die Anzahl der als gesichert geltenden Nachweise auf rund 20 erhöht. Die meisten dieser fernen Planeten sind sehr massereich und weisen kurze Umlaufzeiten auf. Dies ist indes kein Zufall: Gerade solche Trabanten prägen ihrem Zentralgestirn eine besonders starke Unwucht auf, die deshalb am ehesten über die Doppler-Verschiebung registriert werden kann. Um auch Planeten kleinerer Masse finden zu können, sind systematische Messungen über einen längeren Zeitraum erforderlich. In spätestens zehn Jahren – so die Prognose – wird man wissen, ob auch Planeten mit einer der Erde vergleichbaren Masse um ferne Sonnen anzutreffen sind.

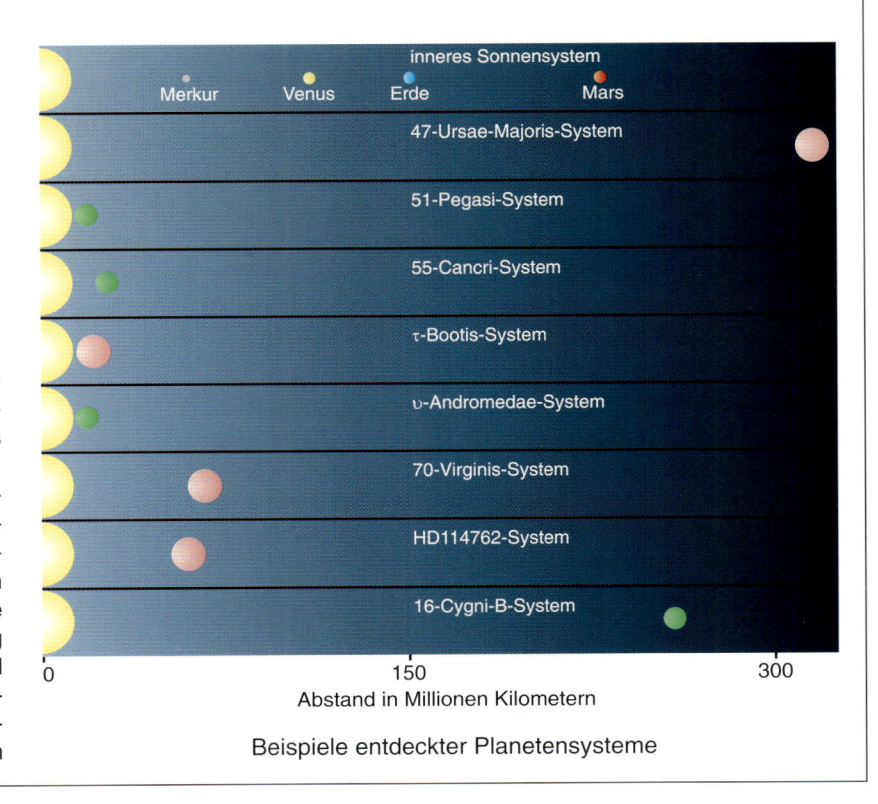

Beispiele entdeckter Planetensysteme

# Feld 33

**Aqr  
Cap  
Equ  
PsA**

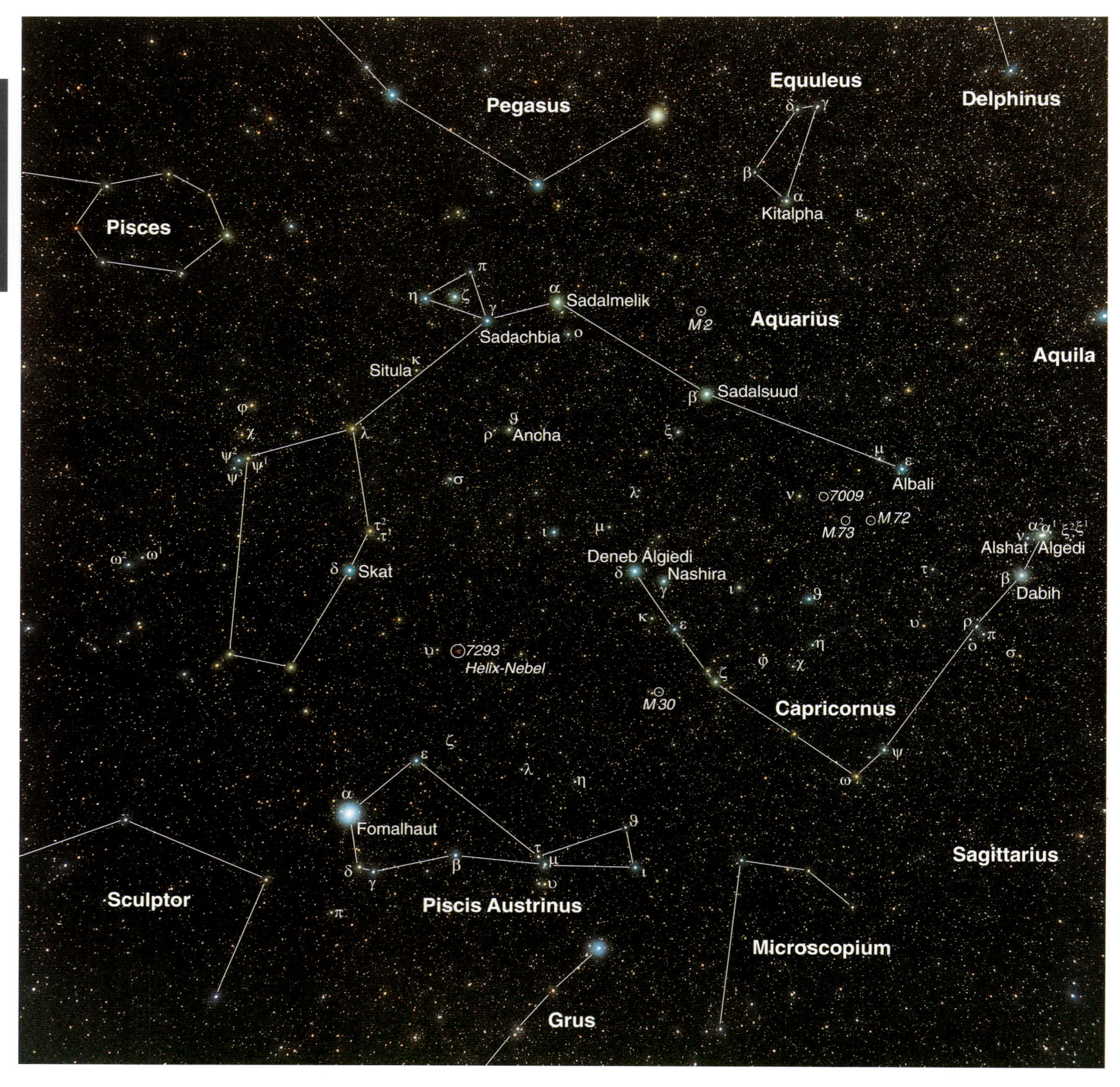

**Aquarius – Wassermann**
Aqr – Aquarii

**Capricornus – Steinbock**
Cap – Capricorni

**Equuleus – Füllen**
Equ – Equulei

**Piscis Austrinus – Südlicher Fisch**
PsA – Piscis Austrini

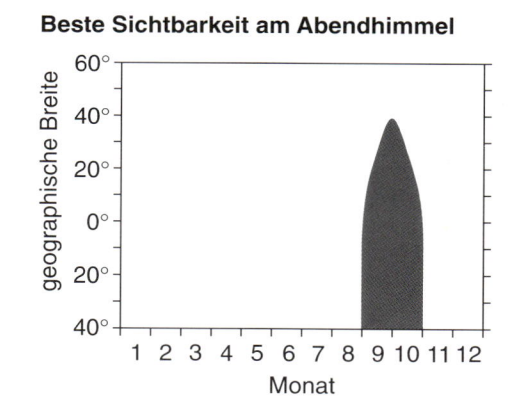

Beste Sichtbarkeit am Abendhimmel

# Aquarius, Capricornus, Equuleus, Piscis Austrinus

**Daten der Sternbilder**

|  | Aquarius | Capricornus | Equuleus | Piscis Austrinus |
|---|---|---|---|---|
| Bereich in Rektaszension | 20$^h$ 38$^m$ — 23$^h$ 56$^m$ | 20$^h$ 07$^m$ — 21$^h$ 59$^m$ | 20$^h$ 56$^m$ — 21$^h$ 26$^m$ | 21$^h$ 27$^m$ — 23$^h$ 07$^m$ |
| Bereich in Deklination | +3° 20′ — −24° 55′ | −8° 25′ — −27° 35′ | +13° 00′ — +2° 30′ | −24° 50′ — −36° 30′ |
| Fläche in Quadratgrad | 979,85 | 413,95 | 71,64 | 245,37 |
| Messier-Objekte | M 2, M 72, M 73 | M 30 | – | – |
| Anzahl der Sterne heller als 5$^m$5 | 53 | 29 | 5 | 14 |
| Meteorströme | Eta-Aquariden (5./6. Mai) Delta-Aquariden (28./29. Juli; 13./14. August) Iota-Aquariden (6./7. August; 25./26. August) | Alpha-Capricorniden (1./2. August) | – | Piscis Austriniden (30./31. Juli) |
| Kulmination um Mitternacht am | 25. August | 8. August | 8. August | 25. August |
| zirkumpolar für | – | 82° s. Br. — 90° s. Br. | 90° n. Br. — 88° n. Br. | 65° s. Br. — 90° s. Br. |
| vollständig sichtbar von | 65° n. Br. — 87° s. Br. | 62° n. Br. — 90° s. Br. | 90° n. Br. — 77° s. Br. | 53° n. Br. — 90° s. Br. |
| nicht sichtbar von | – | 90° n. Br. — 82° n. Br. | 88° s. Br. — 90° s. Br. | 90° n. Br. — 65° n. Br. |

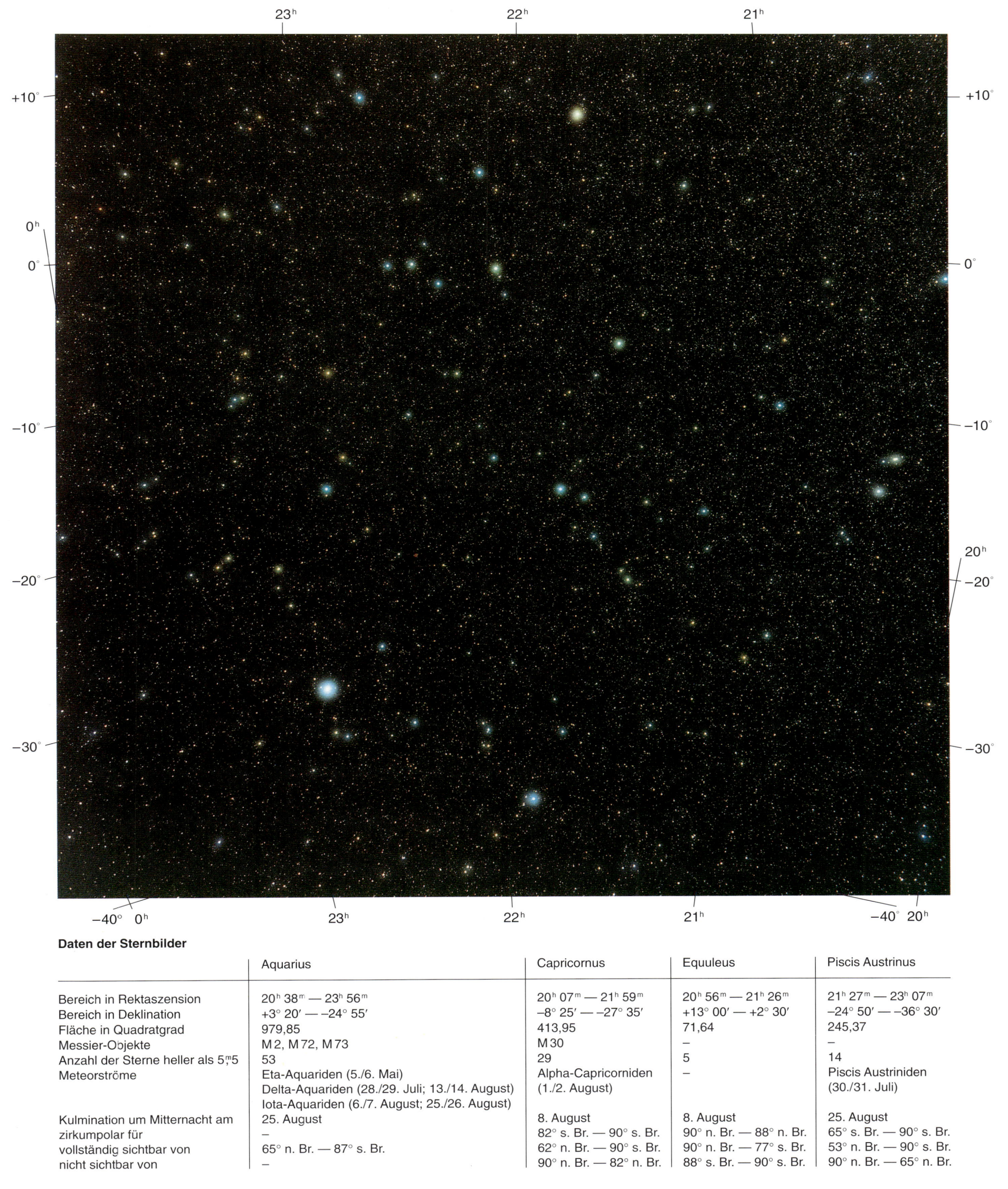

# Feld 33

**Aqr
Cap
Equ
PsA**

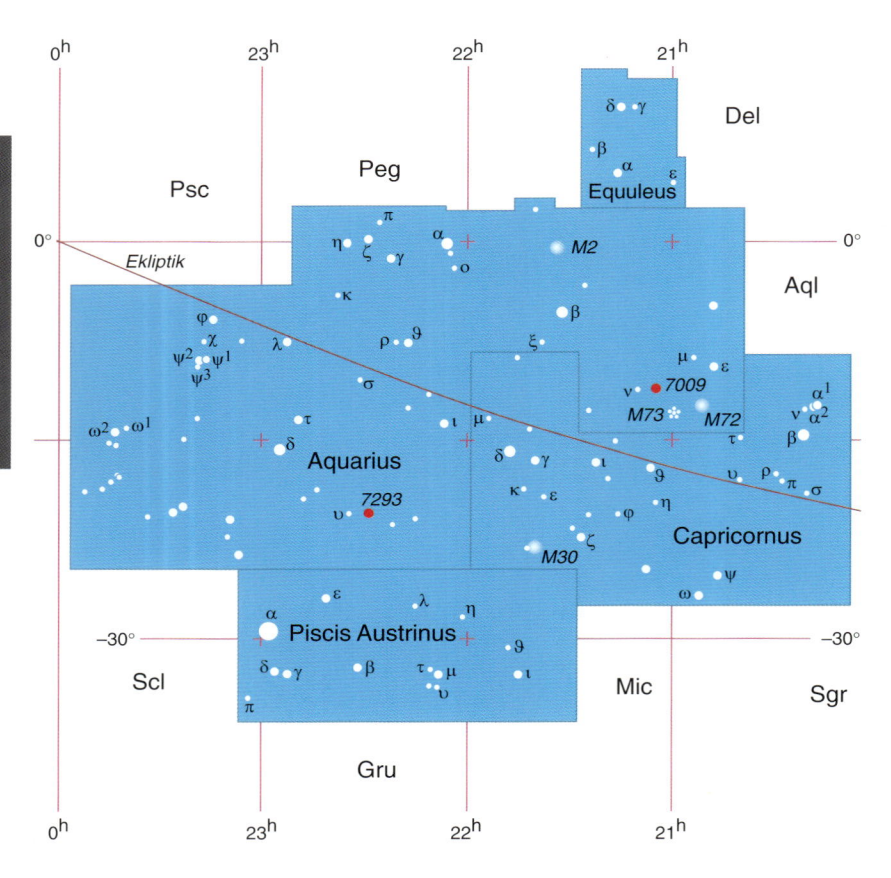

## Aquarius – Wassermann

Der Wassermann ist ein Tierkreissternbild, in das die Sonne jeweils am 16. Februar jeden Jahres vom Steinbock her kommend eintritt und am 11. März wieder verläßt. Weil kein Stern die Helligkeit von $2{.}^m8$ übersteigt, ist es nicht sehr markant. Zudem vermag man in der unregelmäßigen Anordnung der Sterne kein vertrautes Muster zu entdecken.

### Mythologie
Trotz der unauffälligen Erscheinung des Sternbildes muß es im Altertum eine große Bedeutung für die Bewohner des vorderasiatischen Raumes gehabt haben, denn verschiedene Quellen rechnen es zu den ältesten der überlieferten Konstellationen. Es war nicht die Erscheinung des Sternbildes an sich, die den Anlaß zur Namensgebung gab, sondern die Bedeutung als Kalenderzeichen. Dies ist vermutlich darauf zurückzuführen, daß damals im Vorderen Orient die Regenzeit begann, als die Sonne in diesem Sternbild stand und es folglich zeitgleich mit ihr im Osten aufging. Einige benachbarte Sternbilder haben ebenfalls mit Wasser zu tun: der südlich von Aquarius gelegene Piscis Austrinus (Südlicher Fisch), das östlich angrenzende Meeresungeheuer Cetus (Walfisch) sowie nordöstlich in der Fortsetzung der Ekliptik das Sternbild Pisces (Fische). Auf historischen Sternkarten ist der Wassermann zu sehen, wie er einen Krug ausgießt, aus dem Wasser bis in das Maul des Südlichen Fisches fließt.

Die Überlieferung stellt eine Verbindung zur Sintflutsage her. Für die Griechen war der Wassermann Deukalion, der Stammvater der modernen Menschen. Als Zeus sich anschickte, das sündige Menschengeschlecht durch eine Sintflut zu vernichten, baute Deukalion ein Boot und füllte es mit Vorräten. Mit seiner Frau Pyrrha trieb er neun Tage und Nächte auf dem Wasser umher, bis er am Berg Parnaß rettendes Ufer erreichte. Auf Geheiß eines Orakels warfen er und seine Frau anschließend Steine hinter sich, aus denen neue Menschen entstanden.

### Besondere Objekte
Ein Doppelstern mit zwei weiß leuchtenden, etwa gleich hellen Komponenten ($4{.}^m3$ und $4{.}^m5$) ist ζ Aquarii. Die beiden Sterne brauchen mehr als 800 Jahre, um sich einmal zu umrunden; gegenwärtig beträgt ihr scheinbarer Abstand 2,0″.

Das Sternbild Aquarius enthält drei Messier-Objekte. M 2 (NGC 7089) und M 72 (NGC 6981) sind Kugelsternhaufen in 50 000 bzw. 60 000 Lichtjahren Entfernung. Mit einer Helligkeit von $6{.}^m4$ ist M 2 leicht mit einem Feldstecher zu entdecken; doch weil die hellsten Sterne dieses Haufens zur 13. Größenklasse gehören, braucht man ein größeres Teleskop, um seine Randbereiche in Einzelsterne auflösen zu können. M 72 hat eine scheinbare Gesamthelligkeit von $9{.}^m3$ und erscheint mit 6′ Durchmesser nur halb so groß wie M 2; für seine Beobachtung ist deshalb ebenfalls ein Teleskop erforderlich. Das Messier-Objekt M 73 (NGC 6994) ist kein echter Sternhaufen, sondern eine Gruppe aus lediglich vier Sternen. Charles Messier nahm sie 1780 in sein Verzeichnis auf, weil er in seinem Fernrohr einen diffusen Nebel um sie zu erkennen glaubte. Dies war offensichtlich eine Täuschung, denn auf Photographien ist dort kein Nebel zu sehen.

Im südlichen Bereich des Wassermanns hätte Messier indes einen Nebel entdecken können: Hier befindet sich NGC 7293, der besser unter dem Namen Helix-Nebel bekannt ist. Mit etwa 13′ Durchmesser und einer scheinbaren Helligkeit von $6{.}^m5$ ist dieses Objekt der größte und hellste Planetarische Nebel am Himmel. Im Fernglas erscheint er als runder Fleck, doch weil sich seine Helligkeit auf eine relativ große Fläche verteilt, ist ein lichtstarkes Fernrohr erforderlich, um Details seiner Struktur ausmachen zu können. Ein zweiter Planetarischer Nebel im Aquarius ist NGC 7009, wegen seines Aussehens, das an den Ringplaneten erinnert, auch Saturn-Nebel genannt. Er ist mit einem Durchmesser von 30″ wesentlich kleiner als der Helix-Nebel, und im Fernrohr erkennt man ein elliptisches, blaugrünes Scheibchen.

## Capricornus – Steinbock

Der Steinbock ist ein Tierkreissternbild, das von der Sonne vom 20. Januar bis zum 16. Februar durchquert wird. Es ist wie der Wassermann relativ unauffällig, weil kein Stern die dritte Größenklasse überschreitet.

Im Altertum erreichte die Sonne in diesem Sternbild den südlichsten Punkt ihrer scheinbaren Bahn am Himmel, der die Winter-Sonnenwende (für die nördliche Hemisphäre) bzw. die Sommer-Sonnenwende (für die südliche Hemisphäre) markiert. Die Präzessionsbewegung der Erdachse bewirkt, daß sich dieser Punkt im Laufe der Zeit westwärts verschiebt; er liegt heute im benachbarten Sternbild Sagittarius. Nach wie vor wird jedoch die geographische Breite von 23° 26′ Süd „Wendekreis des Steinbocks" genannt. Für alle Orte, die auf dieser Breite liegen, wandert die Sonne am Tag der Sommer-Sonnenwende zur Mittagszeit durch den Zenit; an allen anderen Tagen verläuft ihre Bahn nördlich davon.

### Mythologie
Das Sternbild, das wir Steinbock nennen, ist eigentlich ein Ziegenfisch. Bereits in babylonischen Zeiten wurde ein Wesen mit dem Oberkörper einer Ziege und dem Unterkörper eines Fisches darin gesehen. Aus der griechischen Mythologie ist eine Episode überliefert, in der Pan, der Bocksbeinige, ins Wasser sprang, um dem Ungeheuer Typhon zu entkommen, das Jagd auf die Götter machte. Er wollte sich in einen Fisch verwandeln, doch in der Aufregung gelang ihm das nur teilweise. Typhon hatte in der Zwischenzeit Zeus überwältigt und ihm die Sehnen aus Armen und Beinen herausgerissen. Pan und Hermes setzten dem verkrüppelten Gott die Sehnen wieder ein; und nachdem Zeus sich an Typhon gerächt hatte, versetzte er Pan in seiner wunderlichen Gestalt an den Himmel.

### Besondere Objekte
Der mit $2{.}^m9$ hellste Stern im Steinbock, δ Capricorni, ist ein Bedeckungsveränderlicher. Alle 24,5 Stunden nimmt seine scheinbare Helligkeit um 0,2 Größenklassen ab.

Der Kugelsternhaufen M 30 (NGC 7099) ist etwa 40 000 Lichtjahre entfernt. Seine scheinbare Helligkeit beträgt $7{.}^m3$.

## Equuleus, Piscis Austrinus – Füllen, Südlicher Fisch

Diese nördlich und südlich des Wassermanns gelegenen Sternbilder sind unter den Feldern 32 bzw. 34 behandelt.

# Meteorströme

Gegentlich ist in klaren Nächten das Aufleuchten von Meteoren zu beobachten: An irgendeiner Stelle des Himmels taucht plötzlich ein Lichtpunkt auf, der sich mit hoher Geschwindigkeit auf einer mehr oder minder langen Bahn bewegt und bereits nach wenigen Bruchteilen einer Sekunde wieder erlischt. Eine solche Leuchterscheinung wird auch Sternschnuppe genannt. Sie tritt auf, wenn ein interplanetares Staubteilchen – ein sogenannter Meteoroid – mit hoher Geschwindigkeit in die Erdatmosphäre eindringt und durch die Reibungshitze, die beim Zusammenstoß mit den Luftmolekülen entsteht, verglüht. Bei hellen Meteoren kann die Bahn für kurze Zeit nachleuchten, und mitunter ist eine Rauchfahne aus den verdampften Teilchen erkennbar.

Meteore, die gerade noch mit bloßem Auge sichtbar sind, werden durch etwa einen Millimeter große Körper hervorgerufen, die in Höhen zwischen 100 und 90 Kilometern verglühen. Größere Teilchen ergeben hellere Leuchtspuren, die erst 40 bis 60 Kilometer über der Erdoberfläche verlöschen. Übersteigt die Helligkeit den Wert von $-4^m$ (die maximale Helligkeit der Venus), so spricht man von Feuerkugeln oder Boliden; sie sind weitaus seltener als die lichtschwächeren Sternschnuppen. Bolide, die Vollmondhelligkeit ($-12^m{,}5$) erreichen, werden von Körpern mit etwa 10 Zentimeter Durchmesser verursacht. Noch größere Objekte verdampfen nicht vollständig und treffen auf die Erdoberfläche auf. Solche Fragmente, die Meteoriten, werden gelegentlich gefunden und nach wissenschaftlicher Untersuchung in speziellen Sammlungen aufbewahrt. Zahlreiche Meteoritenkrater auf der Erde zeugen davon, daß in der Vergangenheit einzelne Gesteins- und Eisenbrocken mit einer Masse von vielen hundert oder tausend Tonnen niedergegangen sind.

Während die Meteorite zumeist Trümmerstücke von Planetoiden sind (einige wenige stammen von der Oberfläche des Mondes und benachbarter Planeten, wo sie offenbar selbst durch Meteoriteneinschläge herausgeschleudert wurden), werden Meteore in der Regel von Materie kometaren Ursprungs hervorgerufen. Wenn Kometen auf ihrer Umlaufbahn in die Nähe der Sonne geraten und sich durch deren Strahlung aufheizen, werden Unmengen von kleinen und kleinsten Staubteilchen aus der Oberfläche des Kometenkörpers herausgerissen. Sie bilden zunächst eine dichte, den Kometenkern einhüllende Partikelwolke, die sich im Laufe der Zeit verbreitert und sich schließlich entlang der gesamten Umlaufbahn des Kometen verteilt. Manche dieser Kometenbahnen verlaufen dicht an der Bahn der Erde vorbei oder schneiden sie sogar in einem oder in zwei Punkten, so daß unser Heimatplanet in jährlichem Abstand die zugehörige Teilchenwolke durchdringt. In diesen Fällen sind sogenannte Meteorströme oder Meteorschauer mit zum Teil hohen Sternschnuppenzahlen zu beobachten. Alle Meteore eines bestimmten Stroms scheinen dabei von einem bestimmten Ausstrahlungspunkt am Himmel, dem Radianten, auszugehen und von diesem radial in alle Richtungen wegzufliegen. In Wirklichkeit bewegen sich die einzelnen Teilchen eines Stroms jedoch auf parallelen Bahnen, und nur infolge der perspektivischen Verzerrung sehen wir sie auseinanderstreben. (Dieser Effekt ist vom Autofahren her bekannt, wenn Bäume oder andere Gegenstände beiderseits der Straße rechts und links am Auto vorbeizuhuschen scheinen.)

| | |
|---|---|
| **Meteoroid:** | Ein Kleinkörper, der sich auf einer Bahn im interplanetaren Raum bewegt. |
| **Meteor:** | Leuchterscheinung, die beim Eindringen eines Meteoroiden in die Erdatmosphäre entsteht. |
| **Meteorit:** | Rest eines teilweise verglühten Meteoroiden, der bis auf die Erdoberfläche gelangt. |
| **Feuerkugel/Bolide:** | Ein Meteor heller als $-4^m$ |

Die Meteorströme benennt man nach den Sternbildern, in denen sich der Radiant befindet. Gegebenenfalls fügt man noch die Bezeichnung des dem Radianten nächstgelegenen Sterns bei, um verschiedene Ströme eindeutig zu unterscheiden. Einige der bedeutenderen Meteorströme sind in der Tabelle unten aufgelistet. Sie sind in der Regel über mehrere Tage hinweg zu sehen, doch erreichen sie ihr Maximum zumeist innerhalb weniger Stunden, wenn die Erde den dichtesten Bereich der Teilchenwolke durchquert. Weil die Partikel nicht gleichmäßig entlang der Kometenbahn verteilt sind, und die Erde die Bahn des Meteorstroms nicht immer im gleichen Abstand passiert, können die beobachteten Sternschnuppenzahlen von Jahr zu Jahr stark variieren. Aus diesem Grunde sind auch keine exakten Vorhersagen über die Aktivität eines Meteorstroms möglich, sondern nur Angaben über den generellen Trend.

Die mittlere Anzahl der pro Stunde zu beobachtenden Meteore hängt zudem davon ab, zu welcher Tageszeit der Schauer sein Maximum erreicht, wie hoch sich der Radiant zu diesem Zeitpunkt über dem Horizont befindet und wie stark das Mondlicht stört. Die Perseiden beispielsweise, die in gewöhnlichen Jahren schon recht hohe Fallzahlen aufweisen, boten in den Morgenstunden des 12. August 1993 Beobachtern in Mitteleuropa ein Spektakel von mehreren hundert Meteoren. Die Leoniden wiederum erreichten im Jahre 1966 vom Mittelwesten der USA aus gesehen ein scharfes Maximum, in dem 40 Sternschnuppen pro Sekunde gezählt wurden; für Beobachter in Europa war zu diesem Zeitpunkt bereits Tag, und in der Nacht davor konnten sie keine besonders aufregende Schaueraktivität feststellen. Weil die Erde alle 33 Jahre dem dichtesten Teil der Partikelwolke auf der Bahn des Leoniden-Stroms besonders nahe kommt, ist für 1998 und 1999 mit sehr hohen Fallzahlen zu rechnen.

Außer den Sternschnuppen, die einem der bekannten Meteorströme zuzurechnen sind, können in jeder Nacht auch einige sporadische Meteore beobachtet werden, die aus zufälligen Richtungen in die Erdatmosphäre eintreten. Im Mittel lassen sich in einer mondlosen Nacht etwa sechs bis acht von ihnen pro Stunde mit bloßem Auge wahrnehmen.

### Bedeutende Meteorströme

| Name | Dauer der Sichtbarkeit | Maximum der Schaueraktivität | Radiant Rekt. | Dekl. | mittlere Anzahl von Meteoren pro Stunde | erzeugender Komet/Planetoid |
|---|---|---|---|---|---|---|
| Quadrantiden[a] | 1.–4. Januar | 3. Januar | $15^h\,20^m$ | $+49°$ | 40–200 | ? |
| Lyriden | 18.–25. April | 20./21. April | $18^h\,08^m$ | $+33°$ | 10 | Thatcher (1861 I) |
| Eta-Aquariden | 29. April – 12. Mai | 5./6. Mai | $22^h\,24^m$ | $-1°$ | 15[b] | Halley |
| südl. Delta-Aquariden | 14. Juli – 18. August | 28./29. Juli | $22^h\,36^m$ | $-17°$ | 15–20[b] | ? |
| Alpha-Capricorniden | 15. Juli – 11. September | 1./2. August | $20^h\,27^m$ | $-8°$ | 6–14[b] | ? |
| südl. Iota-Aquariden | 1. Juli – 18. September | 6./7. August | $22^h\,28^m$ | $-12°$ | 8[b] | ? |
| Perseiden | 27. Juli – 22. August | 12./13. August | $3^h\,08^m$ | $+57°$ | 5–200 | Swift-Tuttle (1862 III) |
| nördl. Delta-Aquariden | 16. Juli – 10. September | 13./14. August | $22^h\,56^m$ | $+2°$ | 10 | ? |
| nördl. Iota-Aquariden | 11. August – 10. September | 25./26. August | $23^h\,20^m$ | $0°$ | 5–10 | ? |
| Draconiden[c] | 9. Oktober | 9./10. Oktober | $17^h\,23^m$ | $+57°$ | 20–5000 | Giacobini-Zinner |
| Orioniden | 15. – 29. Oktober | 21./22. Oktober | $6^h\,20^m$ | $+16°$ | 20 | Halley |
| Leoniden[d] | 14.–20. November | 17./18. November | $10^h\,12^m$ | $+22°$ | 10–100 000 | Tempel-Tuttle (1866 I) |
| Geminiden | 6.–19. Dezember | 13./14. Dezember | $7^h\,30^m$ | $+32°$ | 60 | 3200 Phaethon |
| Ursiden | 18.–23. Dezember | 21./22. Dezember | $14^h\,28^m$ | $+76°$ | 10 | Tuttle |

a: scharfes Maximum; daher nur selten unter idealen Bedingungen beobachtbar
b: mittlere Meteorzahl auf der Südhalbkugel höher
c: tritt nur selten auf; teilweise spektakuläre Schaueraktivität
d: Aktivität variiert mit einer Periode von 33 Jahren

# Feld 34

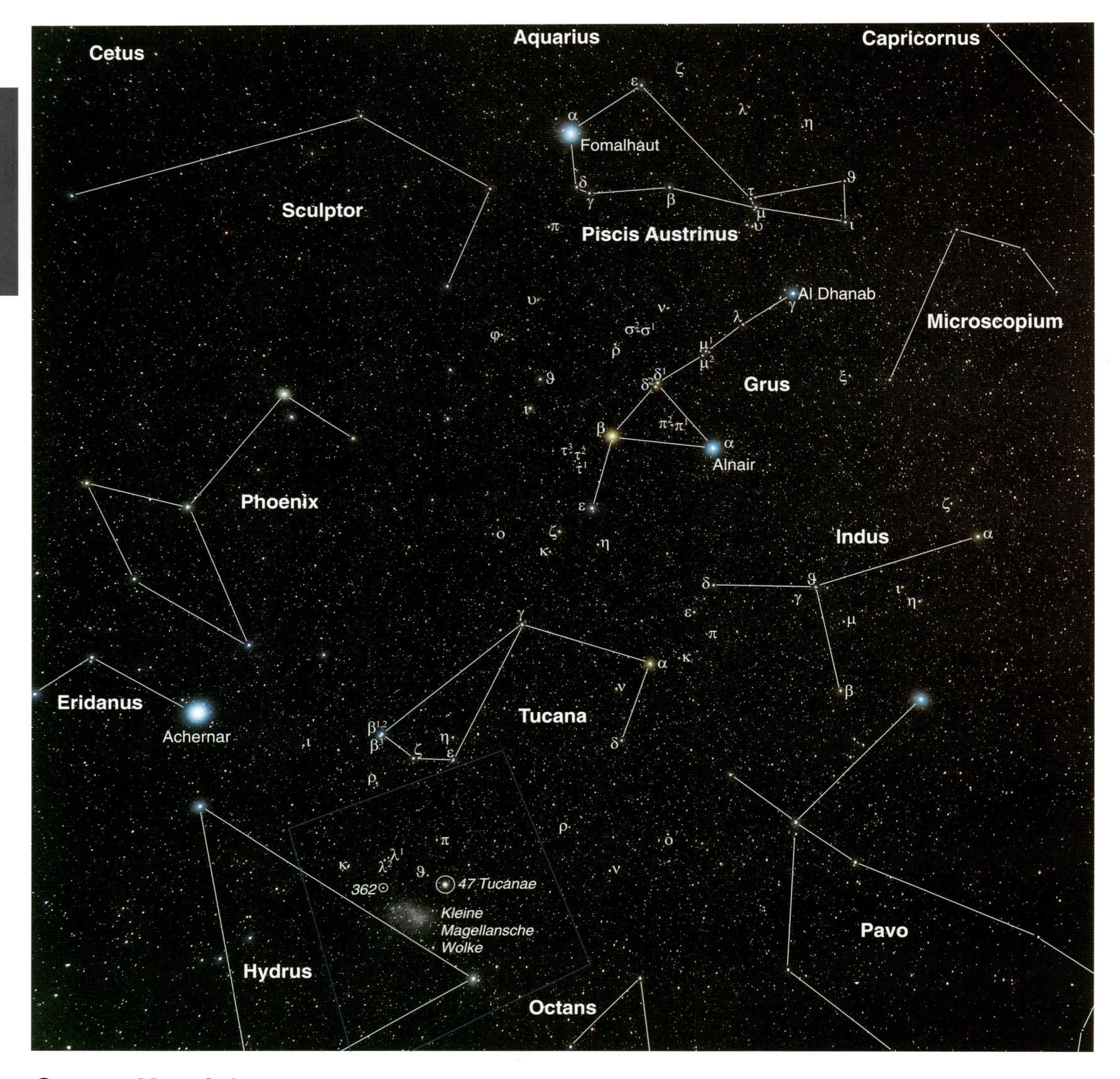

**Gru Ind PsA Tuc**

**Grus – Kranich**
Gru – Gruis

**Indus – Indianer**
Ind – Indi

**Piscis Austrinus – Südlicher Fisch**
PsA – Piscis Austrini

**Tucana – Tukan**
Tuc – Tucanae

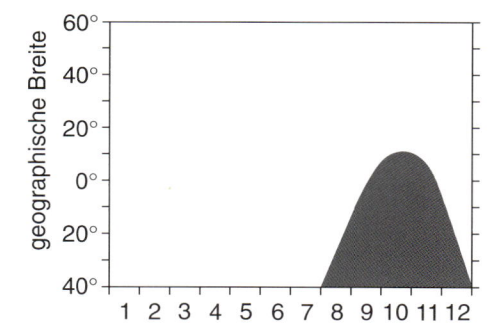

# Grus, Indus, Piscis Austrinus, Tucana

**Daten der Sternbilder**

|  | Grus | Indus | Piscis Austrinus | Tucana |
|---|---|---|---|---|
| Bereich in Rektaszension | 21ʰ 27ᵐ — 23ʰ 27ᵐ | 20ʰ 28ᵐ — 23ʰ 28ᵐ | 21ʰ 27ᵐ — 23ʰ 07ᵐ | 22ʰ 08ᵐ — 1ʰ 25ᵐ |
| Bereich in Deklination | −36° 20′ — −56° 25′ | −45° 05′ — −74° 25′ | −24° 50′ — −36° 30′ | −56° 20′ — −75° 20′ |
| Fläche in Quadratgrad | 365,51 | 294,01 | 245,37 | 294,56 |
| Messier-Objekte | − | − | − | − |
| Anzahl der Sterne heller als 5ᵐ5 | 21 | 10 | 14 | 15 |
| Meteorströme | − | − | Piscis Austriniden (30./31. Juli) | − |
| Kulmination um Mitternacht am | 28. August | 12. August | 25. August | 17. September |
| zirkumpolar für | 54° s. Br. — 90° s. Br. | 45° s. Br. — 90° s. Br. | 65° s. Br. — 90° s. Br. | 34° s. Br. — 90° s. Br. |
| vollständig sichtbar von | 34° n. Br. — 90° s. Br. | 16° n. Br. — 90° s. Br. | 53° n. Br. — 90° s. Br. | 15° n. Br. — 90° s. Br. |
| nicht sichtbar von | 90° n. Br. — 54° n. Br. | 90° n. Br. — 45° n. Br. | 90° n. Br. — 65° n. Br. | 90° n. Br. — 34° n. Br. |

# Feld 34

**Gru**
**Ind**
**PsA**
**Tuc**

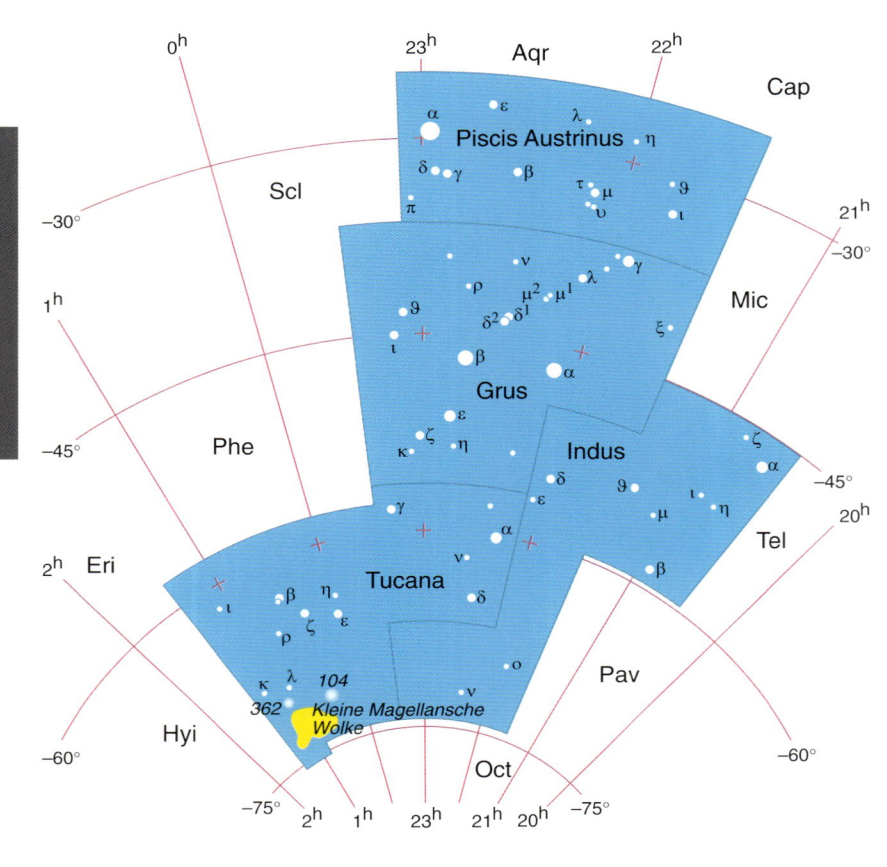

## Grus – Kranich

Dieses Sternbild wird den niederländischen Seefahrern Pieter D. Keyser und Frederick de Houtman zugeschrieben, die es während einer der ersten ostindischen Expeditionen beschrieben hatten. Wie die anderen von ihnen eingeführten Konstellationen übernahm Johann Bayer den Kranich in seine „Uranometria", die 1603 erschien.

Die Figur des Kranich wird von einer Reihe relativ heller Sterne umrissen, die zum hellsten Stern dieser Konstellation, α Gruis, hin gekrümmt ist. Diese Form, die in etwa einem spiegelverkehrten griechischen Buchstaben λ ähnelt, gibt dem Sternbild ein markantes Aussehen. Auffallend ist auch der Farbkontrast zwischen den beiden hellsten Sternen: α Gruis leuchtet mit $1\overset{m}{.}7$ bläulich-weiß, während der $2\overset{m}{.}1$ helle β Gruis eine kräftige orange Farbe hat.

**Besondere Objekte**
Die Sterne δ und μ Gruis erscheinen mit bloßem Auge doppelt, doch handelt es sich in beiden Fällen lediglich um optische Doppelsterne: Die beiden Sterne liegen nahezu auf derselben Sichtlinie, befinden sich aber in unterschiedlicher Entfernung, so daß sie nicht – wie bei einem physischen Doppelsternsystem – durch ihre Schwerkraft verbunden sind.

## Indus – Indianer

Dieses Sternbild ist nochmals auf der Übersichtsaufnahme in Feld 31 zu sehen und dort besprochen.

## Piscis Austrinus – Südlicher Fisch

Südlich des Sternbildes Wassermann befindet sich der Südliche Fisch, der sich durch einen einzelnen Stern der Helligkeit $1\overset{m}{.}16$ auszeichnet; sein Name Fomalhaut leitet sich aus der arabischen Bezeichnung für „Fischmaul" ab. Alle anderen Sterne in dieser Konstellation sind lichtschwächer als $4\overset{m}{.}2$.

## Tucana – Tukan

Wie Apus (Paradiesvogel), Grus (Kranich) und Pavo (Pfau) geht auch dieser exotische Vogel am Himmel auf die niederländischen Seefahrer Keyser und de Houtman zurück. Der Tukan ist von diesen vier der unauffälligste. Sein hellster Stern ist α Tucanae mit $2\overset{m}{.}9$; alle anderen Sterne gehören der 4. oder einer höheren Größenklasse an.

**Besondere Objekte**
Das Sternbild enthält die Kleine Magellansche Wolke (NGC 292), eine nahe Begleitgalaxie unseres Milchstraßensystems (Bild rechts). Der helle Kugelsternhaufen NGC 104 wurde früher – ähnlich wie Omega Centauri – für einen Stern gehalten, weswegen er auch die Bezeichnung 47 Tucanae trägt. Mit einer Helligkeit von $3\overset{m}{.}8$ ist er leicht mit bloßem Auge sichtbar; die Randbereiche des 15 000 Lichtjahre entfernten Haufens lassen sich bereits mit einem zehnfach vergrößernden Feldstecher in einzelne Sterne auflösen. Ein weiterer kugelförmiger Sternhaufen ist NGC 362; er scheint am Rand der Kleinen Magellanschen Wolke zu stehen, doch ist er uns mit einer Entfernung von 40 000 Lichtjahren weit näher als das kleine Sternsystem.

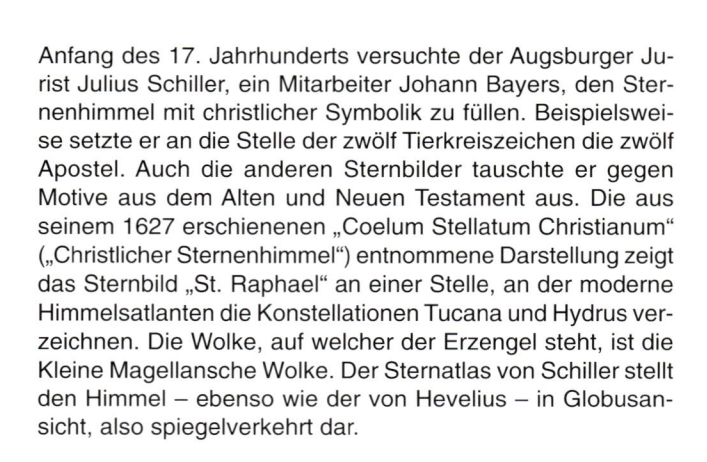

Anfang des 17. Jahrhunderts versuchte der Augsburger Jurist Julius Schiller, ein Mitarbeiter Johann Bayers, den Sternenhimmel mit christlicher Symbolik zu füllen. Beispielsweise setzte er an die Stelle der zwölf Tierkreiszeichen die zwölf Apostel. Auch die anderen Sternbilder tauschte er gegen Motive aus dem Alten und Neuen Testament aus. Die aus seinem 1627 erschienenen „Coelum Stellatum Christianum" („Christlicher Sternenhimmel") entnommene Darstellung zeigt das Sternbild „St. Raphael" an einer Stelle, an der moderne Himmelsatlanten die Konstellationen Tucana und Hydrus verzeichnen. Die Wolke, auf welcher der Erzengel steht, ist die Kleine Magellansche Wolke. Der Sternatlas von Schiller stellt den Himmel – ebenso wie der von Hevelius – in Globusansicht, also spiegelverkehrt dar.

# Kleine Magellansche Wolke

Die Kleine Magellansche Wolke im Sternbild Tucana ($f$ = 100 cm). Sie ist etwa 200 000 Lichtjahre von der Erde entfernt und liegt somit am Rande unseres Milchstraßensystems, mit dem sie über eine Brücke aus Wasserstoffgas verbunden ist. Sie enthält etwa ein Sechstel der Masse der Großen Magellanschen Wolke. Ihr bläuliches Licht ist auf zahlreiche junge, heiße Sterne zurückzuführen. Vor ungefähr 3000 Jahren markierte die Kleine Magellansche Wolke recht gut die Lage des Himmelssüdpols, und es ist anzunehmen, daß sie polynesischen Seefahrern bei der Besiedelung der pazifischen Inselwelt als ausgezeichnete Navigationshilfe diente. Auf dem Bild ist rechts von ihr der Kugelsternhaufen 47 Tucanae (NGC 104), oberhalb von ihr der Kugelsternhaufen NGC 362 zu sehen.

# Feld 35

**Cas**
**Cep**
**Lac**

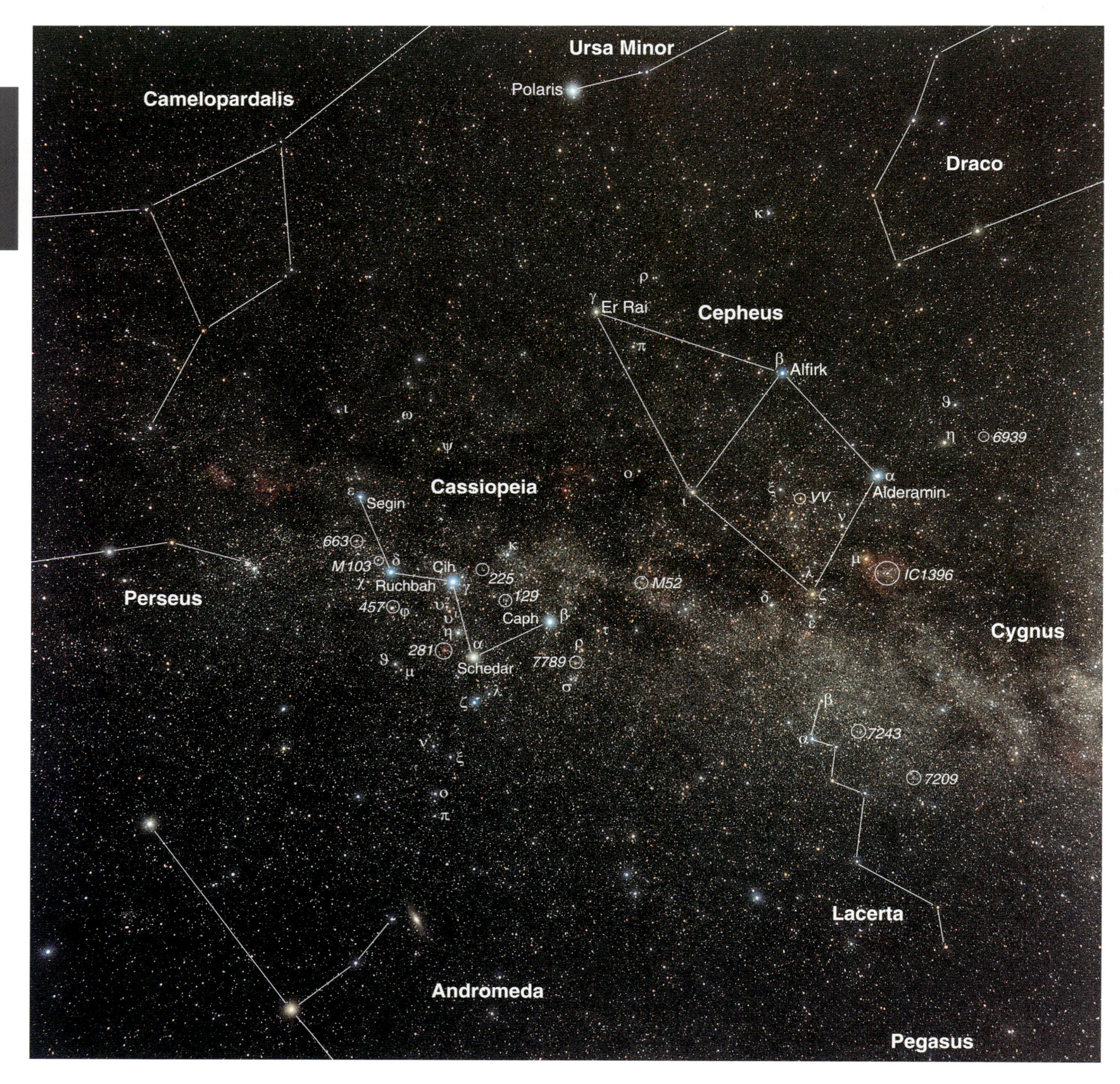

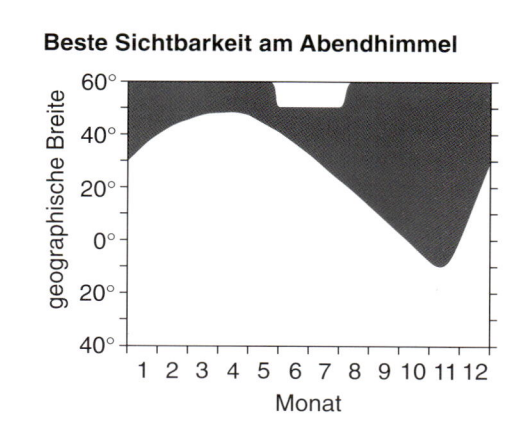

## Cassiopeia – Kassiopeia
Cas – Cassiopeiae

## Cepheus – Kepheus
Cep – Cephei

## Lacerta – Eidechse
Lac – Lacertae

**Beste Sichtbarkeit am Abendhimmel**

# Cassiopeia, Cepheus, Lacerta

**Daten der Sternbilder**

|  | Cassiopeia | Cepheus | Lacerta |
| --- | --- | --- | --- |
| Ausdehnung in Rektaszension | 22ʰ 56ᵐ — 03ʰ 38ᵐ | 20ʰ 02ᵐ — 09ʰ 00ᵐ | 21ʰ 57ᵐ — 22ʰ 58ᵐ |
| Ausdehnung in Deklination | +77° 40′ — +46° 40′ | +88° 40′ — +53° 20′ | +56° 55′ — +35° 10′ |
| Fläche in Quadratgrad | 598,41 | 587,79 | 200,69 |
| Messier-Objekte | M 52, M 103 | — | — |
| Anzahl der Sterne heller als $5^m\!.5$ | 48 | 48 | 20 |
| Meteorströme | — | — | — |
| Kulmination um Mitternacht am | 9. Oktober | 29. September | 28. August |
| zirkumpolar für | 90° n. Br. — 43° n. Br. | 90° n. Br. — 37° n. Br. | 90° n. Br. — 55° n. Br. |
| vollständig sichtbar von | 90° n. Br. — 12° s. Br. | 90° n. Br. — 1° s. Br. | 90° n. Br. — 33° s. Br. |
| nicht sichtbar von | 43° s. Br. — 90° s. Br. | 37° s. Br. — 90° s. Br. | 55° s. Br. — 90° s. Br. |

# Feld 35

**Cas  
Cep  
Lac**

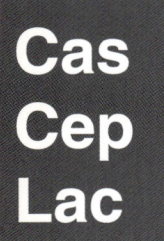

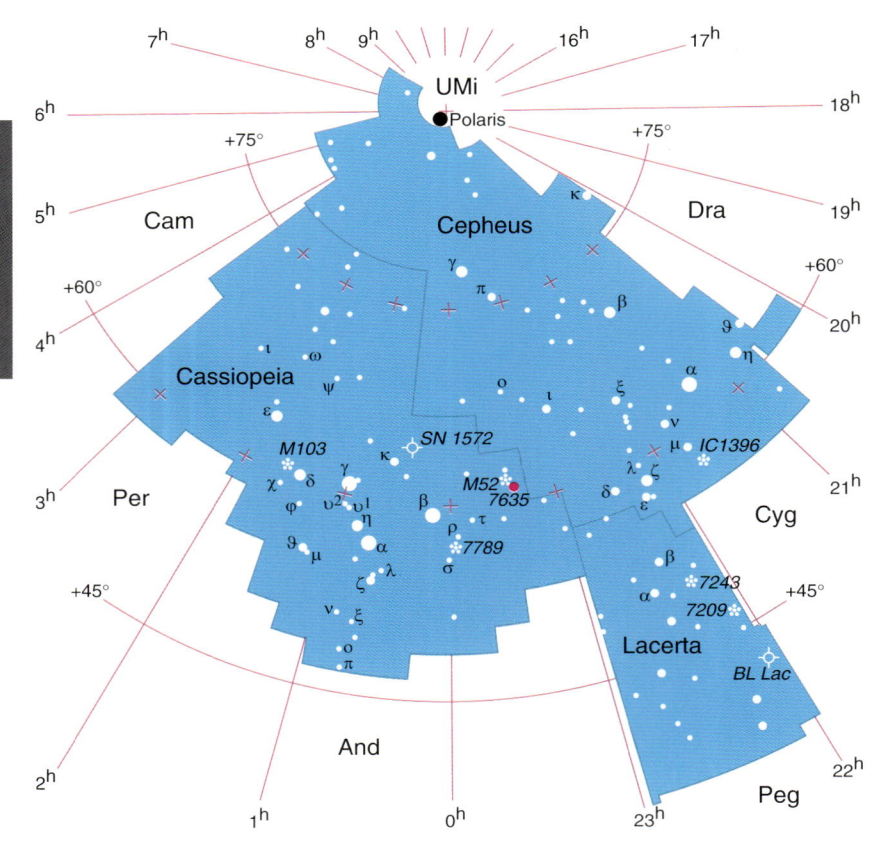

## Cassiopeia – Kassiopeia

Die fünf hellsten Sterne der Cassiopeia scheinen ein krakeliges „W" zu formen, dessen Oberseite in etwa zum Polarstern weist. Sie gehören zusammen mit den sieben Sternen des Großen Wagens zu den markantesten Sterngruppierungen am Nordhimmel. Vom Polarstern aus, den die Astronomen α Ursae Minoris oder Polaris nennen, liegen beide Figuren in etwa gleichem Abstand auf gegenüberliegenden Seiten, so daß sie leicht aufzufinden sind. Beide Sternbilder sinken von Nord- und Mitteleuropa aus betrachtet nie unter den Horizont, sind also zirkumpolar.

Cassiopeia ist eines der ältesten Sternbilder; es stellt die Frau des Kepheus, des mythischen Königs von Äthiopien, dar. Das Ehepaar wurde gemeinsam mit seiner Tochter Andromeda und seinem Schwiegersohn Perseus an den Himmel versetzt (zur Mythologie siehe Feld 39). Als man am Anfang des 17. Jahrhunderts versuchte, die Sternbilder zu christianisieren, sah man in dieser Konstellation die Sünderin Maria Magdalena. Der französische Astronom Joseph-Jérôme de Lalande führte 1779 zwischen dem „Himmels-W" und Polaris das Sternbild „Custos Messium" („Hüter der Ernte") ein, doch wurde sein Vorschlag – ein Wortspiel mit dem Namen seines Landsmannes und Kollegen Charles Messier – nicht anerkannt.

### Besondere Objekte

Durch das Sternbild Cassiopeia verläuft das Band der Milchstraße, die dort sehr sternreich ist. Mehrere offene Sternhaufen eignen sich zur Beobachtung mit einem Feldstecher. Die Übersichtsaufnahme auf der vorigen Doppelseite zeigt einige rötlich leuchtende diffuse Nebel. Es sind Wolken aus Wasserstoffgas, das durch die ultraviolette Strahlung heißer Sterne ionisiert und dadurch zum Leuchten angeregt wird; solche Gebiete nennt man H II-Regionen. Die Empfindlichkeit des Auges ist zu gering, um das rote Licht direkt wahrzunehmen, aber es läßt sich photographisch erfassen.

Einige interessante veränderliche Sterne befinden sich in diesem Sternbild (siehe Kasten auf der rechten Seite). In den letzten Jahrzehnten hat γ Cas seine Helligkeit zwischen $1^m\!\!.6$ und $3^m\!\!.3$ geändert; nach ihm ist die Klasse der Gamma-Cassiopeiae-Sterne benannt. Nahe des Sterns κ Cas leuchtete im November 1572 eine helle Supernova auf, die mehr als ein Jahr lang mit bloßem Auge zu sehen war. Sie ist als „Tychos Stern" bekanntgeworden, weil sie der dänische Astronom Tycho Brahe beschrieben hat. Heute sind an ihrer Position ein lichtschwacher Nebel und eine Radioquelle – Cassiopeia B genannt – auszumachen. Cassiopeia A, die stärkste Radioquelle am Himmel überhaupt, ist ebenfalls der Überrest einer Supernova.

## Cepheus – Kepheus

Dieses Sternbild ist weniger auffällig als Cassiopeia. Die hellsten Sterne gruppieren sich zu einer Figur, die einem windschiefen Haus mit einem spitzen Dach ähnelt. (Zur Mythologie des Sternbildes siehe Feld 39).

### Besondere Objekte

Der offene Sternhaufen IC 1396 erscheint auf der Photographie in einen roten, nahezu kreisförmigen Emissionsnebel eingebettet. Der Durchmesser dieser H II-Region beträgt mit ungefähr 150' das Fünffache des Vollmonddurchmessers. Am nördlichen Rand dieses Nebels befindet sich μ Cephei, von dem Astronomen William Herschel (1738–1822) wegen seiner tiefroten Farbe „Granatstern" genannt. Mit der 60 000fachen Leuchtkraft der Sonne ist er ein sogenannter Überriese. Seine Helligkeit variiert zwischen $3^m\!\!.6$ und $5^m\!\!.1$. Gemeinsam mit VV Cephei gehört er zu den größten Sternen, die man kennt: Ihre Durchmesser werden auf fast drei Milliarden Kilometer geschätzt – das 1900fache des Sonnendurchmessers. Denkt man sich einen dieser Sterne an der Stelle unseres Zentralgestirns, würde seine Oberfläche bis an die Bahn des Planeten Saturn heranreichen. μ und VV Cephei sind Prototypen spezieller Klassen von Veränderlichen, der My-Cephei- und der VV-Cephei-Sterne.

Zwei weitere Typen von veränderlichen Sternen werden nach ihren Hauptvertretern im Sternbild Cepheus benannt: die Beta-Cephei- und die Delta-Cephei-Sterne. Letzteren kommt eine wichtige Rolle für die Entfernungsbestimmung in der Astronomie zu. Der Prototyp, δ Cephei, wechselt seine Helligkeit mit einer Periode von 5,366 Tagen zwischen $3^m\!\!.6$ und $4^m\!\!.4$, wobei der Helligkeitsabfall bis zum Minimum etwa vier Tage dauert und der Wiederanstieg bis zum Maximum ungefähr eineinhalb Tage. Diese Veränderlichkeit ist auf eine regelmäßige Pulsation des Sterns zurückzuführen: Im rhythmischen Wechsel dehnt er sich aus und schrumpft wieder. Dabei variieren auch seine Oberflächentemperatur und seine Farbe. Wie die anderen Vertreter dieses Veränderlichentyps hat δ Cephei ein instabiles Stadium in seiner Entwicklung erreicht, in der er zu Resonanzschwingungen angeregt wird. Die meisten Sterne durchlaufen irgendwann in ihrer Entwicklung eine solche Instabilitätsphase. Die besondere Bedeutung der Delta-Cepheiden für die Astronomie besteht nun darin, daß ihre Periode eng mit ihrer Leuchtkraft verknüpft ist: Je länger die Periode, desto leuchtkräftiger der Stern. Hat man nun von einem einzigen dieser Cepheiden die Entfernung exakt bestimmt, läßt sich somit mit dieser Perioden-Leuchtkraft-Beziehung auch die Entfernung anderer Cepheiden ermitteln, wenn man ihre scheinbare Helligkeit und ihre Periode gemessen hat. Mit diesem Verfahren können die Astronomen den Abstand von Kugelsternhaufen und anderen Galaxien bestimmen, sofern es ihnen gelingt, dort Delta-Cephei-Sterne zu finden.

## Lacerta – Eidechse

Südlich des Cepheus schließt sich das kleine Sternbild der Eidechse an. Es ist unter dem Feld 32 behandelt, wo es zusammen mit Pegasus und Equuleus zu sehen ist.

### Offene Sternhaufen

| Katalog-nummer | Stern-bild | Rekt. | Dekl. | Durch-messer | Hellig-keit | Stern-anzahl |
|---|---|---|---|---|---|---|
| NGC 6939 | Cep | $20^h\,31\!\!.^m4$ | +60° 38' | 7' | $7^m\!\!.8$ | 80 |
| IC 1396 | Cep | $21^h\,39\!\!.^m1$ | +57° 30' | 50' | $3^m\!\!.5$ | 50 |
| NGC 7209 | Lac | $22^h\,05\!\!.^m2$ | +46° 30' | 25' | $7^m\!\!.7$ | 25 |
| NGC 7243 | Lac | $22^h\,15\!\!.^m3$ | +49° 53' | 21' | $6^m\!\!.4$ | 40 |
| M 52/NGC 7654 | Cas | $23^h\,24\!\!.^m2$ | +61° 35' | 13' | $7^m\!\!.3$ | 100 |
| NGC 7789 | Cas | $23^h\,57\!\!.^m0$ | +56° 44' | 16' | $6^m\!\!.7$ | 300 |
| NGC 129 | Cas | $00^h\,29\!\!.^m9$ | +60° 14' | 21' | $6^m\!\!.5$ | 35 |
| NGC 225 | Cas | $00^h\,43\!\!.^m4$ | +61° 47' | 12' | $7^m\!\!.0$ | 20 |
| NGC 457 | Cas | $01^h\,19\!\!.^m1$ | +58° 20' | 13' | $6^m\!\!.4$ | 80 |
| M 103/NGC 581 | Cas | $01^h\,33\!\!.^m2$ | +60° 42' | 6' | $7^m\!\!.4$ | 25 |
| NGC 663 | Cas | $01^h\,46\!\!.^m0$ | +61° 15' | 16' | $7^m\!\!.1$ | 80 |

# Veränderliche Sterne

Nicht alle Sterne strahlen mit konstanter Helligkeit. Viele sind veränderlich, und ihre Helligkeit variiert nach einem mehr oder weniger wiederkehrenden Muster oder in einem einmaligen Ereignis. Eine Grenze zwischen veränderlich und nicht-veränderlich läßt sich dabei nicht angeben, sie ist eher eine Frage der Beobachtungsgenauigkeit. Praktisch jeder Stern erreicht in seiner Entwicklung eine Phase, in der sich seine Helligkeit zu ändern beginnt.

Die Veränderlichkeit eines Sterns läßt sich anhand seiner Lichtkurve erkennen, in der man die zu verschiedenen Zeiten gemessene Helligkeit einträgt. Der Magnitudenbereich, über den die Helligkeit variiert, nennt man Amplitude, die Zeitspanne, mit der sich der Helligkeitsverlauf wiederholt, Periode. Die Zahl der bekannten veränderlichen Sterne ist von 24 im Jahre 1850 auf mittlerweile fast 30 000 angestiegen. Für eine kontinuierliche Überwachung dieser Veränderlichen fehlt es den professionellen Astronomen an Personal, Zeit und Instrumentarium. Deshalb können Amateurastronomen auf diesem speziellen Gebiet wichtige Beiträge zur Forschung liefern, indem sie zuverlässige Lichtkurven ermitteln.

Es gibt unterschiedliche Klassen von veränderlichen Sternen:

– *Bedeckungsveränderliche*. Dies sind Doppel- oder Mehrfachsterne, bei denen sich die Komponenten von der Erde aus gesehen gelegentlich verdecken. In diesem Falle ist die Veränderlichkeit sozusagen nur vorgetäuscht. Die Sterne selbst leuchten konstant, und der Helligkeitswechsel ist ein rein geometrischer Effekt ähnlich wie bei einer Sonnenfinsternis, wenn der Mond vorübergehend die Sonnenscheibe verdeckt. Bekanntester Vertreter ist Algol (β Persei), dessen Lichtkurve unten dargestellt ist. Nach ihm ist eine spezielle Klasse von Bedeckungsveränderlichen benannt, in deren Lichtkurve ein tiefes Haupt- und ein flaches Nebenminimum auftreten. Eine weitere Unterart, die Beta-Lyrae-Sterne, zeigen zudem auch außerhalb der Minima eine kontinuierliche Helligkeitsänderung. Lange Zeit hat man angenommen, daß dies auf eine ellipsoidische Verformung der sehr nahe beieinander stehenden Doppelsternkomponenten zurückzuführen sei; doch dürfte eher ein Gasstrom ursächlich sein, der von dem größeren der beiden Sterne auf den kleineren übergeht und ihn in einer Materiescheibe einhüllt. Während der Rotation des Systems ändert sich kontinuierlich die sichtbare leuchtende Fläche.

– *Pulsationsveränderliche*. Solche Sterne ändern tatsächlich ihre Zustandsgrößen wie Temperatur, Radius und Leuchtkraft. Es sind zumeist Riesensterne hoher Leuchtkraft, viel größer als die Sonne, bei denen sich die äußeren Schichten mehr oder weniger periodisch aufblähen und wieder zusammenziehen. Die meisten Veränderlichen gehören zu dieser Klasse. Die größte Bedeutung für die Astronomie haben die Delta-Cephei-Sterne, oft einfach nur Cepheiden genannt. Der mit der Pulsation verbundene Helligkeitswechsel erfolgt sehr regelmäßig, und die Periode ist von der Leuchtkraft des Sterns abhängig. Diese Perioden-Leuchtkraft-Beziehung erlaubt es, Cepheiden zur Bestimmung von Entfernungen im Kosmos heranzuziehen (s. S. 166). Nahezu in jedem Sternbild findet man langperiodische Veränderliche vom Typ der Mira-Sterne (s. S. 190). Auch ihr Helligkeitswechsel ist auf radiale Pulsationen zurückzuführen, doch weder Periode noch Amplitude sind völlig regelmäßig. Sehr kurze Pulsationsperioden von wenigen Stunden haben die RR-Lyrae-, Beta-Cephei- und die Delta-Scuti-Sterne.

– *Eruptive Veränderliche*. Hierzu gehören eine Reihe völlig unterschiedlicher Sterntypen, deren Helligkeit innerhalb kürzester Zeit auf das Vieltausend- bis Hundertmillionenfache ansteigen kann. In engen Doppelsternsystemen kommt es häufig zum Massenaustausch. Dabei kann es zu Instabilitäten kommen, die eine explosionsartige Kernfusionsreaktion auslösen. Je nach Heftigkeit der Ausbrüche unterscheidet man beispielsweise Flackersterne, Zwergnovae und Novae. Eine Supernova ist hingegen die Explosion eines massereichen Sterns, der am Ende seiner Entwicklung instabil geworden ist. Die Leuchtkraftsteigerung ist bei einer Supernova etwa 100 000mal größer als bei einer gewöhnlichen Nova; die Helligkeitszunahme kann mehr als 20 Größenklassen betragen.

Phänomenologisch nicht in diese Veränderlichen-Klassen einzuordnen sind Quasare und BL-Lacertae-Objekte. Bei ihnen handelt es sich um sternartig aussehende Gebilde, die aber in Wirklichkeit aktive Kerne von Galaxien sind, in denen unvorstellbar heftige Energieausbrüche stattfinden. Die dabei umgesetzte Energie übertrifft oftmals die Strahlungsleistung ganzer Galaxien.

### Beispiele für veränderliche Sterne

| Stern | Helligkeit Max. | Helligkeit Min. | Periode in Tagen | Typ |
|---|---|---|---|---|
| γ Cassiopeiae | 1ᵐ6 | 3ᵐ3 | – | Gamma Cassiopeiae |
| δ Cassiopeiae | 2ᵐ7 | 2ᵐ8 | 759 | Algol |
| R Cassiopeiae | 4ᵐ8 | 13ᵐ6 | 431 | Mira |
| ρ Cassiopeiae | 4ᵐ1 | 6ᵐ1 | – | R Coronae Borealis |
| β Cassiopeiae | 2ᵐ27 | 2ᵐ31 | 0,104 | Delta Scuti |
| δ Cephei | 3ᵐ7 | 4ᵐ6 | 5,3663 | Delta Cephei |
| β Cephei | 3ᵐ23 | 3ᵐ27 | 0,19 | Beta Cephei |
| μ Cephei | 3ᵐ6 | 5ᵐ1 | – | My Cephei |
| T Cephei | 5ᵐ2 | 11ᵐ3 | 388,1 | Mira |
| S Cephei | 7ᵐ4 | 12ᵐ9 | 486,8 | Mira |
| VV Cephei | 4ᵐ9 | 5ᵐ2 | 7430 | VV Cephei |

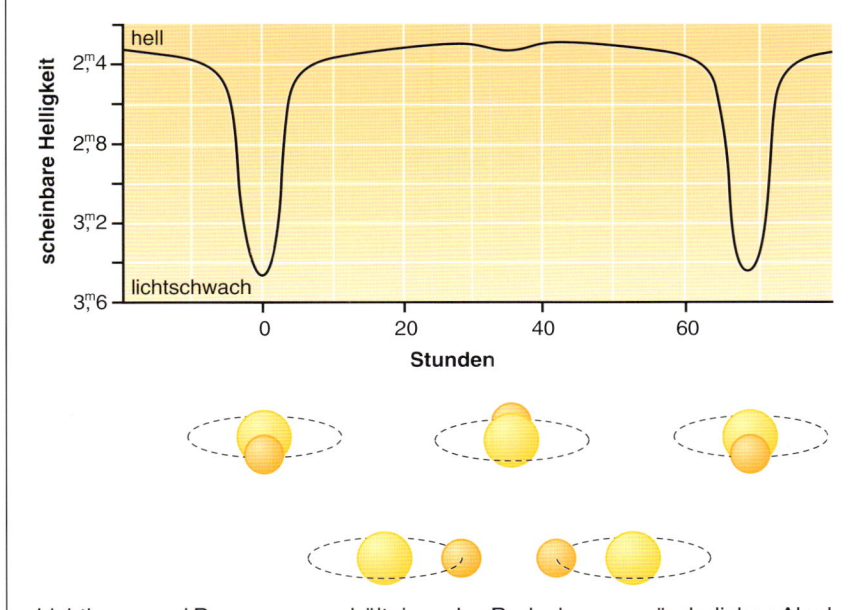

Lichtkurve und Bewegungsverhältnisse des Bedeckungsveränderlichen Algol (β Persei). Die beiden Sternpartner umkreisen einander in 68 Stunden. Von der Erde aus sieht man schräg auf die Bahnebene des Doppelsternsystems, so daß sich die beiden Komponenten bei jedem Umlauf teilweise verdecken. Wegen ihrer unterschiedlichen Helligkeit tritt zusätzlich zum Hauptminimum ein flaches Nebenminimum auf.

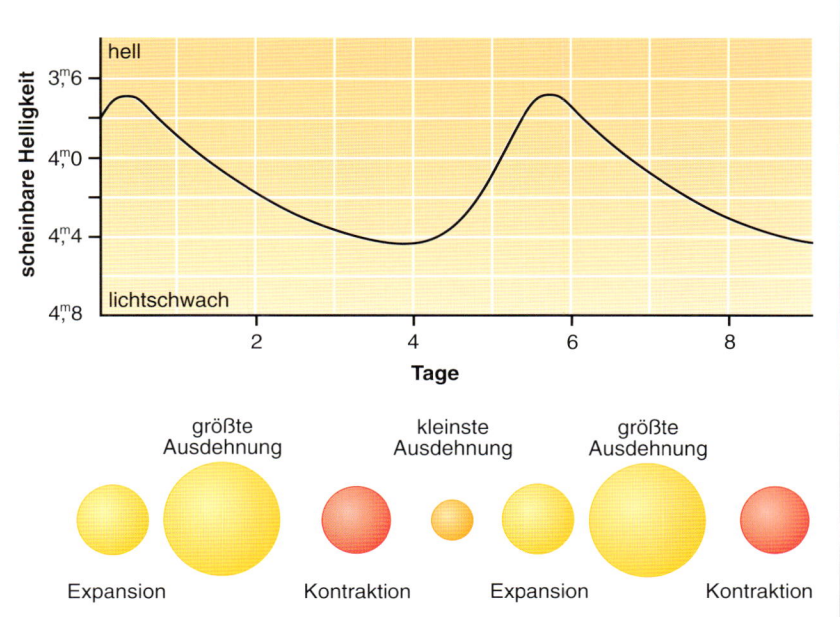

Lichtkurve und Pulsationsverhalten von δ Cephei. Die Helligkeit des Pulsationsveränderlichen schwankt in regelmäßigem Rhythmus. Zugleich – aber etwas phasenverschoben – variieren auch die Temperatur, der Spektraltyp und der Radius des Sterns. Die größte Ausdehnung wird während des Helligkeitsabfalls erreicht (Die Radiusänderungen von Pulsationsveränderlichen können bis zu 30 Prozent betragen und sind hier überhöht dargestellt.)

# Feld 36

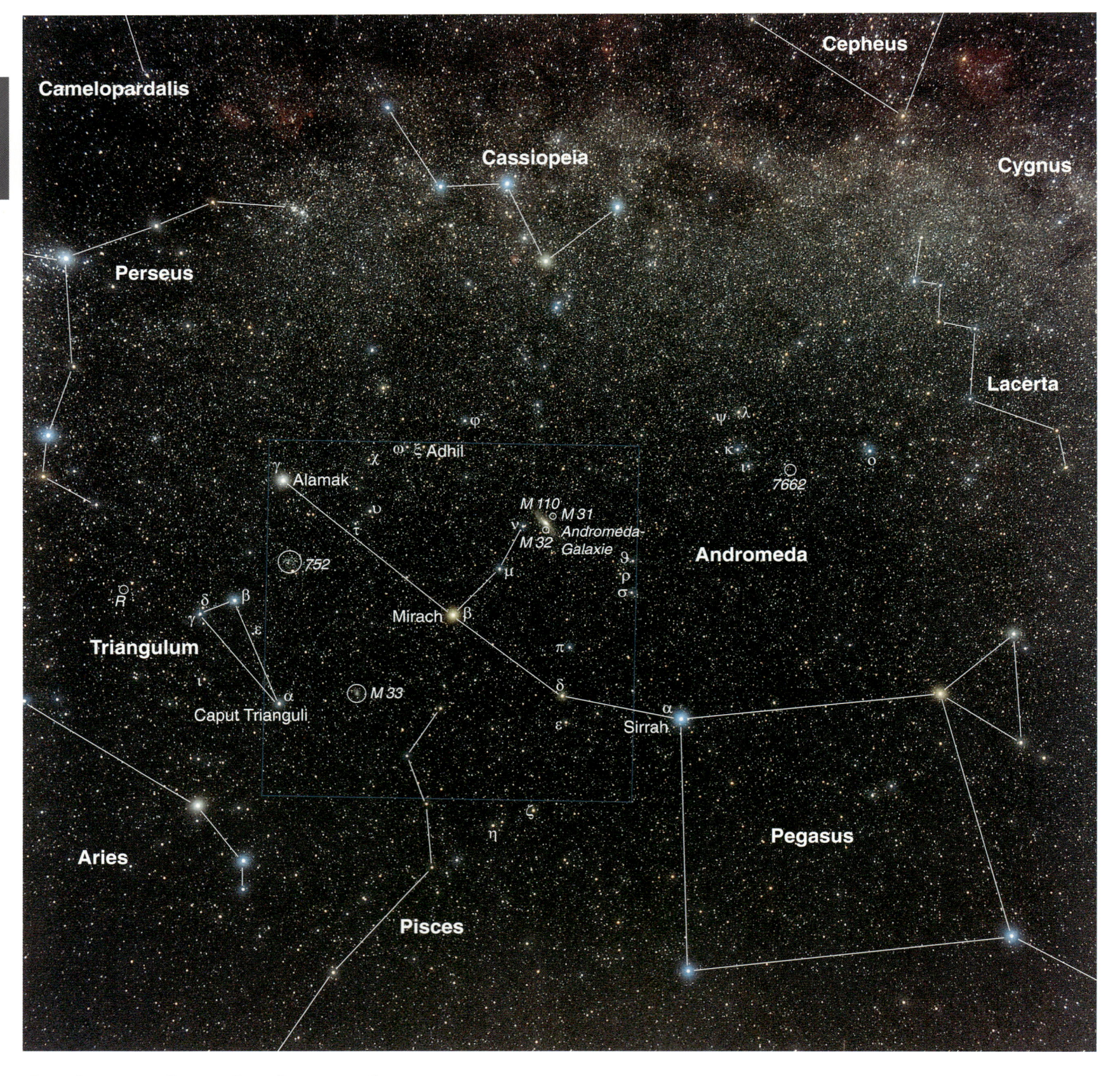

**Andromeda – Andromeda**
And – Andromedae

**Triangulum – Dreieck**
Tri – Trianguli

Beste Sichtbarkeit am Abendhimmel

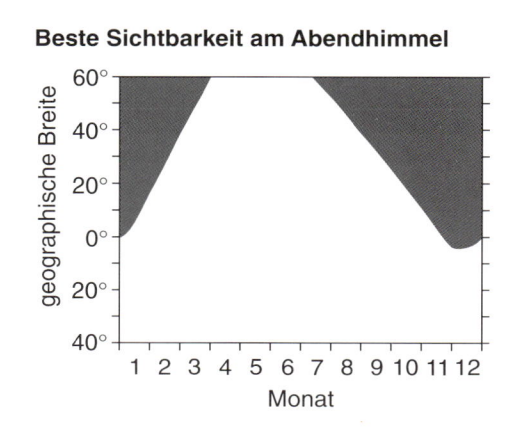

# Andromeda, Triangulum

**Daten der Sternbilder**

|  | Andromeda | Triangulum |
|---|---|---|
| Bereich in Rektaszension | 22$^h$ 57$^m$ — 2$^h$ 40$^m$ | 1$^h$ 31$^m$ — 2$^h$ 51$^m$ |
| Bereich in Deklination | +53° 20′ — +21° 35′ | +37° 20′ — +25° 35′ |
| Fläche in Quadratgrad | 722,28 | 131,85 |
| Messier-Objekte | M 31, M 32, M 110 | M 33 |
| Anzahl der Sterne heller als 5$^m$5 | 51 | 13 |
| Meteorströme | Andromediden (1. November) | — |
| Kulmination um Mitternacht am | 9. Oktober | 23. Oktober |
| zirkumpolar für | 90° n. Br. — 68° n. Br. | 90° n. Br. — 64° n. Br. |
| vollständig sichtbar von | 90° n. Br. — 37° s. Br. | 90° n. Br. — 53° s. Br. |
| nicht sichtbar von | 68° s. Br. — 90° s. Br. | 64° s. Br. — 90° s. Br. |

# Feld 36

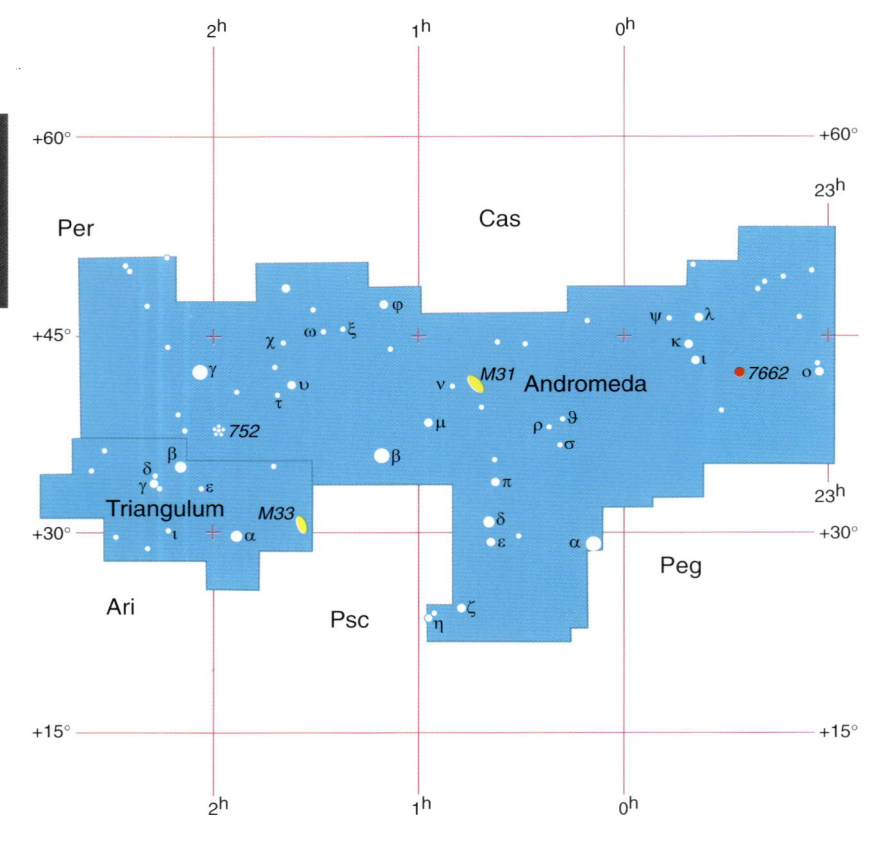

**And**
**Tri**

Andromedae. Mit einer Entfernung von 2,2 Millionen Lichtjahren ist sie das fernste Objekt, das man mit dem unbewaffneten Auge zu sehen vermag. Ihre Größe und ihre Spiralstruktur enthüllt sich allerdings erst auf langbelichteten Photographien (Bild rechts). Lange Zeit hielt man die Galaxie für einen Nebel innerhalb des Milchstraßensystems. Erst der Astronom Edwin P. Hubble konnte zeigen, daß sie ein eigenständiges Sternsystem außerhalb unserer Galaxis ist (s. S. 191).

## Triangulum – Dreieck

Drei Sterne bilden immer ein Dreieck, und so braucht es nicht zu verwundern, daß es auch ein Sternbild dieses Namens gibt (eine ähnliche Konstellation am Südhimmel heißt Triangulum Australe, Südliches Dreieck). Die Griechen nannten es Trigonon oder Deltoton. Der hellste Stern ist β Trianguli mit $3^m\!\!.0$; er bildet mit den jeweils eine halbe Größenklasse schwächeren Sternen α und γ Trianguli ein spitzwinkliges Dreieck, das südöstlich der langen Sternreihe der Andromeda liegt und sich leicht auffinden läßt.

Aus drei Sternen der 5. Größenklasse in diesem Sternbild konstruierte Johannes Hevelius 1687 die Konstellation „Triangulum Minor", die sich jedoch unter den Astronomen nicht auf Dauer durchsetzen konnte.

### Besondere Objekte

Der Doppelstern ι Trianguli – in manchen neueren Sternkarten nur mit seiner Flamsteed-Nummer als 6 Trianguli bezeichnet – besteht aus einer gelb leuchtenden, $5^m\!\!.4$ hellen Hauptkomponente, die in einer scheinbaren Distanz von 3,6″ einen bläulichen Begleiter der Helligkeit $7^m\!\!.0$ aufweist.

R Trianguli ist ein Mira-Veränderlicher, dessen Helligkeit mit einer Periode von 226,5 Tagen zwischen $5^m\!\!.4$ und $12^m\!\!.6$ variiert.

Bekanntestes Objekt in diesem kleinen Sternbild ist die Spiralgalaxie M 33 (NGC 598), auch Dreiecks- oder Triangulum-Galaxie genannt. Mit einer Entfernung von 2,3 Millionen Lichtjahren ist sie nach der Andromeda-Galaxie das uns zweitnächste große spiralförmige Sternsystem.

## Andromeda – Andromeda

Südlich der Cassiopeia und zwischen Pegasus im Westen und Perseus im Osten befindet sich das Sternbild Andromeda. Es ist jedoch weniger durch sein Erscheinungsbild als vielmehr durch die darin enthaltene große Spiralgalaxie, den Andromeda-Nebel M 31, bekannt. Die Hauptsterne der Andromeda bilden eine lange Kette, die von dem Stern an der nordöstlichen Ecke des Pegasus-Rechtecks ausgeht. Dieser Eckstern wird seit der Neuordnung der Sternbildgrenzen als α Andromedae bezeichnet; früher wurde er als δ Pegasi dem benachbarten Sternbild zugerechnet.

Der Überlieferung zufolge stellt die Konstellation Andromeda, die Tochter der Kassiopeia und des Kepheus dar. Diese Geschichte ist Bestandteil der Perseus-Sage und wird unter dem Sternfeld 39 erzählt.

### Besondere Objekte

γ Andromedae oder Alamak (arabisch für „Wüstenluchs") ist ein Dreifachstern. In einem kleinen Fernrohr sieht man eine gelbliche, $2^m\!\!.3$ helle Hauptkomponente, die im Abstand von 9,8″ einen bläulichen, $4^m\!\!.8$ hellen Begleiter hat. In Wirklichkeit ist der lichtschwächere Stern jedoch doppelt: Zwei bläulich leuchtende Sterne der Helligkeit $5^m\!\!.5$ und $6^m\!\!.3$ umlaufen einander in 61 Jahren; ihr Winkelabstand ist mit 0,5″ sehr gering, so daß man ein großes Fernrohr braucht, um sie getrennt sehen zu können. Ein weiterer Doppelstern ist π Andromedae; hier sind die beiden $4^m\!\!.4$ und $8^m\!\!.6$ hellen Komponenten 36″ voneinander getrennt.

Im östlichen Bereich des Sternbildes befindet sich der offene Sternhaufen NGC 752. Er ist etwa 3400 Lichtjahre entfernt.

NGC 7662 ist ein Planetarischer Nebel im westlichen Teil des Sternbildes. Im Fernrohr erscheint er als verwaschenes, bläulichgrünes Sternchen der Helligkeit $8^m\!\!.3$. Um seine Ringstruktur erkennen zu können, bedarf es eines großen Teleskops.

Das interessanteste Objekt in diesem Sternbild ist die Andromeda-Galaxie M 31, die man am dunklen Himmel bereits mit bloßem Auge erkennen kann. Sie liegt in Verlängerung der Verbindungslinie zwischen β und μ

Die Spiralgalaxie M 33 im Sternbild Triangulum (f = 500 cm). Man sieht nahezu senkrecht auf ihre Scheibenebene, so daß die Struktur der Spiralarme deutlich zu erkennen ist. Die scheinbaren Abmessungen des Sternsystems betragen 67′ × 41′; das ist das Doppelte der Fläche, die von der Mondscheibe am Himmel bedeckt wird. Wegen der relativ geringen Flächenhelligkeit bietet die Galaxie in einem Fernrohr keinen imponierenden Anblick. Am besten kommt sie in einem lichtstarken Fernglas oder eben auf langbelichteten Photographien zur Geltung.

### Offene Sternhaufen

| Katalog-nummer | Stern-bild | Rekt. | Dekl. | Durch-messer | Hellig-keit | Stern-anzahl |
|---|---|---|---|---|---|---|
| NGC 752 | And | 01h 57,8 | +37° 41′ | 50′ | $5^m\!\!.7$ | 60 |

# Galaxien M 31, M 33

M 31 und M 33 in den benachbarten Sternbildern Andromeda und Triangulum sind die beiden nächstgelegenen Spiralgalaxien zum Milchstraßensystem. Ihre Entfernung zur Erde beträgt 2,2 Millionen bzw. 2,3 Millionen Lichtjahre. Gemeinsam mit unserer Galaxis und mehreren kleineren Sternsystemen – wie zum Beispiel den beiden Magellanschen Wolken – bilden sie die Lokale Gruppe. Der amerikanische Astronom Edwin P. Hubble prägte diese Bezeichnung für den Galaxienhaufen, zu dem unser Milchstraßensystem gehört. Am Himmel findet man M 31 und M 33 auf gegenüberliegenden Seiten des Sterns β Andromedae (unten, $f$ = 50 cm). Die Andromeda-Galaxie M 31 (NGC 224) ist bereits mit bloßem Auge zu erkennen. Allerdings sieht man nur ihren hellen Zentralbereich als verwaschenen Nebelfleck. Erst auf langbelichteten Photographien erkennt man ihre gewaltigen Abmessungen: Ihre Längsausdehnung beträgt 3°, das Sechsfache des Vollmonddurchmessers (links, $f$ = 500 cm). Zwischen ihren Spiralarmen erkennt man langgezogene dunkle Staubstreifen. Ähnlich wie das Milchstraßensystem verfügt auch die Andromeda-Galaxie über zwei Begleiter: die beiden kleinen Sternsysteme M 32 (NGC 221; links unterhalb des Galaxienkerns) und M 110 (NGC 205).

# Feld 37

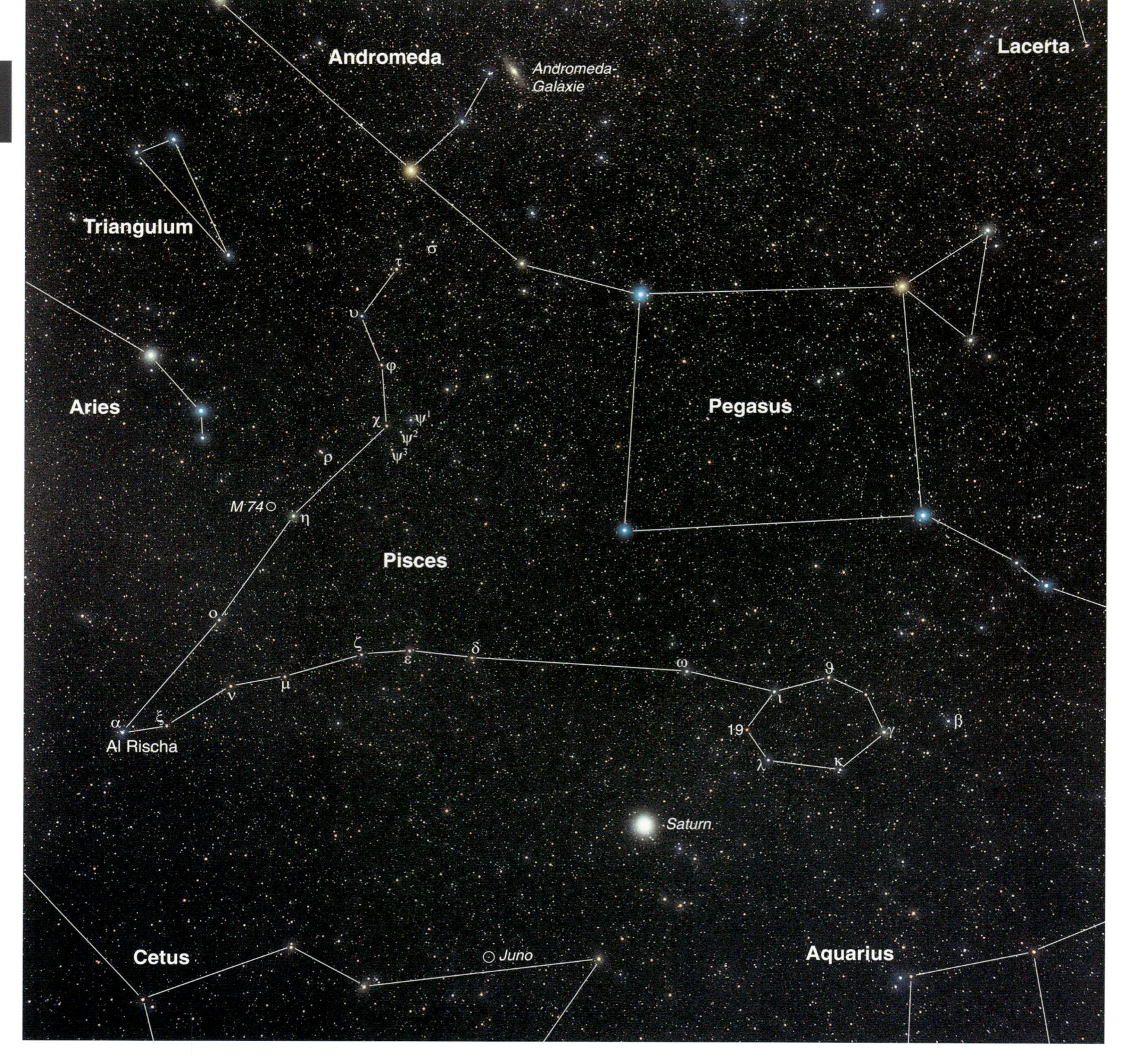

**Psc**

**Pisces – Fische**
Psc – Piscium

**Beste Sichtbarkeit am Abendhimmel**

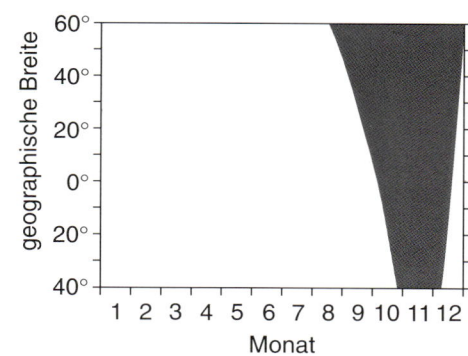

# Pisces

**Daten der Sternbilder**

|  | Pisces |
|---|---|
| Bereich in Rektaszension | 22ʰ 50ᵐ — 2ʰ 07ᵐ |
| Bereich in Deklination | +33° 40′ — −6° 20′ |
| Fläche in Quadratgrad | 889,42 |
| Messier-Objekte | M 74 |
| Anzahl der Sterne heller als 5ᵐ,5 | 46 |
| Meteorströme | Pisciden (September) |
| Kulmination um Mitternacht am | 27. September |
| zirkumpolar für | – |
| vollständig sichtbar von | 84° n. Br. — 56° s. Br. |
| nicht sichtbar von | – |

# Feld 37

**Psc**

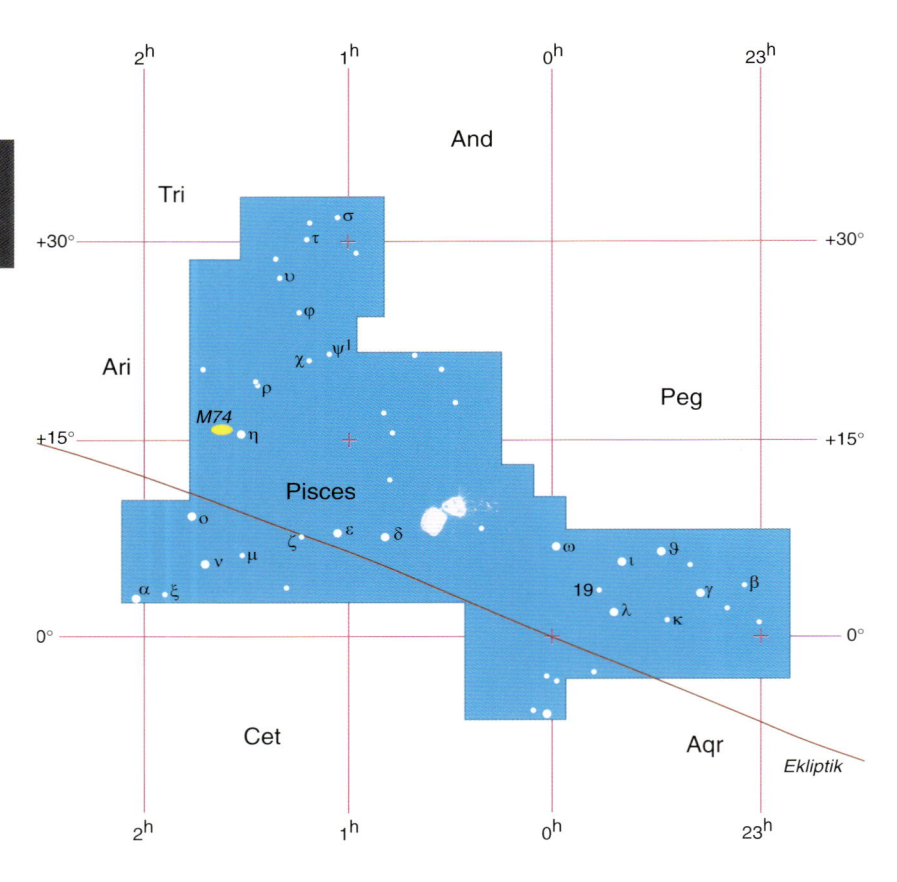

## Pisces – Fische

Die Fische sind eines der zwölf Tierkreissternbilder. Die Sonne durchläuft diese Konstellation vom 11. März bis zum 18. April. Infolge der Präzession hat sich der Frühlings- oder Widderpunkt – der Schnittpunkt von Ekliptik und Himmelsäquator, in dem sich die Sonne zum Frühlingsäquinoktium befindet – seit dem Altertum vom Sternbild Widder in das Sternbild Fische verschoben. Wenn die Sonne am 20. oder 21. März diesen Punkt überquert, markiert dies den astronomischen Beginn des Frühlings auf der Nord- und den des Herbstes auf der Südhalbkugel der Erde. Zu dieser Zeit der Tagundnachtgleiche geht die Sonne für alle Orte der Erde um 6 Uhr Ortszeit auf und um 18 Uhr Ortszeit unter.

Als Sternbild sind die Fische sehr unauffällig. Von α Piscium, der eine Helligkeit von 4$^m$3 aufweist, erstrecken sich zwei Reihen von Sternen 4. und 5. Größenklasse in nordwestlicher bzw. westlicher Richtung, die jeweils in einer ellipsenförmigen Struktur aus lichtschwachen Sternen enden. Diese Anordnung stellt zwei in verschiedene Richtungen schwimmende Fische dar, die über lange, an ihren Schwänzen befestigte Bänder verbunden sind.

### Mythologie

Einem aus hellenistischen Zeiten überlieferten Mythos zufolge geht das Sternbild auf die gleiche Episode zurück, der auch das Tierkreissternbild Capricornus (Steinbock) seine Existenz verdankt. Als das Ungeheuer Typhon die olympischen Götter angriff, versteckten sich Aphrodite und Eros – die Göttin und der Gott der Liebe – am Ufer des Euphrat im Schilf, sprangen aus Furcht ins Wasser und verwandelten sich in Fische. Die Bedeutung des Bandes bleibt indes unklar. Die Griechen haben das Sternbild offensichtlich aus Vorderasien übernommen und erst nachträglich mit ihrem Mythos belegt, worauf bereits der Ort des Geschehens hinweist. Frühere Versionen dieser Überlieferung beziehen sich auf die Liebesgöttin, die bei den Syrern Atargatis und bei den Babyloniern Ischtar hieß.

### Besondere Objekte

Die Übersichtsaufnahme auf der vorangehenden Doppelseite entstand zu einer Zeit, als der Planet Saturn sich in diesem Sternfeld befand. Ebenfalls zu sehen ist der Planetoid Juno. Dieser Kleinplanet hat einen Durchmesser von 288 Kilometern, und seine Oberfläche besteht aus Silicaten und eisenhaltigen Gesteinen. Die Positionsverschiebung beider Himmelskörper am Firmament ist durch Vergleich mit dem Sternfeld 41 zu erkennen.

Das Sternbild selbst enthält nur wenige interessante Himmelsobjekte. Der Stern 19 Piscium ist ein halbregelmäßiger Veränderlicher, dessen scheinbare Helligkeit zwischen der 4. und 5. Größenklasse variiert.

NGC 628 ist eine Spiralgalaxie, die Charles Messier als Objekt Nummer 74 in seinem Katalog nebelhafter Objekte verzeichnete; M 74 hat eine scheinbare Helligkeit von 10$^m$2, und man braucht ein größeres Fernrohr, um Details in diesem Sternsystem erkennen zu können.

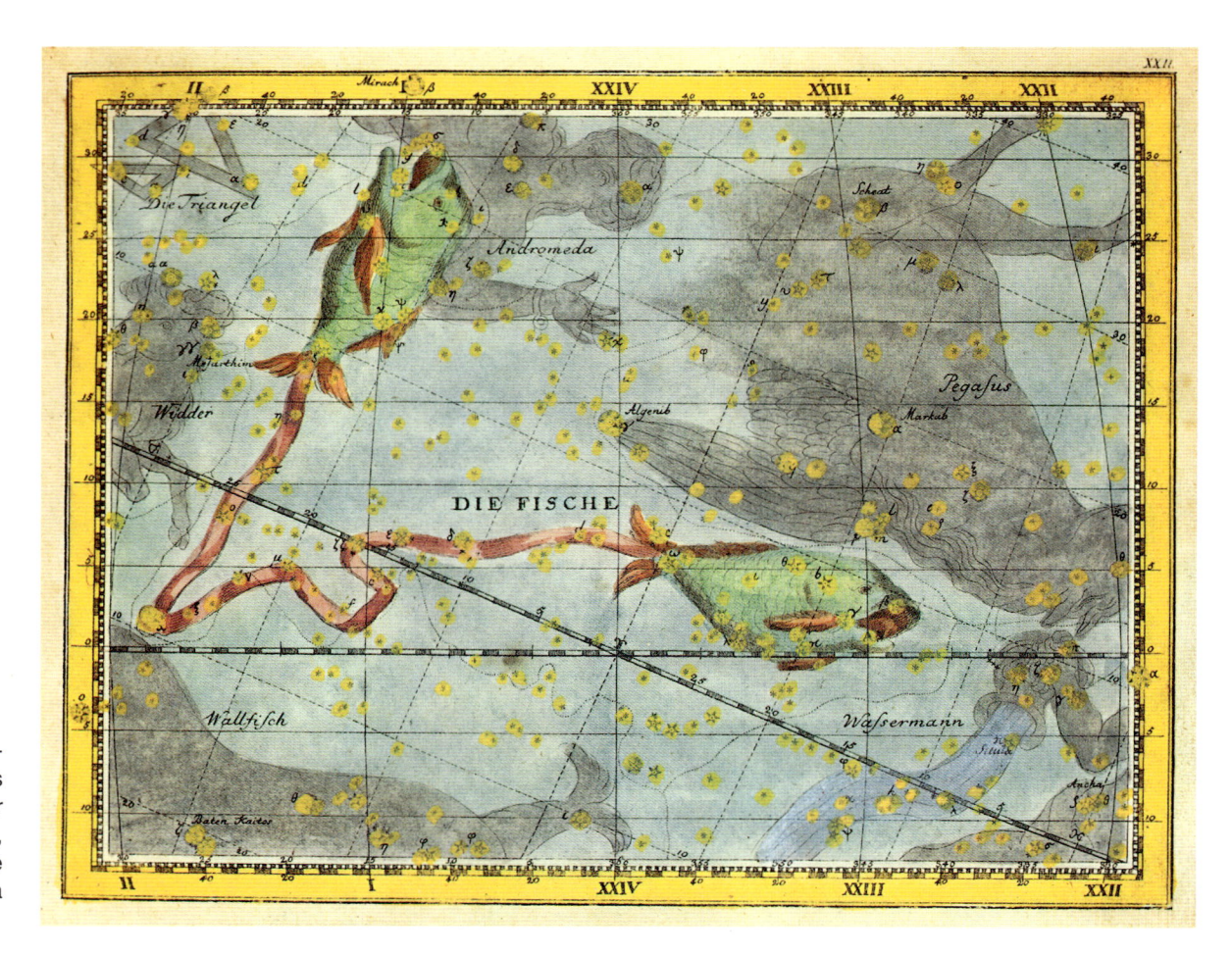

Das Sternbild Pisces (Fische) aus der „Vorstellung der Gestirne" von Johann E. Bode aus dem Jahre 1782. Zwei Bänder, die an der Position des Sterns α Piscium verknotet sind, verbinden die beiden Fische. Der arabische Name dieses Sterns Al Rischa oder Alrescha bedeutet „Strick".

# Die Farben der Sterne

Beim Betrachten der Photos in diesem Buch oder beim Beobachten des Nachthimmels mit einem Feldstecher fällt auf, daß die Sterne in verschiedenen Farben leuchten. Viele der veränderlichen Sterne erscheinen in einem kräftigen Rot, Arktur ist orange, Capella strahlt wie unsere Sonne gelblich, und die Sterne in jungen Sternhaufen sind bläulich-weiß. Diese Farben sind nicht nur hübsch anzuschauen, sondern sie geben den Astronomen auch einen wichtigen Hinweis auf eine physikalische Eigenschaft der Sterne: ihre Oberflächentemperatur.

### Das elektromagnetische Spektrum

Jeder Körper, der eine Temperatur hat, sendet elektromagnetische Strahlung aus. Licht, das wir mit den Augen registrieren können, ist nur eine bestimmte Art dieser Strahlung: nämlich solche, deren Wellenlänge im Bereich zwischen etwa 380 und 700 nm liegt (1 nm = 1 Nanometer = $10^{-9}$ Meter). Strahlung oberhalb einer Wellenlänge von 700 nm, die man als Infrarotstrahlung bezeichnet, empfinden wir als Wärme; zu noch größeren Wellenlängen hin schließen sich die Mikrowellen- und die Radiostrahlung an. Am kurzwelligen Ende des sichtbaren Spektralbereichs geht das Licht in die ultraviolette Strahlung über. Noch kürzere Wellenlängen haben die Röntgen- und die Gammastrahlen.

Die Wellenlänge der elektromagnetischen Strahlung ist direkt mit ihrer Frequenz und ihrer Energie verknüpft: Je kürzer die Wellenlänge, desto höher sind Frequenz und Energie. (Mathematisch sind Wellenlänge $\lambda$ und Frequenz $\nu$ über die Lichtgeschwindigkeit $c$ verknüpft: $c = \lambda \cdot \nu$. Die Energie $E$ ist proportional zur Frequenz $\nu$: $E = h \cdot \nu$, wobei die Proportionalitätskonstante $h$ den sehr kleinen Wert $6{,}626 \cdot 10^{-34}$ Js hat.)

Von der Temperatur eines Körpers hängt es nun ab, wieviel Energie er aussendet und in welcher Farbe er erscheint. Eine gerade eingeschaltete Herdplatte sendet zunächst nur Infrarotstrahlung aus: Wir nehmen keine Farbänderung wahr, spüren aber, daß sie warm wird (auch ohne sie zu berühren!). Mit zunehmender Hitze beginnt sie rot zu glühen. Das Maximum ihrer Energieabstrahlung hat sich demnach vom infraroten Spektralbereich zum sichtbaren Licht hin verschoben. Könnte man sie noch stärker aufheizen, würde sich ihre Farbe langsam nach Gelb verschieben, bis sie schließlich in grellem Weiß erstrahlte.

Die Farbe eines Sterns ist demnach ein mit bloßem Auge erkennbares Maß für die Intensitätsverteilung in seinem Spektrum. Der Farbeindruck im Auge ist jedoch von verschiedenen physiologischen und psychologischen Faktoren abhängig; die Astronomen messen deshalb die Unterschiede in der Helligkeit eines Sterns in verschiedenen schmalen Wellenlängenbereichen, um ein objektives Maß für die Farbe zu erhalten.

### Spektralklassen

Zerlegt man das Licht der Sterne mit Spektralapparaten in einzelne Wellenlängen, so fallen neben dem allgemeinen Farbeindruck weitere Besonderheiten in diesen Spektren auf. Im Sonnenspektrum beispielsweise sind zahlreiche dunkle Absorptionslinien zu sehen. Sie sind darauf zurückzuführen, daß Gase in der äußersten Schicht der Sonne das von ihrer Oberfläche ausgesandte Licht bei diskreten Wellenlängen absorbieren. Die Untersuchung dieser Spektrallinien hat sich als leistungsfähige Methode erwiesen, um die physikalischen Eigenschaften und den Aufbau der Sterne zu ermitteln.

Die Vielfalt der Erscheinungsformen in den Sternspektren macht ein Beschreibungs- oder Klassifikationsschema erforderlich. Ende des 19. Jahrhunderts wurden am Harvard-College-Observatorium in den USA die Buchstaben A bis Q benutzt, um unterschiedliche Spektraltypen zu kennzeichnen. Weitere Überlegungen legten eine Umordnung dieser Spektralklassen nahe, so daß daraus die noch heute gebräuchliche Hauptsequenz O, B, A, F, G, K, M entstand. Findige Harvard-Studenten kreierten als Merkhilfe den Satz: *„Oh, Be A Fine Girl, Kiss Me"*. (Im Deutschen könnte man vielleicht sagen: „Offenbar benutzen Astronomen furchtbar gerne komische Merksätze".) Diese Abfolge der Spektralklassen spiegelt eine Temperatursequenz der Sterne wieder. Die bläulich-weiß strahlenden O- und B-Sterne sind mit 20 000 bis 30 000 Kelvin sehr heiß, während M-Sterne Oberflächentemperaturen um 3000 Kelvin haben und folglich in einem tiefen Rot leuchten. Zur feineren Kennzeichnung führte man Dezimalunterteilungen ein. Die Sonne beispielsweise ist ein G2-Stern mit einer Oberflächentemperatur von 5800 Kelvin. Um auch Unterschiede in der Leuchtkraft eines Sterns berücksichtigen zu können, modifizierte man die bisherige Spektralklassifikation Mitte des 20. Jahrhunderts, wobei jedoch die dezimale Unterteilung der O, B ... M-Sequenz beibehalten wurde.

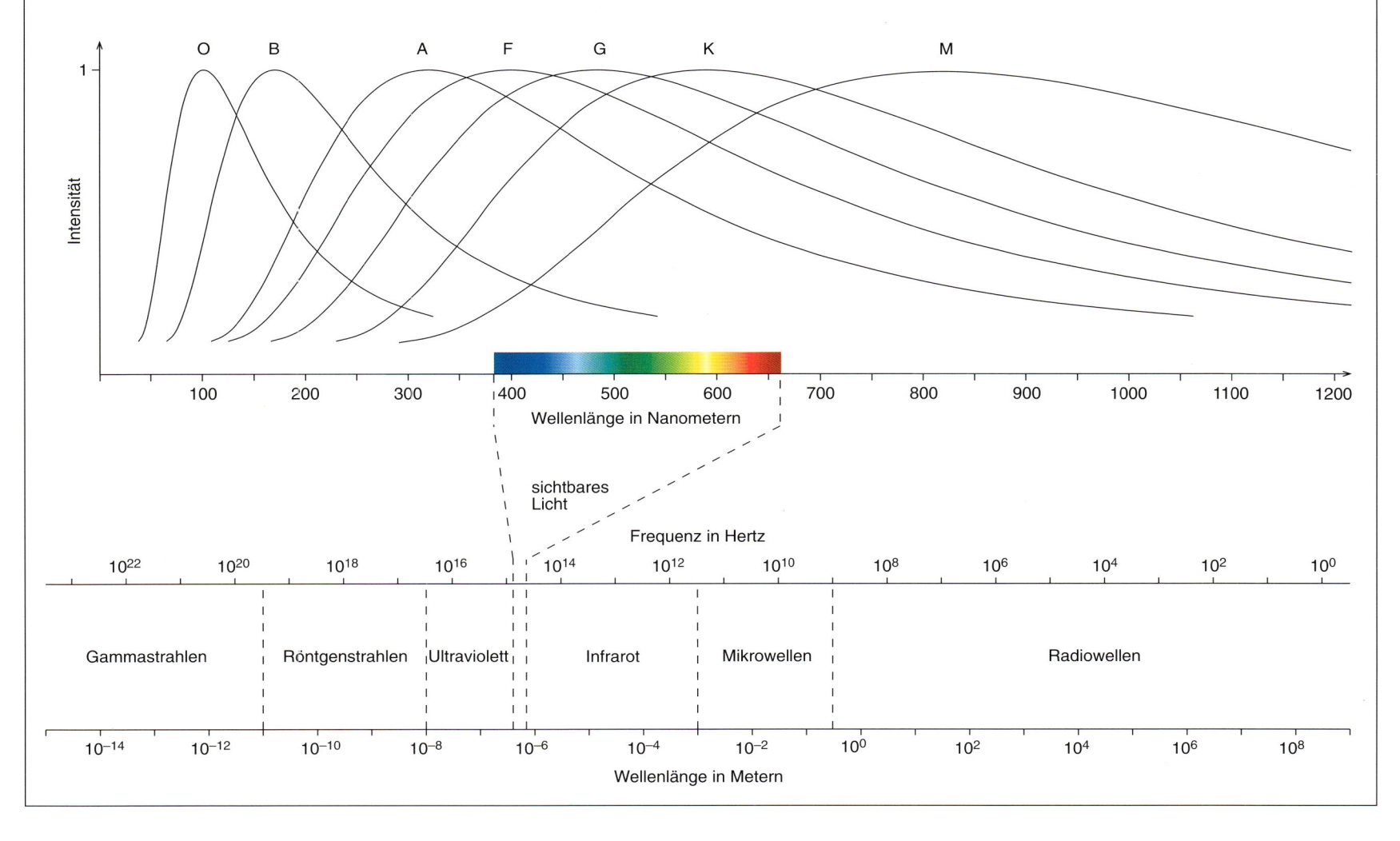

# Feld 38

**Phe**
**Scl**

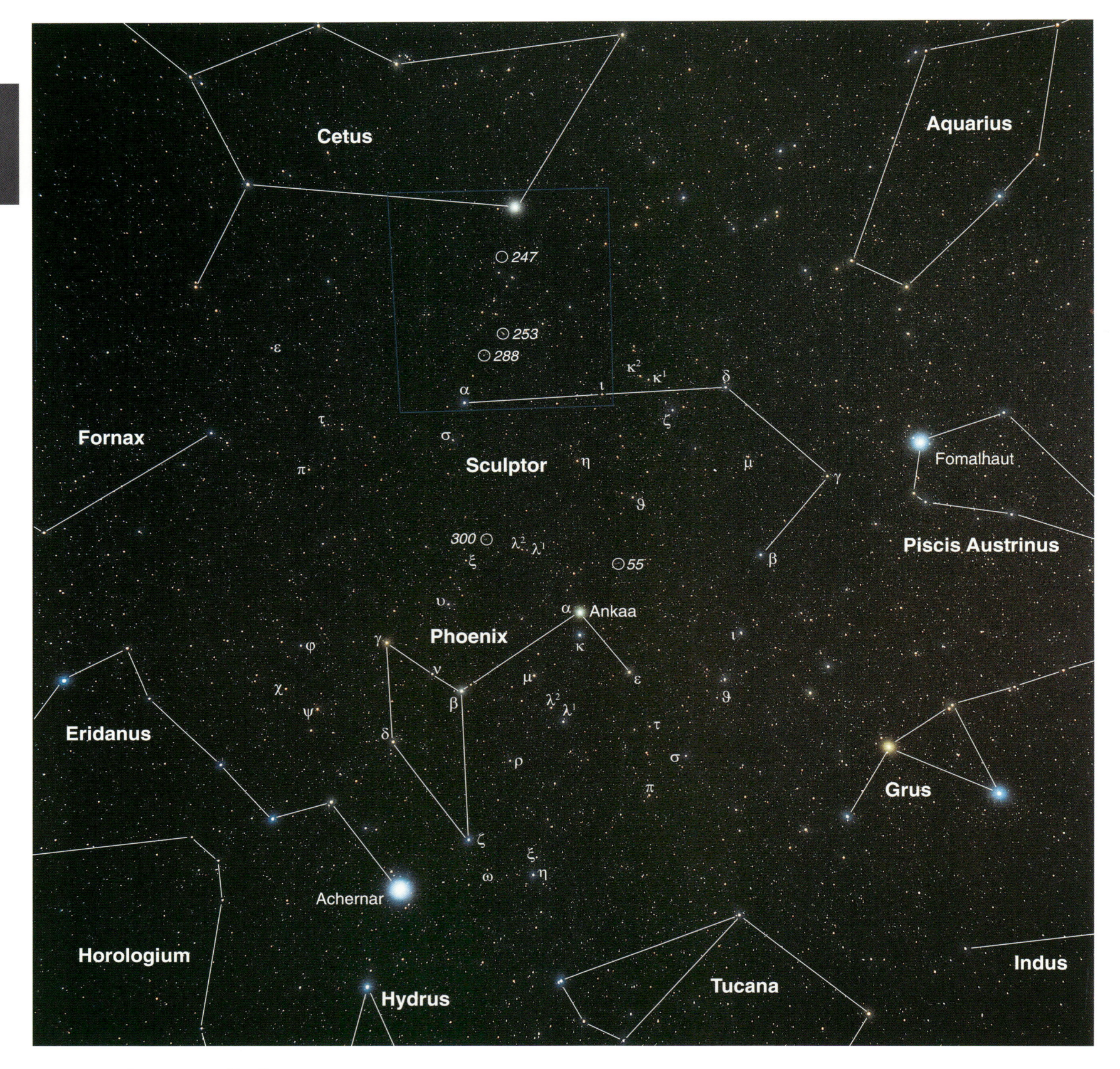

## Phoenix – Phönix
Phe – Phoenicis

## Sculptor – Bildhauer
Scl – Sculptoris

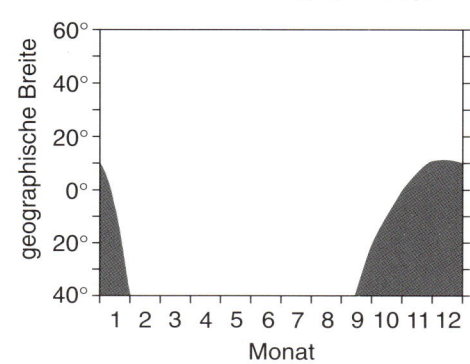

**Beste Sichtbarkeit am Abendhimmel**

# Phoenix, Sculptor

**Daten der Sternbilder**

|  | Phoenix | Sculptor |
|---|---|---|
| Bereich in Rektaszension | 23ʰ 26ᵐ — 2ʰ 25ᵐ | 23ʰ 06ᵐ — 1ʰ 46ᵐ |
| Bereich in Deklination | −39° 20′ — −57° 55′ | −24° 50′ — −39° 25′ |
| Fläche in Quadratgrad | 469,32 | 474,76 |
| Messier-Objekte | — | — |
| Anzahl der Sterne heller als 5,$^m$5 | 25 | 14 |
| Meteorströme | Phoeniciden (4./5. Dezember) | — |
| Kulmination um Mitternacht am | 4. Oktober | 26. September |
| zirkumpolar für | 51° s. Br. — 90° s. Br. | 65° s. Br. — 90° s. Br. |
| vollständig sichtbar von | 32° n. Br. — 90° s. Br. | 51° n. Br. — 90° s. Br. |
| nicht sichtbar von | 90° n. Br. — 51° n. Br. | 90° n. Br. — 65° n. Br. |

# Feld 38

**Phe**
**Scl**

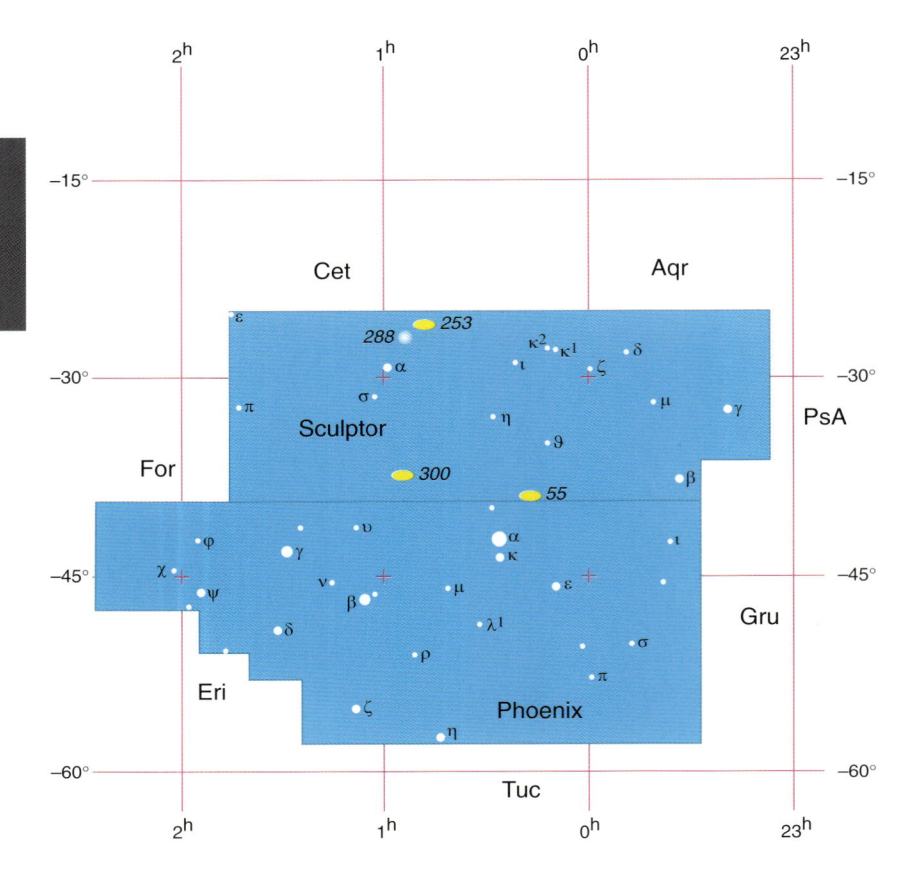

## Phoenix – Phönix

In der Nähe des hellen Sterns Achernar (α Eridani) im Eridanus befindet sich dieses Sternbild, das den mythischen Vogel symbolisiert, der sich in gewissen Zeitabständen selbst verbrennen und aus seiner Asche wiederauferstehen soll. Die Konstellation wurde von niederländischen Seefahrern eingeführt und von Johann Bayer 1603 in der „Uranometria" verzeichnet. Hellster Stern ist α Phoenicis mit $2^m_.4$.

### Mythologie
Im ägyptischen Mythos war Phönix ein Vogel, der bei der Weltschöpfung auf dem Urhügel erschien, der aus Schlamm entstanden war. Er galt als heilig und wurde meist als Verkörperung des Sonnengottes angesehen. Die Griechen und später die Römer übernahmen das Symbol des Phönix, wobei allerdings seine Bedeutung verschiedenen Wandlungen unterworfen war. Die Version von der Selbstverbrennung und der Wiederauferstehung geht auf das 1. Jahrhundert n. Chr. zurück.

### Besondere Objekte
ζ Phoenicis ist ein Mehrfachstern und zugleich ein Bedeckungsveränderlicher vom Algol-Typ. Alle 1,67 Tage wird die Hauptkomponente von einem nahen Begleiter verdeckt; die scheinbare Helligkeit ändert sich dabei zwischen $3^m_.6$ und $4^m_.1$. Diese Variation um eine halbe Größenklasse ist bereits mit bloßem Auge zu erkennen. In einem Winkelabstand von 0,8″ befindet sich zudem ein weiterer Stern mit einer Helligkeit von $7^m_.2$. Um ihn von der Hauptkomponente getrennt sehen zu können, braucht man jedoch ein größeres Teleskop mit entsprechendem Auflösungsvermögen. Ein vierter Stern der Helligkeit $8^m_.2$ befindet sich in einem Abstand von 6,4″; er ist bereits in einem kleinen Fernrohr erkennbar.

## Sculptor – Bildhauer

Neben zahlreichen technischen Geräten versetzte Nicolas-Louis de Lacaille auch das Atelier eines Künstlers an das Firmament. Das heute nur Bildhauer genannte Sternbild verzeichnete er als *l'Atelier du Sculpteur* auf einer 1756 erschienenen Karte des Südhimmels. Hellster Stern dieser unscheinbaren Konstellation ist α Sculptoris mit $4^m_.3$.

### Besondere Objekte
ε Sculptoris ist ein Doppelstern, dessen $5^m_.4$ und $8^m_.6$ hellen Komponenten 4,7″ auseinanderstehen.

In Richtung des Sternbildes Sculptor blickt man senkrecht aus der Ebene des Milchstraßensystems heraus an den südlichen Himmel, so daß die Sicht kaum durch interstellare Gas- und Staubwolken beeinträchtigt wird. Deshalb sind mit einem größeren Teleskop einige lichtschwache Galaxien erkennbar wie zum Beispiel NGC 55, NGC 247, NGC 253 und NGC 300. Weil sie eine räumlich zusammenhängende Einheit bilden, bezeichnet man sie gelegentlich als Sculptor-Gruppe. Zwei von ihnen – NGC 247 und NGC 253 – liegen an der Grenze zwischen Sculptor und Cetus; dort ist ebenfalls der Kugelsternhaufen NGC 288 zu finden (Bild rechts).

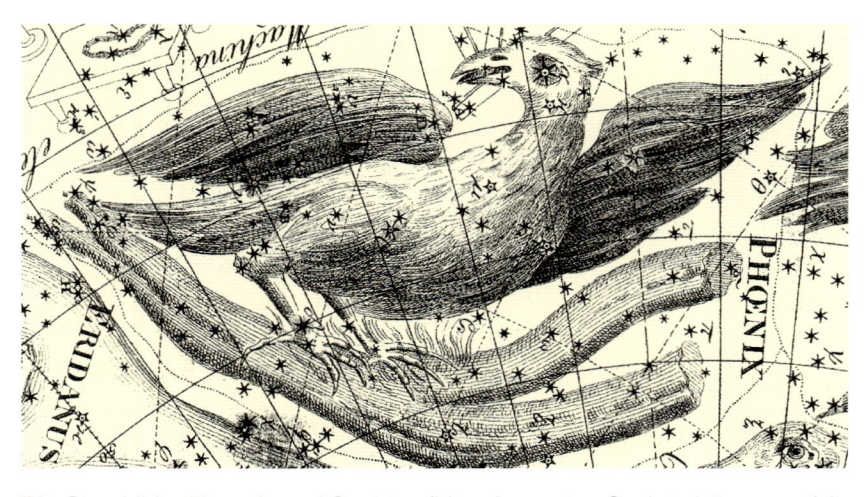

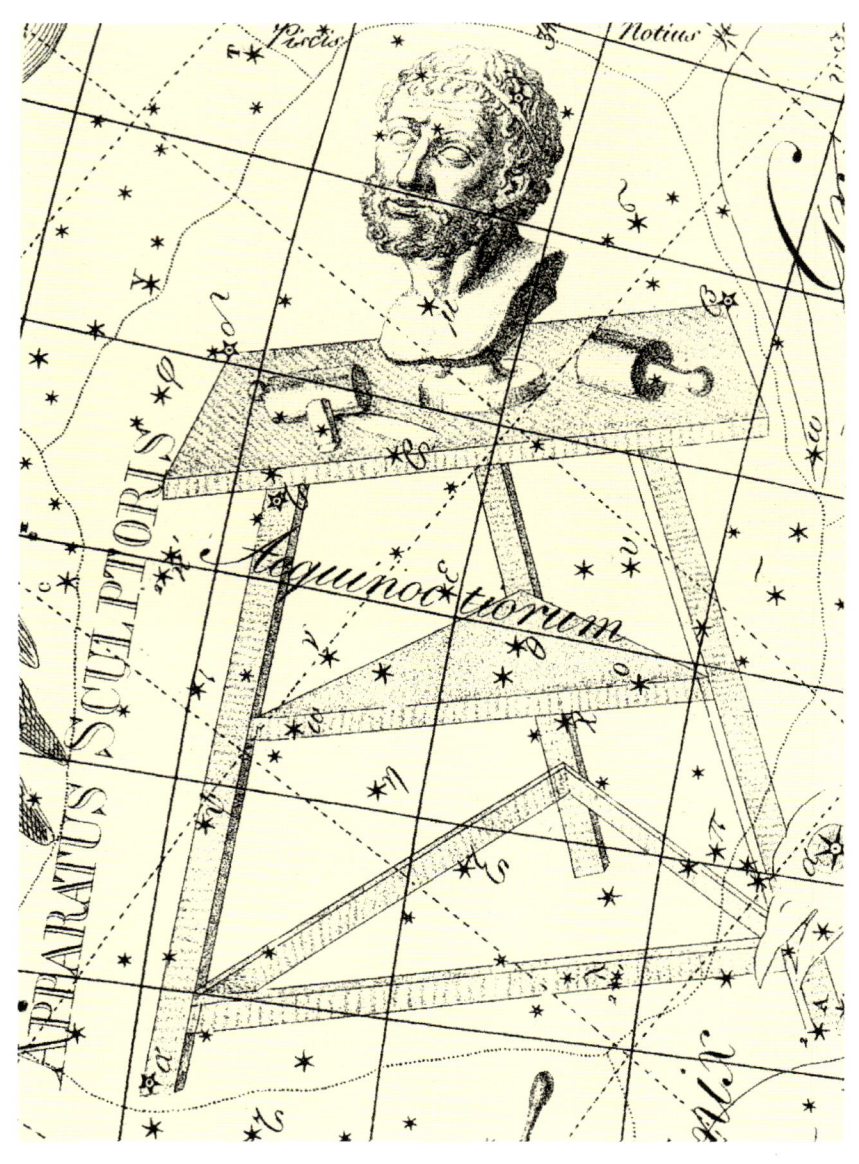

Die Sternbilder Phoenix und Sculptor (hier „Apparatus Sculptoris" genannt) in der Darstellung von Johann E. Bode in der „Uranographia" von 1801.

# Sculptor-Galaxiengruppe

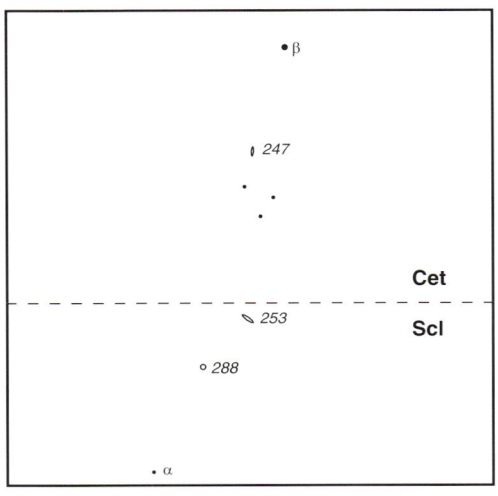

Einige Galaxien im Sternbild Sculptor bilden eine Gruppe, die mit einer Entfernung von etwa acht Millionen Lichtjahren die uns nächste Anhäufung von Sternsystemen darstellt; diese Detailaufnahme zeigt zwei von ihnen ($f = 100$ cm). NGC 253 ist mit einer scheinbaren Helligkeit von $7^{m}_{.}6$ das hellste Mitglied der Sculptor-Gruppe; man blickt nahezu direkt auf die Kante der Spiralgalaxie, so daß sie auf dem Photo zigarrenförmig aussieht. Ihre scheinbare Länge beträgt 30′, was dem Winkeldurchmesser der Vollmondscheibe entspricht. NGC 247 gehört ebenfalls zu dieser Gruppe, befindet sich aber im Sternbild Cetus; ihre Flächenhelligkeit ist sehr gering, und sie erscheint auf dem Photo als lichtschwacher diffuser Fleck. Südöstlich der Galaxie NGC 253 befindet sich der Kugelsternhaufen NGC 288; seine scheinbare Helligkeit beträgt $8^{m}_{.}1$.

# Feld 39

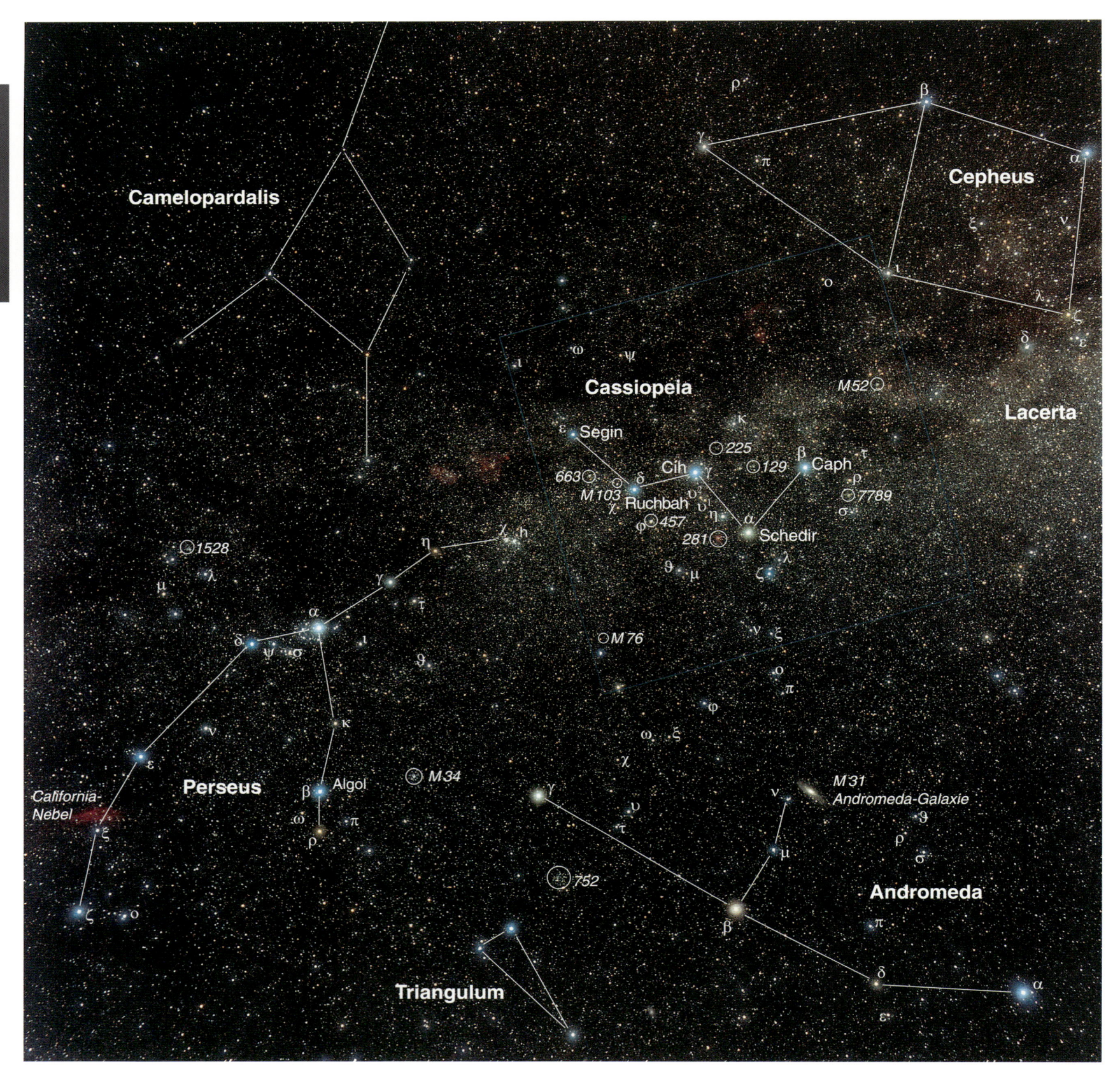

**Cas
Cep
And
Per**

## Cassiopeia – Kassiopeia
Cas – Cassiopeiae

## Cepheus – Kepheus
Cep – Cephei

## Andromeda – Andromeda
And – Andromedae

## Perseus – Perseus
Per – Persei

Beste Sichtbarkeit am Abendhimmel

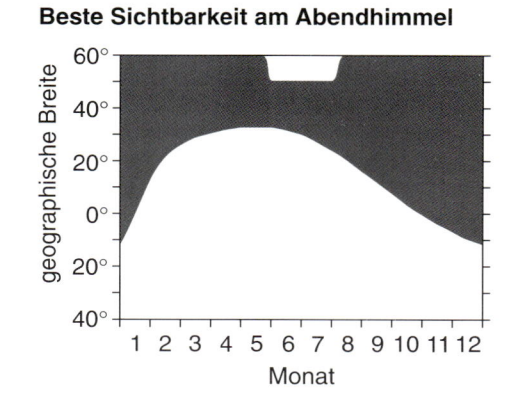

# Cassiopeia, Cepheus, Andromeda, Perseus

**Daten der Sternbilder**

|  | Cassiopeia | Cepheus | Andromeda | Perseus |
|---|---|---|---|---|
| Ausdehnung in Rektaszension | 22$^h$ 56$^m$ — 03$^h$ 38$^m$ | 20$^h$ 02$^m$ — 09$^h$ 00$^m$ | 22$^h$ 57$^m$ — 2$^h$ 40$^m$ | 1$^h$ 29$^m$ — 4$^h$ 51$^m$ |
| Ausdehnung in Deklination | +77° 40′ — +46° 40′ | +88° 40′ — +53° 20′ | +53° 20′ — +21° 35′ | +59° 10′ — +30° 50′ |
| Fläche in Quadratgrad | 598,41 | 587,79 | 722,28 | 615,00 |
| Messier-Objekte | M 52, M 103 | — | M 31, M 32, M 110 | M 34, M 76 |
| Anzahl der Sterne heller als 5$^m$5 | 48 | 48 | 51 | 59 |
| Meteorströme | — | — | Andromediden (1. November) | Perseiden (11./12. August) |
| Kulmination um Mitternacht am | 9. Oktober | 29. September | 9. Oktober | 7. November |
| zirkumpolar für | 90° n. Br. — 43° n. Br. | 90° n. Br. — 37° n. Br. | 90° n. Br. — 68° n. Br. | 90° n. Br. — 59° n. Br. |
| vollständig sichtbar von | 90° n. Br. — 12° s. Br. | 90° n. Br. — 1° s. Br. | 90° n. Br. — 37° s. Br. | 90° n. Br. — 31° s. Br. |
| nicht sichtbar von | 43° s. Br. — 90° s. Br. | 37° s. Br. — 90° s. Br. | 68° s. Br. — 90° s. Br. | 59° s. Br. — 90° s. Br. |

# Feld 39

**Cas
Cep
And
Per**

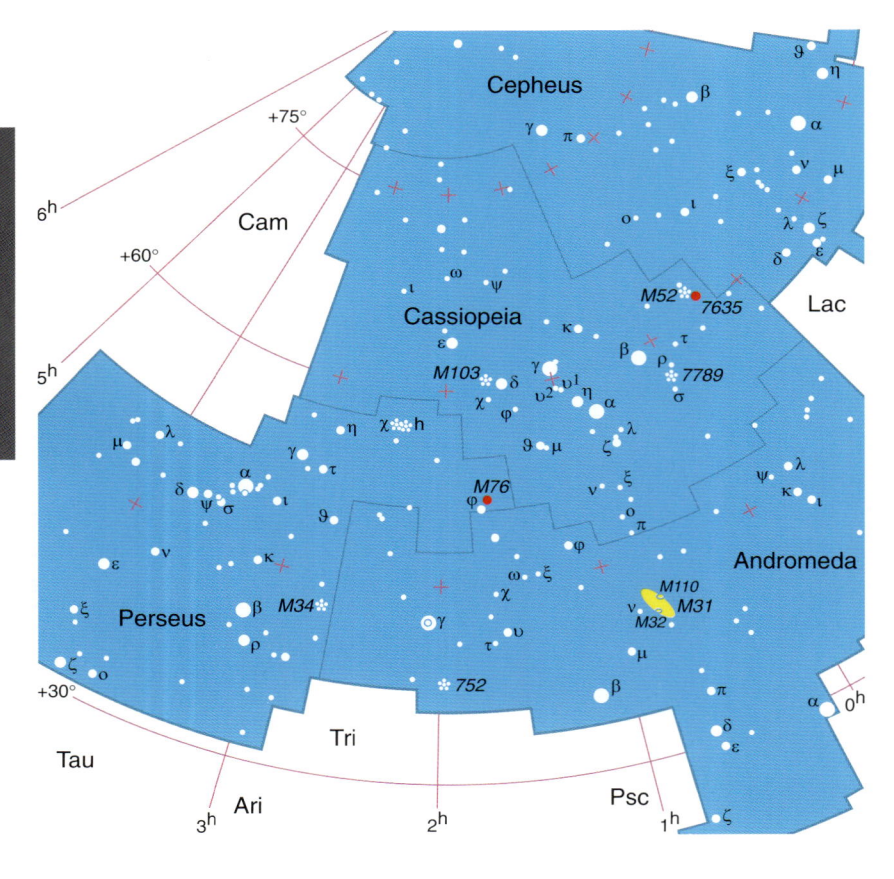

## "Himmelsverwandschaft": Cassiopeia, Cepheus, Andromeda, Perseus

Diese vier nebeneinander liegenden Sternbilder sind mythologisch durch die Perseus-Sage verbunden, die auf verschiedene Märchenmotive aus dem 2. Jahrtausend v. Chr. zurückgeht, und deren wichtigste Passagen hier zusammengefaßt werden sollen. Die astronomische Beschreibung dieser Konstellationen befindet sich in den Feldern 35 (Cassiopeia, Cepheus), 36 (Andromeda) und 40 (Perseus).

### Strafe für Kassiopeias Hochmut

Das Sternbild Cepheus symbolisiert Kepheus, den mythischen König von Äthiopien. Sein Reich lag nicht in dem heutigen Land dieses Namens, sondern eher in dem Gebiet von Jordanien, Israel und Ägypten zwischen dem Mittelmeer und dem Roten Meer. Er war einer der Söhne des Assyrerkönigs Belos und damit einer der zahlreichen Nachfahren von Zeus. Seine Gemahlin Kassiopeia war offenbar ebenso schön wie eitel. Als sie eines Tages prahlte, sie sei noch schöner als die Nereiden, die meerbewohnenden Töchter des greisen Gottes Nereus, zog sie deren Zorn auf sich. Die Nereiden wandten sich an den Meeresgott Poseidon, der mit einer von ihnen, Amphitrite, vermählt war, und baten ihn, Kassiopeia für ihren Hochmut zu bestrafen. Poseidon sandte daraufhin ein schreckliches Seeungeheuer, das die Küsten von Kepheus' Reich verwüstete (nach anderen, weniger ausschmückenden Überlieferungen handelte es sich um eine Springflut). Einem Orakelspruch zufolge konnte das Untier – das heute als Sternbild Cetus ebenfalls am Himmel verewigt ist – nur besänftigt werden, wenn ihm Andromeda, die einzige Tochter von Kepheus und Kassiopeia, geopfert würde. So kam es, daß das junge Mädchen für die vermessenen Reden seiner Mutter büßen sollte und am Gestade des Landes mit den Armen an einen Felsen geschmiedet wurde.

### Perseus, der Retter

In dieser mißlichen Situation wurde Andromeda von Perseus entdeckt, der von ihrem Liebreiz sofort sehr angetan war. Perseus – ein Sohn des Zeus und der Danae – hatte gerade am Ende der Welt mit göttlicher Unterstützung Medusa, eine der drei Gorgonen, getötet und ihr schlangenumringeltes Haupt erbeutet, bei dessen Anblick alles Lebende sofort zu Stein erstarrte. Mit Flügelschuhen ausgerüstet flog der Held nun wieder seiner Heimat entgegen, als er von hoch oben Andromedas zarte Gestalt gewahrte. Nur ihr wehendes Haar und die heißen Tränen, die ihren Augen entströmten, so erzählt der römische Dichter Ovid in seinen „Metamorphosen", ließen Perseus erkennen, daß sie ein menschliches Wesen und keine Marmorstatue war. Er landete, erfragte den Grund ihrer Pein und versprach, sie zu retten. Rasch forderte er von Kepheus und Kassiopeia, die am Ufer stehend das Schicksal ihrer Tochter beweinten, zum Lohn das Versprechen ein, das Mädchen zur Frau nehmen zu dürfen. Als das Ungeheuer sich näherte, erhob er sich wieder in die Lüfte, verwirrte es mit seinem Schatten, der auf die Oberfläche des Wassers fiel, stürzte sich wie ein Greifvogel von hinten auf die Bestie herab und stieß mit seinem Schwert zu. Nach kurzem Kampf hatte er das Monster besiegt, Kepheus' Reich gerettet und Andromeda zur Frau gewonnen.

### Eine unharmonische Hochzeitsfeier

Was als eine der schönsten Liebesgeschichten der klassischen Sagen gelten kann, fand Ovid zufolge eine gänzlich unromantische Fortsetzung. Am Hofe des Kepheus wurde die Hochzeit mit einem üppigen Festmahl gefeiert. Phineus, der Bruder des Königs, hatte zwar zur Rettung Andromedas wenig beigetragen, doch erinnerte er sich jetzt daran, daß das Mädchen eigentlich ihm zugesprochen worden war. Unterstützt von zahlreichen bewaffneten Freunden forderte er sein früheres Recht ein und entfesselte einen Kampf, der in einem fürchterlichen Gemetzel gipfelte. Perseus konnte zwar viele seiner Gegner bezwingen, vermochte sich aber der Übermacht schließlich nur zu erwehren, indem er das Gorgonenhaupt aus einer Tasche hervorholte und die restlichen Angreifer zu Stein erstarren ließ. Nun erst stand dem Eheglück des tapferen Helden nichts mehr im Wege, und Andromeda schenkte ihm, so wird berichtet, viele herrliche Söhne, darunter Perses, für die Griechen der Stammvater der Perser.

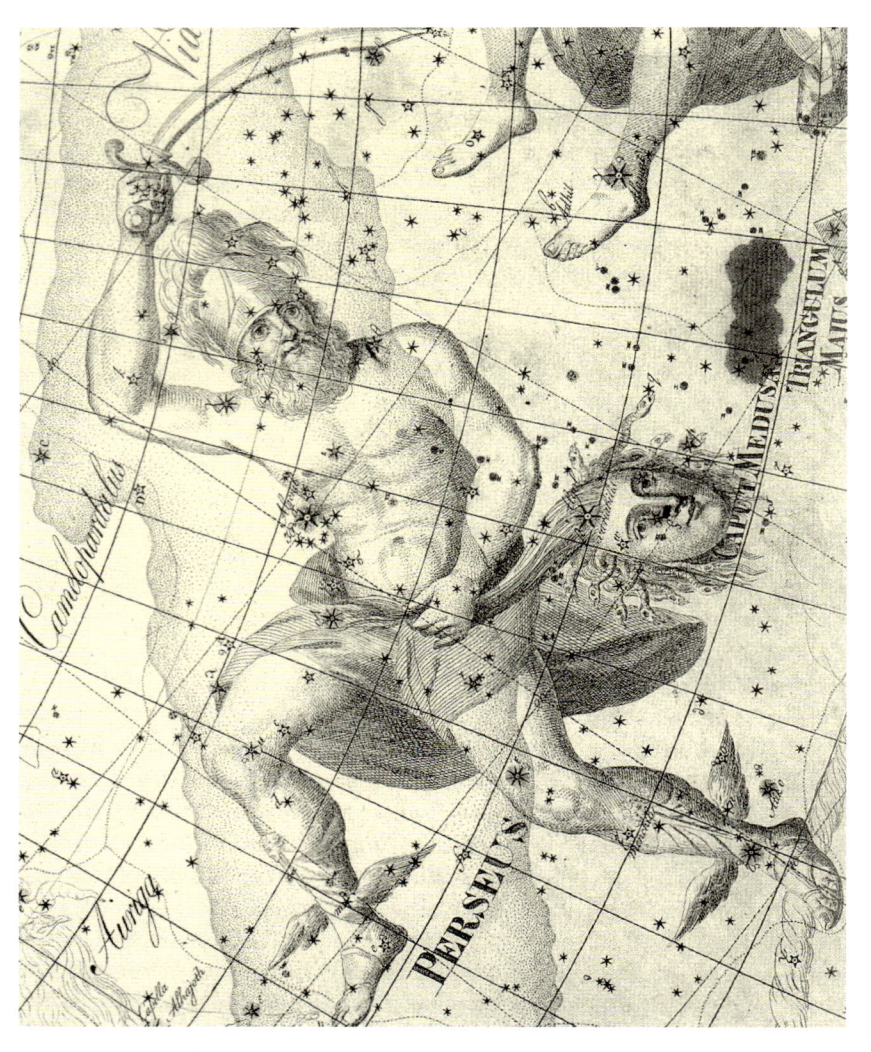

Darstellung des Sternbilds Perseus in der „Uranographia" von Johann E. Bode, Berlin, 1801. Der griechische Held, mit Schwert und Flügelschuhen ausgestattet, hält in der Linken das abgeschlagene Haupt der Medusa. Der „helle Stern im Haupt der Gorgo", wie Ptolemäus ihn nannte, ist β Persei oder Algol (nach arabisch *ra's al-ghul*, Dämonenhaupt). Perseus' erhobene rechte Hand befindet sich an der Position des Doppelsternhaufens h/χ Persei.

# Cassiopeia, das „Himmels-W"

**Cassiopeia, das „Himmels-W"**
Ausschnitt aus dem Sternbild Cassiopeia mit den markantesten Sternen im hellen Band der Milchstraße (oben, $f = 50$ cm). Die aus dem Arabischen entlehnten Eigennamen der Sterne weisen auf die Figur der Kassiopeia hin, wie sie in der Antike gesehen und auch in mittelalterlichen Sternkarten gezeichnet wurde: α Cassiopeiae heißt Schedir oder Schedar (Brust), β Cas Caph oder Cheph (befleckte Hand), δ Cas Ruchbah (Knie). Der Legende zufolge durfte Kassiopeia am Himmel zwar auf einem Thron sitzen, doch wurde sie für ihre Eitelkeit dadurch bestraft, daß sie je nach Jahreszeit kopfüber am Firmament hängen mußte. Johann Bayer zeichnete in seiner 1603 erschienenen „Uranometria" die Supernova des Jahres 1572 ein, die als „Tychos Stern" bekanntgeworden ist (rechts).

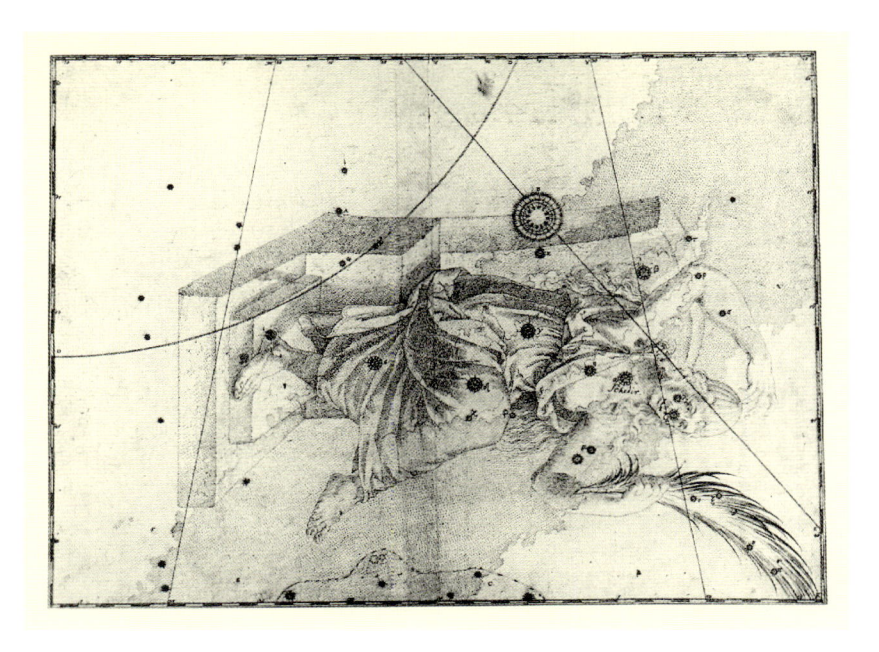

# Feld 40

**Ari
Per
Tri**

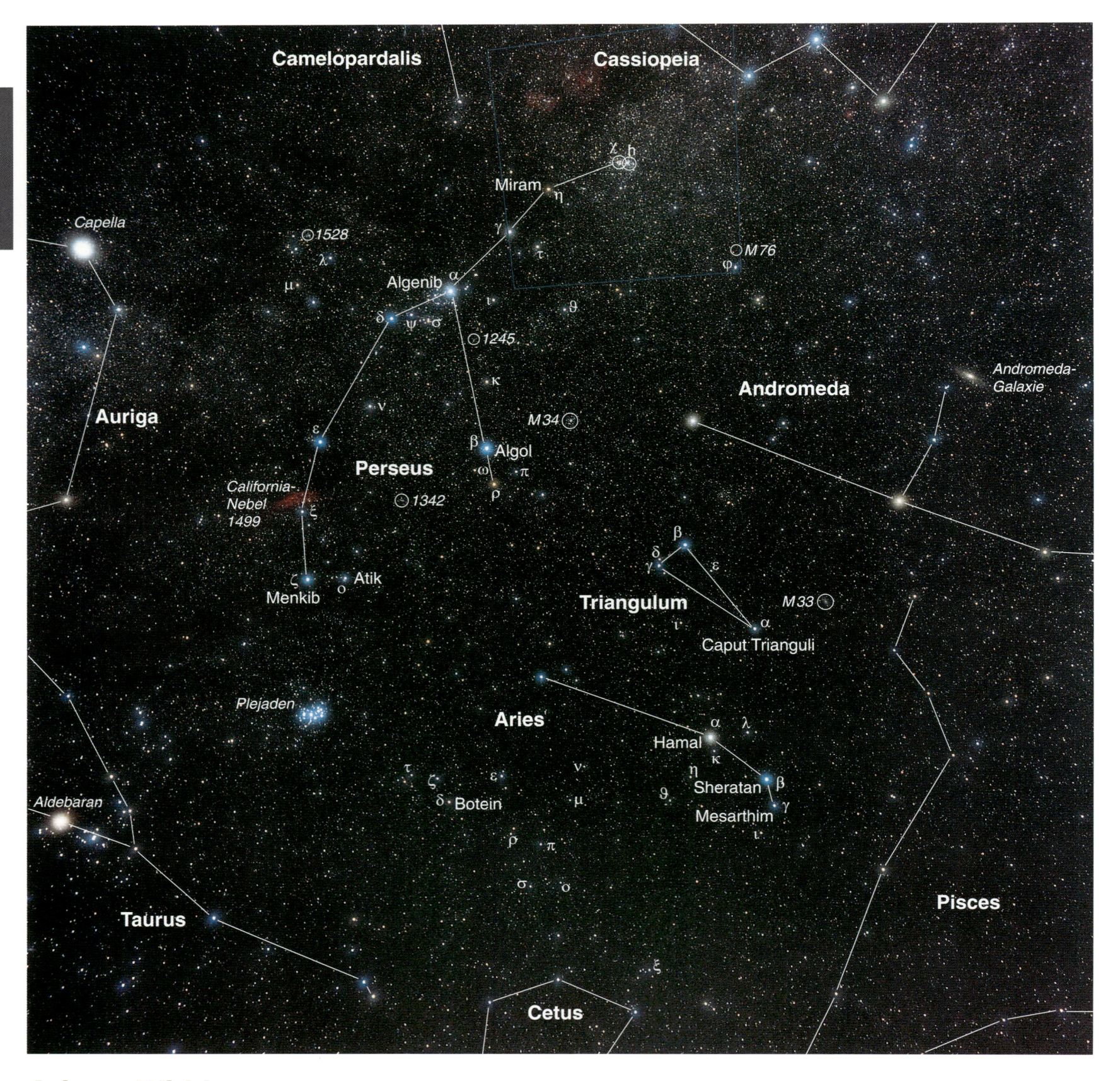

**Aries – Widder**
Ari – Arietis

**Perseus – Perseus**
Per – Persei

**Triangulum – Dreieck**
Tri – Trianguli

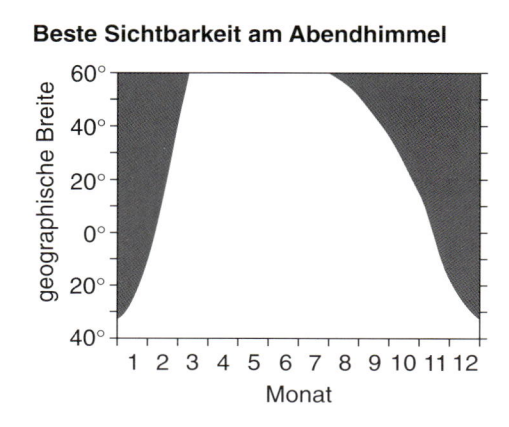

Beste Sichtbarkeit am Abendhimmel

# Aries, Perseus, Triangulum

**Daten der Sternbilder**

|  | Aries | Perseus | Triangulum |
|---|---|---|---|
| Bereich in Rektaszension | 1ʰ 46ᵐ — 3ʰ 30ᵐ | 1ʰ 29ᵐ — 4ʰ 51ᵐ | 1ʰ 31ᵐ — 2ʰ 51ᵐ |
| Bereich in Deklination | +31° 15′ — +10° 20′ | +59° 10′ — +30° 50′ | +37° 20′ — +25° 35′ |
| Fläche in Quadratgrad | 441,39 | 615,00 | 131,85 |
| Messier-Objekte | – | M 34, M 76 | M 33 |
| Anzahl der Sterne heller als 5,ᵐ5 | 26 | 59 | 13 |
| Meteorströme | Delta-Arietiden (8./9. Dezember) | Perseiden (12./13. August) | – |
| Kulmination um Mitternacht am | 30. Oktober | 7. November | 23. Oktober |
| zirkumpolar für | 90° n. Br. — 80° n. Br. | 90° n. Br. — 59° n. Br. | 90° n. Br. — 64° n. Br. |
| vollständig sichtbar von | 90° n. Br. — 59° s. Br. | 90° n. Br. — 31° s. Br. | 90° n. Br. — 53° s. Br. |
| nicht sichtbar von | 80° s. Br. — 90° s. Br. | 59° s. Br. — 90° s. Br. | 64° s. Br. — 90° s. Br. |

# Feld 40

Ari
Per
Tri

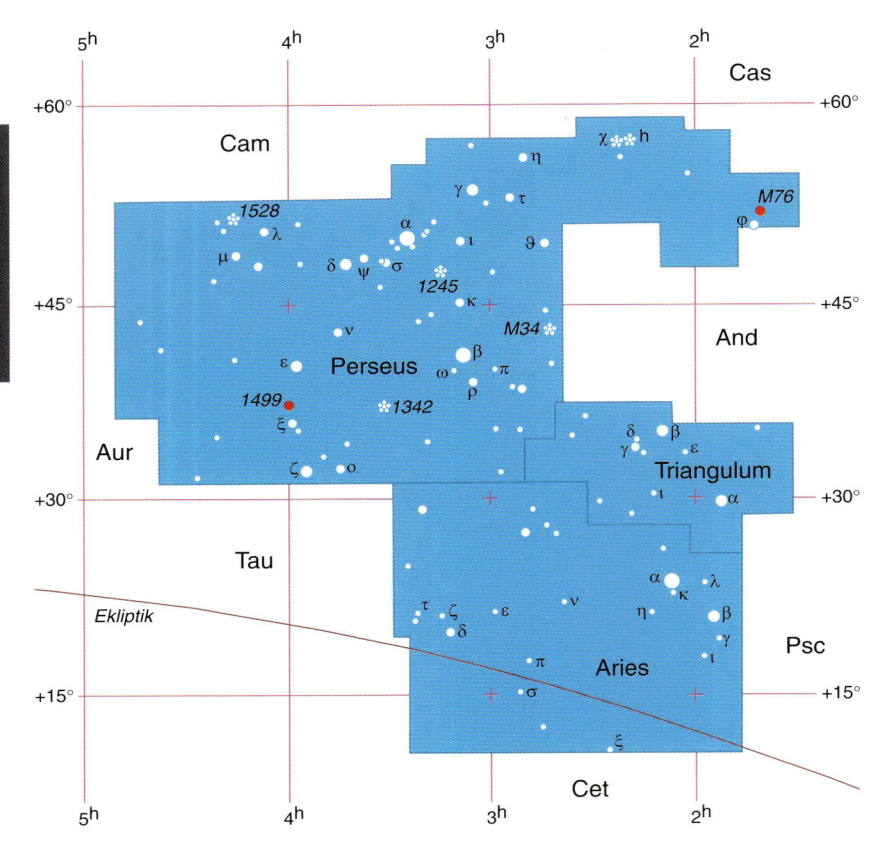

## Aries – Widder

Der Widder ist eines der zwölf Tierkreissternbilder. Die Sonne durchläuft es vom 18. April bis zum 13. Mai. Im Altertum lag der Frühlingspunkt – der Punkt, an dem die Sonne den Himmelsäquator zum Frühlingsäquinoktium von Süden nach Norden hin überquert – in dieser Konstellation. Wegen der Präzessionsbewegung der Erdachse verschiebt sich dieser Schnittpunkt zwischen Ekliptik und Himmelsäquator langsam westwärts. Kurz vor der Zeitenwende wanderte der Frühlingspunkt in das Sternbild Fische; in etwa 600 Jahren wird er in den Wassermann übergehen.

Aus einigen Sternen im nördlichen Bereich des Widders formte der niederländische Globenhersteller Petrus Plancius 1613 das Sternbild „Apis" („Biene"). Über die Umdeutung „Vespa" („Wespe") wurde es schließlich zu „Musca Borealis" („Nördliche Fliege"). Die wunderliche Metamorphose machte der Franzose Ignace-Gaston Pardies 1674 komplett, als er in derselben Konfiguration eine französische Lilie sehen wollte. Keine dieser zoologischen oder politischen Kreationen vermochte sich durchzusetzen.

### Mythologie

Phrixos war der älteste Sohn des Königs Athamas und als solcher dazu bestimmt, die Nachfolge seines Vaters anzutreten. Doch seine Stiefmutter Ino wollte ihren eigenen Sohn zum König machen. So sann sie nach einer List, um Phrixos zu beseitigen. Sie ließ heimlich das für die nächste Saat bestimmte Getreide dörren, und als im folgenden Jahr die Ernte mißlang, bestach sie einen Boten, der ein Orakel brachte, wie der Hungersnot zu entkommen sei – nämlich indem Phrixos geopfert werden müsse. Als der unglückliche Vater dies tun wollte, erschien ein Widder mit goldenem Fell; Phrixos und seine Schwester Helle sprangen auf seinen Rücken, und das Tier flog mit ihnen davon. Über der Meerenge zwischen Europa und Asien verlor Helle den Halt und stürzte ins Meer. Phrixos gelangte indes sicher nach Kolchis am Schwarzen Meer. Auf Bitten des Widders opferte Phrixos das Tier; dessen Fell – das Goldene Vlies – wurde in einem heiligen Hain in Kolchis aufbewahrt (von wo es später die Argonauten raubten). Der Widder wurde zum Dank an den Himmel versetzt, und man sagt, sein Sternbild sei deshalb so unauffällig, weil er sein goldglänzendes Fell verloren habe.

### Besondere Objekte

Der 160 Lichtjahre entfernte γ Arietis ist ein Doppelstern aus zwei weißen, jeweils $4^m\!.8$ hellen Komponenten in einem Abstand von 7,8''; sie können bereits mit einem kleinen Teleskop getrennt gesehen werden.

## Perseus – Perseus

Östlich der Andromeda und südöstlich der Cassiopeia liegt diese Konstellation, deren hellste Sterne eine riesige gabelförmige Struktur am Himmel zu zeichnen scheinen. Der Gabelungspunkt wird durch den $1^m\!.8$ hellen Stern α Persei markiert, der den Eigennamen Algenib trägt, und um den sich einige lichtschwächere bläuliche Sterne scharen.

Das Sternbild stellt den griechischen Helden Perseus dar, der mythologisch mit den benachbarten Sternbildern Andromeda und Cassiopeia verbunden ist. Dieser Teil der Perseus-Sage wird in Feld 39 vorgestellt.

### Besondere Objekte

Der zweithellste Stern, β Persei, ist besser unter seinem Eigennamen Algol bekannt. Das aus dem Arabischen entlehnte Wort bedeutet „Dämonenhaupt". Er ist einer der bekanntesten veränderlichen Sterne, deren Helligkeitsänderung auf die wechselseitige Bedeckung durch einen Begleitstern zurückzuführen ist. Nach ihm ist eine Klasse von Bedeckungsveränderlichen benannt, die der Algol-Sterne.

Algol selbst ist ein Dreifachstern. Zwei der Komponenten umrunden einander auf einer solch engen Bahn, daß sie Gasmassen austauschen; ihre Umlaufzeit beträgt 2,867 Tage. In diesem Rhythmus wird die Hauptkomponente A von ihrem lichtschwächeren Begleiter B teilweise verdeckt, so daß die Helligkeit des Systems für jeweils etwa zehn Stunden von $2^m\!.2$ auf $3^m\!.4$ absinkt. In der Mitte zwischen zwei aufeinanderfolgenden Minima tritt ein Nebenminimum auf, wenn die Komponente B hinter dem Stern A verschwindet. Eine Lichtkurve des Algol-Systems ist auf S. 167 zu sehen.

Perseus befindet sich inmitten des Milchstraßenbandes, das in dieser Himmelsgegend jedoch nicht sonderlich auffällig ist, weil es von Wolken interstellarer Materie verdunkelt wird. Dennoch sind in diesem Sternbild einige interessante Sternhaufen und Nebel zu sehen. Hervorzuheben sind die beiden benachbarten offenen Sternhaufen NGC 869 und NGC 884, die meist als h Persei und Chi Persei – kurz: h/χ Persei – bezeichnet werden. Mit dem bloßen Auge können sie bereits als blasser Nebelfleck erahnt werden. Im Fernglas bietet dieser Doppelsternhaufen einen prachtvollen Anblick (Bild rechts). Weitere offene Sternhaufen sind in der Tabelle unten aufgelistet.

Von den Emissionsnebeln in diesem Himmelsareal sticht auf der Übersichtsaufnahme der sogenannte California-Nebel hervor, der diesen Namen seiner langgestreckten Form zu verdanken hat. Die Astronomen verzeichnen ihn unter der Katalognummer NGC 1499.

Im östlichen Bereich des Sternbildes befindet sich der Planetarische Nebel M 76, der mitunter Kleiner Hantel-Nebel genannt wird; seine scheinbare Helligkeit beträgt $10^m\!.1$.

Jedes Jahr in den ersten drei August-Wochen sind zahlreiche Meteore zu beobachten, die aus dem Sternbild Perseus zu kommen scheinen. Dieser Meteorstrom der Perseiden ist bereits seit 2000 Jahren bekannt. Die Staubteilchen, die in der Erdatmosphäre als helle Leuchtspur verglühen, stammen von dem Kometen Swift-Tuttle (s. S. 159).

## Triangulum – Dreieck

Diese kleine, nördlich des Widders und südwestlich von Perseus gelegene Konstellation zeichnet sich durch die große Spiralgalaxie M 33 aus. Das Sternbild wird in Feld 36 gemeinsam mit Andromeda vorgestellt.

### Offene Sternhaufen

| Katalog-nummer | Stern-bild | Rekt. | Dekl. | Durch-messer | Hellig-keit | Stern-anzahl |
|---|---|---|---|---|---|---|
| h/NGC 869 | Per | $02^h\,19'\!.0$ | $+57°\,09'$ | 29' | $5^m\!.3$ | 200 |
| χ/NGC 884 | Per | $02^h\,22'\!.4$ | $+57°\,07'$ | 29' | $6^m\!.1$ | 115 |
| M 34/NGC 1039 | Per | $02^h\,42'\!.0$ | $+42°\,47'$ | 35' | $5^m\!.2$ | 60 |
| NGC 1245 | Per | $03^h\,14'\!.7$ | $+47°\,15'$ | 10' | $8^m\!.4$ | 200 |
| NGC 1342 | Per | $03^h\,31'\!.6$ | $+37°\,20'$ | 14' | $6^m\!.7$ | 40 |
| NGC 1528 | Per | $04^h\,15'\!.4$ | $+51°\,14'$ | 23' | $6^m\!.4$ | 40 |

# Doppelsternhaufen h/χ Persei

Im Sternbild Perseus befinden sich die beiden offenen Sternhaufen h und Chi Persei, die am Himmel einen Abstand von nur 0,8° voneinander haben ($f = 100$ cm). Jeder von ihnen bedeckt eine Fläche von der Größe des Vollmondes. Die beiden Haufen sind ungefähr 7000 Lichtjahre von der Erde entfernt, und ihr wahrer Durchmesser beträgt jeweils etwa 80 Lichtjahre. Für die Beobachtung dieses Doppelsternhaufens empfiehlt sich ein Feldstecher, weil dessen Gesichtsfeld groß genug ist, um das Objekt in seiner gesamten Ausdehnung überblicken zu können. Oben links im Bild sind einige rot leuchtende Emissionsnebel vor einem dunklen Hintergrund zu sehen. In diesem Bereich an der Grenze zwischen Perseus und Cassiopeia wird die Milchstraße von Schwaden interstellaren Gases durchzogen, die das Licht dahinter liegender Sterne abschwächen. In den Emissionsnebeln befinden sich kleinere Haufen aus jungen, heißen Sternen, die das umgebende Wasserstoffgas zum Leuchten anregen.

# Feld 41

**Cet**

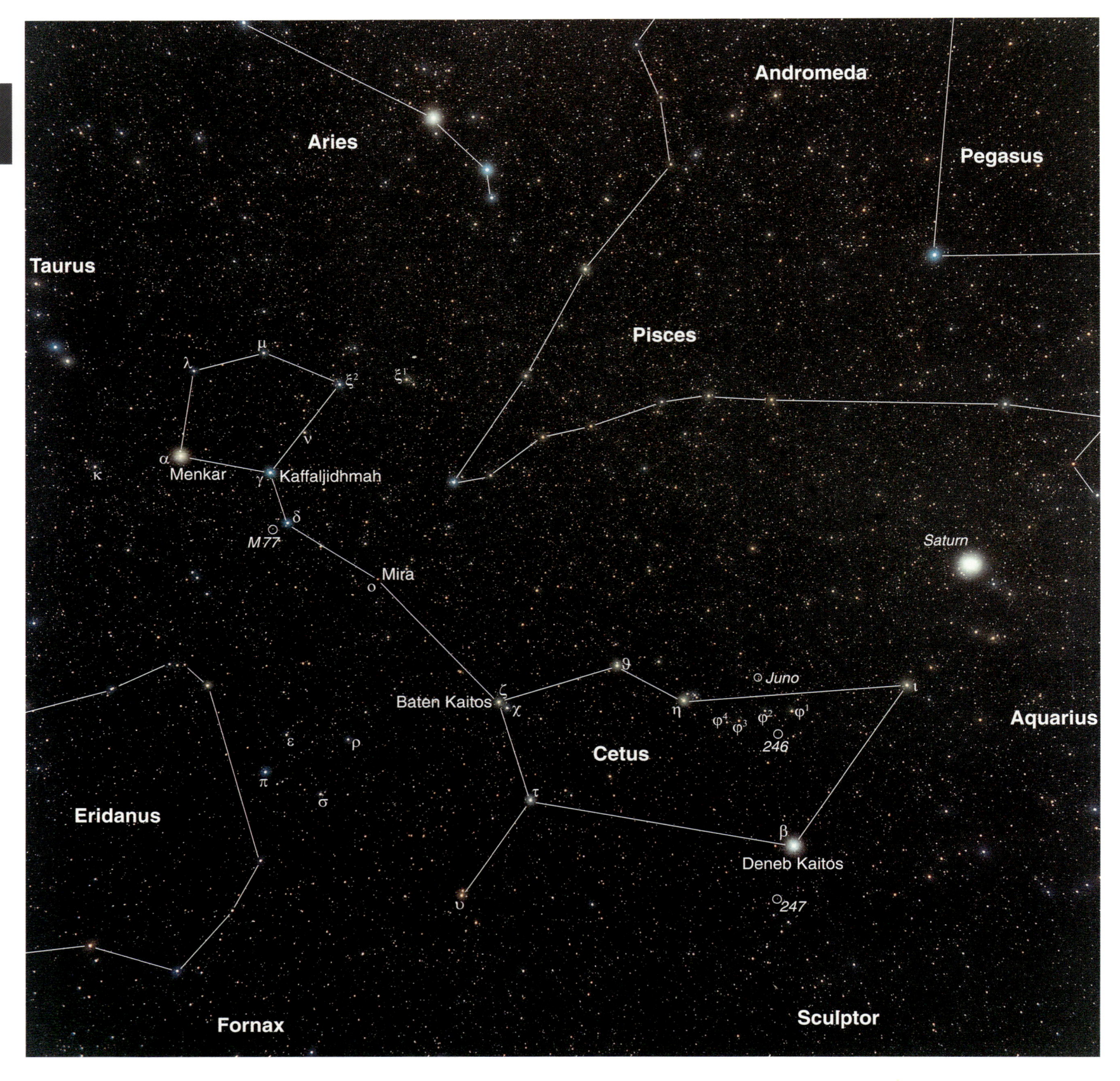

## Cetus – Walfisch
Cet – Ceti

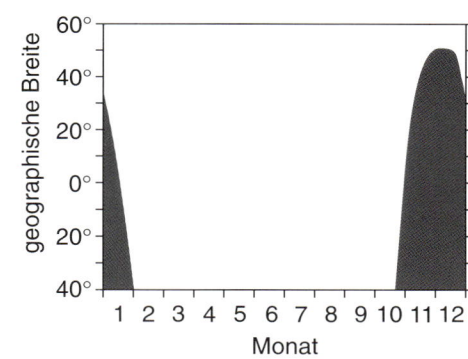

**Beste Sichtbarkeit am Abendhimmel**

# Cetus

**Daten der Sternbilder**

|  | Cetus |
|---|---|
| Bereich in Rektaszension | 23ʰ 56ᵐ — 3ʰ 24ᵐ |
| Bereich in Deklination | +10° 30' — −24° 55' |
| Fläche in Quadratgrad | 1231,41 |
| Messier-Objekte | M 77 |
| Anzahl der Sterne heller als 5ᵐ5 | 56 |
| Meteorströme | – |
| Kulmination um Mitternacht am | 15. Oktober |
| zirkumpolar für | – |
| vollständig sichtbar von | 65° n. Br. — 79° s. Br. |
| nicht sichtbar von | – |

# Feld 41

**Cet**

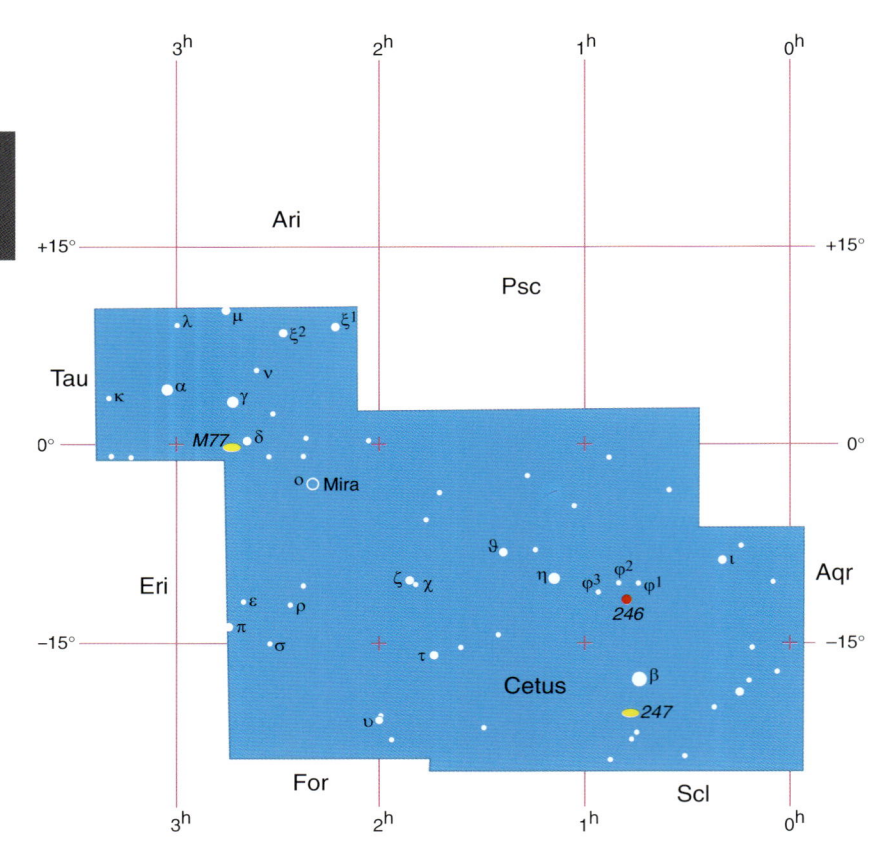

## Cetus – Walfisch

Der Walfisch ist ein sehr ausgedehntes Sternbild – das viertgrößte am Himmel –, dessen größter Teil südlich des Himmelsäquators liegt. Seine hellsten Sterne erreichen jedoch nur die 2. und 3. Größenklasse und bilden keine markante Figur. Von Europa aus ist diese Konstellation im Herbst tief über dem Südhorizont zu sehen.

An der südlichen Grenze von Cetus, zwischen den Sternbildern Fornax (Ofen) und Sculptor (Bildhauer), plazierte Johann E. Bode in seiner „Uranographia", die 1801 erschien, ein Sternbild namens „Machina Electrica" („Elektrisiermaschine"). Im 18. Jahrhundert war die Beschäftigung mit der Elektrizität in gebildeten Kreisen zu einer Modeerscheinung geworden, und Reibungselektrisiermaschinen dienten zur Erzeugung von Ladungen, um elektrostatische Versuche durchzuführen.

### Mythologie

In der griechischen Sage war Cetus kein Walfisch, sondern ein gräßliches Meeresungeheuer, das die Küsten des Reiches von Kepheus, des mythischen Königs von Äthiopien, verwüstete. Der Meeresgott Poseidon sandte dieses Monster, um die Königin Kassiopeia für ihren Hochmut zu bestrafen. Einem Orakel zufolge konnte es nur besänftigt werden, wenn das Herrscherpaar seine schöne Tochter Andromeda dem Untier opferte. Doch Perseus, der griechische Held, griff rechtzeitig ein, tötete die Bestie und nahm sich Andromeda zur Frau. Dieser Teil der Perseus-Sage wird unter dem Sternfeld 39 ausführlicher erzählt.

### Besondere Objekte

Cetus liegt etwas südlich der Ekliptik, so daß mitunter Planeten und Planetoiden in diesem Sternbild zu sehen sind. Hellstes Objekt in dem Übersichtsphoto auf der vorangehenden Doppelseite ist der Ringplanet Saturn; er ist stark überbelichtet. Als kleiner Lichtfleck zu sehen ist zudem der Planetoid Juno.

Der bekannteste Stern im Walfisch ist o Ceti oder Mira („die Wunderbare"), der erste, bei dem eine periodische Änderung der Helligkeit bemerkt wurde. Der ostfriesische Pfarrer David Fabricius, ein Schüler Tycho Brahes, beobachtete ihn am 13. August 1596 als Stern 2. Größe und stellte verwundert fest, daß er in keinem Katalog und in keiner Sternkarte verzeichnet war. Einige Monate später vermochte er den Stern nicht mehr zu sehen; erst im Jahre 1609 fand er ihn wieder. Zwischenzeitlich hatte Johann Bayer in seiner 1603 erschienenen „Uranometria" als Stern 4. Größe mit der Bezeichnung Omikron Ceti aufgenommen. Erst der niederländische Astronom Johannes Holwarda erkannte 1638 beim Vergleich der bisherigen Aufzeichnungen, daß der Stern seine Helligkeit offenbar erheblich geändert haben müsse. Zehn Jahre später schlug der Danziger Astronom Johannes Hevelius den Namen Mira für diesen Stern vor, nach dem anschließend eine ganze Gruppe von langperiodischen Veränderlichen benannt wurde.

Der Helligkeitswechsel von Mira ist seit dem 17. Jahrhundert ununterbrochen verfolgt worden. Im Maximum kann dieser Stern $1\overset{m}{.}7$ erreichen, überschreitet jedoch nur selten die 3. Größe. Im Minimum sinkt seine Helligkeit weit unter die Sichtbarkeitsgrenze für das bloße Auge auf Werte zwischen der 8. und 10. Größenklasse (s. Lichtkurve unten). Die Periode dieses Veränderlichen beträgt etwa 332 Tage. Demnach erreicht er alle elf Monate seine größte Helligkeit. Dies hat zur Folge, daß er nur selten in den günstigen Abendstunden gesehen werden kann, weil viele seiner Maxima in eine Zeit fallen, in der das Sternbild von der Sonne überstrahlt wird.

Der Stern τ Ceti ist insofern erwähnenswert, als er einer der mit bloßem Auge sichtbaren nächsten Nachbarn der Sonne ist. Sein Abstand zu unserem Zentralgestirn beträgt 11,7 Lichtjahre. Er ist ein gelber Zwergstern, der unserer Sonne sehr ähnelt.

NGC 246 ist einer der helleren Planetarischen Nebel am Himmel. Seine scheinbare Gesamthelligkeit beträgt $8\overset{m}{.}5$, sein Winkeldurchmesser 4′.

M 77 (NGC 1068) ist eine Galaxie in ungefähr 50 Millionen Lichtjahren Entfernung. Sie ist damit das fernste aller im Katalog von Charles Messier verzeichneten Objekte. Die scheinbare Helligkeit dieses Sternsytems beträgt $8\overset{m}{.}9$. Nur wenig lichtschwächer ist eine andere Spiralgalaxie im Cetus, NGC 247, die südlich von β Ceti aufzufinden ist. Wegen ihrer im Vergleich zu M 77 viel größeren Ausdehnung ist ihre Flächenhelligkeit geringer, wodurch sie schlechter aufzufinden ist.

### Mira-Sterne

Diese Gruppe von Sternen, die nach ihrem zuerst entdeckten Vertreter im Sternbild Cetus benannt wurden, sind sogenannte Riesen oder Überriesen: Sterne, deren Leuchtkraft die der Sonne um ein Vielfaches übersteigt. Bei manchen beträgt die Amplitude der Helligkeitsschwankung nur 2,5, bei anderen bis 11 Größenklassen. Mira-Sterne können also ihre Helligkeit um einen Faktor 10 bis 25000 ändern. Allerdings sind die Amplitude und die Periode der Helligkeitsänderung nicht konstant; sie können in den einzelnen Zyklen recht unterschiedlich sein. Für die Periode findet man allgemein Werte zwischen 80 und 1000 Tagen.

Mira-Sterne zeichnen sich durch eine relativ geringe Oberflächentemperatur um 3000 Kelvin aus, und sie sind um so kühler, je länger ihre Periode ist. Auf die niedrige Temperatur ist ihre charakteristische rote Farbe zurückzuführen, die auch auf den Übersichtsaufnahmen in diesem Atlas gut zu erkennen ist. Weil die Leuchtkraft dieser Sterne dennoch 100000fach höher ist als die der Sonne, muß ihre abstrahlende Oberfläche sehr groß sein. Ihr Durchmesser kann mehrere Milliarden Kilometer betragen; sie sind damit um ein Mehrfaches größer als der Durchmesser der Erdbahn.

Die Veränderlichkeit der Mira-Sterne ist auf radiale Pulsationen zurückzuführen, also auf ein rhythmisches Aufblähen und Zusammenziehen ihrer Gasmassen. Sie gehören damit zu den Pulsationsveränderlichen. In ihrer Entwicklung sind sie sehr weit fortgeschritten.

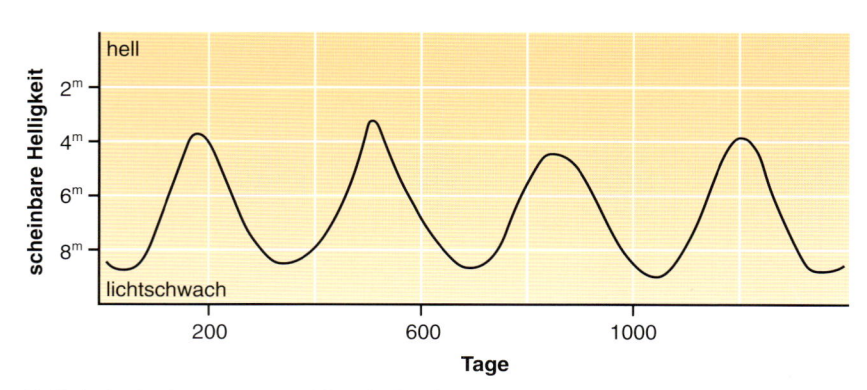

Helligkeitsänderungen von Mira (o Ceti) im Laufe von vier Jahren. Die Maxima und Minima der Lichtkurve können in aufeinanderfolgenden Zyklen verschiedene Werte annehmen.

# Auf der Suche nach den Grenzen der Welt

Die Vorstellung von dem, was sich außerhalb unseres Sonnensystems befindet und wie der Kosmos gestaltet ist, hat sich in den letzten Jahrhunderten und Jahrzehnten grundlegend gewandelt. Im Weltbild des Ptolemäus waren die Sterne an einer Sphäre festgeheftet, die sich täglich um die ruhende Erde drehte und einen Radius von etwa 20 000 Erdradien hatte. Nikolaus Kopernikus, dessen einziges, aber bahnbrechendes Werk zur Astronomie 1543 erschien, kehrte die Relativbewegung um: Er setzte die Sonne in das Zentrum der Welt und ließ die Erde um sie kreisen; die ruhende Fixsternsphäre sollte mindestens 1,4 Millionen Erdradien entfernt sein.

Galileo Galilei war um 1610 der erste, der ein Fernrohr zu systematischen Himmelsbeobachtungen nutzte. Er konnte unter anderem nachweisen, daß das schimmernde Band der Milchstraße aus unzähligen einzelnen Sternen besteht. In den folgenden Jahrzehnten setzte sich langsam die Erkenntnis durch, daß sich die Fixsterne in sehr unterschiedlichen Entfernungen vom Sonnensystem befinden. Der englische Astronom Edmond Halley (nach ihm ist ein berühmter Komet benannt) entdeckte schließlich 1718, daß die Sterne nicht feststehen, sondern sich im Raum bewegen. Den ersten gesicherten Wert für ihre Entfernung vermochte Friedrich Wilhelm Bessel 1838 zu ermitteln: Für den Stern 61 Cygni fand er eine Distanz von rund zehn Lichtjahren oder 100 Billionen Kilometern (das 15 Milliardenfache des Erdradius).

Der aus Hannover stammende englische Astronom William Herschel und seine Schwester Caroline führten Ende des 18. Jahrhunderts systematische Sternzählungen durch und folgerten, das Milchstraßensystem müsse wie ein "Mühlstein" aufgebaut sein. Damit gelangten sie zu den ersten Modellvorstellungen über die linsenförmige Struktur unserer Galaxis. Auch vertrat Herschel die Ansicht, daß einige der im Fernrohr erkennbaren nebelhaften Objekte entfernte Sternsysteme ähnlich unserer Milchstraße sein könnten. Doch er verwarf die Idee solcher Welteninseln wieder, weil immer mehr dieser Gebilde als Gasnebel identifiziert wurden. Das Milchstraßensystem, so die damalige Ansicht, müsse das gesamte Weltall umfassen.

Diese Vorstellung wurde erst in den zwanziger Jahren des 20. Jahrhunderts zerstört. Der amerikanische Astronom Edwin P. Hubble wies 1923 in dem Andromeda-Nebel veränderliche Sterne vom Delta-Cephei-Typ nach, die als Entfernungsindikator dienen können. Damit vermochte er zu zeigen, daß dieser und andere Nebel eigenständige Sternsysteme – Galaxien – sind, die Millionen von Lichtjahren außerhalb unseres Milchstraßensystems liegen. Zudem erkannte Hubble, daß sich die Galaxien von uns wegzubewegen scheinen – und zwar um so schneller, je weiter sie von uns entfernt sind. Dies war der erste aus der Beobachtung abgeleitete Hinweis darauf, daß das Universum kein statischer Raum ist, sondern sich ausdehnt: Die Abstände zwischen den Galaxien vergrößern sich, weil der gesamte Raum expandiert. Eine wichtige Folgerung daraus ist, daß das Universum – und die gesamte Materie darin – einst auf einen winzigen Bereich zusammengedrängt war. Der Kosmos, so erscheint es heute, nahm seinen Anfang in einem einzigartigen Ereignis irgendwann vor 15 bis 20 Milliarden Jahren, das die Astronomen Urknall nennen und in dem Raum, Zeit und die uns bekannten Grundbausteine der Materie entstanden. Mit zunehmender Expansion des Kosmos lagerte sich die Materie zu Atomen, Sternen, Galaxien und Planeten zusammen und schuf so auch die Voraussetzung für die Entstehung des Lebens.

Mit den Fortschritten in der Beobachtungstechnik vermochten die Astronomen immer fernere Galaxien aufzuspüren – und dabei immer weiter in die Vergangenheit zu schauen, denn das Licht dieser Sternsysteme braucht Milliarden von Jahren, um zu uns zu gelangen. Der bislang fernste Blick in das Universum gelang im Dezember 1995, als das nach Hubble benannte Weltraumteleskop zehn Tage lang auf eine winzige, nur fünf Quadratbogenminuten große Fläche des Firmaments gerichtet blieb. Mit Großteleskopen von der Erde aus ist an dieser Stelle kein Objekt auszumachen, doch die Aufnahme des Hubble-Teleskops, die als *Hubble Deep Field* bekanntgeworden und hier wiedergegeben ist, enthüllte dort ungefähr 2000 Galaxien. In den Übersichtsaufnahmen in diesem Atlas, die eine Himmelsfläche von 58° × 58° umfassen, hätte das *Hubble Deep Field* 2,4 millionenmal Platz. Demzufolge sind in jeder dieser Aufnahmen rund fünf Milliarden Galaxien verborgen; man kann sie nur deshalb nicht erkennen, weil die Empfindlichkeit des Filmes nicht ausreicht, ihr Licht zu registrieren.

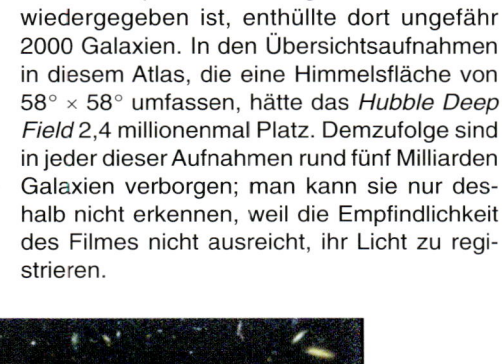

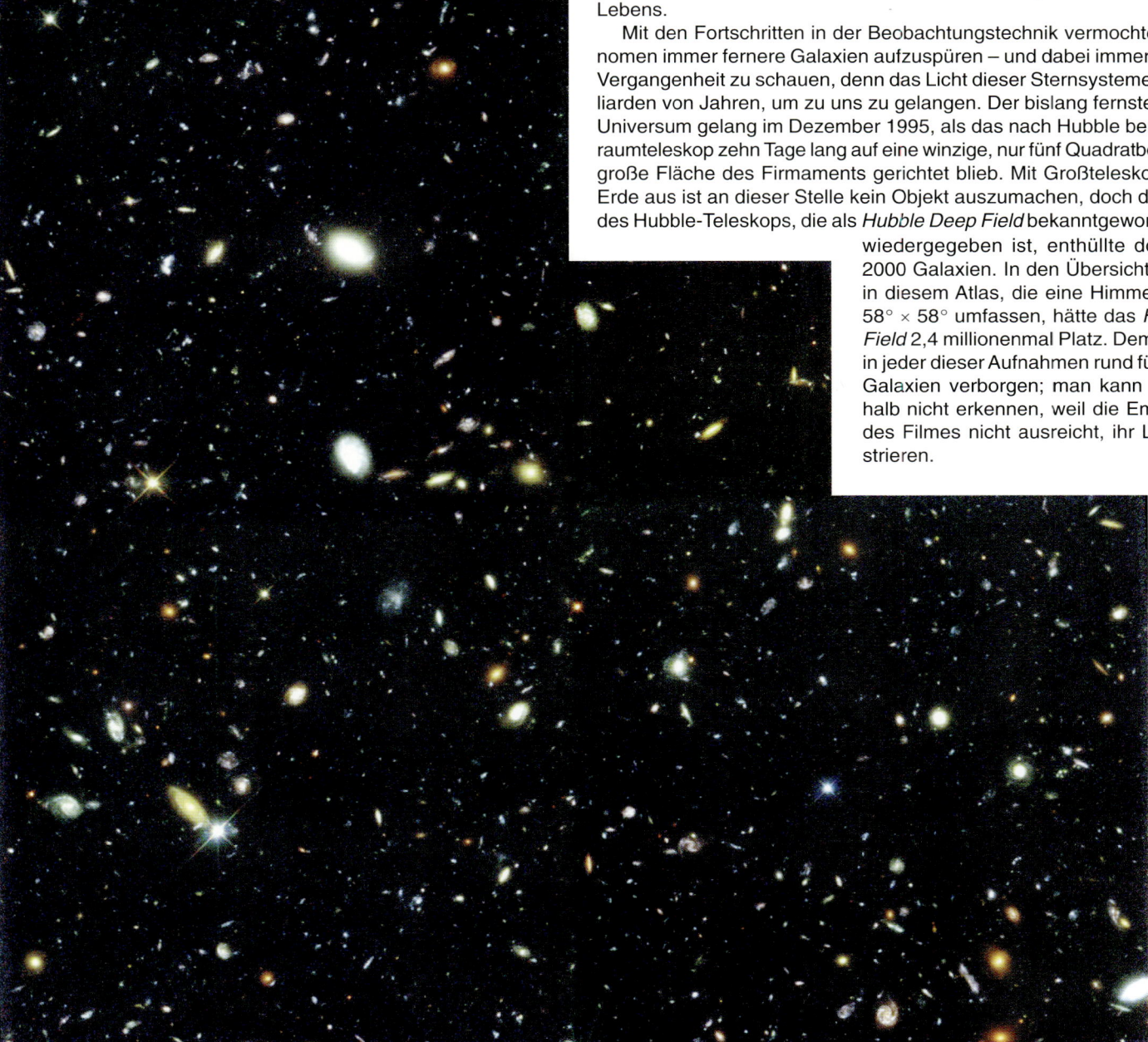

# Feld 42

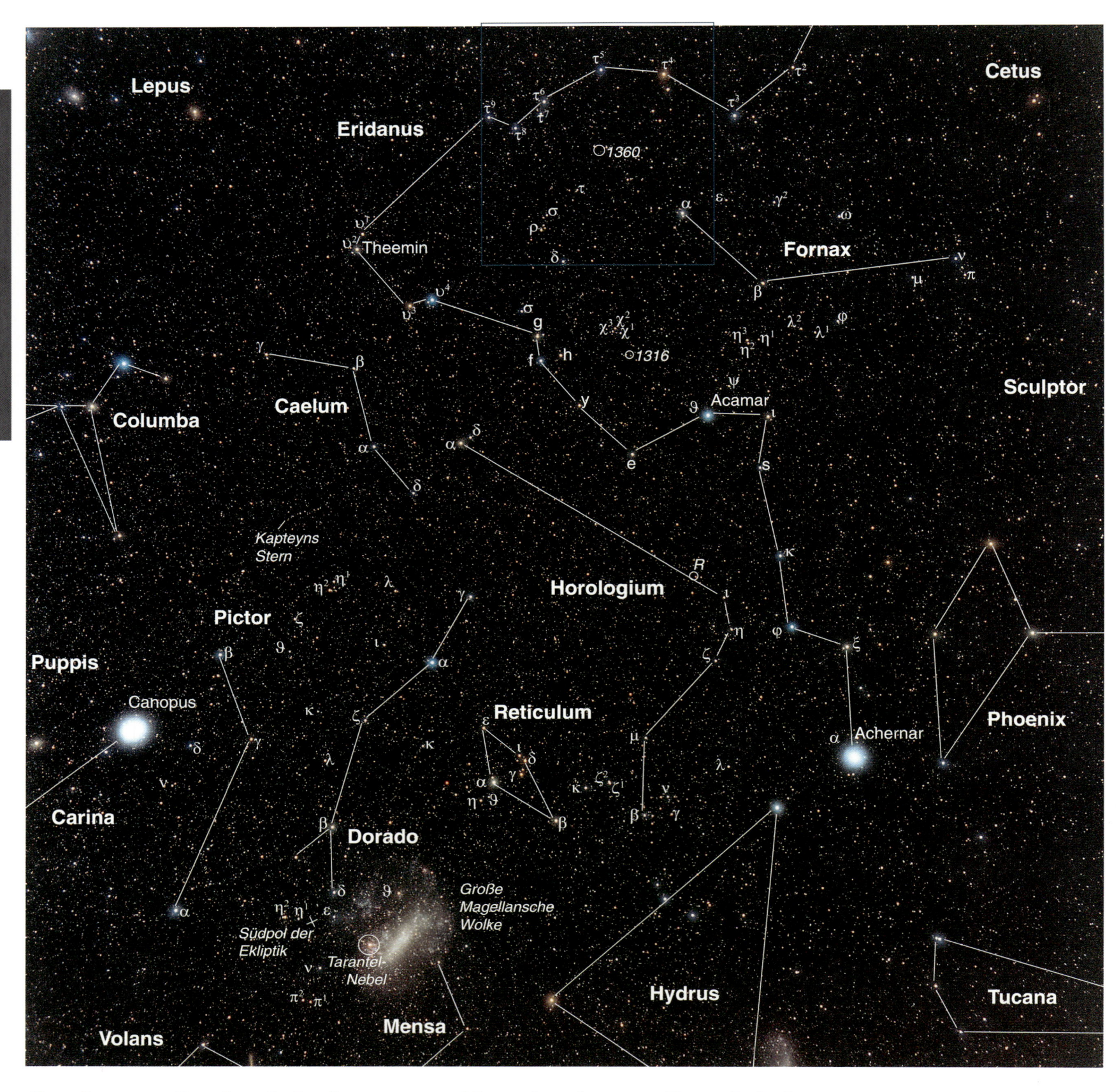

**Cae
Dor
Eri
For
Hor
Pic
Ret**

**Caelum – Grabstichel**
Cae – Caeli

**Dorado – Schwertfisch**
Dor – Doradus

**Eridanus – (Fluß) Eridanus**
Eri – Eridani

**Fornax – Chemischer Ofen**
For – Fornacis

**Horologium – Pendeluhr**
Hor – Horologii

**Pictor – Maler**
Pic – Pictoris

**Reticulum – Netz**
Ret – Reticuli

Beste Sichtbarkeit am Abendhimmel

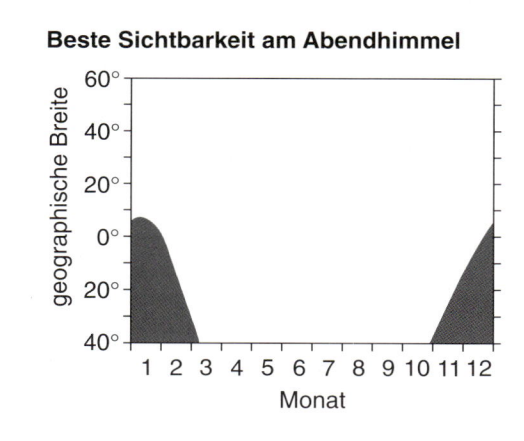

# Caelum, Dorado, Eridanus (Süd), Fornax, Horologium, Pictor, Reticulum

**Daten der Sternbilder**

|  | Caelum | Dorado | Eridanus | Fornax | Horologium |
|---|---|---|---|---|---|
| Bereich in Rektaszension | $4^h\,19^m$ — $5^h\,05^m$ | $3^h\,53^m$ — $6^h\,36^m$ | $1^h\,25^m$ — $5^h\,11^m$ | $1^h\,45^m$ — $3^h\,51^m$ | $2^h\,12^m$ — $4^h\,21^m$ |
| Bereich in Deklination | −27° 00′ — −48° 45′ | −48° 40′ — −70° 05′ | +0° 25′ — −57° 55′ | −23° 45′ — −39° 30′ | −39° 40′ — −67° 05′ |
| Fläche in Quadratgrad | 124,86 | 179,17 | 1137,92 | 397,50 | 248,88 |
| Messier-Objekte | — | — | — | — | — |
| Anzahl der Sterne heller als $5\overset{m}{,}5$ | 4 | 16 | 75 | 11 | 12 |
| Meteorströme | — | — | — | — | — |
| Kulmination um Mitternacht am | 1. Dezember | 17. Dezember | 10. November | 2. November | 10. November |
| zirkumpolar für | 63° s. Br. — 90° s. Br. | 41° s. Br. — 90° s. Br. | — | 66° s. Br. — 90° s. Br. | 50° s. Br. — 90° s. Br. |
| vollständig sichtbar von | 41° n. Br. — 90° s. Br. | 20° n. Br. — 90° s. Br. | 32° n. Br. — 89° s. Br. | 50° n. Br. — 90° s. Br. | 23° n. Br. — 90° s. Br. |
| nicht sichtbar von | 90° n. Br. — 63° n. Br. | 90° n. Br. — 41° n. Br. | — | 90° n. Br. — 66° n. Br. | 90° n. Br. — 50° n. Br. |

# Feld 42

**Cae
Dor
Eri
For
Hor
Pic
Ret**

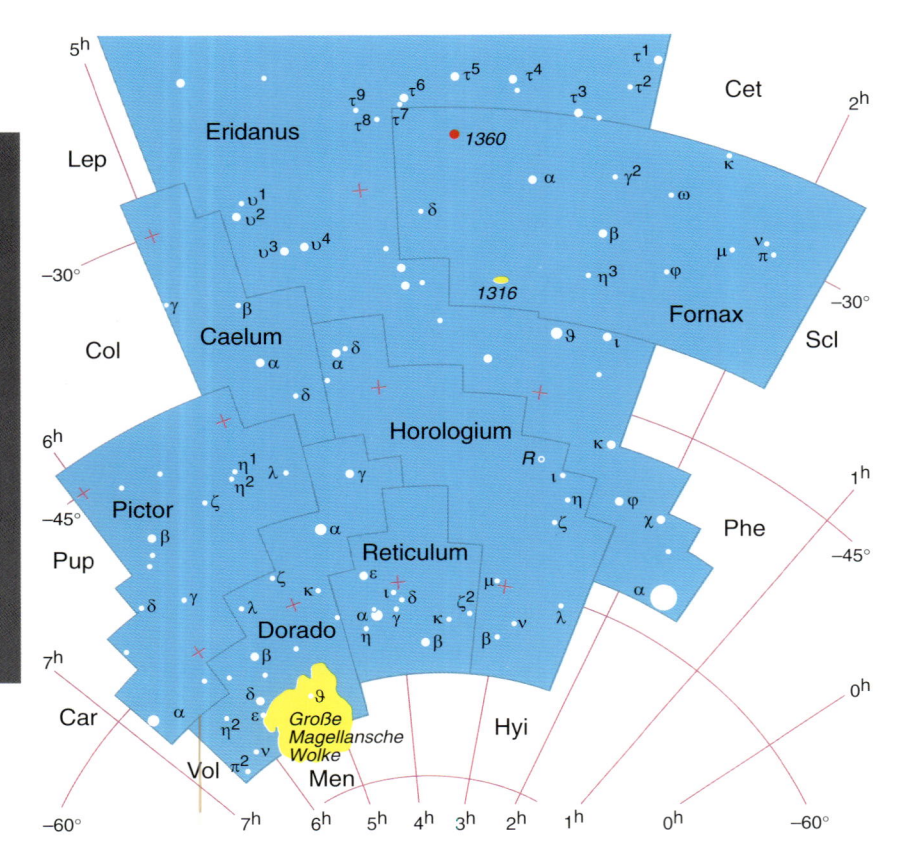

## Caelum – Grabstichel

Der französische Astronom, Geodät und Mathematiker Nicolas-Louis de Lacaille hatte nach Beobachtungen des Südhimmels, die er in den Jahren 1751 bis 1753 von Kapstadt aus durchführte, einen Katalog mit etwa 10 000 Sternen und einen Sternatlas herausgegeben. Am südlichen Himmel führte er 14 neue Sternbilder ein, denen er meist die Namen technischer Geräte zuordnete. Allen diesen Konstellationen ist gemein, daß sie aus relativ lichtschwachen Sternen bestehen und recht unauffällig sind.

Eines von ihnen, Caelum, ist vielleicht noch etwas unscheinbarer als die anderen. Lediglich vier Sterne sind heller als $5^m\!.5$, und Spitzenreiter ist α Caeli mit einer scheinbaren Helligkeit von immerhin $4^m\!.45$. Das Sternbild, das zwischen Eridanus im Westen und Columba (Taube) im Osten liegt, hatte de Lacaille zunächst unter dem französischen Namen *les Burins* verzeichnet; es sollte ein Paar gekreuzter Gravierwerkzeuge darstellen. Später hat man einen der beiden Grabstichel weggelassen und den Namen zu „Caelum" latinisiert.

## Dorado – Schwertfisch

Dieses Sternbild liegt westlich des hellen Sterns Canopus (α Carinae); in seinem südlichen Teil, an der Grenze zum unauffälligen Sternbild Mensa, beherbergt es die Große Magellansche Wolke, ein unserer Galaxis direkt benachbartes Sternsystem. Das Sternbild wird unter dem Feld 7, die Große Magellansche Wolke unter dem Feld 4 besprochen.

## Eridanus – (Fluß) Eridanus

Als einziges der auf dieser Übersichtsaufnahme zu sehenden Sternbilder gehört Eridanus zu den aus der Antike überlieferten Konstellationen. Eine lange Kette aus zumeist lichtschwachen Sternen schlängelt sich vom Himmelsäquator ausgehend bis weit in den Südhimmel, wo sie in dem Stern Achernar, der gleichzeitig hellster des Sternbildes ist, endet. Allerdings war auch in früheren Zeiten der südliche Bereich von Eridanus nicht vom Mittelmeerraum aus zu sehen; man hat ihn erst später nach Süden hin verlängert. Der nördliche Teil, der auf dieser Übersichtsaufnahme fehlt, ist im Sternfeld 3 zu sehen; dort finden sich auch Informationen zum mythologischen Hintergrund und zu besonders interessanten Objekten.

## Fornax – Chemischer Ofen

In einer „Biegung" des Flusses Eridanus südlich der Sterne $\tau^1$ bis $\tau^7$ Eridani liegt dieses Sternbild, das der Franzose Nicolas-Louis de Lacaille 1756 als „Fornax Chemica" eingeführt hat. Johann Elert Bode verzeichnete es in seiner „Uranographia" als „Apparatus Chemicus". Der hellste Stern dieser Konstellation ist α Fornacis mit einer scheinbaren Helligkeit von $3^m\!.9$.

**Besondere Objekte**

Im südöstlichen Bereich des Sternbildes an der Grenze zu Eridanus befindet sich ein bekannter Galaxienhaufen, dessen hellstes Mitglied, NGC 1316, und einige weitere in der Übersichtsaufnahme als Lichtpunkte zu sehen sind; wegen ihrer großen Entfernung sind diese Galaxien jedoch nur mit größeren Fernrohren sinnvoll zu beobachten.

Das Sternbild enthält zudem einen der größten Planetarischen Nebel; er trägt die Katalogbezeichnung NGC 1360 und ist in der Detailaufnahme rechts zu sehen.

## Horologium – Pendeluhr

Die Pendeluhr ist ein weiteres Instrument, das Nicolas-Louis de Lacaille Mitte des 18. Jahrhunderts als Sternbild eingeführt hat. Diese Konstellation liegt in östlicher Nachbarschaft zu dem südlichen Ausläufer von Eridanus und läßt sich am ehesten von dem hellen Stern Achernar (α Eridani) ausgehend lokalisieren. Auch hier erreicht der hellste Stern eine scheinbare Helligkeit von nur $3^m\!.9$.

**Besondere Objekte**

Der Stern R Horologii ist ein Mira-Veränderlicher, dessen Helligkeit im Rhythmus von 404 Tagen zwischen $4^m\!.7$ im Maximum und $14^m\!.3$ im Minimum variiert. Wegen dieser langen Periode von etwa 13,5 Monaten und der großen Helligkeitsamplitude hat man nur selten die Chance, ihn am dunklen Nachthimmel zu sehen. Die Übersichtsaufnahme auf der vorigen Doppelseite zeigt ihn als rötlichen Stern 7. Größe.

## Pictor – Maler

Zwischen dem Stern Canopus (α Carinae) und dem Sternbild Dorado befindet sich diese Konstellation, die ebenfalls auf de Lacaille zurückgeht. Auf historischen Karten ist oftmals eine Staffelei mit Palette abgebildet. De Lacaille hatte das Sternbild ursprünglich „Equuleus Pictoris" genannt; Johann Elert Bode verzeichnete es als „Pluteum Pictoris" in seiner „Uranographia".

Zwei Sterne sind besonders bemerkenswert: Kapteyns Stern, der eine sehr hohe Eigenbewegung aufweist, und β Pictoris, bei dem es sich um den Mutterstern eines gerade entstehenden Planetensystems handeln könnte. Informationen zu beiden Objekten sind unter dem Sternfeld 7 angegeben.

## Reticulum – Netz

Südöstlich von Horologium schließt sich ein weiteres Sternbild an, das Nicolas-Louis de Lacaille eingeführt hat, und zwar als „Reticulum Rhomboidalis" („Rhombisches Netz"). Reticulum bezeichnet kein Fischernetz, wie man vielleicht meinen könnte, sondern ein auf Glas graviertes Netz im Okular eines Fernrohres, mit dessen Hilfe de Lacaille die Positionen der Sterne am Südhimmel vermessen hatte. Diese Konstellation ersetzte ein früheres Sternbild an gleicher Stelle namens Rhombus.

Beide ursprüngliche Namen weisen auf die Form der Sterngruppierung hin: ein kleines, langgestrecktes Parallelogramm mit paarweise ungleichen Seiten. Der hellste Stern ist α Reticuli ($3^m\!.35$); alle anderen gehören der 4. oder einer höheren Größenklasse an. Das Sternbild ist damit recht unscheinbar, aber dennoch leicht zu finden, weil es etwa in der Mitte zwischen den hellen Sternen Canopus (α Carinae) und Achernar (α Eridani) in der Nähe der Großen Magellanschen Wolke liegt.

# Planetarischer Nebel NGC 1360

Die nordöstliche Ecke des Sternbildes Fornax mit dem Planetarischen Nebel NGC 1360 in der Bildmitte ($f$ = 100 cm). Die Kette relativ heller Sterne im oberen Drittel des Bildes sind $\tau^4$ bis $\tau^9$ Eridani; $\alpha$ Fornacis befindet sich rechts unten. Mit 390 Bogensekunden Durchmesser ist NGC 1360 einer der größten Planetarischen Nebel; seine scheinbare Gesamthelligkeit beträgt $9^m_{.}4$. Solche Nebel entstehen, wenn ein Stern in einer späten Entwicklungsphase seine äußere Gashülle abstößt und die expandierende Materie durch die ultraviolette Strahlung des Sterns zum Leuchten angeregt wird. Der in der Mitte des bohnenförmigen Nebels zu sehende Zentralstern hat eine scheinbare Helligkeit von $11^m_{.}0$.

**Daten der Sternbilder**

| | Pictor | Reticulum |
|---|---|---|
| Bereich in Rektaszension | $4^h 32^m$ — $6^h 52^m$ | $3^h 13^m$ — $4^h 37^m$ |
| Bereich in Deklination | −42° 45′ — −64° 10′ | −52° 45′ — −67° 20′ |
| Fläche in Quadratgrad | 246,73 | 113,94 |
| Messier-Objekte | − | − |
| Anzahl der Sterne heller als $5^m_{.}5$ | 14 | 10 |
| Meteorströme | − | − |
| Kulmination um Mitternacht am | 16. Dezember | 19. November |
| zirkumpolar für | 47° s. Br. — 90° s. Br. | 37° s. Br. — 90° s. Br. |
| vollständig sichtbar von | 26° n. Br. — 90° s. Br. | 23° n. Br. — 90° s. Br. |
| nicht sichtbar von | 90° n. Br. — 47° n. Br. | 90° n. Br. — 37° n. Br. |

# Zwei Dinge

## von Peter Kafka

*Zwei Dinge erfüllen das Gemüth mit immer neuer und zunehmender Bewunderung und Ehrfurcht, je öfter und anhaltender sich das Nachdenken damit beschäftigt: Der bestirnte Himmel über mir, und das moralische Gesetz in mir.*

Selten erwachsen aus philosophischen Erwägungen so einfache geflügelte Worte. Oder ist dieser Satz Immanuel Kants nach 200 Jahren wissenschaftlichen Fortschritts überholt?

Was ist uns heute der bestirnte Himmel, der einst die ersten Einblicke ins Wesen von Naturgesetzen lieferte? Das Staunen ist nicht geringer geworden, denn seltsamerweise berührt sich die Erforschung fernster Himmelserscheinungen heute enger als je mit den tiefsten Fragen nach fundamentalen Gesetzen der Natur und der Weltschöpfung.

Jahrzehnte vor Kant hatte Olav Rømer entdeckt: Das Licht läuft nicht unendlich schnell, sondern etwa 300.000 Kilometer pro Sekunde, das sind 10 Billionen Kilometer im Jahr. Je weiter hinaus wir in den Raum schauen, um so weiter zurück schauen wir also in die Zeit. Damals reichten Fernrohre ein paar Millionen Jahre weit – ohne daß man es wußte. Heute überblicken wir Milliarden von Jahren. Gibt es da ein Ende?

Ja, denn es gab einen Anfang. Das haben Astronomie und Astrophysik nun herausgefunden. Licht, das wir heute wahrnehmen, kann nicht vor dem Anfang der Welt ausgesandt worden sein. Doch wenn wir so weit wie möglich hinausschauen, sollten wir zum Anfang kommen. Im bestirnten Himmel über uns finden wir *unseren Ursprung*.

Und das andere Ding, das Kant staunen ließ und das nicht nur er in sich fand? Dieser Drang nach oben – nicht zu den Sternen, sondern in ein viel weiteres Reich als es der dreidimensionale Raum der physikalischen Erfahrung bietet? Dieses Spüren und Wissen, daß wir nicht hassen, sondern lieben wollen? Daß wir nicht verloren sind? Daß es auf uns ankommt? Daß hier und jetzt, in uns, die Wirklichkeit ihren weiteren Weg in den unermeßlich reichen Raum der Möglichkeiten ertastet? Sind wir mit diesem *zweiten Ding*, das wir in uns selbst erfahren, in einer anderen Welt? Und finden wir dort ein Ziel?

Lassen Sie uns unterm Sternenhimmel darüber nachsinnen, wie die zwei Dinge zusammenhängen.

### 1. Der Himmel – auf den Punkt gebracht.

Wie merkwürdig: *Es gibt ein Universum!* Es hat Sinn, von *einem Weltall* zu sprechen. Weil die Zahl der in ihm verwirklichbaren Möglichkeiten so unermeßlich groß ist, gleicht zwar kein Staubkorn exakt einem anderen, doch scheint alles, was wir am Himmel und auf Erden kennenlernten, den gleichen physikalischen Grundgesetzen zu gehorchen – wenn diese auch keineswegs völlig ergründet sind. Diese Einheitlichkeit ist nicht selbstverständlich. Hätten wir nicht beim Hinaus- und Zurückschauen *andere Welten* entdecken können, mit fremden Gesetzen? Oder doch wenigstens Bereiche, in denen fundamentale Naturkonstanten andere Werte hätten, und daher Elementarteilchen und Atome ganz andere Eigenschaften als hier und heute?

Immerhin verstehen wir neuerdings, daß es *sehr viel anders* nicht hätte sein dürfen. Sonst könnte zum Beispiel kein Stern alt genug werden, um auf einem Planeten die lange Kette von Versuch und Irrtum zu erlauben, die schließlich eine so komplexe Erscheinung wie *Ehrfurcht* Wirklichkeit werden ließ. Möglich war dies ja offensichtlich. Aber war es vielleicht im Schöpfungsprozeß so unwahrscheinlich, daß an die hundert Milliarden Milchstraßen mit je hundert Milliarden Sternen nötig waren, um wenigstens an einer winzigen Stelle von Raum und Zeit das materielle Geschehen – in Gestalt von Großhirnaktivität – so hoch ins Reich der Ideen gelangen zu lassen? Oder geschieht anderswo ähnlicher Aufstieg? Wir wissen es nicht.

Ohne die beobachtete Einheitlichkeit der Gesetze und großräumigen Strukturen hätte es überhaupt keinen Sinn, von einem „Universum" zu sprechen. Daß dieses Wort dennoch schon lange vor den neuen kosmologischen Entdeckungen in Gebrauch war, dürfte aber nicht nur an einem theologischen Vorurteil abendländischer Universitätsprofessoren gelegen haben. Mußte nicht in allen Schöpfungsmythen das erwachende menschliche Denken angesichts der Kinderfragen nach Vorher und Jenseits sich ein Bild des *Ganzen* vorstellen?

\*\*\*

Wie schauen wir heute *das Ganze* an? Wir müssen wohl über die Sterne hinaus. Durchmessen wir rasch Raum und Zeit mit ein paar Riesenschritten von der Erde bis zu unserem kosmischen Horizont.

Jeder kennt die Bilder unseres Heimatplaneten „von außen gesehen" – mit jenem dünnen, blauen Strich als Berandung, in dem die Biosphäre und das menschliche Fühlen und Denken Platz haben – weit komplexere Vorgänge als alles, was Astronomen finden können. Um die Erde herum bräuchte das Licht eine Achtelsekunde, vom Mond etwas über eine Sekunde, vom Nachbarplaneten Venus bei nächster Stellung 2 Minuten, vom Mars 4 Minuten und von der Sonne 8 Minuten. Vom Jupiter ist es eine halbe Stunde, vom Saturn eine Stunde, vom äußersten Planeten, Pluto, etwa fünf Stunden. Licht vom nächsten Fixstern erreicht uns in $4^{1}/_{2}$ Jahren.

Veranschaulichen wir uns dies noch in einem Modell im Maßstab $1{:}10^{12}$ (1 Billion): Nun hat unsere Sonne die Größe eines bunten Stecknadelkopfes (in den die Mondbahn dreimal hineinpaßt), die Erde ist ein Staubkorn in 15 Zentimeter Abstand, Jupiter ein Sandkorn auf einer Kreisbahn von einem Meter Durchmesser, die Plutobahn mißt etwa 10 Meter. Wo liegt in diesem Bild der nächste Stern, Alpha Centauri? Fast 50 Kilometer sind es bis zu diesem nächsten Stecknadelkopf! So leer ist der Weltraum innerhalb des Milchstraßensystems.

Das Zentrum unseres Milchstraßensystems, um das unsere Sonne in 250 Millionen Jahren kreist, ist ungefähr 30.000 Lichtjahre entfernt – im Stecknadelkopfbild bereits die echte Mondentfernung! Die spiralige Scheibe hat etwa hunderttausend Lichtjahre Durchmesser und ist in der Mitte einige tausend Lichtjahre dick, in unserer Gegend nur noch einige hundert. Wo wir am Himmel in die Scheibenebene blicken, verschwimmen uns die über 100 Milliarden Sterne und viele Wolken von Gas und Staub zu leuchtender „Milch" – griechisch *galaktos*.

In Wolken von der Art des Orionnebels beobachten wir mit modernen astronomischen Methoden die verschiedenen Stadien bei der Geburt neuer Sterne, und auch das weitere „Leben und Sterben" von Sternen verstehen wir heute in wesentlichen Zügen. Aufbau und Funktion der vielen verschiedenen Typen werden immer zuverlässiger in Computern nachgerechnet. *[Siehe Kasten „Der Lebenslauf der Sterne"]*

\*\*\*

Gehen wir übers eigene Milchstraßensystem hinaus, so finden wir lauter verwandte Gebilde – die Galaxien; Inseln im fast leeren Raum, doch vergleichsweise längst nicht so dünn gesät wie die Sterne in ihrem Inneren (jene „Stecknadelköpfe" alle 50 km). Die nächste große Galaxie, der gerade noch mit bloßem Auge sichtbare Andromedanebel (M31), ist unserer Milchstraße sehr ähnlich und etwa 2 Millionen Lichtjahre entfernt. Stellen wir uns die eigene und die Andromedagalaxie als zwei 1-DM-Stücke vor (Maßstab $1{:}4{\cdot}10^{22}$), so ist der Abstand zwischen ihnen ein halber Meter. Näher liegen uns nur unsere beiden nächsten Nachbarn, die Magellanschen Wolken. Im Maßstab des Bildes gleichen sie zwei Erbsen, die unsere Münze in ein paar Zentimeter Abstand begleiten.

Um mit den Bildern nicht durcheinanderzukommen, merken wir noch an: Der Abstand zwischen uns und *Alpha Centauri* ist im Bild der markstückgroßen Galaxien nur noch ein tausendstel Millimeter …

Die Galaxien sind nicht gleichmäßig im Raum verstreut, sondern in kleineren und größeren Gruppen, die ihrerseits noch größere Haufen bilden. Unsere Milchstraße und der Andromedanebel bilden mit M33 und einigen Kleineren unsere „lokale Gruppe". Sie und einige ähnliche Gruppen (z.B. um M101 oder M82) gehören noch zum Einflußbereich des riesigen *Virgo-Haufens* mit tausenden von Galaxien. Sein Zentrum (im Sternbild Jungfrau) ist im Bild der Markstücke über zehn Meter weit entfernt, nämlich etwa 50 Millionen Lichtjahre.

Blicken wir noch weiter hinaus, so finden wir immer neue derartige Haufen, und diese sind ihrerseits wieder in *Superhaufen* versammelt. Innerhalb dichter Haufen findet sich oft zwischen den Galaxien, und von diesen „umgerührt", ein heißes Gas, das Röntgenstrahlung aussendet. Zwischen den Superhaufen liegen auch Bereiche, die offenbar fast leer sind – wie große Löcher in einem Schwamm. Erst wenn wir noch größere Raumbereiche – im Bild der Markstücke etwa Gegenden von Fußballplatzgröße – miteinander vergleichen, gewinnen wir den Eindruck einer im Mittel gleichmäßigen Verteilung. (Freilich ist die mittlere Materiedichte weit geringer als im besten je erzeugten Vakuum: Eine Münze pro Kubikmeter unseres Bildes liefert gerade etwa ein Atom pro Kubikmeter des wirklichen Weltraums …)

Die Erforschung der Galaxienentstehung kommt eben erst richtig in Gang. Eines der großen Rätsel ist dabei die „dunkle Materie". Was wir in Form leuchtender Sterne und Gase sehen, ist offenbar höchstens ein Zehntel der Masse, die sich durch Schwerkraft bemerkbar macht. Der größte Teil des „Inhalts" unseres Universums ist uns also unbekannt – und einiges spricht dafür, daß es sich dabei um Arten von Elementarteilchen handeln könnte, die uns noch nie begegnet sind! Hier liegt einer der engen Berührungspunkte zwischen astronomischer Forschung und theoretischer Physik.

Mit dem *space-telescope* können wir heute in Himmelsrichtungen, wo nichts Näheres störend dazwischenkommt, Milliarden Lichtjahre weit Galaxien sehen – fast so weit wie die fernsten Quasare. *[Siehe Kasten „Galaxien und Quasare" sowie die Abbildung „Hubble Deep Field".]* Die fernsten in dieser Aufnahme gerade noch erkennbaren Milchstraßensysteme liegen im Maßstab unseres „Münzen-Bildes" (wo unser Nachbar einen halben Meter weit ist) etwa einen Kilometer entfernt! Ob das dort draußen „Markstücke oder eher Pfennige" sind, ist noch nicht zuverlässig entschieden. Wir sind hier an der Front der modernen Astronomie. In diesem *Hubble-Deep-Field* könnte sich bereits andeuten, daß viel weiter draußen keine Galaxien mehr existieren. Bis dorthin aber scheinen sie, abgesehen von den Unregelmäßigkeiten durch Haufenbildung, den Raum recht gleichmäßig zu erfüllen.

\*\*\*

Beim Studium ferner Galaxien kam schon in den zwanziger Jahren unseres Jahrhunderts die größte Überraschung: Als Edwin Hubble in Nachbargalaxien bekannte Sterntypen identifizierte und so die Natur dieser „Nebel" sichern und ihre Entfernungen abschätzen konnte, entdeckte er, daß alle Spektrallinien in ihrem Licht eine systematische *Rotverschiebung* zeigen. (Deren Größe kennzeichnet man durch eine Zahl z, wobei 1+z das Verhältnis der „falschen" zur „richtigen" Wellenlänge angibt.) Dies muß man in ähnlicher Weise deuten, wie das Tieferwerden des Signaltons von einem vorbeifahrenden Polizeiwagen: Bei den Schallwellen der sich entfernenden Hupe erscheinen die „Wellenberge" auseinandergezogen, und diese größere Wellenlänge bedeutet einen tieferen Ton. Entsprechend führt die Vergrößerung der Wellenlänge bei einer sich entfernenden Lichtquelle zu röterer Farbe. Kommt dagegen die Quelle auf uns zu, so sind die Linien zum Blauen hin verschoben. So läßt sich durch die Farbverschiebung bekannter Spektrallinien im Licht jeder Galaxie ganz genau die Geschwindigkeit messen, mit der sie und wir uns einander nähern oder auseinander fliegen. (Die seitliche Geschwindigkeit ist nicht meßbar.)

Das zunächst Verblüffendste an Hubble's Entdeckung: Abgesehen von den Nachbarn, wo noch kleine Zufallsbewegungen das Ergebnis bestimmen, fliegen *alle von uns weg*! Und dabei folgen sie dem simplen *Hubbleschen Gesetz*: Ist eine ferne Galaxie doppelt so weit entfernt, wie eine andere, so entfernt sie sich mit doppelter Geschwindigkeit! Beziehen sie sich etwa alle auf uns? Sind wir der Mittelpunkt der Welt?

Im Münzenbild bedeutet das Hubblesche Gesetz: Die etwa gleichverteilten Markstücke im Umkreis von hunderten von Metern entfernen sich von uns mit so wohlorganisierter Marschordnung, daß die gleichmäßige Raumerfüllung erhalten bleibt! Noch anschaulicher wird dies Ausdehnungsgesetz im beliebten Bild der Rosinen in einem aufgehenden Hefekuchen. Hier sieht man sogleich, daß es nicht etwa bedeutet, daß wir „in der Mitte sitzen". Unser Ort im Raum ist gar nicht ausgezeichnet, denn von jeder anderen Rosine (oder Münze) aus hätte man denselben Eindruck, solange nicht ein „Rand" des erfüllten Raumes in Sicht kommt. Statt zu sagen *alles fliegt von uns weg*, sagen wir also besser: *Alle Abstände wachsen mit der Zeit an, doch die Abstandsverhältnisse bleiben erhalten* – oder noch einfacher: *Der ganze Raum dehnt sich gleichmäßig aus!*

Weil die Entfernung von Galaxien schwer bestimmbar ist, war auch die Geschwindigkeit dieser Ausdehnung schwer abzuschätzen. Noch immer streiten Astronomen, ob eine Strecke von einer Million Lichtjahren in jeder Sekunde eher um 15 oder um 30 Kilometer anwächst. Die Meßgenauigkeit für diese Zahl, die sogenannte *Hubble-Konstante*, wird sich aber vermutlich im Laufe der nächsten zehn Jahre entscheidend verbessern.

Unabhängig vom genauen Wert ergeben sich sogleich einfache Fragen: Kilometer pro Sekunde pro Million Lichtjahre – da kann man doch die Lichtjahre in Kilometer verwandeln und diese herauskürzen! Für den Kehrwert der Hubble-Konstanten bleibt dann eine Zeit übrig: 10 bis 20 Milliarden Jahre! So weit in der Vergangenheit wäre der Abstand zwischen *allen* Galaxien Null gewesen – wenn sich die Ausdehnungsgeschwindigkeit nicht wesentlich geändert hätte! Alles, was wir bis zum Abstand von ebensovielen Lichtjahren sehen, müßte damals ungeheuer dicht mit uns zusammen gewesen sein!

Und mit welcher Geschwindigkeit entweichen dort die Galaxien von uns? Zehntausend mal dreißig Kilometer pro Sekunde – das ergibt doch die Lichtgeschwindigkeit, die nach der Relativitätstheorie nicht überschreitbar ist! Schon bei diesem endlichen Abstand ergäbe sich eine unendliche Rotverschiebung! Von dort, und gar von jenseits, könnte uns kein Licht mehr erreichen.

Ist der Raum dort zuende? Offenbar doch nicht – denn warum sollte gerade morgen ein Rand der Welt in Sehweite kommen, wenn doch Milliarden Jahre lang offenbar immer das Gleiche – nämlich gleichmäßig erfüllter Raum – dort auftauchte? Wie auf den nächsten Sonnenaufgang können wir uns doch wohl darauf verlassen, nächstes Jahr wieder ein Lichtjahr weiter zu sehen und dabei nicht plötzlich etwas „ganz anderes" zu finden – nicht wahr? Was ist es denn, was wir immer wieder zu sehen erwarten dürfen?

\*\*\*

Wir sind an unserem *Horizont* im Universum angelangt – und das ist zugleich unser Ursprung! Den Anfangszustand, in dem alles unermeßlich dicht mit uns zusammen war, nennen wir den Urknall. Weil die Welt im Großen so einheitlich ist, ist dieses Ereignis, in dem alles Eins war und die Expansion begann, für unsere ganze Welt ein und dasselbe. Am Horizont erscheint uns der Urknall – oder vielmehr verbirgt er sich dort, weil die unendliche Rotverschiebung keine Information mehr zu uns gelangen läßt. Zwischen ihm und uns sehen wir die ganze „Weltgeschichte". Jedes Jahr liegt dieser *theoretische* Horizont räumlich ein Lichtjahr weiter draußen, und doch zeigt er uns stets und in allen Himmelsrichtungen ein und dasselbe: Unseren eigenen Ort und Zustand im Ursprung unseres Universums – also zugleich Ort und Anfangszustand von *allem*. Die gewaltige, Milliarden Lichtjahre entfernte „Kugelschale" unseres prinzipiellen Horizonts stellt in Wahrheit einen *Punkt* dar!

Im Bild der Markstück-Galaxien läge der Horizont in einer Entfernung von zwei bis drei Kilometern – aber für die Zeit, als dort Licht ausgesandt wurde, das uns heute erreicht, muß das Bild längst versagen, weil weder die Lichtausbreitung noch die Entstehung und Entwicklung der „Münzen" im Bild vorkommen. Diese müßten ja dort gemeinsam im Zustand einer ungeheuer dichten Schmelze gewesen sein.

Die modernen Weltmodelle sind also etwas komplizierter als das hier anschaulich skizzierte Bild. Zum Beispiel könnte der dreidimensionale Raum „in sich gekrümmt" sein und sogar endlichen Inhalt haben, ohne deswegen einen „Rand" besitzen zu müssen – was sich Nicht-Mathematiker nur für zweidimensionale Flächen (wie z.B. die Kugeloberfläche) werden vorstellen können. Auch mit dem Entfernungsmaß, für das wir hier einfach die Lichtlaufzeit benutzen, gibt es allerlei Komplikationen. Aber das Prinzip haben wir vielleicht doch erfaßt: Alles was wir als Welt in Raum und Zeit erfahren, war ursprünglich Eins. *[Siehe Kasten „Anfang und Ende"]*

Beliebig nah freilich können direkte Beobachtungen dem Anfang nicht kommen – nicht nur, weil uns die früheste Epoche in wachsender Rotverschiebung verdämmert, sondern weil ja der Raum zunächst von einem

# Zwei Dinge

so dichten Medium erfüllt war, daß keine Strahlung ihn durchdringen konnte. Ein letztes Stück vor dem theoretischen Horizont bleibt unserem Blick immer entzogen. „Praktisch" liegt der Horizont dort, von wo die früheste noch meßbare Strahlung kommt. Dies ist die berühmte Hintergrundstrahlung mit einer heutigen Temperatur von knapp drei Grad über dem absoluten Nullpunkt (also im Millimeter- und Zentimeterwellenbereich) – mit phantastischer Gleichmäßigkeit aus allen Himmelsrichtungen. Sie stammt aus einer Zeit vor der Galaxienentstehung, nur etwa hunderttausend Jahre nach dem Anfang, als alle räumlichen Abstände tausendmal kleiner waren als heute und die Temperatur dreitausend statt drei Grad betrug. Die geringen örtlichen Schwankungen in diesem frühen Zustand, die seit einigen Jahren beobachtbar wurden, enthalten Information über die Konzentration von gewöhnlicher und dunkler Materie. Nach der „Entkoppelung" von Materie und Strahlung beginnt hier die Klumpenbildung. *[Siehe Kasten „Drei-Grad-Hintergrundstrahlung"]*

Sogar jene Frühzeit aber, aus der uns keine Strahlung mehr erreichen kann, hat beobachtbare Spuren hinterlassen: Beispielsweise entschied sich in den ersten Minuten, mit welcher Häufigkeit verschiedene Atomkerne in der Urmaterie enthalten sind, bevor die Kernreaktionen in Sternen einsetzen. Es mußten sich etwa drei Viertel Wasserstoff, ein Viertel Helium und Spuren von Deuterium und Lithium ergeben. Beobachtungen an ältesten Sternen und Gaswolken passen mit den Modellen gut zusammen und liefern sogar Hinweise auf Dichte und Expansionsgeschwindigkeit.

Obwohl natürlich, wie immer in der Wissenschaft, jede Antwort neue Fragen aufwirft, dürfen wir doch sagen: Astronomie und Astrophysik haben in den vergangenen Jahrzehnten ein Weltbild entworfen, in dem die Fülle der Himmelserscheinungen einem einzigen Punkt zu entspringen scheint. Und dort begegnen sich die Beobachtungen des „Großen Ganzen" und des immer Winzigeren – nämlich der Grundstrukturen der Materie, denen die Elementarteilchenphysiker auf die Spur kommen möchten. In ihren riesigen Teilchenbeschleunigern erzeugen diese ja im Zusammenstoß zweier Teilchen Energiekonzentrationen, wie sie sonst nur in kosmischen Katastrophen oder nahe dem Urknall auftreten – mit dem Unterschied freilich, daß wir uns damals *alles* in diesem Zustand vorstellen müssen, also nicht vom vergleichsweise leeren Raum eines Laboratoriums umgeben.

**2. Die Moral der Schöpfung**

Wir besitzen noch nicht etwa eine fundamentale physikalische Theorie von Raum, Zeit und Materie, in der wir den „Punktcharakter" des Urknalls ernsthaft beschreiben könnten. Die heutigen Theorien sagen selbst aus, daß sie sehr nahe dem Anfang nicht gültig sein können, ja, daß sogar die Begriffe von Zeit und Raum zusammenbrechen, wenn wir näher als die „Planck-Zeit" ($10^{-43}$ Sekunden) an den Anfang heranzudenken versuchen. Geht man so weit, dann gibt es auch Gründe, über eine „Mannigfaltigkeit vieler Welten" zu spekulieren, in denen sogar andere Gesetze gelten mögen. In ihr wäre *unser Universum* eingebettet, oder es hätte sich im Moment seiner Geburt daraus abgelöst. Auch könnte die „Gesetzgebung" für unser Universum selbst ein komplexer Evolutionsprozeß im frühesten Stadium sein. Aber nun ist unsere Welt offensichtlich da, wie sie ist, mit all ihrer Einheitlichkeit – und „alle anderen" gehen uns wohl nichts an, wenn wir mit ihnen keine Wechselwirkung haben.

Die Idee der Universalität bedeutet, daß im Ursprung noch keinerlei individuelle Struktur verwirklicht ist – außer eben jener einzigen: Alles ist so dicht, so heiß, so gleichmäßig wie möglich – und fliegt so gleichmäßig wie möglich auseinander. Nehmen wir das (schon der Einfachheit halber) ernst, so heißt es: Noch nichts anderes „ist da". Nicht einmal Elementarteilchen. „Es gibt" nur Möglichkeiten. Was also wird Wirklichkeit werden?

„Was die Gesetze erzwingen", hätte man früher geantwortet – aber die Entdeckungen, die zur Quantentheorie führten, haben uns gelehrt, daß die Gesetze eben nicht das wirkliche Geschehen vorherbestimmen, sondern nur die Wahrscheinlichkeiten, mit denen in „Geschehnissen" aus dem Möglichen ausgewählt wird. An dieser Auswahl des Wirklichen aus der Menge des „gesetzlich Erlaubten" ist ganz entscheidend der Zufall beteiligt. Das Gegenwärtige kann nie stillhalten, sondern die Gesetze selbst erzwingen zufällige Schwankungen. Das Wirkliche muß gewissermaßen „im Raum der Möglichkeiten herumzappeln". Und dies kann nicht im Schwanken um ein Gleichgewicht, also in Stagnation enden, denn Expansion und Abkühlung der Welt sorgen dafür, daß die Wirklichkeit immer neuen Möglichkeiten begegnet.

Welche Möglichkeiten ziehen wohl die Wirklichkeit an? Natürlich solche, die im Geprassel der Zufälle erreichbar sind und dennoch nicht leicht wieder verlassen werden! Das sind jene Gestalten, deren innere und äußere Organisation dafür sorgt, daß entweder die Schwankungen verkleinert werden, oder daß diesen „Schwellen" in den Weg gelegt sind. Werden Möglichkeiten gefunden, wo in diesem Sinne „die Dinge besser zusammenpassen", so bleibt die Wirklichkeit wahrscheinlich länger in ihrer Nähe – wenn auch ihr „Zappeln" nie ganz aufhören kann und daher weiter nach noch besser Verflochtenem getastet wird.

Dieses Schöpfungsprinzip ist nichts als eine logische Selbstverständlichkeit, aber es reicht offenbar aus, um vom simpelsten möglichen Anfangszustand unseres Universums bis zum Nachsinnen über die „zwei Dinge" aufzusteigen. Warum nenne ich das eine logische Selbstverständlichkeit? Weil es nichts anderes besagt als: „Wahrscheinlich überlebt Überlebensfähigeres" – oder, noch krasser tautologisch: „Wahrscheinlich geschieht Wahrscheinlicheres".

„Aufstieg" nennen wir es, weil besseres Zusammenpassen „höhere Komplexität" bedeutet – wenn sich hier auch große begriffliche Schwierigkeiten verbergen. Sicherlich paßt schon nahe dem Urknall alles „so gut wie möglich" zusammen, nur ist eben dieses „Alles" anfangs nur „Eins". Nichts anderes bedeutet ja die Idee des Beginns für ein einheitliches „Universum". (Die Theoretiker suchen übrigens sogar nach einer Möglichkeit, mit „Nichts" anzufangen.) Im gemeinsamen Ursprung, diesem „tiefsten Punkt des Raums der Möglichkeiten" entspringt die Wirklichkeit und wächst mit der Zeit in sein praktisch unendlich-dimensionales Reich hinein.

\*\*\*

Voller komplexer Gestalten ist dieses Reich der Möglichkeiten, das wir auch mit Platon das *Reich der Ideen* und mit Theologen den *Himmel* oder die *geistige Welt* nennen mögen. Die Gestaltideen eines Protons, eines Schwarzen Loches, eines Kugelsternhaufens, der gesamten irdischen Biosphäre – all dies schon vor dem Menschen Verwirklichte gehört natürlich dazu. Aber auch die Ideen der komplexen Zahlen, des reibungsfreien Pendels, einer Sinfonie oder unserer Seele müssen wir wohl dazurechnen. Sie sind durch Materie in Raum und Zeit nicht vollkommen verwirklichbar, aber die Wirklichkeit kommt ihnen nahe – und sei es in der elektrochemischen Aktivität von Milliarden Hirnzellen eines Denkenden oder Träumenden.

Dieses Konzept eines Raumes der Möglichkeiten muß vage bleiben, da wir ja keine zuverlässige theoretische Basis haben. Auch Telepathie und Hellsehen oder Umgang mit „höheren Wesen" müßten Platz darin finden, wenn wir derlei erfahren würden. Solche „ganz anderen" Wechselwirkungen würden diesem „Raum" eine andere Struktur geben, aber auch im Weltbild der modernen Physik umfaßt ja „alles Mögliche" – also sicher mehr als das, was durch Menschenhirne in der „geistigen Welt" bisher angenähert wurde. Und weil nun einmal der gegenwärtige „Stand der Wissenschaft" so stark unser gesellschaftliches Handeln bestimmt, lohnt es sich, hier die Selbstbeschränkung der modernen Naturwissenschaft mitzumachen und so zu tun, als hätten wir schon alle wesentlichen Wechselwirkungen unseres Universums erfaßt. Selbst im krassesten „reduktionistischen" Weltbild nämlich ergeben sich aus dem Nachdenken über Wirklichkeit und Möglichkeit „moralische" Einsichten – wie wir gleich sehen werden.

Was meinen wir wohl, wenn wir sagen, „es gibt die Möglichkeit"? *Wo* gibt es sie – wenn doch fast alles Mögliche unverwirklicht bleibt? Schon hier stoßen wir sozusagen auf ein „Jenseits", denn es gibt sie nicht im Weltraum, sondern in jenem anderen „Himmel", im Reich der Ideen, in dem sich die Welt seit dem Urknall einen Weg sucht. Was es dort alles gibt! Hätte meine Mutter nicht den Zug verpaßt und ein Gespräch mit einem anderen Zuspätgekommenen begonnen, der dann mein Vater wurde – ja dann wären wohl andere mögliche Gestalten gefunden worden. Jede Entscheidung an einer der unendlich vielen Abzweigungen des Weges kann neue Bereiche des Raums der Möglichkeiten eröffnen und eben dadurch andere für alle Zukunft ausschließen. Oft sind das riesige Bereiche …

Und wie steht es mit den *verwirklichten* Möglichkeiten? Wirklichkeit ist immer nur „in der Nähe" der jeweils verfolgten Ideen – bei einem Atom nicht anders als bei mir selbst. Denken wir an die Idee des Wasserstoffatoms: Eine raffinierte mathematische Gestalt im Raum der Möglichkeiten. Während der ersten hunderttausend Jahre nach dem Urknall wird sie von der Wirklichkeit nur angenähert, um sofort wieder verlassen zu werden. Im frühen Stadium des Universums sind andere Gestalten attraktiver – z.B. Protonen und Elektronen als „Singles". Aber sogar die Idee des Protons, die schon in den ersten Minuten sehr dauerhaft verwirklicht wird, ist wohl nicht in alle Ewigkeit attraktiv genug – mag auch die Zerfallszeit so viele Weltalter lang sein, wie das Weltalter selbst Sekunden enthält.

Gibt es also das Proton in einem klareren Sinn als mein Ich – meine „Seele" – jene Ideengestalt, um die sich die Leitideen der Organe, Zellen und Atome meines Leibes bündeln? Seit 64 Jahren zappelt materielle Wirklichkeit ganz nahe an diesen mehr oder weniger zyklischen Attraktoren – und doch wird sie sie demnächst wieder verlassen. Gibt es also diese Seele, oder nicht? Müssen wir noch darüber streiten, was „es gibt"? Sind wir nicht einer „Wiedervereinigung von Geist und Materie" nahe? – Es mag lächerlich erscheinen, in einem derart abstrakten Weltbild irgendwelche Hinweise für die eigene Moral finden zu wollen – aber wenn es doch selbst Bischöfen schwerfällt, in „Ethikkommissionen" für oder gegen die Entwicklung neuer Techniken zu argumentieren, ist es vielleicht den Versuch wert, sich auf die systemtheoretische Logik des Schöpfungsprozesses einzulassen.

\*\*\*

Die momentane Wirklichkeit, der jeweils gegenwärtige Zeitpunkt, ist ein Punkt im Raum der Möglichkeiten. In einer zweidimensionalen Fläche ist jeder Punkt durch zwei Zahlen bestimmbar, im dreidimensionalen Raum durch drei Zahlen. Wenn wir uns die Menge der Möglichkeiten als „Raum" vorstellen, so ist dieser praktisch unendlichdimensional. War nahe dem Urknall der momentane Zustand der gesamten Welt noch durch wenige Zahlenangaben (z.B. Alter, Temperatur, Dichte etc.) charakterisierbar, so müßte heute für viele Orte innerhalb unseres gewaltig angewachsenen Horizonts eine ungeheure Fülle winziger Details beschrieben werden, weil die Schöpfungsgeschichte schon so viele Dimensionen erschlossen hat. Diese Weltgeschichte, im Bild die Folge aller verwirklichten Zeitpunkte vom Urknall bis heute, zeichnet eine einzige „Linie" in den Raum der Möglichkeiten, wegen des mikroskopischen Gezappels gewissermaßen ein wenig unscharf.

Im letzten, ein paar Jahrtausende langen Stück dieser Linie ist die gesamte menschliche Geistesgeschichte enthalten, und im gegenwärtigen Endpunkt hat alles Platz, was eben in der Menschheit geschieht – natürlich auch der momentane Aktivitätszustand von über $10^{20}$ Hirnzellen, in deren individuellem und gesellschaftlichem Gezappel nun über das weitere Schicksal unserer Erde mitentschieden wird. Im nächsten Moment ist die Linie wieder ein Stück weiter im Reich der Ideen. In fast allen „Unterräumen" natürlich weiterhin ganz nahe an bewährten Gestalten – und doch werden die Übergangswahrscheinlichkeiten zu benachbarten Linien und die Logik des Schöpfungsprinzips dafür sorgen, daß der Endpunkt in den Einzugsbereich noch höherer, komplexerer Attraktoren gerät – nicht wahr?

Der Sinn des Ganzen? Diese Frage drückt nur aus, daß wir selbst mit unserem Denken und Handeln das Wesentliche am gegenwärtigen „Ende der Linie" sind, die Front des schöpferischen Tastprozesses in der geistigen Welt, die durch das Geschehen der früheren Schöpfungstage erreichbar wurde. Die indoeuropäische Wurzel des Wortes *Sinn* bedeutet *eine Fährte suchen, eine Richtung finden*. Wie in allen anderen bisher gefundenen Gestalten tastet auch in uns die materielle Wirklichkeit nach „höherer" lebensfähiger Verflechtung des früher Erreichten und des neu Gefundenen. Warum haben wir plötzlich Angst, das könnte nicht mehr gelingen? Sehen wir *zu viele* Möglichkeiten, oder *zu wenige*?

Als Mittel gegen die Unterschätzung der Zahl von Möglichkeiten empfiehlt sich ein Beispiel: Zieht man zwischen ein paar Punkten gerade Linien, so gibt es verschiedene mögliche Muster. Bei zwei Punkten sind es zwei Möglichkeiten, denn man kann eine Linie ziehen oder nicht. Bei drei Punkten sind es acht, wie man leicht ausprobiert, bei vier Punkten 64, und so weiter. Frage: Wieviele Punkte sind nötig, damit die Zahl der verschiedenen möglichen Beziehungsmuster größer ist als die Zahl der Atome innerhalb unseres kosmischen Horizonts? Die Antwort: Vierundzwanzig!

\*\*\*

Weil es so wunderbar ist, wollen wir das Geschehen noch etwas genauer anschauen – vom Beginn bis heute. Es ist beliebt, dabei das ganze Weltalter auf ein einziges Jahr zusammenzudrängen. Eine Milliarde Jahre sind dann ein Monat, 30 Millionen Jahre ein Tag, 1 Million Jahre eine dreiviertel Stunde, 24000 Jahre eine Minute, 400 Jahre eine Sekunde.

Stellen wir uns vor, es ist Silvesternacht. Vor genau einem Jahr begann alles. In einem verschwindend kleinen Bruchteil der ersten Sekunde des 1. Januar wurden in ungeheurer Energiedichte alle möglichen Elementarteilchen ausprobiert. Bald aber ließen Ausdehnung und Abkühlung keine Umwandlungsprozesse durch energiereiche Stöße mehr zu, und was neben heißer Strahlung und der noch unbekannten „dunklen Materie" als „kleine Verunreinigung" überlebte, ist ein dichtes Gemisch aus Protonen und Heliumkernen (im Massenverhältnis 3 : 1) und freien Elektronen.

So schnell geht das alles, daß keine Zeit bleibt, die höheren möglichen Atomkerne (also die „Nuklidkarte") durchzuprobieren. Und nicht einmal Klumpen können sich bilden, weil die Strahlung sie gleich wieder auseinandertreibt und gleichverteilt. Und doch wissen wir: Irgendwo „dort oben" im Raum der Möglichkeiten gibt es uns selbst – und sogar das, was ich hier schreibe! Wie soll die Wirklichkeit dort hinkommen? Alles Zappeln der Teilchen und der Strahlung scheint vergeblich, zumal ja die Expansion die Teilchen immer weiter voneinander entfernt. Endet der Weg schon in Stagnation?

Doch siehe da: Kaum ist eine halbe Stunde unseres Jahres um, da ist die Temperatur auf einige tausend Grad abgesunken, und mehr und mehr Protonen und Elektronen entdecken in ihren Begegnungen, daß sie von nun an besser in Form von Paaren überleben. Die kühlere Strahlung kann diesen nicht mehr viel anhaben, und so folgt jetzt die Materie ihrer Neigung, unter der Schwerkraft Klumpen zu bilden. Als „Keime" wirken dabei kleine Unregelmäßigkeiten in der Dichteverteilung, die schon infolge des früheren Gezappels unvermeidlich vorhanden sind.

In den durch Klumpenbildung neuerschlossenen Dimensionen des Raums der Möglichkeiten werden nun die Ideen von Galaxien und Sternen attraktiv und an Milliarden von Stellen des physikalischen Raumes mit unendlich vielfältigen kleinen Unterschieden verwirklicht. Im Innern von Sternen kann die Materie wieder dicht und heiß werden und diesen Zustand so lange beibehalten, daß alle möglichen höheren Atomkerne (bis zum Eisen) durchprobiert werden. Noch im Januar dürfte unser Milchstraßensystem bereits seinem heutigen Zustand nahekommen, denn schwere Sterne durchlaufen ihr Leben innerhalb weniger Tage und geben Staub aus schweren Elementen ins umgebende Gasgemisch ab – im Fall von Supernova-Explosionen auch die schwersten, bis hin zum Uran.

So brauen viele Sterngenerationen in unserer Milchstraße über ein halbes Jahr lang an dem Gas-Staub-Gemisch, aus dem am 15. August unser Sonnensystem entsteht. Schon nach etwa einem Tag sind Sonne und Planeten in ähnlichem Zustand wie heute. Auf der Erde setzt sofort die „präbiologische" Entwicklung ein. Hunderte von Arten komplexer organischer Moleküle können Radioastronomen ja schon in Gas- und Staubwolken nachweisen. Katalytische Prozesse auf der Oberfläche kühler Staubkörner im ultravioletten Licht junger Sterne haben diese Möglichkeiten eröffnet.

Die „freie Energie", die für die vielen tastenden Schritte zum weiteren „Aufstieg" angeboten werden muß, ist letztlich „fossile Energie aus dem Urknall". Galaxien und Sterne bilden sich, weil der Schwung des Anfangs die Materie auf so hohe „potentielle Energie" gehoben hat, und die Kernenergie der Sterne, wie sie nun von unserer Sonne so allmählich abgestrahlt wird, wurde während der raschen Anfangsexpansion gewissermaßen eingefroren. Auch den „Abfluß" für entwertete Energie, die notwendige „Entropiesenke", liefert der Urknall – in Form des „dunklen Nachthimmels", d.h. der Dreigradstrahlung vom Horizont.

Wann auf unserer Erde der Schritt zu „autokatalytischen" Molekülsystemen geschafft wird und das Leben beginnt, wissen wir nicht genau. Schon in altem Gestein von Anfang September findet sich „biologischer"

# Zwei Dinge

Kohlenstoff, wenige Wochen darauf bereits Fossilien von Algen. Sehr neugierig sind wir, ob sich Ähnliches auf dem Mars findet, der anfangs wahrscheinlich eine vergleichbare Oberflächenentwicklung durchmachte und erst später „verarmte".

Vom 16. Dezember (Cambrium) stammen die ersten Wirbeltierfossilien, am 19. (Silur) erobern Pflanzen das Festland, das sich am 20. und 21. (Devon) mit Wäldern bedeckt. Die Atmosphäre, die zunächst keinen freien Sauerstoff enthielt, wird innerhalb weniger Dezembertage mit Sauerstoff angereichert. So schafft sich das Leben selbst in Form der Ozonschicht am Stratosphärenrand einen Schutzschild gegen Ultraviolettstrahlung. Das Tasten nach chemischen Möglichkeiten kann nun auf höherem Komplexitätsniveau, mit empfindlicheren Lebensformen, weitergehen..

Am 22. und 23. Dezember (Carbon) entstehen aus Lungenfischen die Amphibien, die zunächst die feuchten Landteile mit den riesigen „Steinkohlenwäldern" erobern. Am 24. Dezember (Perm) folgen die Reptilien, die auch trockenes Land besiedeln. Am 25. Dezember (Trias) wird das warme Blut erfunden, und abends erscheinen die ersten Säugetiere.

Am 26. und 27. Dezember (Jura) führen die Säugetiere noch ein Kümmerdasein neben den Dinosauriern. („In Nischen, verborgen vor den Mächtigen, wird die Intelligenz vorbereitet"…) Am 27. wird der Übergang vom Reptil zum Vogel gefunden. Erst am 28. und 29. (Kreide) steigen Säugetiere und Vögel langsam höher. Um Mitternacht zum 30. Dezember (Übergang zum Tertiär) trifft, wie wir glauben, ein Stein von der Größe des Mont Blanc die Erde. Die Klimafolgen dieses von außen kommenden Unfalls lassen fast alle großen Arten aussterben – doch eben hierdurch bekommen Säugetiere und Vögel ihre Chance. Bis zum Morgengrauen des 30. haben sie und die anderen überlebenden Arten bereits die entstandenen ökologischen Nischen mit neuer Vielfalt erfüllt, und dabei werden für die beiden letzten Tage nochmals völlig neue Bereiche erschlossen. Was ist das Neue, das an diesem Schöpfungstag auf unserer Erde entdeckt und immer schneller ausgebaut wird?

Bisher sind die „bewährten Eigenschaften" der im Evolutionsprozeß gefundenen Arten durch genetische Fixierung gesichert. Dies erlaubt keine raschen Änderungen wesentlicher Züge, denn nur über viele Generationen hin können sich „innovative" Mutationen im Gen-Pool einer Art anreichern. Die bewährten Zyklen werden also vielmals durchlaufen, bevor der Übergang in den Einzugsbereich anderer Attraktoren abgeschlossen ist. So ist also der Fortschritt der Wirklichkeit im Raum der Möglichkeiten stets im wesentlichen das Verfolgen der gewohnten zyklischen Bahnen, dem ein relativ langsamer „Diffusionsprozeß" überlagert ist – hin zu benachbarten Attraktoren und deren Bündelung in neuen Dimensionen.

An der neuesten Front wird das anders. Die höheren Säuger und Vögel können schon allerlei lernen. Die zunächst nur „instinktiven", also genetisch fixierten „sozialen Strukturen" nähern sich damit der Stufe der „Kulturentwicklung". Das Großhirn wächst nicht mehr allein nach genetischer Steuerung und den Prinzipien der Selbstorganisation biologischer Gewebe. Wenn sich Milliarden von Nervenzellen mit je zehntausenden anderer verbinden, so geschieht das nun auch unter dem Einfluß individueller Erfahrungen, also auch entsprechend der „Erziehung" durch ein kulturelles Umfeld. Welche phantastischen Möglichkeiten erschließen sich solchen selbstorganisationsfähigen „neuronalen Netzwerken"! Ist nicht der Gestaltenreichtum in der Neuen Welt des Fühlens, und schließlich des Bewußtwerdens, reicher als in allen zuvor erschlossenen Dimensionen des Reiches der Ideen?

Wohl noch in der Nacht zum 31. Dezember spaltet sich die Menschenlinie von der Hauptlinie zu den anderen heutigen Primaten ab. Einige Stunden vor Mitternacht gibt es wohl mehrere aufrechtgehende Arten mit relativ großen Hirnen und Anzeichen noch komplexeren Gefühlslebens und Sozialverhaltens, als es unsere nächsten Verwandten, die Schimpansen (und hier vor allem die Bonobos) zeigen.

Etwa von 22:45 Uhr stammen Louis Leaky's Funde in der Olduvai-Schlucht in Kenia; noch fünf Minuten vor zwölf leben in Europa und Asien Neanderthaler, die uns schon sehr ähnlich, aber vielleicht nicht mit unseren Vorfahren fortpflanzungsfähig sind. Letztere verbreiten sich um diese Zeit, wiederum von Afrika aus, minutenschnell über ganz Eurasien. (War vielleicht erst bei ihnen die Sprache hoch genug entwickelt?)

Zwei Minuten vor zwölf entstehen herrliche Höhlenzeichnungen, und sicherlich erscheinen auch Musik und ritueller Tanz; zwanzig Sekunden vor zwölf beginnt die überlieferte Geschichte in Ägypten und China; das Studium des gestirnten Himmels erreicht erste wissenschaftliche Höhepunkte, und Propheten und Philosophen werden von Staunen und Ehrfurcht vor dem moralischen Gesetz in uns umgetrieben; fünf Sekunden vor zwölf lebt Jesus; eine Sekunde vor zwölf haben die Christen fast die ganze Erde erobert und beginnen gerade, die amerikanischen Indianer auszurotten und ihre Wertvorstellungen überwiegend aufs Geld zu gründen. Immerhin wird in der letzten Sekunde auch noch nach anderem getastet – etwa in Bachs Kunst der Fuge oder Kants anhaltendem Nachdenken … Ich lebe seit 0,16 Sekunden. Hier ist es, das Neue Jahr!

\*\*\*

Beängstigend, dieses Tempo zum Schluß – nicht wahr? Kann das gutgehen? Den Ozonschild, den sich die Biosphäre in den Wochen vor Weihnachten schuf, haben wir in einer Zehntelsekunde drastisch reduziert und in Gefahr gebracht. Noch bevor der erste Ton des Neujahrsläutens verklingt, verpuffen wir das Öl und Gas, das die Biosphäre in den letzten Wochen des alten Jahres mit Hilfe der Sonnenenergie speicherte. Ja, die Biosphäre selbst wird womöglich innerhalb einer Zehntelsekunde auf die Hälfte der Arten reduziert.

Der Maßstab des „Weltjahres" ist nun nicht mehr hilfreich. Die Neugier, was wohl im Neuen Jahr geschehen mag, schwindet sofort, wenn uns die Geschwindigkeit der gegenwärtigen Entwicklung bewußt wird. Kehren wir zur „Echtzeit" zurück! Sogar in ihr wird ja das Tempo immer beängstigender. Stündlich sterben mehrere lebendige Arten aus, die für ihre Entstehung Jahrmillionen brauchten. In der Mitte meines Lebens sprach ich davon, wieviel von dem, was ich als Kind lieben gelernt hatte, bereits verschwunden war – doch meine Kinder machen diese Erfahrung schon am Ende der Schulzeit.

Immer weniger paßt das Alte mit dem Neuen zusammen, immer eiliger und einheitlicher werden weltweit dieselben Fehler gemacht. Zur Lösung der dadurch immer rascher auftauchenden „Probleme" lassen wir uns „schnellere Innovation" und mehr „Globalisierung" predigen – die freilich selbst die Leitsymptome der Krankheit sind, und sicherlich keine mögliche Heilmethode. Ist das der Untergang? Der Mensch also ein „Irrläufer der Evolution", der sogar noch die oberen Stockwerke der Biosphäre mit sich reißen muß?

Na und?, sagen viele. Zum gestirnten Himmel blicken sie, begreifen immer mehr von den Gesetzen des Universums, erkennen die eigene Winzigkeit. Seltsam – die eigene Größe erkennen sie nicht. Wir sind bei weitem die höchsten, reichsten, komplexesten Gestalten, die die Wirklichkeit bisher im Raum der Möglichkeiten gefunden hat. Die Größe der *Krone der Schöpfung* ist doch nicht daran zu messen, wieviel *Weltraum* sie einnimmt, sondern wieviel ihr in jenem *anderen* Himmel, im Reich der Ideen, offensteht! Auch dort sind wir zwar winzig – ja noch viel winziger, wie schon das Beispiel der 24 Punkte zeigte –, aber doch riesenhaft im Vergleich zur Idee eines Atoms, einer Galaxie oder einer lebendigen Art. Wer dies leugnet, tut dies oft, um sich die Freiheit zu nehmen, die solchen „tieferen" Gestalten zukommt: Die Freiheit nämlich, ohne die uns angemessenen moralischen Hemmungen im Raum der Möglichkeiten zu experimentieren. Die Wissenschaft sei wertfrei, sagt man. Die Moral werde schon anderswoher kommen.

\*\*\*

Kann die Wissenschaft wirklich nicht zwischen Himmel und Hölle unterscheiden? Wir haben gesehen: Die Gesetze unseres Universums definieren zwar den Raum seiner Möglichkeiten, nicht aber den Weg, den die Wirklichkeit in ihm nimmt. Wann führt der Weg „aufwärts", zu lebens- und entwicklungsfähiger Komplexität? Wann geht es „abwärts", in chaotischem Taumeln um längst überholte Gestalten? Sind jenseits der unverletzbaren Naturgesetze noch weitere Voraussetzungen zu erfüllen, damit es gutgeht? Diese Frage nach der „Moral der Schöpfung" fordert auch das wissenschaftliche Denken heraus: Wann gelingt die Selbstorganisation der Freiheit im Schöpfungsprozeß? Wann scheitert sie?

Die Freiheit in der Schöpfung hat mit der Rolle des Zufalls zu tun. Schon den Elementarteilchen kommt Freiheit zu, aber eben die freien Schwankungen sorgen dafür, daß sie gemeinsam Möglichkeiten finden, ihre Freiheit auf komplexe Weise zu organisieren. Wir nennen das Selbstorganisation, weil die Materie durchs eigene Gezappel höhere Gestalt findet. Ihr liegen im allgemeinen „zyklische" Prozesse zugrunde, denn eben darin, daß immer wieder fast das gleiche geschieht, liegt das Wesen lebensfähiger Gestalt – von Atomen und Sternen bis zu Biosphäre, Gehirn und Kultur. Man nennt solche Gebilde „dissipative Strukturen", weil in ihnen aus geordneten Strömen „hochwertiger" Energie und Materie etwas für die Gestalterhaltung verbraucht und dabei „unordentlich verstreut" („dissipiert") wird – wie etwa bei „Energieverbrauch" und „Stoffwechsel". Daß solche Gestalten in ungeheurer Fülle möglich und erreichbar sind, liegt – wie wir sahen – am Charakter unseres Universums, das die nötige freie Energie und deren Abfluß liefert. Ob langfristig lebensfähige Gestalten, also zuverlässige Leitlinien, wirklich gefunden sind, stellt sich freilich wegen der ungeheuer vielen Möglichkeiten erst heraus, wenn in langwierigem Kneten alles miteinander erprobt und aneinander angepaßt wurde. Am Abend eines langen Schöpfungstages läßt sich dann sagen: *Siehe da, es war sehr gut.*

Und doch gibt es in der Fülle der Möglichkeiten kein Optimum. In irgendwelchen Dimensionen geht es wahrscheinlich weiter „bergauf", zu höherer Komplexität, und natürlich gibt es weiterhin zufällige Schwankungen, die solche Stellen finden müssen. Ein neuer Schöpfungstag bricht an. Doch die gestern gefundene Organisation sorgt dafür, daß heute mit schwächeren Wechselwirkungskräften nach Neuem getastet wird. Deshalb wird der Einzugsbereich wesentlicher Leitlinien früherer Tage wahrscheinlich nicht wieder verlassen. Von Tag zu Tag wurde eine „höhere Moral" gefunden: Chemische Prozesse ändern nicht mehr die Atomkerne, die lebende Zelle experimentiert nicht mit dem Prinzip des genetischen Codes, unsere Organe nicht mit dem Prinzip der Zelle, das Großhirn nicht mit den Grundfunktionen der Leber.

Nur wegen dieser Selbstbeschränkung überholter Freiheiten kann die Wirklichkeit weiter aufsteigen: Beim Weitertasten findet sie in der Nachbarschaft komplexe Möglichkeiten der „Bündelung" ihrer bisher verfolgten Leitlinien. Solche höheren Gestalten wirken „attraktiv", wenn die raffiniertere Verflechtung das Verlassen des bisher Gefundenen „sehr Guten" unwahrscheinlicher macht. So drang die Front des evolutionären Fortschritts bisher mit jedem Schöpfungstag zu Gestaltprinzipien vor, die noch schwächere Wechselwirkungen nutzen. Noch am Tag zuvor, auf einem „altmodischeren" Niveau der Freiheit, waren diese im heftigeren „Umsichschlagen" der Zufälle nicht verwirklichbar.

Am „sechsten Tag" gerät die irdische Biosphäre an eine neue Front: Die Idee des Menschen ist gefunden. Mit ihm taucht bekanntlich auch jene andere attraktive Gestalt auf, die wir zunächst den Lichtbringer (*lucifer*) und dann den Durcheinanderwerfer (*diabolos*) nennen. Ist da etwas prinzipiell Neues geschehen? Die Möglichkeit des Scheiterns kann es ja wohl nicht sein. Auch früher mußte fast jeder Versuch ein Irrtum sein, denn gute Ideen sind in der ungeheuren Fülle von Möglichkeiten von lauter schlechten umgeben und deshalb nicht leicht zu finden. Warum also haben wir – nicht nur in unseren Mythen – den Eindruck, der Teufel, der doch als Teil des Schöpfungsprinzips in der Nachbarschaft aller Gestalten der geistigen Welt wirksam ist, sei erst am sechsten Tag wirklich manifest geworden? Wir sind der Antwort ganz nahe. Anhaltendes Nachdenken über die Moral der Schöpfung führt uns zur „Systemtheorie von Gott und Teufel".

***

Bei der Silvesterparty fiel uns auf: Die *Eile des Teufels* ist eine Errungenschaft des letzten Tages! Sollte man nicht erwarten, daß nun jeder Wissenschaftler sich fragt: Wie schnell kann eigentlich die Evolution ins Reich der Möglichkeiten vordringen, ohne abzustürzen? Merkwürdigerweise wird diese entscheidende Frage fast überall verdrängt. Man begnügt sich mit dem Gefühl, guter Wille und „bestes Wissen und Gewissen" reichten aus. Wenn dennoch etwas schiefgehe, und dies sei „nach dem Stand der Wissenschaft nicht vorhersehbar" gewesen, dann sei auch niemand schuld. Mit diesem Aberglauben haben uns führende Gentechniker erst kürzlich den Anbruch des achten Tags der Schöpfung verkünden wollen – obwohl das Ringen um die Moral des siebten kaum begonnen hat.

In jeder Epoche der Schöpfung gibt es eine Front, wo am schnellsten zu „neuen Ideen" vorgedrungen wird. Die „führenden Gestalten" haben ihre jeweils eigenen typischen „Zyklen", in denen sich die „Bewährung" bestätigt, indem sich ständig „im wesentlichen dasselbe" wiederholt. Wird zu neuen Leitideen übergegangen, bevor auch nur ein Zyklus vollendet ist, so sind diese höchstwahrscheinlich nicht lebens- und entwicklungsfähig. Geschieht dieser Übergang zudem „global" in einem isolierten Raumbereich, so daß örtlicher Zusammenbruch nicht durch erneute Ausbreitung von Bewährtem geheilt werden, dann fällt die Front zu „tieferen" Möglichkeiten zurück. Die vielen „unerwarteten" und unerprobten Begegnungen von Neuem und Altem, die hierbei auftreten, mögen zunächst den Eindruck gestiegener Komplexität erwecken – doch ist dies nur „Kompliziertheit", nicht lebensfähige Verflechtung.

Die Aussage, daß die „führenden Gestalten" wahrscheinlich nicht schnell im Vergleich zur eigenen Generationszeit vorankommen können ohne abzustürzen, ist *logischer* Natur – bedarf also nicht irgendeiner anderen Morallehre. Diese „kritische" Grenze der Innovationsgeschwindigkeit gilt offensichtlich für wesentliche Änderungen der Anführer in deren *eigener* Organisation. Wird etwa die Front *früherer* Schöpfungstage wiedereröffnet, so ist natürlich mit größter Wahrscheinlichkeit auch solcher für die Anführer selbst „unterkritischer" Fortschritt noch bei weitem zu schnell. Auch die „Ehrfurcht vor der Schöpfung" bedarf also keiner anderen Moral als der Einsicht in die Logik des Schöpfungsprinzips. Und dazu gehört kaum mehr als das Zählenkönnen – wie das Beispiel der Beziehungsmöglichkeiten von 24 Punkten zeigte. Hätte uns dies nicht eigentlich längst vor Entdeckung des „Ozonloches" vor eiliger globaler Freisetzung von weit mehr als 24 „innovativen" Spurengasen in die Atmosphäre bewahren müssen?

Was heißt da „eigentlich"? Wir sehen doch, daß trotz dieser Logik alles ganz anders läuft: Das Innovationstempo nimmt ständig zu, und die Vielfalt unabhängigen Tastens wird immer schneller durch globale Vereinheitlichung verdrängt. Und das ist ebenfalls logisch einsehbar: Werden Gestalten gefunden, die schneller im Raum der Möglichkeiten vorankommen, so geht die Front definitionsgemäß auf diese über. Sind also „eiligere" Ideen zu finden und verwirklichbar, so muß der Evolutionsprozeß schneller werden – und dieser „Vorteil" breitet sich natürlich auch „geographisch" so weit wie möglich aus.

Ein einleuchtendes Beispiel: Als das Lebendige die Methode sexueller Fortpflanzung entdeckt, stehen jeder Generation viel mehr verschiedene Möglichkeiten offen – und dies beschleunigt das Vordringen in den Raum der Möglichkeiten so sehr, daß hier künftig die Front liegt. Dennoch waren bis vor wenigen Millionen Jahren schnelle, globale Änderungen in der Biosphäre „aus eigener Kraft" unmöglich, denn jede winzige Neuerung (bei der durch „Zufallstreffer" erzeugten Mutation) mußte über viele Generationen hinweg in verschiedensten genetischen Kombinationen von Individuen der jeweiligen Art und in deren Wechselwirkung mit allem anderen erprobt werden. Nur seltene „Unfälle" (wie jener Zusammenstoß der Erde mit einem „großen Stein" am Übergang zum Tertiär) können dieses Prinzip durchbrechen – was freilich ein „Zurückwerfen" bedeuten muß, falls nicht die Basis und die führenden Gestalten überleben.

Mit dem Menschen aber wurde ein völlig neues Innovationsprinzip entdeckt: Im Gehirn und im gesellschaftlichen Verbund vieler Gehirne werden ganze Bereiche der Nachbarschaft des Raums der Möglichkeiten „abgebildet" – und nun können ungeheuer schnell sehr weitreichende „Versuche" ablaufen. Die Front des Fortschritts ging daher zunächst allmählich, aber dann fast explosionsartig von der Biosphäre aufs Reich des menschlichen Geistes über (das man auch die „Noosphäre" nennt). Und immer rascher trugen dann menschliche Hände (und neuerdings deren raffinierte Verlängerungen) die hohe Innovationsgeschwindigkeit auch an die Fronten früherer Schöpfungstage (zum Atomkern, zur Chemie, zur genetischen Codierung biologischer Information …), so daß nun auch die Biosphäre und sogar der Strahlungshaushalt und das Klima der Erde immer schneller nach neuen Ideen zappeln müssen.

Verdammte Logik: Die selektiven Vorteile schnellerer Innovation und großräumiger Organisation müssen nun den Prozeß beschleunigt vorantreiben. Schnelleres verdrängt Langsameres, Größeres verdrängt Kleineres – und beide Mechanismen verstärken einander: Weltweit dieselben Irrtümer, die nach immer schnellerer globaler „Problemlösung" schreien … die

# Zwei Dinge

aber nach der Logik der Wahrscheinlichkeit mehr neue Probleme schafft als löst … wobei die neuen Probleme „noch globaler" sind … und noch schnellerer Lösung bedürfen … – Müßte nicht jeder Wissenschaftler solches Systemverhalten als Fortschritt einer Instabilität erkennen? Was, zum Teufel, läßt noch immer viele glauben und verkünden, dieser Fortschritt führe aufwärts?

Nun – was wird's schon sein? Die Gewohnheit natürlich. Bis vor kurzem hatte sich's doch bewährt! Das ist das Wesen von Krisen: Die Lebensfähigkeit bewährter Leitideen bricht zusammen, und das System gerät unvermeidbar auf andere. Freilich sind auf dem erreichten Komplexitätsniveau mit recht kleinen Schwankungen die Einzugsbereiche sehr verschiedener Attraktoren erreichbar. Sie liegen zwischen zwei Extremen: Der Zusammenbruch kann an den Wurzeln der Biosphäre geschehen oder im Bewußtsein der Anführer.

\*\*\*

Nannte ich nicht beides „logisch"? Die Einsicht ins Wesen der kritischen Grenzen von Innovationsgeschwindigkeit und organisatorischer Vereinheitlichung einerseits – und in die Gründe für den selektiven Vorteil von „Eile und Einfalt" andererseits? Offensichtlich wirken diese Antriebskräfte, bis die kritischen Grenzen erreicht sind. Ein systemtheoretisch unvermeidbarer singulärer Punkt in der Geschichte jedes hinreichend isolierten, endlichen Raumbereichs mit anhaltendem evolutionärem Fortschritt! Unser Planet hat den Höhepunkt dieser *globalen Beschleunigungskrise* erreicht. Aber das muß nicht den Untergang bedeuten. Nur muß es entlang anderen Leitideen weitergehen als zuvor. Krise heißt Entscheidung.

Schon lange war der Mensch fähig, den Untergang der eigenen Person oder ganzer Gesellschaften zu organisieren. Aber es lagen eben auch bessere Möglichkeiten nahe: Die Selbstorganisationsmuster, die wir *Kultur* nennen. Logisch, daß sie gefunden wurden. Die Organisationsprinzipien dieser Attraktoren, die es unwahrscheinlich machen, daß das allgemeine Gezappel aus ihrem Einzugsbereich herausführt, nennen wir Moral. Die bewußte Beschäftigung mit ihr, ihre Theorie also, nennt man Ethik. Das griechische Wort *ethos* bedeutet letztlich *Gewohnheit* – das, was man immer getan hat. Warum hat man es immer getan? Weil es sich bewährt hat. Wie erweist sich die Bewährung? Darin, daß man es so lange tun konnte, ohne daß das Ganze unterging. *Sitte* und *Moral* bedeuten nichts anderes, und in der indoeuropäischen Wurzel der Moral steckt auch noch die Erinnerung, wie stark und *mutig* man das Bewährte *will*.

Auch den Wurzeln von „Gut und Böse" nachzugehen, lohnt sich. *Gut* ist, was *zusammenpaßt*, *böse* bedeutet wohl *aufgeblasen*, und unser älteres Wort fürs Böse, das *Übel*, hat etwas mit *Aufsässigkeit* zu tun. Unser Übel ist die Selbstüberschätzung, die uns vergessen läßt, daß alles Wissen und Können nur zum „Durcheinanderwerfen" führt, wenn nicht die logischen Voraussetzungen wirklichen Fortschritts erfüllt sind: Vielfältige unabhängige Tastversuche in der Nähe des Bewährten und genügend Zeit zu neuerlicher Bewährung. Alle Mythen der Menschheit und die sprachlichen Wurzeln der Begriffe in hergebrachten Leitideen weisen auf diese „Moral der Schöpfung" hin. Logisch, denn sonst wären wir nicht hier. Es war nicht mathematisch-naturwissenschaftliche Forschung nötig, um dies einzusehen. Das intuitive Erfassen des eigenen Zappelns in der geistigen Welt, die menschliche Vernunft, ringt darum seit dem Anbruch unseres Schöpfungstages – nur ist der Abend nicht erreicht …

Welche Leitlinien also bietet uns die Moral der Schöpfung? Was müssen wir tun, um uns so einzuordnen, daß alles zusammenpaßt und schließlich *sehr gut* werden kann? Das ist nun wohl klar, nachdem wir die „Wertfreiheit der Wissenschaft" als Irrtum entlarvt, ja sogar zu einer „Ethik aus der Wissenschaft„ gefunden haben. Was vielen zunächst wie eine „Moralpredigt" erscheinen mochte, ist als „logische Selbstverständlichkeit" einsehbar – letztlich vergleichbar dem „zwei mal zwei gleich vier". Die Aufklärung, die uns, wie Kant sagte, aus selbstverschuldeter Unmündigkeit führen sollte, ist nicht zuende. Aber nun können aufgeklärte Wissenschaftler und Theologen sich gemeinsam ans Werk machen: Es geht darum, das wissenschaftlich, technisch, wirtschaftlich und noch immer auch machtpolitisch organisierte „Umsichschlagen" im Raum der Möglichkeiten verfassungsmäßig zu beschränken, bevor wir aus allen bewährten kulturellen, biologischen oder gar klimatischen Attraktoren heraus und ins Chaos geraten sind. Aber solche Beschränkung bedeutet nicht „Verzicht", sondern Gewinn. Sie wird für alle Menschen die Freiheit zum Tasten an der Front des siebten Tages sichern.

Konkret bedeutet das: Politische Arbeit *für* die Bewahrung unserer biosphärischen und kulturellen Basis – Arbeit *für* die gemeinsame Garantie menschenwürdiger Lebensgrundlagen aller Erdbewohner, also *für* die Befreiung vom Zwang, um diese lokal und global zu konkurrieren – Arbeit *für* die Erziehung zur Freiheit in unseren höheren Fähigkeiten, die *nicht* die Wurzeln bedrohen. Und das bedeutet natürlich Arbeit *gegen* die Aneignung von Lebensgrundlagen der einen durch die anderen und *gegen* den Machtgewinn durch schnellere Innovation und globale Vereinheitlichung. Die Garantie „höherer" Freiheit erfordert, wie an jedem neuen Schöpfungstag, die Beschränkung hergebrachter Freiheiten. Zwei wesentliche Freiheiten des sechsten Tages, die jene des siebten behindern oder gar ausschließen, sind die Freiheit des grenzenlosen Eigentums, das obendrein Anspruch auf grenzenloses Wachstum beansprucht, und die Freiheit zu möglichst schneller Verbreitung technischer Neuheiten, die ja in Verbindung mit jener freien Konkurrenz um Aneignung von Lebensgrundlagen sogar zum Zwang geworden ist.

Gegen alle modernen globalen Trends arbeiten? Hierzulande mit dem Tasten nach einer Weltverfassung zur „Beschränkung des Großen und Schnellen" beginnen? Das mag zunächst absurd, ja nach innerem Widerspruch klingen. Aber die Logik des Schöpfungsprinzips, die „Moral der Schöpfung", wird uns dazu zwingen. Das Nachdenken über den bestirnten Himmel und das auch in ihm sichtbar werdende moralische Gesetz hat uns etwas vom Zusammenhang der „zwei Dinge" erkennen lassen und einer Wiedervereinigung von Geist und Materie nähergebracht. Unsere Liebe, unsere Hoffnung, unser Gefühl der Verantwortung – das ist nicht *prinzipiell* verschieden von allem anderen Geschehen diesseits unseres Horizonts. Es ist das Zappeln der Wirklichkeit im Raum der Möglichkeiten am Morgen des siebten Tages. Welche Arbeit! Noch immer keine Ruhe!

\*\*\*

Doch wieder nur die alte Geschichte? Nicht anders als bei einer Galaxie, die gegen die Versuchungen ihrer Schwerkraft nicht zum Schwarzen Loch wird, sondern in hundert Milliarden Sternen weitertasten läßt? Ist da nicht auch die Entscheidung in einer „globalen Beschleunigungskrise" gefallen? Und muß sie nicht oft auch anders ausgefallen sein, weil nun einmal die meisten Versuche Irrtümer sind? Da hilft doch keine Moralpredigt. Eine reine Frage der Wahrscheinlichkeit, nicht wahr?

Wenn eine Galaxie im Entstehungsprozeß untergeht, ist nicht die führende Gestalt im Raum der Möglichkeiten verlassen! Da sind ja zugleich Milliarden ähnlicher Versuche im Gange. Wie bei uns Menschen: Wir sind Milliarden, und wir entstehen und vergehen unvergleichlich viel schneller als Galaxien, trotz so viel höherer Komplexität. Was fürchten wir eigentlich? Die Bedrohung, die wir spüren, ist nicht der eigene Tod. Es ist der mögliche Untergang der ganzen irdischen Noosphäre und eines großen Teils ihres biosphärischen Wurzelgeflechts.

Vergleiche mit früheren Schöpfungstagen illustrieren zwar das logische Prinzip der Schöpfung, können aber nie das Wesentliche an den Gestaltprinzipien in höheren Dimensionen späterer Tage erfassen. Der noch immer modische „Sozialdarwinismus" und der auf ihn gestützte „Neoliberalismus" sind kindisch. Das innere Geschehen in Teilchen, Galaxien, Sternen, Lebewesen oder lebendigen Arten hat verschwindenden Einfluß aufs Ganze. Wenn eine planetare Biosphäre gelungen ist, läßt selbst noch so „egoistisches" Gezappel ihrer Arten und Individuen sie nicht global instabil werden, sondern gerade durch die Konkurrenz und allmähliche Ersetzung fast aller Arten immer weiter aufsteigen. Auf der Stufe des Menschen liegt aber die Front in den Möglichkeiten innerer Komplexität von Individuen und relativ kleinen Gruppen und Völkern. An dieser Front geschehen die wesentlichen Schritte im Tasten nach gangbaren Wegen im „Innenleben" von Einzelnen. In dieser Einsicht liegt die moralische, das heißt die logische Quelle der Ideen von Menschenrechten und Verantwortung, wie auch von individueller und gesellschaftlicher Freiheit und Selbstbeschränkung.

Wie unbequem. Ausgerechnet unsere Generation markiert den Höhepunkt der globalen Beschleunigungskrise. Zeit zum Aufstehen? Die Front der Entscheidung liegt im Bewußtsein von Milliarden Menschen. Doch was nützt die große Zahl, wenn es der Macht aufgeblasener Führer oder dem unaufgeklärten guten Willen von Mehrheitsbeschlüssen gelingt, die Erde ins Präkambrium zurückzuwerfen? Wissen wir denn, ob nicht ein ganzes Universum nötig war, um so hoch ins Reich der Ideen aufzusteigen? Und womöglich sogar noch ein Glückstreffer bei der Auswahl von dessen Gesetzen aus den Möglichkeiten eines „Multiversums" an einem „nullten Schöpfungstag"? Wären dann nicht *wir selbst*, ja wäre dann nicht womöglich *ich* ein kritischer Punkt der universellen Entwicklung?

Merkwürdig dieser Gedanke: Wir schauten zum Sternenhimmel, immer weiter hinaus, bis zum Horizont – und nun sind wir zurückgekommen, zur Erde, zur menschlichen Gesellschaft, zum Ich, zur eigenen Verantwortung – womöglich zur Verantwortung fürs Höherkommen des Universums im Reich seiner Möglichkeiten, in jener geistigen Welt eines unermeßlich viel größeren Himmels?

\*\*\*

---

Peter Kafka ist Mitarbeiter im Max-Planck-Institut für Astrophysik in Garching bei München. Von seinen Büchern ist noch im Handel: „Gegen den Untergang – Schöpfungsprinzip und globale Beschleunigungskrise", Carl-Hanser-Verlag, München 1994

# Zwei Dinge

## „Der Lebenslauf der Sterne"

Sterne sind heiße Gasbälle. Unsere Sonne besteht weit überwiegend aus Wasserstoff und Helium, mit ein paar Prozent schwererer Elemente. Ihre Masse ist $2 \cdot 10^{30}$ Kilogramm, der Radius 700.000 Kilometer. An der Oberfläche ist sie über fünftausend Grad heiß und leuchtet daher am stärksten im gelb-grünen Licht. (Deshalb hat das irdische Leben unter unendlich vielen chemischen Möglichkeiten gerade das Blattgrün gefunden …)

Würde nicht im Innern ständig Energie nachgeliefert, so würde die Sonne rasch abkühlen und immer weniger strahlen. Dann würde der innere Druck nicht ausreichen, um der eigenen Schwerkraft der großen Masse das Gleichgewicht zu halten, und sie müßte schrumpfen. Zwar würde dabei wieder Energie frei (durchs Hinabsinken im Schwerefeld), doch könnte dies die Sonne bei weitem nicht so lange speisen, wie sie nun schon „lebt".

Die Energiequelle ist eine Art „Kernreaktor" (genauer „Fusionsreaktor") im Zentrum. Dort sind Druck und Temperatur so hoch, daß Teilchen genügend oft und genügend schnell zusammenstoßen, um (auf dem Umweg über kompliziertere Kernreaktionen) Wasserstoffkerne zu Heliumkernen verschmelzen zu lassen. Dabei wird Energie freigesetzt, die das Gas aufheizt und nun in Form von Strahlung hinaus will. Der ganze Gasball stellt seine Dichte- und Temperaturverteilung so ein, daß der Druck des heißen Gases und der Strahlung überall der Schwerkraft das Gleichgewicht hält und daß Größe und Temperatur der Oberfläche gerade ausreichen, um den Energiestrom nach außen abzustrahlen.

Dieser Prozeß regelt sich über lange Zeit hinweg mit sehr geringen Änderungen. Wenn nämlich der Stern etwas zu weit schrumpft, steigen im Zentrum Druck und Temperatur, so daß die Kernreaktionen schneller ablaufen und mehr Energie liefern, was aufblähend wirkt. Bei zu starker Aufblähung aber sinkt im Innern der Druck und die Reaktionen lassen nach. Durch diese Selbstregelung kann sich unsere Sonne etwa 10 Milliarden Jahre lang in einem Zustand ähnlich dem heutigen halten – bis ihr Wasserstoffvorrat erschöpft ist. Die Hälfte dieser Zeit ist nun vorbei, denn Sonne und Planetensystem sind vor 4,6 Milliarden Jahren entstanden.

\*\*\*

Sterne entstehen durch das Zusammenschrumpfen von Gaswolken. Welche Masse sich dabei ansammelt, hängt unter anderem davon ab, wie gut die beim Schrumpfen freiwerdende Schwerkraftenergie abgestrahlt werden kann. Die entsprechenden „Kühlungsmechanismen" sind stark durch „Staubkörner" aus den bereits vorhandenen schwereren Elementen mitbestimmt. Zudem spielen auch die Drehung der Wolke, ihre inneren und die umgebenden Magnetfelder sowie die Strahlung benachbarter Sterne eine wichtige Rolle. Deshalb läßt sich trotz unserer Kenntnis der beteiligten Grundgesetze die Entstehung von Sternen und Planetensystemen auch auf den größten Computern noch nicht zuverlässig durchrechnen. Die weitere Entwicklung aber – nach dem Einsetzen der Kernreaktionen – ist in den meisten Fällen schon recht gut simulierbar.

Daß beim Schrumpfen einer rotierenden Wolke eine Scheibe entstehen kann, leuchtet ein: Parallel zur Achse wirkt keine Fliehkraft, so daß in dieser Richtung das Absinken nicht behindert ist, bis sich genügend Gegendruck aufgebaut hat. In der Drehebene aber wächst beim Schrumpfen wegen der Erhaltung des Drehimpulses die Drehgeschwindigkeit an (wie bei der Pirouette einer Eisläuferin, wenn sie die zuvor ausgestreckten Arme an den Körper heranzieht), und so stellt sich eine Scheibe ein, in der sich Fliehkraft und Schwerkraft überall gerade das Gleichgewicht halten. Dann wird das weitere Schrumpfen, der Transport von Drehimpuls und die Ansammlung einer großen Sternmasse im Zentrum durch die langsameren Prozesse der Reibung, Kühlung und Strahlung in der Scheibe geregelt.

Bei diesen komplizierten Vorgängen kommt es in der Scheibe auch zu lokalen Instabilitäten mit Klumpenbildung. So muß unser Planetensystem zugleich mit der Sonne entstanden sein, und vermutlich haben auch viele andere Sterne Planetensysteme. (Erste Beobachtungen in dieser Hinsicht gibt es neuerdings.) Sehr häufig entstehen allerdings auch Paare von einander umkreisenden Sternen – enge Doppelsterne, die den Astronomen früher vor allem dann auffielen, wenn die beiden Partner sich gelegentlich von uns aus gesehen verdecken, so daß regelmäßige Helligkeitsschwankungen auftreten.

\*\*\*

Schwerere Sterne leben umso kürzer, je mehr Masse sie haben. Die Kernreaktionen laufen in ihrem heißeren und dichteren Innern so viel schneller ab, und sie strahlen dann so viel heller, daß der größere Wasserstoffvorrat dennoch rascher erschöpft ist.

Während des „Wasserstoffbrennens", das den größten Teil der Lebenszeit aller Sterne ausmacht, besteht eine bestimmte Beziehung zwischen wirklicher Helligkeit und Oberflächentemperatur. Deshalb findet man, wenn man Sterne nach Leuchtkraft und Farbe in ein entsprechendes Achsenkreuz (Hertzsprung-Russell-Diagramm) einzeichnet, die meisten in einem schmalen Streifen – der sogenannten Hauptreihe.

Wenn der zentrale Wasserstoffvorrat erschöpft ist, schrumpft der Stern im Innern und setzt dort das „Heliumbrennen" in Gang – also die Verschmelzung von Heliumkernen zu noch schwereren Elementen. Ist auch das Helium erschöpft, so setzen nach weiterer Schrumpfung wieder neue Kernreaktionen ein, die bis zum Eisen und Nickel führen. Die äußeren Schichten schrumpfen aber nach dem „Hauptreihenstadium" nicht mit. Sie blähen sich vielmehr auf, so daß der Energiestrom von einer größeren Oberfläche abgestrahlt wird, was eine weniger hohe Temperatur erfordert. Es entsteht ein „Roter Riese" aus dünnem Gas mit einem immer kleineren aber dichteren Kern. Schließlich ist dieser Kern nur noch etwa so groß wie die Erde, enthält aber fast die Masse unserer Sonne in Form von schwereren Elementen wie Kohlenstoff, Silizium oder gar Nickel und Eisen.

Weitere Kernreaktionen, die Energie liefern könnten, sind schließlich nicht mehr möglich. Der Kern ist aber noch so heiß, daß er seine ausgedehnte Hülle wegblasen kann. Diese erscheint dann eventuell eine Zeitlang als „planetarischer Nebel" (was nichts mit Planeten zu tun hat). Schließlich aber verteilt sich diese Hüllenmaterie wieder im weiten Raum zwischen den anderen Sternen und Gaswolken, und es bleibt nur der Kern – so klein wie die Erde, doch fast so schwer wie die Sonne – zurück, der wegen seiner kleinen Oberfläche trotz fehlender Nachlieferung von Energie noch lange heiß bleibt und weiß erstrahlt: Ein „Weißer Zwerg".

\*\*\*

Nicht jeder Stern aber kann eines so ruhigen Todes sterben. Eine Masse von mehr als $1\frac{1}{2}$ Sonnenmassen kann nämlich nicht im Zustand eines Weißen Zwerges existieren. Wächst die Kernmasse über diesen kritischen Wert hinaus an, so kann der innere Druck (den bei dieser enormen Dichte quantentheoretische Eigenschaften der Elektronen liefern) der Schwerkraft nicht das Gleichgewicht halten, und der ohnehin winzige Stern muß weiter in sich zusammenfallen. Erst wenn er 10 bis 20 Kilometer Radius, also die Ausmaße einer größeren Stadt erreicht hat, tritt plötzlich wieder ein starker Gegendruck auf. Dann ist die Materie so dicht, wie im Innern eines Atomkerns. Die plötzlich wirksam werdenden starken Kernkräfte bremsen den nahezu freien Fall aufprallartig ab, und die größtenteils in Hitze verwandelte Bewegungsenergie geht in Strahlung und Stoßwellen über. Zugleich „fressen" die Protonen die Elektronen und wandeln sich so in Neutronen um, die unter dem gewaltigen Druck stabiler sind (im Gegensatz zur Instabilität des freien Neutrons). Der entstandene sonnenschwere „Atomkern" ist zum „Neutronenstern" geworden.

Innerhalb von Millisekunden entsteht dabei auch ein gewaltiger Strom von Neutrinos. Diese geheimnisvollen Teilchen, die ohne jeden Zusammenstoß durch die Erde hindurchfliegen können, kommen bei der ungeheuren Dichte („Sonnenmasse in den Maßen einer Großstadt") nicht so leicht durch und helfen deshalb mit, Schwung auf die äußeren Schichten des eben entstandenen Neutronensternes zu übertragen. Diese drängen mit hoher Geschwindigkeit nach außen, und die im Zusammenstoß mit noch weiter außen liegenden Schichten freiwerdende Strahlung läßt das Ganze mit der Helligkeit vieler Millionen Sonnen erstrahlen. Eine *Supernova*! (Seit Kepler und Tycho Brahe wurde in unserem Milchstraßensystem keine solche mehr gesehen – jedoch 1987 eine in der großen Magellanschen Wolke – gerade noch nah genug, um von den Myriaden ausgesandter Neutrinos ein paar in riesigen Detektoren nachzuweisen!)

Wir wissen heute, daß die im Kosmos vorgefundenen chemischen Elemente jenseits des Eisens – bis hin zum Uran – fast ausschließlich in solchen Supernova-Ereignissen erzeugt und im umliegenden Raum verteilt werden. In der Gaswolke, aus der sich vor viereinhalb Milliarden Jahren unsere Sonne und ihr Planetensystem bildete, war schon ziemlich viel solches Material vorhanden, weil offenbar mehrere Generationen schwererer, kurzlebigerer Sterne vorangegangen waren. Ohne diese „Vorarbeit" gäbe es uns nicht …

\*\*\*

Wenn wir nun schon so weit gekommen sind, muß auch noch die letzte und seltsamste Möglichkeit des Sterntodes erwähnt werden: Das Schwarze Loch. Auch für Neutronensterne gibt es eine kritische Masse! Sie ist noch nicht so genau berechenbar, wie beim weißen Zwerg, doch liegt sie wohl zwischen zwei und drei Sonnenmassen. Würde ein Neutronenstern im Verlauf seiner Entstehung oder später Masse aufsammeln und über diese kritische Grenze kommen, könnte der innere Druck nicht mehr der Schwerkraft widerstehen. Nun gut, möchte man vielleicht sagen – dann wird diese Masse eben auf noch weniger als 10 Kilometer Radius zusammenfallen, bis schließlich der Druck doch ausreicht, um den Zusammenfall wieder in einem „Aufprall" enden zu lassen.

Irrtum! Das geht nicht mehr. Was ist denn Druck? Der Luftdruck im Zimmer, beispielsweise, stammt von der Kraft, die die herumfliegenden Luftmoleküle beim Abprallen auf die Wand übertragen. Er hängt also eng mit der Energie in Gestalt der „Wärmebewegung" zusammen. In gewissem Sinne bedeutet jede Art von Druck auch eine Art Energie – und jeder Form der Energie kommt nach der Relativitätstheorie auch eine Masse zu (das m im berühmten $E = mc^2$), die auch Schwerkraft erzeugt. Es läßt sich zeigen: Werden einige Sonnenmassen auf weniger als 10 Kilometer Radius zusammengepreßt, so wird der Beitrag des entstehenden Drucks zur Schwerkraft so groß, daß sich dieser Druck selbst überwältigt. Es gibt kein Halten mehr. Was dann geschieht, zeigt uns, wie leichtsinnig wir früher mit Begriffen wie Zeit und Ewigkeit umgegangen sind:

Von außen gesehen würde man nämlich einen solchen Zusammenbruch folgendermaßen beschreiben: Die Oberfläche des Sterns nähert sich einem kritischen Radius mit dem Wert „drei Kilometer mal der Masse in Sonnenmassen". Zwar wird der Stern dabei schnell unsichtbar, weil aus dem starken Schwerefeld nicht einmal mehr das Licht entweichen kann, doch nähert er sich diesem kritischen Radius nur „asymptotisch", das heißt in unendlich langer Zeit. Von außen beurteilt steigt also die Materiedichte bald nicht mehr an. Sie ist gar nicht sehr viel größer als in einem Neutronenstern. Nur kommt kein Licht mehr von diesem „Schwarzen Loch", das sich nach außen allein durch sein Schwerefeld bemerkbar macht.

Wie anders aber sähe das aus, wenn jemand auf der Oberfläche des zusammenstürzenden Sterns sitzen könnte: Er würde innerhalb weniger Millisekunden – praktisch mit der Geschwindigkeit des freien Falls, die dort fast Lichtgeschwindigkeit ist – mit der gesamten Masse ins Zentrum rasen und dort in einen Zustand nahe unendlicher Dichte geraten, den die Physik noch nicht zuverlässig beschreiben kann. Er wäre dem Zustand in der Geburt des Universums ähnlich – jedoch mit umgekehrter Zeitrichtung. Im Rahmen der gewohnten Theorie wäre hier die Zeit des mitfallenden Beobachters zuende.

Einsteins „spezielle" Relativitätstheorie lehrte uns, daß die Zeitdauer zwischen zwei Ereignissen „relativ ist". Wenn für einen Beobachter ein Vorgang eine Sekunde dauert, so mag derselbe Vorgang für einen anderen zwei Sekunden oder gar eine Stunde dauern. An das hiermit zusammenhängende „Zwillingsparadoxon" haben sich die Physiker gewöhnen müssen: Verläßt einer von zwei Zwillingen die Erde und nähert auf einer jahrelangen Rundreise durch den Weltraum die Lichtgeschwindigkeit an, so wird er bei der Rückkehr seinen Bruder älter vorfinden als sich selbst – oder gar seit Jahrhunderten begraben. Die Qual für unser Vorstellungsvermögen wird nun durch das Phänomen des Schwarzen Loches – beschrieben durch die „Allgemeine Relativitätstheorie", Einsteins Theorie der Schwerkraft – noch vergrößert: Was für den einen schnell vorbei ist, mag für den anderen sogar *unendlich* lange dauern. Gewissermaßen sind nun selbst Vergänglichkeit und Ewigkeit „relativ geworden".

## „Galaxien und Quasare"

Es kommen viele verschiedene Arten von Galaxien vor. Die unsere und der Andromedanebel gehören zu den *Spiralgalaxien*, unter denen man freilich wiederum eine ganze Reihe von Typen unterscheiden kann. Vor allem in den dichtesten Haufen überwiegen dagegen *elliptische Galaxien*, die keine Scheibe und daher auch kaum Gas und Staub besitzen, sondern kugel- oder eiförmige Ansammlungen von Sternen sind. Möglicherweise stammen sie aus der Verschmelzung mehrerer Spiralgalaxien.

Im Zentrum mancher Galaxien, auch der unseren, sitzen Schwarze Löcher, in denen Millionen von Sonnenmassen so dicht zusammengefallen sind, daß gegen ihre Anziehungskraft nicht einmal Licht herauskann. Sie machen sich also nur durch ihre Schwerkraft bemerkbar – falls nicht gerade Gase hineinströmen, die sich dabei erhitzen und vor dem endgültigen Verschlungenwerden noch gewaltige Energiemengen abstrahlen können. Die hellsten der dann aufleuchtenden „Quasare" (oder „quasistellaren Objekte", die uns wie die Sterne als Punkte erscheinen), sind noch auf größere Entfernung sichtbar als die hellsten Galaxien.

Auch nach dem Abklingen solcher katastrophaler Vorgänge im Zentrum einer „aktiven Galaxie" können Gase und Teilchenströme, die bis zu Millionen Lichtjahre weit hinausgeschleudert wurden, noch lange Zeit intensive Radiostrahlung aussenden. Solche „Radiogalaxien" sind oft „elliptische Riesen" im Zentrum dichter Galaxienhaufen. Auch M87 im Zentrum des nahen Virgo-Haufens gehört dazu, und mit dem Hubble-Space-Telescope wurde jüngst in der Mitte dieser Galaxie ein schwarzes Loch nachgewiesen (– dank der Schwerewirkung auf eine Massenscheibe, die es umkreist). Dort entspringt auch der leuchtende „Jet" von M87, der lange unerklärbar geblieben war.

Wir sind heute sicher, daß vor der Galaxienentstehung und Sternbildung die „normale Materie" aus einem fast reinen Gemisch von drei Vierteln Wasserstoff und einem Viertel Helium bestand. An zufällig etwas dichteren Stellen konnte das Gas unter der eigenen Schwerkraft zu schrumpfen beginnen. Durch gegenseitige Störungen geraten die Gaswolken auch in Drehung, die sich beim Schrumpfen verstärkt. Es kommt zur Scheibenbildung und Entwicklung von Spiralgalaxien – also den Bedingungen, unter denen auch heute Sterne entstehen. Es gibt allerdings auch Hinweise, daß vielleicht schon zu Beginn dieser Prozesse extrem massereiche Sterne entstanden sein könnten, die rasch ihr ganzes Leben durchliefen und so bereits vor „Fertigstellung" einer Galaxie die zunächst fast reine „Urmischung" mit schwereren chemischen Elementen anreicherten.

# Zwei Dinge

## „Drei-Grad-Hintergrundstrahlung"

Je näher die Beobachtungen an den Horizont heranreichen, einen um so dichter zusammengedrängten Zustand müssen wir vorfinden. Aber der „Inhalt" der Welt war auch früher gleichmäßig verteilt – vor Beginn der „Klumpenbildung", als es noch keine Galaxien und Haufen gab, sogar viel gleichmäßiger als heute. Das können wir seit einigen Jahrzehnten auch direkt beobachten – in Form der 1968 entdeckten „Drei-Grad-Strahlung". Als der Inhalt der Welt noch dichter zusammengedrängt war, war er nämlich auch heißer – und dazu gehört eine gleichmäßig verteilte „Wärmestrahlung". Stellen wir uns den Moment in der Vergangenheit vor, in dem alle Abstände halb so groß, die Materiedichte also achtmal so groß war wie heute. Auch die Wellenlänge der Wärmestrahlung war dann damals halb so groß, und entsprechend hatte jedes ihrer „Strahlungsquanten" doppelt so hohe Energie. Das heißt: Damals war die Temperatur doppelt so hoch wie heute, und die Energiedichte der Strahlung nicht nur achtmal (wie bei der Materie), sondern sogar sechzehnmal größer als heute.

Gehen wir noch weiter hinaus und in der Zeit zurück – etwa zur Rotverschiebung „z = 1000" (oder, genauer, z = 999, denn die Zahl 1+z gibt an, wievielmal enger damals alles zusammen war). Alle Abstände waren damals also tausendmal kleiner als heute, die Materiedichte eine Milliarde mal (tausend hoch drei!), und die Energiedichte der Strahlung sogar eine Billion (tausend hoch vier!) mal höher als heute. Diese heute so dünn gewordene Strahlung sehen wir noch! Sie erfüllt gleichmäßig den ganzen Raum und hat eine Temperatur von knapp 3 Grad über dem absoluten Nullpunkt von minus 273 Grad Celsius. Wir „sehen" sie (mit hochempfindlichen Empfangsgeräten für Millimeterwellen) aus allen Himmelsrichtungen gleichmäßig zu uns kommen.

So exakt ist diese Strahlung inzwischen vermessen, daß wir aus den winzigen Temperaturunterschieden in verschiedenen Himmelsrichtungen sogar angeben können, wie schnell und in welcher Richtung sich die Erde gegenüber dem gleichmäßigen Strahlungsfeld bewegt. „Von vorn" kommende Strahlung erscheint ja wärmer, „von hinten" kommende kälter. Die Geschwindigkeit der Sonne ums Milchstraßenzentrum und die unserer Milchstraße gegenüber dem Virgo-Haufen machen ein paar hundert Kilometer pro Sekunde aus, also viel mehr als die 30 km/sek auf der Jahresbahn um die Sonne.

Die Entfernung, aus der diese Strahlung kommt – d.h. die Epoche der Weltgeschichte, in der sie zuletzt an Materie gestreut wurde – stellt unseren tatsächlichen „Horizont" im Kosmos dar. Vorher herrschte die Strahlung, weil sie auf die freien Ladungen so starke Kräfte ausübte, daß die Materie durch sie gleichverteilt blieb und keine Klumpen bilden konnte. Als aber die Temperatur auf einige tausend Grad gesunken war, konnten sich Protonen und Elektronen zu Wasserstoffatomen zusammenschließen. Die Strahlung war zu kühl, (energiearm) geworden, um sie wieder zu trennen (also den Wasserstoff zu „ionisieren").

Nach dieser „Rekombination" des Wasserstoffs war also das Gas so gut von der Strahlung „entkoppelt", daß die geringen vorhandenen Dichteschwankungen sich durch die Schwerkraft verstärken konnten. So konnte es zur Klumpenbildung, also zur Entstehung der Galaxien, der Haufen, und der Sterne kommen. Die Komplexität dieser Vorgänge – und die unbekannten Eigenschaften der „dunklen Materie" – erschweren ihre theoretische Behandlung. Der Beginn dieser Strukturbildung ist eines der Hauptthemen der modernen Kosmologie.

Vor wenigen Jahren konnte die Meßgenauigkeit für die Drei-Grad-Strahlung so sehr gesteigert werden, daß nun in verschiedenen Himmelsrichtungen winzige Temperaturunterschiede festgestellt werden konnten (und zwar Schwankungen um weniger als ein hunderttausendstel!) Hier werden offenbar bereits die „Keime" für die beginnende Klumpenbildung sichtbar. Die statistischen Eigenschaften dieser Schwankungen enthalten viel Information über den frühen Kosmos, und man hofft, schon in den nächsten 10 Jahren (unter anderem mit dem geplanten Forschungssatelliten „Planck") hieraus die Hubble-Konstante und die Krümmungseigenschaften des Weltraums, also auch das genaue Weltalter, mit einer Genauigkeit von etwa 10 Prozent bestimmen zu können.

# „Anfang und Ende"

Eine konstante Expansionsgeschwindigkeit von 20 Kilometer pro Sekunde pro Million Lichtjahre würde bedeuten, daß alle räumlichen Abstände vor 15 Milliarden Jahren Null waren. Wenn aber der Ausdehnung ständig die Schwerkraft, also die gegenseitige Anziehung aller Massen, entgegengewirkt hat, so müßte die Geschwindigkeit stetig abgenommen haben. Dann wäre also das wirkliche Weltalter kleiner als das mit konstanter Geschwindigkeit abgeschätzte. Weil wir aber weder die Menge an schwerer Materie im Weltraum noch die Hubble-Konstante genau genug kennen, ist das Alter noch unsicher.

Und wie geht's nun mit dem Weltall in Zukunft weiter? Das ist wie bei einem hochgeworfenen Stein: Hat die Schwerkraft den Schwung aufgezehrt, so kommt er einen Moment zur Ruhe, fällt wieder hinunter und trifft mit derselben Geschwindigkeit unten auf, mit der er hochgeworfen wurde. Es sei denn, man hat ihm so viel Schwung mitgegeben, daß er die Erde verläßt wie eine Weltraumrakete. Die muß bekanntlich eine kritische „Fluchtgeschwindigkeit" von 11,2 Kilometer pro Sekunde überschreiten, um nicht wieder zurückzufallen, sondern ins Unendliche aufzubrechen.

Ebenso sollte es mit unserem Universum sein (und die allgemeine Relativitätstheorie liefert sogar praktisch dasselbe mathematische Gesetz, wie in diesem simplen Beispiel). Genügt der Anfangsschwung nicht, um die Schwerkraft zu überwinden, so erreicht die Welt eine maximale Ausdehnung und fällt dann wieder in sich selbst zurück, schneller und schneller, bis alles wieder unermeßlich dicht zusammen ist – im „Endknall" – einem Zustand ähnlich dem Urknall, jedoch mit umgekehrter Zeitrichtung! Überschreitet der Schwung jedoch einen gewissen kritischen Wert, so hält die Expansion des Universums für immer an. Alles entfernt sich dann auf ewig immer weiter voneinander, und der materielle Inhalt wird dabei unendlich verdünnt.

Wie ist das nun in unserer Welt? Reicht der Schwung, oder nicht? Das wissen wir nicht – denn wir kennen weder die heutige Ausdehnungsgeschwindigkeit noch die ihr entgegenwirkende Schwerkraft gut genug. Kein Wunder, wenn doch der überwiegende Teil des „Weltinhalts" – die „dunkle Materie" völlig unbekannt ist. Allerdings besteht einige Aussicht, daß im Lauf der nächsten beiden Jahrzehnte auch diese Frage beantwortet wird.

Ob die Welt künftig wieder zusammenfällt oder auf ewig weiter expandiert, ist aber merkwürdigerweise gar nicht wichtig, wenn wir nicht über die nächsten paar Milliarden Jahre unserer Zukunft hinausdenken wollen. Weil wir noch nicht sehr lange „unterwegs" sind, macht das nämlich für die Beobachtungen innerhalb unseres heutigen Horizonts (und andere sind uns ja unmöglich!) gar keinen wesentlichen Unterschied – obwohl sogar die Raumstruktur im Großen in beiden Fällen prinzipiell ganz verschieden sein müßte. Für die Modelle eines einheitlichen *Universums* erzwingt nämlich ein eigenartiger „mathematischer Zufall" der Relativitätstheorie, daß eine zeitlich endliche Welt auch räumlich endlich sein muß. Der dreidimensionale Raum muß dann gleichmäßig in sich gekrümmt sein (was sich Nicht-Mathematiker nur für eine zweidimensionale Fläche, nämlich die Kugeloberfläche, vorstellen können). Und wenn die Welt in unendliche Zukunft auseinanderflöge, müßte auch der dreidimensionale Raum unendlich sein – allerdings ebenfalls gleichmäßig in sich gekrümmt (jedoch „negativ", analog einer zweidimensionalen Sattelfläche).

Nur für den Grenzfall, daß der Schwung genau den kritischen Wert hätte (entsprechend einem Stein, der „das Unendliche gerade mit Geschwindigkeit Null erreichte"), ergäbe sich der gewohnte dreidimensionale „euklidische" Raum unserer Vorstellungswelt, der nicht in sich gekrümmt, aber unendlich ist – wie im zweidimensionalen Fall die gewöhnliche Ebene. Letztere wäre ja, wenn man auf ihr lebte und nicht unendlich weit schauen oder kriechen könnte, von einer sehr großen Kugel- oder Sattelfläche nicht unterscheidbar. Ebenso ergeht es uns mit dem dreidimensionalen Raum, wenn unsere durchs Weltalter beschränkte Sichtweite klein gegenüber dem Krümmungsmaß ist. Könnten wir für eine große Entfernung (etwa die der fernsten Galaxien im *Hubble deep field*) das Verhältnis zwischen Umfang und Radius des riesigen Kreises um uns selbst als Mittelpunkt ausmessen – oder das Verhältnis zwischen „Himmelsfläche" und Abstandsquadrat, oder zwischen dem entsprechenden Kugelinhalt und der dritten Potenz der Entfernung –, dann wüßten wir, ob unsere Welt „flach oder krumm" ist. Ohne Krümmung kommt bekanntlich beim Kreis $2\pi$ heraus, bei der Fläche $4\pi$ und beim Kugelinhalt $4\pi/3$ – mit Krümmung aber mehr oder weniger, je nach Krümmungstyp … Aber wie messen wir Entfernungen oder Rauminhalte, wenn „dort draußen" doch z.B. die Galaxien eben erst entstanden sind und nicht als bekannter Maßstab dienen können?

Immerhin ist heute die Gleichmäßigkeit der Welt im Großen (und damit die Idee eines „Universums" und einer unabhängig vom Beobachter definierbaren Weltzeit und Weltgeschichte) durch die Drei-Grad-Hintergrundstrahlung verblüffend gut gesichert. Weil die Kugelfläche um uns herum, von der diese Strahlung stammt, so weit entfernt liegt – nämlich nur etwa hunderttausend Lichtjahre diesseits unseres Zeithorizonts – besteht nun berechtigte Hoffnung, durch verfeinertes Studium dieser Strahlung auch noch die Krümmungseigenschaften herausfinden zu können. Damit würde auch die Frage nach Endlichkeit oder Unendlichkeit der Zukunft entschieden.

Auch eine andere Frage, die seit Jahrzehnten Kosmologen und theoretische Physiker fasziniert, findet dann vielleicht eine Antwort: Ist etwa auch der leere Raum, das „Vakuum", Quelle einer Art von Schwerkraft? Diese müßte dann (in Form der sogenannten „kosmologischen Konstanten" in Einsteins Gleichungen) auch die Expansion und den Zusammenhang zwischen zeitlicher und räumlicher Struktur des Universums beeinflussen.

Auch hier wird deutlich, wie sehr die Astronomie und die Suche nach fundamentalen Gesetzen der theoretischen Physik sich einander genähert haben. Die einen gingen immer weiter hinaus in den Raum, zu immer größeren Strukturen – die anderen zu immer winzigeren, immer kurzlebigeren Teilchen, ja zum „Vakuum". Und nun begegnen sich beide – im Anfang unseres Universums.

# Anhang

## Daten der photographischen Aufnahmen

| Feld | Seite | Sternbilder | Bildmitte Rekt. | Bildmitte Dekl. | Äquivalent-brennweite in cm | Aufnahmeort | Aufnahmedatum (UT) | Belichtungszeit in Minuten |
|---|---|---|---|---|---|---|---|---|
| 1 | 20/21 | Camelopardalis | 04$^h$ 00$^m$ | +76° 46′ | 20 | La Palma, E | 06.11.1996, 01:45 | 62 |
| 2 | 24/25 | Orion, Taurus | 05$^h$ 13$^m$ | +04° 50′ | 20 | La Palma, E | 07.11.1996, 02:50 | 60 |
|   | 28 | Zentralbereich Orion | 05$^h$ 36$^m$ | −02° 16′ | 100 | La Palma, E | 11.11.1996, 02:35 | 45 |
|   | 29 l. | Pferdekopf-Nebel | 05$^h$ 41$^m$ | −02° 18′ | 500 | Waldenburg, D | 12.01.1997, 21:51 | 80 |
|   | 29 u. | Orion-Nebel (M 42) | 05$^h$ 35$^m$ | −05° 26′ | 500 | Waldenburg, D | 22.02.1995, 21:07 | 17 |
|   | 30 | Hyaden, Plejaden (M 45) | 04$^h$ 11$^m$ | +19° 21′ | 50 | La Palma, E | 05.11.1996, 23:29 | 40 |
|   | 31 o. | Plejaden (M 45) | 03$^h$ 47$^m$ | +24° 00′ | 500 | Waldenburg, D | 12.01.1997, 20:02 | 15 |
|   | 31 u. | Plejaden (M 45) | 03$^h$ 50$^m$ | +24° 20′ | 100 | La Palma, E | 11.11.1996, 00:30 | 30 |
| 3 | 32/33 | Eridanus, Lepus | 04$^h$ 28$^m$ | −15° 45′ | 20 | Chile | 07.12.1996, 06:20 | 60 |
|   | 35 | Sternhaufen und Galaxien im Lepus | 05$^h$ 28$^m$ | −21° 07′ | 100 | Chile | 12.12.1996, 04:32 | 60 |
| 4 | 36/37 | Dorado, Hydrus, Mensa, Pictor, Reticulum, Volans | 03$^h$ 52$^m$ | −70° 26′ | 20 | Chile | 09.12.1996, 03:25 | 90 |
|   | 39 | Große Magellansche Wolke | 05$^h$ 30$^m$ | −68° 15′ | 100 | Chile | 11.12.1996, 04:59 | 100 |
| 5 | 40/41 | Auriga, Gemini | 06$^h$ 07$^m$ | +29° 20′ | 20 | La Palma, E | 07.11.1996, 03:53 | 45 |
|   | 43 | M 1, M 35 | 05$^h$ 52$^m$ | +24° 08′ | 100 | La Palma, E | 11.11.1996, 01:23 | 30 |
| 6 | 44/45 | Canis Major, Canis Minor, Lepus, Monoceros | 06$^h$ 32$^m$ | −10° 44′ | 20 | Chile | 08.12.1996, 06:24 | 60 |
|   | 47 o. | Rosetten-Nebel | 06$^h$ 41$^m$ | +06° 38′ | 500 | Waldenburg, D | 12.01.1997, 23:33 | 80 |
|   | 47 u. | Rosetten-Nebel, Konus-Nebel | 06$^h$ 32$^m$ | +05° 00′ | 100 | La Palma, E | 11.11.1996, 04:09 | 80 |
| 7 | 48/49 | Caelum, Columba, Dorado, Pictor, Reticulum, Volans | 06$^h$ 37$^m$ | −50° 29′ | 20 | Chile | 06.12.1996, 05:32 | 60 |
| 8 | 52/53 | Cancer, Gemini, Lynx | 07$^h$ 30$^m$ | +35° 34′ | 20 | Teneriffa, E | 10.04.1996, 21:49 | 40 |
|   | 55 | Praesepe | 08$^h$ 40$^m$ | +19° 30′ | 200 | Waldenburg, D | 13.01.1997, 01:53 | 20 |
| 9 | 56/57 | Canis Major, Puppis, Pyxis | 07$^h$ 40$^m$ | −27° 10′ | 20 | Chile | 08.12.1996, 07:30 | 60 |
|   | 59 | Canis Major | 06$^h$ 50$^m$ | −21° 05′ | 50 | Chile | 13.12.1996, 06:06 | 30 |
| 10 | 60/61 | Antlia, Carina, Vela, Volans | 08$^h$ 40$^m$ | −49° 16′ | 20 | Chile | 09.12.1996, 05:50 | 60 |
|   | 63 o. | Nebel um Eta Carinae | 10$^h$ 45$^m$ | −59° 45′ | 50 | Chile | 13.12.1996, 07:31 | 30 |
|   | 63 u. | Nebel um Eta Carinae | 10$^h$ 43$^m$ | −59° 50′ | 100 | Chile | 06.12.1996, 06:52 | 40 |
| 11 | 64/65 | Leo Minor, Ursa Major | 11$^h$ 20$^m$ | +49° 10′ | 20 | Teneriffa, E | 10.04.1996, 22:47 | 40 |
|   | 67 o. | Galaxien in Ursa Major (M 81 und M 82) | 09$^h$ 56$^m$ | +68° 42′ | 100 | La Palma, E | 03.05.1997, 22:49 | 75 |
|   | 67 u. r. | Galaxien in Ursa Major (M 81 und M 82) | 09$^h$ 57$^m$ | +69° 20′ | 500 | Teneriffa, E | 18.04.1996, 01:55 | 45 |
|   | 67 u. l. | Spiralgalaxie M 101 | 14$^h$ 03$^m$ | +54° 21′ | 500 | Teneriffa, E | 20.04.1996, 00:15 | 74 |
| 12 | 68/69 | Leo, Leo Minor, Sextans | 10$^h$ 43$^m$ | +13° 40′ | 20 | Teneriffa, E | 08.04.1996, 22:13 | 60 |
|   | 71 | Galaxien im Leo | 11$^h$ 03$^m$ | +12° 30′ | 100 | La Palma, E | 02.05.1997, 01:06 | 20 |
| 13 | 72/73 | Antlia, Hydra, Pyxis, Sextans | 09$^h$ 50$^m$ | −15° 55′ | 20 | Teneriffa, E | 15.04.1996, 22:21 | 40 |
| 14 | 76/77 | Ursa Minor | 12$^h$ 36$^m$ | +70° 21′ | 20 | Teneriffa, E | 10.04.1996, 23:38 | 40 |
|   | 79 | Umgebung des Himmelsnordpols | 02$^h$ 07$^m$ | +89° 03′ | 20 | Waldenburg, D | 20.08.1996, 00:52 | 60 |
| 15 | 80/81 | Coma Berenices | 12$^h$ 46$^m$ | +08° 10′ | 20 | Teneriffa, E | 09.04.1996, 23:49 | 40 |
|   | 83 | Sternhaufen und Galaxien in Coma Berenices | 12$^h$ 25$^m$ | +27° 45′ | 100 | La Palma, E | 04.05.1997, 22:46 | 75 |
| 16 | 84/85 | Corvus, Crater, Sextans | 11$^h$ 20$^m$ | +00° 00′ | 20 | Teneriffa, E | 15.04.1996, 01:10 | 40 |
| 17 | 88/89 | Centaurus, Circinus, Crux, Hydra | 13$^h$ 22$^m$ | −43° 02′ | 20 | Namibia | 15.06.1996, 21:24 | 40 |
|   | 91 o. | Omega Centauri und NGC 5128 | 13$^h$ 40$^m$ | −43° 40′ | 100 | La Palma, E | 05.05.1997, 01:23 | 25 |
|   | 91 u. | Omega Centauri | 13$^h$ 27$^m$ | −47° 28′ | 200 | Teneriffa, E | 19./20.04.1996 |  |
| 18 | 92/93 | Bootes, Canes Venatici, Corona Borealis | 14$^h$ 16$^m$ | +30° 55′ | 20 | Teneriffa, E | 11.04.1996, 00:26 | 40 |
|   | 95 o. | M 51, M 101 in Canes Venatici, Ursa Major | 13$^h$ 35$^m$ | +52° 20′ | 100 | La Palma, E | 03.05.1997, 00:26 | 48 |
|   | 95 u. | Galaxie M 51 | 13$^h$ 30$^m$ | +47° 13′ | 500 | Waldenburg, D | 29.05.1995 | 40 |
| 19 | 96/97 | Virgo | 13$^h$ 26$^m$ | +00° 46′ | 20 | La Palma, E | 02.05.1997, 23:15 | 60 |
|   | 99 | Virgo-Galaxienhaufen | 12$^h$ 26$^m$ | +11° 45′ | 100 | La Palma, E | 05.05.1997, 00:05 | 70 |
| 20 | 100/101 | Apus, Ara, Chamaeleon, Circinus, Crux, Musca, Octans, Triangulum Australe | 15$^h$ 18$^m$ | −74° 34′ | 20 | Namibia | 15.06.1996, 22:08 | 40 |
|   | 103 | Kreuz des Südens | 12$^h$ 40$^m$ | −61° 20′ | 50 | Chile | 13.12.1996, 08:05 | 20 |
| 21 | 104/105 | Draco, Ursa Minor | 16$^h$ 57$^m$ | +71° 28′ | 20 | Waldenburg, D | 24.02.1996, 03:05 | 45 |
| 22 | 108/109 | Scutum, Serpens | 17$^h$ 07$^m$ | +01° 43′ | 20 | Namibia | 15.06.1996, 23:49 | 61 |
|   | 111 | Schild-Wolke mit M 11, M 26 | 18$^h$ 47$^m$ | −09° 10′ | 100 | La Palma, E | 03.05.1997, 04:45 | 20 |
| 23 | 112/113 | Libra, Scorpius | 16$^h$ 00$^m$ | −22° 40′ | 20 | Namibia | 15.06.1996, 22:56 | 46 |
| 24 | 116/117 | Lupus, Norma, Scorpius | 15$^h$ 56$^m$ | −33° 27′ | 20 | Namibia | 17.06.1996, 22:11 | 60 |
|   | 119 | Nebel um Antares und Rho Ophiuchi | 16$^h$ 18$^m$ | −25° 05′ | 100 | La Palma, E | 03.05.1997, 02:15 | 60 |
| 25 | 120/121 | Corona Borealis, Hercules, Lyra | 17$^h$ 24$^m$ | +30° 26′ | 20 | La Palma, E | 02.05.1997, 02:18 | 30 |
|   | 123 o. | Kugelsternhaufen M 13, M 92 | 17$^h$ 01$^m$ | +36° 40′ | 50 | Sudelfeld, D | 20.07.1996, 21:59 | 20 |
|   | 123 u. | Kugelsternhaufen M 13 | 16$^h$ 42$^m$ | +36° 28′ | 500 | Waldenburg, D | 23.07.1995, 23:58 | 15 |
| 26 | 124/125 | Ophiuchus | 17$^h$ 22$^m$ | −09° 43′ | 20 | Namibia | 18.06.1996, 00:20 | 75 |
|   | 127 | Emissionsnebel im Ophiuchus | 16$^h$ 37$^m$ | −10° 40′ | 50 | La Palma, E | 05.05.1997, 01:56 | 75 |
| 27 | 128/129 | Corona Australis, Sagittarius, Scutum | 18$^h$ 37$^m$ | −20° 49′ | 20 | La Palma, E | 05.05.1997, 04:25 | 55 |
|   | 131 | Umgebung des galaktischen Zentrums | 17$^h$ 50$^m$ | −31° 50′ | 100 | La Palma, E | 04.05.1997, 03:59 | 40 |
|   | 132 | Milchstraße im Sagittarius | 18$^h$ 15$^m$ | −19° 15′ | 100 | La Palma, E | 04.05.1997, 02:26 | 60 |
|   | 133 | Kugelsternhaufen im Sagittarius | 18$^h$ 47$^m$ | −29° 40′ | 100 | La Palma, E | 03.05.1997, 04:09 | 35 |
| 28 | 134/135 | Cygnus, Lyra, Sagitta, Vulpecula | 20$^h$ 02$^m$ | +35° 19′ | 20 | Waldenburg, D | 19.08.1996, 22:35 | 60 |
|   | 137 | Milchstraße im Cygnus | 20$^h$ 27$^m$ | +39° 30′ | 50 | La Palma, E | 01.11.1996, 21:23 | 55 |
|   | 138 | Nebel im Cygnus (Nordamerika-, Pelikan-Nebel) | 20$^h$ 52$^m$ | +44° 45′ | 100 | La Palma, E | 10.11.1996, 21:56 | 60 |

| Feld | Seite | Sternbilder | Bildmitte Rekt. | Bildmitte Dekl. | Äquivalentbrennweite in cm | Aufnahmeort | Aufnahmedatum (UT) | Belichtungszeit in Minuten |
|---|---|---|---|---|---|---|---|---|
|  | 139 o. | Cirrus-Nebel im Cygnus | $20^h 55^m$ | $+30°\,55'$ | 100 | La Palma, E | 10.11.1996, 20:41 | 80 |
|  | 139 u. | Cirrus-Nebel, östlicher Teil | $20^h 56^m$ | $+31°\,15'$ | 500 | Waldenburg, D | 25.07.1995, 01:00 | 30 |
| 29 | 140/141 | Delphinus, Equuleus, Lyra, Sagitta, Vulpecula | $19^h 59^m$ | $+20°\,10'$ | 20 | Namibia | 20.06.1996, 00:59 | 90 |
|  | 142 u. | Hantel-Nebel (M 27) | $19^h 59^m$ | $+22°\,42'$ | 500 | Waldenburg, D | 24.07.1995, 23:55 | 11 |
|  | 143 o. | Planetarische Nebel M 27, M 57 | $19^h 26^m$ | $+29°\,30'$ | 50 | La Palma, E | 05.11.1996, 21:45 | 35 |
|  | 143 u. | Ring-Nebel (M 57) in der Leier | $18^h 54^m$ | $+33°\,00'$ | 500 | Waldenburg, D | 03.08.1995, 02:16 | 5 |
| 30 | 144/145 | Aquila, Delphinus, Sagitta, Vulpecula | $19^h 38^m$ | $+09°\,39'$ | 20 | Teneriffa, E | 16.04.1996, 04:32 | 40 |
|  | 147 | Delphin | $20^h 38^m$ | $+13°\,20'$ | 50 | La Palma, E | 04.11.1996, 20:50 | 35 |
| 31 | 148/149 | Corona Australis, Indus, Microscopium, Pavo, Telescopium | $19^h 55^m$ | $-56°\,12'$ | 20 | Namibia | 16.06.1996, 01:58 | 60 |
| 32 | 152/153 | Equuleus, Lacerta, Pegasus | $22^h 37^m$ | $+29°\,35'$ | 20 | Waldenburg, D | 19.08.1996, 23:47 | 60 |
| 33 | 156/157 | Aquarius, Capricornus, Equuleus, Piscis Austrinus | $22^h 04^m$ | $-14°\,49'$ | 20 | Namibia | 18.06.1996, 01:41 | 74 |
| 34 | 160/161 | Grus, Indus, Piscis Austrinus, Tucana | $22^h 59^m$ | $-53°\,23'$ | 20 | Chile | 09.12.1996, 01:15 | 60 |
|  | 163 | Kleine Magellansche Wolke | $00^h 33^m$ | $-72°\,45'$ | 100 | Chile | 05.12.1996, 05:24 | 60 |
| 35 | 164/165 | Cassiopeia, Cepheus, Lacerta | $00^h 01^m$ | $+63°\,35'$ | 20 | Waldenburg, D | 13.10.1996, 22:49 | 60 |
| 36 | 168/169 | Andromeda, Triangulum | $00^h 39^m$ | $+40°\,25'$ | 20 | La Palma, E | 03.11.1996, 22:09 | 60 |
|  | 170 | Spiralgalaxie M 33 | $01^h 34^m$ | $+30°\,45'$ | 500 | Waldenburg, D | 03.08.1995, 01:30 | 40 |
|  | 171 o. | Andromeda-Galaxie (M 31) | $00^h 42^m$ | $+41°\,18'$ | 500 | Waldenburg, D | 03.08.1995, 00:20 | 40 |
|  | 171 u. | Galaxien M 31, M 33 | $01^h 09^m$ | $+35°\,50'$ | 50 | La Palma, E | 04.11.1996, 22:55 | 57 |
| 37 | 172/173 | Pisces | $00^h 28^m$ | $+15°\,27'$ | 20 | La Palma, E | 02.11.1996, 21:40 | 60 |
| 38 | 176/177 | Phoenix, Sculptor | $00^h 33^m$ | $-37°\,48'$ | 20 | Chile | 09.12.1996, 02:19 | 60 |
|  | 179 | Sculptor-Galaxiengruppe | $00^h 47^m$ | $-23°\,20'$ | 100 | Chile | 10.12.1996, 03:05 | 45 |
| 39 | 180/181 | Andromeda, Cassiopeia, Cepheus, Perseus („Himmelsverwandschaft") | $01^h 55^m$ | $+57°\,00'$ | 20 | La Palma, E | 05.11.1996, 00:16 | 60 |
|  | 183 | Cassiopeia, das „Himmels-W" | $00^h 40^m$ | $+60°\,10'$ | 50 | La Palma. E | 05.11.1996, 22:28 | 47 |
| 40 | 184/185 | Aries, Perseus, Triangulum | $02^h 45^m$ | $+35°\,22'$ | 20 | La Palma, E | 07.11.1996, 00:54 | 60 |
|  | 187 | Doppelsternhaufen h/χ Persei | $02^h 22^m$ | $+57°\,05'$ | 100 | La Palma, E | 10.11.1996, 23:01 | 35 |
| 41 | 188/189 | Cetus | $01^h 38^m$ | $-00°\,33'$ | 20 | Chile | 10.12.1996, 01:23 | 80 |
| 42 | 192/193 | Caelum, Dorado, Eridanus, Fornax, Horologium, Pictor, Reticulum | $03^h 42^m$ | $-48°\,58'$ | 20 | Chile | 08.12.1996, 04:05 | 60 |
|  | 195 | Planetarischer Nebel NGC 1360 im Fornax | $03^h 33^m$ | $-25°\,55'$ | 100 | Chile | 12.12.1996, 03:09 | 82 |

Anmerkung:
Alle Photos wurden mit einer einäugigen 6 × 6-Kamera auf Farbnegativ-Film mit einer Empfindlichkeit von 400 bzw. 1000 ASA aufgenommen. Zum Einsatz kamen Objektive mit den Brennweiten 50, 80 und 250 mm (jeweils Blende 5,6) sowie 150 mm (Blende 4). Um die Größe der verschiedenen Himmelsobjekte direkt vergleichen zu können, sind die Photos in einheitlichen Maßstäben abgedruckt, die als resultierende Brennweite oder Äquivalentbrennweite f angegeben sind. Diese Angaben sind folgendermaßen zu verstehen:

| Äquivalentbrennweite f | Objektivbrennweite | Nachvergrößerung |
|---|---|---|
| 20 cm | 50 mm | 4 × |
| 50 cm | 150 mm | 3,3 × |
| 100 cm | 250 mm | 4 × |
| 200 cm | 1350 mm | 1,5 × |
| 500 cm | 1350 mm | 3,7 × |
|  | 1000 mm | 5 × |

# Anhang

## Verzeichnis der Sternbilder

| Lateinischer Name | Abkür-zung | Genitiv | Deutscher Name | Fläche in Quadratgrad | Feld-Nummer |
|---|---|---|---|---|---|
| Andromeda | And | Andromedae | Andromeda | 722,28 | 36, 39 |
| Antlia | Ant | Antliae | Luftpumpe | 238,90 | 10, 13 |
| Apus | Aps | Apodis | Paradiesvogel | 206,32 | 20 |
| Aquarius | Aqr | Aquarii | Wassermann | 979,85 | 33 |
| Aquila | Aql | Aquilae | Adler | 652,47 | 30 |
| Ara | Ara | Arae | Altar | 237,06 | 20 |
| Aries | Ari | Arietis | Widder | 441,39 | 40 |
| Auriga | Aur | Aurigae | Fuhrmann | 657,44 | 5 |
| Bootes | Boo | Bootis | Bärenhüter | 906,83 | 18 |
| Caelum | Cae | Caeli | Grabstichel | 124,86 | 7, 42 |
| Camelopardalis | Cam | Camelopardalis | Giraffe | 756,83 | 1 |
| Cancer | Cnc | Cancri | Krebs | 505,87 | 8 |
| Canes Venatici | CVn | Canum Venaticorum | Jagdhunde | 465,19 | 18 |
| Canis Major | CMa | Canis Majoris | Großer Hund | 380,11 | 6, 9 |
| Canis Minor | CMi | Canis Minoris | Kleiner Hund | 183,37 | 6 |
| Capricornus | Cap | Capricorni | Steinbock | 413,95 | 33 |
| Carina | Car | Carinae | Kiel des Schiffes | 494,18 | 10 |
| Cassiopeia | Cas | Cassiopeiae | Kassiopeia | 598,41 | 35, 39 |
| Centaurus | Cen | Centauri | Kentaur | 1060,42 | 17 |
| Cepheus | Cep | Cephei | Kepheus | 587,79 | 35, 39 |
| Cetus | Cet | Ceti | Walfisch | 1231,41 | 41 |
| Chamaeleon | Cha | Chamaeleontis | Chamäleon | 131,59 | 20 |
| Circinus | Cir | Circini | Zirkel | 93,35 | 17, 20 |
| Columba | Col | Columbae | Taube | 270,18 | 7 |
| Coma Berenices | Com | Comae Berenices | Haar der Berenike | 386,47 | 15 |
| Corona Australis | CrA | Coronae Australis | Südliche Krone | 127,69 | 27, 31 |
| Corona Borealis | CrB | Coronae Borealis | Nördliche Krone | 178,71 | 18, 25 |
| Corvus | Crv | Corvi | Rabe | 183,80 | 16 |
| Crater | Crt | Crateris | Becher | 282,40 | 16 |
| Crux | Cru | Crucis | Kreuz (des Südens) | 68,45 | 17, 20 |
| Cygnus | Cyg | Cygni | Schwan | 803,98 | 28 |
| Delphinus | Del | Delphini | Delphin | 188,54 | 29, 30 |
| Dorado | Dor | Doradus | Schwertfisch | 179,17 | 4, 7, 42 |
| Draco | Dra | Draconis | Drache | 1082,95 | 21 |
| Equuleus | Equ | Equulei | Füllen | 71,64 | 29, 32, 33 |
| Eridanus | Eri | Eridani | Eridanus | 1137,92 | 3, 42 |
| Fornax | For | Fornacis | Chemischer Ofen | 397,50 | 42 |
| Gemini | Gem | Geminorum | Zwillinge | 513,76 | 5, 8 |
| Grus | Gru | Gruis | Kranich | 365,51 | 34 |
| Hercules | Her | Herculis | Herkules | 1225,15 | 25 |
| Horologium | Hor | Horologii | Pendeluhr | 248,88 | 42 |
| Hydra | Hya | Hydrae | Wasserschlange | 1302,84 | 13, 17 |
| Hydrus | Hyi | Hydri | Südliche Wasserschlange | 243,04 | 4 |
| Indus | Ind | Indi | Indianer | 294,01 | 31, 34 |
| Lacerta | Lac | Lacertae | Eidechse | 200,69 | 32, 35 |
| Leo | Leo | Leonis | Löwe | 946,96 | 12 |
| Leo Minor | LMi | Leonis Minoris | Kleiner Löwe | 231,96 | 11, 12 |
| Lepus | Lep | Leporis | Hase | 290,29 | 3, 6 |
| Libra | Lib | Librae | Waage | 538,05 | 23 |
| Lupus | Lup | Lupi | Wolf | 333,68 | 24 |
| Lynx | Lyn | Lyncis | Luchs | 545,39 | 8 |
| Lyra | Lyr | Lyrae | Leier | 286,48 | 25, 28, 29 |
| Mensa | Men | Mensae | Tafelberg | 153,48 | 4 |
| Microscopium | Mic | Microscopii | Mikroskop | 209,51 | 31 |
| Monoceros | Mon | Monocerotis | Einhorn | 481,57 | 6 |
| Musca | Mus | Muscae | Fliege | 138,36 | 20 |
| Norma | Nor | Normae | Winkelmaß | 165,29 | 24 |
| Octans | Oct | Octantis | Oktant | 291,05 | 20 |
| Ophiuchus | Oph | Ophiuchi | Schlangenträger | 948,34 | 26 |
| Orion | Ori | Orionis | Orion | 594,12 | 2 |
| Pavo | Pav | Pavonis | Pfau | 377,67 | 31 |
| Pegasus | Peg | Pegasi | Pegasus | 1120,79 | 32 |
| Perseus | Per | Persei | Perseus | 615,00 | 39, 40 |
| Phoenix | Phe | Phoenicis | Phönix | 469,32 | 38 |
| Pictor | Pic | Pictoris | Maler | 246,73 | 4, 7, 42 |
| Pisces | Psc | Piscium | Fische | 889,42 | 37 |
| Piscis Austrinus | PsA | Piscis Austrini | Südlicher Fisch | 245,37 | 33, 34 |
| Puppis | Pup | Puppis | Achterschiff | 673,43 | 9 |
| Pyxis | Pyx | Pyxidis | Kompaß | 220,83 | 9, 13 |

| Lateinischer Name | Abkürzung | Genitiv | Deutscher Name | Fläche in Quadratgrad | Feld-Nummer |
|---|---|---|---|---|---|
| Reticulum | Ret | Reticuli | Netz | 113,94 | 4, 7, 42 |
| Sagitta | Sge | Sagittae | Pfeil | 79,93 | 28, 29, 30 |
| Sagittarius | Sgr | Sagittarii | Schütze | 867,43 | 27 |
| Scorpius | Sco | Scorpii | Skorpion | 496,78 | 23, 24 |
| Sculptor | Scl | Sculptoris | Bildhauer | 474,76 | 38 |
| Scutum | Sct | Scuti | Schild | 109,11 | 22, 27 |
| Serpens | Ser | Serpentis | Schlange | 428,48 + 208,44 | 22 |
| Sextans | Sex | Sextantis | Sextant | 313,51 | 12, 13, 16 |
| Taurus | Tau | Tauri | Stier | 797,25 | 2 |
| Telescopium | Tel | Telescopii | Fernrohr | 251,51 | 31 |
| Triangulum | Tri | Trianguli | Dreieck | 131,85 | 36, 40 |
| Triangulum Australe | TrA | Trianguli Australis | Südliches Dreieck | 109,98 | 20 |
| Tucana | Tuc | Tucanae | Tukan | 294,56 | 34 |
| Ursa Major | UMa | Ursae Majoris | Großer Bär | 1279,66 | 11 |
| Ursa Minor | UMi | Ursae Minoris | Kleiner Bär | 255,86 | 14, 21 |
| Vela | Vel | Velorum | Segel des Schiffes | 499,65 | 10 |
| Virgo | Vir | Virginis | Jungfrau | 1294,43 | 19 |
| Volans | Vol | Volantis | Fliegender Fisch | 141,35 | 4, 7, 10 |
| Vulpecula | Vul | Vulpeculae | Füchschen | 268,17 | 28, 29, 30 |

Anmerkung:
Das Sternbild Serpens (Schlange) besteht aus zwei getrennten Teilen, zur Unterscheidung manchmal Serpens Caput (Kopf der Schlange) und Serpens Cauda (Schwanz der Schlange) genannt.

| Deutscher Name | Lateinischer Name | Abkürzung | Genitiv | Fläche in Quadratgrad | Feld-Nummer |
|---|---|---|---|---|---|
| Achterschiff | Puppis | Pup | Puppis | 673,43 | 9 |
| Adler | Aquila | Aql | Aquilae | 652,47 | 30 |
| Altar | Ara | Ara | Arae | 237,06 | 20 |
| Andromeda | Andromeda | And | Andromedae | 722,28 | 36, 39 |
| Bärenhüter | Bootes | Boo | Bootis | 906,83 | 18 |
| Becher | Crater | Crt | Crateris | 282,40 | 16 |
| Bildhauer | Sculptor | Scl | Sculptoris | 474,76 | 38 |
| Chamäleon | Chamaeleon | Cha | Chamaeleontis | 131,59 | 20 |
| Chemischer Ofen | Fornax | For | Fornacis | 397,50 | 42 |
| Delphin | Delphinus | Del | Delphini | 188,54 | 29, 30 |
| Drache | Draco | Dra | Draconis | 1082,95 | 21 |
| Dreieck | Triangulum | Tri | Trianguli | 131,85 | 36, 40 |
| Eidechse | Lacerta | Lac | Lacertae | 200,69 | 32, 35 |
| Einhorn | Monoceros | Mon | Monocerotis | 481,57 | 6 |
| Eridanus | Eridanus | Eri | Eridani | 1137,92 | 3, 42 |
| Fernrohr | Telescopium | Tel | Telescopii | 251,51 | 31 |
| Fische | Pisces | Psc | Piscium | 889,42 | 37 |
| Fliege | Musca | Mus | Muscae | 138,36 | 20 |
| Fliegender Fisch | Volans | Vol | Volantis | 141,35 | 4, 7, 10 |
| Füchschen | Vulpecula | Vul | Vulpeculae | 268,17 | 28, 29, 30 |
| Füllen | Equuleus | Equ | Equulei | 71,64 | 29, 32, 33 |
| Fuhrmann | Auriga | Aur | Aurigae | 657,44 | 5 |
| Giraffe | Camelopardalis | Cam | Camelopardalis | 756,83 | 1 |
| Grabstichel | Caelum | Cae | Caeli | 124,86 | 7, 42 |
| Großer Bär | Ursa Major | UMa | Ursae Majoris | 1279,66 | 11 |
| Großer Hund | Canis Major | CMa | Canis Majoris | 380,11 | 6, 9 |
| Haar der Berenike | Coma Berenices | Com | Comae Berenices | 386,47 | 15 |
| Hase | Lepus | Lep | Leporis | 290,29 | 3, 6 |
| Herkules | Hercules | Her | Herculis | 1225,15 | 25 |
| Indianer | Indus | Ind | Indi | 294,01 | 31, 34 |
| Jagdhunde | Canes Venatici | CVn | Canum Venaticorum | 465,19 | 18 |
| Jungfrau | Virgo | Vir | Virginis | 1294,43 | 19 |
| Kassiopeia | Cassiopeia | Cas | Cassiopeiae | 598,41 | 35, 39 |
| Kentaur | Centaurus | Cen | Centauri | 1060,42 | 17 |
| Kepheus | Cepheus | Cep | Cephei | 587,79 | 35, 39 |

# Anhang

## Verzeichnis der Sternbilder (Fortsetzung)

| Deutscher Name | Lateinischer Name | Abkürzung | Genitiv | Fläche in Quadratgrad | Feld-Nummer |
|---|---|---|---|---|---|
| Kiel des Schiffes | Carina | Car | Carinae | 494,18 | 10 |
| Kleiner Bär | Ursa Minor | UMi | Ursae Minoris | 255,86 | 14, 21 |
| Kleiner Hund | Canis Minor | CMi | Canis Minoris | 183,37 | 6 |
| Kleiner Löwe | Leo Minor | LMi | Leonis Minoris | 231,96 | 11, 12 |
| Kompaß | Pyxis | Pyx | Pyxidis | 220,83 | 9, 13 |
| Kranich | Grus | Gru | Gruis | 365,51 | 34 |
| Krebs | Cancer | Cnc | Cancri | 505,87 | 8 |
| Kreuz (des Südens) | Crux | Cru | Crucis | 68,45 | 17, 20 |
| Leier | Lyra | Lyr | Lyrae | 286,48 | 25, 28, 29 |
| Löwe | Leo | Leo | Leonis | 946,96 | 12 |
| Luchs | Lynx | Lyn | Lyncis | 545,39 | 8 |
| Luftpumpe | Antlia | Ant | Antliae | 238,90 | 10, 13 |
| Maler | Pictor | Pic | Pictoris | 246,73 | 4, 7, 42 |
| Mikroskop | Microscopium | Mic | Microscopii | 209,51 | 31, |
| Netz | Reticulum | Ret | Reticuli | 113,94 | 4, 7, 42 |
| Nördliche Krone | Corona Borealis | CrB | Coronae Borealis | 178,71 | 18, 25 |
| Oktant | Octans | Oct | Octantis | 291,05 | 20 |
| Orion | Orion | Ori | Orionis | 594,12 | 2 |
| Paradiesvogel | Apus | Aps | Apodis | 206,32 | 20 |
| Pegasus | Pegasus | Peg | Pegasi | 1120,79 | 32 |
| Pendeluhr | Horologium | Hor | Horologii | 248,88 | 42 |
| Perseus | Perseus | Per | Persei | 615,00 | 39, 40 |
| Pfau | Pavo | Pav | Pavonis | 377,67 | 31 |
| Pfeil | Sagitta | Sge | Sagittae | 79,93 | 28, 29, 30 |
| Phönix | Phoenix | Phe | Phoenicis | 469,32 | 38 |
| Rabe | Corvus | Crv | Corvi | 183,80 | 16 |
| Schild | Scutum | Sct | Scuti | 109,11 | 22, 27, |
| Schlange | Serpens | Ser | Serpentis | 428,48 + 208,44 | 22 |
| Schlangenträger | Ophiuchus | Oph | Ophiuchi | 948,34 | 26 |
| Schütze | Sagittarius | Sgr | Sagittarii | 867,43 | 27 |
| Schwan | Cygnus | Cyg | Cygni | 803,98 | 28 |
| Schwertfisch | Dorado | Dor | Doradus | 179,17 | 4, 7, 42 |
| Segel des Schiffes | Vela | Vel | Velorum | 499,65 | 10 |
| Sextant | Sextans | Sex | Sextantis | 313,51 | 12, 13, 16 |
| Skorpion | Scorpius | Sco | Scorpii | 496,78 | 23, 24 |
| Steinbock | Capricornus | Cap | Capricorni | 413,95 | 33 |
| Stier | Taurus | Tau | Tauri | 797,25 | 2 |
| Südliche Krone | Corona Australis | CrA | Coronae Australis | 127,69 | 27, 31 |
| Südliche Wasserschlange | Hydrus | Hyi | Hydri | 243,04 | 4 |
| Südlicher Fisch | Piscis Austrinus | PsA | Piscis Austrini | 245,37 | 33, 34 |
| Südliches Dreieck | Triangulum Australe | TrA | Trianguli Australis | 109,98 | 20 |
| Tafelberg | Mensa | Men | Mensae | 153,48 | 4 |
| Taube | Columba | Col | Columbae | 270,18 | 7 |
| Tukan | Tucana | Tuc | Tucanae | 294,56 | 34 |
| Waage | Libra | Lib | Librae | 538,05 | 23 |
| Walfisch | Cetus | Cet | Ceti | 1231,41 | 41 |
| Wassermann | Aquarius | Aqr | Aquarii | 979,85 | 33 |
| Wasserschlange | Hydra | Hya | Hydrae | 1302,84 | 13, 17 |
| Widder | Aries | Ari | Arietis | 441,39 | 40 |
| Winkelmaß | Norma | Nor | Normae | 165,29 | 24 |
| Wolf | Lupus | Lup | Lupi | 333,68 | 24 |
| Zirkel | Circinus | Cir | Circini | 93,35 | 17, 20 |
| Zwillinge | Gemini | Gem | Geminorum | 513,76 | 5, 8 |

# Die hellsten Sterne

| Rekt. h m s | Dekl. ° ′ | Hellig-keit | Spek-traltyp | Entfernung (Lichtjahre) | Stern-bild | Name |
|---|---|---|---|---|---|---|
| 06 45 09 | −16 43 | −1,5 | A1 | 8,7 | α CMa | Sirius |
| 06 23 57 | −52 42 | −0,7 | F0 | 300 | α Car | Canopus |
| 14 15 40 | +19 11 | −0,04 | K1 | 36 | α Boo | Arktur |
| 14 39 36 | −60 50 | −0,0 | G2 | 4,4 | α¹Cen | Rigil Kentaurus |
| 18 36 56 | +38 47 | 0,03 | A0 | 26 | α Lyr | Wega |
| 05 16 41 | +46 00 | 0,08 | G5 | 45 | α Aur | Capella |
| 05 14 32 | −08 12 | 0,12 | B8 | 850 | β Ori | Rigel |
| 07 39 18 | +05 13 | 0,38 | F5 | 11 | α CMi | Procyon |
| 01 37 43 | −57 14 | 0,46 | B3 | 75 | α Eri | Achernar |
| 05 55 10 | +07 24 | 0,50 | M1 | 650 | α Ori | Betelgeuse |
| 14 03 49 | −60 22 | 0,61 | B1 | 300 | β Cen | Hadar |
| 19 50 47 | +08 52 | 0,77 | A7 | 17 | α Aql | Atair |
| 04 35 55 | +16 31 | 0,85 | K5 | 65 | α Tau | Aldebaran |
| 16 29 24 | −26 26 | 0,96 | M1 | 400 | α Sco | Antares |
| 13 25 11 | −11 10 | 0,98 | B1 | 220 | α Vir | Spica |
| 07 45 19 | +28 02 | 1,14 | K0 | 35 | β Gem | Pollux |
| 22 57 39 | −29 37 | 1,16 | A3 | 22 | α PsA | Fomalhaut |
| 12 47 43 | −59 41 | 1,25 | B0 | 370 | β Cru | Mimosa |
| 20 41 26 | +45 17 | 1,25 | A2 | 1500 | α Cyg | Deneb |
| 14 39 36 | −60 50 | 1,33 | K1 | 4,4 | α²Cen | |
| 10 08 22 | +11 58 | 1,35 | B7 | 85 | α Leo | Regulus |
| 06 58 37 | −28 58 | 1,50 | B2 | 620 | ε CMa | Adara |
| 07 34 36 | +31 53 | 1,58 | A2 | 45 | α Gem | |
| 12 26 36 | −63 06 | 1,58 | B0 | 270 | α¹Cru | Acrux |
| 07 34 36 | +31 53 | 1,59 | A1 | 45 | α Gem | Castor |
| 12 31 10 | −57 07 | 1,63 | M3 | 220 | γ Cru | Gacrux |
| 17 33 36 | −37 06 | 1,63 | B2 | 300 | λ Sco | Shaula |
| 05 25 08 | +06 21 | 1,64 | B2 | 450 | γ Ori | Bellatrix |
| 05 26 17 | +28 36 | 1,65 | B7 | 270 | β Tau | El Nath |
| 09 13 12 | −69 43 | 1,68 | A2 | 85 | β Car | Miaplacidus |
| 05 36 13 | −01 12 | 1,70 | B0 | 1600 | ε Ori | Alnilam |
| 22 08 14 | −46 58 | 1,74 | B7 | 65 | α Gru | Alnair |
| 12 54 02 | +55 58 | 1,77 | A0 | 70 | ε UMa | Alioth |
| 08 09 32 | −47 20 | 1,78 | WC | 650 | γ² Vel | Suhail Al Muhlif |
| 03 24 19 | +49 52 | 1,79 | F5 | 570 | α Per | Mirphak |
| 11 03 44 | +61 45 | 1,79 | K0 | 105 | α UMa | Dubhe |
| 07 08 23 | −26 24 | 1,84 | F8 | 2100 | δ CMa | Wezen |
| 18 24 10 | −34 23 | 1,85 | B9 | 125 | ε Sgr | Kaus Australis |
| 08 22 31 | −59 31 | 1,86 | K3 | 340 | ε Car | Avior |
| 13 47 32 | +49 19 | 1,86 | B3 | 210 | η UMa | Benetnasch |
| 17 37 19 | −43 00 | 1,87 | F1 | 121 | θ Sco | Sargas |
| 05 59 30 | +44 57 | 1,90 | A2 | 90 | β Aur | Menkalinan |
| 16 48 40 | −69 02 | 1,92 | K2 | 80 | α TrA | Atria |
| 06 37 43 | +16 24 | 1,93 | A0 | 105 | γ Gem | Alhena |
| 20 25 39 | −56 44 | 1,94 | B2 | 310 | α Pav | Peacock |
| 08 44 42 | −54 43 | 1,96 | A1 | 63 | δ Vel | |
| 06 22 42 | −17 57 | 1,98 | B1 | 750 | β CMa | Murzim |
| 09 27 35 | −08 40 | 1,98 | K3 | 95 | α Hya | Alphard |
| 02 07 10 | +23 28 | 2,00 | K2 | 75 | α Ari | Hamal |
| 02 31 50 | +89 16 | 2,02 | F7 | 360 | α UMi | Polaris |
| 18 55 16 | −26 18 | 2,02 | B2 | 250 | σ Sgr | Nunki |
| 00 43 35 | −17 59 | 2,04 | K0 | 60 | β Cet | Deneb Kaitos |
| 05 40 45 | −01 57 | 2,05 | O9 | 1600 | ζ Ori | Alnitak |
| 00 08 23 | +29 05 | 2,06 | B8 | 120 | α And | Sirrah |
| 01 09 44 | +35 37 | 2,06 | M0 | 67 | β And | Mirach |
| 05 47 45 | −09 40 | 2,06 | B0 | 217 | κ Ori | Saiph |
| 14 06 41 | −36 22 | 2,06 | K0 | 50 | θ Cen | Menkent |
| 14 50 42 | +74 09 | 2,08 | K4 | 100 | β UMi | Kochab |
| 17 34 56 | +12 34 | 2,08 | A5 | 49 | α Oph | Ras Alhague |
| 12 26 37 | −63 06 | 2,09 | B1 | 270 | α²Cru | |
| 22 42 40 | −46 53 | 2,10 | M5 | 408 | β Gru | |
| 03 08 10 | +40 57 | 2,12 | B8 | 72 | β Per | Algol |
| 11 49 04 | +14 34 | 2,14 | A3 | 39 | β Leo | Denebola |
| 12 41 31 | −48 58 | 2,17 | A1 | 204 | γ Cen | |
| 20 22 14 | +40 15 | 2,20 | F8 | 1087 | γ Cyg | Sadr |
| 09 08 00 | −43 26 | 2,21 | K4 | 148 | λ Vel | Alsuhail |
| 00 40 30 | +56 32 | 2,23 | K0 | 204 | α Cas | Shedir |
| 05 32 00 | −00 18 | 2,23 | B0 | 233 | δ Ori | Mintaka |
| 15 34 41 | +26 43 | 2,23 | A0 | 72 | α CrB | Gemma |
| 17 56 36 | +51 29 | 2,23 | K5 | 130 | γ Dra | Eltanin |
| 08 03 35 | −40 00 | 2,25 | O5 | 2400 | ζ Pup | Naos |
| 09 17 05 | −59 17 | 2,25 | A8 | 192 | ι Car | Tureis |
| 02 03 54 | +42 20 | 2,26 | K3 | 251 | γ¹ And | Alamak |
| 00 09 11 | +59 09 | 2,27 | F2 | 45 | β Cas | Caph |
| 13 23 55 | +54 56 | 2,27 | A1 | 69 | ζ UMa | Mizar |
| 16 50 10 | −34 18 | 2,29 | K2 | 148 | ε Sco | |
| 13 39 53 | −53 28 | 2,30 | B1 | 570 | ε Cen | |
| 14 41 56 | −47 23 | 2,30 | B1 | 430 | α Lup | |
| 14 35 30 | −42 09 | 2,31 | B1 | 390 | η Cen | |
| 16 00 20 | −22 37 | 2,32 | B0 | 590 | δ Sco | Dschubba |
| 11 01 50 | +56 23 | 2,37 | A1 | 61 | β UMa | Merak |
| 00 26 17 | −42 18 | 2,39 | K0 | 83 | α Phe | Ankaa |
| 21 44 11 | +09 53 | 2,39 | K2 | 543 | ε Peg | Enif |
| 17 42 29 | −39 02 | 2,41 | B1 | 470 | κ Sco | |
| 23 03 46 | +28 05 | 2,42 | M2 | 148 | β Peg | Scheat |
| 17 10 23 | −15 43 | 2,43 | A2 | 63 | η Oph | Sabik |
| 11 53 50 | +53 42 | 2,44 | A0 | 116 | γ UMa | Phekda |
| 21 18 35 | +62 35 | 2,44 | A7 | 48 | α Cep | Alderamin |
| 07 24 06 | −29 18 | 2,45 | B5 | 2700 | η CMa | Aludra |
| 20 46 13 | +33 58 | 2,46 | K0 | 57 | ε Cyg | Gienah |
| 00 56 42 | +60 43 | 2,47 | B0 | 204 | γ Cas | Cih |
| 23 04 46 | +15 12 | 2,49 | B9 | 86 | α Peg | Markab |
| 09 22 07 | −55 01 | 2,50 | B2 | 190 | κ Vel | |
| 03 02 17 | +04 05 | 2,53 | M1 | 362 | α Cet | Menkar |
| 13 55 32 | −47 17 | 2,55 | B2 | 520 | ζ Cen | |
| 11 14 06 | +20 31 | 2,56 | A4 | 68 | δ Leo | Zosma |
| 16 37 09 | −10 34 | 2,56 | 09 | 1087 | ζ Oph | |
| 05 32 44 | −17 49 | 2,58 | F0 | 466 | α Lep | Arneb |
| 12 15 48 | −17 33 | 2,59 | B8 | 300 | γ Crv | Gienah Ghurab |
| 12 08 22 | −50 43 | 2,60 | B2 | 125 | δ Cen | |
| 19 02 37 | −29 53 | 2,60 | A2 | 130 | ζ Sgr | Ascella |
| 10 19 58 | +19 51 | 2,61 | K1 | 130 | γ¹ Leo | Algieba |
| 15 17 00 | −09 23 | 2,61 | B8 | 1080 | β Lib | Zuben Elschemali |
| 05 59 43 | +37 13 | 2,62 | A0 | 116 | θ Aur | |
| 16 05 26 | −19 48 | 2,62 | B1 | 362 | β¹ Sco | Graffias |
| 01 54 38 | +20 48 | 2,64 | A5 | 44 | β Ari | Sheratan |
| 05 39 39 | −34 04 | 2,64 | B7 | 120 | α Col | Phaet |
| 12 34 23 | −23 24 | 2,65 | G5 | 96 | β Crv | Kraz |
| 15 44 16 | +06 26 | 2,65 | K2 | 61 | α Ser | Unukalhai |
| 01 25 49 | +60 14 | 2,68 | A5 | 88 | δ Cas | Ruchbah |
| 13 54 41 | +18 24 | 2,68 | G0 | 32 | η Boo | Mufrid |
| 14 58 32 | −43 08 | 2,68 | B2 | 540 | β Lup | |
| 04 57 00 | +33 10 | 2,69 | K3 | 155 | ι Aur | Hassaleh |
| 10 46 46 | −49 25 | 2,69 | G5 | 148 | μ Vel | |
| 12 37 11 | −69 08 | 2,69 | B2 | 430 | α Mus | |
| 17 30 46 | −37 18 | 2,69 | B2 | 540 | υ Sco | Lesath |
| 07 17 09 | −37 06 | 2,70 | K3 | 102 | π Pup | |
| 14 44 59 | +27 04 | 2,70 | K0 | 230 | ε Boo | Izar |
| 18 21 00 | −29 50 | 2,70 | K3 | 69 | δ Sgr | Kaus Meridionalis |
| 19 46 15 | +10 37 | 2,72 | K3 | 204 | γ Aql | Tarazed |
| 16 14 21 | −03 42 | 2,74 | M0 | 96 | δ Oph | Yed Prior |
| 16 23 59 | +61 31 | 2,74 | G8 | 64 | η Dra | |
| 13 20 36 | −36 43 | 2,75 | A2 | 52 | ι Cen | |
| 14 50 53 | −16 03 | 2,75 | A3 | 56 | α²Lib | Zuben Elgenubi |
| 10 42 57 | −64 24 | 2,76 | B0 | 700 | θ Car | |
| 05 35 26 | −05 55 | 2,77 | O9 | 130 | ι Ori | Nair Al Saif |
| 16 30 13 | +21 29 | 2,77 | G7 | 125 | β Her | Kornephoros |
| 17 43 28 | +04 34 | 2,77 | K2 | 99 | β Oph | Cebalrai |
| 15 35 08 | −41 10 | 2,78 | B2 | 408 | γ Lup | |
| 05 07 51 | −05 05 | 2,79 | A3 | 65 | β Eri | Cursa |
| 17 30 20 | +52 18 | 2,79 | G2 | 250 | β Dra | Rastaban |
| 00 25 45 | −77 15 | 2,80 | G2 | 20 | β Hyi | |
| 12 15 09 | −58 45 | 2,80 | B2 | 1087 | δ Cru | |
| 08 07 33 | −24 18 | 2,81 | F6 | 93 | ρ Pup | |
| 16 41 17 | +31 36 | 2,81 | G0 | 31 | ζ Her | |
| 18 27 58 | −25 25 | 2,81 | K1 | 61 | λ Sgr | Kaus Borealis |
| 16 35 53 | −28 13 | 2,82 | B0 | 163 | τ Sco | |
| 00 13 14 | +15 11 | 2,83 | B2 | 1630 | γ Peg | Algenib |

# Anhang

## Die hellsten Sterne (Fortsetzung)

| Rekt. h m s | Dekl. ° ′ | Helligkeit | Spektraltyp | Entfernung (Lichtjahre) | Sternbild | Name |
|---|---|---|---|---|---|---|
| 13 02 10 | +10 58 | 2,83 | G8 | 76 | ε Vir | Vindemiatrix |
| 05 28 15 | −20 46 | 2,84 | G5 | 163 | β Lep | Nihal |
| 03 54 08 | +31 53 | 2,85 | B1 | 326 | ζ Per | |
| 15 55 08 | −63 26 | 2,85 | F2 | 39 | β TrA | |
| 17 25 18 | −55 32 | 2,85 | K3 | 96 | β Ara | |
| 01 58 46 | −61 34 | 2,86 | F0 | 68 | α Hyi | |
| 22 18 30 | −60 16 | 2,86 | K3 | 125 | α Tuc | |
| 03 47 29 | +24 06 | 2,87 | B7 | 408 | η Tau | Alcyone |
| 19 44 58 | +45 08 | 2,87 | B9 | 109 | δ Cyg | |
| 21 47 02 | −16 08 | 2,87 | Am | 37 | δ Cap | Deneb Algiedi |
| 06 22 58 | +22 31 | 2,88 | M3 | 163 | μ Gem | Tejat Posterior |
| 03 57 51 | +40 01 | 2,89 | B0 | 362 | ε Per | |
| 15 18 55 | −68 41 | 2,89 | A1 | 326 | γ TrA | |
| 15 58 51 | −26 07 | 2,89 | B1 | 326 | π Sco | |
| 16 21 11 | −25 36 | 2,89 | B2 | 900 | σ Sco | Alniyat |
| 19 09 46 | −21 01 | 2,89 | F2 | 125 | π Sgr | Albaldah |
| 07 27 09 | +08 17 | 2,90 | B8 | 171 | β CMi | Gomeisa |
| 12 56 02 | +38 19 | 2,90 | A0 | 121 | α² CVn | Cor Caroli |
| 21 31 33 | −05 34 | 2,91 | G0 | 543 | β Aqr | Sadalsuud |
| 03 04 48 | +53 30 | 2,93 | G8 | 204 | γ Per | |
| 06 49 56 | −50 37 | 2,93 | K1 | 125 | τ Pup | |
| 22 43 00 | +30 13 | 2,94 | G2 | 192 | η Peg | Matar |
| 03 58 02 | −13 31 | 2,95 | M0 | 326 | γ Eri | Zaurak |
| 12 29 52 | −16 31 | 2,95 | B9 | 136 | δ Crv | Algorab |
| 17 31 50 | −49 53 | 2,95 | B2 | 466 | α Ara | |
| 09 47 06 | −65 04 | 2,96 | A8 | 121 | υ Car | |
| 22 05 47 | −00 19 | 2,96 | G2 | 272 | α Aqr | Sadalmelik |
| 06 43 56 | +25 08 | 2,98 | G8 | 192 | ε Gem | Mebsuta |
| 09 45 51 | +23 46 | 2,98 | G1 | 326 | ε Leo | |
| 05 01 58 | +43 49 | 2,99 | F0 | 466 | ε Aur | Al Anz |
| 18 05 48 | −30 25 | 2,99 | K0 | 130 | γ² Sgr | Al Nasl |
| 19 05 24 | +13 52 | 2,99 | A0 | 72 | ζ Aql | Deneb el Okab |

## Die Messier-Objekte

| M | NGC | Sternbild | Rekt. h m | Dekl. ° ′ | Scheinbare Helligkeit | Abmessung in Bogen-Min. | Entfernung in Lichtjahren | Art des Objekts | Name |
|---|---|---|---|---|---|---|---|---|---|
| 1 | 1952 | Tau | 05 34,5 | +22 01 | 8,4 | 6 × 4 | 3 400 | Supernova-Überrest | Krebs-Nebel |
| 2 | 7089 | Aqr | 21 33,5 | −00 49 | 6,5 | 12 | 52 000 | Kugelsternhaufen | |
| 3 | 5272 | Cvn | 13 42,2 | +28 23 | 6,4 | 19 | 46 000 | Kugelsternhaufen | |
| 4 | 6121 | Sco | 16 23,6 | −26 32 | 5,9 | 23 | 7 500 | Kugelsternhaufen | |
| 5 | 5904 | Ser | 15 18,6 | +02 05 | 5,8 | 20 | 27 000 | Kugelsternhaufen | |
| 6 | 6405 | Sco | 17 40,1 | −32 13 | 4,2 | 26 | 2 100 | offener Sternhaufen | |
| 7 | 6475 | Sco | 17 53,9 | −34 49 | 3,3 | 50 | 800 | offener Sternhaufen | |
| 8 | 6523 | Sgr | 18 03,8 | −24 23 | 5,8 | 90 × 40 | 4 900 | Emissionsnebel | Lagunen-Nebel |
| 9 | 6333 | Oph | 17 19,2 | −18 31 | 7,9 | 60 | 26 000 | Kugelsternhaufen | |
| 10 | 6254 | Oph | 16 57,1 | −04 06 | 6,6 | 12 | 16 000 | Kugelsternhaufen | |
| 11 | 6705 | Sct | 18 51,1 | −06 16 | 5,8 | 12 | 5 500 | offener Sternhaufen | Wildenten-Nebel |
| 12 | 6218 | Oph | 16 47,2 | −01 57 | 6,6 | 12 | 19 000 | Kugelsternhaufen | |
| 13 | 6205 | Her | 16 41,7 | +36 28 | 5,9 | 23 | 22 000 | Kugelsternhaufen | |
| 14 | 6402 | Oph | 17 37,6 | −03 15 | 7,6 | 7 | 23 000 | Kugelsternhaufen | |
| 15 | 7078 | Peg | 21 30,0 | +12 10 | 6,4 | 12 | 49 000 | Kugelsternhaufen | |
| 16 | 6611 | Ser | 18 18,8 | −13 47 | 6,0 | 8 | 5 900 | o. Sternhaufen + Emissionsnebel | Adler-Nebel |
| 17 | 6618 | Sgr | 18 20,8 | −16 11 | 7,0 | 46 × 37 | 5 900 | Emissionsnebel | Omega-Nebel |
| 18 | 6613 | Sgr | 18 19,9 | −17 08 | 6,9 | 7 | 4 900 | offener Sternhaufen | |
| 19 | 6273 | Oph | 17 02,6 | −26 16 | 7,2 | 5 | 22 000 | Kugelsternhaufen | |
| 20 | 6514 | Sgr | 18 02,6 | −23 02 | 8,5 | 29 × 27 | 5 200 | Emissions- und Reflexionsnebel | Trifid-Nebel |
| 21 | 6531 | Sgr | 18 04,6 | −22 30 | 5,9 | 12 | 4 200 | offener Sternhaufen | |
| 22 | 6656 | Sgr | 18 36,4 | −23 54 | 5,1 | 17 | 9 800 | Kugelsternhaufen | |
| 23 | 6494 | Sgr | 17 56,8 | −19 01 | 5,5 | 27 | 2 200 | offener Sternhaufen | |
| 24 | 6603 | Sgr | 18 16,9 | −18 29 | 4,5 | 4 | 16 000 | Sternwolke | |
| 25 | IC 4725 | Sgr | 18 31,6 | −19 15 | 4,6 | 35 | 2 000 | offener Sternhaufen | |
| 26 | 6694 | Sct | 18 45,2 | −09 24 | 8,0 | 9 | 4 900 | offener Sternhaufen | |
| 27 | 6853 | Vul | 19 59,6 | +22 43 | 8,1 | 8 × 4 | 650 | Planetarischer Nebel | Hantel-Nebel |
| 28 | 6626 | Sgr | 18 24,5 | −24 52 | 6,9 | 15 | 15 000 | Kugelsternhaufen | |
| 29 | 6913 | Cyg | 20 23,9 | +38 32 | 6,6 | 7 | 3 900 | offener Sternhaufen | |
| 30 | 7099 | Cap | 21 40,4 | −23 11 | 7,5 | 9 | 42 000 | Kugelsternhaufen | |
| 31 | 224 | And | 00 42,7 | +41 16 | 3,4 | 160 × 40 | 2 300 000 | Spiralgalaxie | Andromeda-Galaxie |
| 32 | 221 | And | 00 42,7 | +40 52 | 8,2 | 3 × 2 | 2 300 000 | elliptische Galaxie | (Begleiter von M 31) |
| 33 | 598 | Tri | 01 33,9 | +30 39 | 5,7 | 60 × 40 | 2 300 000 | Spiralgalaxie | Triangulum-Galaxie |
| 34 | 1039 | Per | 02 42,0 | +42 47 | 5,2 | 30 | 1 400 | offener Sternhaufen | |
| 35 | 2168 | Gem | 06 08,9 | +24 20 | 5,1 | 29 | 2 800 | offener Sternhaufen | |
| 36 | 1960 | Aur | 05 36,1 | +34 08 | 6,0 | 16 | 4 200 | offener Sternhaufen | |
| 37 | 2099 | Aur | 05 52,4 | +32 33 | 5,6 | 24 | 4 200 | offener Sternhaufen | |
| 38 | 1912 | Aur | 05 28,7 | +35 50 | 6,4 | 18 | 4 200 | offener Sternhaufen | |
| 39 | 7092 | Cyg | 21 32,2 | +48 26 | 4,6 | 32 | 800 | offener Sternhaufen | |
| 40 | | UMa | 12 22,4 | +58 05 | 8,0 | − | | Doppelstern | Winnecke 4 |
| 41 | 2287 | CMa | 06 47,0 | −20 44 | 4,5 | 32 | 2 200 | offener Sternhaufen | |

| M | NGC | Stern-bild | Rekt. h m | Dekl. ° ' | Scheinbare Helligkeit | Abmessung in Bogen-Min. | Entfernung in Lichtjahren | Art des Objekts | Name |
|---|---|---|---|---|---|---|---|---|---|
| 42 | 1976 | Ori | 05 35,4 | −05 27 | 4,0 | 66 × 60 | 1 500 | Emissionsnebel | Orion-Nebel |
| 43 | 1982 | Ori | 05 35,6 | −05 16 | 9,0 | 20 × 15 | 1 500 | Emissionsnebel | Orion-Nebel |
| 44 | 2632 | Cnc | 08 40,1 | +19 59 | 3,1 | 90 | 520 | offener Sternhaufen | Praesepe |
| 45 |  | Tau | 03 47,0 | +24 07 | 1,2 | 120 | 410 | offener Sternhaufen | Plejaden |
| 46 | 2437 | Pup | 07 41,8 | −14 49 | 6,1 | 27 | 5 900 | offener Sternhaufen |  |
| 47 | 2422 | Pup | 07 36,6 | −14 30 | 4,4 | 25 | 1 800 | offener Sternhaufen |  |
| 48 | 2548 | Hya | 08 13,8 | −05 48 | 5,8 | 35 | 1 600 | offener Sternhaufen |  |
| 49 | 4472 | Vir | 12 29,8 | +08 00 | 8,4 | 4 × 4 | 36 000 000 | elliptische Galaxie |  |
| 50 | 2323 | Mon | 07 03,2 | −08 20 | 5,9 | 16 | 3 000 | offener Sternhaufen |  |
| 51 | 5194 | CVn | 13 29,9 | +47 12 | 8,1 | 12 × 6 | 13 000 000 | Spiralgalaxie | Whirlpool-Galaxie |
| 52 | 7654 | Cas | 23 24,2 | +61 35 | 6,9 | 13 | 6 900 | offener Sternhaufen |  |
| 53 | 5024 | Com | 13 12,9 | +18 10 | 7,7 | 14 | 65 000 | Kugelsternhaufen |  |
| 54 | 6715 | Sgr | 18 55,1 | −30 29 | 7,7 | 6 | 49 000 | Kugelsternhaufen |  |
| 55 | 6809 | Sgr | 19 40,0 | −30 58 | 7,0 | 15 | 19 000 | Kugelsternhaufen |  |
| 56 | 6779 | Lyr | 19 16,6 | +30 11 | 8,2 | 5 | 46 000 | Kugelsternhaufen |  |
| 57 | 6720 | Lyr | 18 53,6 | +33 02 | 9,0 | 1 × 1 | 2 300 | Planetarischer Nebel | Ring-Nebel |
| 58 | 4579 | Vir | 12 37,7 | +11 49 | 9,8 | 4 × 3 | 36 000 000 | Spiralgalaxie |  |
| 59 | 4621 | Vir | 12 42,0 | +11 39 | 9,8 | 3 × 2 | 36 000 000 | elliptische Galaxie |  |
| 60 | 4649 | Vir | 12 43,7 | +11 33 | 8,8 | 4 × 3 | 36 000 000 | elliptische Galaxie |  |
| 61 | 4303 | Vir | 12 21,9 | +04 28 | 9,7 | 6 | 36 000 000 | Spiralgalaxie |  |
| 62 | 6266 | Oph | 17 01,2 | −30 07 | 6,6 | 6 | 22 000 | Kugelsternhaufen |  |
| 63 | 5055 | CVn | 13 15,8 | +42 02 | 8,6 | 8 × 3 | 13 000 000 | Spiralgalaxie |  |
| 64 | 4826 | Com | 12 56,7 | +21 41 | 8,5 | 8 × 4 | 20 000 000 | Spiralgalaxie |  |
| 65 | 3623 | Leo | 11 18,9 | +13 05 | 9,3 | 8 × 2 |  | Spiralgalaxie |  |
| 66 | 3627 | Leo | 11 20,2 | +12 59 | 9,0 | 8 × 2 |  | Spiralgalaxie |  |
| 67 | 2682 | Cnc | 08 50,4 | +11 49 | 6,9 | 18 | 2 700 | offener Sternhaufen |  |
| 68 | 4590 | Hya | 12 39,5 | −26 45 | 8,2 | 9 | 40 000 | Kugelsternhaufen |  |
| 69 | 6637 | Sgr | 18 31,4 | −32 21 | 7,7 | 4 | 23 000 | Kugelsternhaufen |  |
| 70 | 6681 | Sgr | 18 43,2 | −32 18 | 8,1 | 4 | 65 000 | Kugelsternhaufen |  |
| 71 | 6838 | Sge | 19 53,8 | +18 47 | 8,3 | 6 | 18 000 | Kugelsternhaufen |  |
| 72 | 6981 | Aqr | 20 53,5 | −12 32 | 9,4 | 5 | 59 000 | Kugelsternhaufen |  |
| 73 | 6994 | Aqr | 20 58,9 | −12 38 | 5,0 | 3 |  | Sterngruppe |  |
| 74 | 628 | Psc | 01 36,7 | +15 47 | 9,2 | 8 | 26 000 000 | Spiralgalaxie |  |
| 75 | 6864 | Sgr | 20 06,1 | −21 55 | 8,6 | 5 | 78 000 | Kugelsternhaufen |  |
| 76 | 650 | Per | 01 42,4 | +51 34 | 11,5 | 2 × 1 | 8 200 | Planetarischer Nebel | Kleiner Hantel-Nebel |
| 77 | 1068 | Cet | 02 42,7 | −00 01 | 8,8 | 2 | 52 000 000 | Spiralgalaxie |  |
| 78 | 2068 | Ori | 05 46,7 | +00 03 | 8,0 | 8 × 6 | 1 600 | Reflexionsnebel |  |
| 79 | 1904 | Lep | 05 24,5 | −24 33 | 8,0 | 8 | 42 000 | Kugelsternhaufen |  |
| 80 | 6093 | Sco | 16 17,0 | −22 59 | 7,2 | 5 | 36 000 | Kugelsternhaufen |  |
| 81 | 3031 | UMa | 09 55,6 | +69 04 | 6,8 | 16 × 10 | 9 800 000 | Spiralgalaxie |  |
| 82 | 3034 | UMa | 09 55,8 | +69 41 | 8,4 | 7 × 2 | 9 800 000 | aktive Galaxie |  |
| 83 | 5236 | Hya | 13 37,0 | −29 52 | 10,1 | 10 × 8 | 13 000 000 | Spiralgalaxie |  |
| 84 | 4374 | Vir | 12 25,1 | +12 53 | 9,3 | 3 | 36 000 000 | elliptische Galaxie |  |
| 85 | 4382 | Com | 12 25,4 | +18 11 | 9,3 | 4 × 2 | 36 000 000 | elliptische Galaxie |  |
| 86 | 4406 | Vir | 12 26,2 | +12 57 | 9,2 | 4 × 3 | 36 000 000 | elliptische Galaxie |  |
| 87 | 4486 | Vir | 12 30,8 | +12 24 | 8,6 | 3 | 36 000 000 | elliptische Galaxie |  |
| 88 | 4501 | Com | 12 32,0 | +14 25 | 9,5 | 6 × 3 | 36 000 000 | Spiralgalaxie |  |
| 89 | 4552 | Vir | 12 35,7 | +12 33 | 9,8 | 2 | 36 000 000 | elliptische Galaxie |  |
| 90 | 4569 | Vir | 12 36,8 | +13 10 | 9,5 | 6 × 3 | 36 000 000 | Spiralgalaxie |  |
| 91 | 4548 | Com | 12 35,4 | +14 30 | 10,2 | 5 × 4 |  | Spiralgalaxie |  |
| 92 | 6341 | Her | 17 17,1 | +43 08 | 6,5 | 12 | 36 000 | Kugelsternhaufen |  |
| 93 | 2447 | Pup | 07 44,6 | −23 52 | 6,2 | 18 | 3 600 | offener Sternhaufen |  |
| 94 | 4736 | CVn | 12 50,9 | +41 07 | 8,1 | 5 × 4 | 20 000 000 | Spiralgalaxie |  |
| 95 | 3351 | Leo | 10 44,0 | +11 42 | 9,7 | 3 | 29 000 000 | Spiralgalaxie |  |
| 96 | 3368 | Leo | 10 46,8 | +11 49 | 9,2 | 7 × 4 | 29 000 000 | Spiralgalaxie |  |
| 97 | 3587 | UMa | 11 14,8 | +55 01 | 11,2 | 3 | 2 600 | Planetarischer Nebel | Eulen-Nebel |
| 98 | 4192 | Com | 12 13,8 | +14 54 | 10,1 | 8 × 2 | 36 000 000 | Spiralgalaxie |  |
| 99 | 4254 | Com | 12 18,8 | +14 25 | 9,8 | 4 | 36 000 000 | Spiralgalaxie |  |
| 100 | 4321 | Com | 12 22,9 | +15 49 | 9,4 | 5 | 36 000 000 | Spiralgalaxie |  |
| 101 | 5457 | UMa | 14 03,2 | +54 21 | 7,7 | 22 | 9 800 000 | Spiralgalaxie | Wagenrad-Galaxie |
| 102 | − | − | − | − | − | − | − | − | − |
| 103 | 581 | Cas | 01 33,2 | +60 42 | 7,4 | 6 | 8 500 | offener Sternhaufen |  |
| 104 | 4594 | Vir | 12 40,0 | −11 37 | 8,3 | 7 × 2 | 14 000 000 | Spiralgalaxie | Sombrero-Galaxie |
| 105 | 3379 | Leo | 10 47,8 | +12 35 | 9,3 | 2 × 2 |  | elliptische Galaxie |  |
| 106 | 4258 | CVn | 12 19,0 | +47 18 | 8,3 | 20 × 6 |  | Spiralgalaxie |  |
| 107 | 6171 | Oph | 16 32,5 | −13 03 | 8,1 | 8 |  | Kugelsternhaufen |  |
| 108 | 3556 | UMa | 11 11,5 | +55 40 | 10,0 | 8 × 2 |  | Spiralgalaxie |  |
| 109 | 3992 | UMa | 11 57,6 | +53 23 | 9,8 | 7 |  | Spiralgalaxie |  |
| 110 | 205 | And | 00 40,4 | +41 41 | 8,0 | 19 × 12 | 2 300 000 | elliptische Galaxie | (Begleiter von M 31) |

# Glossar

**Absolute Helligkeit.** Ein Maß für die Leuchtkraft eines Sterns, das wie die scheinbare Helligkeit in Größenklassen angegeben wird. Absolute Helligkeit M und scheinbare Helligkeit m wären gleich, wenn sich der Stern in einem Abstand von 10 Parsec (32,6 Lichtjahren) vom Beobachter befände. Die Sonne erscheine in dieser Standardentfernung mit einer Helligkeit von $4\overset{m}{.}7$; ihre absolute Helligkeit ist demnach $4\overset{m}{.}7$.

**Absorption.** Die Schwächung der Strahlung beim Durchgang durch Materie, wobei die Strahlungsenergie von den Molekülen und Atomen aufgenommen wird. Eine weitere Schwächung kann durch Streuung auftreten, die nicht mit einer Energieumwandlung, sondern nur mit einer Richtungsänderung verbunden ist.

**Absorptionsspektrum.** Beim Durchgang von Strahlung durch ein Gas absorbieren dessen Atome oder Moleküle Strahlung aus schmalen, diskreten Wellenlängenbereichen. Für einen weiter entfernten Beobachter fehlen diese Wellenlängen im kontinuierlichen Spektrum der Strahlungsquelle, was sich als dunkle Linien bemerkbar macht.

**Aphel.** Der sonnenfernste Punkt der Bahn eines Planeten, Kometen oder anderen Himmelskörpers um die Sonne. Der sonnennächste Bahnpunkt heißt Perihel.

**Äquinoktium.** Tagundnachtgleiche; der Zeitpunkt, zu dem die Sonne einen der beiden Schnittpunkte von Ekliptik und Himmelsäquator passiert.

**Asteroiden.** Siehe Planetoiden.

**Astronomische Einheit**, abgekürzt AE. Die mittlere Entfernung der Erde von der Sonne, die als Maßeinheit für Entfernungen im Sonnensystem benutzt wird. 1 AE = 149,6 Millionen km.

**Bedeckungsveränderlicher.** Ein Doppelstern, dessen Bahnebene so orientiert ist, daß sich die beiden Komponenten von der Erde aus gesehen zeitweise verdecken. Dadurch ändert sich die scheinbare Helligkeit des Systems in periodischen Abständen.

**Bolide.** Ein Meteor, dessen scheinbare Helligkeit die der Venus ($-4^m$) übersteigt.

**Bogenminute.** Ein Winkelmaß; ein Sechzigstel eines Grades. Eine Bogenminute wird wiederum in 60 Bogensekunden unterteilt.

**Cepheiden.** Eine oft für Delta-Cephei-Sterne benutzte Bezeichnung. Cepheiden sind eine bedeutende Klasse von veränderlichen Sternen, deren Helligkeit in regelmäßigem Rhythmus variiert. Je länger die Periode eines Cepheiden, desto größer seine Leuchtkraft. Diese Beziehung erlaubt es, aus der gemessenen Periode eines Cepheiden seine Entfernung bzw. auch die Entfernung des Kugelsternhaufens oder des Sternsyssems, in dem er sich befindet, zu ermitteln.

**Dämmerung.** Die Übergangszeit zwischen Tag und Nacht. Als bürgerliche Dämmerung bezeichnet man den Zeitraum vor Sonnenaufgang oder nach Sonnenuntergang, in dem sich die Sonne nicht mehr als 6° unter dem Horizont befindet. Während der nautischen Dämmerung steht sie 6° bis 12°, während der astronomischen Dämmerung 12° bis 18° unter dem Horizont.

**Deklination.** Eine der geographischen Breite analoge Koordinate an der Himmelskugel. Sie ist der Winkelabstand eines Gestirns vom Himmelsäquator, der in Grad gemessen und nach Norden positiv, nach Süden negativ gezählt wird.

**Doppelstern.** Zwei Sterne, die durch ihre Gravitation aneinander gebunden sind und um einen gemeinsamen Systemschwerpunkt kreisen. Doppelsterne haben eine große Bedeutung für die Astronomie, weil sich aus ihrer Bahnbewegung zuverlässige Werte für Masse, Durchmesser und Dichte gewinnen lassen. Bei Einzelsternen ist die Bestimmung dieser Größen nicht möglich.

**Doppler-Effekt.** Die scheinbare Änderung der Wellenlänge, wenn sich Quelle und Beobachter relativ zueinander bewegen. Der Effekt ist nach dem österreichischen Physiker Christian Doppler benannt, der ihn beim Schall entdeckte. Beim Licht gibt es einen analogen Effekt. Nähern sich Lichtquelle und Beobachter, verringert sich die Wellenlänge, also zum blauen Ende des sichtbaren Spektrums verschoben. Umgekehrt erscheint die Wellenlänge vergrößert, das Licht also zum roten Ende des sichtbaren Spektrums verschoben, wenn sich der Abstand zwischen Quelle und Beobachter vergrößert. Der Doppler-Effekt ist in der Astronomie ein bedeutendes Mittel, um anhand der Verschiebung von Spektrallinien im Spektrum Relativbewegungen zu messen.

**Eigenbewegung.** Die Positionsveränderung eines Sterns am Firmament infolge seiner tatsächlichen Bewegung durch den Raum.

**Ekliptik.** Die jährliche scheinbare Bahn der Sonne am Firmament oder – anders ausgedrückt – die Projektion der Erdbahn auf die Himmelskugel.

**Elektromagnetisches Spektrum.** Der gesamte Wellenlängen- bzw. Frequenzbereich der elektromagnetischen Strahlung, er umfaßt Gammastrahlen, Röntgenstrahlen, ultraviolettes Licht, sichtbares Licht, infrarotes Licht, Mikrowellen und Radiowellen.

**Emissionsspektrum.** Ein Spektrum, das helle Linien oder Banden enthält. Heiße Gase beispielsweise senden kein kontinuierliches Spektrum, sondern ein Linienspektrum bei diskreten Wellenlängen aus.

**Epoche.** Der Zeitpunkt, auf den sich eine bestimmte astronomische Größe bezieht. Die Koordinaten der Gestirne zum Beispiel werden zur Zeit auf die Standardepoche 2000,0 bezogen. Die Festlegung einer solchen Referenz ist erforderlich, weil sich der Nullpunkt des Koordinatensystems durch die Präzessionsbewegung der Erdachse verschiebt.

**Flächenhelligkeit.** Die über alle Wellenlängen gemittelte Helligkeit einer ausgedehnten Lichtquelle.

**Frühlingspunkt.** Der Schnittpunkt zwischen Himmelsäquator und Ekliptik, in dem die Sonne den Äquator von Süden nach Norden überschreitet. Von ihm ausgehend wird die Rektaszension eines Gestirns gezählt.

**Galaxie.** Ein Sternsystem außerhalb unseres Milchstraßensystems. Galaxien können unterschiedliche Gestalt und Größe haben; Haupttypen sind elliptische Galaxien und Spiralgalaxien.

**Galaxiengruppe.** Ansammlung von bis zu etwa zehn Galaxien.

**Galaxienhaufen.** Ansammlung von mehr als etwa zehn Galaxien, die durch ihre Gravitation zusammengehalten werden. Beispiele sind die Lokale Gruppe, zu der auch unser Milchstraßensystem gehört, und der Virgo-Galaxienhaufen. Manche Haufen enthalten mehrere tausend Sternsysteme.

**Galaxis.** Bezeichnung für unser Milchstraßensystem, um sie von anderen Galaxien zu unterscheiden.

**Gammastrahlen.** Elektromagnetische Strahlung sehr kurzer Wellenlänge und hoher Frequenz. Im Weltall entstehen Gammastrahlen durch verschiedene energiereiche Prozesse.

**Gravitation.** Die Schwerkraft, die zwischen allen Materieteilchen wirkt; sie ist eine von vier Grundkräften in der Natur.

**Gravitationslinse.** Große Massenansammlungen bewirken eine Krümmung des Raumes, durch die Licht wie durch eine optische Linse abgelenkt wird. Das Licht eines fernen Objekts (wie z.B. eines Quasars) kann durch das Gravitationsfeld einer näher gelegenen Galaxie, die sich fast genau auf der Sichtlinie befindet, derart abgelenkt werden, daß das Bild der Lichtquelle verstärkt wird und mehrfach erscheint.

**Grenzgröße.** Die scheinbare Helligkeit eines Himmelsobjekts, die mit einem bestimmten optischen Instrument noch nachgewiesen werden kann. Die Grenzgröße für das bloße Auge unter optimalen Bedingungen ist $6^m$.

**Größenklasse.** Maß für die Helligkeit eines Objekts am Himmel, auch Magnitude genannt (Einheitenzeichen $^m$).

**HI-Region.** Ansammlung von neutralem Wasserstoffgas im interstellaren Raum.

**HII-Region.** Ansammlung von ionisiertem Wasserstoffgas im interstellaren Raum. Die Ionisation wird meist durch das ultraviolette Licht heißer Sterne hervorgerufen, die in den Gasmassen eingebettet sind.

**Helligkeit.** Ein Maß für den Lichtstrom eines Himmelsobjekts, in Größenklassen ausgedrückt. Die scheinbare Helligkeit bezeichnet den Helligkeitseindruck am Ort des Beobachters, während die absolute Helligkeit ein relatives Maß für die Leuchtkraft der Quelle ist.

**Herbstpunkt.** Der Schnittpunkt zwischen Himmelsäquator und Ekliptik, in dem die Sonne den Äquator von Norden nach Süden überquert.

**Himmelsäquator.** Die Projektion des Erdäquators an die Himmelskugel. Von ihm ausgehend wird die Deklination eines Gestirns gemessen, und zwar nach Norden positiv, nach Süden negativ.

**Hubble-Weltraumteleskop.** Ein Teleskop mit einem 2,20-Meter-Spiegel, das 1990 mit einer amerikanischen Raumfähre in eine Erdumlaufbahn gebracht wurde. Weil es sich außerhalb der Erdatmosphäre befindet, sind die mit ihm gewonnenen Aufnahmen frei von Störungen durch Luftunruhe.

**IC.** Abkürzung für den „Index Catalogue", einer Ergänzung zu dem „New General Catalogue of Nebulae and Clusters of Stars".

**Infrarotstrahlung.** Wärmestrahlung. Elektromagnetische Strahlung mit Wellenlängen zwischen denen von sichtbarem Licht und von Mikrowellen.

**Interstellare Materie.** Bezeichnung für die Gase und Staubpartikel, die sich im Raum zwischen den Sternen befinden. Im allgemeinen ist die Dichte sehr gering (im Mittel ein Gasatom pro Kubikzentimeter und ein Staubkorn pro 100 000 Kubikmeter), doch können lokale Verdichtungen in Form von Gas- und Staubnebeln auftreten.

**Ionisation.** Das Umwandeln eines elektrisch neutralen Atoms oder Moleküls in ein elektrisch geladenes Ion. Zur Ionisation ist eine bestimmte Mindestenergie erforderlich, um eines oder mehrere der Hüllenelektronen des Atoms zu entfernen. Dieser Energieübertrag kann durch Stöße mit anderen Partikeln, durch thermische Bewegung (hohe Temperaturen) oder durch Absorption energiereicher Strahlung erfolgen.

**Kleinplaneten.** Siehe Planetoiden.

**Komet.** Ein locker zusammengeballter Körper aus Wassereis, gefrorenen Gasen und Staubpartikeln, der die Sonne auf einer langgestreckten elliptischen Bahn umkreist. Bei Annäherung an die Sonne geht das Eis in die Gasphase über, und der Kometenkörper verliert beständig Materie. Durch den Druck der von der Sonne ausgehenden Strahlung werden die Gase in einen Gasschweif und die Staubpartikel in einen Staubschweif gedrückt, die mehrere Millionen Kilometer lang sein können.

**Kugelsternhaufen.** Nahezu kugelförmige Anhäufung von bis zu mehreren Millionen Sternen. Kugelsternhaufen umgeben das Milchstraßensystem in einem sphärischen Halo; in ihrem Inneren ist die Sterndichte vermutlich 10 000fach höher als in der Umgebung der Sonne.

**Kulmination.** Der Durchgang eines Gestirns durch den Meridian; es erreicht zu diesem Zeitpunkt auf seiner scheinbaren täglichen Bahn am Firmament den höchsten Stand über dem Horizont.

**Leuchtkraft.** Die pro Sekunde von der Oberfläche eines Sterns abgestrahlte Energie; sie ist von der Temperatur und der Größe der Oberfläche abhängig. Ein Maß für die Leuchtkraft ist die absolute Helligkeit.

**Lichtjahr.** Die Strecke, die Licht in einem Jahr zurücklegt; wird ebenso wie das Parsec als Maßeinheit für interstellare Distanzen benutzt. 1 Lichtjahr = 9,46 Billionen km = 63 240 AE = 0,306 pc.

**Lichtkurve.** Graphische Darstellung der Helligkeitsänderungen von veränderlichen Sternen oder anderen Himmelsobjekten.

**Lokale Gruppe.** Galaxienhaufen, zu dem unser Milchstraßensystem, die Andromeda-Galaxie M 31, die Triangulum-Galaxie M 33, die beiden Magellanschen Wolken und etwa 30 weitere kleine Sternsysteme gehören.

**M.** Abkürzung für Messier-Katalog.

**Mehrfachstern.** System aus mindestens drei Sternen, die durch ihre Gravitation aneinandergekoppelt sind. Mehrfachsterne sind wie offene Sternhaufen gemeinsam aus einer verdichteten interstellaren Wolke entstanden.

**Meridian.** Der Großkreis an der Himmelskugel, der durch Zenit, Nadir und die beiden Himmelspole verläuft; er schneidet den Horizont des Beobachters im Nord- und Südpunkt. Im Meridian erreichen die Gestirne ihren höchsten Stand (Kulmination).

**Messier-Objekte.** Himmelsobjekte, die der französische Astronom Charles Messier in einem 1781 vollendeten Katalog von Nebeln und Sternhaufen verzeichnet hat. Die heutige Version des Katalogs enthält 110 Objekte, die durch ein vorangestelltes M gekennzeichnet werden. In einigen Fällen nahm Messier irrtümlich dicht beieinander stehende Sterne auf und verzeichnete manche Objekte doppelt.

**Meteor.** Leuchterscheinung, die beim Eindringen eines interplanetaren Staubteilchens in die Erdatmosphäre entsteht.

**Meteorit.** Rest eines teilweise verglühten Meteoroiden, der bis auf die Erdoberfläche gelangt.

**Meteoroid.** Ein Kleinkörper, der sich auf einer Bahn im interplanetaren Raum bewegt. Der Begriff hat sich seit einigen Jahren insbesondere im angelsächsischen Sprachraum eingebürgert.

**Milchstraße.** Das mattschimmernde Band aus unzähligen lichtschwachen Sternen am Himmel, das die Symmetrieebene des Milchstraßensystems darstellt.

**Milchstraßensystem.** Das Sternsystem, zu dem unsere Sonne gehört; auch Galaxis genannt.

**Neutronenstern.** Ein stellares Objekt etwa 1,4facher Sonnenmasse, das entsteht, wenn ein massereicher Stern als Supernova explodiert. Während dabei die äußeren Gashüllen mit hoher Geschwindigkeit in den interstellaren Raum hinausgetrieben werden, stürzt der innere Teil des Sterns in sich zusammen und verwandelt sich in eine kompakte Kugel, in der die Elektronen in die Atomkerne hineingedrückt werden, wo sie sich mit den Protonen zu Neutronen verbinden. Der Durchmesser eines Neutronensterns beträgt zehn bis 20 Kilometer, seine Dichte ist mit einer Milliarde Tonnen pro Kubikzentimeter unvorstellbar hoch. Neutronensterne können starke Magnetfelder besitzen und sehr rasch rotieren. Manche von ihnen machen sich als Pulsare bemerkbar.

**NGC.** Abkürzung für den „New General Catalogue of Nebulae and Clusters of Stars". Ein Verzeichnis von etwa 8000 Sternhaufen, Nebeln und Galaxien, das 1888 erschien und später durch zwei Index-Kataloge ergänzt wurde.

**Nova.** Ein Stern, der seine Helligkeit explosionsartig innerhalb weniger Tage um sechs bis 18 Größenklassen steigert und im Laufe weniger Wochen wieder zum Normalwert zurückkehrt. Die Bezeichnung Nova („neuer Stern") ist historisch bedingt: Das Erscheinen eines hellen Lichtpunktes am Himmel interpretierte man als neuen Stern, doch tatsächlich war der Vorläuferstern nur zu lichtschwach, um gesehen werden zu können. Heute weiß man, daß Novae Doppelsternsysteme sind, in denen die Komponenten Masse austauschen. Dabei kann es zu Instabilitäten kommen, die energiereiche Kernreaktionen auslösen. Manche Novae können wiederholt Ausbrüche zeigen („wiederkehrende Novae"); die Wiederholungsrate kann Jahrzehnte bis womöglich Jahrtausende betragen.

**Offene Sternhaufen.** Lockere Ansammlungen von etwa zehn bis 1000 Sternen unregelmäßiger Gestalt, die hauptsächlich in der Ebene des Milchstraßensystems zu finden sind.

**Parallaxe.** Die scheinbare Verschiebung eines relativ nahen Objekts gegen den weit entfernten Hintergrund, wenn man es aus verschiedenen Richtungen beobachtet. So scheint der Daumen der ausgestreckten Hand hin und her zu springen, wenn man ihn abwechselnd mit dem rechten und dem linken Auge fixiert. In der Astronomie nimmt man anstelle des Augenabstandes den Durchmesser der Erdbahn als Basislinie. Die Verschiebung eines sonnennahen Sterns am Firmament ist dann am größten. Aus der in Bogensekunden gemessenen Parallaxe läßt sich die Entfernung des Sterns errechnen.

**Parsec.** Parallaxensekunde, abgekürzt pc. Die Entfernung, in der ein Stern die Parallaxe von einer Bogensekunde hätte. Dies entspricht der Entfernung, aus welcher der Radius der Erdbahn unter einem Winkel von einer Bogensekunde erscheinen würde. 1 pc = 30,8 Billionen km = 206 265 AE = 3,26 Lichtjahre.

**Perihel.** Der sonnennächste Punkt der Bahn eines Planeten, Kometen oder anderen Himmelskörpers um die Sonne. Der sonnenfernste Bahnpunkt heißt Aphel.

**Planet.** Ein Himmelskörper von einigen tausend Kilometern Durchmesser, der nicht selbst leuchtet, sondern nur das Licht eines Zentralsterns reflektiert, den er umkreist.

**Planetarischer Nebel.** Eine etwa kugelschalenförmige Hülle aus dünnem Gas, die einen Zentralstern umgibt und von diesem ausgestoßen wurde. Im Fernrohr zeigen solche Nebel ein scheibchenförmiges Aussehen, weshalb sie dem Bild eines Planeten nicht unähnlich sind.

# Glossar

**Planetoiden.** Kleinplaneten mit Durchmessern kleiner als 1000 Kilometern, die sich zumeist auf Bahnen zwischen Mars und Jupiter um die Sonne bewegen; auch Asteroiden genannt.

**Präzession.** Kreiselbewegung der Erdachse um eine Senkrechte zur Bahnebene, wodurch sie sich auf dem Mantel eines Doppelkegels bewegt, dessen Spitze im Schwerpunkt der Erde liegt. Als Folge davon beschreiben die beiden Himmelspole am Firmament innerhalb von etwa 25 700 Jahren einen Kreis um die Pole der Ekliptik.

**Pulsar.** Ein rotierender Neutronenstern, der Radiostrahlung aussendet. Die Emission erfolgt – ähnlich wie bei einem Leuchtturm – in engen Strahlenbündeln; jedesmal, wenn diese die Erde überstreichen, ist ein Radiopuls meßbar.

**Quasar.** Sternartig aussehendes („quasi-stellares") Objekt, das in Wirklichkeit der extrem helle Kern einer aktiven Galaxie ist. Quasare gehören zu den fernsten Objekten im Kosmos, die man sehen kann.

**Radiant.** Der scheinbare Ausstrahlungspunkt eines Meteorschauers am Himmel. Meteorströme werden nach dem Sternbild benannt, in dem ihr Radiant liegt.

**Radiogalaxien.** Sternsysteme, die starke Radiostrahlung aussenden.

**Rektaszension.** Eine der geographischen Länge analoge Koordinate an der Himmelskugel. Sie wird vom Frühlingspunkt ausgehend in östlicher Richtung entlang des Himmelsäquators in Stunden und Minuten gemessen. Die Rektaszension eines Gestirns entspricht der Zeit, die zwischen der Kulmination des Frühlingspunkts und der Kulmination des Gestirns verstreicht.

**Riesensterne.** Sterne hoher Leuchtkraft.

**Scheinbare Helligkeit.** Die Helligkeit, mit der ein Himmelsobjekt dem Beobachter erscheint; sie wird in Größenklassen angegeben.

**Schwarzes Loch.** Kollabierter Rest eines ehemals massereichen Sterns, der noch viel dichter ist als ein Neutronenstern. Die Gravitation eines solchen Objekts ist so groß, daß selbst Licht nicht von ihm entweichen kann. Es gibt demnach keine Möglichkeit, ein Schwarzes Loch direkt zu sehen; es ist scheinbar aus unserem Universum verschwunden und läßt sich nur aufgrund seiner Gravitationswirkung auf seine Umgebung nachweisen.

**Sonnensystem.** Das System, dem unsere Sonne, die Erde und die anderen großen Planeten sowie deren Monde angehören. Es umfaßt ferner alle anderen Objekte, die um die Sonne kreisen (Planetoiden, Kometen, Meteoroide), und die als Staub und Gas vorliegende interplanetare Materie.

**Spektralklassifikation.** Ordnung der Sterne nach ihren spektralen Eigenschaften. Die heute gebräuchliche Spektralklassifikation spiegelt eine Temperatur- bzw. Farbsequenz der Sterne wider. Die einzelnen Spektraltypen werden zur feineren Unterscheidung dezimal unterteilt und mit Zusätzen über die Leuchtkraft des Sterne versehen.

**Spektrum.** Siehe elektromagnetisches Spektrum.

**Stern.** Ein aus ionisierten Gasen bestehender Himmelskörper, der selbst leuchtet. Die Energie wird überwiegend durch Kernfusionsprozesse im Inneren der Gaskugel erzeugt.

**Sternhaufen.** Ein Ansammlung von mehr als etwa zehn Sternen. Man unterscheidet offene Sternhaufen unregelmäßiger Gestalt und Kugelsternhaufen sphärischer Symmetrie.

**Sternschnuppe.** Siehe Meteor.

**Streuung.** Die Schwächung von Strahlung durch Ablenken aus der ursprünglichen Ausbreitungsrichtung. Sie ist von der Wellenlänge der Strahlung und der Größe der streuenden Teilchen abhängig.

**Supernova.** Die Explosion eines massereichen Sterns am Ende seiner Entwicklung. Die Leuchtkraft steigt dabei auf das Milliardenfache ihres ursprünglichen Wertes an. Große Teile der äußeren Hülle werden in den interstellaren Raum hinaus abgestoßen, während das Innere zu einem Neutronenstern oder zu einem Schwarzen Loch zusammenstürzt.

**Tierkreis.** Ein etwa 16° breites Band an der Himmelskugel, das sich beiderseits der Ekliptik erstreckt, und in dem sich die Sonne, der Mond, die Planeten und die meisten der Planetoiden bewegen. Es verläuft durch 13 Sternbilder.

**Überriesen.** Sterne, deren Leuchtkraft noch größer ist als die von Riesensternen.

**Ultraviolettes Licht.** Der an das blaue Ende des sichtbaren Spektralbereichs angrenzende Teil des elektromagnetischen Spektrums.

**Veränderliche Sterne.** Sterne, deren Helligkeit nicht konstant ist. Nahezu jeder Stern durchläuft in seiner Entwicklung eine Phase, in der seine Leuchtkraft variiert. Eine Untergruppe sind die Bedeckungsveränderlichen, deren Helligkeitsänderung auf einen Verfinsterungseffekt zurückzuführen ist.

**Weißer Zwerg.** Ein kollabierter Stern von etwa Erdgröße, dessen Masse ungefähr so groß ist wie der Sonne. Seine mittlere Dichte beträgt etwa eine Tonne pro Kubikzentimeter. Weiße Zwerge sind das Endstadium von relativ massearmen Sternen. Sie erzeugen in ihrem Inneren keine Energie mehr und kühlen durch Abstrahlung langsam aus. Auch die Sonne wird sich am Ende ihrer Entwicklung in einen Weißen Zwerg verwandeln.

**Zenit.** Der Punkt an der Himmelskugel genau senkrecht über dem Beobachter.

**Zirkumpolarstern.** Ein Stern, der von der geographischen Breite des Beobachters aus nie unter den Horizont sinkt.

# Literatur/Bildnachweise

## Quellen und ausgewählte Literatur

Bakich, M. F.: The Cambridge Guide to the Constellations. Cambridge 1995.

Bartels, K.: Wie Berenike auf die Vernissage kam. Darmstadt 1996.

Bode, J. E.: Vorstellung der Gestirne auf XXXIV Kupfertafeln. Berlin und Stralsund 1782 (Nachdruck: Düsseldorf, ohne Jahresangabe).

Boll, F.: Kleine Schriften zur Sternkunde des Altertums. Leipzig 1950.

Boll, F.: Sphaera. Neue griechische Texte und Untersuchungen zur Geschichte der Sternbilder. Leipzig 1903 (Nachdruck: Hildesheim 1967).

Bronsart, H. v.: Kleine Lebensbeschreibung der Sternbilder. Stuttgart 1963.

Cragin, M, Lucyk, J. u. Rappaport, B.: The Deep Sky Field Guide to Uranometria 2000.0. Richmond, Virginia 1993.

Digest: Astrophysik. Spektrum der Wissenschaft, Heidelberg 1996.

Duerbeck, H. W.: Der Christliche Sternhimmel des Julius Schiller. In: Sterne und Weltraum 18, Heft 12, S. 408—413 (1979).

Erren, M. (Hrsg.): Aratos Phainomena. Sternbilder und Wetterzeichen. München 1971.

Fasching, G.: Sternbilder und ihre Mythen. 2., verbesserte Auflage, Wien 1993.

Fink, G.: Who's who in der antiken Mythologie. München 1993.

Hermann, J.: Die Sterne. München 1985.

Kaler, J. B.: Sterne. Die physikalische Welt der kosmischen Sonnen. Heidelberg 1993.

Knobloch. E.: Antike Sternsagen. Teil 1 und 2. In: Sterne und Weltraum 19, Heft 7/8, S. 232—238, und Heft 10, S. 338—343 (1980).

Küentzle, H.: Über die Sternsagen der Griechen. Karlsruhe 1897.

Lexikon der Astronomie. Die große Enzyklopädie der Weltraumforschung in zwei Bänden. Heidelberg 1995.

Moore, P.: Exploring the Night Sky with Binoculars. Cambridge 1996.

Normann, F.: Mythen der Sterne. Gotha und Stuttgart 1925.

Ovid: Metamorphosen. In Prosa neu übersetzt von G. Fink. Frankfurt am Main 1992.

Ridpath, I.: Sterne erzählen. 88 Konstellationen und ihre Geschichte(n). Olten 1991.

Ridpath, I. u. Tirion, W.: Der große Kosmos-Himmelsführer. Stuttgart 1987.

Rowan-Robinson, M.: Das Universum der Sterne. Himmelsbeobachtungen und Streifzüge durch die moderne Astronomie. Heidelberg 1993.

Rükl, A.: Bildatlas des Weltraums. Hanau 1988.

Schadewaldt, W.: Sternsagen. Frankfurt am Main 1976.

Thiele, G.: Antike Himmelsbilder. Mit Forschungen zu Hipparchos, Aratos und seinen Fortsetzern und Beiträgen zur Kunstgeschichte des Sternenhimmels. Berlin 1898.

Tirion, W., Rappaport, B. und Lovi, G.: Uranometria 2000.0, Band I und II. Richmond, Virginia 1987.

Tirion, W.: The Cambridge Star Atlas. Cambridge 1991.

Tripp, E.: Reclams Lexikon der antiken Mythologie. Stuttgart 1974.

Vehrenberg, H. Atlas der schönsten Himmelsobjekte. Düsseldorf 1985.

Zimmermann, H. u. Weigert, A: ABC-Lexikon der Astronomie. 8., überarbeitete Auflage, Heidelberg 1995.

## Bildnachweise

Soweit nicht anders angegeben, stammen die Photos von E. Slawik und die Graphiken von U. Reichert.

Sternkarten: U. Reichert, BITmap, A. M. Quetz, B. Wehner.

S. 51, 75, 87, 94 u., 126 u., 146 u., 174 u.: Astrofoto Bildagentur/Vehrenberg KG; S. 106 u., 191: Space Telescope Science Institute; S. 162 u., 183 u.: Sterne und Weltraum; S. 167, 190 u.: BITmap/U. Reichert.

# Index

**Verzeichnis der Objekte**

12 Monocerotis 47
16 Cygni 155
17 Comae Berenices 82
19 Piscium 174
30 Doradus 38, 39
47 Tucanae 162, 163
47 Ursae Majoris 155
51 Pegasi 154, 155
61 Cygni 136, 191
70 Virginis 155

α Andromedae 170
α Centauri 34, 90, 126
α Coronae Borealis 66
α Equulei 154
α Gruis 162
α Librae 114
α Piscium 174
α Scorpii 118, 119

β Aurigae 66
β Cygni 136
β Eridani 66
β Leonis 70
β Lyrae 142
β Pictoris 38, 50, 194
β Scorpii 117

δ Cancri 54f.
δ Capricorni 158
δ Cephei 17, 166, 167
δ Geminorum 42
δ Gruis 162
δ Leonis 66
δ Librae 114
δ Scuti 110
δ Serpentis 110

ε Aquilae 146
ε Aurigae 42
ε Draconis 106
ε Indi 150
ε Lupi 117
ε Lyrae 142
ε Sculptoris 178

γ Andromedae 170
γ Arietis 186
γ Cancri 54f.
γ Comae Berenices 83
γ Coronae Australis 150
γ Draconis 106
γ Leonis 70
γ Velorum 82

η Carinae 62
η Draconis 106
η Geminorum 42
η Lupi 117

h/χ Persei 186, 187

κ Coronae Australis 150
κ Lupi 117
κ Pavonis 150

μ Bootis 94
μ Cephei 166
μ Draconis 106
μ Gruis 162
μ Lupi 117

ν Draconis 106
ν Scorpii 117

o Ceti 190
o Leonis 70

ω Centauri 90, **91**

π Lupi 117

τ Bootis 155
τ Canis Majoris 58
τ Ceti 190
τ Trianguli 170

υ Carinae 62
υ Leonis 71
υ Serpentis 110

ξ Cygni 136
ξ Lupi 117

ψ Andromedae 155
ψ Draconis 106

ζ Aquarii 158
ζ Aurigae 42
ζ Geminorum 42
ζ Ophiuchi 127
ζ Phoenicis 178

IC 434 29
IC 1396 166
IC 2602 62
IC 4651 102
IC 4665 126
IC 4756 110
IC 5067-1070 138

Lalande 21185 66

M 1 30, 43
M 2 158
M 3 94
M 4 117
M 5 110
M 6 118, 131
M 7 117, 118, 131
M 8 130
M 9 127
M 10 127
M 11 110, 111
M 12 127
M 13 122, 123
M 15 154
M 16 110, 132
M 17 130, 132
M 18 130, 132
M 20 130, 132
M 21 130, 132
M 22 132
M 23 130, 132
M 24 130, 132
M 25 130, 132
M 26 110, 111
M 27 142, 143
M 28 132
M 29 136
M 30 158
M 31 170, 171
M 32 171
M 33 170, 171, 186
M 34 186
M 35 42, 43
M 36 42, 43
M 37 42, 43
M 38 42, 43
M 39 136
M 41 46, 58
M 42 26, 28, 29
M 43 29
M 44 54, 55
M 45 31
M 46 58
M 47 58
M 48 74
M 49 99
M 50 46
M 51 94, 95
M 52 166
M 53 82
M 57 142, 143
M 58 99
M 59 99
M 60 99
M 61 99
M 64 82
M 65 71
M 66 71
M 67 54
M 68 90
M 71 142

M 72 158
M 73 158
M 74 174
M 76 186
M 77 190
M 79 34, 35
M 80 117
M 81 67
M 81/M 82 66
M 82 66, 67
M 83 90
M 84 99
M 85 82
M 86 99
M 87 99
M 88 82
M 89 99
M 90 99
M 92 122, 123
M 93 58
M 95 71
M 96 71
M 97 66
M 98 82
M 99 82
M 100 82
M 101 66, 67, 95
M 103 166
M 104 99
M 105 71
M 107 127
M 110 171

NGC 55 178
NGC 104 162, 163
NGC 129 166
NGC 225 166
NGC 246 190
NGC 247 178, 179, 190
NGC 253 178, 179
NGC 288 178, 179
NGC 292 162
NGC 300 178
NGC 362 162, 163
NGC 457 166
NGC 663 166
NGC 752 170
NGC 869 186
NGC 884 186
NGC 1245 186
NGC 1316 194
NGC 1342 186
NGC 1360 194, 195
NGC 1499 186
NGC 1502 22
NGC 1528 186
NGC 1647 30
NGC 1832 35
NGC 1851 50
NGC 1904 34
NGC 1964 35
NGC 1976 29
NGC 1977 29
NGC 1981 29
NGC 1982 29
NGC 2017 34, 35, 46
NGC 2024 29
NGC 2174 43
NGC 2237 47
NGC 2238 47
NGC 2239 47
NGC 2244 46, 47
NGC 2261 46, 47
NGC 2264 46, 47
NGC 2281 42, 43
NGC 2301 46
NGC 2353 46
NGC 2362 46, 58
NGC 2392 42
NGC 2451 58
NGC 2477 58
NGC 2516 62
NGC 2539 58
NGC 2547 58
NGC 3077 67
NGC 3114 62
NGC 3115 75
NGC 3201 62

NGC 3242 74
NGC 3372 63
NGC 3384 71
NGC 3532 62
NGC 3628 71
NGC 4038 86
NGC 4039 86
NGC 4203 83
NGC 4216 99
NGC 4274 83
NGC 4278 83
NGC 4314 83
NGC 4361 86
NGC 4388 99
NGC 4395 83
NGC 4414 83
NGC 4429 99
NGC 4494 83
NGC 4526 99
NGC 4559 83
NGC 4565 83
NGC 4631 83
NGC 4654 99
NGC 4656 83
NGC 4657 83
NGC 4725 83
NGC 4755 102, 103
NGC 4833 102
NGC 5128 90, 91, **91**
NGC 5822 117, 118
NGC 5897 114
NGC 5927 117
NGC 5986 117
NGC 6025 102
NGC 6067 118
NGC 6087 118
NGC 6124 118
NGC 6167 102, 118
NGC 6193 102
NGC 6210 122
NGC 6231 118
NGC 6252 150
NGC 6322 118
NGC 6334 131
NGC 6357 131
NGC 6383 118
NGC 6397 102
NGC 6416 118, 131
NGC 6530 130
NGC 6541 150
NGC 6543 106
NGC 6584 150
NGC 6633 126
NGC 6709 146
NGC 6716 130
NGC 6755 146
NGC 6910 136
NGC 6939 166
NGC 6940 139, 142
NGC 6992-6996 137
NGC 7000 138
NGC 7009 158
NGC 7209 154, 166
NGC 7243 154, 166
NGC 7293 158
NGC 7331 154
NGC 7662 170
NGC 7789 166

P Cygni 136

PSR 1257+12 155

QSO 0957+561 A/B 66

R Aquilae 146
R Arae 102
R Coronae Borealis 122
R Corvi 86
R Crateris 86
R Doradus 50
R Draconis 106
R Horologii 194
R Hydrae 90
R Leonis 70
R Leporis 34
R Lyrae 142
R Normae 117

R Pavonis 150
R Sagittarii 130
R Scuti 110
R Serpentis 110
R Trianguli 170
R Virginis 98

RR Lyrae 142
RR Sagittarii 130

RU Sagittarii 130

RY Draconis 106
RY Sagittarii 130

S Monocerotis 46, 47

Sh2-16 131

T Coronae 122
T Draconis 106
T Normae 117
T Pavonis 150
T Pyxidis 74

U Cygni 136
U Hydrae 74
U Serpentis 110

V Hydrae 74

VV Cephei 166

W Bootis 94
W Sagittarii 130

Wolf 359 70, 71

X Sagittarii 130

YY Geminorum 42

**Allgemeines Verzeichnis**

**A**

Absorptionslinien 175
Acamar 34
Achernar 34, 38, 178, 194
Achilleus 90
Achterschiff **56**
Adler 122, **144**
Adler-Nebel 110, 132
Ägypten 78, 82, 130
Ägypter 12, 26, 34, 46, 58
Äpfel der Hesperiden 106, 122
Äquator 107
Äquatorwulst 107
Äquinoktialpunkt 98, 107
Äquinoktium 186
Äquivalentbrennweite 59, 71, 83, 111, 123, 127, 137
Äskulap 126
Äskulapstab 110, 126
Äthiopien 182, 190
Agenor 27
Aison 58
Alamak 170
Albireo 136
Aldebaran 27, 30
Algenib 186
Algol 167, 182, 186
Algol-Sterne 186
Alioth 66
Alkaid 66
Alkmene 122
Alkor 66
Almagest 15, 147, 154
Alpha-Capricorniden 159
Alphard 74, 75
Alrescha 174
Al Rischa 174
Altar **100, 117**
Altes Testament 46
Amaltheia 42
Ammoniak 151
Amphitrite 182
Amplitude 167

Andromeda 154, 166, **168,** 169, 170, **180,** 181, 182, 190
Andromeda-Galaxie 17, 67, 99, 170, 171, 191
Andromeda-Galaxie M 31 38
Anser 142
Antares 117, 118, **119**
Antennen-Galaxien 86
Antinous 147
Antlia **60,** 61, 62, **72,** 73, **75**
Anu 26
Anubis 34
Aphrodite 174
Apis 102, 186
Apollon 26, 86, 87, 126
Apparatus Chemicus 194
Apparatus Sculptoris 178
Apus **100, 162**
Aquarius 146, **156,** 157
Aquila 122, **144,** 145
Ara **100, 117**
Araber 66
Aratos 12
Arche Noah 50
Archimedes 82
Ares 117
Argelander, F.W. 16
Argonauten 34, 50, 54, 58, 186
Argo Navis 50, 58, 62, 74
Argos 58
Ariadne 122
Aries **184,** 185
Arion 147
Arkas 66, 78, 94
Arktur 59, 94, 98, 115, 175
Arneb 34
Artan 70
Artemis 26, 114
Aru 70
Arye 70
Aryo 70
Asellus Australis 55
Asellus Borealis 54, 55
Asklepios 90, 110, 126
Assuan 82
Asterion 94
Asteroiden 115
Astrologie 126
Astrometrie 16
Astrophotographie 12f.
Atair 136, 146, 154
Atargatis 174
Athamas 186
Athene 58, 154
Atlas 28, 106
Atlas Coelestis 27, 137
Auriga **40ff.**
Australis 102
Avis Indica 102

**B**

Babel 26
Babylonien 98
Babylonier 146, 174
Bärenhüter **92**
Bärenstrom 66
Barnard, E.E. 28, 126
Barnard-Ring 28
Barnards Loop 28
Barnards Pfeilstern 50
Barnards Stern 126
Bartsch, J. 22
Bastian, U. 16
Bayer, J. 16, 38, 50, 51, 91, 102, 122, 150, 162, 178, 183, 190
Bedeckungsveränderliche 42, 114, 142, 158, 167, 178, 186
Bellerophontes 154
Belos 182
Benetnasch 66
Bengasi 82
Berenike II 82
Berg Maenalus 127
Bessel, F. 58
Bessel, F.W. 136, 191
Beta-Cephei-Sterne 166, 167
Beta-Lyrae-Sterne 142
Beteigeuze s. Betelgeuse

Betelgeuse 16, 26, 27, 30, 46, 50, 59
Bewegungssternhaufen 66, 82
Biene 102, 186
*Big Dipper* 66
Bildhauer **176, 190**
BL Lacertae 154
BL-Lacertae-Objekte 154, 167
Bode, J.E. 51, 58, 75, 87, 95, 127, 147, 154, 174, 178, 182, 190, 194
Bolide 159
Bonner Durchmusterung 16f.
Bootes **92,** 93, 127
Bopp, T. 151
Bosporus 50
Boyle, R. 62
Brahe, T. 15f., 75, 166, 190
Braune Zwerge 155
Breite, geographische 14, 17
Butler, P. 155

**C**

Cacciatore, N. 146
Caelum **48–51,** 192, **193**
California-Nebel 186
Camelopardalis **20–22**
Cancer **52,** 53, 74, 122
Canes Venatici **92,** 93
Canis Major **44ff., 56,** 57
Canis Minor **44ff.**
Cannon, A.J. 16
Canopus 38, 50, 58, 194
Capella 16, 42, 175
Caph 183
Capricornus **156,** 157, 174
Carina **60,** 61, 62
Carl Theodor 146
Cassiopeia 12, 15, **164,** 165, **180,** 181
Cassiopeia A 166
Cassiopeia B 166
Castor 42, 74
CCD 23
Centaurus **88,** 89, 102, 103, 130
Centaurus A 90, 91
Cepheiden 130, 150, 167
Cepheus **164,** 165, **180,** 181
Cerberus 122
Cerberus et Ramus 127
Ceres 115, 126
Cetus 158, 178, 179, 182, **188,** 189
Chamaeleon **100**
Chamäleon **100**
Chara 94
Cheiron 90, 102, 126, 130
Chemischer Ofen **192**
Cheph 183
Chinesen 12, 66, 74
Chios, Insel 26
Christlicher Sternenhimmel 122, 162
Circinus **88,** 89, **100**
Cirrus-Nebel 137, 139
Clark, A.G. 58
Clownsgesicht-Nebel 42
Coelum Stellatum Christianum 122, 162
Columba **48–51**
Coma Berenices **80,** 81
Coma-Galaxienhaufen 83
Coma-Haufen 99
Coma-Sternhaufen 82, 83
Corbinianus, T. 122
Cor Caroli 94
Cordoba-Durchmusterung 16f.
Cor Hydrae 75
Corona Australis **128,** 129, **148,** 149
Corona Borealis 82, **92,** 93, **120,** 121, 123, 130
Corona Firmiana Vulgo Septentrionalis 122
Corsalius, A. 16
Corvus 74, **87**
Crater 74, **87**
Cromwell, O. 62
Crux **88,** 89, **100**
Custos Messium 22, 166
Cygnus 122, **134,** 135
Cygnus A 136
Cygnus X-1 136
*Cynosure* 78

**D**

Dämmerung, nautische 17
Dämonenhaupt 186
Danae 182
Darquier, A. 143
Deklination 16
Delphi 122
Delphin **140,** 144
Delphinus **140,** 141, **144,** 145
Delta-Aquariden 159
Delta-Cephei-Sterne 42, 79, 110, 130, 146, 166, 167, 191
Delta-Cephei-Typ 50
Delta-Scuti-Sterne 110
Deltoton 170
Demeter 94, 98
Demophon 86
Deneb 23, 136, 137, 154
Denebola 70
Deukalion 158
Dike 98, 114
Dionysos 28, 54, 94
Dioskuren 54
Doppelsterne 38, 46, 70, 82, 90, 106, 110, 118, 122, 136, 142, 150, 154, 158, 162, 167, 170, 178, 186
Doppelsternhaufen 186, 187
Doppelsternhaufen h/χ Persei 182
Doppler, C. 155
Doppler-Effekt 155
Dorado **36–39,** 48, 49, **51,** 192, **193**
Dornenkrone Christi 122
Drache **104**
Draco **104,** 105, 122
Draconiden 159
Drehmoment 107
Dreieck **168,** 184
Dreiecks-Galaxie 170
Dreifachsternsystem 34
Dreyer, J.L.E. 17
Druckerei 58
Dubhe 66
Dunkelnebel 29, 46
Dunkelwolken 28, 47, 82, 102, 103, 114, 118, 127, 131, 138

**E**

Eidechse **152–154, 164**
Eigenbewegung 38, 50, 66, 126
Eigenfarben 15
Einhorn **44–47**
Ekliptik 54, 98, 107, 126, 174, 186
Elaios 86
Elarneb 34
Elektrisiermaschine 190
Elektrizität 190
elektromagnetische Strahlung 175
Elisabeth Augusta 146
Eltanin 106
Emissionslinien 154, 175
Emissionsnebel 29, 39, 43, 46, 63, 118, 127, 130, 131, 132, 137, 138, 166, 186, 187
Empfindlichkeit, spektrale 23
Energie 175
Energieausbrüche 167
Engonasin 122
Enkidu 26
Entfernungen 71
Entfernungsbestimmung 166
Eos 26
Epoche 107
Equuleus **140,** 141, **152–154, 156, 157**
Equuleus Pictoris 194
Erdbahn 136
Erde 107
Erdrotation 12-14
Erichtonios 42
Eridanos 34
Eridanus **32–34,** 136, **192–194**
Erigone 94
Ernteh üter 22, 166
Eros 174
eruptive Veränderliche 167
Erystheus 122
Eskimo-Nebel 42
Eta-Aquariden 159

# Index

Eta Carinae, Nebel um – 63
Eudoxos 12, 90
Euergetes 82
Eulen-Nebel 66
Eupheme 130
Euphrat 174
Europa 27
Europa-Sage 27
Eurystheus 70, 106
Euthesperides 82
extrasolare Planeten 155

## F
Fabricius, D. 190
Farben 15, 175
Fernrohr **148**
Firmamentum Sobiescanum sive Uranographia 22
Firmian, v. L.A. 122
Fische 158, **172, 186**
Fixsternsphäre 191
Flächenhelligkeit 170, 179, 190
Flamsteed, J. 16, 27, 55, 114, 137
Fliege **100**
Fliegender Fisch 36ff., 48, 51, **60, 62**
Fluß **32–34**
Formalhaut 162
Fornax 190, **192**, 193
Frequenz 155, 175
Friedrichs Ehre 154
Frühlingspunkt 107, 186
Fuchs und Gans 137
Füchschen **134**, 140, **144**
Füllen **140, 152–154,** 156
Fuhrmann **40ff.**

## G
Gaia 106
galaktisches Zentrum 130, 131
Galaxien 17, 35, 66, 70, 71, 75, 82, 83, 86, 90, 91, 94, 95, 98, 99, 154, 166, 167, 170, 178, 190, 191
Galaxienhaufen 171, 194
Galaxis 71, 130, 191
Gallilei, G. 191
Gallus 58
Gamma-Cassiopeiae-Sterne 166f.
Gammastrahlung 130, 175
Gans 142
Ganymed 146, 147
Gasnebel 17, 28, 130, 191
Gaswolken 23, 67, 82, 91, 110, 178
 leuchtende 29
Geist des Jupiter 74
Gemini **40–43, 52,** 53
Geminiden 159
Gemma 122
Generalkatalog der veränderlichen Sterne 16
geographische Breite 14, 17
Germanen 26
Geschwindigkeit 155
Gezeitenkräfte 38, 86
Giganten 54
Gilgamesch 26
Giraffe **20–22**
Glaukos 110
Gliese 710 126
Goldenes Vlies 34, 54, 58, 186
Goldfisch 50
Gorgonen 182
Grabstichel **48ff.,** 192
Graffias 117
Granatstern 166
Gravierwerkzeuge 194
Gravitation 98
Grenzgrößen 23
 visuelle 78
Griechen 114, 170, 174, 178
Griechenland 103
Größenklasse 16, 23
Größenklassensystem 23
Große Magellansche Wolke 38, 39, **39, 50**
Großer Bär 12, **64, 66**
Großer Hund **44ff.,** 56
Großer Wagen 12f., 15, 66, 74, 79, 94, 95, 115, 166

Grus **160,** 161
Guericke, O., von 62
Gürtelsterne 26, 28
Gum, C. 62
Gum-Nebel 62
Gutenberg, J. 58

## H
Haar der Berenike 80
Hades 98
Hadrian 147
Hahn 58
Hale, A. 151
Hale-Bopp 126
Halley, E. 62, 191
Hantel-Nebel 142, 143
Hase **32,** 34f., **44**
heliakischer Aufgang 46
Helike 78
Helios 34, 136
Helium 122
Helix-Nebel 158
Helle 186
Helligkeit 16, 167
 scheinbare 23
Helligkeit der Sterne 23
Helligkeitsskala 79
Hell, M. 34
Henry-Draper-Katalog 16, 175
Hera 54, 66, 106
Herakles 54, 58, 70, 74, 106, 122, 126, 146
Herbstpunkt 107
Hercules **120,** 121
Herkules 106, **120,** 142
Hermes 26, 142, 158
Herschel, C. 191
Herschel, J. 103
Herschel, W. 46, 143, 166, 191
Herz der Wasserschlange 75
Herz des Karl 94, 95
Hesperiden 106
Hevelius, J. 22, 54, 66, 70, 75, 78, 86, 110, 122, 127, 137, 142, 150, 154, 170, 190
H-II-Regionen 29, 166
Himmelsäquator 26, 34, 107, 174, 186
Himmelsgewölbe 12, 14
Himmelsnordpol 78, 79
Himmelspol 107
Himmelssüdpol 38, 102, 150, 163
Himmelswagen 66
Hipparch 14, 23
Historia Coelestis Britannica 16
Hoffmeister, C. 154
Holwarda, J. 190
Honores Friderici 154
Hooke, R. 62
Horizont 14
Horologium **192,** 193
Houtman, de, F. 16, 102, 162
*Hubble Deep Field* 191
Hubble, E.P. 46, 170, 171, 191
Hubble-Nebel 46, 47
Hubble-Weltraumteleskop 27, 50, 106, 191
Hüter der Ernte 22, 166
Hundsstern 94
Hundstage 46
Hyaden 26, 27, 28, 30, 31
Hyakutake, Y. 115
Hydra 54, **72,** 73, **75, 86, 87, 88, 89,** 122
Hydrus **36ff.,** 74, 162
Hyrieus 26

## I
Iasion 94
Iason 90
Idas 54
Ikarios 94
Index Catalogue 17
Indianer 12, 66, **148,** 160
 Brasilianische 26
Indien 130
Indischer Vogel 102
Indus **148, 149, 160,** 161
infrarotes Licht 130
Infrarot-Satellit IRAS 50
Infrarotstrahlung 175

Ino 186
Instabilitätsphase 166
Interferometrie 50
internationale Polsequenz 23
interstellare Materie 130, 132, 137, 178, 186, 187
interstellare Wolken 26
Iolaos 74
Ionisation 29, 151
Iota-Aquariden 159
Ischtar 26, 174
Isis 46

## J
Jagdhunde **92**
Jahreszeiten 107
Jakobsstab 26
Jesus 58
jewel box 103
Julius Cäsar 114
Jungfrau **96**
Juno 174, 190
Jupiter 126, 154, 155
Justitia 114

## K
Kalenderwesen 58
Kalenderzeichen 27, 158
Kallimachos 82
Kallisto 66, 78, 94
Kamelpanther 22
Kapteyn, J.C. 50
Kapteyns Stern 38, 50, 194
Karl I. 94
Karl II. 62, 94
Karlseiche 62
Karmesin-Stern 34
Kassiopeia 164, **170,** 180, 182, 183, 190
Kastor 16, 42, 54, 55, 58
Katze 75
Katzenaugen-Nebel 106
Kelch des Leiden Christi 86
Kentaur **88, 117, 130**
Kentauren 90
Kepheus 164, **166, 170,** 180, 182, 190
Kepler, J. 16, 22
Kernfusion 155
Keyser, P.D. 16, 102, 162
Kiel des Schiffes **60, 62**
Kirch, G. 34, 146
Kitalpha 117
Kleiderbügel 142
Kleine Magellansche Wolke 38, 162, 163, **163**
Kleiner Bär **76,** 104
Kleiner Hund **44ff.**
Kleiner Löwe **64, 66,** 68
Kleiner Wagen 78
Kleinplanet 174
Kleinplaneten 115
Klymene 34
König, K.-J. 146
Königlicher Stier von Poniatowski 127
Kohlendioxid 151
Kohlenmonoxid 151
Kohlensack 102, 103
Kohlenstoff 122
Kolchis 186
Kometen 115, 151, 159
Komet Giacobini-Zinner 159
Komet Hale-Bopp 126, 151
Komet Halley 159
Komet Hyakutake 115
Komet Swift-Tuttle 159, 186
Komet Tempel-Tuttle 159
Komet Thatcher 159
Komet Tuttle 159
Kompaß **56,** 72
Konon von Samos 82
Konus-Nebel 46, 47
Konvergenzpunkt 30
Koordinatensystem 107
Kopernikus, N. 191
Kornähre 98
Koronis 86, 126
Kosmos 191
Kranich **160**
Krebs **52, 74**

Krebs-Nebel 17, 30, 43
Kreisel 107
Kreta 27, 42, 78
Kreuz (des Südens) **88,** 100, **102**
Krone der Ariadne 82
Kronos 42, 90
Krotos 130
Kugelsternhaufen 34, 35, 50, 62, 82, 90, 91, 94, 102, 110, 114, 117, 122, 123, 126, 132, 133, 142, 150, 154, 158, 162, 163, 166, 178, 179
Kugelsternhaufen M 13 **123**
Kugelsternhaufen M 92 **123**
Kulmination 14, 17
Kyknos 136
Kynosura 78

## L
Lacaille, de, N.-L. 38, 50, 51, 58, 62, 74, 90, 102, 117, 150, 178, 194
Lacerta **152–154,** 164, **165**
Ladon 106, 122
Lagunen-Nebel 130, 132
Lalande, de, J.-J. 22, 75, 166
Lamb, F. 155
Landwirtschaft 58
*l'Atelier du Sculpteur* 178
Leda 54
Leier **120, 134, 140**
Leo **68,** 69, 82, 122
Leo Minor **64,** 65, 66, **68,** 69
Leoniden 70, 159
Leo Palatinus 146
Leopold I. 146
Lepus **32–35, 44, 45**
Lerna 74
*les Burins* 194
Leuchtkraft 98, 150, 166, 167
Libra **112,** 113, 115
Licht 155, 175
 infrarotes 130
Lichtempfindlichkeit 78
Lichtgeschwindigkeit 71, 175
Lichtkurve 167, 190
Lichtstreuung 78
Lichtstrom 23
Lochium Funis 75
Löwe 68
Log und Leine 75
Lokale Gruppe 67, 99, 171
Lokaler Superhaufen 99
Lowell-Observatorium 42
Luchs **52**
Ludwig XIV 154
Luftpumpe **60, 62,** 72
Lupus 102, **116,** 117
Lynkeus 54
Lynx **52,** 53
Lyra **120,** 121, 123, **134, 135, 140,** 141
Lyrae 136
Lyriden 159

## M
Machina Electrica 190
Magalhães, de, F. 38
Magellan-Strom 38
Magneteisenstein 74
Magnitude 23
Maira 94
Major, M. 155
Maler **36ff.,** 48, **192**
Marcy, G. 155
Maria Magdalena 166
Mars 117, 126
Masse 155
Massenaustausch 142
Massenverteilung 107
Mastusios 86
Materie 191
 interstellare 130, 132, 137, 178, 186, 187
Materiescheibe 38, 50
Mauerquadrant 94, 95
Mayor, M. 154
Medea 94
Medinensis, P. 16
Medusa 154, 182
Megale Syntax s. Almagest

Megrez 66
Mehrfachstern 29, 178
Mehrfachsternsystem 66, 70
Mensa **36ff.**, 194
Merak 66
Mercator, G. 82
Meridian 14
Merope 26
Mesopotamien 26
Messier, C. 17, 30, 70, 126, 132, 158, 166, 174, 190
Metamorphosen 182
Meteor 7 70
Meteore 159
Meteoroid 159
Meteorit 159
Meteoriteneinschläge 159
Meteorstrom 70, 94, 159
Methan 151
Microscopium **148,** 149
Mikroskop **148**
Mikrowellenstrahlung 175
Milchstraße 34, 114, 131, 132, 137, 143, 146, 166, 183, 186, 187, 191
Milchstraßensystem 67, 71, 91, 130, 136, 162, 163, 171, 178
Milet, v., Th. 78, 106
Minos 27, 110, 122
Mira 190
Mira-Sterne 106, 190
Mira-Veränderliche 34, 70, 110, 117, 130, 136, 146, 167, 170, 194
Mitternachtssonne 17
Mizar 66
Molekülwolke 118
Mond 107
Monnier, P.-Ch., le 22
Monoceros **44–47**
Mons Maenalus 127
Montierung, parallaktische 12f.
Musca **100,** 102
Musca Borealis 186
My-Cephei-Sterne 166, 167

**N**

Nadir 14
nautische Dämmerung 17
Navigationshilfe 163
Nebel 47, 126, 166
  Planetarische 42, 62, 74, 86, 106, 122, 142, 143, 158, 170, 186, 190, 194, 195
Nemea 70
Nemeischer Löwe 70, 122
Nereiden 182
Nereus 182
Netz **36ff.,** 48, 51, **192**
Neutronensterne 30, 38, 62, 117, 136
New General Catalogue 17
Nil 46
Nimrod 26
Nimrud 26
Noah 26
Nördliche Fliege 102, 186
Nördliche Krone **92,** 120, 150
Nördlicher Löffel 74
Nördliches Kreuz 136
Nordamerika-Nebel 137, 138
Norma **116,** 117
Norma et Regula 117
Nova, wiederkehrende 74, 122
Novae 167

**O**

Oberflächentemperatur 27, 175, 190
Oceanus 66
Octans **100**
Ofen 190
offene Sternhaufen 26–30, 34, 42, 43, 47, 54, 58, 74, 82, 102, 103, 110, 117, 126, 130, 131, 132, 139, 142, 154, 166, 170, 186, 187
Officina Typographica 58
Okeanus 66
Oktant **100**
Omega-Nebel 130, 132
Ophiuchus 110, 114, 118, **124,** 125, 131
Orion **24–27**, 43, 46, 114, 130

Orioniden 159
Orion-Nebel 26, 28, **29**, 39, 63
Orpheus 122, 142
Osiris 26, 34, 58
Ovid 182

**P**

Pan 130, 158
Paradiesvogel **100, 162**
Parallaxe 136
Pardis, I.-G. 186
Pavo **148,** 149, 162
P Cygni-Stern 136
Pegasus **152–154**
Peleponnes 70
Pelias 58
Pelikan-Nebel 138
Penduluhr 192
Periode 166, 167, 190
Perioden-Leuchtkraft-Beziehung 166
Perseiden 159, 186
Persephone 98
Perses 182
Perseus 154, 166, 170, **180,** 181, 182, **184,** 185, 190
Petrus 58
Pfälzischer Löwe 146
Pfau **148, 162**
Pfeil **134,** 140, **144**
Pferdekopf-Nebel **29**
Phaethon 159
Phaeton 34, 136
Phekda 66
Philomelos 94
Phineus 182
Phoenix **176**
Phönix **176**
Pholos 90
Photometer 23
Photoplatte 23
Phrixos 186
Piazzi, G. 146
Pictor **36ff., 48,** 49, **51,** 192, **193**
Pisces 158, **172,** 173
Piscis Austrinus **156,** 157, 158, **160,** 161
Piscis Volans 51
Plancius, P. 22, 46, 50, 58, 102, 186
Planetarische Nebel 42, 62, 74, 86, 106, 122, 142, 143, 158, 170, 186, 190, 194, 195
Planetarischer Nebel NGC 1360 **195**
Planeten 107, 115, 126, 154, 190
  extrasolare 155
Planetensystem 34, 38, 50, 155
Planetensysteme, sich bildende 29
Planetoiden 115, 126, 159, 174, 190
Planisphaerium Stellatum 22
Plaris 79
Plaskett, J.S. 46
Plasketts Stern 46
Plasmaschweif 151
Pleione 28
Plejaden 17, 27, 28, 30, 31
Pluteum Pictoris 194
Pluto 42
Poczobut, M. 127
Pogson, N. 23
Polaris 78, 107, 166
Polarstern 78, 79, 106, 107, 166
Pol der Ekliptik 78, 106, 107
Polhöhe 14
Pollux 16, 42, 74
Polsequenz, internationale 23
Polydeukes 16, 42, 54, 55, 58
Polyeidos 110
Pomum Imperiale 146
Poseidon 26, 147, 182, 190
PPM Star Catalogue 16
Praesepe 55
Präzession 54, 66, 78, 90, 106, 107, 158, 174, 186
Procyon 46
Prometheus 122, 142, 146
protoplanetare Scheibe 155
Proxima Centauri 90
Psalterium Georgianum 34
Ptolemäus 12, 14, 62, 147, 154, 182, 191

Ptolemaios III 82
Pulsare 30, 155
Pulsarplaneten 155
Pulsationen 166, 190
Pulsationsveränderliche 110, 142, 150, 167, 190
Puppis **56,** 57
Pyrrha 158
Pythia 122
Pyxis **56,** 57, **72,** 73, **75**

**Q**

Quadrans Muralis 94, 95
Quadrantiden 94, 159
Quasar QSO 0957+561 A/B 66
Quasare 98, 154, 167
Queloz, D. 154, 155

**R**

Radialgeschwindigkeit 50, 155
Radiogalaxien 136
Radioquelle 90
Radioquellen 98, 136, 166
Radiostrahlung 30, 62, 175
Radiowellen 130
Radius 167
Rangifer 22
Rastaban 106
R-Coronae-Borealis-Sterne 130, 167
Reflexionsnebel 29, 31, 118
Regengestirn s. Hyaden
Regenzeit 158
Regulus 71, 74
Reibungselektrisiermaschinen 190
Reichsapfel 146
Rektaszension 16, 107
Rentier 22
Resonanzschwingungen 166
Reticulum **36ff.,** 48, 49, 51, 192, **193**
Rhombus 194
Rho Ophiuchi **119**
Rho-Ophiuchi-Dunkelwolken-System 118
Riesen 190
Riesensterne 167
Rigel 27, 28, 34
Rigil Kentaurus 90
Ring-Nebel 142, 143
*Ringtail Galaxy* 86
Robur Carolinum 62
Römer 114, 178
Röntgen-Doppelsterne 136
Röntgenquelle 136
Röntgenstrahlung 62, 130, 136, 175
Röntgenstrahlungsquelle 117
Röser, S. 16
Rosetten-Nebel 47
Rotanev 146
Roter Riese 122
Royer, A. 154
RR-Lyrae-Sterne 142, 167
Ruchbah 183
Rußwolken 122
RV-Tauri-Sterne 110

**S**

Sagitta 122, **134,** 135, **140,** 141, **144,** 145
Sagittarius 118, **128,** 129, 150, 158
*Santa Claus Nebula* s. Hubble-Nebel
Saturn 166, 174, 190
Saturn-Nebel 158
Sauerstoff 106
Sceptrum 34, 154
Sceptrum Brandenburgicum 34
Schedar 183
Schedir 183
Schiefe der Ekliptik 107
Schiff Argo 50
Schild **108,** 128
Schild-Wolke 110, **111**
Schiller, J. 122, 162
Schlange **108, 110, 126**
Schlangenträger 110, **124**
Schmuckkästchen 103
Schönfeld, E. 16
Schütze **128, 146**
Schwan **134,** 151

Schwarzes Loch 98, 136, 154
Schweif 115
Schweifstern 151
Schwerkraft 107
Schwertfisch **36–39,** 48, **192**
Schwertgehänge 26
Scorpius **112,** 113, **116,** 117, 131
Scorpius X-1 117
Sculptor **176,** 177, 190
Sculptor-Gruppe 178, 179
Scutum **108,** 109, 127, **128,** 129
Scutum Sobiescianum 110
Seefahrer 78, 102, 103, 150, 163, 178
Segel des Schiffes **60, 62**
Sehen, indirektes 78
Ser 70
Serpens **108,** 109, 126, 132
Sextans 68, 69, **72,** 73, **75**
Sextant **68,** 72
Shir 70
Sichtbarkeit 17, 78
Siebengestirn s. Plejaden
Silicate 174
Sintflutsage 158
Sirius 23, 34, 46, 58, 59, 62, 66
Skorpion 14, **112,** 116, 126, 130, 146
Sobieskisches Schild 127
Soebieski, J. III 110
Sommerdreieck 136, 154
Sommer-Sonnenwende 54, 158
Sonne 71, 107, 190
Sonnenlicht 151
Sonnensystem 115, 126, 151, 155
Sonnenwagen 34
Spektralbereich, infraroter 50
spektrale Empfindlichkeit 23
Spektralklasse 175
Spektrallinien 155, 175
Spektrum 175
Spica 98
Spiralarm des Milchstraßensystems 26
Spiralgalaxie 67, 170, 171, 186
Staffelei 194
Standard-Epoche 107
Standardsterne 23
Stanislaus II 127
Staub 115
Staubscheiben 29
Staubschweif 151
Staubteilchen 122
Staubwolken 23, 28, 30, 67, 110, 111, 178
Steinbock **156,** 174
Sternatlanten 14-16
Sternbilder, nördliche 12
  südliche 12, 16
Sternbilder der Antike 12
Sternbilder des Tierkreises 12
Sternbildungsprozesse 67, 82
Sterne, Bezeichnung 16f.
  veränderliche 16f., 42, 46, 79, 86, 90, 98, 106, 110, 117, 122, 130, 142, 150, 166, 167, 170, 186, 190
Sternentstehung 86, 110, 118
Sternentstehungsgebiet 26, 28, 29, 38, 63
Sternentstehungswolken 39
Sternentwicklung 136, 167, 195
Sternfarben 175
Sternhaufen 17, 62, 111
  offene 26, 27, 28, 29, 30, 34, 35, 42, 43, 47, 54, 58, 74, 82, 102, 103, 110, 117, 126, 130, 131, 132, 142, 154, 166, 170, 186, 187
  offener 139
Sternkataloge 14-16
Sternschnuppen 70, 159
Sternströme 30
Stickstoff 106
Stier **24, 27f.**
Strahlung, elektromagnetische 175
  ultraviolette 29, 175, 195
St. Raphael 162
Sualocin 146
Südliche Fliege 102
Südliche Krone **128,** 148
Südlicher Fisch **156, 158,** 160
Südliches Dreieck **100,** 170

223

# Index

Südliche Wasserschlange **36–39**
Südseeinsulaner 26
Sumerer 12, 26, 78, 130, 146
Supernova 27, 38, 39, 43, 62, 166, 167, 183
Supernova 1987A 38
Supernova-Explosion 139
    Überrest einer – 30
Symplegaden 50
Syrer 174

## T

Tafelberg **36ff.**
Tagundnachtgleiche 98, 114, 174
Tarantel-Nebel 38, 39
Taube **48, 50**
Taurus **24**, 25, 27f., 43, 54, 122
Telescopium **148,** 149
Teleskop 12
Temperatur 167, 175
    Oberflächen – 27
Tethys 66
Themis 98
*therion* 117
Theseus 122
Thome, J.M. 16
Thuban 78, 106
Tierkreis 107, 114, 126, 130
Tierkreissternbild 12, 27, 70, 158, 174, 186
Tierkreiszeichen 162
Titanen 42, 102
Tombaugh, C.W. 42
Trapez-Sterne 29
Triangulum **168,** 169, **184,** 185
Triangulum Australe **100, 170**
Triangulum Minor 170
Trifid-Nebel 130, 132
Trigonen 170
Tucana **160,** 161
Tukan **160**
Tychos Stern 166, 183
Tyndareos 54
Typhon 86, 158, 174

## U

Überriesen 27, 42, 136, 166, 190
    Blauer 38
    Roter 27
ultraviolette Strahlung 175, 195
Universum 191
Uranographia 75, 178, 182, 190, 194
Uranometria 16, 38, 50, 51, 150, 162, 178, 183, 190
Uranometria 2000.0 16
Uranus 43
Urion 26
Urknall 191
Ursa Major 12, **64,** 65, 66, **67, 94,** 95
Ursa-Major-Haufen 66
Ursa Minor **76,** 77, **104,** 105
Ursiden 159
Uruk 26

## V

Vela **60,** 61, 62
Vela-Pulsar 62
Veränderliche 34, 50
veränderliche Sterne 16, 46, 79, 86, 90, 98, 106, 110, 117, 122, 130, 142, 150, 166, 167, 170, 186, 190
Vernissage 82
Vertex 30
Vespa 186
Vespucci, A. 16, 102
Vesta 115
Vierfachsternsysteme 142
Virgo 94, **96,** 97
Virgo-Galaxienhaufen 82, 83, 98
Virgo-Haufen 99
visuelle Grenzgröße 78
Volans **36ff., 48,** 49, **51,** 60, **61, 62**
Vorstellung der Gestirne 75, 87, 174
Vulpecula **134,** 135, 137, 139, **140,** 141, **144,** 145
Vulpecula et Anser 137
VV-Cephei-Sterne 166, 167

## W

Waage 98, **112, 115, 127**
Wärme 175
Walfisch 158, **188**
Wassereis 151
Wassermann 146, **156, 186**
Wasserschlange **72, 87,** 88
Wasserstoff 106, 122, 137, 138, 163, 166, 187
Wega 106, 107, 122, 136, 154
Weißer Zwerg 34, 46, 58, 122, 136
Welleninseln 191
Wellenlänge 155, 175
Weltall 191
Weltraumteleskop 27, 50, 106, 191
Weltschöpfung 178
Wendekreis des Krebses 54
Wendekreis des Steinbocks 158
Wespe 186
Widder 174, **184**
Widderpunkt 174
wiederkehrende Nova 74, 122
Wildenten-Haufen 110
Winkeldurchmesser 50
Winkelmaß **116**
Winter-Sonnenwende 54, 158
Wischnu 146
Wolf **116**
Wolken, Gas – 22
    interstellare 26
    Staub – 23
W-Virginis-Sterne 150

## X

Xiphias 50

## Z

Zenit 14
Zentralstern 106, 143, 195
Zephyrium 82
Zerberus 127
Zerberus und Zweig 127
Zeus 26, 27, 28, 34, 42, 78, 86, 90, 94, 98, 102, 106, 122, 126, 136, 146, 154, 158, 182
Ziege 42
Ziegenfisch 158
Zirkel **88,** 100
zirkumpolar 17
Zirkumpolarsterne 14
Zuben Elgenubi 114
Zuben Elschemali 114
Zustandsgröße 167
Zwerg, Weißer 34
Zwergstern 50, 90, 126
    roter 34
Zwillinge **40–43,** 52
Zwillingsquasar 66